“十二五”普通高等教育本科国家级规划教材

U0347081

大学物理学（第三版）

DAXUE WULIXUE

上册

主编
毛骏健
顾　牡

高等教育出版社·北京

内容提要

本书是“十二五”普通高等教育本科国家级规划教材，2007年首批被教育部评为“普通高等教育精品教材”。新版保持了教材的原有特点，结构清晰、表述精练，继承了国内教材的传统特色；同时在书的内容体例、写作风格、图片和图示设计等方面又充分借鉴了国外优秀物理教材的特点，理论与实际结合紧密、物理思想和物理图像突出、内容通俗易懂而不乏趣味性。

本书内容基本涵盖了《理工科类大学物理课程教学基本要求》（2010年版）的核心内容，全书分上、下两册。上册内容为力学、振动与波动、电磁学；下册内容为热力学、气体动理论、光学、近代物理学。其中在近代物理学部分更新和丰富了广义相对论的内容，把近年来引力波和黑洞的最新研究成果编入其中。

结合当前的教育信息化技术，本书编入了相应的教学动画和教学视频，读者利用智能手机就可以方便地观看。在各章的习题中，本书适量给出了一些适合于计算机数值计算的习题，希望此举能将数值模拟的研究方法逐步引入大学物理的教学中。

本书可作为普通高等学校理科非物理学类专业和工科各专业的大学物理课程教材或参考书，也可供社会读者阅读。

图书在版编目（CIP）数据

大学物理学．上册 / 毛骏健，顾牡主编．-- 3版．-- 北京：高等教育出版社，2020.11（2023.12重印）
ISBN 978-7-04-054882-2

Ⅰ．①大… Ⅱ．①毛… ②顾… Ⅲ．①物理学-高等学校-教材 Ⅳ．①O4

中国版本图书馆CIP数据核字（2020）第153790号

策划编辑 高聚平　责任编辑 高聚平　封面设计 姜 磊　版式设计 童 丹
插图绘制 于 博　责任校对 陈 杨　责任印制 刁 毅

出版发行	高等教育出版社	网　址	http://www.hep.edu.cn
社　址	北京市西城区德外大街4号		http://www.hep.com.cn
邮政编码	100120	网上订购	http://www.hepmall.com.cn
印　刷	北京市大天乐投资管理有限公司		http://www.hepmall.com
开　本	889 mm×1194 mm 1/16		http://www.hepmall.cn
印　张	20.5	版　次	2006年1月第1版
字　数	560千字		2020年11月第3版
购书热线	010-58581118	印　次	2023年12月第4次印刷
咨询电话	400-810-0598	定　价	65.00元

物 料 号 54882-00

大学物理学

（第三版）上册

主　编

毛骏健　顾　牡

1　电脑访问http://abook.hep.com.cn/12458215，或手机扫描二维码、下载并安装Abook应用。

2　注册并登录，进入“我的课程”。

3　输入封底数字课程账号（20位密码，刮开涂层可见），或通过Abook应用扫描封底数字课程账号二维码，完成课程绑定。

4　点击“进入学习”，开始本数字课程的学习。

课程绑定后一年为数字课程使用有效期。受硬件限制，部分内容无法在手机端显示，请按提示通过电脑访问学习。

如有使用问题，请发邮件至abook@hep.com.cn。

http://abook.hep.com.cn/12458215

第三版序言

本书第一版是国内首套彩色版大学物理教材，自 2006 年 1 月由高等教育出版社出版以来已 14 年。承蒙广大高校师生的厚爱，本书于 2007 年首批被教育部评为“普通高等教育精品教材”；2008 年，荣获“第八届全国高校出版社优秀畅销书一等奖”；2011 年，获得“上海普通高校优秀教材一等奖”。在成绩面前，我们仍应保持一份清醒，在使用本书的过程中不断征询和汲取广大读者的宝贵意见和建议，为下一步对教材进行修订和完善做准备。

2013 年 12 月，本书第二版出版，并被列入“十二五”普通高等教育本科国家级规划教材。第二版在第一版的基础上，对部分内容和结构进行了梳理，使得前后的逻辑关系更鲜明，结构更简单；同时，对书中习题做了适当的调整。调整原则是：不以偏题、难题见长，删去了部分过于烦琐和复杂的题目，增加了简单而概念性强的习题。更重要的是，我们增加了一些适合于计算机数值计算的习题，让一些学有余力的学生能凭借自己的爱好处理和解决一些较为复杂的实际问题，也让一些授课教师能够做一点采用现代化教学手段改进教学方法的尝试。我们希望将数值模拟的研究方法逐步引入大学物理的教学中。

近年来，科学和技术的不断进步丰富了物理学内容。2015 年 9 月 14 日，LIGO（激光干涉引力波天文台）通过最先进的激光干涉引力波探测器给出了引力波存在的直接证据，证实了 100 多年前爱因斯坦广义相对论的一项重要预言；2019 年 4 月 10 日，科学家运用一种称为“甚长基线干涉测量法”的高新技术拍摄到了位于 M87 星系核心处的黑洞，向世界公布了人类历史上首张黑洞照片。这些振奋人心的成果催动我们修订本书，把这些物理学最新成就尽早编入教材。基于以上考虑，我们决定对教材再次修订，特别是在第十四章广义相对论中新增引力波和黑洞最新进展的相关内容。

同时，随着网络和多媒体技术的飞速发展，信息技术在大学物理教学中的应用已越来越深入。我们将二维码引入教材，以突破纸质教材的局限性，通过多媒体的形式有效拓展教学内容和教学手段。读者可以通过智能手机扫码获取更多的辅助教学内容。融入教材的多媒体内容包括三个部分：

（1）教学动画：通过动画可以把一些比较抽象而难理解的物理学描述形象地表现出来，以帮助读者更好地理解物理学基本概念和物理学图像。

（2）物理演示实验视频：精选与教学内容关联性强、物理现象鲜明的视频，这些视频能有效地帮助读者理解和掌握所学知识，同时还能提高学习兴趣。

(3) 历史上重要物理学家的介绍：读者不仅能够了解到这些科学伟人的生平和贡献，更能从中学到他们的科学思维和方法。

本书保留了前两版的特点，继承了国内传统教材特色，结构清晰、表述精练；同时在书的内容体例、写作风格、图片和图示设计等方面又充分借鉴了国外优秀物理教材的特点：理论与实际结合紧密、物理思想和物理图像突出、内容通俗易懂而不乏趣味性，突出物理学知识与科学技术相结合、与生活实际相结合、与自然现象相结合。本书把物理学方法论中涉及的一些基本原理：简单性原理、守恒原理、对应原理、互补原理等有机地融入教材中，并介绍给了学生。

在本次教材修订工作中，同济大学吴天刚老师、宋志怀老师参与了上册的编写；毛骏健老师完成了上下册的修订工作。高等教育出版社理工出版事业部物理分社的缪可可分社长、高聚平编辑对本书的出版给予了大力支持，编者在此谨致以衷心的感谢。

限于编者的学术水平，书中难免存在不妥之处，希望广大师生在使用过程中多提宝贵意见，使本书在使用中得以不断完善。

编　者

2020 年 3 月于同济大学

序言

随着近年来教学改革的不断深入,人们对大学基础物理课程教学已经形成了两条基本共识:①大学物理课程不仅是理工科学生进一步学习专业知识的铺垫,更是树立学生科学的世界观,增强学生分析和解决问题能力,培养学生的探索精神和创新意识的一门素质教育课程;②教学中应突出以学生为本的指导思想。这两条基本共识也正是我们编写这本《大学物理学》的宗旨。

本书是同济大学国家工科基础物理课程教学基地在最近几年对大学物理课程教学进行研究和改革中所取得的一项成果,是根据教育部最新制定的《理工科非物理类专业大学物理课程教学基本要求(讨论稿)》编写而成的。在编写过程中,作者结合多年来的教学实践经验和所形成的教育理念,注意到当前中学物理课程教改的动向和高校教学情况的变化,借鉴国内外教材改革的成果,博采众长,力求使本教材更具人性化,不仅使教师便于讲授,更有助于学生的自学和阅读。

教材特色

1 借鉴国外教材的特点,本书采用彩色印刷,注重版面设计,图文并茂,给人以赏心悦目的感觉,使读者在阅读时产生一种友好和亲切感。正因为运用了彩色印刷,许多物理现象都可以以图片的形式在书中醒目地显示出来。例如,在介绍反射光的偏振性时,书中出现了两张照片,其中一张是在照相机上添加了偏振镜而拍到的,其效果是滤去了被摄透明物体的表面反射光,效果明显;而另一张照片则因没有采用偏振技术,其拍摄效果与前者完全不同。通过这两幅彩色照片的对比,读者会对偏振现象产生深刻的印象,从而加深对光的偏振概念的理解。除了图片以外,一般彩色插图不仅美观,而且比过去的黑白插图更具表现力。例如:对于一些比较复杂的插图,如果采用单一色线,会感到比较凌乱;而采用不同颜色的彩色线条会使插图表达得更为清晰可辨,有助于读者的理解。

2 在写作风格上,有别于传统教材,本书语言朴实流畅,通俗易懂。尤其是在各章节的开头,常以一个有趣的物理现象、生活常识或一小段科学发展史为引子,逐渐过渡到具体的知识内容。由此可以引发读者的兴趣和好奇心,催动读者以强烈的求知欲去阅读各章节的具体内容。例如:在力学中以车辆的超速和超载容易引发交通事故这一众所周知的事实，引入动量的概念；在热学中用高速行驶中的车辆容易发生爆胎来引入气体的状态参量以及各状态量之间的关系；在波动光学的一开始，介绍了牛顿和惠更斯关于光的本性之争的一段历史，进而引申到光具有波动性；从人们在生活中常见的油膜上的彩色条纹或美丽的孔雀羽毛为例，引导读者去探索薄膜干涉的原理。

3 突出物理学知识与科学技术相结合，与生活实际相结合，与自然现象相结合，是本书的一个重要特点。在这方面，我们汲取了许多国外教材有益的经验。知识点与实际的结合不仅体现在正文中，而且较多地出现在例题和习题中。我们的目的是要让读者在学完物理学后产生一种自信和满足，豁然感到自己对周围的物质世界有了新的认识，有了更广泛而深入的了解；对许许多多生活中的或是自然界的现象都可以说出其所以然；对现代科学领域中的许多高新技术也不会感到惊讶和不可理解，恍然洞悉其核心问题原来都可以从物理学中找到答案，从而使读者感到学习物理学对自己是有益的。我们希望以此能引发读者的兴趣，在今后的工作实践中能够以所学的物理学知识为基础，进一步深造，并有所创新和发明。

4 对读者而言，学会科学的思维和方法比获取物理学知识本身更为重要。因此在本书的编写过程中我们十分注意选材，发掘那些对学生的科学思维和方法有启迪的典型内容，尽可能地提供一些科学伟人对某一问题的思想方法的素材以及把物理学方法论中所涉及的一些基本原理：简单性原理、守恒原理、对应原理、互补原理等介绍给学生。例如：牛顿的万有引力定律是如何发现的？爱因斯坦在建立了狭义相对论以后为什么又提出了广义相对论？又例如：在论述经典力学与狭义相对论的关系时，引入对应原理，让学生知道辩证发展观在科学中的体现；在论述早期量子论时引入互补原理，让学生了解微观客体波动性与粒子性的辩证统一等等。而这些素材的引入并不是以开窗口、安接口的形式出现，而是有机地把它们融合在正文之中。这样做的好处是，一方面可以使读者对科学家的思维方式有所了解，对物理学的方法论有所认识；另一方面在阅读中会产生一些兴奋点，提高读者的兴趣。

5 在整个编写过程中，编者始终贯彻一条基本的指导思想，即大学物理学是一门非物理专业的公共基础课程，应当强调物理思想和物理图像，不应把侧重点放在过于复杂的推导和解题技巧上。凡是能够用物理图像说清楚的，就尽量不用较复杂的数学推证。例如，在处理狭义相对论运动学问题时，我们更强调的是相对论时空的物理图像。“长度收缩”和“时间延缓”这两个相对论效应都是从相对论的两条基本原理出发得到的，而非从洛伦兹变换关系式计算得到。而在处理广义相对论内容时，我们重墨渲染等效原理，因为这条原理很能反映物理学思想，而不涉及复杂的数学。

6 本书按照教育部最新制订的《理工科非物理类专业大学物理课程教

学基本要求(讨论稿)》,同时借鉴国外大学物理教材的基本内容,在基本内容和知识点上较之传统大学物理教材有所增加。新增了几何光学、流体力学、广义相对论、核物理和粒子物理等内容,其中的几何光学是作为“基本要求”中的A类内容,必须纳入新教材中;至于基本要求中的诸多B类内容,本书作了选择性的吸纳。选择的理由如下:

增加流体力学这部分内容不仅有助于完善物理模型,更是考虑到流体力学知识在现代科学技术领域中,尤其是在医学、体育运动学等领域应用甚广。目前,许多医学院与综合性大学合并,基础物理教学对长学制医药类专业的学生和普通理工科非物理类专业学生的要求是相当的。医药类专业的学生需要流体力学的知识,一般理工科非物理类专业学生也需要掌握这些知识。

至于在本书中增加了广义相对论、核物理和粒子物理这些内容,我们并不是从实用主义考虑,而更多的是从对读者进行素质培养方面去考虑。广义相对论涉及的是物质的宇观领域,而粒子物理涉及的是物质的微观领域。这些内容可以让学生更全面地认识自己周围的物质世界以及物质的构成,而不是仅仅局限于所能看到的宏观世界,这是作为一名当代大学生应该了解的。更何况在这些内容中包含着丰富的物理学思想和科学的思维方法,能对学生产生许多积极的影响。当然,我们在处理这部分内容时,充分考虑到学生的数学基础和理解能力,避免出现复杂的数学运算,更多地强调物理图像和物理学思想,从文字处理上尽可能写得通俗易懂,以使所有的学生都可以看懂。

7 在大学物理课程改革中,曾有不少专家提出要压缩经典、加强近代。但在实际操作中遇到了一些困难,如何使近代物理普物化是解决问题的关键。编者们在多年的教学建设和改革中,在这方面有了一些粗浅的体会和经验。在本书中适当对经典物理学部分进行了压缩,同时又适当加强了近代物理学的比重,并在近代物理学内容的叙述上力求做到通俗,生动,突出物理学图像,使读者在阅读这部分内容时能够产生一些新鲜感。

教学与学习资料

为了便于教师和学生使用这部教材,本书将配以丰富的教学和学习辅助资料。

1 提供教师所用的精美、适用的电子教案,其内容覆盖本书的全部知识点。

2 提供教学用资源光盘,配合电子教案使用。教师可以按自己的授课特点,对电子教案进行修改和充实。在资源光盘中,教师可以选择合适的教学演示录像、教学动画、教学图片以及其他一些教学资料;也可以在光盘中找到一定量的例题、习题和测验题。我们不求素材资源之多,但求教学素材的精致和实用性。

3 在教学用资源光盘中增设了“宇宙学简介”的内容，介绍宇宙天体的形成。我们原本想把这部分内容放在书中作介绍，但考虑到书的篇幅而未能如愿。如果教师或学生对这些内容感兴趣，可以在资源光盘中获取。

4 出版与主教材配套的辅导书，给出主教材中每一章的知识要点和习题的分析与解答，以方便读者自学或参考。

5 本书配备了一套学生用活页作业，按章节内容分为若干个单元。每单元一份，每份活页作业包含选择题、填空题和计算题。教师每完成一个单元的教学内容，发一份作业。学生不用抄题目，习题直接做在活页纸上。每次作业交一份，教师也无须每次携带厚厚一叠作业本。这样既方便了学生写作业，也方便了教师。

编　者

2005 年 8 月于同济大学

目录

第4章 振动与波动 109

第5章 静电场 169

中国磁浮

行星绕太阳的运转是一种机械运动.

第1章 质点运动学

世界是物质的.一切物质都在永恒不息地运动着,这便是运动的绝对性.日月经天,江河行地,风雨雷电,变幻的大气……自然界中万象纷呈,索本求源,皆归因于物质运动的不同形态与规律.法国科学家笛卡儿(R.Descartes,1596—1650)曾说过:“给我物质和运动,我就能创造宇宙.”

物质和运动是不可分割的两个概念,运动是物质存在的形式.物质的运动形式多种多样,这里所指的“运动”是个广义的概念,它包括宇宙间所发生的一切变化和过程.各种不同的物质运动形式既服从普遍的规律,又具有自身独特的规律.在物质的各种运动形式中,最普遍而又最基本的一种运动形式是一个物体相对于另一个物体的空间位置(或者一个物体的某一部分相对于其另一部分的位置)随时间而发生变化,这种运动形式称为**机械运动**(mechanical motion),例如行星绕恒星的运转、地球的自转、河水的流动、车辆的行驶等,都是机械运动.

研究物体机械运动及其规律的学科称为**力学**(mechanics).一般可以把力学分为运动学、静力学和动力学三部分.静力学在工程中应用较多.在一些工程类力学书中有详细的介绍,本书不作讨论.我们仅就运动学和动力学问题作一般介绍.**运动学**(kinematics)的任务就是描述物体的运动状态随时间变化的规律,而并不涉及运动状态变化的原因.客观物体的多样性和物体运动形式的复杂性,给描述物体的运动带来不少困难.因此在一定的条件下,建立一些理想的物理模型可使主要规律凸显,也可使处理问题得以简化.本章将首先介绍力学中一个最简单的物理模型——质点,引入描述质点运动的相应物理量,继而阐述运动的相对性.

1-1 质点 参考系 坐标系

1-1-1 质点

自然界的一切客观物体都有一定的大小和形状.一般当物体作机械运动时,其运动状况是十分复杂的.例如地球的运动,地球除了绕太阳公转以外,本身还有自转;地球上的各个不同部分在运动过程中具有不同的轨迹,且任何一个瞬间不同部分的运动快慢以及这种快慢的变化也都是不同的.这样,就给我们在描述地球的运动时带来了困难.但是,如果我们只是研究地球绕太阳的公转,而不去关心地球的自转,那么,由于地球到太阳的距离远大于地球本身的尺度(约 10^4 倍),地球上的各点相对于太阳的运动可以认为是近似相同的,因此可以用一个具有地球质量的点来代表整个地球,于是地球绕太阳的运动便可简化为这个点绕太阳的转动.一般情况下,在描述物体的运动时,如果物体的形状和大小对所研究的问题影响不大而可以忽略,或者物体上各部分具有相同的运动规律,那么就可以把该物体当成一个具有一定质量的几何点,这样的几何点称为质点(point mass).

在物理学中处理一些较为复杂的问题时,为了突出要研究的主题,且使问题的处理简单起见,我们往往根据所研究问题的性质,去寻找事物的主要矛盾,忽略一些次要因素,建立一个理想化的模型(model)来代替实际的研究对象,从而使问题大大地简化,这是一种常用的科学研究方法.质点是描述物体机械运动的最简单的物理模型.值得注意的是:在实际问题中,一个物体能否被抽象为质点,关键不在于物体的大小,而在于所研究问题的性质.例如:地球的半径约为 6 370 km,显然是一个庞然大物,但是在讨论地球绕太阳的公转时,可以把它抽象为一个质点,如图 1-1 所示;而乒乓球的直径仅约为 40 mm,但是当我们研究其旋转性质和运动规律时,却不能够把它当成质点来看待.

图 1-1 地球的半径约为 6 370 km,而地球到太阳的距离约为 1.5×10^8 km,因此在讨论地球绕太阳的公转时,可以将地球抽象为一个质点

1-1-2 参考系和坐标系

宇宙中任何物体都处于永恒不息的运动之中,绝对静止的物体是没有的,运动的绝对性已被科学发展史所证实而成为今天人们的科学常识.运动虽然具有绝对性,但对一个物体运动的描述却具有相对性.同一个物体相对于不同的观察者来说,具有不同的运动状况.例如,当一列火车通过车站时,在伫立在站台上的人看来,火车在前行;而在静坐在车厢里的乘客看来,火车相对于他并没有运动,而站台上的人却在向后退去,如图 1-2 所示.因此描述一个物体的运动,首先要指明运动是相对哪个参考物体而言的.这个被选定的参考物体称为

图 1-2 在不同的参考系下,对同一物体运动的描述是不同的.在伫立在站台上的人看来,火车在前进;而在静坐在车厢里的乘客看来,火车没有运动

参考系(reference frame).

在运动学中,对参考系的选择完全是任意的,这取决于问题的性质和研究的方便.例如,研究地面上物体的运动,通常选取地面或地面上静止的物体作为参考系,而在研究行星绕太阳的运动时,可以取太阳作为参考系.

参考系选定以后,为了能够定量地描述物体的位置及其随时间的改变,还必须在参考系上建立一个适当的**坐标系**(coordinate system).运动物体的位置就可由它在坐标系中的坐标表明.在具体问题中,如果指明了坐标系,就意味着已经选定了参考系,或者说,坐标系是参考系作定量描述时的替身.我们可以根据具体问题的需要,选定合适的坐标系.常用的坐标系有直角坐标系、自然坐标系、极坐标系和球坐标系等.

1-2 描述质点运动的物理量

我们可以设想一幅运动场景:一个不明飞行物突然进入了雷达监控区域.为了全面掌握它的运动状况,必须获知它在每一时刻的空间位置、运动快慢和方向以及运动快慢的变化程度.以下我们将就描述质点运动的这三个方面引入相应的物理量.

1-2-1 位置矢量与运动方程

每年的夏末秋初,我国沿海城市的居民常会在气象预报的广播中听到热带风暴的消息.例如,一则热带风暴警报是这样说的:"今年第 5 号热带风暴,今天凌晨在上海东南大约 1 200 km 的洋面上生成."这则消息给了我们有关风暴的两个信息:①以上海为参考点的东南方向;②距离上海约 1 200 km.根据这两个信息,我们就可以知道热带风暴在凌晨时刻所在的位置.由此看来,在选定了坐标系以后,可以以坐标系的原点 O 作为参考点,画一条有向线段来表示运动质点在空间的位置.这条有向线段称为**位置矢量**(position vector),简称**位矢**,用 $\boldsymbol{r}$ 表示[①].在国际单位制中,位置矢量的单位是米(m).

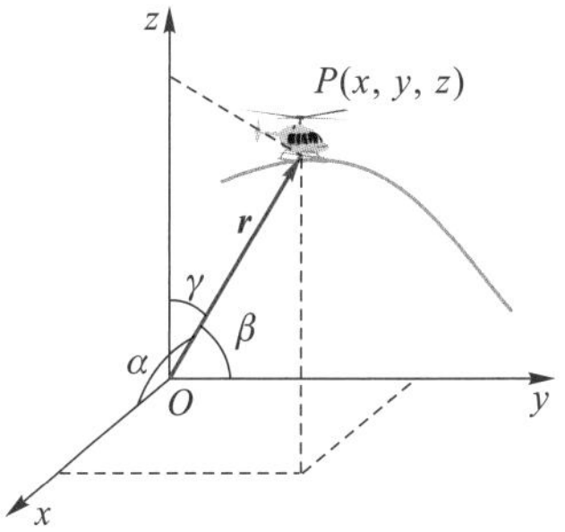

图 1-3 飞机的位置矢量 $\boldsymbol{r}$

图 1-3 给出了运动质点(飞机)在某一时刻的位矢 $\boldsymbol{r}$,在直角坐标系 $Oxyz$ 中,其矢量式可表示为

$$\boldsymbol{r}=x\boldsymbol{i}+y\boldsymbol{j}+z\boldsymbol{k} \tag{1-1}$$

其中的 $\boldsymbol{i}$、$\boldsymbol{j}$、$\boldsymbol{k}$ 分别是沿坐标轴 Ox、Oy、Oz 正方向的单位矢量,式中的 $x\boldsymbol{i}$、$y\boldsymbol{j}$、$z\boldsymbol{k}$

① 在印刷品中,矢量都用黑体字母表示;在书写中,矢量一般写成字母上加箭头,如 $\vec{r}$.

分别是位矢 $\boldsymbol{r}$ 在三个坐标轴方向的分矢量.位矢的大小为

$$r=|\boldsymbol{r}|=\sqrt{x^2+y^2+z^2} \tag{1-2}$$

位矢的方向由下式确定：

$$\cos\alpha=\frac{x}{r},\quad \cos\beta=\frac{y}{r},\quad \cos\gamma=\frac{z}{r} \tag{1-3}$$

式中的 α、β、γ 分别是位矢 $\boldsymbol{r}$ 与 Ox 轴、Oy 轴、Oz 轴之间的夹角.

质点在运动时,其位矢 $\boldsymbol{r}$ 随时间 t 变化,$\boldsymbol{r}$ 是时间 t 的函数,即

$$\boldsymbol{r}=\boldsymbol{r}(t)=x(t)\boldsymbol{i}+y(t)\boldsymbol{j}+z(t)\boldsymbol{k} \tag{1-4}$$

上式称为质点的**运动方程**(equation of motion).

质点在运动中,其位置坐标是时间 t 的函数,因此运动方程也可以用时间 t 作为参量,表示成分量式,即

$$\begin{cases} x=x(t) \\ y=y(t) \\ z=z(t) \end{cases} \tag{1-5}$$

在上述分量形式中消去时间参量 t,就可以得到运动质点的轨道方程.

1-2-2 位移与路程

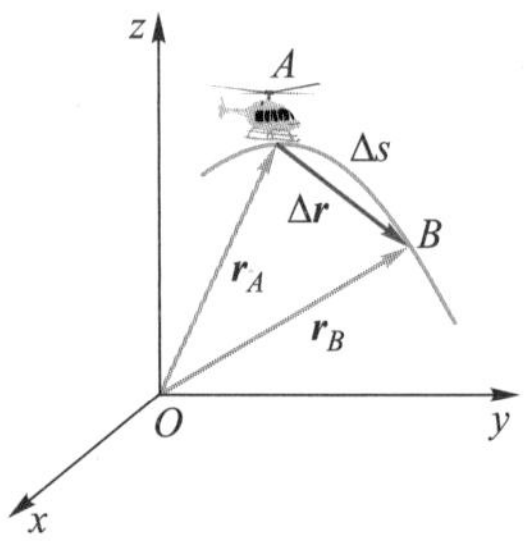

图 1-4 $\Delta\boldsymbol{r}$ 称为飞机由位置 A 到位置 B 的位移矢量

要了解质点的运动,不仅要知道它的位置,还要知道它的位置变化情况.设飞机(可视为质点)沿图 1-4 所示的曲线运动,在 t 时刻,飞机位于 A 点,其位矢为 $\boldsymbol{r}_A$;经过 Δt 时间后,飞机到达 B 点,其位矢为 $\boldsymbol{r}_B$.在此过程中,飞机的位置变化量可用由 A 点指向 B 点的矢量 $\Delta\boldsymbol{r}$ 表示.$\Delta\boldsymbol{r}$ 称为飞机由位置 A 到位置 B 的**位移矢量**,简称**位移**(displacement).从图 1-4 中可以看出

$$\Delta\boldsymbol{r}=\boldsymbol{r}_B-\boldsymbol{r}_A \tag{1-6}$$

在直角坐标系 $Oxyz$ 中,位移 $\Delta\boldsymbol{r}$ 可表示为

$$\begin{aligned}\Delta\boldsymbol{r}&=(x_B-x_A)\boldsymbol{i}+(y_B-y_A)\boldsymbol{j}+(z_B-z_A)\boldsymbol{k}\\&=\Delta x\boldsymbol{i}+\Delta y\boldsymbol{j}+\Delta z\boldsymbol{k}\end{aligned}$$

式中,$\Delta x=x_B-x_A$,$\Delta y=y_B-y_A$,$\Delta z=z_B-z_A$.位移的大小为

$$|\Delta\boldsymbol{r}|=\sqrt{\Delta x^2+\Delta y^2+\Delta z^2} \tag{1-7}$$

飞机在 Δt 时间内,沿其飞行轨道上所经过的曲线长度称为**路程**(path),如图 1-4 中的曲线 AB 的长度,记作 Δs.值得注意,位移和路程是两个不同的概念,位移是矢量,它的大小 $|\Delta\boldsymbol{r}|$ 为 A、B 两点的直线距离,路程则是标量,它是

A、B 两点之间的弧长 Δs.在一般情况下,$|\Delta \boldsymbol{r}| \leqslant \Delta s$,但当 $\Delta t \to 0$ 时,有 $\lim\limits_{\Delta t \to 0} \Delta s = \lim\limits_{\Delta t \to 0} |\Delta \boldsymbol{r}|$,即 $ds = |d\boldsymbol{r}|$.

1-2-3 速度

速度是描述质点运动快慢和运动方向的物理量.设质点在 t 到 $t+\Delta t$ 这段时间内,完成了位移 $\Delta \boldsymbol{r}$.为了表征质点在这段时间内运动的快慢和方向,我们把质点发生的位移 $\Delta \boldsymbol{r}$ 与所经历的时间 Δt 之比,定义为质点在这段时间内的平均速度 $\overline{\boldsymbol{v}}$(average velocity),即

$$\overline{\boldsymbol{v}} = \frac{\Delta \boldsymbol{r}}{\Delta t} \tag{1-8}$$

平均速度是一个矢量,其方向与位移 $\Delta \boldsymbol{r}$ 的方向相同.平均速度的大小等于质点在 Δt 时间内位置矢量大小的平均变化率.显然平均速度只能粗略地反映在有限时间 Δt 内质点位置变化的快慢和方向.

为了了解质点每时每刻或者说每一瞬时的速度,我们将时间间隔 Δt 取得很小,从图 1-4 可知,在点 A 附近,时间间隔 Δt 取得越小,质点的平均速度就越是接近于 t 时刻它在 A 点的速度.当时间间隔 Δt 趋近于零时,质点平均速度的极限称为瞬时速度(instantaneous velocity),简称速度,用 $\boldsymbol{v}$ 表示,可写为

$$\boldsymbol{v} = \lim_{\Delta t \to 0} \frac{\Delta \boldsymbol{r}}{\Delta t} = \frac{d\boldsymbol{r}}{dt} \tag{1-9}$$

上式表明,质点在 t 时刻的瞬时速度等于其位置矢量 $\boldsymbol{r}$ 对时间 t 的一阶导数,这个导数称为矢量导数,它仍是一个矢量.所以速度是矢量,其大小为 $|\boldsymbol{v}| = \left|\frac{d\boldsymbol{r}}{dt}\right| = \frac{|d\boldsymbol{r}|}{dt}$;其方向是当 Δt 趋近于零时平均速度或位移 $\Delta \boldsymbol{r}$ 的极限方向.由图 1-5 可以看出,当 $\Delta t \to 0$ 时,B 点无限趋近于 A 点,此时位移的方向趋近于曲线在 A 点的切线方向.这样,**质点沿曲线运动时,在某一点处的运动方向可用该质点的速度方向表征,而该质点的速度方向沿该点处曲线的切线,并指向质点运动前进的一方.**在国际单位制中,速度的单位是米每秒($m \cdot s^{-1}$).

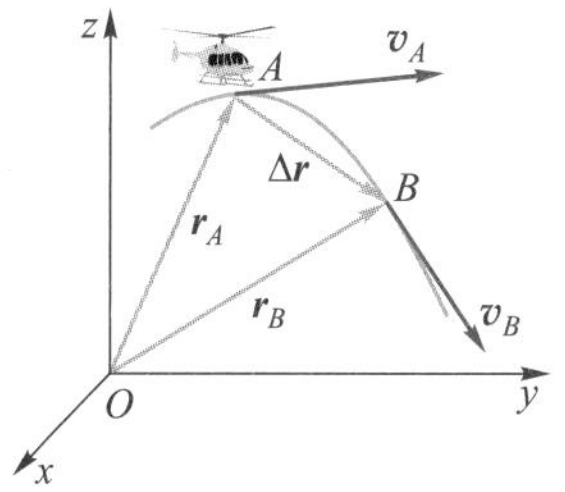

图 1-5 飞机在运动曲线上某点的速度方向就是沿着曲线在该点的切线,并指向质点运动前进的方向

同样地,我们把 Δt 时间内飞机所经过的路程 Δs 与时间间隔 Δt 之比定义为 Δt 时间内质点的平均速率(mean speed),用 $\bar{v}$ 表示,即

$$\bar{v} = \frac{\Delta s}{\Delta t} \tag{1-10}$$

当 $\Delta t \to 0$ 时,平均速率的极限即质点在 t 时刻的瞬时速率 v,即

$$v = \lim_{\Delta t \to 0} \frac{\Delta s}{\Delta t} = \frac{ds}{dt} \tag{1-11}$$

显然,当 $\Delta t \to 0$ 时,$ds = |d\boldsymbol{r}|$,因此有 $v = |\boldsymbol{v}|$.这表明速率就等于速度的大小,它

反映了质点运动的快慢程度.

在直角坐标系 $Oxyz$ 中,速度矢量可表示为

$$\boldsymbol{v}=\frac{\mathrm{d}\boldsymbol{r}}{\mathrm{d}t}=v_x\boldsymbol{i}+v_y\boldsymbol{j}+v_z\boldsymbol{k}=\frac{\mathrm{d}x}{\mathrm{d}t}\boldsymbol{i}+\frac{\mathrm{d}y}{\mathrm{d}t}\boldsymbol{j}+\frac{\mathrm{d}z}{\mathrm{d}t}\boldsymbol{k} \tag{1-12}$$

速度的大小为

$$v=|\boldsymbol{v}|=\sqrt{\left(\frac{\mathrm{d}x}{\mathrm{d}t}\right)^2+\left(\frac{\mathrm{d}y}{\mathrm{d}t}\right)^2+\left(\frac{\mathrm{d}z}{\mathrm{d}t}\right)^2} \tag{1-13}$$

速度的方向可由其方向余弦表示.

1-2-4 加速度

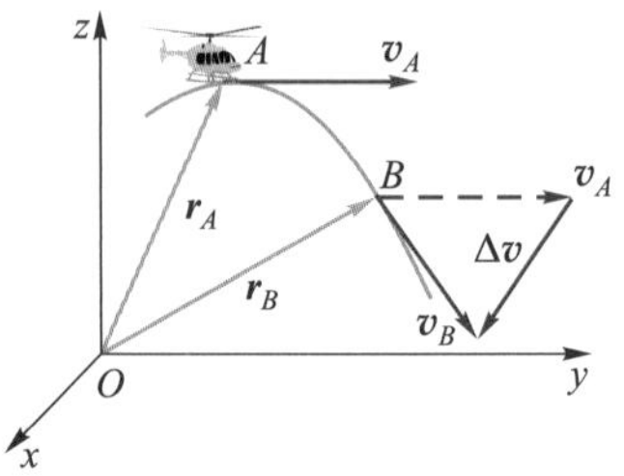

图 1-6 平均加速度的方向为速度增量 $\Delta\boldsymbol{v}=\boldsymbol{v}_B-\boldsymbol{v}_A$ 的方向

加速度是反映质点的速度随时间变化的物理量.设质点在 Δt 时间内,沿图 1-6 所示的某一轨道由 A 点运动至 B 点,速度由 $\boldsymbol{v}_A$ 变为 $\boldsymbol{v}_B$,速度的增量为 $\Delta\boldsymbol{v}=\boldsymbol{v}_B-\boldsymbol{v}_A$.在 Δt 时间内,质点的**平均加速度**(average acceleration)定义为

$$\overline{\boldsymbol{a}}=\frac{\Delta\boldsymbol{v}}{\Delta t} \tag{1-14}$$

平均加速度只能粗略地反映 Δt 时间内质点速度的变化情况.与讨论速度时的情况相仿,当我们把时间间隔取得足够小时($\Delta t\to 0$),平均加速度的极限即**瞬时加速度**(instantaneous acceleration),简称**加速度**,即

$$\boldsymbol{a}=\lim_{\Delta t\to 0}\frac{\Delta\boldsymbol{v}}{\Delta t}=\frac{\mathrm{d}\boldsymbol{v}}{\mathrm{d}t}=\frac{\mathrm{d}^2\boldsymbol{r}}{\mathrm{d}t^2} \tag{1-15}$$

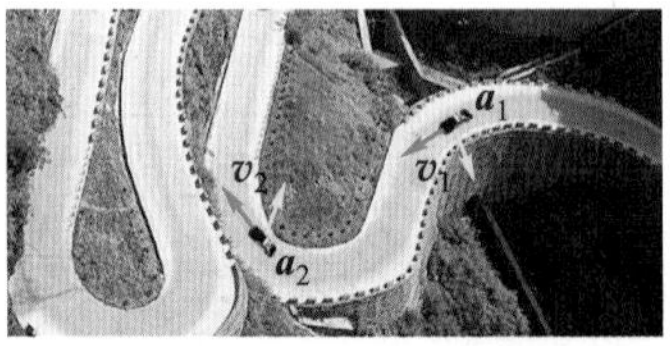

图 1-7 小车作一般曲线运动时,其加速度的方向总是指向轨道曲线凹的一侧

加速度等于速度 $\boldsymbol{v}$ 对时间 t 的一阶导数,或位置矢量 $\boldsymbol{r}$ 对时间 t 的二阶导数,加速度仍是一个矢量.其方向是当 $\Delta t\to 0$ 时速度增量 $\Delta\boldsymbol{v}$ 的极限方向.质点作一般曲线运动时,加速度的方向总是指向轨道曲线凹的一侧,如图 1-7 所示.在国际单位制中,加速度的单位是米每二次方秒($\mathrm{m\cdot s^{-2}}$).

在直角坐标系 $Oxyz$ 中,加速度可表示为

$$\begin{aligned}\boldsymbol{a}&=a_x\boldsymbol{i}+a_y\boldsymbol{j}+a_z\boldsymbol{k}\\&=\frac{\mathrm{d}v_x}{\mathrm{d}t}\boldsymbol{i}+\frac{\mathrm{d}v_y}{\mathrm{d}t}\boldsymbol{j}+\frac{\mathrm{d}v_z}{\mathrm{d}t}\boldsymbol{k}\\&=\frac{\mathrm{d}^2x}{\mathrm{d}t^2}\boldsymbol{i}+\frac{\mathrm{d}^2y}{\mathrm{d}t^2}\boldsymbol{j}+\frac{\mathrm{d}^2z}{\mathrm{d}t^2}\boldsymbol{k}\end{aligned} \tag{1-16}$$

加速度的大小为

$$a=|\boldsymbol{a}|=\sqrt{\left(\frac{\mathrm{d}^2x}{\mathrm{d}t^2}\right)^2+\left(\frac{\mathrm{d}^2y}{\mathrm{d}t^2}\right)^2+\left(\frac{\mathrm{d}^2z}{\mathrm{d}t^2}\right)^2} \tag{1-17}$$

加速度的方向可由其方向余弦表示.

从位置矢量 $\boldsymbol{r}$、速度 $\boldsymbol{v}$ 以及加速度 $\boldsymbol{a}$ 在直角坐标系 $Oxyz$ 中的矢量表达式可以看出，任何曲线运动都可以看成沿 Ox、Oy、Oz 轴三个方向独立直线运动的矢量叠加.

从以上讨论可以知晓，质点的运动方程 $\boldsymbol{r}=\boldsymbol{r}(t)$ 是描述质点运动的核心，因为给出了质点的运动方程，就可以知道每时每刻运动质点所在的位矢 $\boldsymbol{r}$、速度 $\boldsymbol{v}$ 以及加速度 $\boldsymbol{a}$.其中位矢 $\boldsymbol{r}$ 和速度 $\boldsymbol{v}$ 是运动学中反映质点运动状态的量，称为**运动状态量**；加速度 $\boldsymbol{a}$ 则是反映质点运动状态变化的物理量，称为**状态变化量**.

一般可以把质点运动学所研究的问题分为两类.

（1）已知质点运动方程，求质点在任意时刻的速度和加速度.求解这一类问题的基本方法是求导.

（2）已知运动质点的加速度（或速度）随时间的变化关系，根据初始条件（$t=0$ 时刻质点所处的位置和速度），求质点在任意时刻的速度和运动方程.求解这一类问题的基本方法是积分.

下面将用具体例子来说明以上两类问题的计算方法.

例 1-1

已知质点在直角坐标系 Oxy 中作平面运动，其运动方程为

$$\boldsymbol{r}=2t^2\boldsymbol{i}+(5t-1)\boldsymbol{j}\quad \text{(SI 单位)}$$

求：(1) 质点从 $t_1=1$ s 到 $t_2=2$ s 时间内的位移；(2) 质点的轨道方程；(3) 质点在 $t=2$ s 时的速度和加速度.

解 （1）$t_2=2$ s 和 $t_1=1$ s 时，质点的位矢分别为

$$\boldsymbol{r}_2=2\times2^2\boldsymbol{i}\ \text{m}+(5\times2-1)\boldsymbol{j}\ \text{m}=(8\boldsymbol{i}+9\boldsymbol{j})\ \text{m}$$

$$\boldsymbol{r}_1=2\times1^2\boldsymbol{i}\ \text{m}+(5\times1-1)\boldsymbol{j}\ \text{m}=(2\boldsymbol{i}+4\boldsymbol{j})\ \text{m}$$

位移为

$$\Delta\boldsymbol{r}=\boldsymbol{r}_2-\boldsymbol{r}_1=(6\boldsymbol{i}+5\boldsymbol{j})\ \text{m}$$

其大小为

$$\Delta r=|\Delta\boldsymbol{r}|=\sqrt{6^2+5^2}\ \text{m}=7.81\ \text{m}$$

其方向与 Ox 轴的夹角为

$$\tan\theta=\frac{\Delta y}{\Delta x}=\frac{5}{6},\ \theta\approx39.8^\circ$$

（2）由运动方程可知

$$x=2t^2$$

$$y=5t-1$$

消去时间 t 后，即可得质点的轨道方程为

$$x=\frac{2}{25}(y+1)^2$$

（3）把运动方程对时间 t 求导，便可得到速度

$$\boldsymbol{v}=\frac{\mathrm{d}\boldsymbol{r}}{\mathrm{d}t}=\frac{\mathrm{d}x}{\mathrm{d}t}\boldsymbol{i}+\frac{\mathrm{d}y}{\mathrm{d}t}\boldsymbol{j}=4t\boldsymbol{i}+5\boldsymbol{j}\ \text{(SI 单位)}$$

当 $t_2=2$ s 时，

$$\boldsymbol{v}_2=(8\boldsymbol{i}+5\boldsymbol{j})\ \text{m}\cdot\text{s}^{-1}$$

速度大小为

$$|\boldsymbol{v}|=\sqrt{8^2+5^2}\ \text{m}\cdot\text{s}^{-1}=9.43\ \text{m}\cdot\text{s}^{-1}$$

速度方向与 Ox 轴的夹角为

$$\tan\alpha=\frac{v_{2y}}{v_{1x}}=\frac{5}{8},\ \alpha\approx32^\circ$$

将速度对时间 t 求一阶导数，可得加速度

$$\boldsymbol{a}=\frac{\mathrm{d}\boldsymbol{v}}{\mathrm{d}t}=\frac{\mathrm{d}v_x}{\mathrm{d}t}\boldsymbol{i}+\frac{\mathrm{d}v_y}{\mathrm{d}t}\boldsymbol{j}=4\boldsymbol{i}\ \text{m}\cdot\text{s}^{-2}$$

加速度大小为

$$a=4\ \text{m}\cdot\text{s}^{-2}$$

加速度方向沿 Ox 轴方向.

例 1-2

质点以加速度 a(a 为常量)沿 Ox 轴运动,开始时,速度为 v_0,处于 x_0 的位置.求质点在任意时刻的速度和位置.

解 因为是沿 Ox 轴的一维运动,所以各个运动量都可视为标量处理.由 $a=\dfrac{\mathrm{d}v}{\mathrm{d}t}$,得 $\mathrm{d}v=a\mathrm{d}t$,两边积分,有

$$\int_{v_0}^{v_t}\mathrm{d}v=\int_0^t a\mathrm{d}t$$

式中积分上限 v_t 为质点在某一时刻 t 的速度.由上式得

$$v_t-v_0=at$$
$$v_t=v_0+at$$

同理,由 $v=\dfrac{\mathrm{d}x}{\mathrm{d}t}$,得 $\mathrm{d}x=v\mathrm{d}t$,两边积分,有

$$\int_{x_0}^{x}\mathrm{d}x=\int_0^t v\mathrm{d}t$$

式中积分上限 x 为质点在某一时刻 t 的位置坐标,由前式及上式,可算得

$$x-x_0=\int_0^t(v_0+at)\mathrm{d}t$$

$$x=x_0+v_0t+\frac{1}{2}at^2$$

这就是质点的运动方程.当 $a>0$ 时,这称为匀加速直线运动;当 $a<0$ 时,这称为匀减速直线运动.在 v_t 和 x 的表示式中消去 t,还可以得到速度与位置之间的函数关系.这一关系也可以从下式得到:

$$a=\frac{\mathrm{d}v}{\mathrm{d}t}=\frac{\mathrm{d}v}{\mathrm{d}x}\frac{\mathrm{d}x}{\mathrm{d}t}=v\frac{\mathrm{d}v}{\mathrm{d}x}$$
$$v\mathrm{d}v=a\mathrm{d}x$$

两边积分,有

$$\int_{v_0}^{v_t}v\mathrm{d}v=\int_{x_0}^{x}a\mathrm{d}x$$

即得

$$v^2-v_0^2=2a(x-x_0)$$

这些结论都是我们熟知的匀变速直线运动公式.

例 1-3

一个热气球以 1 m·s^{-1}的速率从地面匀速上升,由于风的影响,气球的水平速度随着上升的高度而增大,其关系式为 $v_x=2y$(SI 单位),如图 1-8 所示.求:(1)气球的运动方程;(2)气球运动的轨道方程;(3)气球的加速度.

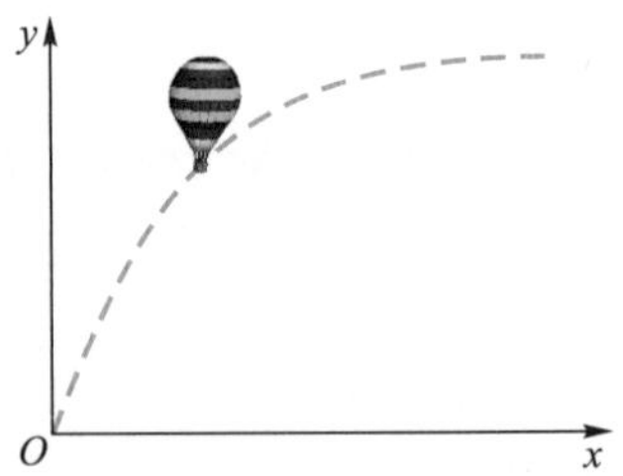

图 1-8 例 1-3 用图

解 (1) 设 $t=0$ 时气球位于坐标原点 O(地面),则在 Oy 轴方向上有

$$v_y=\frac{\mathrm{d}y}{\mathrm{d}t}=1,\mathrm{d}y=\mathrm{d}t$$

两边积分,有

$$\int_0^y\mathrm{d}y=\int_0^t\mathrm{d}t$$

得
$$y=t \tag{1-18}$$

在 Ox 轴方向上的速度分量 v_x 为

$$\frac{\mathrm{d}x}{\mathrm{d}t}=2y$$

则有

$$\mathrm{d}x=2y\mathrm{d}t=2t\mathrm{d}t$$

两边积分,有

$$\int_0^x \mathrm{d}x = \int_0^t 2t\mathrm{d}t$$

得
$$x=t^2 \qquad (1-19)$$

气球的运动方程为

$$\boldsymbol{r}=x\boldsymbol{i}+y\boldsymbol{j}=t^2\boldsymbol{i}+t\boldsymbol{j}\ (\text{SI 单位})$$

(2) 由式(1-18)和式(1-19)消去 t,可得气球的运动轨道方程为

$$x=y^2$$

(3) 气球的速度和加速度分别为

$$\boldsymbol{v}=\frac{\mathrm{d}x}{\mathrm{d}t}\boldsymbol{i}+\frac{\mathrm{d}y}{\mathrm{d}t}\boldsymbol{j}=2t\boldsymbol{i}+\boldsymbol{j}\ (\text{SI 单位})$$

$$\boldsymbol{a}=\frac{\mathrm{d}\boldsymbol{v}}{\mathrm{d}t}=\frac{\mathrm{d}v_x}{\mathrm{d}t}\boldsymbol{i}+\frac{\mathrm{d}v_y}{\mathrm{d}t}\boldsymbol{j}=2\boldsymbol{i}\ \mathrm{m}\cdot\mathrm{s}^{-2}$$

例 1-4

一名跳远运动员在助跑后以与地面夹角 20°的方向起跳,如图 1-9 所示,其速度为 10.0 $\mathrm{m}\cdot\mathrm{s}^{-1}$.试问:(1)该运动员能够跳出的距离是多少?(2)如果想要跳得尽可能远,而起跳速度大小不变,则起跳时,速度与地面的夹角应该是多少?(3)在(2)所述条件中,人体在跳跃过程中距离地面的最大高度是多少?(忽略空气阻力.)

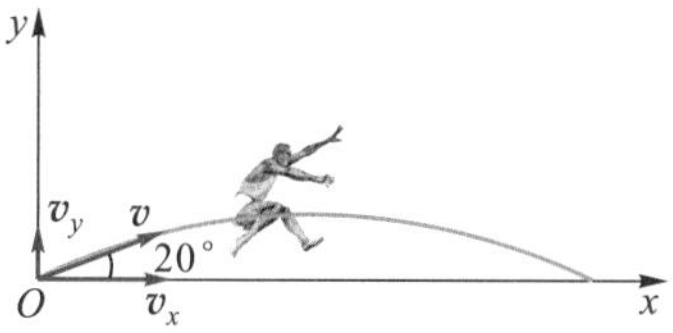

图 1-9 例 1-4 用图

解 取如图所示的平面直角坐标系 Oxy,设运动员从原点 O 起跳,已知起跳的初速度大小为 $v_0=10.0\ \mathrm{m}\cdot\mathrm{s}^{-1}$,在跳跃过程中其加速度为 $g=9.80\ \mathrm{m}\cdot\mathrm{s}^{-2}$(重力加速度),方向竖直向下.我们把运动沿 Ox 轴和 Oy 轴进行分解,沿 Ox 轴方向,运动员的运动方程为

$$x=v_0\cos\theta\cdot t \qquad (1-20)$$

在 Oy 轴方向,运动员的初速度为 $v_0\sin\theta$,加速度为 $-g$,由式(1-16)有

$$\mathrm{d}v_y=a_y\mathrm{d}t$$

根据所给出的初始条件,两边积分,有

$$\int_{v_0\sin\theta}^{v_y}\mathrm{d}v=\int_0^t -g\mathrm{d}t$$

得
$$v_y-v_0\sin\theta=-gt$$

亦即
$$v_y=v_0\sin\theta-gt \qquad (1-21)$$

又根据式(1-12),有

$$\mathrm{d}y=v_y\mathrm{d}t$$

根据所给出的初始条件,两边积分,有

$$\int_0^y\mathrm{d}y=\int_0^t(v_0\sin\theta-gt)\mathrm{d}t$$

即得沿 Oy 轴方向的运动方程:

$$y=v_0\sin\theta\cdot t-\frac{1}{2}gt^2 \qquad (1-22)$$

(1) 按题意,运动员落地时 Oy 轴方向位移为零,即有 $y=0$,因此由式(1-22)可解得

$$t=\frac{2v_0\sin\theta}{g}$$

将上式代入式(1-20),可得运动员的跳远距离为

$$x=v_0\cos\theta\frac{2v_0\sin\theta}{g}=\frac{2v_0^2\sin\theta\cos\theta}{g} \qquad (1-23)$$

代入数据得跳远成绩为

$$x=\frac{2(10.0\ \mathrm{m}\cdot\mathrm{s}^{-1})^2\sin 20°\cos 20°}{9.80\ \mathrm{m}\cdot\mathrm{s}^{-2}}$$
$$\approx 6.56\ \mathrm{m}$$

(2) 根据三角学知识,式(1-23)可简化为

$$x=\frac{v_0^2\sin 2\theta}{g}$$

由上式可以作出判断，当 $\theta=45°$ 时，x 具有极大值，此时，运动员跳得最远，其跳跃距离为

$$x_{\max}=\frac{(10.0\ \mathrm{m\cdot s^{-1}})^2\sin(2\times45°)}{9.80\ \mathrm{m\cdot s^{-2}}}\approx10.2\ \mathrm{m}$$

（3）运动员在离地面最高处时，其速度的竖直分量为零，即 $v_y=0$. 由式(1-21)可解得该时刻为

$$t=\frac{v_0\sin\theta}{g}$$

代入式(1-22)可得最高点位置为

$$y_{\max}=\frac{v_0^2\sin^2\theta}{g}-\frac{1}{2}g\frac{v_0^2\sin^2\theta}{g^2}=\frac{v_0^2\sin^2\theta}{2g}=\frac{(10.0\ \mathrm{m\cdot s^{-1}})^2\sin^2 45°}{2\times9.80\ \mathrm{m\cdot s^{-1}}}\approx2.55\ \mathrm{m}$$

1-2-5 自然坐标系下的速度和加速度

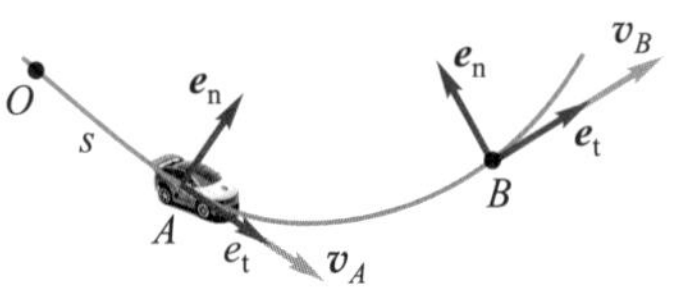

图 1-10 在自然坐标系中研究质点的平面曲线运动

在研究质点的平面曲线运动时，有时也采用自然坐标系. 在质点运动轨道上任取一个点作为自然坐标系的原点 O，在运动质点上沿轨道的切线方向和法线方向建立两个相互垂直的坐标轴. 切向坐标轴的方向指向质点前进的方向，其单位矢量用 $\boldsymbol{e}_t$ 表示，规定法向坐标轴的方向指向曲线的凹侧，其单位矢量用 $\boldsymbol{e}_n$ 来表示，运动质点在轨道上某一点的位置坐标用距离原点 O 的路程 s 表示，这样的坐标系称为**自然坐标系**(natural coordinate system)，如图 1-10 所示.

运动质点的位置坐标随时间 t 的变化规律可表示为

$$s=s(t) \tag{1-24}$$

这就是自然坐标系中质点的运动方程.

因为质点运动的速度总是沿轨道切线方向，所以在自然坐标系中速度矢量可以表示为

$$\boldsymbol{v}=v\boldsymbol{e}_t=\frac{\mathrm{d}s}{\mathrm{d}t}\boldsymbol{e}_t \tag{1-25}$$

根据加速度的定义，在自然坐标系中质点的加速度可表示为

$$\boldsymbol{a}=\frac{\mathrm{d}\boldsymbol{v}}{\mathrm{d}t}=\frac{\mathrm{d}(v\boldsymbol{e}_t)}{\mathrm{d}t}=\frac{\mathrm{d}v}{\mathrm{d}t}\boldsymbol{e}_t+v\frac{\mathrm{d}\boldsymbol{e}_t}{\mathrm{d}t} \tag{1-26}$$

上式中，第一项 $\frac{\mathrm{d}v}{\mathrm{d}t}\boldsymbol{e}_t$，其大小为质点速率的变化率，其方向指向曲线的切线方向，称为**切向加速度**，用 $\boldsymbol{a}_t$ 表示，即

$$\boldsymbol{a}_t=\frac{\mathrm{d}v}{\mathrm{d}t}\boldsymbol{e}_t=\frac{\mathrm{d}^2s}{\mathrm{d}t^2}\boldsymbol{e}_t \tag{1-27}$$

下面讨论式(1-26)中的第二项 $\frac{\mathrm{d}\boldsymbol{e}_t}{\mathrm{d}t}$. 如图 1-11(a)所示，质点在 Δt 时间内

沿曲线经历的路程为一段弧线 Δs，当时间间隔 Δt 很小时，曲线上的路程 Δs 可以看成曲率半径为 ρ 的一段圆弧长度，相应的曲率中心为 O. 切向单位矢量 $\boldsymbol{e}_t$ 在 t 到 $t+\Delta t$ 时间内的增量为 $\Delta\boldsymbol{e}_t=\boldsymbol{e}_t(t+\Delta t)-\boldsymbol{e}_t(t)$，表示了质点运动方向在 Δt 时间内的变化，如图 1-11(b) 所示. 因为当 $\Delta t\to 0$ 时，$\Delta\theta\to 0$，P_2 点趋近于 P_1 点，所以有 $|\Delta\boldsymbol{e}_t|=|\boldsymbol{e}_t|\Delta\theta=\Delta\theta$，此时 $\Delta\boldsymbol{e}_t$ 的方向趋向于 $\boldsymbol{e}_t$ 的垂直方向，即 P_1 点处的法线方向，其单位矢量用 $\boldsymbol{e}_n$ 表示. 以上的分析用数学式可表示为

$$\frac{\mathrm{d}\boldsymbol{e}_t}{\mathrm{d}t}=\lim_{\Delta t\to 0}\frac{\Delta\boldsymbol{e}_t}{\Delta t}=\lim_{\Delta t\to 0}\frac{\Delta\theta}{\Delta t}\boldsymbol{e}_n$$

又因为 $\Delta\theta=\dfrac{\Delta s}{\rho}$，代入上式可得

$$\frac{\mathrm{d}\boldsymbol{e}_t}{\mathrm{d}t}=\lim_{\Delta t\to 0}\frac{\Delta s}{\rho\Delta t}\boldsymbol{e}_n=\frac{1}{\rho}\frac{\mathrm{d}s}{\mathrm{d}t}\boldsymbol{e}_n=\frac{v}{\rho}\boldsymbol{e}_n$$

故式(1-26)中第二项可表示为 $v\dfrac{\mathrm{d}\boldsymbol{e}_t}{\mathrm{d}t}=\dfrac{v^2}{\rho}\boldsymbol{e}_n$，称为**法向加速度**，用 $\boldsymbol{a}_n$ 表示，有

$$\boldsymbol{a}_n=\frac{v^2}{\rho}\boldsymbol{e}_n \tag{1-28}$$

综上所述，质点的加速度 $\boldsymbol{a}$ 可表示为

$$\boldsymbol{a}=\boldsymbol{a}_t+\boldsymbol{a}_n=\frac{\mathrm{d}v}{\mathrm{d}t}\boldsymbol{e}_t+\frac{v^2}{\rho}\boldsymbol{e}_n \tag{1-29}$$

即质点在平面曲线运动中的加速度等于质点的切向加速度与法向加速度的矢量和. 加速度的大小为

$$a=\sqrt{a_n^2+a_t^2} \tag{1-30}$$

加速度的方向与切线方向夹角为 θ，则

$$\tan\theta=\frac{a_n}{a_t} \tag{1-31}$$

切向加速度 $\boldsymbol{a}_t$ 的量值反映了速度大小的变化；法向加速度 $\boldsymbol{a}_n$ 反映了速度方向的变化.

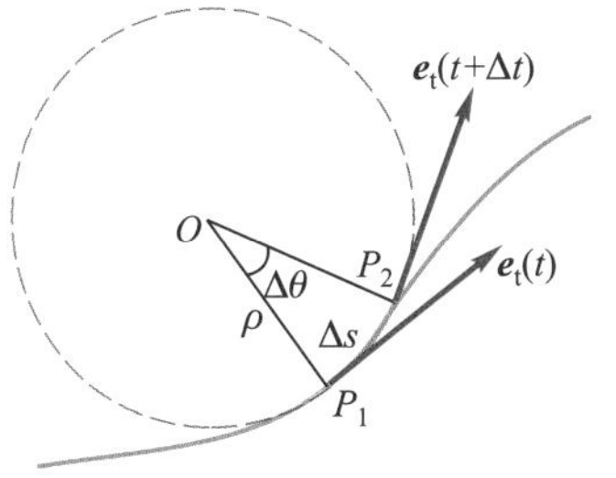

(a) 切向单位矢量 $\boldsymbol{e}_t$ 的方向随时间变化

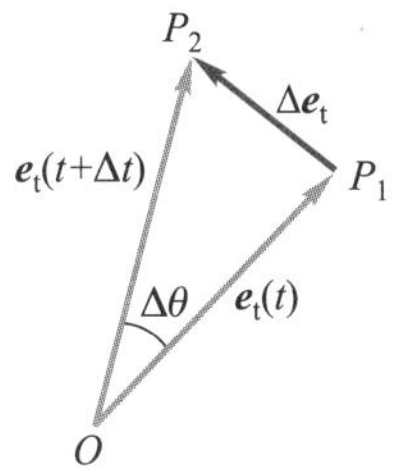

(b) 当 $\Delta t\to 0$ 时，$\Delta\boldsymbol{e}_t$ 的方向趋向于 $\boldsymbol{e}_t$ 的垂直方向，即法线 $\boldsymbol{e}_n$ 的方向

图 1-11

1-2-6 圆周运动及其角量描述

质点在作平面曲线运动的过程中，若其曲率中心和曲率半径始终保持不变，则其运动轨道是一个平面圆，我们称质点作**圆周运动**(circular motion). 圆周运动是曲线运动中一个重要的特例. 质点作圆周运动的速度为

$$\boldsymbol{v}=v\boldsymbol{e}_t=\frac{\mathrm{d}s}{\mathrm{d}t}\boldsymbol{e}_t \tag{1-32}$$

切向加速度和法向加速度（此时也可称为向心加速度）分别为

$$\boldsymbol{a}_{t}=\frac{\mathrm{d}v}{\mathrm{d}t}\boldsymbol{e}_{t},\boldsymbol{a}_{n}=\frac{v^{2}}{R}\boldsymbol{e}_{n}$$

其中 R 为圆周半径.总加速度为

$$\boldsymbol{a}=\frac{\mathrm{d}v}{\mathrm{d}t}\boldsymbol{e}_{t}+\frac{v^{2}}{R}\boldsymbol{e}_{n} \tag{1-33}$$

根据圆周运动的特点，除了可以用位移、速度、加速度等所谓的线量来描述运动外，还经常采用角位移、角速度及角加速度等角量来描述.设质点在平面内以原点 O 为中心作半径为 R 的圆周运动，如图 1-12 所示.t 时刻质点位于 A 点，其位矢与 Ox 轴正方向的夹角称为**角位置**，记作 θ.角位置 θ 随时间 t 变化的函数关系可表示为

$$\theta=\theta(t) \tag{1-34}$$

上式也可以称为质点的运动方程.

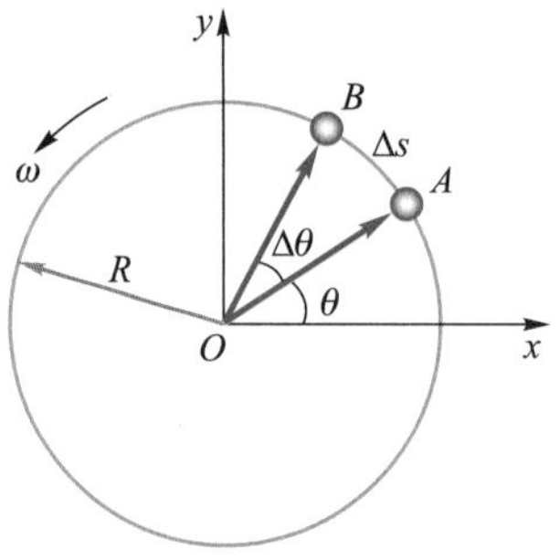

图 1-12 用角量来描述圆周运动

经过时间 Δt 以后，质点由 A 点运动到 B 点，位矢转过的角度 $\Delta\theta$ 称为质点对于圆心 O 的**角位移**（angular displacement）.角位移不但有大小而且还有正负之分.质点作平面圆周运动时，一般规定逆时针转向的角位移为正，而顺时针转向的角位移为负.角位置和角位移的单位均是弧度（rad）.

角位移 $\Delta\theta$ 对时间的变化率定义为**角速度**（angular velocity），用 ω 表示，即

$$\omega=\lim_{\Delta t\to 0}\frac{\Delta\theta}{\Delta t}=\frac{\mathrm{d}\theta}{\mathrm{d}t} \tag{1-35}$$

在国际单位制中，角速度的单位为弧度每秒（$\mathrm{rad\cdot s^{-1}}$）.

角速度对时间的变化率定义为**角加速度**（angular acceleration），用 α 表示，即

$$\alpha=\frac{\mathrm{d}\omega}{\mathrm{d}t}=\frac{\mathrm{d}^{2}\theta}{\mathrm{d}t^{2}} \tag{1-36}$$

在国际单位制中，角加速度的单位为弧度每二次方秒（$\mathrm{rad\cdot s^{-2}}$）.

由图 1-12 可以看出，质点从 A 点移动到 B 点所经过的路程与角位移的关系为

$$\Delta s=R\Delta\theta \tag{1-37a}$$

将上式两边分别对时间 t 求导，可得质点的速率与角速度之间的关系：

$$v=\frac{\mathrm{d}s}{\mathrm{d}t}=R\frac{\mathrm{d}\theta}{\mathrm{d}t}=R\omega \tag{1-37b}$$

将式（1-37b）两边分别对时间 t 求一阶导数，可得质点的切向加速度大小与角加速度的关系：

$$a_{t}=\frac{\mathrm{d}v}{\mathrm{d}t}=\frac{\mathrm{d}}{\mathrm{d}t}(R\omega)=R\frac{\mathrm{d}\omega}{\mathrm{d}t}=R\alpha \tag{1-37c}$$

由式(1-28)和式(1-37b)可知,质点作圆周运动时的法向加速度大小为

$$a_n=\frac{v^2}{R}=R\omega^2 \tag{1-37d}$$

上述式(1-37)的各式表示了质点作圆周运动时的线量与角量的关系.

质点在作一般空间圆周运动时,我们可以把角速度看成矢量 $\boldsymbol{\omega}$,这在讨论一些较复杂的问题时,尤其是在解决角速度合成问题时,会很方便.角速度矢量的方向由右手螺旋定则确定,即右手的四指循着质点的转动方向弯曲,拇指的指向即角速度矢量 $\boldsymbol{\omega}$ 的方向,如图 1-13 所示.而线速度与角速度的关系可表示为

$$\boldsymbol{v}=\boldsymbol{\omega}\times\boldsymbol{r} \tag{1-38}$$

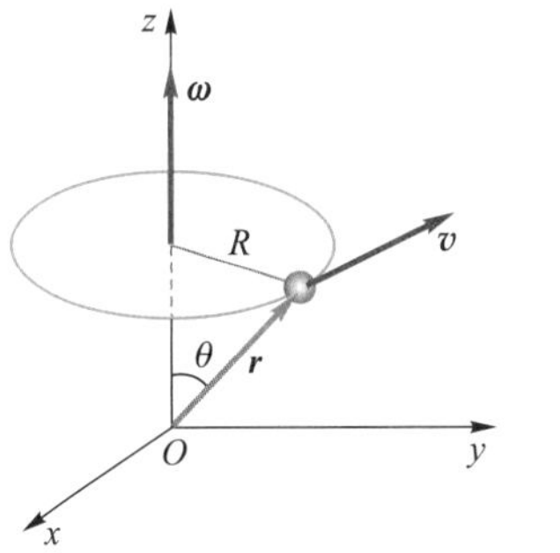

图 1-13 线速度与角速度的矢量关系

将上式两边对时间 t 求导,进一步可以得到线加速度与角加速度的矢量关系,即

$$\frac{\mathrm{d}\boldsymbol{v}}{\mathrm{d}t}=\frac{\mathrm{d}\boldsymbol{\omega}}{\mathrm{d}t}\times\boldsymbol{r}+\boldsymbol{\omega}\times\frac{\mathrm{d}\boldsymbol{r}}{\mathrm{d}t}$$

也就是

$$\boldsymbol{a}=\boldsymbol{\alpha}\times\boldsymbol{r}+\boldsymbol{\omega}\times\boldsymbol{v} \tag{1-39}$$

上式中角加速度 $\boldsymbol{\alpha}$ 和角速度 $\boldsymbol{\omega}$ 的方向均沿轴向.第一项,其量值为 $\alpha r\sin\theta=\alpha R$,其方向沿着运动的切线方向,它是加速度的切向分量 $\boldsymbol{a}_t$;$\boldsymbol{\omega}$ 与 $\boldsymbol{v}$ 垂直,所以第二项,其量值为 $\omega v=\omega^2R$,其方向指向圆心,它是加速度的法向分量 $\boldsymbol{a}_n$.

例 1-5

在例 1-3 中,求气球上升到高度 h 时,它的切向加速度和法向加速度的大小.

解 由已知条件可知

$$v_x=2y,v_y=1$$

气球的运动速率为

$$v=\sqrt{v_x^2+v_y^2}=\sqrt{4y^2+1}$$

气球在高度为 y 处的切向加速度大小为

$$a_t=\frac{\mathrm{d}v}{\mathrm{d}t}=\frac{4y}{\sqrt{4y^2+1}}$$

气球的加速度由例 1-3 的计算可知

$$\boldsymbol{a}=2\boldsymbol{i}\ \mathrm{m\cdot s^{-2}}$$

因此气球在高度为 y 处的法向加速度大小为

$$a_n=\sqrt{a^2-a_t^2}=\frac{2}{\sqrt{4y^2+1}}$$

气球上升到高度 $y=h$ 时,它的切向加速度和法向加速度的大小分别为

$$a_t=\frac{4h}{\sqrt{4h^2+1}}\ (\text{SI 单位})$$

$$a_n=\frac{2}{\sqrt{4h^2+1}}\ (\text{SI 单位})$$

例 1-6

如图 1-14 所示,一辆赛车沿半径为 R 的圆形车道作圆周运动,其行驶路程与时间的关系为 $s=at+bt^2$,式中 a 和 b 均为常量.求该赛车在任意时刻的速度、加速度、角速度和角加速度.

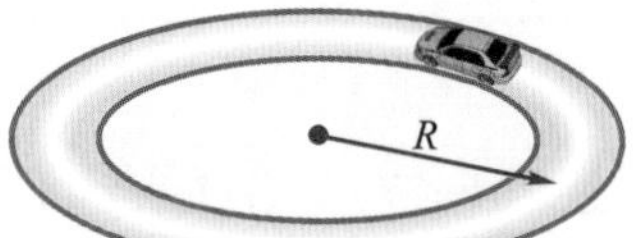

图 1-14 例 1-6 用图

解 赛车速度的大小为

$$v=\frac{\mathrm{d}s}{\mathrm{d}t}=a+2bt$$

方向为圆周的切线方向.

赛车的切向加速度大小为

$$a_t=\frac{\mathrm{d}v}{\mathrm{d}t}=2b$$

赛车的法向加速度大小为

$$a_n=\frac{v^2}{R}=\frac{(a+2bt)^2}{R}$$

赛车加速度的大小为

$$a=\sqrt{a_n^2+a_t^2}=\sqrt{4b^2+\frac{(a+2bt)^4}{R^2}}$$

赛车加速度 $\boldsymbol{a}$ 与其速度 $\boldsymbol{v}$ 之间的夹角为

$$\theta=\arctan\frac{a_n}{a_t}=\arctan\frac{(a+2bt)^2}{2bR}$$

角速度大小为

$$\omega=\frac{v}{R}=\frac{a+2bt}{R}$$

角加速度大小为

$$\alpha=\frac{a_t}{R}=\frac{2b}{R}$$

1-3 相对运动

物体的运动总是相对于某个参考系而言的.由于所选取的参考系不同,在描述同一物体的运动时将给出不同的结果,这就是运动描述的相对性.例如,在没有风的雨天,站在地面上的观察者(以地面为参考系)会看到雨滴从空中竖直下落;但是在行驶着的汽车中的观察者(以汽车为参考系)看来,雨滴沿某个倾斜方向下落.

以下我们来讨论同一个质点相对于两个不同参考系的运动之间的关系.

如图 1-15 所示,设有两个参考系 S 和 S′,S′相对于 S 以速度 $\boldsymbol{u}$ 沿 Ox 轴方向作匀速直线运动,运动质点 P 在 S 系中的位置矢量为 $\boldsymbol{r}$,在 S′系中的位置矢量为 $\boldsymbol{r}'$,原点 O'在 S 系中的位置矢量为 $\boldsymbol{r}_0$.由矢量相加法则,有

$$\boldsymbol{r}=\boldsymbol{r}_0+\boldsymbol{r}' \tag{1-40}$$

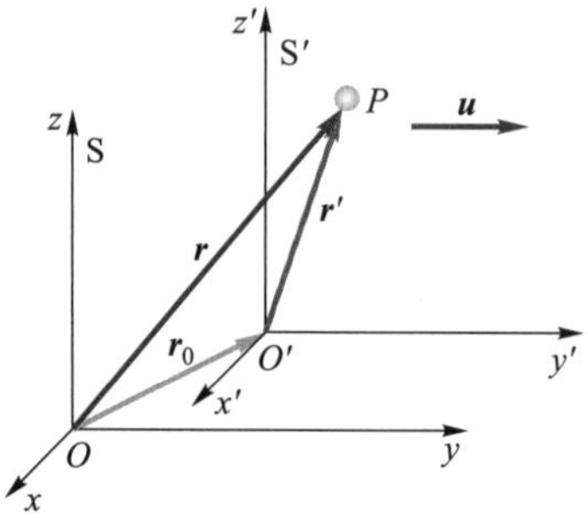

图 1-15 质点相对于两个不同参考系的运动

将式(1-40)两边对时间 t 求导,可得

$$\frac{\mathrm{d}\boldsymbol{r}}{\mathrm{d}t}=\frac{\mathrm{d}\boldsymbol{r}_0}{\mathrm{d}t}+\frac{\mathrm{d}\boldsymbol{r}'}{\mathrm{d}t}$$

上式中$\frac{\mathrm{d}\boldsymbol{r}}{\mathrm{d}t}$是质点相对于 S 系的运动速度,用 $\boldsymbol{v}$ 表示;$\frac{\mathrm{d}\boldsymbol{r}'}{\mathrm{d}t}$是质点相对于 S′系的运动速度,用 $\boldsymbol{v}'$表示,称为**相对速度**(relative velocity);$\frac{\mathrm{d}\boldsymbol{r}_0}{\mathrm{d}t}$则是 S′系相对于 S 系的运动速度 $\boldsymbol{u}$,称为**牵连速度**(convected velocity).因此,有

$$\boldsymbol{v}=\boldsymbol{u}+\boldsymbol{v}' \tag{1-41}$$

上式给出了运动质点在两个作相对运动的参考系中的速度关系,称为**速度变换式**.倘若 S′系相对于 S 系以加速度 $\boldsymbol{a}_0$ 沿 Ox 轴方向作匀加速直线运动,则进一步将式(1-41)两边对时间求导,可得

$$\frac{\mathrm{d}\boldsymbol{v}}{\mathrm{d}t}=\frac{\mathrm{d}\boldsymbol{u}}{\mathrm{d}t}+\frac{\mathrm{d}\boldsymbol{v}'}{\mathrm{d}t}$$

式中的$\frac{\mathrm{d}\boldsymbol{v}}{\mathrm{d}t}$是运动质点相对于 S 系的加速度,用 $\boldsymbol{a}$ 表示;$\frac{\mathrm{d}\boldsymbol{v}'}{\mathrm{d}t}$是运动质点相对于 S′系的加速度,用 $\boldsymbol{a}'$表示;$\frac{\mathrm{d}\boldsymbol{u}}{\mathrm{d}t}$即 S′系相对于 S 系的加速度,用 $\boldsymbol{a}_0$ 表示.由此可得加速度的变换式:

$$\boldsymbol{a}=\boldsymbol{a}_0+\boldsymbol{a}' \tag{1-42}$$

当 S′系相对于 S 系作匀速直线运动($\boldsymbol{a}_0=0$)时,则有

$$\boldsymbol{a}=\boldsymbol{a}' \tag{1-43}$$

上式表明,在相对作匀速直线运动的不同参考系中观察同一质点的运动,所测得的加速度相同.

应该指出,图 1-15 中的 $\boldsymbol{r}$ 和 $\boldsymbol{r}_0$ 是在 S 系中的测量值,而 $\boldsymbol{r}'$是 S′系中的测量值,但在运用矢量相加法则时,应保证各矢量必须是在同一坐标系中测得的.因此,我们在给出式(1-40)时已经默认了 S 系中测得的 $O'P$ 的长度与 $\boldsymbol{r}'$的长度相等,即长度测量与参考系无关,这一结论称为长度测量的绝对性.此外,在式(1-41)中的 $\boldsymbol{v}=\frac{\mathrm{d}\boldsymbol{r}}{\mathrm{d}t}$和 $\boldsymbol{u}$ 都是在 S 系中测得的运动速度,其中的时间 t 是在 S 系中的测量值;而 $\boldsymbol{v}'=\frac{\mathrm{d}\boldsymbol{r}'}{\mathrm{d}t'}$则是在 S′系中测得的质点速度,式中的时间 t'是 S′系中的测量值.因此在推导式(1-41)时,我们又默认了 $t=t'$,即时间的测量与参考系无关,这一结论称为时间测量的绝对性.长度测量的绝对性和时间测量的绝对性构成了牛顿的绝对时空观.这种绝对时空观在过去相当长的时期内被人们当成客观真理.直至 1905 年,爱因斯坦建立了狭义相对论以后,人们才逐渐认识到空间和时间都是相对的,与物体的运动有关,这种相对性在物体作高速运

动(与真空中的光速 $c=3\times10^{8}\ \mathrm{m\cdot s^{-1}}$接近)时表现得较为明显.因此,本节中得到的结论只适用于低速运动的物体.

例 1-7

一辆带篷的卡车,篷高 $h=2$ m.当它停在公路上时,雨点可落入车内 $d=1$ m 处,如图 1-16 所示.现在卡车以 $15\ \mathrm{km\cdot h^{-1}}$的速度沿平直公路匀速行驶,雨滴恰好不能落入车内.求雨滴相对于地面的速度和雨滴相对于卡车的速度.

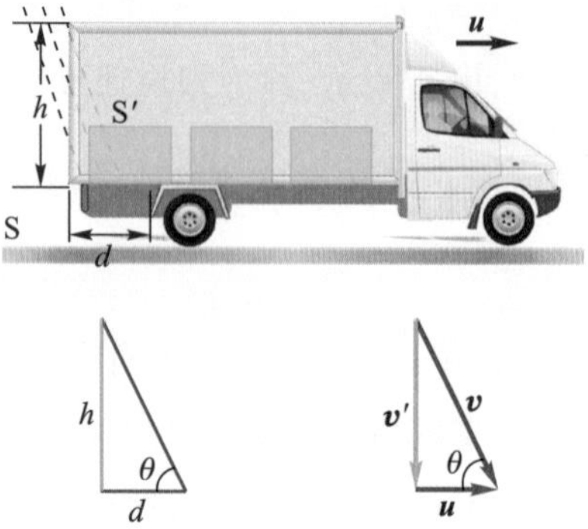

图 1-16 例 1-7 用图

解 取公路路面为 S 系,卡车为 S′系,已知 S′系相对于 S 系的运动速率为 $u=15\ \mathrm{km\cdot h^{-1}}$.设雨滴相对于卡车的速度为 $\boldsymbol{v}'$,相对于地面的速度为 $\boldsymbol{v}$.由速度变换式(1-41)可得

$$\boldsymbol{v}=\boldsymbol{u}+\boldsymbol{v}'$$

根据已知条件,$\boldsymbol{v}$ 的方向与地面的夹角为

$$\theta=\arctan\frac{h}{d}\approx63.4^{\circ}$$

$\boldsymbol{v}$ 的大小为

$$v=\frac{u}{\cos\theta}=\frac{15\ \mathrm{km\cdot h^{-1}}}{\cos 63.4^{\circ}}\approx33.5\ \mathrm{km\cdot h^{-1}}$$

$\boldsymbol{v}'$与 $\boldsymbol{u}$ 垂直,$\boldsymbol{v}'$的大小为

$$\begin{aligned}v'&=v\sin\theta=33.5\ \mathrm{km\cdot h^{-1}}\sin 63.4^{\circ}\\&\approx29.95\ \mathrm{km\cdot h^{-1}}\end{aligned}$$

例 1-8

一条船,其与海岸的距离为 D,平行于岸边匀速航行,速率为 v.一艘匀速行驶的速率为 $v'(v'<v)$的小艇从港口 O 出发拦截该船,如图 1-17 所示.(1)为了拦截成功,小艇出发时,船沿海岸距港口距离的最小值是多少?(2)拦截成功时,小艇行驶的时间和距离是多少?

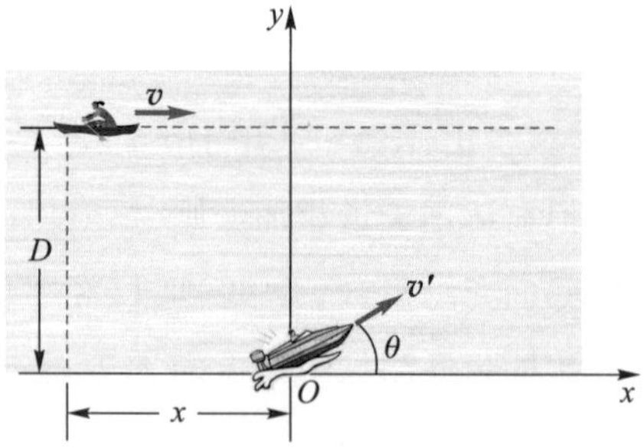

图 1-17 例 1-8 用图

解 (1)如图所示,建立坐标系 Oxy,并以小艇为运动质点,船为参考系.则按题意,船的速度 $\boldsymbol{v}$ 为牵连速度,设小艇相对于船的运动速度为 $\boldsymbol{u}$,由速度变换式(1-41),有

$$\boldsymbol{u}=\boldsymbol{v}'-\boldsymbol{v}$$

小艇相对于船沿 Ox 轴方向行驶 x 距离,沿 y 方向行驶 D 距离就能拦截成功.设小艇的速度 $\boldsymbol{v}'$与岸边(Ox 轴)的夹角为 θ,则有

x 方向: $u_x=v'\cos\theta-v$

y 方向: $u_y=v'\sin\theta$

设经过了时间 t 后,小艇拦截住船,则有

$$u_xt=(v'\cos\theta-v)t=x$$

$$u_y t=v' t\sin\theta=D$$

将以上两式相除，可得

$$\frac{v'\cos\theta-v}{v'\sin\theta}=\frac{x}{D}$$

$$x=\frac{D}{v'}\cdot\frac{v'\cos\theta-v}{\sin\theta}$$

欲使 x 为最小，可对上式求极值：

$$\frac{dx}{d\theta}=\frac{D}{v'}\cdot\frac{-v'+v\cos\theta}{\sin^2\theta}=0$$

解得

$$\cos\theta=\frac{v'}{v}$$

从而有

$$\sin\theta=\frac{\sqrt{v^2-v'^2}}{v}$$

于是解得

$$x=\frac{D}{v'}\cdot\frac{v'\frac{v'}{v}-v}{\sqrt{v^2-v'^2}/v}=-\frac{D}{v'}\sqrt{v^2-v'^2}$$

因为 $\frac{d^2x}{d\theta^2}<0$，故 x 是极大值；又由于 x 是负值，所以这是最小距离.

(2) 考虑到沿 y 方向有 $u_y t=v' t\sin\theta=D$，故得

$$t=\frac{D}{v'\sin\theta}=\frac{Dv}{v'\sqrt{v^2-v'^2}}$$

因此，船恰好被小艇拦截时，小艇行驶的距离为

$$v' t=\frac{Dv}{\sqrt{v^2-v'^2}}$$

思考题

1-1 雨点自高空相对于地面以匀速率 v 直线下落，在下述参考系中观察时，雨点将怎样运动？(1) 在地面上；(2) 在匀速行驶的车中；(3) 在以加速度 a 行驶的车中；(4) 在自由下落的升降机中.

1-2 一质点作抛体运动（忽略空气阻力），如图所示.质点在运动过程中 (1) $\frac{dv}{dt}$ 是否变化？(2) $\frac{d\boldsymbol{v}}{dt}$ 是否变化？(3) 法向加速度是否变化？(4) 轨道何处曲率半径最大？是多少？

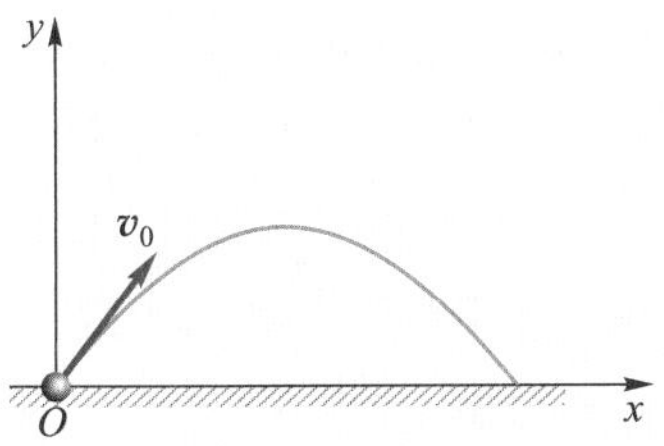

思考题 1-2 图

1-3 $\left|\frac{d\boldsymbol{v}}{dt}\right|=0$ 的运动是什么运动？$\frac{d|\boldsymbol{v}|}{dt}=0$ 的运动是什么运动？

1-4 如图所示，质点 M 自 O 点出发沿半径 OD 运动到 D 点，然后再沿圆弧 DC 运动到 C 点，质点位移的大小和方向如何？所经过的路程又如何？质点 N 自 O 点出发沿半径 OD 运动到 D 点，然后再沿圆弧 DA 运动到 A 点，它的位移和质点 M 的位移是否相同？路程是否相同？

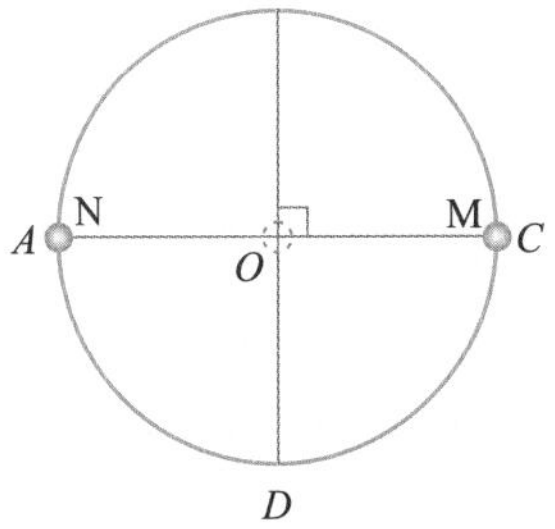

思考题 1-4 图

1-5 试回答下列问题，并举例说明.(1) 物体能否有一不变的速率而仍有变化的速度？(2) 速度为零时，加速度是否一定是零？加速度为零时，速度是否一定为零？(3) 当物体具有大小、方向都不变的加速度时，物体的速度方向能否改变？

1-6 已知质点的运动方程 $x=x(t)$，$y=y(t)$，在计算质点的速度和加速度的大小时，有人先求出 $r=\sqrt{x^2+y^2}$，然后根据

$$v=\frac{\mathrm{d}r}{\mathrm{d}t} \quad 和 \quad a=\frac{\mathrm{d}^2r}{\mathrm{d}t^2}$$

求得结果；又有人先计算速度和加速度的分量，再合成求得结果，即

$$v=\sqrt{\left(\frac{\mathrm{d}x}{\mathrm{d}t}\right)^2+\left(\frac{\mathrm{d}y}{\mathrm{d}t}\right)^2} \quad 和 \quad a=\sqrt{\left(\frac{\mathrm{d}^2x}{\mathrm{d}t^2}\right)^2+\left(\frac{\mathrm{d}^2y}{\mathrm{d}t^2}\right)^2}$$

你认为哪一种方法正确？为什么？两者之间的差别何在？

1-7 一人站在地面上用枪瞄准悬挂在树上的木偶，当扣动扳机使子弹从枪口射出时，木偶正好从树上由静止自由下落，试说明为什么子弹总可以射中木偶？

1-8 质点沿圆周运动，且速率随时间均匀增大，问 $\boldsymbol{a}_n$、$\boldsymbol{a}_t$、$\boldsymbol{a}$ 三者的大小是否随时间改变？总加速度 $\boldsymbol{a}$ 与速度 $\boldsymbol{v}$ 之间的夹角如何随时间改变？

1-9 下列说法是否正确？(1)质点作圆周运动时的加速度指向圆心；(2)匀速圆周运动的加速度为常量；(3)只有法向加速度的运动一定是圆周运动；(4)只有切向加速度的运动一定是直线运动.

1-10 在地球的赤道上，有一质点随地球自转的加速度为 a_E，而此质点随地球绕太阳公转的加速度为 a_S，地球绕太阳的轨道可视为圆形，则这两个加速度之比是多少？

1-11 一只鸟在水平面上沿直线以恒定速率相对于地面飞行，有一汽车在公路上行驶，在什么情况下，汽车上的观察者观察到鸟是静止不动的？在什么情况下，他观察到小鸟似乎往回飞？

习题

1-1 一个人自原点出发，25 s 内向东走了 30 m，又在 10 s 内向南走了 10 m，再在 15 s 内向正西北走了 18 m.求：整个过程中(1)位移和平均速度；(2)路程和平均速率.

1-2 质点作直线运动，其运动方程为 $x=12t-6t^2$（式中 x 以 m 为单位，t 以 s 为单位），求：(1) $t=4$ s 时，质点的位置、速度和加速度；(2)质点通过原点时的速度；(3)质点速度为零时的位置；(4)作 $x-t$ 图、$v-t$ 图和 $a-t$ 图.

1-3 质点沿直线运动，速度 $v=t^3+3t^2+2$（式中 v 以 $\mathrm{m\cdot s^{-1}}$ 为单位，t 以 s 为单位），如果当 $t=2$ s 时，质点位于 $x=4$ m 处，求 $t=3$ s 时质点的位置、速度和加速度.

1-4 已知质点的运动方程

$$x=\sqrt{3}\cos\frac{\pi}{4}t,\quad y=\sin\frac{\pi}{4}t$$

（式中，x、y 以 m 为单位，t 以 s 为单位.）求：(1)质点的轨道方程，并在 Oxy 平面上画出质点的轨道；(2)质点的速度和加速度表示式；(3) $t=1$ s 时质点的位置、速度和加速度.

1-5 一人乘摩托车跳越一个大矿坑，他以与水平面成 22.5°角的初速度 $65\ \mathrm{m\cdot s^{-1}}$ 从西边起跳，准确地落在坑的东边.已知东边比西边低 70 m，忽略空气阻力.问：(1)矿坑有多宽？他飞越的时间有多长？(2)他在东边落地时的速度有多大？速度与水平面的夹角有多大？

1-6 质点沿直线运动，加速度 $a=4-t^2$（式中 a 以 $\mathrm{m\cdot s^{-2}}$ 为单位，t 以 s 为单位），如果当 $t=3$ s 时，质点位于 $x=9$ m 处，$v=2\ \mathrm{m\cdot s^{-1}}$，求质点的运动方程.

1-7 一台升降机以加速度 $1.22\ \mathrm{m\cdot s^{-2}}$ 上升，当上升速度为 $2.44\ \mathrm{m\cdot s^{-1}}$ 时，有一螺帽自升降机的天花板上脱落，天花板与升降机的底面相距 2.74 m.(1)试分别以地球和升降机为参考系，计算螺帽从天花板落到升降机底面所需时间；(2)计算螺帽相对于地面参考系下降的距离.

1-8 如图所示，在离水面高度为 h 的岸壁上，有人用绳子拉船靠岸，船位于离岸壁距离 s 处，当人以 v_0 的速率收绳时，求船的速度和加速度的大小.

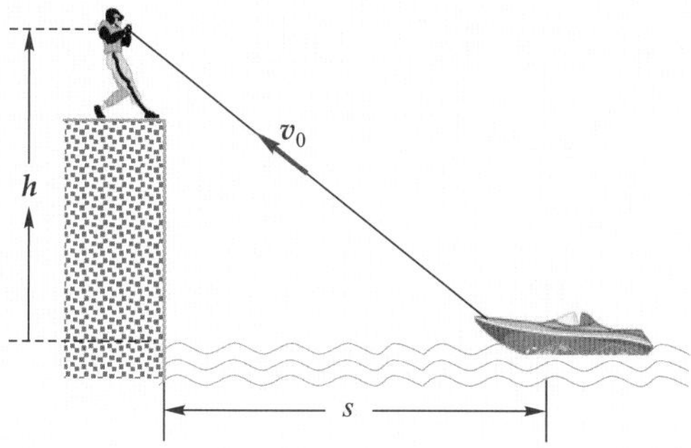

习题 1-8 图

1-9　一质点由静止开始作直线运动，初始加速度为 a_0，以后加速度均匀增加，每经过时间 τ 增加 a_0，求经过时间 t 后质点的速度和运动的距离.

1-10　一个质点自原点开始沿抛物线 $2y=x^2$ 运动，它在 x 轴上的分速度为一常量，其值为 4.0 $\mathrm{m\cdot s^{-1}}$，求质点在 $x=2$ m 处的速度和加速度.

1-11　如图所示，一足球运动员在正对球门前 25.0 m 处以 20.0 $\mathrm{m\cdot s^{-1}}$ 的初速率罚任意球，已知球门高为 3.44 m，若要在垂直于球门平面的竖直平面内将足球直接踢进球门，问他应在与地面成什么角度的范围内踢出足球？（足球可视为质点.）

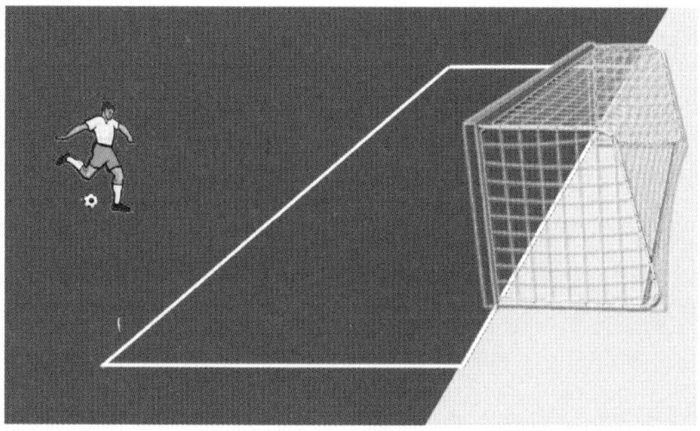

习题 1-11 图

1-12　在人工喷泉中，高度 $h=1$ m 的竖直喷泉管安装在圆形水池的中央，如图所示. 水柱以初速度 $v_0=\sqrt{2gh}$ 沿各种仰角 θ 从喷嘴中喷出，$0°\leqslant\theta<90°$，g 为重力加速度. 若不考虑池壁的高度，欲使喷出的水全部都洒落池内，则水池的半径至少为多大？

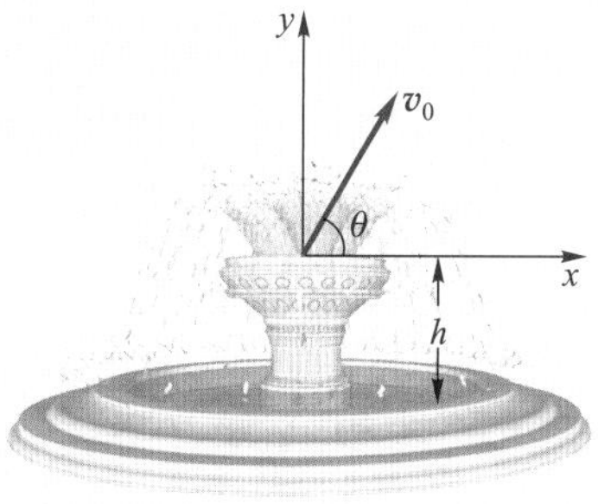

习题 1-12 图

1-13　一质点作半径 $r=10$ m 的圆周运动，其角加速度 $\alpha=\pi\ \mathrm{rad\cdot s^{-2}}$，若质点由静止开始运动，求：(1) 质点在第一秒末的角速度、法向加速度和切向加速度；(2) 总加速度的大小和方向.

1-14　如图所示，一卷扬机的鼓轮自静止开始作匀角加速转动，水平绞索上的 A 点经 3 s 后到达鼓轮边缘上的 B 点. 已知 $|AB|=0.45$ m，鼓轮半径 $R=0.5$ m. 求 A 点到达最低点 C 时的速度和加速度.

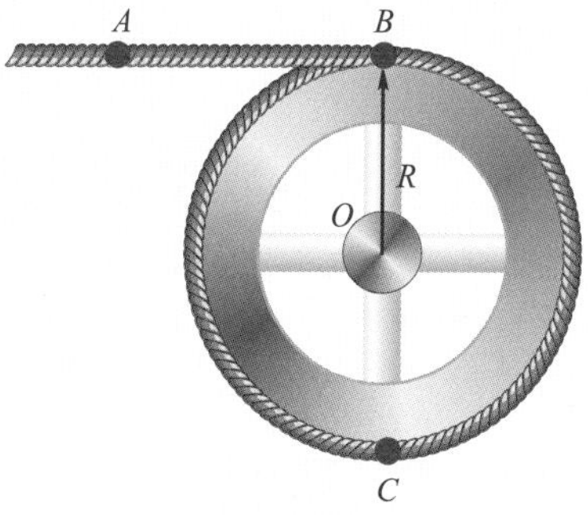

习题 1-14 图

1-15　如图所示，当雷达天线以角速度 ω 匀速转动时，可借助天线发出的电磁波追踪一艘竖直向上飞行的火箭，已知火箭发射台 P 与雷达 R 相距 l，求天线仰角为 α 时，火箭的飞行速度.

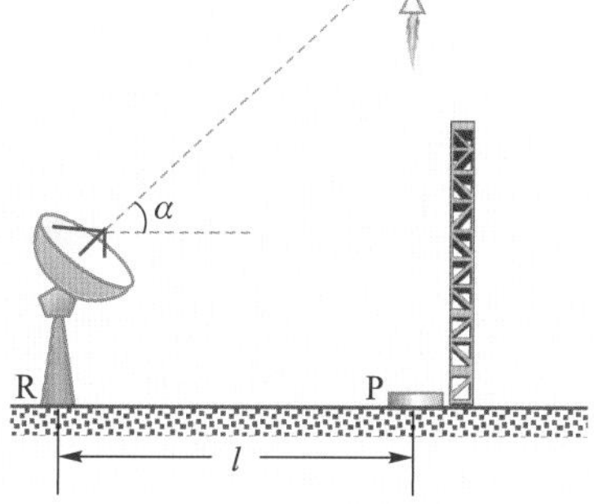

习题 1-15 图

1-16 飞机自 A 城向北飞到 B 城，然后又向南飞回到 A 城.飞机相对于空气的速率为 v，而空气相对于地面的速率为 u，A、B 之间的距离为 L.如果飞机相对于空气的速率保持不变，试证：

（1）当空气静止时（即 $u=0$），来回飞行的时间为

$$t_0=\frac{2L}{v}$$

（2）当空气的速度由南向北时，来回飞行的时间为

$$t_1=\frac{t_0}{1-\frac{u^2}{v^2}}$$

（3）当空气的速度由东向西时，来回飞行的时间为

$$t_2=\frac{t_0}{\sqrt{1-\frac{u^2}{v^2}}}$$

1-17 有人以 $u=3\ \mathrm{m\cdot s^{-1}}$ 的速率向东奔跑，他感到风从北方吹来，当奔跑的速率加倍时，则感到风从东北方向吹来，求风的速度.

1-18 一个质点相对于观察者 O 运动，在任意时刻 t，其位置为 $x=vt$，$y=\frac{1}{2}gt^2$，质点运动的轨迹为抛物线，若另一观察者 O' 以速率 v 沿 Ox 轴正向相对于观察者 O 运动，试问质点相对于 O' 的轨迹和加速度如何？

1-19 河宽为 l，水流速与离岸的距离成正比，中心流速最大，为 v_0，两岸处流速为零.一艘小船以恒定的相对速率 v 垂直水流从一岸驶向另一岸.当它驶至河宽的 $\frac{1}{4}$ 处时，船员发现燃料不足，立即掉头以相对速率 $\frac{1}{2}v$ 垂直水流驶回原岸，求此船驶往对岸的轨迹及返回原岸的地点.

1-20 一艘船以速率 u 驶向码头，另一艘船以速率 v 自码头离去.设航路均为直线，α 为两直线的夹角，如图所示.试证：当两船的距离最短时，两船与码头的距离之比为

$$(v+u\cos\alpha):(u+v\cos\alpha)$$

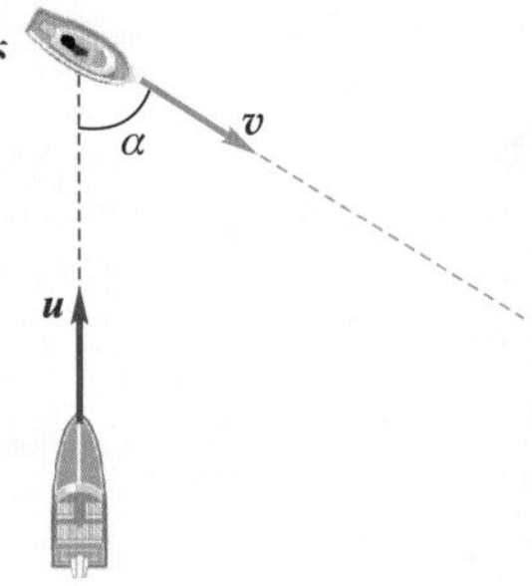

习题 1-20 图

*1-21 已知质点的运动方程为 $x=\sqrt{3}\cos 2t$，$y=\sin(3t+0.5)$，式中坐标 x、y 以 m 为单位，时间 t 以 s 为单位，试绘出质点的运动轨迹.

*1-22 如图所示，在距我方前沿阵地 1 000 m 远处，有一座高 50 m 的山丘，山上建有敌方的一座碉堡.问我方大炮在什么角度下以最小的速度发射炮弹就能摧毁敌方的这座碉堡？

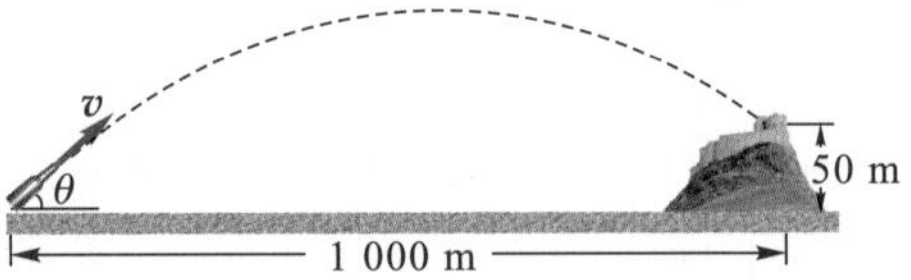

习题 1-22 图

*1-23 如图所示，某雷达站对一个飞行中的炮弹进行观测，发现炮弹到达最高点时，正好位于雷达站的上方，且速率为 $50\ \mathrm{m\cdot s^{-1}}$，高度为 200 m.问：为了跟踪炮弹的飞行，雷达的观察方向与竖直方向的夹角 θ 以及雷达的转动角速度 ω 应如何变化？在什么时候雷达的转动角速度有最大值？

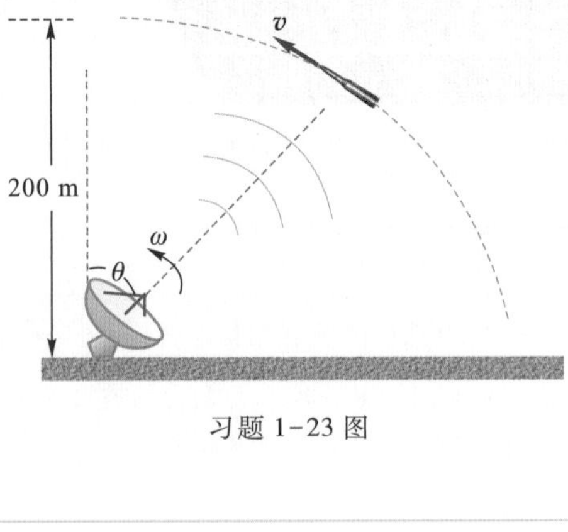

习题 1-23 图

火箭在升空中利用了动量守恒定律.

第 2 章
动力学基本定律

质点运动学给出了描述质点运动的一般方法,我们引入了相应的物理量(位置矢量、速度以及加速度)用以描述质点的运动状态以及状态的变化.显然在质点运动学中并未涉及引起质点运动状态变化的原因,也未涉及运动状态的变化有何规律可循.然而解决这些问题正是质点**动力学**(dynamics)的主要任务.

在力学中,把物体与物体之间的相互作用称为**力**(force),力是引起物体运动状态变化的原因.力的瞬时效应将使质点产生加速度,其运动规律由牛顿第二定律表述;力(或力矩)的过程效应则将引起质点的动量、角动量和能量的变化,其规律由动量定理、角动量定理和动能定理及其相对应的守恒定律来描述.本章将首先介绍牛顿的基本力学定律,在此基础上引入动量、角动量和动能等力学量,并阐述其基本概念,最后探讨与之相应的守恒定律及其与时空对称性的关系.

值得注意的是,自从牛顿于 1687 年在其著名的《自然哲学的数学原理》一书中提出了力学三大定律以及万有引力定律,从而建立了牛顿力学的核心体系,至今已有 300 多年.在此期间,人类对自然世界的探索已经从宏观世界进入了微观世界,对物质的认识也从实物扩展到了场.随着物理学的不断发展,动量、角动量、能量这些基本物理量显示出比力这一物理量更具有普遍意义,它们各自的守恒定律比牛顿运动定律具有更广泛、更深刻的内涵.它们既适用于宏观世界,也适用于微观领域;既适用于实物,又适用于场.

2-1 牛顿运动定律

伽利略（G. Galilei，1564—1642），近代科学的先驱

文档 伽利略简介

上一章介绍了如何描述质点的机械运动，并未涉及引起质点运动状态变化的原因以及运动状态变化的规律，而这些问题正是本节所要重点阐明的.

2-1-1 牛顿运动定律

西方有一句谚语：“对运动的无知，也就是对大自然的无知.”运动是万物的根本特性，围绕这个问题，自古以来形成了形形色色的自然观.16 世纪以前，古希腊哲学家亚里士多德（Aristotle，公元前 384—前 322）关于运动的观点一直居统治地位.他认为物体都有为返回其自然位置而运动的性质，并把运动分成“自然运动”和“强迫运动”.重物下落是一种自然运动，因为它具有回归自然位置的倾向，天上星辰的运动也是自然运动；而要让物体作强迫运动，必须要有推动者的作用，一旦撤去这种作用，运动即停止.显然，亚里士多德的观点是“力是维持物体运动的原因”，这种观点来源于直接的经验，是一种直觉和臆想.人们凭生活经验认为，要改变一个静止物体的位置就必须去推动它，而要使物体运动得快，就必须加大推力；一旦撤去推力，物体就静止下来了.直到 17 世纪，近代科学的先驱伽利略（G. Galilei，1564—1642）通过一个简单的斜面实验推翻了亚里士多德的观点.

如图 2-1(a)所示，伽利略让一个小球沿斜面滚下.小球离开斜面以后，在水平面上会越滚越慢，最后停下来.如果把水平面制作得较光滑，则小球会滚得更远.伽利略认为，小球会逐渐停下来，是由于摩擦阻力在起作用，如果没有任何阻力，小球将一直保持运动而不会停止.

动画 伽利略斜面实验

伽利略又做了一个实验.在如图 2-1(b)所示的一个对接光滑斜面上，小球沿斜面滚下，然后，沿另一侧的斜面向上滚动，最后几乎可以达到原来的高度.改变另一侧斜面的倾斜度，小球同样能达到原来的高度，但是小球在另一侧斜面上滚动的距离将增加.于是可以设想，如果斜面的倾角无限小（平面），那么小球将沿平面一直滚动下去，演示动画见伽利略斜面实验.

伽利略通过斜面实验否定了亚里士多德的观点，认为“力并不是维持运动的原因”.以后牛顿把伽利略的实验结论归结为“惯性定律”.

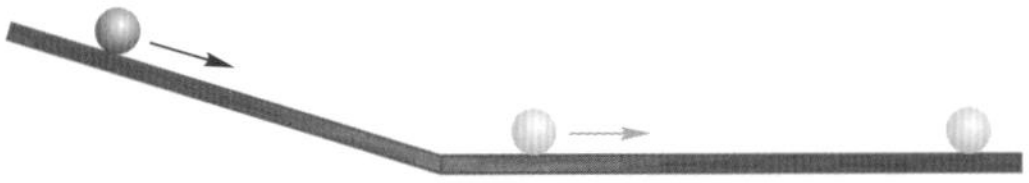

(a) 小球沿斜面滚下，当水平面制作得非常光滑时，小球将滚动得很远

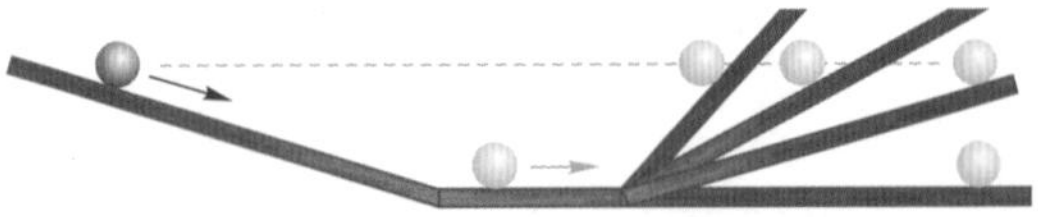

(b) 在较光滑的斜面上，小球几乎可以达到与初始位置同样的高度；如果斜面的倾角趋于零（平面），则小球将沿平面一直滚动下去

图 2-1

伽利略对力学的贡献在于他把有目的的实验和逻辑推理和谐地结合在一起，构成了一套完整的科学研究方法，而并非仅仅凭借观察进行猜测和臆想.爱因斯坦对伽利略有很高的评价，他说："伽利略的发现以及他所应用的科学的推理方法，是人类思想史上最伟大的成就之一，而且标志着物理学的真正开端."

1642 年 1 月伽利略逝世.不到一年的时间，又一位伟人诞生了，他就是人们熟知的牛顿.他在前人工作的基础上，对机械运动的规律作了深入的研究，并在他的《自然哲学的数学原理》一书中提出了力学的三大定律.

牛顿(I.Newton，1643—1727)，英国伟大的物理学家，对科学事业所做的贡献遍及物理学、数学和天文学等领域.在力学领域，牛顿在伽利略、开普勒等人工作的基础上，建立了牛顿三定律和万有引力定律，并建立了经典力学的理论体系

文档 牛顿简介

1. 牛顿第一定律

牛顿第一定律：**任何物体都将保持静止或匀速直线运动的状态，直到其他物体所施加的力迫使它改变这种状态为止**，其数学表达式为

$$\boldsymbol{v}=\text{常矢量} \quad (\boldsymbol{F}=0\ \text{时}) \tag{2-1}$$

牛顿第一定律蕴涵着两个重要的物理概念：一是物体的"惯性".物体在不受外力作用时，将保持静止状态或匀速直线运动状态.可见，保持原有的运动状态是物体自身某种固有特性的反映，这种特性称为物体的惯性(inertia).因此牛顿第一定律又称为**惯性定律**；二是"力"的概念，**力是改变物体运动状态的原因.**

2. 牛顿第二定律

牛顿第二定律：**物体受到外力作用时，物体所获得的加速度的大小与合外力的大小成正比，与物体的质量成反比，加速度的方向与合外力的方向相同.**其数学表达式为

$$\boldsymbol{F}=m\frac{\mathrm{d}\boldsymbol{v}}{\mathrm{d}t}=m\boldsymbol{a} \tag{2-2}$$

在牛顿第一定律的基础上，牛顿第二定律进一步说明在外力作用下物体运动状态的变化情况，并给出力、质量和加速度三者之间的定量关系.当物体的质量不变时，物体所获得加速度 $\boldsymbol{a}$ 的大小与它所受合外力 $\boldsymbol{F}$ 的大小成正比($a\propto F$)，加速度的方向与外力作用的方向一致.不同质量的物体在相同外力的作用下，获得的加速度不同，加速度的大小与物体的质量成反比($a\propto 1/m$)，质量越大，则加速度越小，反之亦然.因为加速度是反映物体运动状态变化程度的物理量，所以加速度小意味着在同样外力的作用下物体的运动状态不容易改变，或者说，物体维持其原来运动状态的性质显著，也就是物体的惯性大.由此可见，**质量是物体惯性的量度.**

式(2-2)中的力 $\boldsymbol{F}$ 表示作用在物体上的合外力，即 $\boldsymbol{F}=\sum\limits_i \boldsymbol{F}_i$.实验表明，**几个力同时作用在一个物体上时，合力所产生的加速度 $\boldsymbol{a}$，等于各个力单独作用时所产生加速度的矢量和.**这一结论称为**力的叠加原理**.根据力的叠加原理可以将牛顿第二定律的矢量式(2-2)在直角坐标系 $Oxyz$ 中分解成三个分量式，即

$$\begin{cases}\sum_i F_{ix} = ma_x \\ \sum_i F_{iy} = ma_y \\ \sum_i F_{iz} = ma_z\end{cases} \tag{2-3}$$

物体作平面运动时,在自然坐标系中,其分量式为

$$\begin{cases}F_t = ma_t = m\dfrac{\mathrm{d}v}{\mathrm{d}t} \\ F_n = ma_n = m\dfrac{v^2}{\rho}\end{cases} \tag{2-4}$$

其中 F_t 称为切向分力,F_n 称为法向分力.

值得注意:①牛顿第二定律只适用于质点的运动,因此式(2-2)又称为质点动力学方程.②式(2-2)中的力 $\boldsymbol{F}$ 与加速度 $\boldsymbol{a}$ 的关系是瞬时关系,两者同步变化.一旦力 $\boldsymbol{F}$ 消失,加速度 $\boldsymbol{a}$ 即刻为零,物体将作匀速直线运动.由此可见,力是引起加速度的原因,而不是维持物体运动的原因.

3. 牛顿第三定律

牛顿第三定律:两个物体之间的作用力 $\boldsymbol{F}$ 和反作用力 $\boldsymbol{F}'$,大小相等,方向相反,作用在同一条直线上.其数学表达式为

$$\boldsymbol{F} = -\boldsymbol{F}' \tag{2-5}$$

力是物体间的相互作用,施力者与受力者不可能是同一个物体.牛顿第三定律进一步说明了物体间相互作用的关系.

值得注意:①虽然作用力和反作用力大小相等、方向相反,并作用在同一条直线上,但是由于它们分别作用在两个不同的物体上,因此不可能平衡;②作用力和反作用力总是成对出现,它们总是同时产生,同时消失;③作用力和反作用力属于同一种性质的力.例如:作用力是弹性力,那么反作用力也一定是弹性力;作用力是引力,那么反作用力也一定是引力.

2-1-2 力学中常见的几种力

在我们周围的物质世界中,力的作用形式多种多样,其中在宏观领域常见的几种力有:万有引力、重力、弹性力和摩擦力.

1. 万有引力 重力

据传说,苹果落地引起了牛顿的注意,他进而思索,为什么月亮不会掉下来呢?从而导致了万有引力的发现.不管这个故事的真实性如何,牛顿确实把地面附近物体的下落与月亮的运动认真地作过一番比较.当我们站在地面上,沿水平方向抛射出一个物体时,物体的轨迹将是一条抛物线,物体的落地点与抛

射点的距离与物体的初速度成正比.可以设想,由于地球表面是弯曲的,当物体的抛射速度大到一定的量值时,物体将围绕地球运动而永远不会落地,如图2-2所示.牛顿认为,落体的产生是由于地球对物体的引力,并认为,如果这种引力确实存在的话,它必然对月亮也有作用.月亮之所以不掉下来,是因为月亮具有相当大的抛射初速度.牛顿进一步联想到行星绕太阳的运转和月亮绕地球的运动十分相似,那么行星也必定受到太阳的引力作用.这使牛顿领悟到宇宙间任何物体之间都存在引力作用.继而,这催动牛顿进一步去思考:这种引力的大小与物体之间的距离有何种关系呢?

图 2-2 从地面上水平抛出一个物体,如果初速度足够大,则物体将绕着地球转动,永不落地

阅读 开普勒行星运动定律的提出

如果把行星简化成绕太阳作匀速圆周运动的质点,那么以速率 v 沿半径为 R 的圆周运动的行星,必定受到一个向心力 $\boldsymbol{F}$ 的作用.设行星运动的周期为 T,则行星的向心加速度为

$$a=\frac{v^2}{R}=\frac{4\pi^2 R}{T^2}$$

式中 $v=2\pi R/T$.设有两颗不同的行星,它们绕太阳的轨道半径分别为 R_1 和 R_2,运动周期分别为 T_1 和 T_2,则它们的加速度之比为

$$a_1 : a_2=\frac{4\pi^2 R_1}{T_1^2} : \frac{4\pi^2 R_2}{T_2^2}=\frac{R_1 T_2^2}{R_2 T_1^2}$$

根据开普勒第三定律:行星绕日一周所需要的时间的二次方,与其和太阳的平均距离的三次方成正比,即

$$\left(\frac{T_1}{T_2}\right)^2=\left(\frac{R_1}{R_2}\right)^3$$

于是有

$$a_1 : a_2=R_2^2 : R_1^2$$

即向心加速度的大小与距离的二次方成反比.又根据牛顿第二定律,力和加速度成正比,由此得出结论:**引力与距离的二次方成反比**.此后,牛顿进一步证明了以上结论对椭圆轨道上运动的行星也同样适用.

牛顿进而研究了引力与质量的关系.他从地球上任何物体,不论轻重,都以同样的加速度 g 下落的事实,运用他的第二定律,得出了引力与物体的质量成正比的结论,即

$$\boldsymbol{F}=m\boldsymbol{g}$$

根据牛顿第三定律,地球对物体作用的同时,物体对地球也有相同大小的引力作用,并且与地球的质量也应成正比.牛顿认为,不仅天体之间存在引力,任何物体之间都存在引力,这种引力称为**万有引力**(universal gravitation),可表示为

$$F=G\frac{m_1m_2}{R^2} \tag{2-6}$$

式中的 G 称为引力常量，$G=6.674\ 30\times10^{-11}\ \mathrm{N\cdot m^2\cdot kg^{-2}}$.这就是牛顿的万有引力定律，它指出：**任何两个质点之间都存在引力，引力的方向沿着两个质点的连线方向，其大小与两个质点质量 m_1 和 m_2 的乘积成正比，与两质点之间的距离 r 的二次方成反比.**

地球对地面附近物体的作用力称为物体所受到的重力（gravity），用 $\boldsymbol{G}$ 表示，重力的大小称为重量.如果忽略地球自转的影响，物体的重力就近似等于它所受到的地球对它的万有引力，其方向竖直向下，指向地球中心.质量为 m 的物体，在重力 $\boldsymbol{G}$ 的作用下获得重力加速度 $\boldsymbol{g}$，根据牛顿第二定律，有

$$\boldsymbol{G}=m\boldsymbol{g} \tag{2-7}$$

设物体位于地面附近高度为 h 处，则由式（2-6）和（2-7），有

$$mg=G\frac{mm_\mathrm{E}}{(r_\mathrm{E}+h)^2}$$

由于物体在地面附近，$h\ll r_\mathrm{E}$，故 $r_\mathrm{E}+h\approx r_\mathrm{E}$，因而有

$$mg=G\frac{mm_\mathrm{E}}{r_\mathrm{E}^2}$$

式中 m_E 为地球的质量，r_E 为地球的半径.由此可得

$$g=G\frac{m_\mathrm{E}}{r_\mathrm{E}^2} \tag{2-8}$$

将地球的质量 $m_\mathrm{E}=5.974\times10^{24}\ \mathrm{kg}$ 和地球的半径 $r_\mathrm{E}=6\ 371\ \mathrm{km}$ 代入上式，可得重力加速度 $g\approx9.82\ \mathrm{m\cdot s^{-2}}$.通常，在计算时我们近似取地面附近物体的重力加速度为 $9.80\ \mathrm{m\cdot s^{-2}}$.

2. 弹性力

物体在外力作用下因发生形变而产生的欲使其恢复原来形状的力称为弹性力（elastic force），其方向要根据物体形变的情况来决定.下面介绍几种常见的弹性力.

（1） 弹簧的弹性力

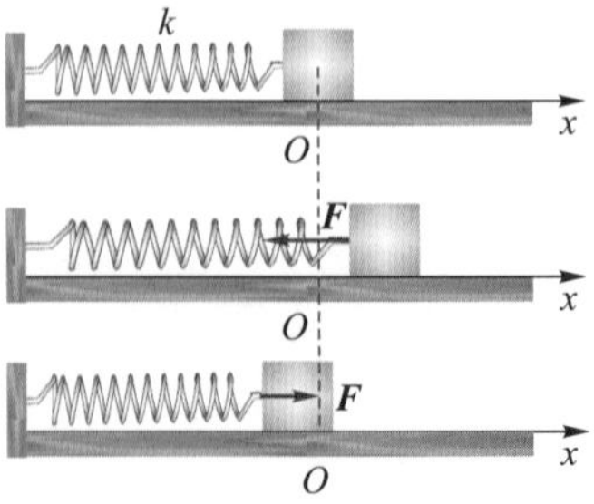

图 2-3 弹簧对物体施加的弹性力的方向与位移方向相反

弹簧在外力作用下要发生形变（伸长或压缩），与此同时，弹簧反抗形变而对施力物体有力的作用，这个力就是弹簧的弹性力.如图 2-3 所示，把弹簧的一端固定，另一端连接一个放置在水平面上的物体.取弹簧没有被拉伸或压缩时物体的位置为坐标原点 O，建立坐标轴 Ox，O 点称为物体的平衡位置.实验表明，在弹性限度内，弹性力可表示为

$$\boldsymbol{F}=-k\boldsymbol{x} \tag{2-9}$$

式中 $\boldsymbol{x}$ 是物体相对于平衡位置（原点）的位移，其大小即弹簧的伸长（或压缩）

量，比例系数 k 称为弹簧的**弹性系数**(coefficient of elasticity)，它表征弹簧的力学性能，单位是 $N \cdot m^{-1}$.上式表明，弹性力的大小与弹簧的伸长(或压缩)量成正比，弹性力的方向与位移方向相反.

(2) 物体间相互挤压而引起的弹性力

这种弹性力是由彼此挤压的物体发生形变而引起的，一般形变量极其微小，肉眼不易觉察.例如，一重物放在桌面上，桌面受重物挤压而发生形变，从而产生向上的弹性力 $\boldsymbol{F}_N$，这就是桌面对重物的支承力，如图 2-4 所示.与此同时，重物受桌面的挤压也会发生形变，从而产生向下的弹性力 $\boldsymbol{F}_N'$，即重物对桌面的压力.挤压弹性力总是垂直于物体间的接触面或接触点的公切面，故也称为**法向力**.

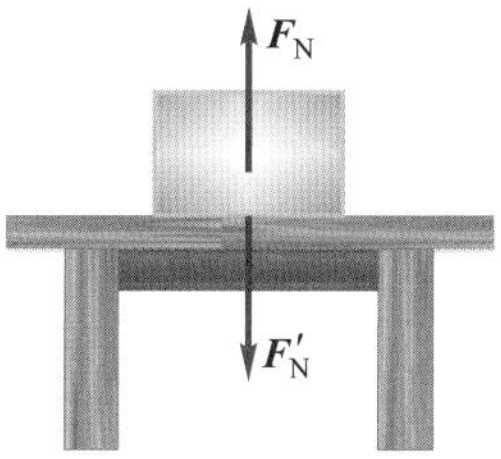

图 2-4　由于物体与桌面之间相互挤压，产生了弹性力

(3) 绳子的拉力

柔软的绳子在受到外力拉伸而发生形变时，会产生弹性力，与此同时，绳的内部各段之间也有相互的弹性力作用，这种弹性力称为**张力**(tension force).绳中各处的张力大小一般不相等，只有当绳的质量可以忽略不计时，绳上的张力才处处相等，且等于绳两端所受的力.

3. 摩擦力

两个彼此接触而相互挤压的物体，当存在相对运动或相对运动趋势时，在两者的接触面上会产生阻碍相对运动的力，这种相互作用力称为**摩擦力**(friction force).摩擦力产生在直接接触的物体之间，其方向沿两物体接触面的切线方向，并与物体相对运动或相对运动趋势的方向相反.摩擦力分静摩擦和滑动摩擦两种形式.

(1) 静摩擦力

设一物体放在支承面(如地面、斜面等)上，现用一不太大的拉力 $\boldsymbol{F}$ 作用于该物体，从而使物体相对于支承面形成滑动趋势，但并未运动，如图 2-5 所示.这时，在物体与支承面之间将产生摩擦力，它与外力 $\boldsymbol{F}$ 相互平衡，致使物体相对于支承面仍然静止，这种摩擦力称为**静摩擦力**(static friction force)，记为 $\boldsymbol{F}_{f0}$.静摩擦力 $\boldsymbol{F}_{f0}$ 的大小与物体所受的外力 $\boldsymbol{F}$ 有关，当外力增大到一定程度时，物体将开始滑动，此时的静摩擦力称为**最大静摩擦力**，记为 $\boldsymbol{F}_{f,max}$.实验指出，最大静摩擦力的大小与接触面间的法向支承力 $\boldsymbol{F}_N$(也称正压力)的大小成正比，即

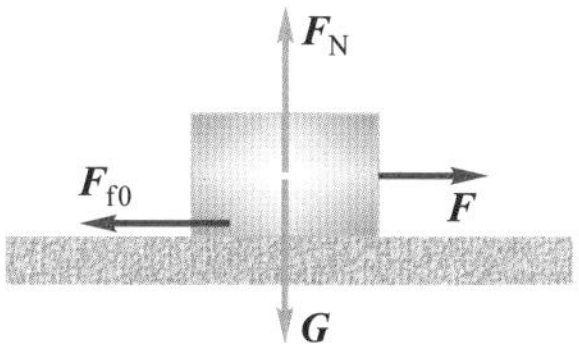

图 2-5　静摩擦力随拉力 $\boldsymbol{F}$ 的增加而逐渐增大，直至达到最大静摩擦力，它的方向总是与相对滑动趋势的方向相反

$$F_{f,max}=\mu_0 F_N \tag{2-10}$$

式中 μ_0 称为**静摩擦因数**，它与两物体接触面的材料性质、粗糙程度、干湿状况等因素有关，通常由实验测定.

显然，静摩擦力的大小介于零与最大静摩擦力的大小之间，即

$$0<F_{f0}\leqslant F_{f,max} \tag{2-11}$$

在许多场合下，静摩擦力可以是一种动力.例如，人在走路时，通过鞋底与地面之间的静摩擦力推动前行.车辆在行驶时，依靠后轮轮胎与地面的静摩擦力推动前进.设想，在结冰的地面上，无论是人还是车辆都寸步难行.

(2) 滑动摩擦力

当作用于上述物体的外力 $\boldsymbol{F}$ 超过最大静摩擦力而发生相对运动时,两接触面之间的摩擦力称为滑动摩擦力(sliding friction force).滑动摩擦力的方向与两物体之间相对滑动的方向相反,滑动摩擦力 $\boldsymbol{F}_f$ 的大小也与法向支承力 $\boldsymbol{F}_N$ 的大小成正比,即

$$F_f=\mu F_N \tag{2-12}$$

式中 μ 称为滑动摩擦因数,通常它比静摩擦因数稍小一些,计算时,如不加说明,一般可不加区别,近似地认为 $\mu=\mu_0$,统称为摩擦因数.

2-1-3 牛顿运动定律的应用

在牛顿第二定律式 $\boldsymbol{F}=m\boldsymbol{a}$ 中,$\boldsymbol{F}$ 表示作用在物体上的合外力,$\boldsymbol{a}$ 是相应的合加速度.因此,在应用牛顿第二定律时,必须分析物体的受力情况,并画出示力图.如果所研究的对象为一个物体系统,则首先要把所研究的各个物体分别“隔离”出来,对各物体进行受力情况的分析,分别画出受力图.然后选定适当的坐标系,写出牛顿运动方程沿各坐标轴的分量式,最后对方程组求解.值得指出,在应用牛顿第二定律时,所选的坐标系都应该是建立在惯性系上的.今后如果未加说明,一般都以地面为惯性系.

例 2-1

落体问题(直线运动).一个质量为 m 的雨滴由静止开始落下,设雨滴下落过程中受到的空气阻力与其下落速率成正比(比例系数为 k),方向与运动速度方向相反.以开始下落时为计时零点,求此雨滴的运动方程.

解 视下落雨滴为一质点,它在空中受到的作用力有向下的重力 $\boldsymbol{G}$ 和与运动速度方向相反的空气阻力 $\boldsymbol{F}_{阻}$,如图 2-6 所示.

取地面为参考系,雨点初始位置为原点 O,Oy 轴向下为正,雨滴受到的重力为 $G=mg$,空气阻力

$$\boldsymbol{F}_{阻}=-k\boldsymbol{v}$$

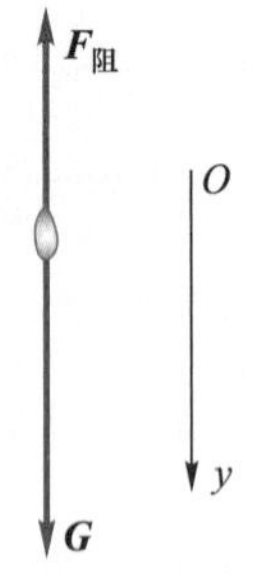

图 2-6 例 2-1 用图

由牛顿第二定律有

$$\sum F_y=ma_y$$

$$-kv+mg=m\frac{\mathrm{d}v}{\mathrm{d}t}$$

将上式分离变量,得

$$\mathrm{d}t=\frac{m}{-kv+mg}\mathrm{d}v$$

两边分别进行积分:

$$\int_0^t \mathrm{d}t=\int_{v_0}^{v}\frac{m}{mg-kv}\mathrm{d}v$$

由初始条件 $t=0$ 时,速度 $v_0=0$,可得

$$v=\frac{mg}{k}(1-\mathrm{e}^{-\frac{k}{m}t})$$

当 $t\to\infty$ 时,雨滴的速度为一常量 $v=\frac{mg}{k}$,这就表明经过较长时间后,雨滴将以匀速下落.对上式再进行积分:

$$\int_{y_0}^{y} \mathrm{d}y = \int_0^t v\mathrm{d}t = \int_0^t \frac{mg}{k}(1 - \mathrm{e}^{-\frac{k}{m}t})\mathrm{d}t$$

由初始条件 $t=0$ 时，$y_0=0$ 可得到雨滴的运动方程：

$$y=\frac{mg}{k}\left(\frac{m}{k}\mathrm{e}^{-\frac{k}{m}t}+t-\frac{m}{k}\right)$$

例 2-2

两物体 A 和 B 的质量分别为 m_A 和 m_B，用一根轻绳相连，绕过一轻滑轮，放在一个底角分别为 α 和 β 的三棱柱面上，如图 2-7(a)所示．两物体与柱面的摩擦因数均为 μ．设物体的初速度为零，求使物体 A 和 B 保持静止的平衡条件．

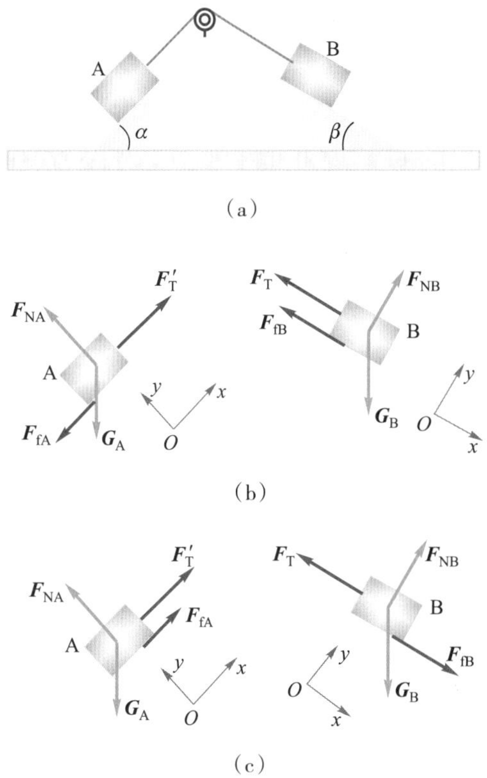

图 2-7

解 首先假设系统平衡时有向右滑动的趋势，则物体 A 和 B 的受力分析图如图 2-7(b)所示．物体 A 和 B 在 Ox 轴方向的平衡方程分别为

$$F_T'-G_A\sin\alpha-F_{fA}=0$$

$$G_B\sin\beta-F_T-F_{fB}=0$$

或写成

$$F_T'-m_Ag\sin\alpha-\mu m_Ag\cos\alpha=0$$

$$m_Bg\sin\beta-F_T-\mu m_Bg\cos\beta=0$$

因为绳子的张力处处相等($F_T'=F_T$)，所以可解得

$$\frac{m_A}{m_B}=\frac{\sin\beta-\mu\cos\beta}{\sin\alpha+\mu\cos\alpha}$$

此外，还有一种可能，即系统平衡时有向左滑动的趋势，这时的摩擦力方向与前者相反，其受力分析图如图 2-7(c)所示．物体 A 和 B 在 Ox 轴方向的平衡方程分别为

$$-m_Ag\sin\alpha+F_T'+\mu m_Ag\cos\alpha=0$$

$$-F_T+m_Bg\sin\beta+\mu m_Bg\cos\beta=0$$

由以上两式消去绳子张力，可得

$$\frac{m_A}{m_B}=\frac{\sin\beta+\mu\cos\beta}{\sin\alpha-\mu\cos\alpha}$$

从以上分析可得，物体系统的平衡条件为

$$\frac{\sin\beta-\mu\cos\beta}{\sin\alpha+\mu\cos\alpha}\leqslant\frac{m_A}{m_B}\leqslant\frac{\sin\beta+\mu\cos\beta}{\sin\alpha-\mu\cos\alpha}$$

当 $\frac{m_A}{m_B}<\frac{\sin\beta-\mu\cos\beta}{\sin\alpha+\mu\cos\alpha}$ 时，系统向右运动，物体 A 上升、B 下滑；当 $\frac{m_A}{m_B}>\frac{\sin\beta+\mu\cos\beta}{\sin\alpha-\mu\cos\alpha}$ 时，系统向左运动，物体 A 下滑、B 上升．

例 2-3

漏斗绕竖直轴作匀速旋转，其内壁放有一质量为 m 的木块，木块到转轴的垂直距离为 r，漏斗壁与水平方向成 θ 角，如图 2-8(a) 所示．设木块与漏斗内壁间的静摩擦因数为 μ，若要使木块相对漏斗内壁静止不动，求漏斗的最大角速度 ω，并求此时木块所受到的摩擦力 $\boldsymbol{F}_f$．

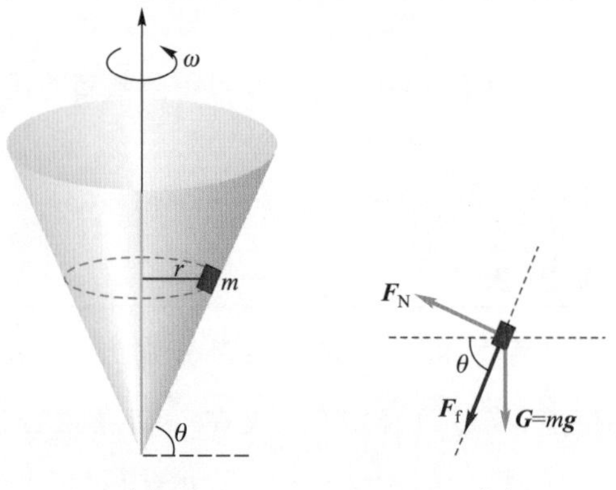

(a) (b)

图 2-8 例 2-3 用图

解 选择木块为隔离体，它在水平面上与漏斗一起作圆周运动．木块受到向下的重力 $m\boldsymbol{g}$、垂直于内壁的弹性力 $\boldsymbol{F}_N$ 以及摩擦力 $\boldsymbol{F}_f$ 的作用，如图 2-8(b) 所示．由于漏斗的转速越大，物体作圆周运动所需的向心力也越大，因此，要使漏斗有最大的角速度，物体所受的摩擦力 $\boldsymbol{F}_f$ 应沿斜面向下．

根据牛顿第二定律，水平方向和竖直方向的牛顿运动学方程分别为

$$F_N\sin\theta+F_f\cos\theta=m\omega^2 r$$

$$F_N\cos\theta-F_f\sin\theta-mg=0$$

$$F_f=\mu F_N$$

解得

$$\omega=\sqrt{\frac{g(\sin\theta+\mu\cos\theta)}{r(\cos\theta-\mu\sin\theta)}}$$

$$F_f=\frac{\mu mg}{\cos\theta-\mu\sin\theta}$$

请读者思考，要使木块相对漏斗内壁静止不动，漏斗的最小角速度应为多少？

例 2-4

如图 2-9(a) 所示，两个物体 A、B 的质量分别为 m_1 和 m_2(设 $m_1>m_2$)，系于跨过定滑轮的轻绳两端，滑轮支承在转轴 O 上．若滑轮和绳子的质量以及它们之间的摩擦力均可忽略不计，且滑轮与绳子之间没有相对滑动，试求物体的加速度和绳子的张力．

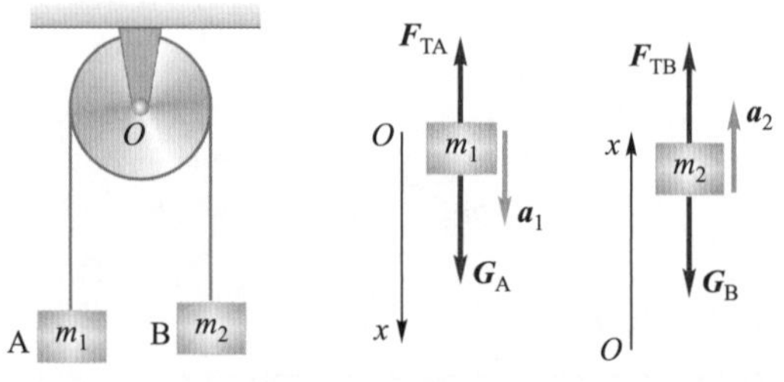

(a) (b)

图 2-9 例 2-4 用图

解 以 A、B 两个物体为研究对象，将它们分别隔离出来，分析各自的受力情况．物体 A 受重力 $\boldsymbol{G}_A=m_1\boldsymbol{g}$ 和绳子的拉力 $\boldsymbol{F}_{TA}$ 的作用，加速度为 $\boldsymbol{a}_1$；物体 B 受重力 $\boldsymbol{G}_B=m_2\boldsymbol{g}$ 和绳子拉力 $\boldsymbol{F}_{TB}$ 的作用，加速度为 $\boldsymbol{a}_2$，各力的方向如图 2-9(b) 所示．由于滑轮与绳子没有相对滑动，且绳子无伸缩，故物体 A、B 的加速度大小相等，记为 a，方向如图所示．又因为是轻绳，所以有 $\boldsymbol{F}_{TA}=\boldsymbol{F}_{TB}$，记为 $\boldsymbol{F}_T$．对运动物体 A、B 分别取坐标轴方向如图所示，根据牛顿第二定律，列出如下运动方程：

$$\begin{cases}m_1g-F_T=m_1a\\F_T-m_2g=m_2a\end{cases}$$

联立求解，得

$$a=\frac{m_1-m_2}{m_1+m_2}g,\quad F_T=\frac{2m_1m_2}{m_1+m_2}g$$

2-1-4 惯性系与非惯性系

从描述物体运动的角度来说，为了便于研究问题，可以任意选择参考物体.但是牛顿运动定律并不是对所有的参考物体都适用.例如，在卡车上有一支架，上面用细绳挂着一个质量为 m 的小球.当卡车以加速度 $\boldsymbol{a}_0$ 向前运动时，悬挂小球的绳子会向后偏移，与竖直线成一个角度 θ，如图 2-10(a)所示.车上的观察者以卡车为参考系，发现小球受到绳子的拉力 $\boldsymbol{F}_{\mathrm{T}}$ 和重力 $\boldsymbol{G}=m\boldsymbol{g}$ 的作用，这两个力的合力 $\boldsymbol{F}$ 并不为零，但是小球却处于静止状态，显然这一现象有悖于牛顿第二定律.但是，对地面上的观察者而言，他以地面为参考系，则认为小球在合力 $\boldsymbol{F}$ 的作用下，随着卡车作加速运动，牛顿第二定律成立.我们把牛顿运动定律成立的参考系称为**惯性参考系**，简称**惯性系**(inertial system)；而把牛顿运动定律不成立的参考系称为**非惯性系**(non-inertial system).显然，**一个作加速运动的参考系不是惯性系；而相对于惯性系作匀速直线运动的参考系是惯性系**.一个参考系是否为惯性系一般要由实验和观察的结果来判定.我们习惯于用地球作为惯性系来对一般宏观物体的运动进行研究，这是因为以地球为参考系，牛顿运动定律成立.但是要注意，严格来说，地球并不是一个惯性参考系，因为它的自转和绕太阳的公转都有加速度.所以以地球为参考系，牛顿运动定律只在一定的精度范围内成立.

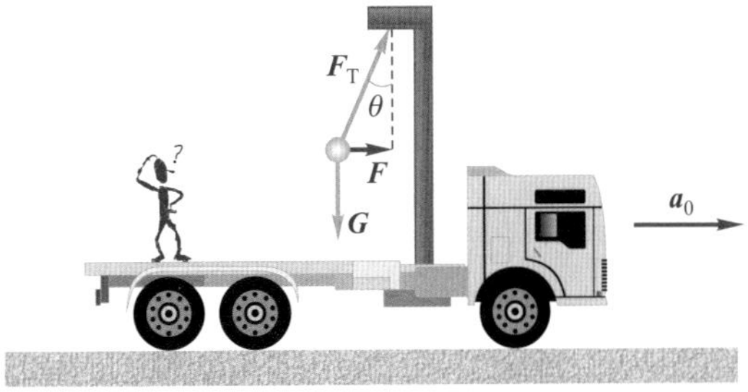

(a) 卡车以加速度 $\boldsymbol{a}_0$ 向前开动时，以车厢为参考系，观察到作用于小球上的合力不为零，但是小球却处于静止状态，因此在车厢参考系中牛顿运动定律不成立

现在我们回到卡车上，小球受到的合外力不等于零，但是却处于静止状态.如果那位观察者坚信牛顿运动定律是正确的话，那么他能够作出的唯一解释是：还有一个未知力 $\boldsymbol{F}_{\mathrm{i}}$ 作用在小球上，$\boldsymbol{F}_{\mathrm{i}}$、$\boldsymbol{G}$ 和 $\boldsymbol{F}_{\mathrm{T}}$ 三个力相互平衡，如图 2-10(b)所示.我们把 $\boldsymbol{F}_{\mathrm{i}}$ 称为**惯性力**(inertial force)，惯性力的大小为 ma_0，其方向与卡车加速度 $\boldsymbol{a}_0$ 的方向相反.显然，只要在非惯性系中引入惯性力，就仍可在形式上运用牛顿第二定律来处理力学问题.

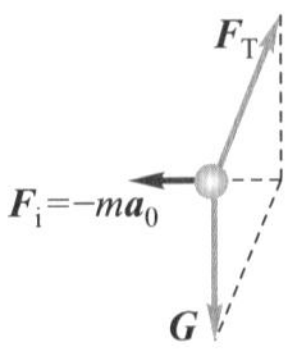

(b) 在作加速运动的卡车中，惯性力 $\boldsymbol{F}_{\mathrm{i}}$ 与绳子的拉力 $\boldsymbol{F}_{\mathrm{T}}$、重力 $\boldsymbol{G}$ 相平衡

图 2-10

值得注意的是，惯性力不是物体之间的相互作用，而是一种虚拟的假想力，因此惯性力既无施力物体，也无反作用力，它的实质是物体的惯性在非惯性系中的表现.

在非惯性系中，若作用在物体上的真实合外力为 $\boldsymbol{F}$，物体所受到的惯性力为 $\boldsymbol{F}_{\mathrm{i}}$，则牛顿第二定律可以表示为

$$\boldsymbol{F}+\boldsymbol{F}_{\mathrm{i}}=m\boldsymbol{a}$$

或

$$\boldsymbol{F}-m\boldsymbol{a}_0=m\boldsymbol{a} \tag{2-13}$$

式中 $\boldsymbol{a}_0$ 为非惯性系相对于惯性系的加速度，$\boldsymbol{a}$ 是物体相对于非惯性系的加速度.

例如，一个站在台秤上的人正处于一部以加速度 $\boldsymbol{a}$ 下降的电梯中，如图 2-11 所示.在电梯这个非惯性系中，人除了受到重力 $\boldsymbol{G}=m\boldsymbol{g}$ 和台秤的支承力 $\boldsymbol{F}_{\mathrm{N}}$ 的作用外，还受到惯性力 $\boldsymbol{F}_{\mathrm{i}}=-m\boldsymbol{a}$ 的作用.台秤上的人相对于电梯处于静止状态，由牛顿第二定律：

$$F_{\mathrm{N}}-mg+ma=0$$

可得

$$F_{\mathrm{N}}=mg-ma<mg$$

按牛顿第三定律，人对台秤的压力 $\boldsymbol{F}'_{\mathrm{N}}$ 与台秤对人的支承力 $\boldsymbol{F}_{\mathrm{N}}$ 大小相等，方向相反，因此台秤显示的人的重量变小了，这种现象称为失重(weightlessness).当电梯自由下落时($a=g$)，由于惯性力与重力正好抵消，因此台秤显示人的重量为零，这时他处于完全失重状态.如果电梯以加速度 $\boldsymbol{a}$ 上升，则有 $F_{\mathrm{N}}=mg+ma>mg$，台秤显示的人的重量增加了，这种现象称为超重(overweight).同样的道理，航天飞机在太空轨道上绕地球飞行时，宇航员处于失重状态，这也是因为在航天飞机这个非惯性系中，惯性力抵消了一部分引力，而并非宇航员脱离了地球的引力.

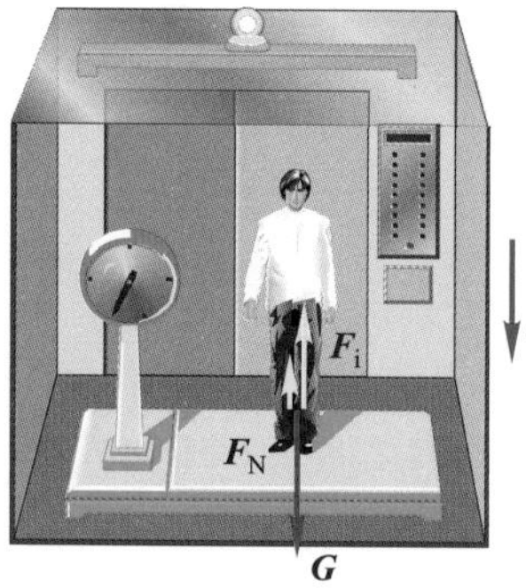

图 2-11 一个站在台秤上的人正处于一部以加速度 $\boldsymbol{a}$ 下降的电梯中，台秤显示人的重量变小了

例 2-5

质量为 m_1，倾角为 θ 的楔块，放在水平面上，另一质量为 m_2 的物体在楔块的斜面上自由下滑，如图 2-12(a)所示.不计一切摩擦，求楔块的加速度和物体相对于斜面下滑的加速度.

解 设楔块对地面的加速度为 $\boldsymbol{a}_0$，物体对楔块的加速度为 $\boldsymbol{a}'$.若以楔块为参考系，则它是非惯性系，需引入惯性力.楔块和物体的受力情况如图 2-12(b)所示.

建立坐标系 Oxy，按牛顿第二定律，可得楔块沿 x 方向的运动方程为

$$F_{\mathrm{N2}}\sin\theta=m_1a_0$$

物体沿 Ox 和 Oy 方向的运动方程分别为

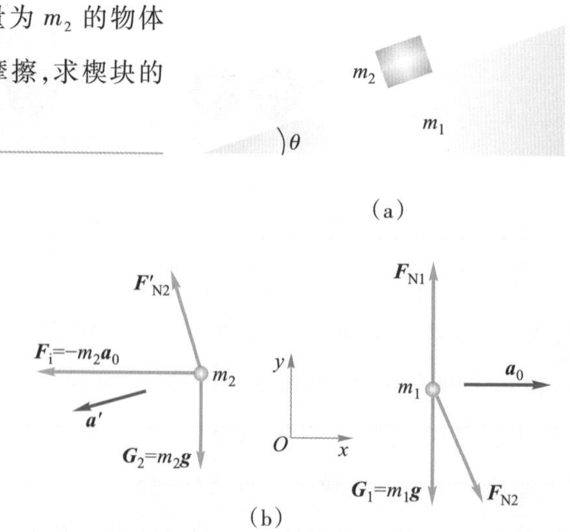

图 2-12 例 2-5 用图

$$m_2a_0+F'_{N2}\sin\theta=m_2a'_x=m_2a'\cos\theta$$

$$F'_{N2}\cos\theta-m_2g=-m_2a'_y=-m_2a'\sin\theta$$

又由牛顿第三定律，有

$$F_{N2}=F'_{N2}$$

联立求解上述方程，可得

$$a_0=\frac{m_2\cos\theta\sin\theta}{m_1+m_2\sin^2\theta}g$$

$$a'=\frac{(m_1+m_2)\sin\theta}{m_1+m_2\sin^2\theta}g$$

进一步还可求得物体对地面的加速度 $\boldsymbol{a}=\boldsymbol{a}_0+\boldsymbol{a}'$：

$$a_x=a'\cos\theta-a_0=\frac{m_1\sin\theta\cos\theta}{m_1+m_2\sin^2\theta}g$$

$$a_y=a'\sin\theta=\frac{(m_1+m_2)\sin^2\theta}{m_1+m_2\sin^2\theta}g$$

2-2 动量守恒定律

2-2-1 动量

我们已经知道，速度是反映物体运动状态的物理量，但是在长期的生产和生活实践中，我们所遇到的许多现象表明，物体的运动状态不仅取决于速度，而且与物体的质量有关.例如，有消息报道，在我国的道路交通事故中，车辆超速和超载是造成事故的两个重要原因.在同样刹车制动力的作用下，速度越快的车辆越不容易停下来，因此容易造成车辆追尾事故；同样，由于车辆超载，造成车体质量大大增加，即使车速并不快，也很难靠刹车制动及时把车停下来，从而造成事故.类似的例子还有很多，这就是说，从动力学的角度来考察物体的机械运动状态时，必须同时考虑速度和质量这两个因素.为此，我们引入动量的概念.把一个质点的质量 m 与其运动速度 $\boldsymbol{v}$ 的乘积定义为质点的**动量**(momentum)，用 $\boldsymbol{p}$ 表示：

$$\boldsymbol{p}=m\boldsymbol{v} \tag{2-14}$$

动量 $\boldsymbol{p}$ 是描述质点运动的状态量，它是一个矢量，其方向与速度 $\boldsymbol{v}$ 的方向相同.在国际单位制中，动量的单位是千克米每秒($\mathrm{kg\cdot m\cdot s^{-1}}$).

对于由 n 个质点所构成的质点系，假设系统中各质点的质量分别为 m_1，m_2，…，m_n，与之对应的速度分别为 $\boldsymbol{v}_1$，$\boldsymbol{v}_2$，…，$\boldsymbol{v}_n$，则系统总动量定义为系统内各质点动量的矢量和，即

$$\boldsymbol{p}=\sum_{i=1}^{n}\boldsymbol{p}_i=\sum_{i=1}^{n}m_i\boldsymbol{v}_i \tag{2-15}$$

其中 m_i 和 $\boldsymbol{v}_i$ 分别为第 i 个质点的质量和速度.而所有这些速度都必须是相对于同一惯性参考系的.

2-2-2 动量定理

图 2-13 运动员在投掷标枪时，伸直手臂，尽可能地延长手对标枪的作用时间，以提高标枪出手时的速度

1. 质点的动量定理

牛顿第二定律指出力是改变物体运动状态的原因，但是物体运动状态的改变不仅与作用力有关，还与作用时间有关.例如，在运动场上，运动员在投掷标枪时总是伸长手臂，尽可能地延长手对标枪的作用时间，以提高标枪出手时的动量(或速度)，如图 2-13 所示.因此，我们将引入新的物理量来描述动量的变化.

由于在牛顿力学理论中，物体的质量是一个不变量，因此可以把牛顿第二定律的表达式(2-2)改写为

$$\boldsymbol{F}=\frac{\mathrm{d}(m\boldsymbol{v})}{\mathrm{d}t}=\frac{\mathrm{d}\boldsymbol{p}}{\mathrm{d}t} \tag{2-16}$$

上式表明：**质点所受到的合外力等于质点的动量对时间的变化率**.事实上，牛顿最初就是以上述形式来表达牛顿第二定律的.以后我们会知道，式(2-16)比式(2-2)更具有普遍性.在相对论中，式(2-2)不再适用，但式(2-16)仍然成立.由上式可以得到

$$\boldsymbol{F}\mathrm{d}t=\mathrm{d}\boldsymbol{p}$$

设外力对质点的作用时间从 t_1 到 t_2，则对上式积分，有

$$\int_{t_1}^{t_2}\boldsymbol{F}\mathrm{d}t=\boldsymbol{p}_2-\boldsymbol{p}_1 \tag{2-17}$$

式中的 $\boldsymbol{p}_1$ 和 $\boldsymbol{p}_2$ 分别是质点在 t_1 和 t_2 时刻的动量，$\int_{t_1}^{t_2}\boldsymbol{F}\mathrm{d}t$ 是质点所受的作用力 $\boldsymbol{F}$ 在 t_1 到 t_2 这段时间内的积累量，称为**冲量**(impules)，用 $\boldsymbol{I}$ 表示.可见，动量的改变需由作用力和作用时间共同来描述.在国际单位制中，冲量的单位是牛顿秒(N·s).

式(2-17)表示：**质点在运动过程中所受合外力的冲量等于质点动量的增量**，这就是质点的**动量定理**(theorem of momentum).

冲量 $\boldsymbol{I}$ 是矢量，其方向与质点动量增量的方向一致，切勿以为冲量的方向与质点动量的方向一致.一般在打击、碰撞等问题中，物体与物体之间的相互作用时间极其短暂，但作用力却很大，这种力称为**冲力**(impulsive force).由于冲力随时间的变化非常大，很难用确切的解析函数式来表示，因此可用平均冲力 $\overline{\boldsymbol{F}}$ 来替代，平均冲力为

$$\overline{\boldsymbol{F}}=\frac{\int_{t_1}^{t_2}\boldsymbol{F}(t)\mathrm{d}t}{t_2-t_1} \tag{2-18}$$

此时冲量可表示为

$$\boldsymbol{I}=\overline{\boldsymbol{F}}(t_2-t_1)$$

(a)

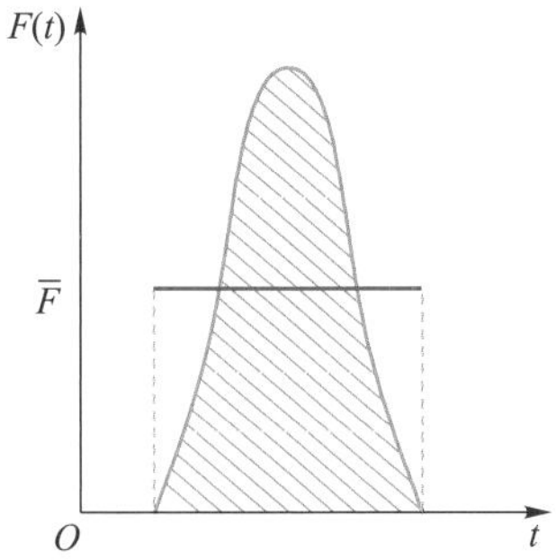

(b)

图 2-14
(a) 棒球运动员在击球
(b) 球杆与球接触期间冲力大小随时间的变化关系

图 2-14 显示一个棒球运动员在击球的过程中，棒对球的冲力大小随时间的变化曲线，曲线与时间轴所包围的阴影面积在数值上等于该时间内冲量的大小，图中矩形的高表示平均冲力(矩形面积与阴影面积相等).引入平均冲力后，动量定理可表示为

$$\boldsymbol{I}=\overline{\boldsymbol{F}}(t_2-t_1)=\boldsymbol{p}_2-\boldsymbol{p}_1 \tag{2-19}$$

在处理一般的碰撞问题时，可以从质点动量的变化求出作用时间内的平均冲力.

由质点的动量定理可知，在动量变化一定的情况下，作用时间越长，物体受到的平均冲力就越小；反之则越大.因此，在跳高场地上要铺设厚厚的海绵垫子，以延长运动员落地时的作用时间，从而减小着地时地面对人的冲力，如图 2-15 所示.

图 2-15 地上的海绵垫子可以延长运动员下落时与其接触的时间，这样就减小了地面对人的冲力

动量定理表达式(2-17)为一矢量式，在实际应用中，常使用其分量形式：

$$\begin{aligned} I_x &= \int_{t_1}^{t_2} F_x \mathrm{d}x = p_{2x} - p_{1x} \\ I_y &= \int_{t_1}^{t_2} F_y \mathrm{d}y = p_{2y} - p_{1y} \\ I_z &= \int_{t_1}^{t_2} F_z \mathrm{d}z = p_{2z} - p_{1z} \end{aligned} \tag{2-20}$$

例 2-6

质量为 m 的质点在 Oxy 平面内运动，其运动方程为

$$\boldsymbol{r}=a\cos\,\omega t\boldsymbol{i}+b\sin\,\omega t\boldsymbol{j}$$

求：(1)质点的动量；(2)从 $t=0$ 到 $t=\dfrac{\pi}{\omega}$ 这段时间内质点所受到的冲量.

解 (1) 质点的速度为

$$\boldsymbol{v}=\frac{\mathrm{d}\boldsymbol{r}}{\mathrm{d}t}=-\omega a\sin\,\omega t\boldsymbol{i}+\omega b\cos\,\omega t\boldsymbol{j}$$

则质点的动量为

$$\boldsymbol{p}=m\boldsymbol{v}=-m\omega a\sin\,\omega t\boldsymbol{i}+m\omega b\cos\,\omega t\boldsymbol{j}$$

(2) 在 $t=0$ 时，质点的动量为

$$\boldsymbol{p}_0=m\omega b\boldsymbol{j}$$

在 $t=\dfrac{\pi}{\omega}$ 时，质点的动量为

$$\boldsymbol{p}=-m\omega b\boldsymbol{j}$$

根据动量定理，合力的冲量为

$$\boldsymbol{I}=\boldsymbol{p}-\boldsymbol{p}_0=-2m\omega b\boldsymbol{j}$$

例 2-7

如图 2-16 所示，一质量为 0.05 kg、速率为 10 m · s^{-1} 的钢球，以与钢板法线成 $\alpha=45°$ 的方向撞击在钢板上，并以相同的速率和角度弹出. 设球与钢板的碰撞时间为 0.05 s. 求在此碰撞时间内钢板所受到的平均冲力.

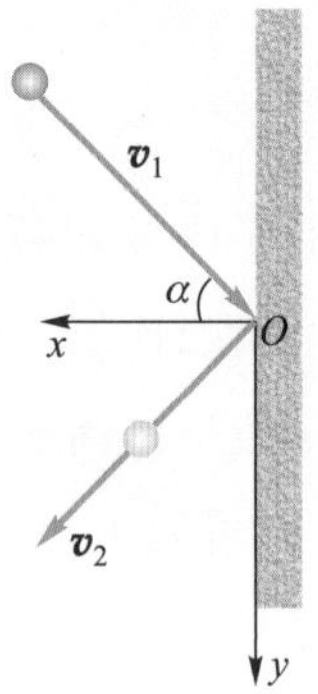

图 2-16 例 2-7 用图

解 由题意知 $v_1=v_2=v=10$ m · s^{-1}，按图示取坐标系 Oxy，钢球的速度 $\boldsymbol{v}_1$ 和 $\boldsymbol{v}_2$ 均在坐标平面内，$\boldsymbol{v}_1$ 在 Ox 轴和 Oy 轴上的分量为

$$v_{1x}=-v\cos\alpha, v_{1y}=v\sin\alpha$$

$\boldsymbol{v}_2$ 在 Ox 轴和 Oy 轴上的分量为

$$v_{2x}=v\cos\alpha, v_{2y}=v\sin\alpha$$

则由动量定理的分量式（2-20），可得钢球在碰撞过程中所受的冲量为

$$\begin{aligned}\overline{F}_x\Delta t&=mv_{2x}-mv_{1x}\\&=mv\cos\alpha-(-mv\cos\alpha)\\&=2mv\cos\alpha\end{aligned}$$

$$\begin{aligned}\overline{F}_y\Delta t&=mv_{2y}-mv_{1y}\\&=mv\sin\alpha-mv\sin\alpha=0\end{aligned}$$

因此，球所受的平均冲力的大小为

$$\overline{F}=\overline{F}_x=\frac{2mv\cos\alpha}{\Delta t}$$

如果令 $\overline{\boldsymbol{F}}'$ 为球对钢板的平均冲力，则由牛顿第三定律，有 $\overline{\boldsymbol{F}}'=-\overline{\boldsymbol{F}}$，即球对钢板施加的平均冲力与钢板对球施加的平均冲力大小相等，方向相反，故有

$$\overline{F}'=\frac{2mv\cos\alpha}{\Delta t}$$

代入已知数据，可算得钢板所受的平均冲力大小为

$$\overline{F}'=\frac{2\times0.05\times10\times\cos45°}{0.05}\text{ N}\approx14.1\text{ N}$$

$\overline{\boldsymbol{F}}'$ 的方向与 x 轴正向相反.

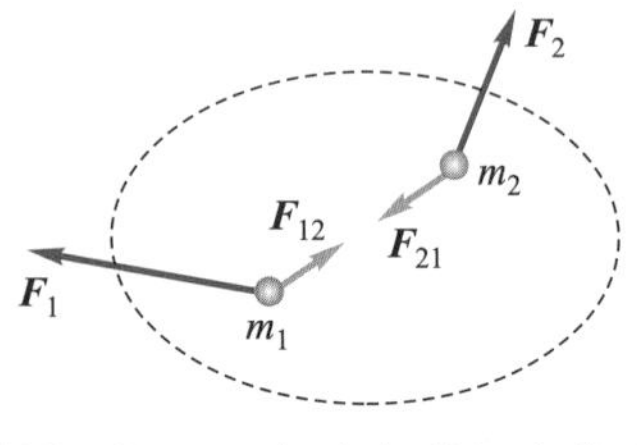

图 2-17 两个质点所组成的系统，它们分别受外力 $\boldsymbol{F}_1$ 和 $\boldsymbol{F}_2$ 以及相互作用的内力 $\boldsymbol{F}_{12}$ 和 $\boldsymbol{F}_{21}$ 的作用

2. 质点系的动量定理

现在我们从质点的动量定理出发，来讨论质点系的情况. 为便于讨论，首先研究由两个质点所组成的系统. 我们把系统外的物体对它们的作用力称为外力（external force），系统内质点之间的相互作用力称为内力（internal force）. 设作用在两个质点上的外力分别为 $\boldsymbol{F}_1$ 和 $\boldsymbol{F}_2$，而两个质点之间的相互作用内力分别为 $\boldsymbol{F}_{12}$ 和 $\boldsymbol{F}_{21}$，如图 2-17 所示. 在 $\Delta t=t_2-t_1$ 时间内，两个质点的动量定理可分别表示为

$$\int_{t_1}^{t_2}(\boldsymbol{F}_1+\boldsymbol{F}_{12})\mathrm{d}t=m_1\boldsymbol{v}_1-m_1\boldsymbol{v}_{10}$$

$$\int_{t_1}^{t_2}(\boldsymbol{F}_2+\boldsymbol{F}_{21})\mathrm{d}t=m_2\boldsymbol{v}_2-m_2\boldsymbol{v}_{20}$$

可见，系统内各个质点的动量变化，与该质点所受合外力的冲量以及内力的冲量都有关系.将以上两式相加，可得

$$\int_{t_1}^{t_2}(\boldsymbol{F}_2+\boldsymbol{F}_1+\boldsymbol{F}_{21}+\boldsymbol{F}_{12})\mathrm{d}t=(m_2\boldsymbol{v}_2+m_1\boldsymbol{v}_1)-(m_2\boldsymbol{v}_{20}+m_1\boldsymbol{v}_{10})$$

根据牛顿第三定律，$\boldsymbol{F}_{12}=-\boldsymbol{F}_{21}$，所以系统内两质点间内力的矢量和为零，即 $\boldsymbol{F}_{12}+\boldsymbol{F}_{21}=0$，于是上式可表示为

$$\int_{t_1}^{t_2}(\boldsymbol{F}_2+\boldsymbol{F}_1)\mathrm{d}t=(m_2\boldsymbol{v}_2+m_1\boldsymbol{v}_1)-(m_2\boldsymbol{v}_{20}+m_1\boldsymbol{v}_{10})$$

上式表明，系统所受合外力的冲量等于系统内两质点动量之和的增量(也就是系统的总动量增量).

上述结论不难推广到由 n 个质点所组成的系统，这时有

$$\int_{t_1}^{t_2}\sum_{i=1}^{n}\boldsymbol{F}_i\mathrm{d}t=\sum_{i=1}^{n}m_i\boldsymbol{v}_i-\sum_{i=1}^{n}m_i\boldsymbol{v}_{i0}$$

令质点系的初动量为 $\boldsymbol{p}_0=\sum_{i=1}^{n}m_i\boldsymbol{v}_{i0}$，质点系的末动量 $\boldsymbol{p}=\sum_{i=1}^{n}m_i\boldsymbol{v}_i$，则上式可表示为

$$\int_{t_1}^{t_2}\sum_{i=1}^{n}\boldsymbol{F}_i\mathrm{d}t=\boldsymbol{p}-\boldsymbol{p}_0 \qquad (2-21\mathrm{a})$$

上式表明：系统所受合外力的冲量等于系统总动量的增量，这一结论称为质点系的动量定理.

质点系的动量定理微分式可表示为

$$\sum_{i=1}^{n}\boldsymbol{F}_i=\frac{\mathrm{d}\boldsymbol{p}}{\mathrm{d}t} \qquad (2-21\mathrm{b})$$

在直角坐标系 $Oxyz$ 中，上式可表示成分量形式：

$$\begin{aligned}\int_{t_1}^{t_2}\sum_{i=1}^{n}F_{ix}\mathrm{d}t&=p_x-p_{0x}\\ \int_{t_1}^{t_2}\sum_{i=1}^{n}F_{iy}\mathrm{d}t&=p_y-p_{0y}\\ \int_{t_1}^{t_2}\sum_{i=1}^{n}F_{iz}\mathrm{d}t&=p_z-p_{0z}\end{aligned} \qquad (2-22)$$

必须指出：作用于系统的合外力是指作用于系统内各个质点的外力的矢量和，只有外力才对系统总动量的变化有贡献，而内力不能改变系统的总动量.

例 2-8

如图 2-18 所示，一根柔软链条长为 l，质量线密度为 λ. 链条放在桌上，桌上有一小孔，链条的一端由小孔垂下，其余部分堆在桌面上小孔的周围. 由于某种扰动，链条因自身重量开始下落. 求链条下落速度与落下距离之间的关系，假设不计一切摩擦.

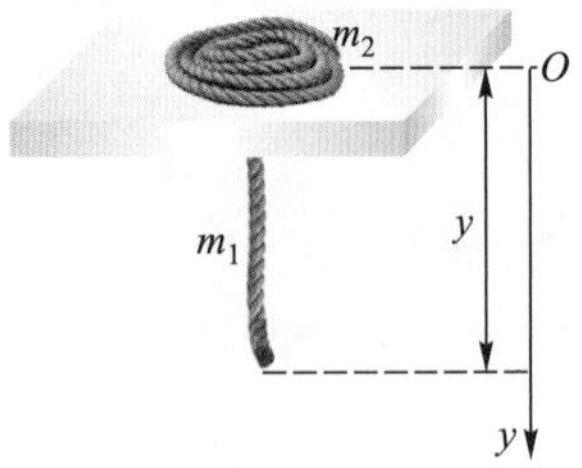

图 2-18 例 2-8 用图

解 如图所示，选桌面上一点为坐标原点 O，Oy 轴的正向竖直向下. 设某一时刻 t，链条下垂部分的长度为 y，质量为 m_1. 此时在桌面上尚有长为 $l-y$ 的链条，质量为 m_2. 如把整个链条作为一个系统，那么此系统含有竖直悬挂的链条和在桌面上的链条两部分，它们之间的作用力为内力. 由于链条与各处的摩擦均略去不计，故系统所受到的外力由链条的下垂部分受到的重力 $\boldsymbol{G}_1=m_1\boldsymbol{g}$，桌面上链条所受的重力 $\boldsymbol{G}_2=m_2\boldsymbol{g}$ 以及桌面对链条的支承力 $\boldsymbol{F}_{\rm N}=m_2\boldsymbol{g}$ 所构成. 虽然 $\boldsymbol{G}_2$ 和 $\boldsymbol{F}_{\rm N}$ 在不断变化，但一直处于平衡状态，因此作用于系统的合外力仅为 $\boldsymbol{F}=\boldsymbol{G}=m_1\boldsymbol{g}$，其中 $m_1=\lambda y$. 在 $\mathrm{d}t$ 时间内，合外力 $\boldsymbol{F}$ 沿 Oy 轴方向的冲量为 $\boldsymbol{F}\mathrm{d}t$，所以由系统的动量定理，有

$$F\mathrm{d}t=\lambda yg\mathrm{d}t=\mathrm{d}p \tag{2-23}$$

$\mathrm{d}p$ 为系统（即整个链条）的动量增量. 其中，处于桌面上那部分链条在 $\mathrm{d}t$ 时间内可以认为其速度为零，因此整个链条中只有下垂部分的动量在改变.

在时刻 t，链条下垂长度为 y，下落速度为 v，因此这部分链条的动量为

$$p=m_1v=\lambda yv$$

随着链条的下落，链条下垂部分的长度及速度均在增加. 在 $\mathrm{d}t$ 时间里，下垂部分链条动量的增量为

$$\mathrm{d}p=\lambda\mathrm{d}(yv)$$

把它代入式(2-23)，有

$$\lambda yg\mathrm{d}t=\lambda\mathrm{d}(yv)$$

即

$$yg=\frac{\mathrm{d}(yv)}{\mathrm{d}t}$$

等式两边各乘以 $y\mathrm{d}y$，上式成为

$$gy^2\mathrm{d}y=y\frac{\mathrm{d}y}{\mathrm{d}t}\mathrm{d}(yv)=yv\mathrm{d}(yv)$$

已知扰动刚开始时，链条的下落速度为零，即 $(yv)_{t=0}=0$. 于是对上式积分，有

$$g\int_0^y y^2\mathrm{d}y=\int_0^{yv}yv\mathrm{d}(yv)$$

得

$$\frac{1}{3}gy^3=\frac{1}{2}(yv)^2$$

$$v=\left(\frac{2}{3}gy\right)^{\frac{1}{2}}$$

这就是链条下落速度与落下距离之间的关系.

2-2-3 动量守恒定律

由质点系动量定理的表达式(2-21)可知，如系统在运动过程中，所受的合外力始终为零，则系统的总动量保持不变. 这就是动量守恒定律（law of conservation of momentum）：

$$\boldsymbol{p}=\sum_i \boldsymbol{p}_i=\text{常矢量} \tag{2-24}$$

值得注意：

（1）系统的总动量守恒并不意味着系统内每一个质点的动量都保持不变.事实上，由于系统内各质点之间的相互作用，它们各自的动量都会发生改变，只是系统内所有质点的动量的矢量和保持不变.

（2）系统内所有质点的动量都必须对同一个惯性参考系而言.

（3）若系统所受合外力不为零，但是合外力在某一方向的分量始终为零，则由式(2-22)可知，系统在该方向上的总动量守恒.

（4）在一些具体问题中，有时系统所受的合外力并不为零，但其值远小于系统内各质点之间的内力，在这种情况下，外力可以忽略不计，系统的总动量可近似认为守恒.这种情况大多出现在碰撞、打击、爆炸等过程中.

动量守恒定律是物理学最普遍和最基本的定律之一.虽然我们在研究宏观物体的机械运动时对动量进行了定义，并从牛顿运动定律中导出了动量守恒定律，但是，现代科学实验和理论都表明，大到宇宙天体之间的相互作用，小到原子、核子、粒子之间的相互作用都遵守动量守恒定律，而在微观领域，牛顿运动定律已不再适用了.因此，动量守恒定律比牛顿运动定律更具有普遍意义.

例 2-9

北京故宫午门广场的一辆古代炮车如图 2-19 所示.设其以仰角 α 发射一发炮弹，炮弹的质量为 m，炮弹相对于炮口以速度 $\boldsymbol{v}$ 射出，炮车的质量为 m_0.试求炮车的反冲速度 $\boldsymbol{v}_0$ 的大小（设炮车与地面的摩擦可忽略不计）.

图 2-19 例 2-9 用图

解 将炮车和炮弹视为一个质点系，系统受到的外力有重力和地面对炮身的支承力.在发射炮弹时，沿竖直方向的重力和支承力并不平衡，故竖直方向的动量不守恒.在水平方向上系统不受外力，故系统的总动量沿水平方向的分量守恒.以地面为参考系，沿水平方向取坐标系 Ox，Ox 轴的正方向水平向右，设炮弹相对于地面的速度为 v，则

$$v_x=v\cos\alpha-v_0$$

沿 Ox 轴方向动量守恒，有

$$mv_x+m_0(-v_0)=0$$

即
$$m(v\cos\alpha-v_0)=m_0v_0$$

可得炮车的反冲速度大小为

$$v_0=\frac{mv}{m+m_0}\cos\alpha$$

例 2-10

在水平地面上有一静止的车，车长为 L，质量为 m_0，车上有一质量为 m 的人站在车的后端 A，如图 2-20(a)所示.设人从车的后端 A 跑到车的前端 B，求此时车相对于地面移动的距离（不计车与地面之间的摩擦）.

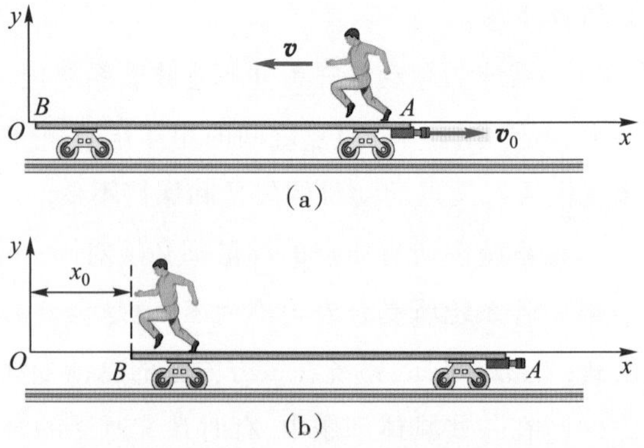

图 2-20　例 2-10 用图

解　将车和人作为一个系统考虑.由于车与地面无摩擦，故在水平方向上系统不受外力的作用，因此系统在水平方向上动量守恒.

今取车的前端 B 所在处作为坐标系 Oxy 的原点 O，且 Ox 轴正方向为水平向右.人跑动前，人和车均静止；跑动后，设人和车相对于地面（惯性系）的速度分别为 $\boldsymbol{v}$ 和 $\boldsymbol{v}_0$，假设它们的方向均与 Ox 轴正方向相同，按动量守恒定律，可列出方程式：

$$m_0\cdot 0+m\cdot 0=m\cdot(+v)+m_0\cdot(+v_0)$$

由此得

$$v_0=-\frac{m}{m_0}v$$

式中负号表明人与小车运动的方向相反，见图 2-20(a).设人与车在时间 $\mathrm{d}t$ 内相对于地面的位移分别为 $\mathrm{d}x$ 和 $\mathrm{d}x_0$，则按直线运动的速度定义，有 $\mathrm{d}x_0=v_0\mathrm{d}t$，$\mathrm{d}x=v\mathrm{d}t$，代入上式，有

$$\mathrm{d}x_0=-\frac{m}{m_0}\mathrm{d}x$$

当人从 A 端跑到 B 端时，车的 B 端坐标由零变为 x_0，则人的坐标相应地从 L 变为 x_0，见图 2-20(b).对上式积分，有

$$\int_0^{x_0}\mathrm{d}x_0=-\frac{m}{m_0}\int_L^{x_0}\mathrm{d}x$$

得

$$x_0=-\frac{m}{m_0}(x_0-L)$$

于是可得车相对于地面移动的距离为

$$x_0=\frac{m}{m+m_0}L$$

例 2-11

在 α 粒子散射过程中，α 粒子和静止的氧原子核发生“碰撞”，如图 2-21 所示.经实验测定，碰撞后 α 粒子沿与入射方向成 $\theta=72°$ 的方向运动，而氧原子核则沿与 α 粒子入射方向成 $\beta=41°$ 的方向“反冲”.求“碰撞”前、后 α 粒子的速率之比.

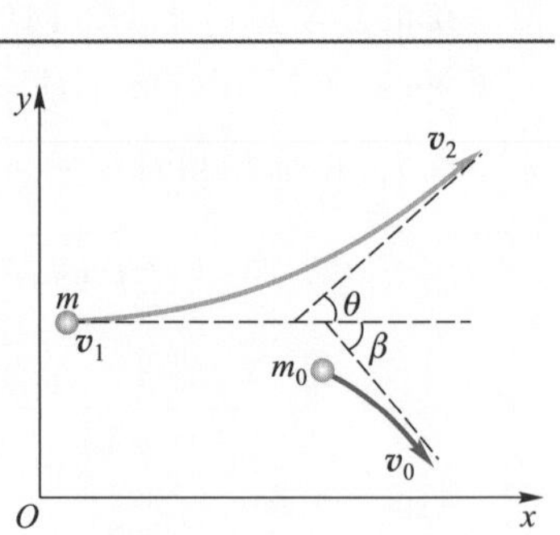

图 2-21　例 2-11 用图

解　粒子的这种“碰撞”过程实际上是一种非接触性的碰撞，开始时二者逐渐靠近，继而由于相互斥力作用又逐渐分离.设 α 粒子和氧原子核的质量分

别为 m 和 m_0，碰撞前、后 α 粒子的速率分别为 v_1 和 v_2，氧原子核的速率分别为 0 和 v_0. 今将 α 粒子和氧原子核视为一个系统，它所受的外力与"碰撞"时产生的内力相比很小，可忽略不计，因此系统的动量可近似认为守恒. 选取图示的坐标系 Oxy，则按动量守恒定律，沿 Ox 轴和 Oy 轴方向的分量式可分别表示为

$$mv_1 = mv_2\cos\theta + m_0v_0\cos\beta$$

$$0 = mv_2\sin\theta - m_0v_0\sin\beta$$

解之可得

$$\frac{v_2}{v_1} = \frac{\sin\beta}{\sin(\theta+\beta)} = \frac{\sin 41^\circ}{\sin(72^\circ+41^\circ)} \approx 0.71$$

即碰撞后 α 粒子的速率约为碰撞前的 71%.

*2-2-4 火箭飞行原理

火箭飞行是运用动量守恒定律处理变质量运动问题的一个典型例子. 设有一枚火箭发射升空，如图 2-22(a) 所示. 今取固定于地面（惯性系）的坐标系 Oz，其正方向竖直向上，如图 2-22(b) 所示. 在某一时刻 t，火箭的质量为 m，沿 z 轴的方向相对于地面以速度 $\boldsymbol{v}$ 向上运动. 经过 $\mathrm{d}t$ 时间，火箭喷出气体的质量为 $-\mathrm{d}m$（其中 $\mathrm{d}m$ 为火箭质量的增量，为一负值），使火箭的速度变为 $\boldsymbol{v}+\mathrm{d}\boldsymbol{v}$，喷出的气体相对于火箭的速度（向下）为 $\boldsymbol{u}$（$\boldsymbol{u}$ 的大小可视为不变），这样，喷出的气体相对于地面的速度为 $(\boldsymbol{v}+\mathrm{d}\boldsymbol{v})+(-\boldsymbol{u})$.

在时刻 t，质量为 m 的火箭沿 Oz 轴的动量大小为 mv，在时刻 $t+\mathrm{d}t$，质量为 $m+\mathrm{d}m$ 的火箭和质量为 $-\mathrm{d}m$ 的气体的总动量大小为

$$(m+\mathrm{d}m)(v+\mathrm{d}v) - \mathrm{d}m(v+\mathrm{d}v-u)$$

我们把整个火箭壳体连同所装的燃料及助燃剂等视为一个系统，为简化问题，可认为火箭的重力、飞行时的空气阻力等系统外力与火箭的内力相比皆可忽略不计，因而该系统的动量守恒，即

$$mv = (m+\mathrm{d}m)(v+\mathrm{d}v) - \mathrm{d}m(v+\mathrm{d}v-u) \tag{2-25}$$

略去二阶小量 $\mathrm{d}m\mathrm{d}v$，化简后可得

$$\mathrm{d}v = -u\frac{\mathrm{d}m}{m}$$

设开始喷气时火箭的速度为零，火箭壳体连同携带的燃料及助燃剂等的总质量为 m_0，壳体本身的质量为 m_1，燃料耗尽时火箭的速度为 v，积分得

$$\int_0^v \mathrm{d}v = -u\int_{m_0}^{m_1}\frac{\mathrm{d}m}{m}$$

得

$$v = u\ln\frac{m_0}{m_1} \tag{2-26}$$

(a) 火箭飞行是动量守恒定律应用的一个典型例子

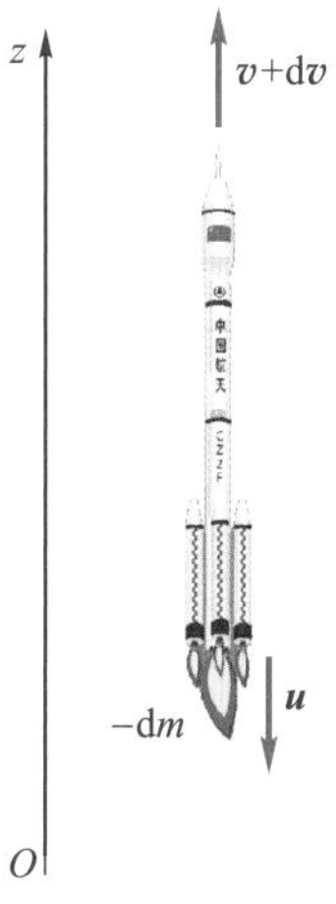

(b) 火箭升空时动量守恒

图 2-22

式中 m_0/m_1 称为质量比.由此可见,在同样的条件下,火箭的喷气速度 u 及质量比越大,火箭所能达到的速度也就越大.根据目前的理论分析,化学燃烧过程所能达到的喷射速度的理论值为 $5\times10^3\ \mathrm{m\cdot s^{-1}}$,而实际上能达到的喷射速度只是该理论值的一半左右,因此要提高火箭的速度只能凭借提高其质量比来实现.然而仅靠增加单级火箭的质量比来实现超越第一宇宙速度($7.9\ \mathrm{km\cdot s^{-1}}$),在技术上有很大的困难,所以一般采用多级火箭的方式来达到提高速度的目的.

以三级火箭为例,设第一、第二、第三级火箭的质量比分别为 N_1、N_2、N_3,各级火箭的喷射速度均为 u,则第一、第二、第三级火箭燃料耗尽后达到的速率分别为

$$v_1=u\ln N_1$$

$$v_2=v_1+u\ln N_2$$

$$v_3=v_2+u\ln N_3$$

当第三级火箭的燃料耗尽后,人造地球卫星的速率为

$$v_3=u(\ln N_1+\ln N_2+\ln N_3)=u\ln(N_1N_2N_3)$$

若 $u=2.5\times10^3\ \mathrm{m\cdot s^{-1}}$,$N_1=N_2=N_3=3$,则可算得

$$v_3=2.5\times10^3\ \mathrm{m\cdot s^{-1}}\times3\times\ln 3\approx8.2\times10^3\ \mathrm{m\cdot s^{-1}}$$

这个速率已超过了第一宇宙速度,达到了人造地球卫星的发射要求.

*2-2-5 质心与质心运动定理

1. 质心

在质点系的运动过程中,系统内各质点的运动状态不尽相同,这就给描述质点系的运动带来了很大的麻烦.为了能够简洁地描述质点系的运动状态,我们引入质量中心的概念,简称质心(center of mass).

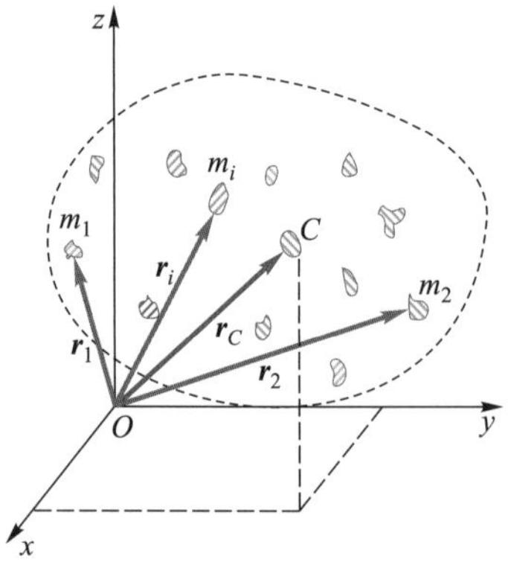

图 2-23 一个质点系由 n 个质点组成,各质点的质量分别为 m_1,m_2,…,m_n,位矢分别为 $\boldsymbol{r}_1$,$\boldsymbol{r}_2$,…,$\boldsymbol{r}_n$,质点系的质心 C 的位矢为 $\boldsymbol{r}_C$

设某个质点系由 n 个质点所组成,各质点的质量分别为 m_1,m_2,…,m_n,位矢分别为 $\boldsymbol{r}_1$,$\boldsymbol{r}_2$,…,$\boldsymbol{r}_n$,如图 2-23 所示.定义质点系的质心 C 的位矢为

$$\boldsymbol{r}_C=\frac{m_1\boldsymbol{r}_1+m_2\boldsymbol{r}_2+\cdots+m_n\boldsymbol{r}_n}{m_1+m_2+\cdots+m_n}=\frac{\sum\limits_{i=1}^{n}m_i\boldsymbol{r}_i}{m}\tag{2-27}$$

式中 m 为质点系的总质量.

在直角坐标系 $Oxyz$ 中,质心的坐标可表示为

$$x_C=\frac{\sum\limits_{i=1}^{n}m_ix_i}{m},\quad y_C=\frac{\sum\limits_{i=1}^{n}m_iy_i}{m},\quad z_C=\frac{\sum\limits_{i=1}^{n}m_iz_i}{m}\tag{2-28}$$

对于质量连续分布的物体，质心 C 的位矢为

$$\boldsymbol{r}_C = \frac{\int_V \boldsymbol{r}\mathrm{d}m}{m} \tag{2-29}$$

式中 V 表示物体质量的分布区域.在直角坐标系 $Oxyz$ 中质心位置可表示为

$$x_C = \frac{\int_V x\mathrm{d}m}{m}, y_C = \frac{\int_V y\mathrm{d}m}{m}, z_C = \frac{\int_V z\mathrm{d}m}{m} \tag{2-30}$$

一般来说，质点系的质心可能不在系统中的某一个质点上，图 2-24 显示了某些物体的质心位置.对于质量分布均匀、形状又对称的物体，质心的位置就在它们的几何中心上.

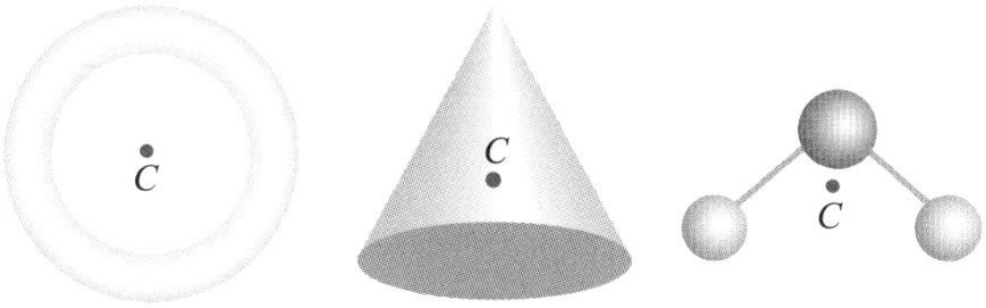

图 2-24　对于形状对称，质量分布均匀的物体，其质心位于它的几何中心，质心不一定在系统中的某一质点处

2. 质心运动定理

将式(2-27)对时间 t 求导数，可得质心运动的速度为

$$\boldsymbol{v}_C = \frac{\mathrm{d}\boldsymbol{r}_C}{\mathrm{d}t} = \frac{\sum_{i=1}^{n} m_i \frac{\mathrm{d}\boldsymbol{r}_i}{\mathrm{d}t}}{m} = \frac{\sum_{i=1}^{n} m_i \boldsymbol{v}_i}{m}$$

由此可得

$$m\boldsymbol{v}_C = \sum_{i=1}^{n} m_i \boldsymbol{v}_i \tag{2-31}$$

上式表明：质点系的总动量 $\boldsymbol{p} = \sum_{i=1}^{n} m_i \boldsymbol{v}_i$ 等于总质量与其质心运动速度的乘积.

由式(2-21b)，并将式(2-31)代入，可得

$$\sum_{i=1}^{n} \boldsymbol{F}_i = \frac{\mathrm{d}\boldsymbol{p}}{\mathrm{d}t} = m\frac{\mathrm{d}\boldsymbol{v}_C}{\mathrm{d}t} = m\boldsymbol{a}_C \tag{2-32}$$

上式表明：质点系所受到的合外力等于质点系的总质量与质心加速度的乘积，这一结论称为质心运动定理.

质心运动定理给研究质点系的整体运动带来了很大的方便，质点系内的各个质点由于受到内力和外力的共同作用，它们的运动情况可能很复杂，但其质心的运动很简单，它仅由质点系所受的合外力决定，内力对质心的运动不产生影响.例如，一跳水运动员起跳后，她在空中不断地翻转，最后入水.在整个过程中，她身上各点的运动情况都相当复杂，但由于她所受的合外力只有重力(略去空气阻力)，故她的质心在空中的轨道是一条抛物线，如图 2-25 所示.同样

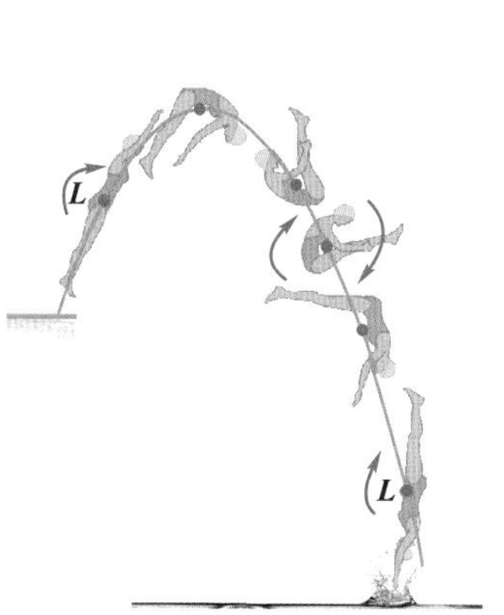

图 2-25　跳水运动员的质心在整个跳水过程中为一简单的抛物线

图 2-26 跳高运动员过横杆时，其身体的质心可能低于横杆

地，当你为跳高运动员以一个优美的背跃式越过高架的横杆而惊叹时，岂知他的质心可能是从横杆的下面通过的！如图 2-26 所示.

从质心运动定理可以作出如下推论：当质点系所受合外力 $\boldsymbol{F}=0$ 时，$\boldsymbol{a}_C=0$，即 $\boldsymbol{v}_C=$ 常矢量.也就是说：在合外力等于零的条件下，质点系的质心保持原来的静止或匀速直线运动状态不变.内力既不能改变质点系的总动量，也不能改变质心的运动状态.

此外，当质点系所受合外力在某个方向上的分量为零时，质心速度 $\boldsymbol{v}_C$ 在这个方向上的分量保持不变.由于质点系的动量守恒与质心作惯性运动的等价性，我们可以从质心运动的角度来处理某些涉及动量守恒的问题.

例 2-12

用质心运动定理求解例 2-10.

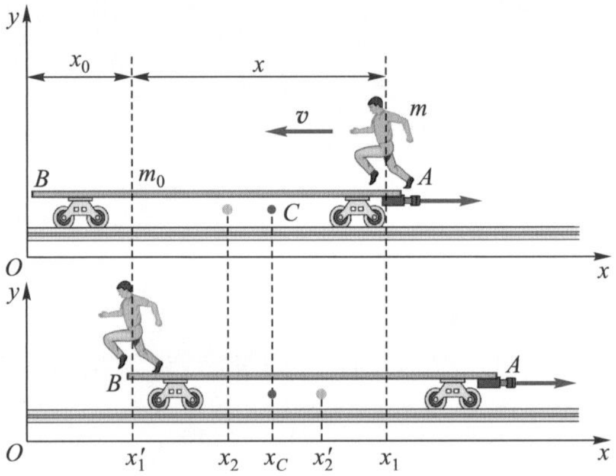

图 2-27 例 2-12 用图

解 选车和人为一系统，选取如图所示的坐标系 Oxy.因系统在 x 轴方向上不受外力的作用，则由质心运动定理可知 $a_{Cx}=0$，可得 $v_{Cx}=$ 常量.由于系统原来静止，即 $v_{Cx}=0$，这表明在运动过程中，系统质心的坐标 x_C 保持不变，如图 2-27 所示.由此可写出

$$x_C=\frac{mx_1+m_0x_2}{m+m_0}=\frac{mx_1'+m_0x_2'}{m+m_0}$$

式中的 $x_1=L$ 和 x_2 分别是原先人和车的质心坐标，x_1' 和 x_2' 是人走到车的前端 B 时人和车的质心坐标.

设 x_0 表示车相对于地面移动的距离，则有

$$x_2'=x_0+x_2$$

$$x_1'=x_0$$

代入 x_C 的表达式，可得

$$x_C=\frac{mL+m_0x_2}{m+m_0}=\frac{mx_0+m_0(x_0+x_2)}{m+m_0}$$

化简可得

$$mL=(m+m_0)x_0$$

则

$$x_0=\frac{m}{m+m_0}L$$

与例 2-10 得出的结果相同.

2-3 角动量守恒定律

2-3-1 质点的角动量

在研究质点的机械运动时，人们常会遇到质点或质点系绕某一给定点作周期性轨道运动的情况，例如行星绕太阳的运动.在这类运动中质点速度和动量的平均值都为零，动量也不再是守恒量.基于这类运动的特点，我们往往可以用角量去描述其运动状态.以下我们将以行星绕日运动为例，引入角动量的概念.

如图 2-28(a)所示，行星绕太阳作椭圆轨道运动，太阳位于椭圆轨道的一个焦点上，以太阳所在位置为原点 O，设某一时刻行星位于 P 点，其位置矢量为 $\boldsymbol{r}$.设在 $\mathrm{d}t$ 时间内行星发生了位移 $\mathrm{d}\boldsymbol{r}$，位置矢量 $\boldsymbol{r}$ 与位移 $\mathrm{d}\boldsymbol{r}$ 的夹角为 α，期间位矢扫过的面积(三角形)为

$$\mathrm{d}S=\frac{1}{2}|\boldsymbol{r}|\cdot|\mathrm{d}\boldsymbol{r}|\sin\alpha$$

根据开普勒第二定律，位矢在单位时间内扫过的面积应该是一个常量，即有

$$\frac{\mathrm{d}S}{\mathrm{d}t}=\frac{1}{2}|\boldsymbol{r}|\cdot\frac{|\mathrm{d}\boldsymbol{r}|}{\mathrm{d}t}\sin\alpha=\frac{1}{2}rv\sin\alpha=C_1$$

将上式等号两边分别乘以 $2m$(m 为行星的质量)，可得

$$rmv\sin\alpha=C_2$$

式中 C_2 为一常量，mv 为行星的动量大小，可用 p 表示.可见行星绕太阳作轨道运动过程中 $rp\sin\alpha$ 是一个不变量，它恰好是位矢 $\boldsymbol{r}$ 与动量 $\boldsymbol{p}$ 的矢量积的大小.我们把位矢 $\boldsymbol{r}$ 与动量 $\boldsymbol{p}$ 的矢量积定义为角动量，用符号 $\boldsymbol{L}$ 表示：

$$\boldsymbol{L}=\boldsymbol{r}\times m\boldsymbol{v}=\boldsymbol{r}\times\boldsymbol{p} \tag{2-33}$$

在国际单位制中，角动量的单位是千克二次方米每秒($\mathrm{kg\cdot m^2\cdot s^{-1}}$).角动量 $\boldsymbol{L}$ 为一矢量，其方向由右手螺旋定则确定，与 $\boldsymbol{r}$ 和 $\boldsymbol{v}$ 构成的平面相垂直，如图 2-28(b)所示.

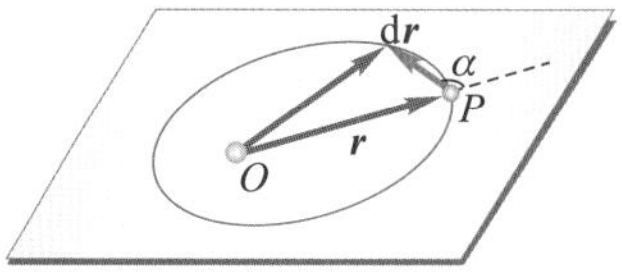

(a) 行星绕太阳作椭圆轨道运动，太阳位于椭圆轨道的一个焦点上，行星在 $\mathrm{d}t$ 时间内发生了位移 $\mathrm{d}\boldsymbol{r}$

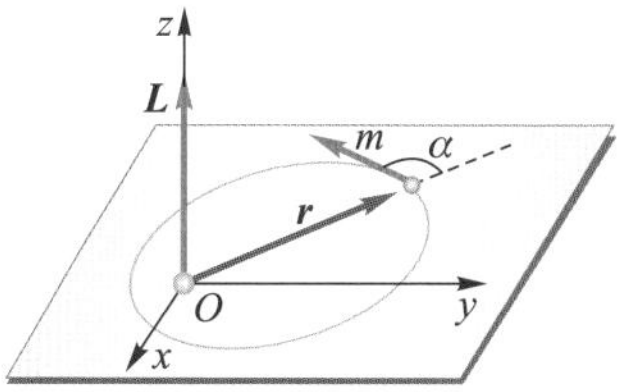

(b) 行星绕太阳运动的角动量 $\boldsymbol{L}$ 垂直于位矢 $\boldsymbol{r}$ 和速度 $\boldsymbol{v}$ 构成的平面

图 2-28

角动量的大小为

$$L=rp\sin\alpha \tag{2-34}$$

式中的 α 是质点的位矢 $\boldsymbol{r}$ 与动量 $\boldsymbol{p}$ 之间小于 180°的夹角.事实上，类似于行星绕太阳运动，任何质点在有心力作用下的轨道运动，其角动量都是一个不变量.我们可以用角动量来描述这类运动质点的运动状态.

值得注意的是：质点的位矢 $\boldsymbol{r}$ 是以参考原点 O 为基准点，因此，运动质点的角动量必须是相对于某一参考点 O 而言的.相对于不同的参考点，质点的角动量不同.

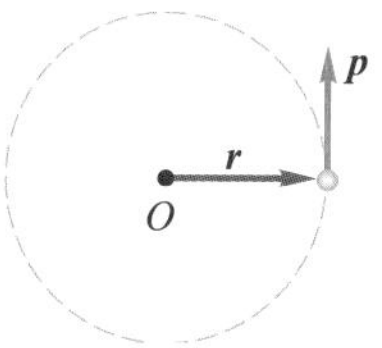

图 2-29 质点作圆周运动时，其角动量大小为 mvr

当质点绕参考点 O 作圆周运动时，$\alpha=90°$，$\sin\alpha=1$，如图 2-29 所示，此时，质点对圆心 O 的角动量大小为

$$L=rp=mvr \tag{2-35}$$

即作圆周运动的质点其角动量的大小等于其动量大小与圆周半径的乘积.

质点对参考点 O 的角动量在通过 O 点的任意轴线 OA 上的投影 $\boldsymbol{L}_A$,称为质点对轴线 OA 的角动量,由图 2-30 可知

$$L_A=L\cos\gamma \tag{2-36}$$

式中 γ 为角动量 $\boldsymbol{L}$ 与轴线 OA 之间的夹角.

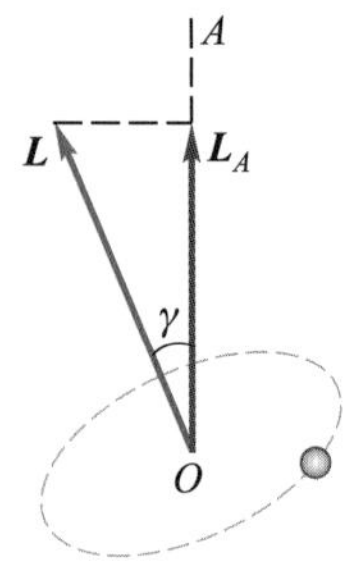

图 2-30 质点对参考点 O 的角动量在通过 O 点的任意轴线 OA 上的投影 $\boldsymbol{L}_A$,称为质点对轴线 OA 的角动量

如果我们讨论的是一个由几个质点构成的系统,设系统由 n 个质点组成,它们对 O 点的位矢分别为 $\boldsymbol{r}_1,\boldsymbol{r}_2,\cdots,\boldsymbol{r}_n$,动量分别为 $\boldsymbol{p}_1,\boldsymbol{p}_2,\cdots,\boldsymbol{p}_n$,则系统对 O 点的总角动量为系统中所有质点对 O 点的角动量之矢量和.

$$\boldsymbol{L}=\sum_{i=1}^{n}\boldsymbol{L}_i=\sum_{i=1}^{n}(\boldsymbol{r}_i\times\boldsymbol{p}_i) \tag{2-37}$$

2-3-2 力矩

1. 力对参考点的力矩

质点的角动量 $\boldsymbol{L}$ 随时间的变化率为

$$\frac{\mathrm{d}\boldsymbol{L}}{\mathrm{d}t}=\frac{\mathrm{d}(\boldsymbol{r}\times\boldsymbol{p})}{\mathrm{d}t}=\frac{\mathrm{d}\boldsymbol{r}}{\mathrm{d}t}\times\boldsymbol{p}+\boldsymbol{r}\times\frac{\mathrm{d}\boldsymbol{p}}{\mathrm{d}t}$$

因为 $\mathrm{d}\boldsymbol{r}/\mathrm{d}t=\boldsymbol{v}$,而 $\boldsymbol{v}$ 与 $\boldsymbol{p}$ 的方向一致,所以上式中的第一项为零,又根据牛顿第二定律,有 $\mathrm{d}\boldsymbol{p}/\mathrm{d}t=\boldsymbol{F}$,因此上式可表示为

$$\frac{\mathrm{d}\boldsymbol{L}}{\mathrm{d}t}=\boldsymbol{r}\times\boldsymbol{F} \tag{2-38}$$

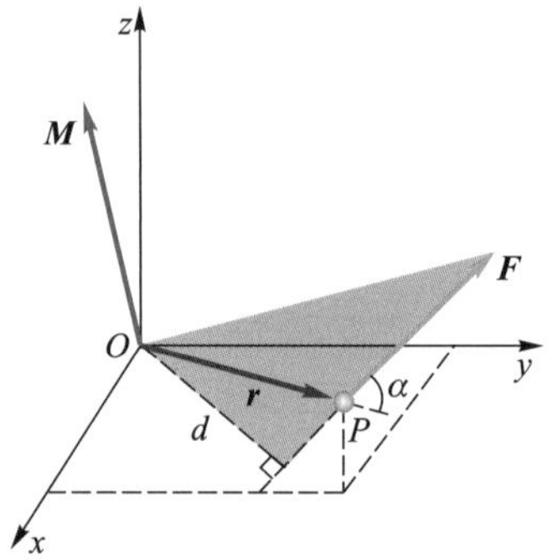

图 2-31 作用力 $\boldsymbol{F}$ 对参考点 O 的力矩定义为 $\boldsymbol{M}=\boldsymbol{r}\times\boldsymbol{F}$,力矩的方向垂直于位矢 $\boldsymbol{r}$ 与力 $\boldsymbol{F}$ 所决定的平面

上式表明,质点角动量随时间的变化率不仅与所受的作用力 $\boldsymbol{F}$ 有关,而且还与参考点到质点的位矢 $\boldsymbol{r}$(也就是力的作用点位矢)有关.我们把 $\boldsymbol{r}\times\boldsymbol{F}$ 定义为外力 $\boldsymbol{F}$ 对参考点 O 的力矩(moment of force),用 $\boldsymbol{M}$ 表示,如图 2-31 所示,有

$$\boldsymbol{M}=\boldsymbol{r}\times\boldsymbol{F} \tag{2-39}$$

力矩的大小为

$$M=rF\sin\alpha=Fd \tag{2-40}$$

其中 $d=r\sin\alpha$ 是力的作用线到 O 点的距离,称为力臂(arm of force).力矩的方向垂直于位矢 $\boldsymbol{r}$ 与力 $\boldsymbol{F}$ 所决定的平面,其指向由右手螺旋定则确定.力矩的单位为牛顿米(N · m).

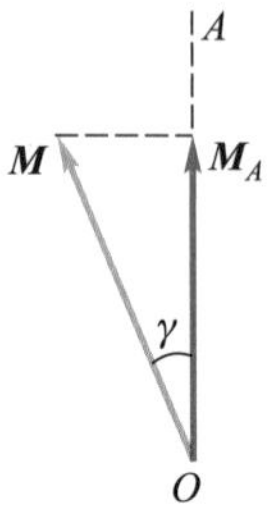

图 2-32 力 $\boldsymbol{F}$ 对 O 点的力矩 $\boldsymbol{M}$ 在过 O 点的任一轴线 OA 上的投影 $\boldsymbol{M}_A$,称为力 $\boldsymbol{F}$ 对该轴的力矩

若对于一个由 n 个质点构成的质点系,作用在各质点上的力分别为 $\boldsymbol{F}_1,\boldsymbol{F}_2,\cdots,\boldsymbol{F}_n$,作用点相对于参考点的位矢分别为 $\boldsymbol{r}_1,\boldsymbol{r}_2,\cdots,\boldsymbol{r}_n$,则它们对参考点 O 的合力矩为各力单独存在时对该参考点力矩的矢量和,即

$$\boldsymbol{M}=\boldsymbol{M}_1+\boldsymbol{M}_2+\cdots+\boldsymbol{M}_n=\sum_{i=1}^{n}(\boldsymbol{r}_i\times\boldsymbol{F}_i) \tag{2-41}$$

2. 对轴的力矩

力 $\boldsymbol{F}$ 对 O 点的力矩 $\boldsymbol{M}$ 在过 O 点的任一轴线 OA 上的投影 $\boldsymbol{M}_A$,称为力 $\boldsymbol{F}$ 对

该轴的力矩，如图 2-32 所示，有

$$M_A = M\cos\gamma \tag{2-42}$$

如果位矢 $\boldsymbol{r}$ 与 $\boldsymbol{F}$ 都处于通过 O 点且垂直于轴线 OA 的同一平面内，则 $\boldsymbol{F}$ 对 O 点的力矩同 $\boldsymbol{F}$ 对该轴线 OA 的力矩的大小相等，如图 2-33 所示.

如果位矢 $\boldsymbol{r}$ 处在通过 O 点且垂直于轴线 OA 的平面内，而 $\boldsymbol{F}$ 不在这平面内，则可以把力 $\boldsymbol{F}$ 分解为平行于轴的分量 $\boldsymbol{F}_{/\!/}$ 和垂直于轴的分量 $\boldsymbol{F}_{\perp}$，如图 2-34 所示. 力 $\boldsymbol{F}$ 对 O 点的力矩可写为

$$\boldsymbol{M} = \boldsymbol{r}\times\boldsymbol{F} = \boldsymbol{r}\times\boldsymbol{F}_{/\!/} + \boldsymbol{r}\times\boldsymbol{F}_{\perp}$$

上式第一项 $\boldsymbol{r}\times\boldsymbol{F}_{/\!/}$ 的方向垂直于 OA 轴线，它在轴线上的投影为零，即 $\boldsymbol{F}_{/\!/}$ 对 OA 轴的力矩为零. 第二项 $\boldsymbol{r}\times\boldsymbol{F}_{\perp}$ 的方向平行于 OA 轴线. 所以力 $\boldsymbol{F}$ 对轴线 OA 的力矩为

$$\boldsymbol{M}_A = \boldsymbol{r}\times\boldsymbol{F}_{\perp} \tag{2-43}$$

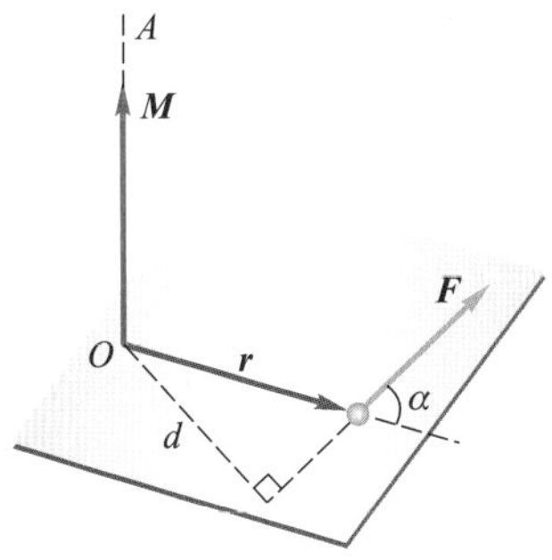

图 2-33 如果位矢 $\boldsymbol{r}$ 与力 $\boldsymbol{F}$ 都处于通过 O 点且垂直于轴线 OA 的平面内，则力 $\boldsymbol{F}$ 对 O 点的力矩跟力 $\boldsymbol{F}$ 对轴线 OA 的力矩大小相等

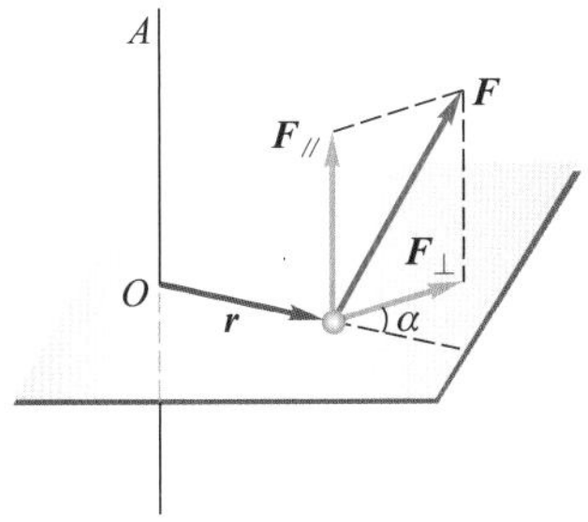

图 2-34 如果位矢 $\boldsymbol{r}$ 在通过 O 点且垂直于轴线 OA 的平面内，而力 $\boldsymbol{F}$ 不在这平面内，则可以把力 $\boldsymbol{F}$ 分解为平行于轴的分量 $\boldsymbol{F}_{/\!/}$ 和垂直于轴的分量 $\boldsymbol{F}_{\perp}$，$\boldsymbol{F}_{/\!/}$ 对 OA 轴的力矩为零

2-3-3 角动量定理 角动量守恒定律

引入了力矩的概念后，式(2-38)可写为

$$\boldsymbol{M} = \frac{\mathrm{d}\boldsymbol{L}}{\mathrm{d}t} \tag{2-44}$$

上式表明：质点对某一参考点的角动量随时间的变化率等于质点所受的合外力对同一参考点的力矩，这一结论称为质点的角动量定理(theorem of angular momentum). 式(2-44)是质点角动量定理的微分表达式.

如果研究的对象是由 n 个质点构成的质点系，则由式(2-37)，把质点系对参考点 O 的总角动量对时间求导，可得

$$\frac{\mathrm{d}\boldsymbol{L}}{\mathrm{d}t} = \frac{\mathrm{d}}{\mathrm{d}t}\left(\sum_{i=1}^{n}\boldsymbol{r}_i\times\boldsymbol{p}_i\right) = \sum_{i=1}^{n}\left(\frac{\mathrm{d}\boldsymbol{r}_i}{\mathrm{d}t}\times\boldsymbol{p}_i + \boldsymbol{r}_i\times\frac{\mathrm{d}\boldsymbol{p}_i}{\mathrm{d}t}\right)$$

上式括号中的第一项 $\dfrac{\mathrm{d}\boldsymbol{r}_i}{\mathrm{d}t}\times\boldsymbol{p}_i = \boldsymbol{v}_i\times\boldsymbol{p}_i = 0$；由式(2-16)，上式中的第二项可表示为

$$\boldsymbol{r}_i\times\frac{\mathrm{d}\boldsymbol{p}_i}{\mathrm{d}t} = \boldsymbol{r}_i\times(\boldsymbol{F}_i + \boldsymbol{F}_{0i})$$

其中 $\boldsymbol{F}_i$ 和 $\boldsymbol{F}_{0i}$ 分别为作用在第 i 个质点上的合外力和合内力，于是可得

$$\frac{\mathrm{d}\boldsymbol{L}}{\mathrm{d}t} = \sum_{i=1}^{n}(\boldsymbol{r}_i\times\boldsymbol{F}_i) + \sum_{i=1}^{n}(\boldsymbol{r}_i\times\boldsymbol{F}_{0i})$$

根据牛顿第三定律，内力总是成对出现，大小相等，方向相反，作用在同一直线上，因此内力对同一参考点的力矩的矢量和必为零，即 $\sum\limits_{i=1}^{n}(\boldsymbol{r}_i\times\boldsymbol{F}_{0i}) = 0$.

$\sum_{i=1}^{n}(\boldsymbol{r}_i\times\boldsymbol{F}_i)$ 为合外力矩的矢量和,可用 $\boldsymbol{M}$ 表示,则有

$$\boldsymbol{M}=\frac{\mathrm{d}\boldsymbol{L}}{\mathrm{d}t} \tag{2-45}$$

上式表明:质点系对某一参考点的角动量随时间的变化率等于系统所受的所有外力对同一参考点力矩的矢量和.

把质点系对 O 点的角动量以及合外力矩分别投影到过 O 点的某转轴 Oz 上,便得质点系对转轴 Oz 的角动量定理,可表示为

$$M_z=\frac{\mathrm{d}L_z}{\mathrm{d}t} \tag{2-46}$$

上式表示,质点系对 Oz 轴的角动量大小随时间的变化率等于系统所受的所有外力对 Oz 轴的力矩大小的代数和.

将式(2-45)两边乘以 $\mathrm{d}t$,并对时间积分,设力矩的作用时间为从 t_1 到 t_2,则可得

$$\int_{t_1}^{t_2}\boldsymbol{M}\mathrm{d}t=\boldsymbol{L}_2-\boldsymbol{L}_1 \tag{2-47}$$

式中 $\int_{t_1}^{t_2}\boldsymbol{M}\mathrm{d}t$ 称为作用于质点系的冲量矩(moment of impulse),它是外力矩对时间的积累量,$\boldsymbol{L}_1$ 和 $\boldsymbol{L}_2$ 分别是系统始、末两个状态的角动量.式(2-47)表明:作用于质点系的冲量矩等于质点系在作用时间内的角动量的增量,这一结论称为质点系的角动量定理.式(2-47)是其积分形式;其微分式可由式(2-45)表示.

由式(2-44)和式(2-45)可知,无论是一个质点还是 n 个质点所构成的系统,如果合外力矩为零($\boldsymbol{M}=0$),则 $\boldsymbol{L}=$常矢量.即:当质点或系统所受外力对某参考点的力矩的矢量和为零时,质点或系统对该点的角动量保持不变,这一结论称为质点或质点系的角动量守恒定律(law of conservation of angular momentum).

在有些物理过程中,虽然质点系所受外力对某参考点的力矩的矢量和不为零,但系统所受外力对某轴(如 Oz 轴)力矩的代数和等于零,则质点系对该轴的角动量守恒,这就是质点系对某轴的角动量守恒定律.即当 $M_z=0$ 时,$L_z=$常量.

角动量守恒定律是自然界的一条普遍定律,它有着广泛的应用.例如质点在运动过程中所受外力的作用线始终通过某固定点,则该力称为有心力(central force),此固定点称为力心.由于有心力对力心的力矩恒为零,因此受有心力作用的质点对力心的角动量守恒.行星绕日运动、卫星绕行星运动、微观粒子的散射运动等都是在有心力作用下的运动.

根据质点系的角动量守恒定律,可以解释宇宙中许多星系所呈现出的扁盘状旋转的结构.星系最初可能是一个缓慢旋转着的球形气体云,具有一定的初始角动量,由于自身万有引力的作用向内逐渐收缩,在垂直于转轴的径向,因为

角动量守恒，当气体云收缩时，其旋转速率必然增大.旋转的星系是一个非惯性参考系，星系中的物质除了受到引力作用外，还受到一个与引力方向相反的惯性力作用，该力称为惯性离心力，星系的旋转速度增大，必将引起惯性离心力增大，并最终抵抗住引力的收缩作用.然而在转轴上并不存在惯性离心力，于是星系就演化成一个垂直于轴高速旋转的扁盘形结构，如图2-35所示.

图 2-35 星系

例 2-13

在桌面上开一小孔 O，把质量为 m 的小滑块系在细绳一端并置于桌面上，绳子的另一端穿过小孔执于手中，如图 2-36 所示.设开始时小滑块以初速率 v_1 绕 O 点作半径为 r_1 的圆周运动.现用手施力 $\boldsymbol{F}$ 向下拉绳，当小滑块圆周运动的半径变为 r_2 时，试求小滑块的速率 v_2（不计一切摩擦）.

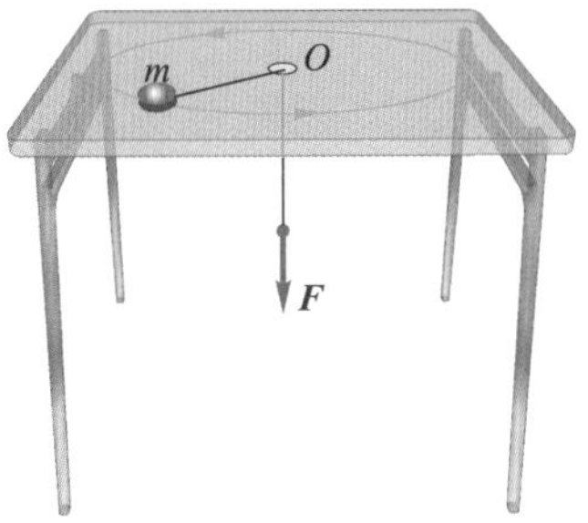

图 2-36 例 2-13 用图

解 小滑块在运动过程中，受重力、桌面对它的支承力及绳子的拉力 $\boldsymbol{F}$ 的作用，其中重力与支承力是一对平衡力，而绳子作用在小滑块上的拉力 $\boldsymbol{F}$ 始终通过中心 O 点，是有心力，因此在整个运动过程中，滑块对 O 点的角动量守恒，故有

$$mv_1r_1=mv_2r_2$$

所以

$$v_2=\frac{r_1}{r_2}v_1$$

例 2-14

如图 2-37 所示，一轻绳绕过一轻滑轮，两个质量相同的人分别抓住轻绳的两端.设开始时，两个人在同一高度上.此时左边的人从静止开始向上爬，而右边的人抓住绳子不动，如不计轮轴的摩擦，问哪个人先到达滑轮？如果两个人的质量不等，情况又将如何？

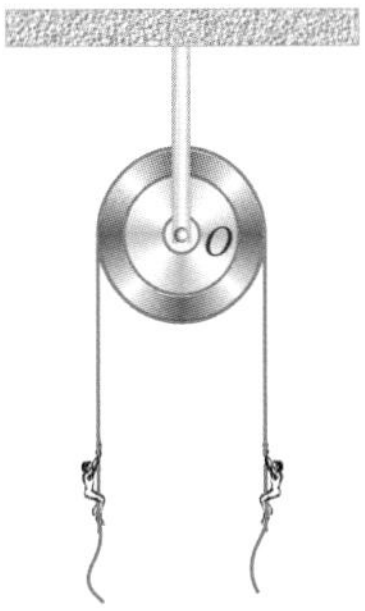

图 2-37 例 2-14 用图

解 (1) 把左、右两个人看成质量分别为 m_1 和 m_2 的质点，以滑轮中心 O 为参考点，取垂直纸面向里为坐标轴正方向.将人、滑轮、绳视为一系统.系统所受的外力矩分别是作用在两个人身上的重力矩，两者大小相等、方向相反，故对 O 点的外力矩之和为零，所以系统对 O 点的角动量守恒.

由于初始时刻系统静止，总角动量 $L_0=0$，可得任何时刻系统的总角动量 L 均为零，即

$$L=L_0=0$$

以 $\boldsymbol{v}_1$、$\boldsymbol{v}_2$ 分别表示左、右两个人相对于地面的速度，故有

$$m_1v_1R-m_2v_2R=0$$

因为两个人质量相等,所以

$$v_1 = v_2$$

由于初始时刻两人在同一高度上,因此他们将同时到达滑轮.

(2) 如果两个人的质量不等,则此系统受到的合外力矩将不为零,系统对 O 点的角动量不再守恒.假设 $m_2>m_1$,此时,合外力矩大小为

$$M_{外} = (m_2 - m_1) gR$$

角动量大小为

$$L = m_1 v_1 R - m_2 v_2 R$$

根据角动量定理,可得

$$\frac{\mathrm{d}L}{\mathrm{d}t} = (m_2 - m_1) gR$$

因为 $m_2 > m_1$,则 $\frac{\mathrm{d}L}{\mathrm{d}t} > 0$.而系统的初始总角动量 $L_0 = 0$,故以后任一时刻的总角动量 $L>0$,即

$$m_1 v_1 R > m_2 v_2 R$$

故有

$$v_1 > v_2$$

同理,若 $m_2<m_1$,则有 $v_1<v_2$.结论:在任何情况下,总是体重较轻的人先到达滑轮.

2-4 能量守恒定律

我国第一座自行设计和建造的水电站——新安江水电站.水力发电就是利用水的高度差,把水的重力势能转化为电能

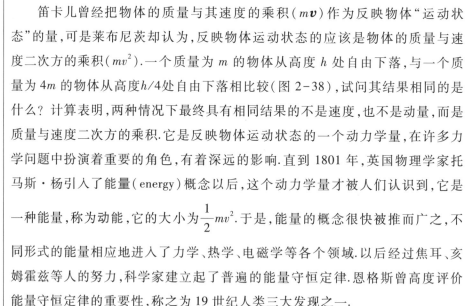

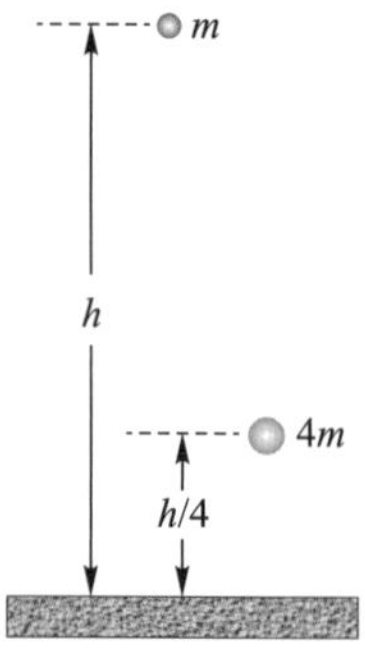

图 2-38 一个质量为 m 的物体从高度 h 自由下落,与一个质量为 $4m$ 的物体从高度 $h/4$ 自由下落相比较,由质点运动学可以计算出,它们在落地时质量与速度二次方的乘积相等

笛卡儿曾经把物体的质量与其速度的乘积($m\boldsymbol{v}$)作为反映物体"运动状态"的量,可是莱布尼茨却认为,反映物体运动状态的应该是物体的质量与速度二次方的乘积(mv^2).一个质量为 m 的物体从高度 h 处自由下落,与一个质量为 $4m$ 的物体从高度 $h/4$ 处自由下落相比较(图 2-38),试问其结果相同的是什么? 计算表明,两种情况下最终具有相同结果的不是速度,也不是动量,而是质量与速度二次方的乘积.它是反映物体运动状态的一个动力学量,在许多力学问题中扮演着重要的角色,有着深远的影响.直到 1801 年,英国物理学家托马斯·杨引入了能量(energy)概念以后,这个动力学量才被人们认识到,它是一种能量,称为动能,它的大小为 $\frac{1}{2}mv^2$.于是,能量的概念很快被推而广之,不同形式的能量相应地进入了力学、热学、电磁学等各个领域.以后经过焦耳、亥姆霍兹等人的努力,科学家建立起了普遍的能量守恒定律.恩格斯曾高度评价能量守恒定律的重要性,称之为 19 世纪人类三大发现之一.

但是,人类对能量的认识并未到此为止.1905 年,爱因斯坦建立了狭义相对论,使人们对能量的认识又产生了一次新的飞跃:相对论揭示了能量与质量的关系 $E = mc^2$(c 为真空中的光速),这是一个具有划时代意义的理论公式,它开创了人类的原子能时代,成为 20 世纪物理学成就的标志之一.

在力学中,能量和动量都是状态量,它们分别从两个不同的侧面反映了物体的运动状态.但是与动量相比,正如上面所述,能量概念的价值在于它具有多

种形式，且不同形式的能量之间可以相互转化.例如水力发电就是把水的机械能(重力势能)转化为电能，电灯发光是把电能转化为光能，蓄电池充电则是将电能转化为化学能，等等.大量实验事实表明：**在一个孤立的系统内发生的各种过程中，能量既不能被创造，也不能被消灭，只能从一种形式转化为另一种形式，系统各种能量的总和保持不变，这就是能量守恒定律**(law of conservation of energy).

能量守恒定律把自然界的各种运动联系到了一起，使人们对自然界的描述统一起来，它是自然界最普遍的定律之一，支配着至今所知的一切自然现象.

2-4-1 功和功率

与机械运动相关联的能量称为机械能(mechanical energy)，机械能的改变取决于作用力的空间积累.我们把作用于质点的力对空间的积累效应称为力对质点所做的功(work)，用 W 表示，定义为**作用于质点上的力与质点沿力的方向所发生的位移的标积**.

若质点受恒力 $\boldsymbol{F}$ 作用且作直线运动，令 $\Delta\boldsymbol{r}$ 表示质点的位移，θ 为 $\boldsymbol{F}$ 与 $\Delta\boldsymbol{r}$ 的夹角，如图 2-39 所示，则恒力 $\boldsymbol{F}$ 所做的功可表示为

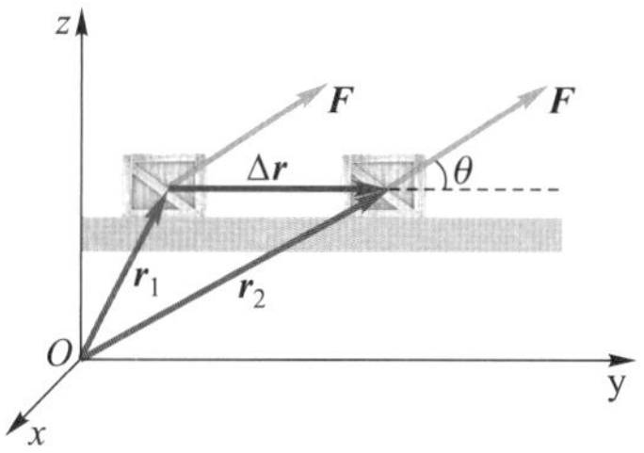

图 2-39 恒力 $\boldsymbol{F}$ 对物体所做的功为 $W=\boldsymbol{F}\cdot\Delta\boldsymbol{r}$

$$W=\boldsymbol{F}\cdot\Delta\boldsymbol{r}=|\boldsymbol{F}||\Delta\boldsymbol{r}|\cos\theta \tag{2-48}$$

功是标量，若 $W>0$，表示力对质点做正功；若 $W<0$，表示力对质点做负功，或者说质点反抗该力做功.在国际单位制中，功的单位是焦耳，符号为 J.

一般情况下，作用力可能随时间发生变化，质点的运动轨道也不一定是直线，此时可以用微积分的方法来计算功.设质点在变力 $\boldsymbol{F}$ 的作用下沿任意曲线运动，如图 2-40 所示.质点从 a 点移动到 b 点所发生的位移，可以看成沿曲线的许多微小位移 $\Delta\boldsymbol{r}_i$ 的矢量和($\sum\limits_i\Delta\boldsymbol{r}_i$). $\Delta\boldsymbol{r}_i\to 0$ 时的位移称为**位移元**，用 $\mathrm{d}\boldsymbol{r}$ 表示.在位移元内，力 $\boldsymbol{F}$ 可视为常矢量，所做的功称为**元功**，根据功的定义，有

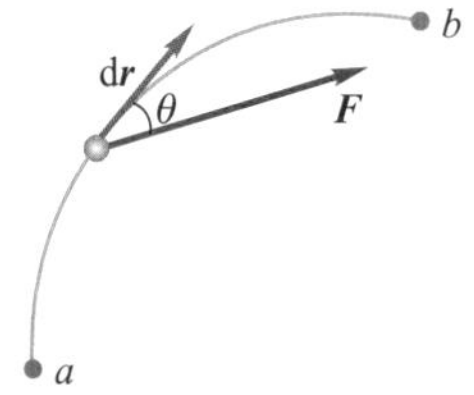

图 2-40 质点在变力作用下沿曲线 ab 运动，整个过程中外力所做的总功等于各位移元上做功的代数和

$$\mathrm{d}W=\boldsymbol{F}\cdot\mathrm{d}\boldsymbol{r} \tag{2-49}$$

质点由 a 点沿曲线运动到 b 点的过程中，变力 $\boldsymbol{F}$ 所做的总功，即所有元功之和，数学上可表示为

$$W=\int_a^b\boldsymbol{F}\cdot\mathrm{d}\boldsymbol{r}=\int_a^b|\boldsymbol{F}|\cos\theta\mathrm{d}s \tag{2-50}$$

式中 $\mathrm{d}s=|\mathrm{d}\boldsymbol{r}|$，$\theta$ 是 $\boldsymbol{F}$ 与 $\mathrm{d}\boldsymbol{r}$ 的夹角.上式是变力做功的一般表达式.功的量值不仅与力的大小、方向、质点的初末位置有关，还与质点运动的具体路径有关.所以说，功是一个过程量.

如果一个质点在运动过程中同时受几个力（$\boldsymbol{F}_1,\boldsymbol{F}_2,\cdots,\boldsymbol{F}_n$）的作用，则合力 $\boldsymbol{F}$ 所做的功为

$$\begin{aligned} W &= \int_a^b \boldsymbol{F}\cdot \mathrm{d}\boldsymbol{r} = \int_a^b (\boldsymbol{F}_1+\boldsymbol{F}_2+\cdots+\boldsymbol{F}_n)\cdot \mathrm{d}\boldsymbol{r} \\ &= \int_a^b \boldsymbol{F}_1\cdot \mathrm{d}\boldsymbol{r} + \int_a^b \boldsymbol{F}_2\cdot \mathrm{d}\boldsymbol{r} + \cdots + \int_a^b \boldsymbol{F}_n\cdot \mathrm{d}\boldsymbol{r} \\ &= W_1+W_2+\cdots+W_n \end{aligned} \tag{2-51}$$

上式表明，合力对质点所做的功等于每个分力对质点所做功的代数和，这就是**功的叠加原理**.

功在不同的坐标系下有不同的表达形式. 在直角坐标系 $Oxyz$ 中，功可表示为

$$\begin{aligned} W &= \int_a^b \boldsymbol{F}\cdot \mathrm{d}\boldsymbol{r} \\ &= \int_a^b (F_x\boldsymbol{i}+F_y\boldsymbol{j}+F_z\boldsymbol{k})\cdot(\mathrm{d}x\boldsymbol{i}+\mathrm{d}y\boldsymbol{j}+\mathrm{d}z\boldsymbol{k}) \\ &= \int_{a_x}^{b_x} F_x\mathrm{d}x + \int_{a_y}^{b_y} F_y\mathrm{d}y + \int_{a_z}^{b_z} F_z\mathrm{d}z \end{aligned} \tag{2-52}$$

在自然坐标系中，力 $\boldsymbol{F}$ 和位移 $\mathrm{d}\boldsymbol{r}$ 可写成如下形式：

$$\boldsymbol{F}=F_\mathrm{t}\boldsymbol{e}_\mathrm{t}+F_\mathrm{n}\boldsymbol{e}_\mathrm{n},\quad \mathrm{d}\boldsymbol{r}=\mathrm{d}s\boldsymbol{e}_\mathrm{t}$$

式中 F_t 为力的切向分量大小，F_n 为力的法向分量大小. 在自然坐标系中，元功可表示为

$$\mathrm{d}W=\boldsymbol{F}\cdot\mathrm{d}\boldsymbol{r}=F_\mathrm{t}\mathrm{d}s$$

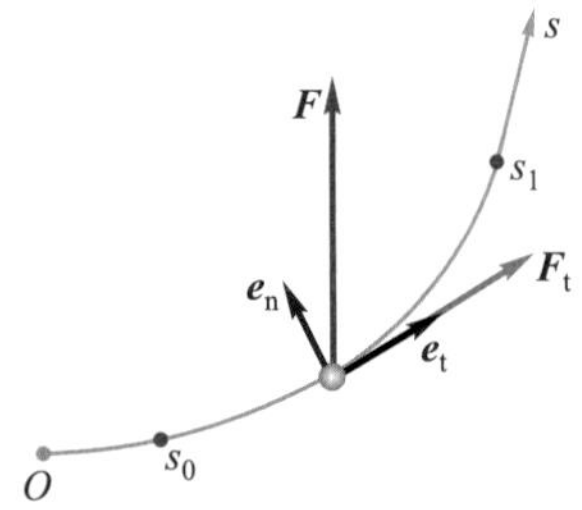

图 2-41　在自然坐标系中，力 $\boldsymbol{F}$ 所做的功为 $W=\int_{s_0}^{s_1}F_\mathrm{t}\mathrm{d}s$

如图 2-41 所示，质点从 s_0 沿曲线运动到 s_1 的过程中，力 $\boldsymbol{F}$ 所做的功为

$$W=\int_{s_0}^{s_1}F_\mathrm{t}\mathrm{d}s \tag{2-53}$$

在一些实际问题中，不仅要确定做功的多少，而且还要知道做功的快慢，为此我们引入**功率**（power）这一物理量，它定义为**力在单位时间内所做的功**，用 P 表示，则有

$$P=\frac{\mathrm{d}W}{\mathrm{d}t} \tag{2-54}$$

因为 $\mathrm{d}W=\boldsymbol{F}\cdot\mathrm{d}\boldsymbol{r}$，所以上式又可写为

$$P=\boldsymbol{F}\cdot\boldsymbol{v} \tag{2-55}$$

功率等于力与速度的标积，单位为 $\mathrm{J\cdot s^{-1}}$，称为**瓦特**，用符号 W 表示.

2-4-2 动能和动能定理

1. 质点动能定理

高速运动的子弹射入墙体的过程中,子弹克服墙体的摩擦阻力做了功,这表明运动的子弹具有能量,这种能量通过做功的方式转化为热能,使墙砖的温度升高.运动着的物体所具有的能量称为**动能**(kinetic energy).物体机械能的大小表现为其做功的本领.以下我们从机械功出发,来讨论动能的表达形式.

设一质量为 m 的质点,在合外力 $\boldsymbol{F}$ 的作用下,沿曲线自 a 点运动到了 b 点,如图 2-42 所示,设质点的初速度为 $\boldsymbol{v}_1$,末速度为 $\boldsymbol{v}_2$,则根据牛顿第二定律,合外力 $\boldsymbol{F}$ 对质点所做的功为

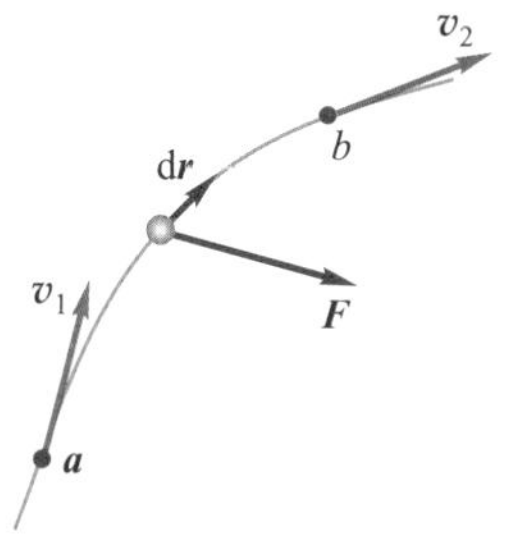

图 2-42 外力 $\boldsymbol{F}$ 对质点所做的功等于质点动能的增量

$$\begin{aligned} W &= \int_a^b \boldsymbol{F} \cdot \mathrm{d}\boldsymbol{r} = \int_a^b m \frac{\mathrm{d}\boldsymbol{v}}{\mathrm{d}t} \cdot \mathrm{d}\boldsymbol{r} \\ &= \int_a^b m\mathrm{d}\boldsymbol{v} \cdot \frac{\mathrm{d}\boldsymbol{r}}{\mathrm{d}t} = \int_{v_1}^{v_2} m\mathrm{d}\boldsymbol{v} \cdot \boldsymbol{v} \\ &= \int_{v_1}^{v_2} m \frac{1}{2}\mathrm{d}(\boldsymbol{v} \cdot \boldsymbol{v}) = \int_{v_1}^{v_2} m \frac{1}{2}\mathrm{d}v^2 \\ &= \frac{1}{2}mv_2^2 - \frac{1}{2}mv_1^2 \end{aligned}$$

等式左边为合外力所做的功,而等式右边则表示合外力对质点做功所产生的效应是要引起 $\frac{1}{2}mv^2$ 这个状态量的改变. $\frac{1}{2}mv^2$ 是质点速率的函数,具有能量量纲,它是表示质点运动状态的一个新物理量,我们把它称为质点的**动能**,记为 E_k.通常用 E_{k2} 表示质点末态的动能,用 E_{k1} 表示质点初态的动能,则上式也可写为

$$W = E_{k2} - E_{k1} \tag{2-56}$$

上式表明:**合外力对质点所做的功等于质点动能的增量**,这一结论称为质点的**动能定理**(theorem of kinetic energy).

当合力做正功($W>0$)时,质点的动能增加;当合力做负功($W<0$)时,质点的动能减少.

在运用动能定理时,应注意以下几点:①动能与功的概念不能混淆,质点的运动状态一旦确定,相应的动能就唯一地确定了,动能是运动状态的函数,而功与质点受力的过程有关,功是一个过程量,是能量转化的一种量度;②动能定理适用于惯性系,但在不同的惯性系中,由于质点的速度和位移都不同,因此功和动能的数值均依赖于惯性参考系的选取,而式(2-56)的关系依然成立.

2. 质点系的动能定理

一个由 n 个质点组成的质点系,其内部各质点除了受到外力的作用外,还受到系统内其他质点的内力作用.设系统中作用在第 i 个质点上的合外力的功

为 $W_{i外}$,合内力的功为 $W_{i内}$,则由质点的动能定理表达式(2-56)可得

$$W_{i外}+W_{i内}=E_{k2i}-E_{k1i}$$

式中 E_{k1i}和 E_{k2i}分别为第 i 个质点初、末两态的动能.将上式应用于系统内的所有质点,并求和,可得

$$\sum_{i=1}^{n} W_{i外} + \sum_{i=1}^{n} W_{i内} = \sum_{i=1}^{n} E_{k2i} - \sum_{i=1}^{n} E_{k1i}$$

令 $W_{外} = \sum_{i=1}^{n} W_{i外}$ 表示作用于质点系上的所有外力做功的总和,$W_{内} = \sum_{i=1}^{n} W_{i内}$ 表示质点系中所有内力做功的总和,$E_{k1} = \sum_{i=1}^{n} E_{k1i}$,$E_{k2} = \sum_{i=1}^{n} E_{k2i}$ 分别表示质点系初、末两个状态的总动能.则上式也可写为

$$W_{外}+W_{内}=E_{k2}-E_{k1} \tag{2-57}$$

式(2-57)表明:质点系动能的增量等于作用于系统的所有外力和内力做功的代数和.这一结论称为质点系的动能定理.

值得注意:从质点系的动能定理可看出,内力所做的功同样可以改变系统的总动能,这跟质点系的动量定理不同(内力不能改变系统的总动量).例如,在荡秋千时,把人和秋千作为一个系统,依靠人对秋千的内力做功,可以使系统的动能增大,秋千越荡越高.

例 2-15

如图 2-43 所示,有一质量为 4 kg 的质点,在力 $\boldsymbol{F}=2xy\boldsymbol{i}+3x^2\boldsymbol{j}$(SI 单位)的作用下,由静止开始沿曲线 $x^2=9y$ 从 O 点(0,0)运动到 Q 点(3,1).试求质点运动到 Q 点时的速度.

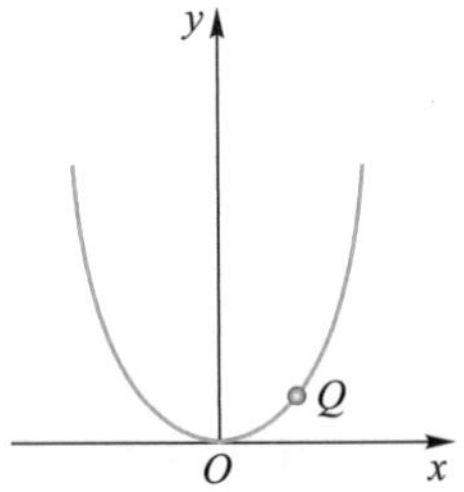

图 2-43 例 2-15 用图

解 根据功的定义

$$W=\int_O^Q \boldsymbol{F}\cdot \mathrm{d}\boldsymbol{r}$$

$$=\int_O^Q (F_x\mathrm{d}x+F_y\mathrm{d}y)$$

$$=\int_O^Q (2xy\mathrm{d}x+3x^2\mathrm{d}y)$$

将 $x^2=9y$ 代入上式,得

$$W=\int_O^Q\left(\frac{2}{9}x^3\mathrm{d}x+27y\mathrm{d}y\right)$$

$$=\int_0^3 \frac{2}{9}x^3\mathrm{d}x+\int_0^1 27y\mathrm{d}y=18\ \mathrm{J}$$

根据动能定理有

$$W=\frac{1}{2}mv_2^2-\frac{1}{2}mv_1^2$$

因 $v_1=0$,故速度

$$v_2=\sqrt{\frac{2W}{m}}=\sqrt{\frac{36}{4}}\ \mathrm{m\cdot s^{-1}}=3\ \mathrm{m\cdot s^{-1}}$$

例 2-16

如图 2-44 所示，将一个质量为 m 的物体，竖直地轻放在一条传送带上，传送带的速率为 v，与物体间的摩擦因数为 μ. 试计算：

(1) 物体将在传送带上滑动多长时间，才能与传送带一起运动？

(2) 物体在这段时间内相对于地面的位移.

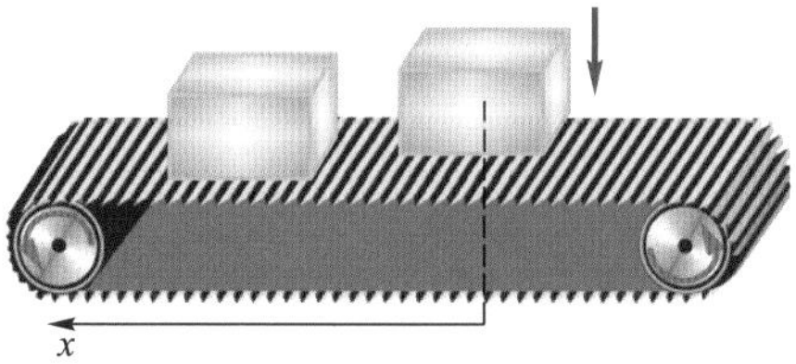

图 2-44 例 2-16 用图

解 以地面为参考系.

(1) 物体竖直放下，初始水平速率为零，继而在摩擦力 $\boldsymbol{F}_f$ 的作用下，速率逐渐增大. 设物体相对于传送带滑动了时间 t 后，水平速率达到 v，且与传送带一起运动，按质点的动量定理，有

$$F_f t = mv - 0$$

由 $F_f = \mu mg$，可求得滑动时间为

$$t = \frac{mv}{F_f} = \frac{mv}{\mu mg} = \frac{v}{\mu g}$$

(2) 设物体在时间 t 内相对于地面滑动的距离为 s，按动能定理有

$$W = F_f s = \frac{1}{2}mv^2 - 0$$

$$s = \frac{\frac{1}{2}mv^2}{\mu mg} = \frac{v^2}{2\mu g}$$

例 2-17

如图 2-45 所示，用质量为 m_0 的铁锤把质量为 m 的钉子敲入木板. 设木板对钉子的阻力与钉子进入木板的深度成正比. 在铁锤第一次敲打时，能够把钉子敲入 1 cm 深，若铁锤第二次敲钉子的速度与第一次完全相同，问第二次能把钉子敲入多深？

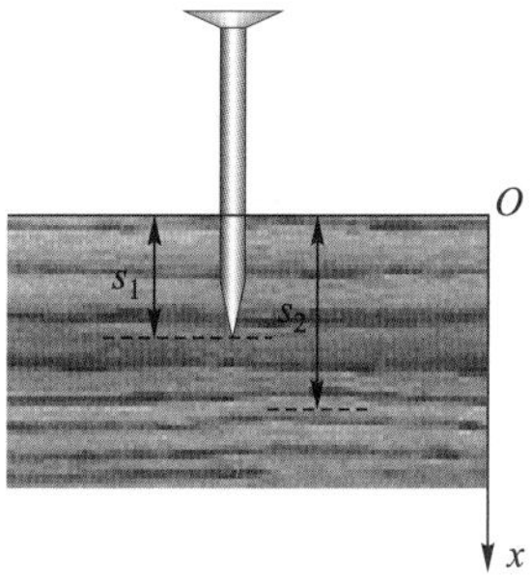

图 2-45 例 2-17 用图

解 设铁锤敲打钉子前的速度为 v_0，敲打后两者的共同速度为 v. 取 Ox 轴向下，则由动量守恒定律有

$$m_0 v_0 = (m_0 + m) v$$

$$v = \frac{m_0 v_0}{m_0 + m}$$

一般而言，由于钉子的质量与铁锤的质量相比甚小，即 $m_0 \gg m$，所以钉子进入木板的初速度 $v \approx v_0$.

根据题意，铁锤第一次敲打时，克服阻力做功，将钉子敲入 $s_1 = 1$ cm 深，并知钉子所受阻力的大小为 $F = kx$（k 为比例系数），则应用动能定理可得

$$0 - \frac{1}{2}mv_0^2 = \int_0^{s_1} -kx\,\mathrm{d}x = -\frac{1}{2}ks_1^2$$

设铁锤第二次敲打时能敲入的深度为 Δs，则同样应用动能定理可得

$$0 - \frac{1}{2}mv_0^2 = \int_{s_1}^{s_1+\Delta s} -kx\,\mathrm{d}x$$

$$= -\left[\frac{1}{2}k(s_1 + \Delta s)^2 - \frac{1}{2}ks_1^2\right]$$

由以上两式可得 $(s_1 + \Delta s)^2 = 2s_1^2$，故第二次能敲入的深度为

$$\Delta s = \sqrt{2}s_1 - s_1 = (\sqrt{2} - 1) \times 1\ \text{cm} \approx 0.41\ \text{cm}$$

显然，铁锤两次敲打，把钉子敲入木板的深度是不相同的.

2-4-3 保守力与非保守力 势能

在建筑工地上,我们常能看到打桩机把重锤高高举起,然后下落砸向桩顶,把桩柱打入地下.重锤在从高处下落的过程中释放出的能量,用于桩柱克服地层阻力做功.我们把这样一种与物体的位置有关的潜在能量称为**势能**(potential energy).势能概念的引入与某些力做功的特点有关系,在此我们首先介绍这些力做功的特点.

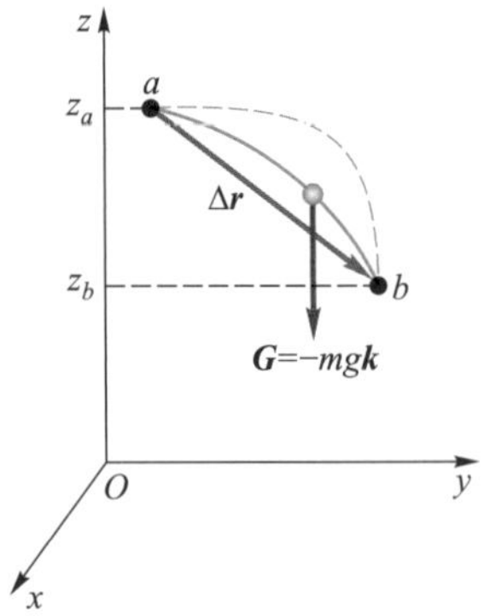

图 2-46 重力做功分析图

1. 重力的功

设物体在重力的作用下,从起始位置 $a(x_a,y_a,z_a)$ 沿任意曲线运动到位置 $b(x_b,y_b,z_b)$,如图 2-46 所示.在上述过程中,重力做功为

$$W_{ab}=\int_a^b \boldsymbol{G}\cdot\mathrm{d}\boldsymbol{r}=\int_a^b(-mg\boldsymbol{k})\cdot(\mathrm{d}x\boldsymbol{i}+\mathrm{d}y\boldsymbol{j}+\mathrm{d}z\boldsymbol{k})$$

$$=\int_a^b(-mg)\,\mathrm{d}z=mg(z_a-z_b) \qquad (2-58)$$

上式表明:重力做功仅取决于质点的始、末位置 z_a 和 z_b,与质点经过的具体路径无关.

2. 万有引力做功

有两个质量分别为 m_1 和 m_2 的质点 A、B,质点 A 固定不动,质点 B 在质点 A 的引力作用下,从 a 点沿曲线路径 I 运动到了 b 点,例如卫星绕地球运动,如图 2-47 所示,则万有引力做功为

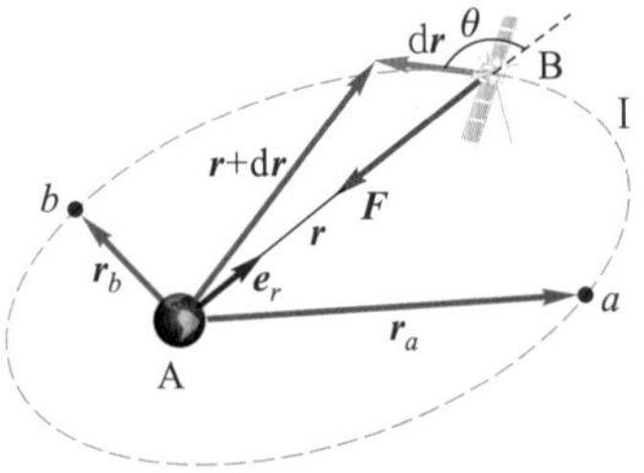

图 2-47 卫星绕地球运动,万有引力做功

$$W_{ab}=\int_a^b \boldsymbol{F}\cdot\mathrm{d}\boldsymbol{r}=\int_a^b -G\frac{m_1m_2}{r^2}\boldsymbol{e}_r\cdot\mathrm{d}\boldsymbol{r}$$

式中 $\boldsymbol{e}_r$ 为径向的单位矢量.由图 2-47 可以看出

$$\boldsymbol{e}_r\cdot\mathrm{d}\boldsymbol{r}=|\boldsymbol{e}_r|\cdot|\mathrm{d}\boldsymbol{r}|\cos\theta=|\mathrm{d}\boldsymbol{r}|\cos\theta=\mathrm{d}r$$

因此有

$$W_{ab}=\int_{r_a}^{r_b} -G\frac{m_1m_2}{r^2}\mathrm{d}r$$

$$=\frac{Gm_1m_2}{r_b}-\frac{Gm_1m_2}{r_a} \qquad (2-59)$$

上式表明:万有引力做功只与质点的始、末位置 r_a 和 r_b 有关,而与具体路径无关.

3. 弹性力做功

将劲度系数为 k 的轻弹簧一端固定,另一端连接一个质量为 m 的物体,物体可以在水平面上运动(忽略摩擦作用),如图 2-48 所示.以弹簧原长处为坐标原点 O,建立坐标系 Ox.根据胡克定律,在弹性限度内作用于物体的弹性力为 $F=-kx$.物体由 a 点移动到 b 点的过程中,弹性力做功为

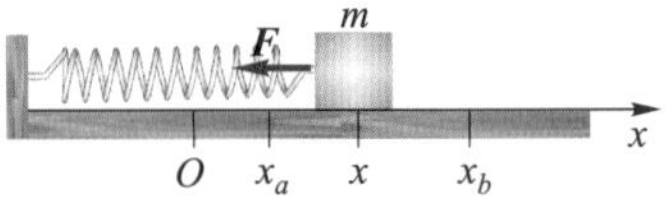

图 2-48 弹性力做功

$$W=\int_a^b \boldsymbol{F}\cdot \mathrm{d}\boldsymbol{r}=\int_{x_a}^{x_b} -kx\boldsymbol{i}\cdot \mathrm{d}x\boldsymbol{i}=\int_{x_a}^{x_b} -kx\mathrm{d}x$$
$$=\frac{1}{2}kx_a^2-\frac{1}{2}kx_b^2 \tag{2-60}$$

上式表明:弹性力做功只与质点的始、末位置 x_a 和 x_b 有关,而与质点所经过的路径无关.

从以上的讨论可以看出:重力、万有引力、弹性力做功都有一个共同的特点,即**做功只与始、末位置有关,而与质点所经历的路径无关**,我们把具有这种做功性质的力称为**保守力**(conservative force).力学中的重力、万有引力、弹性力都是保守力.

还可以用另一种表述方法来描述保守力的性质,即**质点沿任意闭合路径运动一周,保守力对它所做的功为零**,数学上可表示为

$$W=\oint_l \boldsymbol{F}\cdot \mathrm{d}\boldsymbol{r}=0 \tag{2-61}$$

读者可自行从数学上对上式加以证明.

并非所有的力都是保守力,如果力所做的功不仅取决于受力质点的始、末位置,而且还与质点所经过的路径有关,或者说,力沿任意闭合路径所做的功不等于零,则这种力称为**非保守力**.摩擦力就是非保守力.

由于功是能量变化的量度,因此保守力做功必将导致相应能量的变化.根据上述保守力做功的特点,显而易见,这种能量的变化应该只取决于质点位置的变化.这种由空间位置决定的能量就是**势能**,一般用 E_p 表示,E_p 是空间位置的函数.与重力相关的势能称为重力势能,与万有引力相关的势能称为引力势能,与弹性力相关的势能称为弹性势能.依据式(2-58)、(2-59)、(2-60)分析,如果把 $E_{\mathrm{p}b}-E_{\mathrm{p}a}$ 称为势能的增量,则保守力做功与势能的关系可表示为

$$W_{ab}=\int_a^b \boldsymbol{F}\cdot \mathrm{d}\boldsymbol{r}=-(E_{\mathrm{p}b}-E_{\mathrm{p}a}) \tag{2-62}$$

上式表明:**保守力做功等于势能增量的负值**.

重力势能、引力势能、弹性势能的形式分别为

$$E_\mathrm{p}=mgz \tag{2-63}$$

$$E_\mathrm{p}=-\frac{Gm_1m_2}{r} \tag{2-64}$$

$$E_\mathrm{p}=\frac{1}{2}kx^2 \tag{2-65}$$

关于势能,需要注意以下两点:

(1) 势能应属于以保守力相关联的整个质点系统,单就一个质点谈势能是没有意义的.例如,重力势能属于物体与地球组成的系统,如果没有地球对物体的重力作用,也就不存在重力势能.

(2) 由于空间的位置是相对的，势能的大小只具有相对意义，只有在确定了势能的参考零点后，空间各点才有确定的势能值.而势能零点的选取是任意的，可以根据处理问题的需要而定.在习惯上，常把引力势能的零点取在无穷远处，把重力势能零点取在地面上，把弹性势能零点取在弹簧原长的平衡位置上.具有真正意义的是势能差，不管把势能零点取在何处，空间任意两点之间的势能差总是确定的.

根据式(2-62)，如果把 b 点作为势能的参考零点($E_{pb}=0$)，则空间 a 点的势能为

$$E_{pa}=W_{ab}=\int_a^b \boldsymbol{F}\cdot \mathrm{d}\boldsymbol{r} \tag{2-66}$$

上式表明：**质点在空间某点的势能等于质点从该点移动到势能零点的过程中保守力所做的功.**

式(2-62)反映了保守力做功与势能的积分关系，其微分关系可表示为

$$\mathrm{d}W_{保}=-\mathrm{d}E_{\mathrm{p}} \tag{2-67}$$

依据式(2-52)取其微分形式，元功可表示为

$$\mathrm{d}W_{保}=F_{保x}\mathrm{d}x+F_{保y}\mathrm{d}y+F_{保z}\mathrm{d}z$$

势能作为空间位置的函数，其微分式可表示为

$$\mathrm{d}E_{\mathrm{p}}=\frac{\partial E_{\mathrm{p}}}{\partial x}\mathrm{d}x+\frac{\partial E_{\mathrm{p}}}{\partial y}\mathrm{d}y+\frac{\partial E_{\mathrm{p}}}{\partial z}\mathrm{d}z$$

根据式(2-67)，比较上面两式可得

$$F_{保x}=-\frac{\partial E_{\mathrm{p}}}{\partial x},\quad F_{保y}=-\frac{\partial E_{\mathrm{p}}}{\partial y},\quad F_{保z}=-\frac{\partial E_{\mathrm{p}}}{\partial z} \tag{2-68a}$$

其矢量式可写为

$$\boldsymbol{F}_{保}=-\left(\frac{\partial E_{\mathrm{p}}}{\partial x}\boldsymbol{i}+\frac{\partial E_{\mathrm{p}}}{\partial y}\boldsymbol{j}+\frac{\partial E_{\mathrm{p}}}{\partial z}\boldsymbol{k}\right) \tag{2-68b}$$

式(2-68)表明：**保守力沿各坐标方向的分量，在数值上等于系统的势能沿相应方向的空间变化率的负值，其方向为势能降低的方向.**

势能 $E_{\mathrm{p}}(\boldsymbol{r})$ 是空间位置的函数，势能随位置的关系曲线称为势能曲线.图 2-49 给出了重力势能、弹性势能、引力势能的势能曲线.由式(2-68)可知，势能曲线上某点的斜率的负值就等于质点在该点所受到的保守力的大小.

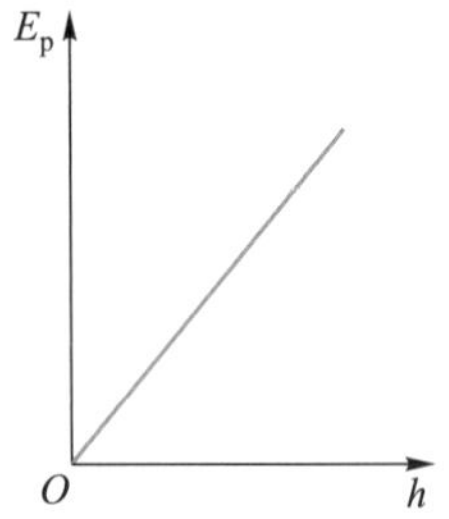

(a) 重力势能曲线

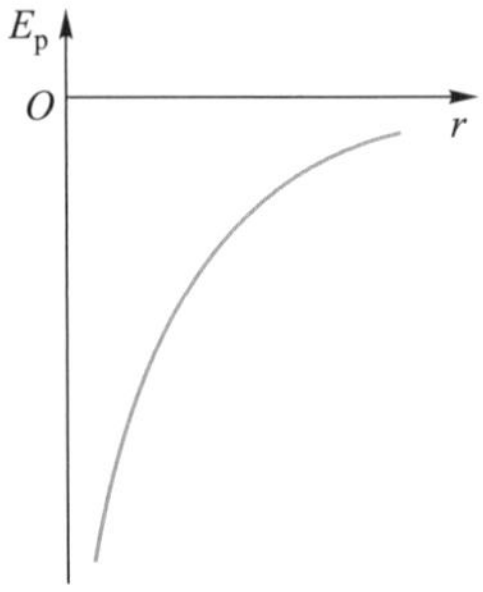

(b) 引力势能曲线

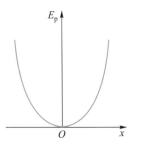

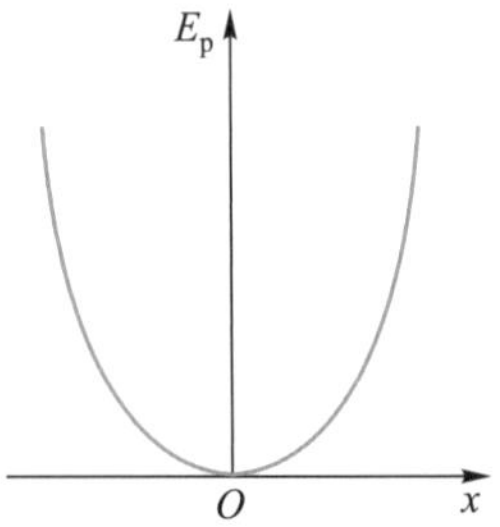

(c) 弹性势能曲线.势能曲线上各点的斜率，在数值上就等于该点坐标位置处质点所受保守力的大小

图 2-49

2-4-4 机械能守恒定律

根据质点系的动能定理，系统动能的增量等于外力的功和内力的功的代数和，其中内力的功应该包括保守内力和非保守内力所做的功，即

$$W_{内}=W_{保内}+W_{非保内}$$

则式(2-57)可表示为

$$W_{外}+W_{保内}+W_{非保内}=E_{k2}-E_{k1}$$

根据式(2-62),保守内力做的功可以用势能增量的负值代替,即有

$$W_{外}+W_{非保内}-(E_{p2}-E_{p1})=E_{k2}-E_{k1}$$

式中 E_{p1}、E_{p2}分别表示质点系始、末两态的势能.整理后可得

$$W_{外}+W_{非保内}=(E_{k2}+E_{p2})-(E_{k1}+E_{p1})$$

我们把某一时刻系统的动能与势能之和称为系统的机械能,用 E 表示($E=E_k+E_p$),则上式可简明地写为

$$W_{外}+W_{非保内}=E_2-E_1 \tag{2-69}$$

上式表明:**质点系机械能的增量等于所有外力和所有非保守内力所做功的代数和,这称为质点系的功能原理.**

功能原理是从质点系的动能定理推导出来的,因此它们之间并无本质上的区别.使用动能定理可解决的问题,使用功能原理同样可以解决.由于功能原理中将保守内力的功用相应的势能增量的负值代替了,而计算势能的增量往往比直接计算功来得方便,因此,功能原理更适用于讨论机械能和其他形式能量之间的转化问题.

如果外力和系统内的非保守内力都不做功,即 $W_{外}=0$,$W_{非保内}=0$,则有 $E_1=E_2=$常量,一般可表示为

$$E_k+E_p=常量 \tag{2-70}$$

上式表明:**当系统中只有保守内力做功时,质点系的总机械能保持不变.这就是机械能守恒定律(law of conservation of mechanical energy).**

外力不做功,表明系统与外界没有能量交换,非保守内力不做功,表明系统的内部不发生机械能与其他形式能量的转化.当这两个条件同时满足时,系统内部只能发生动能与势能之间的相互转化,而总机械能则保持不变.

在运用机械能守恒定律时,还要注意参考系的选择,因为质点系功能原理是从牛顿运动定律推导出来的,所以只适用于惯性系,在非惯性系中不能直接使用.即使在惯性系中,由于外力做功与参考系的选择有关,因此,可能在某一惯性系中系统的机械能守恒,而在另一惯性系中系统的机械能不守恒.

2-4-5 碰撞

碰撞现象在生活中随处可见,例如在台球桌上台球之间的相互作用,建筑

工地上打桩机气锤对桩柱的撞击,交通事故中车辆的相撞,乃至推广到微观粒子的散射等,都是碰撞的具体事例.一般来说,如果两个或两个以上的物体在运动中相遇,在极其短暂的时间内,通过相互作用使物体的运动状态发生急剧变化的过程,统称为**碰撞**(collision).如果将相互碰撞的物体作为一个系统,由于碰撞过程中物体之间的作用时间很短,因此相互作用内力很大.在通常情况下可以忽略外力的影响,因此可以认为系统的动量守恒.以下仅就两个物体构成的系统来讨论物体的碰撞问题.

设质量分别为 m_1 和 m_2 的两个物体在碰撞前的速度分别为 $\boldsymbol{v}_{10}$和 $\boldsymbol{v}_{20}$,碰撞后的速度分别为 $\boldsymbol{v}_1$ 和 $\boldsymbol{v}_2$,则应用动量守恒定律可得

$$m_1\boldsymbol{v}_{10}+m_2\boldsymbol{v}_{20}=m_1\boldsymbol{v}_1+m_2\boldsymbol{v}_2$$

倘若已知 $\boldsymbol{v}_{10}$和 $\boldsymbol{v}_{20}$,要求出 $\boldsymbol{v}_1$ 和 $\boldsymbol{v}_2$,除上述方程外,还需要从碰撞前、后的能量关系找到第二个方程,这个方程由两物体的弹性所决定.如果在碰撞后,物体系统的机械能没有任何损失,我们就称这种碰撞为**完全弹性碰撞**.完全弹性碰撞是理想的情形,实际上,物体之间的碰撞多少总会有机械能的损失(一般转化为热能等).因此,一般的碰撞为**非弹性碰撞**.如果两个物体在碰撞后以同一速度运动,则这种碰撞称为**完全非弹性碰撞**,例如子弹射入木块,并嵌在其中随木块一起运动.以下,我们对这三种情况分别予以讨论.

1. 完全弹性碰撞

在完全弹性碰撞时,两物体间相互作用的内力只是弹性力,碰撞前、后两物体的总动能不变,即有

$$\frac{1}{2}m_1v_{10}^2+\frac{1}{2}m_2v_{20}^2=\frac{1}{2}m_1v_1^2+\frac{1}{2}m_2v_2^2$$

一般情况下,两物体作完全弹性碰撞以后,它们的速度的大小和方向都要发生改变.如果两物体在碰撞前、后速度的方向在同一条直线上,则把这种碰撞称为**对心碰撞**,如图 2-50 所示.

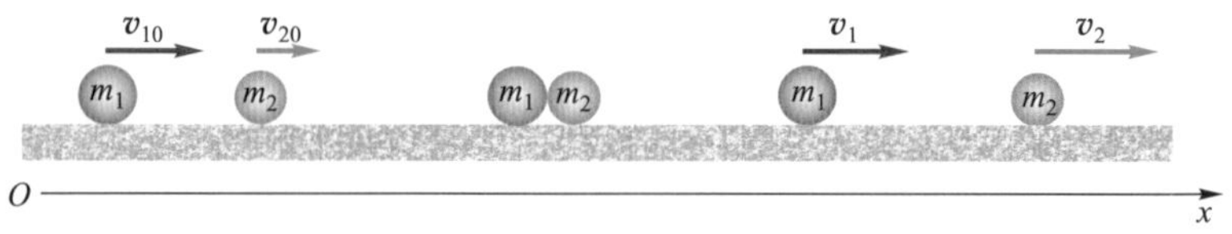

图 2-50 两物体对心碰撞

在对心碰撞时,取如图所示的坐标系 Ox,则动量守恒式可表示为

$$m_1v_{10}+m_2v_{20}=m_1v_1+m_2v_2$$

联立求解上面两式,可得

$$\begin{cases} v_1=\dfrac{(m_1-m_2)v_{10}+2m_2v_{20}}{m_1+m_2} \\ v_2=\dfrac{(m_2-m_1)v_{20}+2m_1v_{10}}{m_1+m_2} \end{cases} \tag{2-71}$$

现在讨论两种常见的特殊情况:

(1) 如果两物体的质量相等,即 $m_1=m_2$,则由式(2-71)可得 $v_1=v_{20}$,$v_2=v_{10}$,即两物体在碰撞时速度发生了交换.

(2) 如果质量为 m_2 的物体在碰撞前静止不动,即 $v_{20}=0$,且 $m_2\gg m_1$,则由式(2-71)近似可得 $v_1=-v_{10}$,$v_2=0$.即质量很大并且原来静止的物体在碰撞后仍然静止不动;质量很小的运动物体在碰撞前、后的速度等值反向.橡皮球在与墙壁或地面碰撞时,近似是这种情形.

2. 完全非弹性碰撞

当两物体发生完全非弹性碰撞时,在它们相互压缩以后,完全不能恢复原状,两个物体一起以相同的速度运动,如黏土、油灰等物体的碰撞就是如此.由于在碰撞后,物体的形状完全不能恢复,因此总动能要减少.

在一维的完全非弹性碰撞中,设两物体碰撞后以相同的速度 $\boldsymbol{v}$ 运动,于是,由动量守恒定律可以解得碰撞后的速度为

$$v=\frac{m_1v_{10}+m_2v_{20}}{m_1+m_2} \tag{2-72}$$

利用上式,可以算出在完全非弹性碰撞中动能的损失为

$$\begin{aligned}\Delta E&=\left(\frac{1}{2}m_1v_{10}^2+\frac{1}{2}m_2v_{20}^2\right)-\frac{1}{2}(m_1+m_2)v^2\\&=\frac{m_1m_2(v_{10}-v_{20})^2}{2(m_1+m_2)}\end{aligned}$$

3. 非弹性碰撞

在非弹性碰撞中,由于相互压缩后的物体不能完全恢复原状,造成碰撞前、后系统的动能有所损失,因此仅就一个动量守恒定律式不足以求得碰撞分离后两物体的速率.牛顿就这一问题总结了大量实验的结果,提出了碰撞定律:**在一维对心碰撞中,碰撞后两物体的分离速度 v_2-v_1 与碰撞前两物体的接近速度 $v_{10}-v_{20}$成正比,比值由两物体的材料性质决定**,即

$$e=\frac{v_2-v_1}{v_{10}-v_{20}} \tag{2-73}$$

通常称 e 为**恢复系数**.如果 $e=0$,则 $v_2=v_1$,这就是完全非弹性碰撞;如果 $e=1$,则分离速度等于接近速度,根据式(2-71)可以证明,这就是完全弹性碰撞的情形;对于一般的碰撞,$0<e<1$.e 可用实验方法测定.

例 2-18

一均质链条总长为 L,放在水平的桌面上,其一端自然下垂,下垂长度为 h,如图 2-51 所示.假定开始时链条静止,求链条恰好离开桌边时的速度.设链条与桌面间的摩擦因数为 μ.

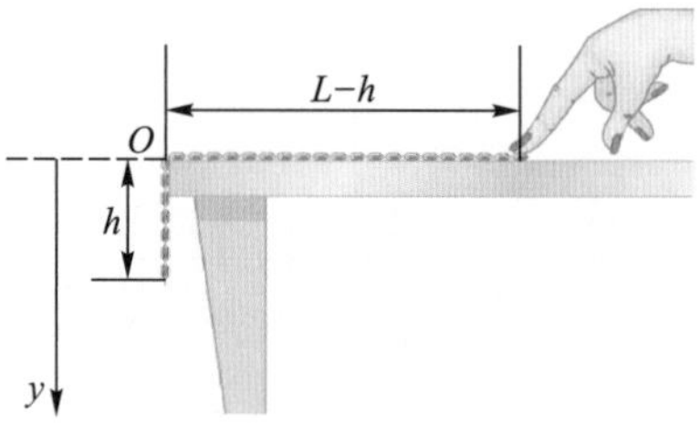

图 2-51 例 2-18 用图

解 设链条总质量为 m,质量线密度为 m/L.取链条与地球作为一个系统,选桌面为重力势能零点,链条的重力势能就等于其质量集中在质心时的重力势能.以链条恰好离开桌边时的状态为末状态,则在始、末两状态系统的总机械能分别为(取竖直向下为 y 轴的正方向)

$$E_0=-\frac{m}{L}hg\,\frac{h}{2}$$

$$E=\frac{1}{2}mv^2-mg\,\frac{L}{2}$$

$\frac{h}{2}$、$\frac{L}{2}$分别对应始、末两状态链条下垂段质心的位置.

链条与地球所组成的系统在运动过程中所受到的外力有:桌面对链条的支承力 $\boldsymbol{F}_N$ 和摩擦力 $\boldsymbol{F}_f$,其中支承力 $\boldsymbol{F}_N$ 不做功,而摩擦力 $\boldsymbol{F}_f$ 所做的功为

$$W_f=\int F_f\cos 180°\mathrm{d}s=\int_h^L -\mu\frac{mg}{L}(L-y)\mathrm{d}y$$

$$=-\frac{\mu mg}{2L}(L-h)^2$$

按系统的功能原理,可列出

$$-\frac{\mu mg}{2L}(L-h)^2=\frac{1}{2}mv^2-\frac{1}{2}mgL-\left(-\frac{mgh^2}{2L}\right)$$

可解得链条恰好离开桌边时速度的大小为

$$v=\sqrt{\frac{g}{L}\left[(L^2-h^2)-\mu(L-h)^2\right]}$$

速度的方向竖直向下.

例 2-19

一质量为 m_0 的木块静止放在桌面上,木块的曲面在 P 点处与水平桌面相切.一质量为 m 的小球自木块顶端(高为 h 处)无初速地下滑,如图 2-52(a)所示.若不计一切摩擦,求:当小球从顶点滑到 P 点时(1)木块的速率 v_0;(2)小球对木块所做的功.

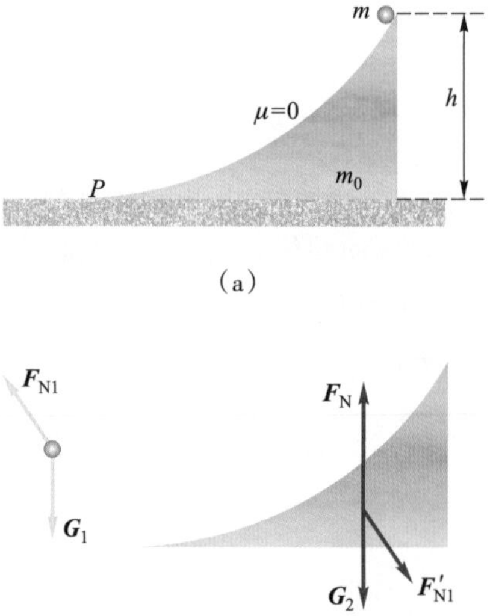

图 2-52 例 2-19 用图

解 将小球、木块、地球视为一个系统,小球和木块的受力如图 2-52(b)所示.系统在运动过程中所受外力只有桌面对木块的支承力 $\boldsymbol{F}_N$,$\boldsymbol{F}_N$ 与木块的位移垂直,对木块不做功.小球与木块之间的一对相互作用内力 $\boldsymbol{F}_{N1}$ 和 $\boldsymbol{F}'_{N1}$ 的方向恒与两者相对运动的方向垂直,故这对内力所做元功之和始终为零;小球和木块受到的重力 $\boldsymbol{G}_1$ 和 $\boldsymbol{G}_2$ 为保守内力,因此系统的机械能守恒.选桌面为重力势能零点,设小球从顶点滑到 P 点时小球和木块的速率分别为 v 和 v_0.

（1）按机械能守恒定律，有

$$\frac{1}{2}mv^2+\frac{1}{2}m_0v_0^2=mgh$$

因为水平方向上系统不受外力的作用，故系统在水平方向的动量守恒，即

$$0=-mv+m_0v_0$$

联立以上两式，可得

$$v_0=\sqrt{\frac{2m^2gh}{m_0(m_0+m)}}$$

（2）在小球从顶点滑到 P 点的过程中，设小球对木块所做的功为 W，则按动能原理，可得

$$W=\frac{1}{2}m_0v_0^2-0=\frac{m^2gh}{m_0+m}$$

例 2-20

一半径为 R 的半球形碗固定在水平面上，在碗的内壁有某一点 A，将一质量为 m 的质点以水平速度 v_0 沿与碗内壁相切的方向射入，设 A 点与球心 O 的连线与竖直线成 θ 角，如图 2-53 所示. 欲使质点恰好能达到碗边缘而不飞出碗外，问 v_0 与 θ 应满足什么关系（不计一切摩擦）？

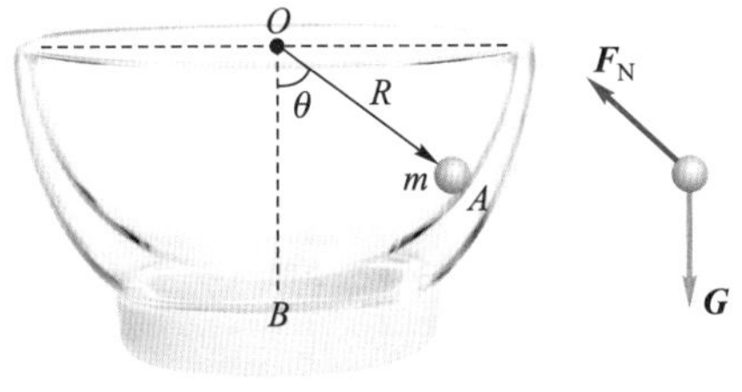

图 2-53　例 2-20 用图

解　质点在碗内任一点的受力有：重力 $\boldsymbol{G}$ 和碗的内壁对它作用的支承力 $\boldsymbol{F}_N$（见图 2-53）. 这两个力对 OB 轴的力矩为零，故质点绕 OB 轴的角动量守恒. 另外欲使质点达到碗边而不飞出，要求质点在碗边缘处的速度 $\boldsymbol{v}$ 的方向必须水平. 应用质点的角动量守恒定律，有

$$mv_0(R\sin\theta)=mvR$$

将质点、地球视作一个系统，外力为支承力 $\boldsymbol{F}_N$，它与质点运动的方向垂直，因此对质点不做功. 质点受到的重力 $\boldsymbol{G}$ 为保守内力，所以系统的机械能守恒，选 A 点为重力势能零点，按机械能守恒定律，有

$$\frac{1}{2}mv_0^2=\frac{1}{2}mv^2+mgR\cos\theta$$

联立以上两式，可得

$$v_0=\sqrt{\frac{2gR}{\cos\theta}}$$

例 2-21

如俯视图 2-54 所示，在水平面上有一质量为 m_0 的木块，木块静止于 A 点，并与一条原长为 L_0、弹性系数为 k 的轻弹簧相连，弹簧的另一端固定于 O 点. 设有一质量为 m 的子弹，以初速度 $\boldsymbol{v}_0$ 水平射入木块，并嵌在木块内随木块一起运动. 当木块在桌面上运动到 B 点（$OB\perp OA$）时，弹簧的长度为 L. 求木块在 B 点的速度 $\boldsymbol{v}_B$（不计木块与水平面之间的摩擦力）.

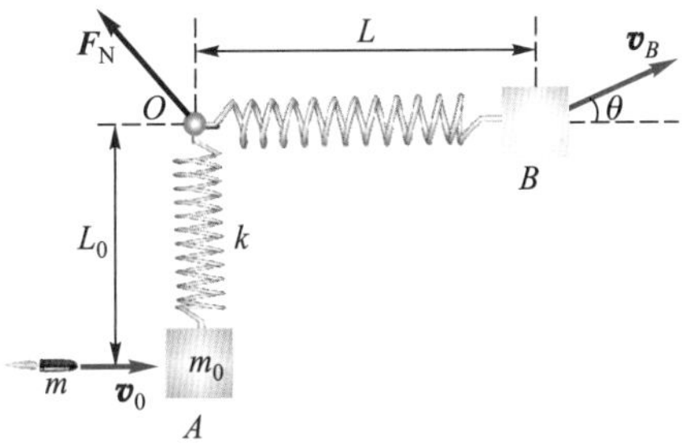

图 2-54　例 2-21 用图

解　当子弹射入木块时，两者组成的系统在水平方向所受合外力为零，因此系统在水平方向的动量守恒，即

$$mv_0=(m+m_0)v_A$$

取子弹、弹簧为一个考察系统，子弹射入木块后，自 A 点运动到 B 点的过程中，弹簧的弹性力为系统的内力，而弹簧固定点 O 处的支承力 $\boldsymbol{F}_N$（系统的外力）不做功，所以系统的机械能守恒，即

$$\frac{1}{2}(m+m_0)v_A^2=\frac{1}{2}(m+m_0)v_B^2+\frac{1}{2}k(L-L_0)^2$$

求解以上两式，可得

$$v_B=\left[\frac{m^2v_0^2}{(m+m_0)^2}-\frac{k(L-L_0)^2}{m+m_0}\right]^{\frac{1}{2}}$$

设木块到达 B 点的速度方向如图所示，由于子弹和木块组成的系统在 A 点到 B 点的运动过程中，受到的弹簧的弹性力、重力以及桌面的支承力对过 O 点并且垂直于桌面的转轴的力矩均为零，故系统对此转轴的角动量守恒，即

$$(m+m_0)v_AL_0=(m+m_0)v_BL\sin\theta$$

解得速度 $\boldsymbol{v}_B$ 与弹簧所成的夹角为

$$\theta=\arcsin\frac{mL_0v_0}{L[m^2v_0^2-k(m+m_0)(L-L_0)^2]^{\frac{1}{2}}}$$

☆2-5 守恒定律与对称性

2-5-1 对称性与对称操作

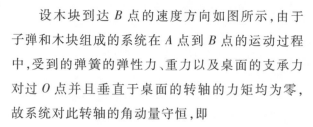

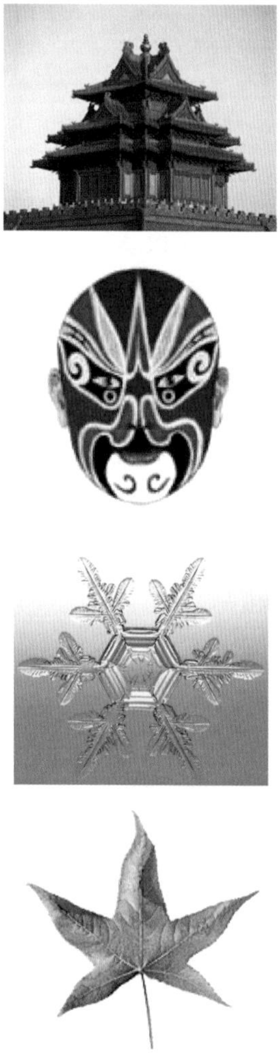

图 2-55 故宫的角楼、京剧的脸谱、雪花、树叶等物体的外形以及原子中电子的运动都显示出一定的几何对称性，人们从几何对称中得到美的感受

人类最早关于对称性的认识来自几何图形．几何对称的例子在自然界中随处可见，像人体、宫殿、庙宇、京剧中的脸谱、蜂窝、雪花等诸多物体的外形，都显示出这样或那样的几何对称性，如图 2-55 所示．人们从自然现象的几何对称中得到美的感受，并把这种对称美有意识地用于绘画以及建筑、装饰设计等方面．随着人们认识上的进步，对称性概念逐渐被引入自然科学的各个领域．

物理学家首先从物质结构中认识到对称性，从雪花到晶体的结构，从地球到盘状银河系，无不具有对称性．特别是进入 20 世纪以后，物理学家认识到对称性与守恒定律之间存在着紧密的关系，从而使对称性更加受到物理学界的青睐．可以说，现代物理学的不少重大突破，都直接或间接与对称性以及对称破缺有关．

什么是**对称性**（symmetry）？德国数学家外尔（H. Weyl，1885—1955）曾对此作了一个普遍的定义："如果系统的状态在某种操作下保持不变，则称该系统对于这一操作具有对称性．"而这个操作称为系统的"**对称操作**"（symmetry operation）．应该注意，定义中所提及的"系统"是个广义的概念，它可以是图像，也可以是某个现象或规律；而定义中的"操作"二字也可以理解为一种"变换"．例如某一物体经一块平面镜子的反射操作，形成了一个与物体完全相同的像，

这就是物体关于镜像反射的对称性.将对称性概念用于物理学领域,则可表示为:**如果某一物理现象或规律在某一变换下保持不变,则称该现象或规律具有该变换所对应的对称性**.

物理学中最常见的对称操作是时空操作.时间操作有时间平移、时间反演等,空间操作有空间平移、旋转、镜像反射、空间反演等.时空操作有伽利略变换、洛伦兹变换等.除时空操作外,物理学中还涉及诸如置换、规范变换等一些与时空坐标无关的更复杂的变换.下面我们主要讨论时空操作.

1. 空间的对称性及其操作

(1) 空间平移操作

取直角坐标系 $Oxyz$,将其在 x、y、z 方向分别平移 Δx、Δy、Δz,使 $x\to x+\Delta x$、$y\to y+\Delta y$、$z\to z+\Delta z$,这一变换称为空间平移操作.在这种操作下不变的系统具有空间平移对称性.图 2-56 所示的晶体结构,格点上所有的原子都相同,相邻两原子的间距为 d,将晶体结构平移 d 或其整数倍,则晶体又恢复原状,则称该晶体结构具有平移对称性.

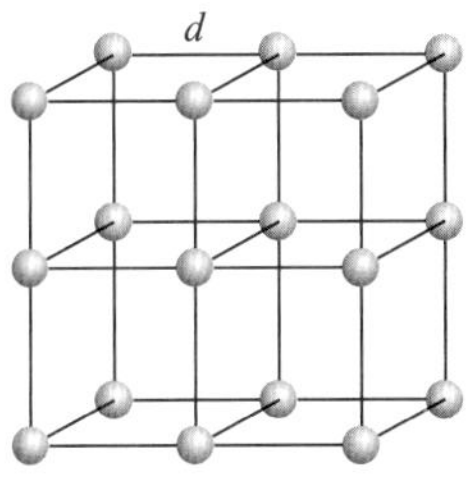

图 2-56 晶体结构具有空间平移操作的对称性

(2) 空间反演操作

将 $x\to -x$、$y\to -y$、$z\to -z$,这一变换称为对原点 O 的空间反演操作,如图 2-57 所示.在这种操作下不变的系统具有对 O 点的空间反演对称性.

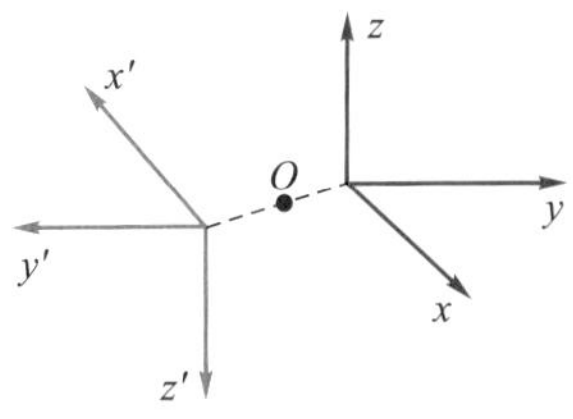

图 2-57 空间反演操作

(3) 镜像反射操作

$x\to -x$,而 y、z 不变的操作称为相对于平面 $x=0$ 的镜像反射操作,如图 2-58 所示.在这种操作下不变的系统具有镜像反射对称性.

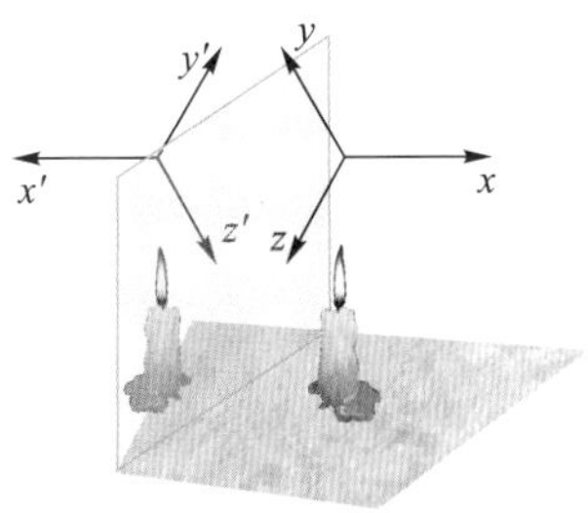

图 2-58 镜像反射操作

(4) 空间旋转(球对称)操作

取球坐标 r、θ、φ,如图 2-59 所示,令 r 保持不变,$\theta\to\theta+\Delta\theta$、$\varphi\to\varphi+\Delta\varphi$ 的操作称为对 O 点的旋转对称性操作,在此操作下不变的系统称为具有球对称性.例如一个均质球体对绕其球心作任意旋转的操作都是对称的.

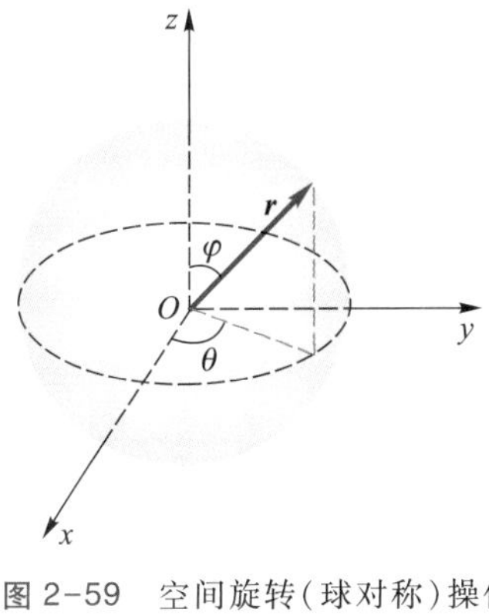

图 2-59 空间旋转(球对称)操作

(5) 空间旋转(轴对称)操作

如果令 r、φ 保持不变,$\theta\to\theta+\Delta\theta$ 的操作称为对 z 轴的旋转对称性操作,绕 z 轴作任意旋转都不变的系统具有轴对称性.例如均质平面圆盘就具有中心轴对称性.

2. 时间的对称性及其操作

(1) 时间平移操作

将时间 $t\to t+\Delta t$ 的变换称为时间平移操作,在这种操作下不变的系统具有时间平移对称性.例如一个随时间周期性变化的系统对其周期整数倍的时间平移保持不变,所以它具有一定的时间平移对称性.

(2) 时间反演操作

将时间 $t\to -t$ 的变换,称为时间反演操作,在时间反演操作下保持不变的系统具有时间反演对称性.时间反演操作相当于时间的倒流,在现实生活中,时间是不会倒流的,因此无法观察到时间反演操作的结果.但我们可以采用某种手段，比如将某一现象用录像机录下来后倒过来播放，观察其结果.例如把无阻尼自由振动的单摆拍摄下来，正、反放映，两者摆动情况是完全一样的.而在有阻尼时，阻尼单摆的振幅越来越小，最后静止.而反过来放映时，振幅却是从零开始，越来越大，这违反了物体的运动规律.显然无阻尼自由振动单摆的运动规律具有时间反演对称性，而有阻尼单摆的运动规律不具有时间反演对称性.

3. 时空的对称操作

在以后的学习中我们会知道，伽利略变换是一个时空联合操作.加速度经伽利略变换后保持不变，故加速度对伽利略变换具有对称性.同样，牛顿第二定律 $\boldsymbol{F}=m\boldsymbol{a}$ 对伽利略变换也具有对称性.事实上，在经典力学中所有动力学规律对伽利略变换均具有对称性，这就是伽利略的相对性原理.爱因斯坦在狭义相对论中将反映时空对称性的相对性原理从力学推广到全部物理学，得出了所有的物理规律对洛伦兹变换（也是一个时空联合操作）具有不变性，即狭义相对性原理.

4. 对称破缺

假定有一个表面颜色完全一致的球体，当球绕球心作任意旋转时，我们不能觉察这个球的状态有什么变化.显然该球对球心具有球对称性.现在我们在球的表面上一处用另一种颜色作上标记（比如一个圆点），然后再让球绕球心旋转，这时我们可以根据所作标记位置的变化而判断球的旋转，此时我们说球原来的对称性遭到破坏.一般说来，如果对于某个物理学系统的运动施加限制（比如施加外力或外力矩作用等），从而导致该系统原有的某些对称性遭到破坏，则这种情况称为对称破缺（symmetry-broken）.我们对系统所加的限制虽然破坏了原有的对称性，但它也可能导致某些新的对称性出现.因此，研究自然界所呈现的各种对称性以及它的产生和破缺的演化过程，便成为人们认识自然规律的一种重要手段.

2-5-2 守恒定律与对称性

1918年德国女科学家诺特（A.E.Noether，1882—1935）将守恒定律与对称性联系在一起，建立了诺特定理：每一种对称性均对应于一个物理量的守恒律；反之，每一种守恒律均对应于一种对称性.下面我们来讨论力学中的三条守恒定律与时空对称性的关系.

1. 动量守恒与空间平移对称性

空间平移对称性反映了空间的均匀性质，空间的均匀性是指一个给定的物理实验或现象的进展过程与实验室的位置无关.物理实验可以在不同的地点重复，得到的物理规律完全相同，没有哪一位置比其他位置优越，空间没有绝对的原点，绝对位置是不可测量的，所能观测的只是物体在空间的相对位置.在人类认识自然的历史进程中,“地心说”和“日心说”虽然起到过积极的作用,但最终被证明都是错误的.下面我们从空间平移对称性导出动量守恒定律.

设两个质点 A 和 B 以保守力相互作用,并组成一个孤立系统.系统的势能为 E_p,如图 2-60 所示.$\boldsymbol{F}_{BA}$表示质点 B 对质点 A 的作用力,$\boldsymbol{F}_{AB}$表示质点 A 对质点 B 的作用力.现将坐标系平移 $\mathrm{d}\boldsymbol{s}$ 位移元,这相当于整个系统沿相反方向平移 $\mathrm{d}\boldsymbol{s}$ 位移元,在平移过程中,系统势能的增加量为

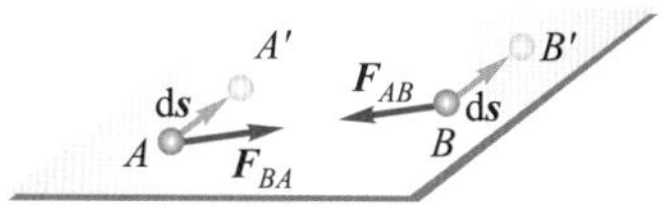

图 2-60 空间平移对称性可推导出动量守恒定律

$$\mathrm{d}E_p=-(\boldsymbol{F}_{AB}\cdot\mathrm{d}\boldsymbol{s}+\boldsymbol{F}_{BA}\cdot\mathrm{d}\boldsymbol{s})=-(\boldsymbol{F}_{AB}+\boldsymbol{F}_{BA})\cdot\mathrm{d}\boldsymbol{s}$$

空间平移的对称性意味着两质点间的空间相对位置保持不变.因此系统平移前、后的势能增量为零,即

$$\mathrm{d}E_p=0$$

由于 $\mathrm{d}\boldsymbol{s}$ 是任意一段元位移,故有

$$\boldsymbol{F}_{AB}+\boldsymbol{F}_{BA}=0$$

根据牛顿第二定律,上式可改写为

$$\frac{\mathrm{d}\boldsymbol{p}_B}{\mathrm{d}t}+\frac{\mathrm{d}\boldsymbol{p}_A}{\mathrm{d}t}=0 \quad 或 \quad \frac{\mathrm{d}(\boldsymbol{p}_B+\boldsymbol{p}_A)}{\mathrm{d}t}=0$$

因此可得

$$\boldsymbol{p}_B+\boldsymbol{p}_A=常矢量$$

这就是动量守恒定律.如果系统不是孤立的,它受到周围其他物体的作用,那么空间的均匀性将被破坏,空间的平移对称性发生破缺,则系统的动量不再守恒.

2. 角动量守恒与空间旋转对称性

空间的旋转对称性反映了空间的各向同性.空间各向同性是指在太空实验室中,任一给定的物理实验或现象的进展过程与该实验装置在空间的取向无关.把实验装置旋转一个方向并不影响实验的进程,即物理规律在空间各方向上是等价的,没有哪一个方向比其他方向更优越.或者说,空间的绝对方向是不可观测的,在空间位置上,不存在绝对的“上”,也不存在绝对的“下”,“上”“下”位置是相对的,就像你不必担心地球另一面的人会掉下去一样.空间旋转对称性导致了角动量的守恒.

我们仍然考虑两个质点 A 和 B 组成的孤立系统,其中一个质点 B 位于坐标原点且保持静止,另一质点 A 受到质点 B 对它的作用而处于运动状态.将坐标系转过一无穷小角度 $\mathrm{d}\alpha$,这相当于系统沿反方向旋转过 $\mathrm{d}\alpha$,如图 2-61 所示,旋转前后系统势能的增量 $\mathrm{d}E_p=-\boldsymbol{F}_{BA}\cdot\mathrm{d}\boldsymbol{r}$.

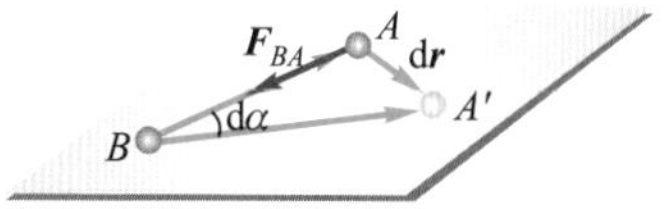

图 2-61 从空间旋转对称性可推导出角动量守恒定律

空间各向同性意味着两个质点的相互作用势能与两个质点的连线在空间的取向无关,只与两个质点之间的距离有关.而空间的旋转操作并不改变两个

质点之间的距离，也就不改变它们之间的势能，因此系统势能的增量为 $dE_p=0$. 因为 $d\boldsymbol{r}$ 是任意的，$\boldsymbol{F}_{BA}$ 不为零，所以必有 $\boldsymbol{F}_{BA}\perp d\boldsymbol{r}$，这说明质点 A 受到有心力的作用，有心力对力心的力矩为零，于是系统的角动量守恒. 如果系统在某一方向上受到外力矩的作用，即系统不再是个孤立系统，那么空间的旋转对称性将受到破坏，系统的角动量不再守恒.

3. 能量守恒与时间平移对称性

时间平移对称性反映了时间的均匀性. 时间的均匀性是指任一给定的物理实验或现象的进展过程与实验开始的时间无关. 无论是今天做实验，还是明天做实验，实验得出的规律应该完全相同，即物理规律具有时间平移对称性. 或者说，不存在绝对的时间原点. 物理规律的时间平移对称性导致了能量守恒定律.

在保守系统中，物体之间的相互作用可以通过势能来表示，为便于计算，就一维情况而言，有如下的关系式：

$$F=-\frac{dE_p}{dx}$$

时间的均匀性意味着物体之间的相互作用势能不应随时间改变，而只与它们的相对位置有关，即 $E_p=E_p(x)$，保守力做功为

$$W=\int_{x_1}^{x_2}F(x)\,dx=-\int_{x_1}^{x_2}\frac{dE_p}{dx}dx=E_{p1}-E_{p2}$$

又根据动能定理

$$W=E_{k2}-E_{k1}$$

由以上两式可知，在只有保守力作用的情况下应有

$$E_{p1}+E_{k1}=E_{p2}+E_{k2}$$

这就是系统的机械能守恒定律.

我们也可以用反证法来说明，如果物理规律随时间变化，那么能量不再守恒. 例如，假设重力随时间在变化，那么利用重力随时间的可变性可以制造出一架永动机. 在某一时间段重力变弱时，把水提升到位于一定高度的蓄水池中，在重力变强的时间段把蓄水池中的水放出来，用于水力发电. 显然在重力变弱时把水提升到蓄水池中所需的能量较少，而放水时释放的能量较多，从而成为一架能创造能量的永动机. 大量的实验早已证明永动机是不可能实现的. 或者说，系统的能量守恒.

从上述三个守恒定律与时空对称性的关系可以看出，动力学基本原理的深刻根源在于时空的对称性. 已揭示出来的守恒定律与对称性的关系，使得人们对那些定律和法则的认识变得更加深刻.

2-5-3 守恒定律与对称性在物理学中的地位和作用

早期的力学是以力为核心展开的，特别是三个牛顿运动定律，早已成为经典力学的金科玉律.不过这种以力为核心的经典力学在近代物理中遇到了困难.首先，按近代物理的观点，力是通过场以有限速度传递的，一个粒子对其他粒子的作用要经过一段时间才能达到，而在这段时间内，粒子间的距离以及作用力的大小和方向已经发生了变化，这就使某一瞬间两粒子间相互作用力大小相等、方向相反这一关系不再成立.所以在近代理论中，力的概念已不再处于中心地位，牛顿力学在微观领域也不再适用，取而代之的是守恒定律.

守恒定律比一般定理、定律有着更普遍、更深刻的自然根基，它是关于某一过程变化结果的必然反映，守恒定律的共同特征是：只要过程满足一定的整体条件，就可以不必考虑过程的细节，而对系统的始、末状态的某些特征直接给出结论，从而使问题的求解大大简化.除了前面已经学过的动量守恒定律、角动量守恒定律和能量守恒定律之外，物理学中还有质量守恒定律、电荷守恒定律、宇称守恒定律、重子数守恒定律和轻子数守恒定律等等.这些守恒定律支配着至今所知的一切宏观和微观的自然现象.

图 2-62　美神失去了双臂.也许在有的人眼中算是美中不足，然而更多的人则认为这是美到了极致的表现，或许这就是所谓的“残缺美”

自从对称性与守恒定律的关系被揭示之后，通过对称性的观察和研究来寻找相关的守恒定律，已成为科学家手中的一件武器.特别是在核物理和基本粒子的研究中，虽然我们至今还不能准确地写出强、弱相互作用中力的表达式，但该领域中的若干守恒定律却早已建立起来，而且正在发挥着强有力的作用.

然而，自然界中既存在着对称性，又存在着不对称性.对称与不对称有时随条件改变而转变，在某些条件下具有对称性，而在另外一些条件下表现出对称破缺.从物质结构到守恒定律都存在着对称性遭到破坏的情况.例如镜像对称性导致了宇称守恒，然而来自中国的物理学家李政道、杨振宁于 1956 年对它的普遍性提出了怀疑，提出了弱相互作用下宇称是不守恒的，并被吴健雄的实验所证实，李、杨二人也因此于 1957 年获得了诺贝尔物理学奖.

在美学上有一条真理：对称+破缺=美.断臂的维纳斯（图 2-62）之所以成为传世之作，原因大概就在于此.物理学既有对称性又有对称破缺，这就是一种科学美，也是自然规律的本质.

思考题

2-1 人坐在车上推车是怎么也推不动的；但坐在轮椅上的人却能让车前进.为什么？

2-2 人从大船上容易跳上岸，而从小舟上则不容易跳上岸，这是为什么？

2-3 有人说喷气式飞机和火箭都不能在外空间（或真空）飞行，因为那里没有空气对它们提供反作用力，这个说法对不对？为什么？

2-4 河流转弯处的堤坝要比平直部分修得坚固，为什么？

2-5 如图所示，在一只水桶底部装有龙头，其下放一只杯子接水.整个装置放在一个大磅秤的托盘上.在打开龙头放水和关上龙头断水的时候，磅秤的读数各有什么变化？

思考题 2-5 图

2-6 如图所示，轻绳与定滑轮间的摩擦力略去不计，且 $m_1=2m_2$.若使质量为 m_2 的两个物体绕公共竖直轴转动，两边能否保持平衡？

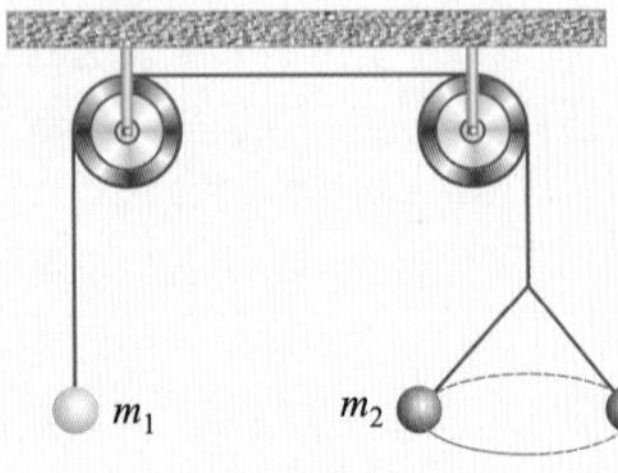

思考题 2-6 图

2-7 如图所示，一半径为 R 的木桶，以角速度 ω 绕其轴线转动.有一人紧贴在木桶内壁上，人与木桶间的静摩擦因数为 μ_0.在什么情形下，人会紧贴在木桶壁上而不掉下来？

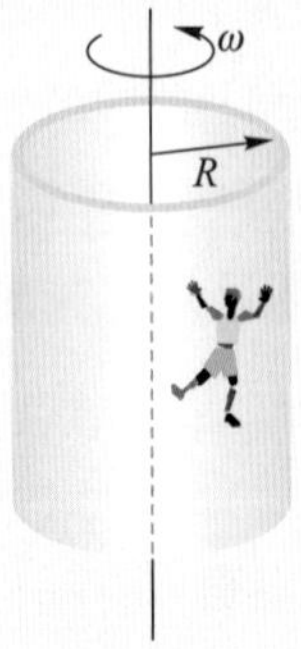

思考题 2-7 图

2-8 在光滑桌面上放一劈尖形斜面，在斜面上再放置一重物，如图所示.若重物与斜面足够粗糙，而使重物不致下滑，由于重物对斜面的压力有一水平分量，斜面是否会因此沿水平方向加速运动？

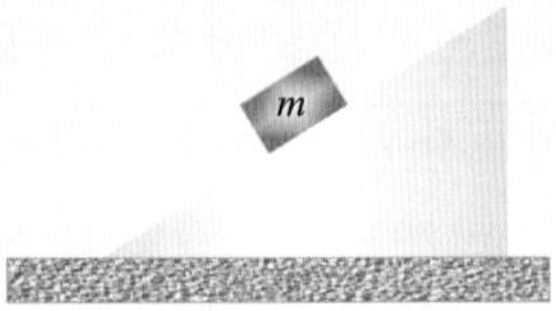

思考题 2-8 图

2-9 给你一个弹簧，其一端连有一小铁球，你能否做一个在汽车内测量汽车加速度的“加速度计”？根据什么原理？

2-10 如图所示，一重球上下两端系两根同样的线，并用其中一根线将重球吊起.今用手向下拉另一根线，若向下猛一拉，则下面的线断而球不动，如果用力慢慢拉线则上面的线断开，为什么？

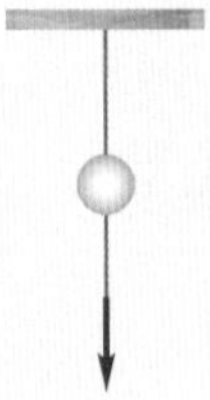

思考题 2-10 图

2-11 质量为 m 的小球在一直线上作匀速运动，速率为 v_0，对于与直线的垂直距离为 d 的一定点 O，小球在直线上任一位置的角动量应如何表示？是否守恒？

2-12 “角动量守恒的条件是合外力的冲量矩为零”的说法是否正确？为什么？

2-13 如图所示，物体 A 放在粗糙斜面 B 上，而斜面 B 放在光滑水平面上．当 A 下滑时，B 也将运动．试说明在这个过程中，A、B 间的一对摩擦力所做功之和是正还是负？A、B 间的一对正压力所做功之和又如何？

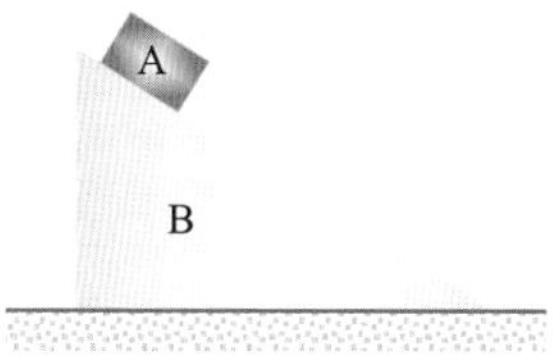

思考题 2-13 图

2-14 如图所示，两个物体 A、B，质量相等，所受恒力 $\boldsymbol{F}$ 的大小相等，在水平面上移动的距离 s 相等，与水平面间的摩擦因数也相等．问两力对物体做的功是否相等？两物体的动能增量是否相等？

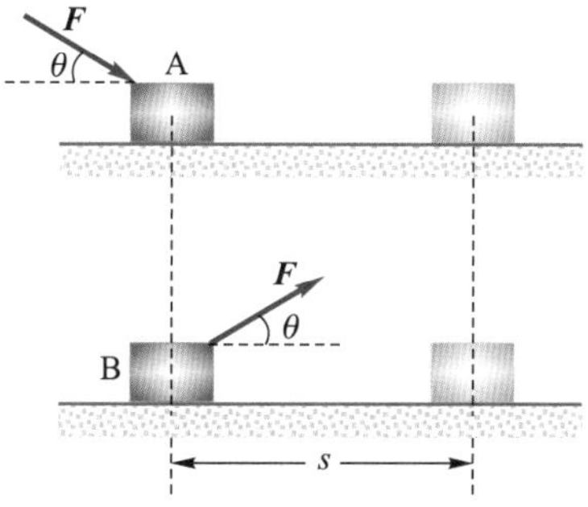

思考题 2-14 图

2-15 “跳伞运动员张伞后匀速下降，重力与空气阻力相等，合力之功为零，因此机械能守恒”，根据机械能守恒的条件分析一下上面的论述对不对．

2-16 如图所示，行星绕太阳运行时，从近日点 P 向远日点 A 运动的过程中，太阳对它的引力做正功还是负功？从远日点 A 向近日点 P 运动的过程中，太阳对它做正功还是负功？由这个功来判断，行星的动能及行星与太阳系统的势能在这两个阶段中各是增加还是减少？

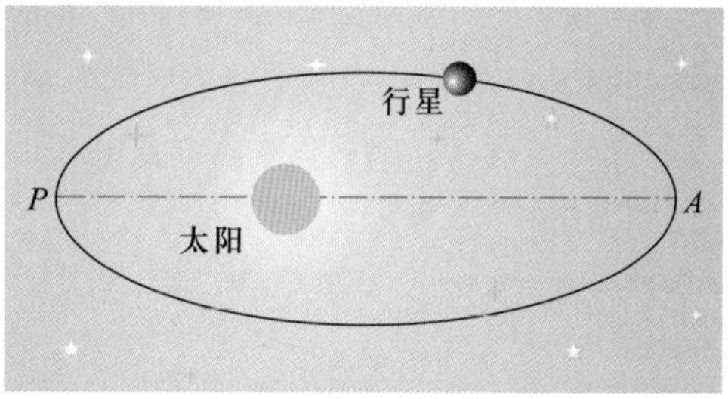

思考题 2-16 图

2-17 如图所示，一质量为 m 的小球系在绳的一端，绳子穿过空心管，另一端下垂．现小球绕管轴作圆周运动，如图所示．若从管孔用力 $\boldsymbol{F}$ 向下拉绳，问小球的动量、角动量、动能、机械能是否变化？为什么？

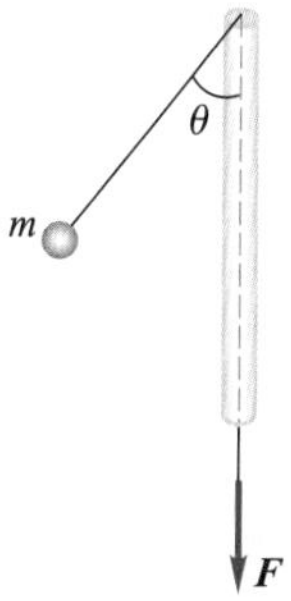

思考题 2-17 图

2-18 试分析下列说法是否正确：(1) 作用于质点系的外力矢量和为零，则外力矩之和也为零；(2) 质点的角动量不为零，作用于该质点上的力一定不为零；(3) 质点系的动量为零，则质点系的角动量也为零，质点系的角动量为零，质点系的动量也为零；(4) 一个物体具有能量而无动量，或者一个物体具有动量而无能量；(5) 一个过程中，初、末两状态的机械能大小相等，则此过程机械能守恒；(6) 不受外力作用的系统，它的动量和机械能必然同时都守恒；(7) 只有保守力作用的系统，它的动量和机械能都守恒．

2-19 质点的动量和动能是否与惯性系的选取有关？功是否与惯性系有关？质点的动量定理和动能定理是否与惯性系有关？请举例说明．

习题

2-1 如图所示,一个倾角为 α 的斜面,底边 AB 长 2.1 m,质量为 m 的物体从斜面顶端由静止开始向下滑动,斜面的摩擦因数为 $\mu=0.14$.试问,当 α 为何值时,物体在斜面上下滑的时间最短?其最短时间为多少?

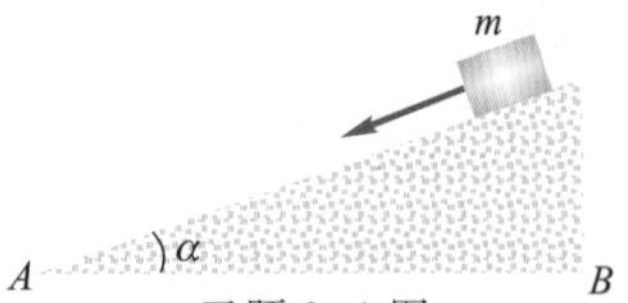

习题 2-1 图

2-2 质量为 45.0 kg 的物体,由地面以初速 60.0 $m\cdot s^{-1}$ 竖直向上发射,物体受到空气的阻力为 $F=kv$,且 $k=0.03\ N\cdot m^{-1}\cdot s$.试求:(1) 物体发射到最大高度所需的时间;(2) 最大高度.

2-3 一木块能在与水平面成 α 角的斜面上匀速下滑.若使它以速率 v_0 沿此斜面向上滑动,试证明它能沿该斜面向上滑动的距离为 $\dfrac{v_0^2}{4g\sin\alpha}$.

2-4 如图所示,已知两物体 A、B 的质量均为 $m=3.0$ kg,物体 B 以加速度 $a=1.0\ m\cdot s^{-2}$ 运动,求物体 A 与桌面间的摩擦力.(滑轮与连接绳的质量不计.)

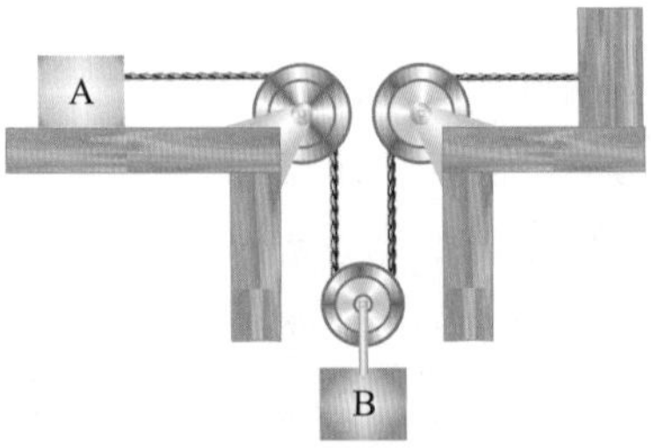

习题 2-4 图

2-5 如图所示,一质量均匀分布、大小为 m 的绳子,长度为 L,一端拴在转轴上,并以恒定角速度 ω 在水平面上旋转,设转动过程中绳子始终伸直,且忽略重力与一切阻力,求距转轴为 x 处绳中的张力.

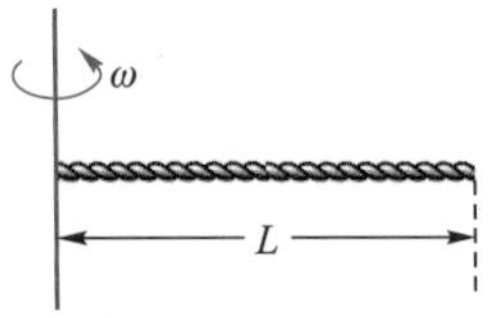

习题 2-5 图

2-6 如图所示,在光滑桌面上,放置一个质量为 m_1 的物体,通过滑轮用轻绳与桌面下垂的质量为 m_2 的物体相连.若将这套装置放在一车厢中固定,求在下列两种情况下两物体相对于车厢运动的加速度和绳中的张力.(1) 车厢以加速度 $\boldsymbol{a}$ 匀加速前进;(2) 车厢以加速度 $-\boldsymbol{a}$ 刹车.

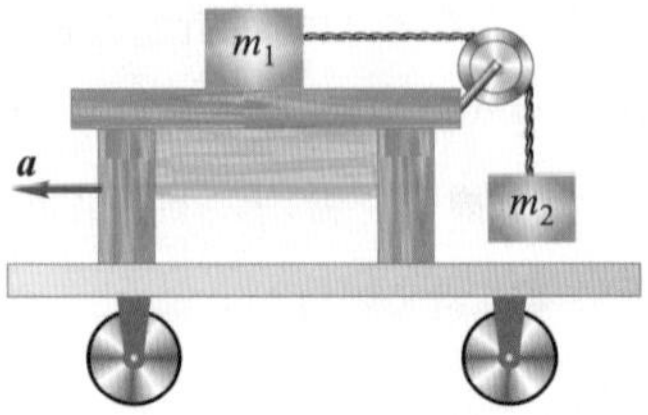

习题 2-6 图

2-7 一颗炸弹在空中炸成 A、B、C 三块,其中 $m_A=m_B$,A、B 以相同的速率 30 $m\cdot s^{-1}$ 沿互相垂直的方向分开,$m_C=3m_A$,假设炸弹原来的速度为零,求炸裂后第三块弹片的速度的大小和方向.

2-8 自动步枪连发时每分钟可射出 120 发子弹,每颗子弹质量为 8.0 g,出口速率为 750 $m\cdot s^{-1}$.求射击时步枪所受的平均反冲力.

2-9 如图所示,浮吊的质量 $m_0=20$ t,由岸上吊起 $m=2$ t 的重物后,再将吊杆与竖直方向的夹角由 60°转到 30°.设吊杆长 $L=8$ m,不计水的阻力和杆重,求浮吊在水平方向移动的距离.

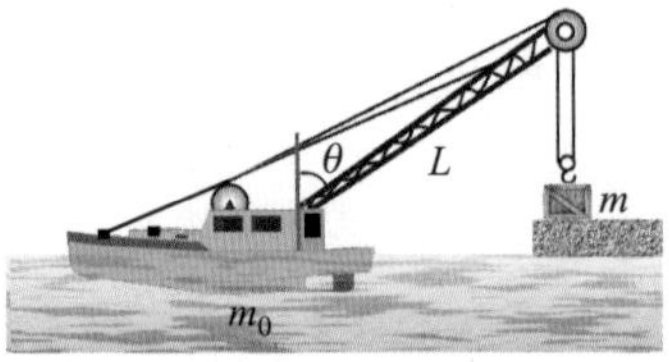

习题 2-9 图

2-10 一空间探测器的质量为 6 090 kg,正相对太阳以 105 $m\cdot s^{-1}$ 的速率向木星飞去.当它的火箭发动机相对它以 253 $m\cdot s^{-1}$ 的速率向后喷出 80 kg 废气后,它相对太阳的速率变为多少?

2-11 将一空盒放在台秤上,并将台秤的读数调节到零,

然后从高出盒底 h 处将石子以每秒 q 个的速率落入盒中，每一石子具有质量 m.假设石子与盒的碰撞是完全非弹性碰撞的，试求石子落入盒后 t 时刻台秤的读数.

2-12　质量为 m_0 的人拿着质量为 m 的物体跳远，起跳速度为 v_0，仰角为 θ_0，到最高点时，此人将手中的物体以相对速度 $\boldsymbol{u}$ 水平向后抛出，问跳远成绩因此而增加多少？

2-13　证明：一个运动的小球与另一个质量相同的静止小球作弹性的非对心碰撞后，它们将总是沿着相互垂直的方向离开.

2-14　两辆小汽车 A 和 B 在结冰的路面上行驶，当驾驶员发现前面的红灯时均采取了刹车制动措施，汽车 A 在信号灯前停了下来，但汽车 B 却“追尾”撞上了汽车 A.汽车 A 被撞出了 8.2 m，汽车 B 也向前滑行了 6.1 m，如图所示，整个过程中轮胎都处于制动状态.若汽车 A 和 B 的质量分别为 1 100 kg和 1 400 kg，制动的轮胎与冰面的摩擦因数为 0.13，求：(1) 汽车 A 和 B 碰撞后的瞬时速度；(2) 汽车 B 撞上汽车 A 时的速度 v_0.

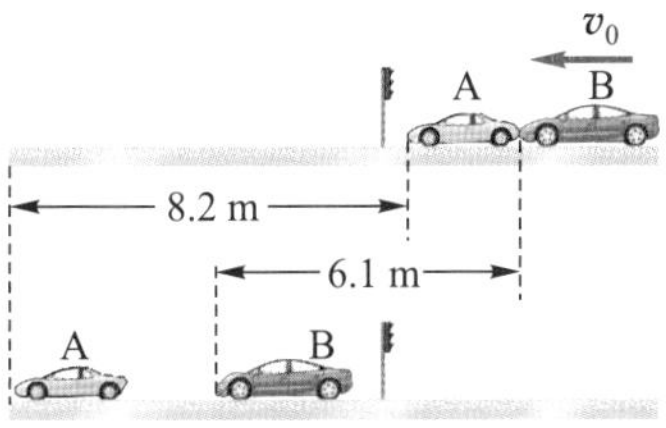

习题 2-14 图

2-15　设人造地球卫星在地球引力作用下沿平面椭圆轨道运动，地球中心点可以看作固定点，且为椭圆轨道的一个焦点，卫星近地点离地面的距离为 439 km，远地点离地面的距离为 2 384 km.已知卫星近地点的速度大小为 $v = 8.12\ \text{km}\cdot\text{s}^{-1}$，求卫星在远地点的速度大小.设地球的平均半径为 $R = 6\ 370$ km.

2-16　如图所示，长为 l 的轻杆，两端各固定一质量分别为 m 和 $2m$ 的小球，杆可绕水平光滑轴 O 在竖直面内转动，转轴距两端分别为 $l/3$ 和 $2l/3$.原来杆静止在竖直位置.今有一质量为 m 的小球，以水平速度 $\boldsymbol{v}_0$ 与杆下端的小球作对心碰撞，碰后以 $\boldsymbol{v}_0/3$ 的速度继续向前运动，试求碰撞后轻杆所获得的角速度 ω.

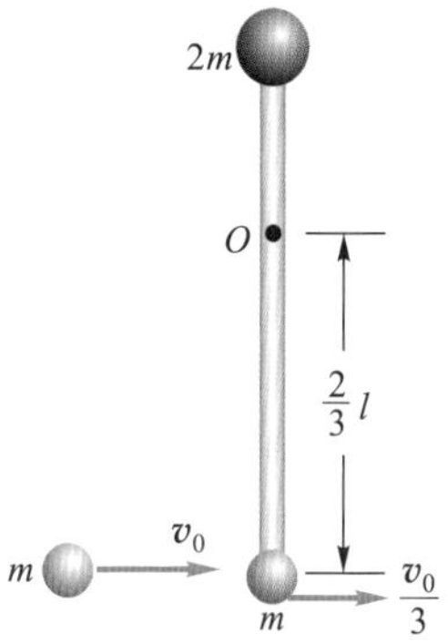

习题 2-16 图

2-17　一沿 Ox 轴正方向的力作用在一个质量为 3.0 kg 的质点上.已知质点的运动学方程为 $x = 3t - 4t^2 + t^3$（式中 x 以 m 为单位，t 以 s 为单位）.试求：(1) 力在最初 4.0 s 内做的功；(2) 在 $t = 1$ s 时，力的瞬时功率.

2-18　求把水从面积为 10 m^2 的水池中抽到地面上来所需要做的功.已知水深 1.5 m，水面至街道的地面的距离为 5 m.

2-19　在离水面高度为 H 的岸上，用大小不变的力 F 拉船靠岸，如图所示.求船从离岸 x_1 处移动到 x_2 处的过程中，力 F 对船所做的功.

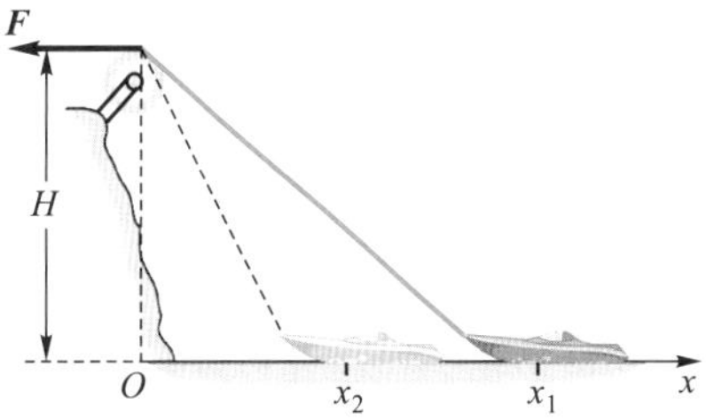

习题 2-19 图

2-20　质量 $m = 10$ kg 的木箱，放在地面上，在水平拉力 $\boldsymbol{F}$ 的作用下由静止开始沿直线运动，其拉力随时间的变化关系如图所示.若已知木箱与地面间的摩擦因数 $\mu = 0.2$，求：(1) 木箱在 $t = 4$ s 时的速度大小；(2) 木箱在 $t = 7$ s 时的速度大小.

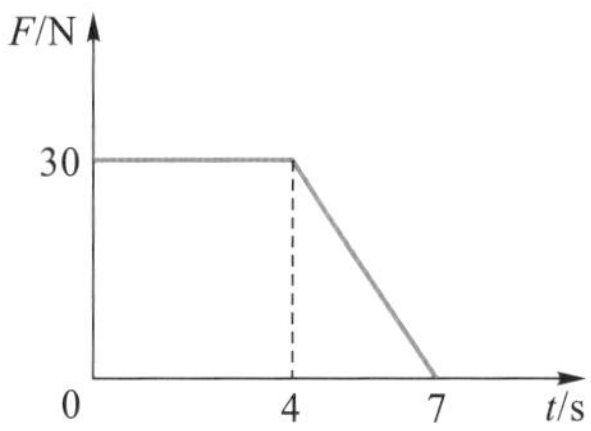

习题 2-20 图

2-21 质量为 m_0、长为 L 的木块，放在水平面上.今有一质量为 m 的子弹以水平初速度 v_0 射入木块，设木块对子弹的阻力可视为恒力.(1) 当木块固定在地面上时，子弹射入木块的水平距离为 $L/2$.欲使子弹水平射穿木块（刚好射穿），子弹射入的速度 v_1 的最小值将是多少？(2) 木块不固定，且地面是光滑的.子弹仍以速度 v_0 水平射入木块，相对木块进入的深度是多少？(3) 在(2)中，从子弹开始射入到子弹与木块无相对运动时，木块移动的距离是多少？

2-22 某双原子分子的原子间的相互作用势能函数为

$$E_p(x)=\frac{A}{x^{12}}-\frac{B}{x^6}$$

其中 A、B 为常量，x 为两原子的间距.试求原子间相互作用力的函数式及原子间相互作用力为零时的距离.

2-23 如图所示，传送机通过滑道将长为 L、质量为 m 的柔软均质物体以初速 $\boldsymbol{v}_0$ 向右送上水平台面，物体前端在台面上滑动 s 距离后停下来.已知滑道上的摩擦可以不计，物与台面间的摩擦因数为 μ，而且 $s>L$，试求物体的初速 v_0.

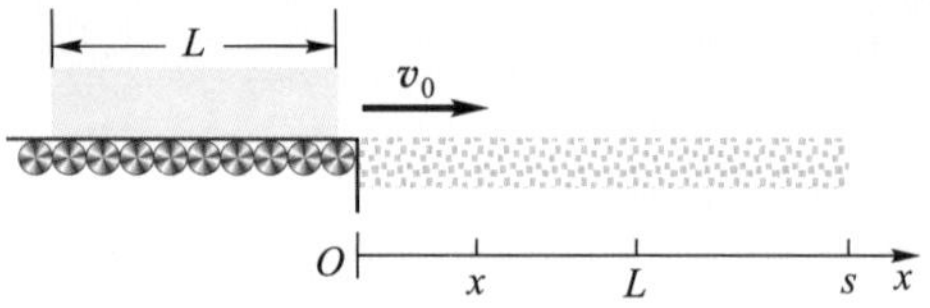

习题 2-23 图

2-24 一个滑雪运动员从固定的无摩擦的大圆雪球顶端从静止开始下滑，如图所示.问：(1) 运动员在何处（$\theta=?$）脱离雪球沿切线飞出？(2) 运动员飞出时的速度多大？(3) 当运动员落到雪地时，离开 O 点距离为多少？（设 $R=6$ m.）

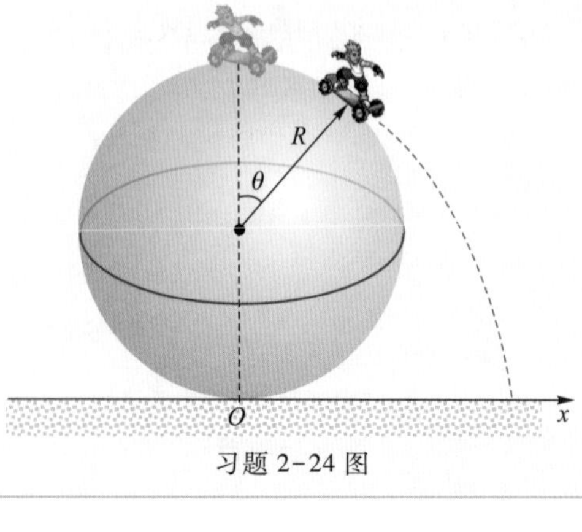

习题 2-24 图

2-25 如图所示，长度为 l 的轻绳一端固定，一端系一个质量为 m 的小球，绳的悬挂点下方距悬挂点为 d 处有一钉子.小球从水平位置无初速释放，欲使球在以钉子为中心的圆周上绕一圈，试证明 d 至少为 $0.6l$.

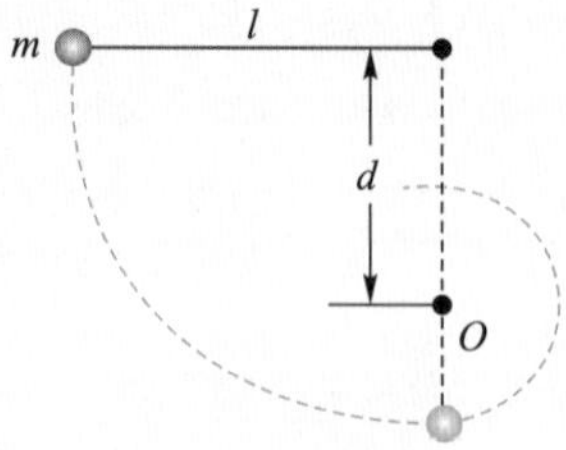

习题 2-25 图

2-26 一绳跨过一个轻质定滑轮，两端分别系有质量为 m_A 及 m_B 的两个物体（$m_B>m_A$），如图所示.物体 B 静止在桌面上，抬高物体 A，使绳处于松弛状态.当物体 A 自由落下 h 距离后，绳才被拉紧，求两物体的速度及物体 B 所能上升的最大高度.

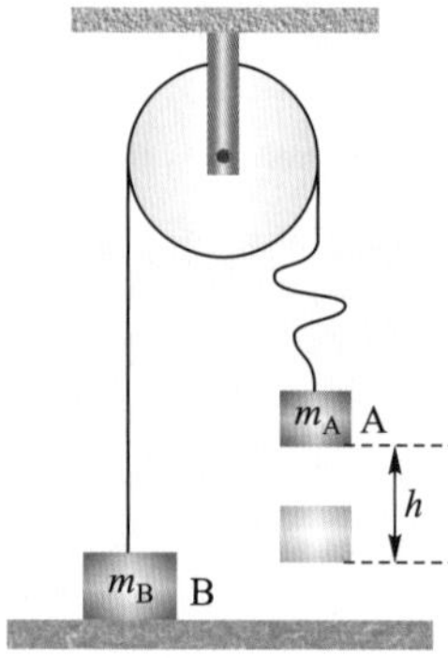

习题 2-26 图

2-27 如图所示，框架的质量 $m_1=0.2$ kg，挂到弹簧上使弹簧伸长了 $x=0.10$ m，另一小物块的质量 $m_2=0.2$ kg，由距离框底 $h=0.3$ m 高处自由下落并粘在框底上.试求框架向下移动的最大距离.

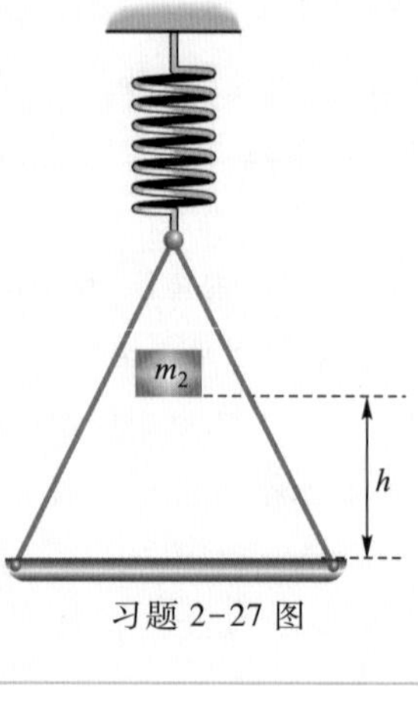

习题 2-27 图

2-28 如图所示，在光滑水平面上有一质量为 m_B 的静止物体 B，在 B 上又有一质量为 m_A 的静止物体 A，今有一小球从左边射到 A 上，并弹回，于是 A 以速度 v_0（相对于水平面的速度）向右运动，A 和 B 间的摩擦因数为 μ，A 逐渐带动 B 运动，最后 A 与 B 以相同的速度一起运动．问 A 从运动开始到与 B 相对静止时，在 B 上走了多远？

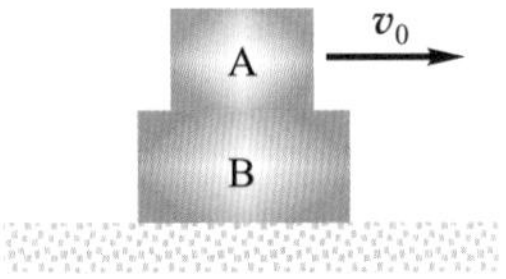

习题 2-28 图

2-29 质点在一力场中作圆周运动，所受的力跟质点与力心距离的三次方成反比，比例系数为 k，方向指向力心．设质点的质量为 m，试求它的总能量和角动量．

2-30 在一竖直面内有一个光滑的轨道，左边是一个上升的轨道，右边是足够长的水平轨道，二者平滑连接．现有 A、B 两个物体，B 在水平轨道上静止，A 从高 h 处由静止滑下，与 B 发生完全弹性碰撞．碰撞后 A 仍可返回上升到轨道某处，并再度滑下，已知 A、B 两物体的质量分别为 m_A 和 m_B，求 A、B 至少发生两次碰撞的条件．

习题 2-30 图

2-31 两个滑冰运动员的质量均为 70 kg，并且以 6.5 $m\cdot s^{-1}$ 的速率沿相反方向滑行，滑行路线间的垂直距离为 10 m．当彼此交错时，各抓住 10 m 绳索的一端，然后相对旋转．(1) 抓住绳索之后系统的角速度是多少？(2) 他们各自收拢绳索，到绳长为 5 m 时，各自的速率如何？(3) 绳长 5 m 时，绳内张力多大？(4) 二人在收拢绳索时，各做了多少功？(5) 总动能如何变化？

2-32 如图所示，一质量 $m_0=4$ kg 的表面光滑的凹槽静止在光滑水平面上．槽凹面为圆弧状，其半径 $R=0.2$ m，凹槽的 A 端与圆弧中心 O 在同一水平面上，B 端与 O 的连线与竖直方向夹角 $\theta=60°$．今有一个质量 $m=1$ kg 的滑块自 A 从静止开始沿槽面下滑，求小滑块由 B 端滑出时，凹槽相对于地面的速度．

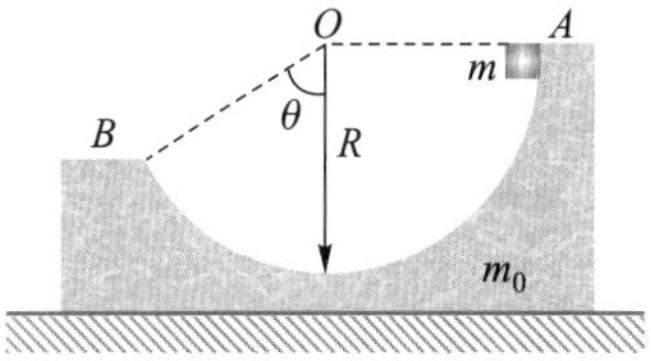

习题 2-32 图

2-33 质量分别为 m_1、m_2 的两个物体与劲度系数为 k 的弹簧连接成如图所示的系统，物体 m_1 放置在光滑桌面上，忽略绳与滑轮的质量及摩擦．当物体达到平衡后，将 m_2 往下拉距离 h 后放手，求物体 m_1、m_2 运动的最大速率．

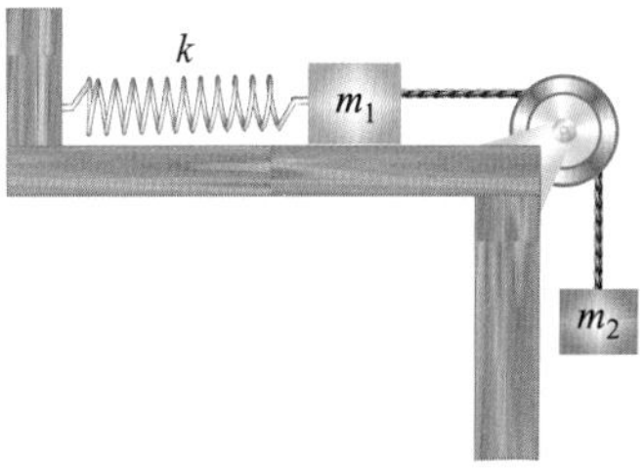

习题 2-33 图

2-34 测子弹速度的一种方法是把子弹水平射入一个固定在弹簧上的木块内，由弹簧压缩的距离就可以求出子弹的速度．已知子弹质量为 20 g，木块质量是 8.98 kg，弹簧的弹性系数是 100 $N\cdot m^{-1}$，子弹嵌入后，弹簧压缩了 10 cm．设木块与水平面间的滑动摩擦因数为 0.2．求子弹的速度．

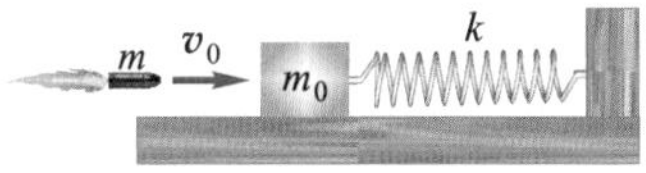

习题 2-34 图

2-35 如图所示，m_1、m_2 静止在光滑的水平面上，用弹性系数为 k 的弹簧相连，弹簧处于自由伸展状态，一颗质量为 m、水平速率为 v_0 的子弹入射到 m_1 内，问弹簧最多被压缩多长？

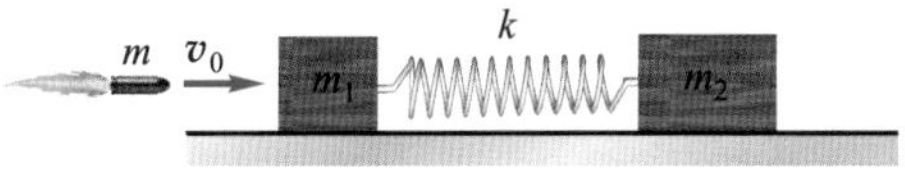

习题 2-35 图

2-36 如图所示，质量为 m_0、半径为 R 的 1/4 圆周的光滑弧形槽静止在光滑桌面上，今有质量为 m 的物体由槽的上端 A 点静止滑下. 当 m 滑到最低点 B 时，试求：(1) m 相对于 m_0 的速度 v 及 m_0 对地的速度 v_0；(2) 凹槽对物体的作用力；(3) 物体从 A 滑到 B 过程中，物体对槽所做的功.

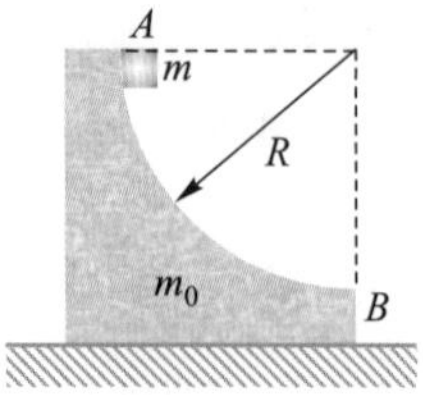

习题 2-36 图

2-37 弹性系数为 k 的轻弹簧，一端固定在墙上，另一端连在一个质量为 m 的物体上，如图所示，物体与桌面间的摩擦因数为 μ. 初始时刻弹簧处于原长状态，现用不变的力 $\boldsymbol{F}$ 拉物体，使物体向右移动，求物体将停在何处？

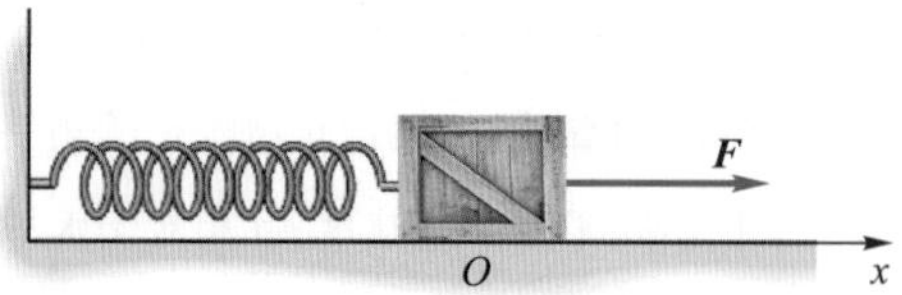

习题 2-37 图

* 2-38 质量 $m=50$ kg 的伞兵从高度 1 000 m 的飞机上跳下，受阻力 $F_r=cv^2$，不开伞时 $c_1=0.200\ \text{kg}\cdot\text{m}^{-1}$，开伞时 $c_2=20.0\ \text{kg}\cdot\text{m}^{-1}$，求：

(1) 两种情况的最终速度 v_1、v_2；

(2) 不开伞跳下，10 s 后开伞，绘制位置与速度对时间的函数曲线.

* 2-39 有一质量为 10 kg 的抛射物，其抛射的初速度为 $100\ \text{m}\cdot\text{s}^{-1}$，仰角为 35.0°，抛射物在运动过程中受阻力 $F_r=-bv$，且 $b=10.0\ \text{kg}\cdot\text{s}^{-1}$，绘出抛射物运动的图线.

依据角动量守恒定律，直升机在飞行过程中，由于顶部机翼的高速旋转，机身会发生反向转动，因此需要利用尾翼的旋转来控制机身的平衡.

第 3 章 刚体和流体

前面两章中，我们在研究物体的运动时忽略了它们的形状和大小，把物体近似地看作质点来讨论.但是在许多实际问题中，物体的形状和大小必须加以考虑.例如，在描述车轮的运动、地球的自转、花样滑冰运动员的旋转等一些转动问题时，由于物体上不同部分的运动状况不尽相同，因此不可能找到一个代表点来反映整个物体的运动状态.质点动力学中的一些结论不能直接用于解决以上这些转动问题.

在自然界中，固体、液体和气体是物质存在的三种形式，就物质的微结构而言，物体总是由大量的分子构成，而分子与分子之间存在空隙，亦即物体具有不连续的结构.但是，由于物体任何宏观上的微小部分都包含有大量的分子，我们所观察到的物体运动和物体上各部分之间的相互作用，都是大量分子的集体行为，因此在通常情况下，可以忽略物体的微观结构，把它们看作由许多微小体元构成的连续体来处理.尽管如此，要描述这些被视为连续体的固体、液体或气体的运动仍然是十分复杂的，需要进一步把问题简单化，建立相应的理想力学模型.一般可以把在外力作用下变形很小（可以忽略）的固体抽象为刚体；把不可压缩又无黏性的液体或气体抽象为理想流体.

本章在对刚体和理想流体运动规律的研究中，将把它们看作由许多微小体元构成的连续体，每个体元被视为质点，遵从质点动力学的规律.整个刚体或流体的运动可看作质点系的运动.

3-1 刚体及其运动规律

我们已经知道，力的作用效果之一是引起物体的形变，但是就绝大多数固体而言，这种形变是极其微小的.一般在研究物体整体的机械运动时，往往可以把这种极其微小的形变忽略.于是，我们引入刚体的概念，把在力的作用下任意两点之间的距离始终保持不变的物体定义为刚体(rigid body)，或者通俗地说，把在力的作用下形状、大小都不会发生变化的物体称为刚体.显而易见，刚体也是力学中的一个理想模型.

3-1-1 刚体的运动

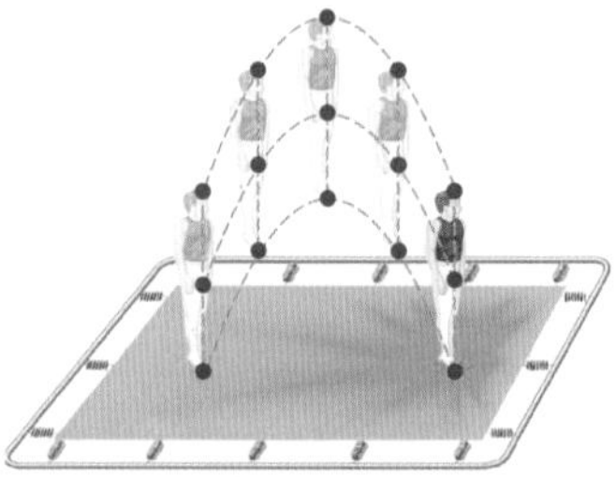

图3-1 刚体的平动可以是直线运动，也可以是曲线运动.只要在过程中，刚体上任意两点之间的连线方位始终保持不变，就是平动

图3-2 钟表指针的转动为定轴转动

刚体的基本运动可分为平动和转动，任何复杂的刚体运动都可以看作是这两种最简单、又最基本运动的合成.

在刚体的运动过程中，如果其上任意两点之间的连线始终保持平行，则称这种运动为刚体的平动(translation).电梯的升降、活塞的往返、刨床刀具的运动都是平动的例子.但要注意，刚体平动并不仅仅限于直线运动，平动的轨道可以是空间中的任意曲线，如图3-1所示.

很明显，在平动过程中刚体上所有点的运动都完全相同，它们具有相同的位移、速度和加速度.既然如此，我们就可以用刚体上任意一点的运动来代表整个刚体的运动.因此，前述关于质点运动的规律都可以用来描述刚体的平动.

如果刚体在运动过程中，其上所有的点都绕同一直线作圆周运动，则称这种运动为刚体的转动(rotation)，这一直线称为转轴.如果刚体在运动过程中转轴固定不动，则称之为定轴转动(fixed-axis rotation).例如钟表指针的运动(图3-2)，车床工件的转动等都是定轴转动，单杠运动员的绕杠旋转和芭蕾舞演员在原地旋转的表演等，也都可以近似看作是定轴转动.

如果转轴上一点相对于参考系是静止的，而转轴的方向随时间不断在变化，则称这种转动为定点转动，例如雷达天线的转动、陀螺的转动等等.本书将重点讨论刚体的定轴转动，简单介绍定点转动.

刚体在作定轴转动时，刚体中的各个点在各自的平面内绕轴作不同半径的圆周运动，它们的位移和速度都不相同，然而它们在相同的时间内转过的角度却是相等的.根据这一特点，可以采用角量来描述刚体的定轴转动.

在刚体上任取一点 P，如图3-3所示，过 P 点作垂直于转轴的平面，该平面称为转动平面.P 点在此平面内作圆周运动，以转动平面与转轴的交点 O(称为转心)为原点，在转动平面内建立相对于参考系静止的坐标系 Ox，则 P 点的位矢 $\boldsymbol{r}$ 与 Ox 轴的夹角 $\theta(t)$ 即为刚体的角位置.这样，描述刚体转动的角量可由 P 点作圆周运动时的角量来表示.刚体的角速度为

$$\boldsymbol{\omega}=\frac{\mathrm{d}\boldsymbol{\theta}}{\mathrm{d}t} \tag{3-1}$$

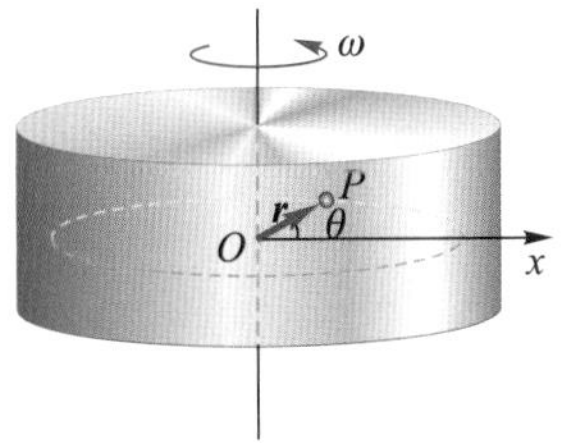

图 3-3 刚体绕定轴转动时，其上任一点 P 作圆周运动

角速度的方向由右手螺旋定则确定.在刚体作定轴转动时，由于转轴已固定，刚体绕轴转动的方向只有顺时针或逆时针两种可能，因此，角速度 $\boldsymbol{\omega}$ 的方向也只有沿转轴向上或向下两种可能.刚体上 P 点的速度大小为 $v=r\omega$，其方向为圆周的切线方向.

刚体的角加速度为

$$\boldsymbol{\alpha}=\frac{\mathrm{d}\boldsymbol{\omega}}{\mathrm{d}t} \tag{3-2}$$

不难推想，在刚体作定轴转动时，角加速度 $\boldsymbol{\alpha}$ 的方向也只能有沿转轴向上或向下两种可能.当刚体作加速转动时，$\boldsymbol{\alpha}$ 与 $\boldsymbol{\omega}$ 方向相同，若作减速转动，则 $\boldsymbol{\alpha}$ 与 $\boldsymbol{\omega}$ 方向相反.

由式(1-39)，刚体上任意一点 P 的切向加速度为

$$\boldsymbol{a}_{\mathrm{t}}=\boldsymbol{\alpha}\times\boldsymbol{r} \tag{3-3}$$

其大小为 $a_{\mathrm{t}}=\alpha r$，方向沿圆周的切线方向.P 点的法向加速度为

$$\boldsymbol{a}_{\mathrm{n}}=\boldsymbol{\omega}\times\boldsymbol{v} \tag{3-4}$$

其大小为 $a_{\mathrm{n}}=r\omega^2$，方向指向圆心 O.

3-1-2 刚体对定轴的角动量

对于任何刚体，我们都可以把它设想成由大量微小的具有一定质量的体元组成，所有这些具有一定质量的体元都可以看作质点，称为质元(element of mass).因此，在研究刚体的机械运动时，可以把它当作质点系来处理.当刚体绕定轴 Oz 转动时，其内部的所有质元都在绕 Oz 轴作圆周运动，如图 3-4 所示.设其中第 i 个质元的质量为 Δm_i，对 O 点的位矢为 $\boldsymbol{R}_i$，转动的线速度为 $\boldsymbol{v}_i$，角速度为 $\boldsymbol{\omega}$，则此质点对 O 点的角动量为

$$\boldsymbol{L}_i=\boldsymbol{R}_i\times(\Delta m_i\boldsymbol{v}_i)=\Delta m_i\boldsymbol{R}_i\times\boldsymbol{v}_i$$

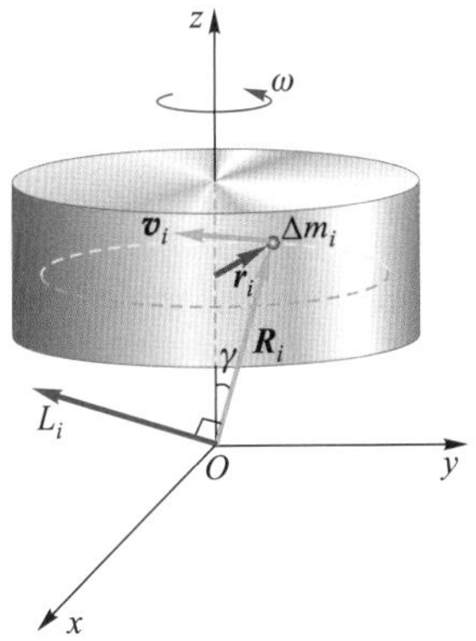

图 3-4 刚体对定轴的角动量 $\boldsymbol{L}$

因为第 i 个质元在垂直于 Oz 轴的平面内绕轴作圆周运动，所以 $\boldsymbol{R}_i$ 与 $\boldsymbol{v}_i$ 垂直，$\boldsymbol{L}_i$ 的大小为 $L_i=\Delta m_iR_iv_i$，其方向垂直于矢量 $\boldsymbol{R}_i$ 和 $\boldsymbol{v}_i$ 确定的平面，因此它与转轴 Oz 的夹角为 $\left(\dfrac{\pi}{2}-\gamma\right)$.$\boldsymbol{L}_i$ 在转轴 Oz 的投影(也就是第 i 个质元对转轴 Oz 的角动量)为

$$\begin{aligned}L_{iz}&=L_i\cos\left(\frac{\pi}{2}-\gamma\right)=\Delta m_iR_iv_i\sin\gamma\\&=\Delta m_ir_iv_i=\Delta m_ir_i^2\omega\end{aligned}$$

式中 $R_i\sin\gamma=r_i$.显然，所有质元对转轴 Oz 的角动量之和即为整个刚体对 Oz 轴

的角动量.由于刚体上所有质元对 Oz 轴的角速度都相同,因此刚体对 Oz 轴的角动量的量值可表示为

$$L_z = \sum_i L_{iz} = \sum_i \Delta m_i r_i^2 \omega = (\sum_i \Delta m_i r_i^2)\omega \tag{3-5}$$

令

$$J_z = \sum_i \Delta m_i r_i^2 \tag{3-6}$$

J_z 称为刚体对 Oz 轴的转动惯量(moment of inertia),于是式(3-5)可表示为

$$L_z = J_z \omega \tag{3-7}$$

角动量 $\boldsymbol{L}_z$ 的方向沿 z 轴,与 $\boldsymbol{\omega}$ 的方向一致.

由式(3-7)可知,刚体的角动量的量值不仅与角速度有关,而且与转动惯量有关.式(3-6)给出了转动惯量的定义,其中 Δm_i 表示刚体中某一个质元的质量,r_i 为该质元至转轴 Oz 的距离.由此可见:**刚体的转动惯量 J_z 与刚体的形状、大小、质量的分布以及转轴的位置都有关.**对于质量连续分布的刚体,可将式(3-6)写成积分形式,即

$$J = \int_V r^2 \mathrm{d}m = \int_V r^2 \rho \mathrm{d}V \tag{3-8a}$$

式中积分号下的 V 表示刚体所占据的空间区域,r 为质量为 $\mathrm{d}m$ 的质元到转轴的距离,ρ 是刚体的质量密度,$\mathrm{d}V$ 是质元的体积.如果刚体的质量连续分布在一个平面上或一根细线上,则可用质量面密度 σ 或质量线密度 λ 取代式(3-8a)中的 ρ,此时式(3-8a)中的体积分改为面积分或线积分.

$$J = \int_S r^2 \mathrm{d}m = \int_S r^2 \sigma \mathrm{d}S \tag{3-8b}$$

$$J = \int_L r^2 \mathrm{d}m = \int_L r^2 \lambda \mathrm{d}l \tag{3-8c}$$

在国际单位制中,转动惯量的单位是千克二次方米($\mathrm{kg \cdot m^2}$).

例 3-1

求质量为 m、长为 L 的均质细棒对于通过棒的中点,且与棒垂直的轴的转动惯量,如图 3-5 所示.

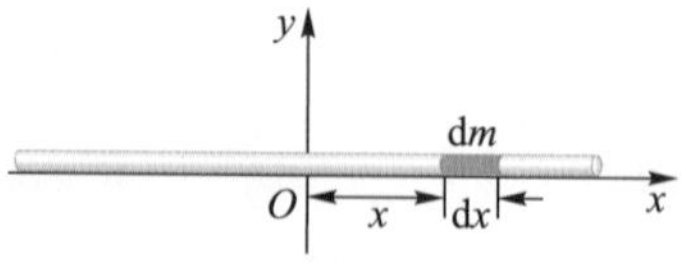

图 3-5 例 3-1 用图

解 建立直角坐标系 Oxy 如图所示,在棒上任取一长为 $\mathrm{d}x$ 的小质元,它到转轴 y 的距离为 x,质元的质量 $\mathrm{d}m = \lambda \mathrm{d}x$,$\lambda$ 为均质细棒的质量线密度,$\lambda = \dfrac{m}{L}$.由式(3-8c)可知棒对转轴的转动惯量为

$$J = \int_L x^2 \lambda \mathrm{d}x = \int_{-\frac{L}{2}}^{\frac{L}{2}} \frac{m}{L} x^2 \mathrm{d}x = \frac{1}{12} mL^2$$

例 3-2

质量为 m、半径为 R 的均质圆盘，如图 3-6 所示，试求它对通过圆心且垂直于圆平面的 z 轴的转动惯量.

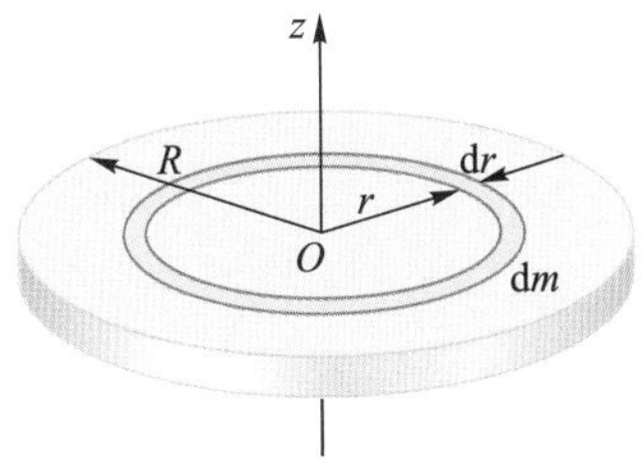

图 3-6 例 3-2 用图

解 将圆盘看成是由无数个同心圆环所组成的系统，任取其中一个半径为 r、宽为 $\mathrm{d}r$ 的圆环，圆环面积为 $\mathrm{d}S=2\pi r\mathrm{d}r$，其质量为

$$\mathrm{d}m=\sigma\mathrm{d}S=\frac{m}{\pi R^2}2\pi r\mathrm{d}r=\frac{2mr}{R^2}\mathrm{d}r$$

由于圆环上所有质元到转轴的距离都相等，所以该圆环相对于转轴 z 的转动惯量为

$$\mathrm{d}J=r^2\mathrm{d}m=\frac{2m}{R^2}r^3\mathrm{d}r$$

整个圆盘相对于中心转轴 z 的转动惯量为

$$J=\int r^2\mathrm{d}m=\frac{2m}{R^2}\int_0^R r^3\mathrm{d}r=\frac{1}{2}mR^2$$

刚体的转动惯量在刚体动力学中是一个非常重要的物理量，一般在研究刚体的转动问题时，首先必须确定它相对于转轴的转动惯量. 表 3-1 给出了几种常见的质量均匀分布刚体绕通过质心轴的转动惯量，其动态演示见动画：常见形状刚体的转动惯量. 但是，对于一些几何形状较复杂、转轴位置较特殊或质量分布不均匀的刚体，很难直接从定义式出发，通过积分计算其转动惯量. 这时通常采用实验测定的办法，也可以采用一些其他方法. 比如在工程上，常引用刚体回旋半径的概念. 设想把刚体的全部质量 m 集中于某一点，如果该质点对某一轴的转动惯量 J 等于刚体绕同一轴的转动惯量，则该质点到转轴的距离称为回旋半径(radius of gyration)，记作 r_g. 根据回旋半径的定义，刚体的转动惯量为

$$J=mr_g^2 \tag{3-9}$$

动画 常见形状刚体的转动惯量

表 3-1 几种常见刚体的转动惯量

刚体	转轴	转动惯量（质量为 m）	图形（直线为转轴）
均质薄圆环	通过圆环中心，且与环面垂直	mR^2	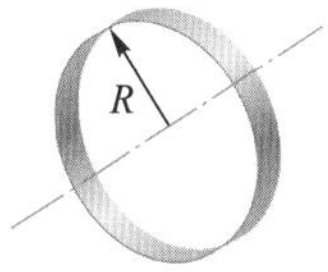
均质圆筒	通过圆筒中心	$\frac{1}{2}m(R_2^2+R_1^2)$	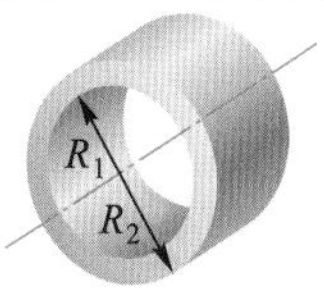
均质圆盘	通过圆盘中心，且与盘面垂直	$\frac{1}{2}mR^2$	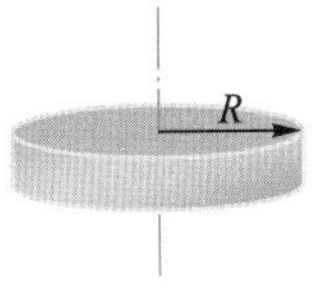

续表

刚体	转轴	转动惯量（质量为 m）	图形（直线为转轴）
均质圆柱体	通过圆柱中心	$\frac{1}{2}mR^2$	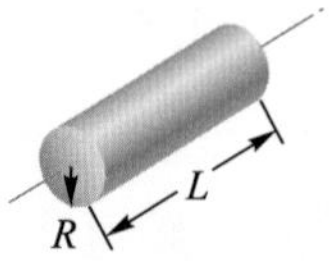
均质细杆	通过中心，且与杆垂直	$\frac{1}{12}mL^2$	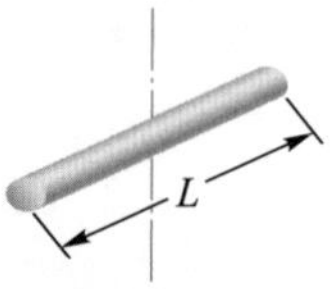
均质球体	沿直径	$\frac{2}{5}mR^2$	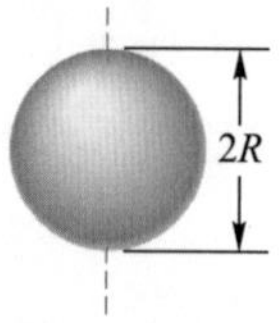
均质球壳	沿直径	$\frac{2}{3}mR^2$	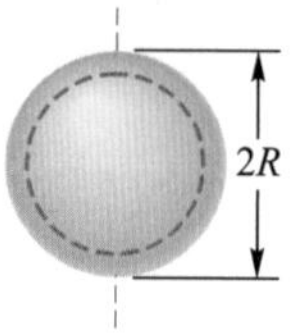
均质圆环	沿直径	$\frac{1}{2}mR^2$	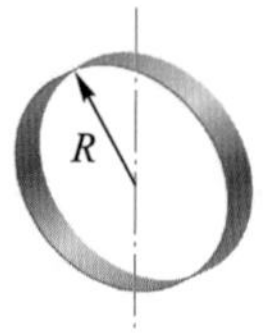

此外，还可以采用平行轴定理来确定一些特殊情况下的刚体的转动惯量. 如果已知质量为 m 的刚体绕通过其质心的某一轴的转动惯量为 J_C，则它相对于与该质心轴平行、且相距为 d 的另一轴的转动惯量为（推导从略）

$$J=J_C+md^2 \tag{3-10}$$

上式是平行轴定理（parallel axis theorem）的表达式.

例 3-3

求图 3-7 所示质量为 m、长为 L 的均匀细棒对于通过棒端且与棒垂直的 z 轴的转动惯量.

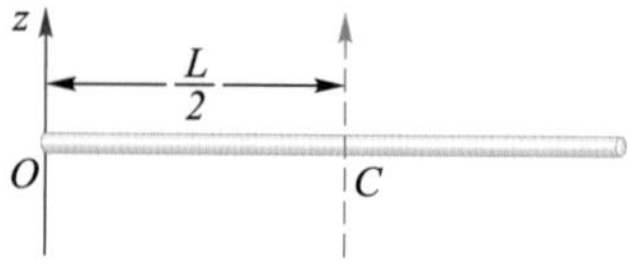

图 3-7 例 3-3 用图

解 由例 3-1 结果可知，细棒对过质心的轴的转动惯量为

$$J_C=\frac{1}{12}mL^2$$

利用平行轴定理，可以算得所述细棒对 z 轴的转动惯量为

$$J_O=J_C+m\left(\frac{L}{2}\right)^2=\frac{1}{12}mL^2+m\left(\frac{L}{2}\right)^2=\frac{1}{3}mL^2$$

3-1-3 刚体对定轴的角动量定理和转动定律

既然可以将刚体看作由质元组成的质点系，那么由质点系对轴的角动量定理式(2-46)可以得到

$$M_z=\frac{\mathrm{d}L}{\mathrm{d}t}=\frac{\mathrm{d}(J\omega)}{\mathrm{d}t} \tag{3-11}$$

将上式两边乘以 $\mathrm{d}t$，并积分，时间区间为$[t_1,t_2]$，可得

$$\int_{t_1}^{t_2} M_z\mathrm{d}t = L_2 - L_1 \tag{3-12}$$

式中的 L_1 和 L_2 分别是刚体在初、末两个状态时的角动量. 上式表明，**在某一段时间内作用在刚体上的外力的冲量矩等于刚体在该段时间内的角动量增量.** 这一结论称为**刚体对定轴的角动量定理.**

在经典力学中，刚体绕定轴转动时，它对转轴的转动惯量 J 是一个常量. 因此可以将式(3-11)改写为

$$M=J\frac{\mathrm{d}\omega}{\mathrm{d}t}$$

即

$$M=J\alpha \tag{3-13}$$

式中的 α 为刚体的角加速度. 上式表明，**刚体作定轴转动时，刚体的角加速度与它所受的合外力矩成正比，与刚体的转动惯量成反比.** 这一关系称为**刚体对定轴的转动定律.** J 越大，则 α 越小，反之，J 越小，则 α 越大. 可见**转动惯量 J 是刚体转动惯性的量度**，这也是把 J 称为转动惯量的原因.

例 3-4

如图 3-8(a)所示，两个质量分布均匀的圆柱 A、B 绕自身的中心轴 O_1 和 O_2 转动，两轴互相平行，垂直于纸面. 圆柱的半径和质量分别为 R_1、R_2 以及 m_1、m_2. 开始时两圆柱分别以角速度 ω_{10}、ω_{20} 同向旋转，然后缓缓使它们相互接触，当接触处无相对滑动时，求这两个圆柱最终的角速度 ω_1 和 ω_2.

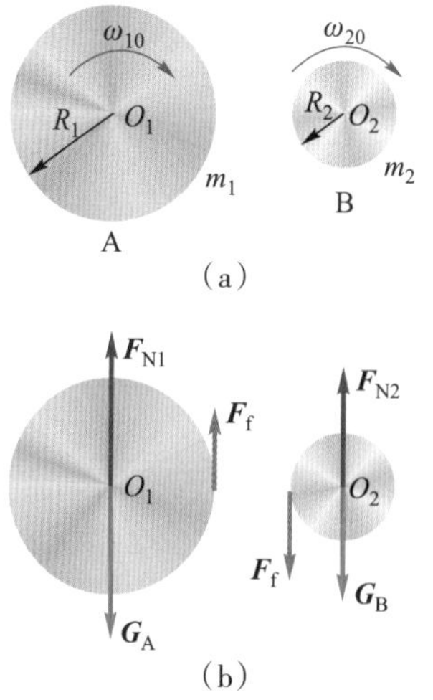

图 3-8 例 3-4 用图

解 A 和 B 分别受重力 $\boldsymbol{G}_A$、$\boldsymbol{G}_B$ 和轴的支承力 $\boldsymbol{F}_{N1}$、$\boldsymbol{F}_{N2}$ 的作用，它们都通过转轴. 当两圆柱体接触时，边缘上的摩擦力大小相等，方向相反，记作 $\boldsymbol{F}_f$，如图 3-8(b)所示. 取垂直于纸面向里方向为正方向，由刚体绕定轴的角动量定理(3-12)，对圆柱 A 有

$$-\int_{t_1}^{t_2} R_1F_f\mathrm{d}t=-R_1\int_{t_1}^{t_2} F_f\mathrm{d}t = J_1(\omega_1-\omega_{10})$$

对圆柱 B 有

$$-\int_{t_1}^{t_2} R_2 F_f \mathrm{d}t = -R_2\int_{t_1}^{t_2} F_f \mathrm{d}t = J_2(-\omega_2-\omega_{20})$$

式中 $J_1=\frac{1}{2}m_1R_1^2, J_2=\frac{1}{2}m_2R_2^2$. 由以上两式得

$$\frac{R_1}{R_2}=\frac{m_1R_1^2(\omega_1-\omega_{10})}{m_2R_2^2(-\omega_2-\omega_{20})}$$

当两个圆柱接触处无相对滑动时,他们在接触处的速度相等,即

$$\omega_1R_1=\omega_2R_2$$

联立求解,得

$$\omega_1=\frac{m_1R_1\omega_{10}-m_2R_2\omega_{20}}{(m_1+m_2)R_1}$$

$$\omega_2=\frac{m_1R_1\omega_{10}-m_2R_2\omega_{20}}{(m_1+m_2)R_2}$$

例 3-5

图 3-9(a)所示的装置叫做阿特伍德机.用一细绳跨过定滑轮,在绳的两端分别悬挂质量为 m_1 和 m_2 的物体,其中 $m_1>m_2$,求它们的加速度及绳两端的张力 $\boldsymbol{F}_{T1}$ 和 $\boldsymbol{F}_{T2}$.设绳不可伸长且质量可忽略,它与滑轮之间无相对滑动,滑轮可视为半径为 R、质量为 m_0 的均质圆盘(滑轮与轴之间的摩擦力忽略不计).

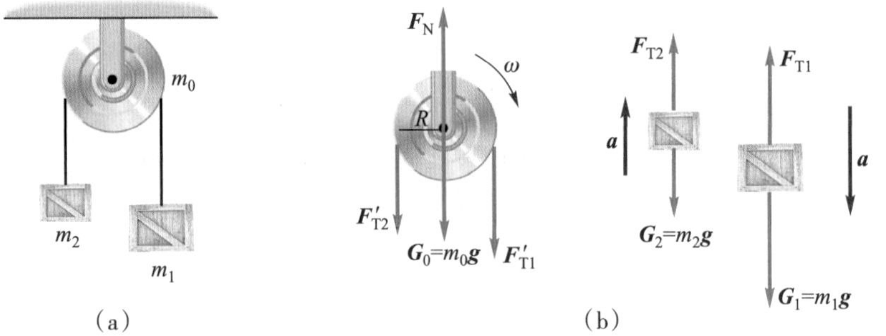

图 3-9 例 3-5 用图

解 滑轮与绳之间无相对滑动这一条件,表明滑轮与绳之间存在摩擦力,依靠这一摩擦力带动滑轮转动.

分别选质量为 m_1 和 m_2 的两物体以及滑轮作为研究对象,它们的受力情况如图 3-9(b)所示.设重物的加速度为 a,方向如图示,取垂直纸面向里为角加速度的正方向.于是,根据刚体的转动定律和牛顿第二定律,可分别写出滑轮及各物体的运动方程和相关的运动学方程:

$$F_{T1}R-F_{T2}R=J_0\alpha$$

$$F_{T2}-m_2g=m_2a$$

$$m_1g-F_{T1}=m_1a$$

$$R\alpha=a$$

其中 $J_0=\frac{1}{2}m_0R^2$ 为滑轮的转动惯量,联立以上各式,求解可得

$$\alpha=\frac{1}{R}\frac{m_1-m_2}{m_1+m_2+\frac{1}{2}m_0}g$$

$$a=\frac{m_1-m_2}{m_1+m_2+\frac{1}{2}m_0}g$$

$$F_{T1}=\frac{2m_1m_2+\frac{1}{2}m_0m_1}{m_1+m_2+\frac{1}{2}m_0}g$$

$$F_{T2}=\frac{2m_1m_2+\frac{1}{2}m_0m_2}{m_1+m_2+\frac{1}{2}m_0}g$$

从上述解答可知，若忽略滑轮的质量($m_0=0$)，滑轮两边绳中的张力相等($F_{T1}=F_{T2}$)，这时

$$a=\frac{m_1-m_2}{m_1+m_2}g$$

这就是第 2 章例 2-4 的结果.

例 3-6

如图 3-10 所示，质量为 m、半径为 R 的圆盘放在粗糙的水平面上，若令其开始时以角速度 ω_0 旋转，问经过多少时间圆盘才能停下来.已知圆盘与水平面间的摩擦因数为 μ.

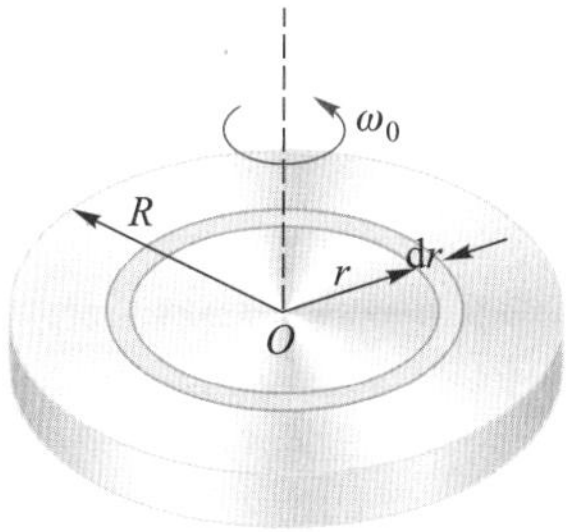

图 3-10 例 3-6 用图

解 因摩擦力均匀分布在整个圆盘上，故在计算摩擦力矩时，应将圆盘分成一系列以转轴 O 为圆心的同心细圆环来考虑.如图所示，取半径为 r，宽为 $\mathrm{d}r$ 的细圆环，其面积为 $\mathrm{d}S$，质量为 $\mathrm{d}m$，则

$$\mathrm{d}m=\sigma\mathrm{d}S=\sigma\cdot 2\pi r\mathrm{d}r$$

则圆环受到的摩擦力为 $\mathrm{d}F_f=\mu g\mathrm{d}m$，其力矩为

$$\mathrm{d}M=-r\mathrm{d}F_f=-\mu rg\mathrm{d}m$$

圆盘所受总摩擦力矩为

$$M=-\int_m \mu gr\mathrm{d}m=-\int_0^R \mu gr\sigma\cdot 2\pi r\mathrm{d}r$$

$$=-\frac{2}{3}\pi\mu\sigma gR^3=-\frac{2}{3}\mu gmR$$

根据转动定律 $M=J\alpha$ 得

$$-\frac{2}{3}\mu gmR=\frac{1}{2}mR^2\frac{\mathrm{d}\omega}{\mathrm{d}t}$$

$$\int_0^t \mathrm{d}t=-\frac{3R}{4\mu g}\int_{\omega_0}^0 \mathrm{d}\omega$$

$$t=\frac{3R}{4\mu g}\omega_0$$

3-1-4 刚体对定轴的角动量守恒定律

由式(3-12)可知，若作用力矩 $M_z=0$，则有

$$L_z=J\omega=\text{常量} \tag{3-14}$$

上式表示：**当刚体所受的外力对转轴的力矩的代数和为零时，刚体对该转轴的角动量保持不变，这一结论称为刚体对定轴的角动量守恒定律.**其实，它不但适用于刚体，同样也适用于绕定轴转动的任意物体系统.下面讨论角动量守恒的几种常见情况.

(1) 刚体作定轴转动时，其转动惯量 J 保持不变，在所受合外力矩为零的情况下，刚体将以恒定的角速度 ω 绕定轴转动.轮船、飞机、火箭上用作导航定向的回转仪就是利用这一原理制成的，如图 3-11 所示.

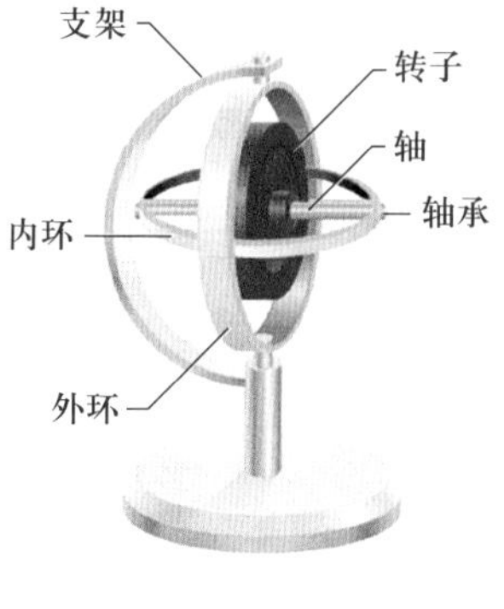

图 3-11 回转仪

(a) (b)

图 3-12 花样滑冰运动员在冰面上旋转时运用了角动量守恒定律

动画 直升机角动量守恒（建议横屏观看）

(2) 物体绕定轴转动时，若物体上各质元相对于转轴的距离可变，则物体的转动惯量 J 可变，此时物体绕定轴转动的角动量守恒意味着转动惯量与角速度的乘积不变，即 $J\omega=$常量. 如果物体的转动惯量 J 增大，则其角速度 ω 将减小；反之，如果物体的转动惯量 J 减小，则角速度 ω 将增大. 例如一个花样滑冰运动员站在冰面上，在开始时，她的双臂张开，并以一定的初角速度绕竖直轴转动，如图 3-12(a) 所示；当她收拢双臂时，由于系统的转动惯量 J 在变小，与此同时，ω 相应地增大，人体的转速加快，如图 3-12(b) 所示；此后如果再伸出双臂，转速又将变慢……在这一过程中，由于重力作用于人体的重心，与转轴重合，因此对转轴的力矩为零，而人的双臂用力产生的力矩是人体系统的内力矩，所以满足角动量守恒的条件. 类似的例子有很多，如体操运动员或跳水运动员在空间翻滚或转体，做出的许多令人眼花缭乱的精彩表演，都是角动量守恒的实例. 直升机的主旋翼旋转提供升力，但依据角动量守恒原理，机体会发生反向旋转，因此需要尾翼来平衡，见动画演示.

(3) 如果由几个物体（其中包括可视作质点的物体）组成的系统，绕同一固定轴转动，若系统所受外力对该公共转轴的合外力矩为零，则该系统对此轴的总角动量守恒，即

$$\sum_i J_i\omega_i = \text{常量} \tag{3-15}$$

值得注意，系统总角动量守恒并不意味着系统内每一个物体的角动量守恒，事实上系统内各物体在内力矩的相互作用下，各自的角动量会发生变化，但内力矩的作用并不能改变系统的总角动量.

例 3-7

如图 3-13 所示，一长为 l、质量为 m_0 的均质细杆，可绕水平轴 O 在竖直面内转动. 设初始时细杆竖直悬挂，今有一质量为 m 的子弹以速度 $\boldsymbol{v}_0$ 水平射入杆的一端，并陷入杆中与杆一起绕轴 O 旋转，求此时它们旋转的角速度.

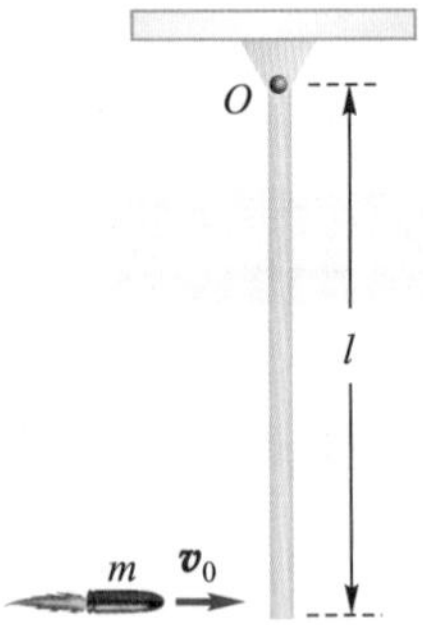

图 3-13 例 3-7 用图

解 取细杆、子弹为一系统. 由于重力、转轴的支承力对转轴的力矩都为零，故系统对转轴的角动量守恒. 初始时刻，系统的角动量为

$$L_0 = mv_0 l$$

子弹入射后，设系统以角速度 ω 绕轴旋转，系统的角动量为

$$L = L_{子弹} + L_{杆} = ml^2\omega + \frac{1}{3}m_0 l^2\omega$$

根据角动量守恒定律，有

$$mv_0 l = ml^2\omega + \frac{1}{3}m_0 l^2\omega$$

由此得

$$\omega = \frac{mv_0}{\left(m+\frac{1}{3}m_0\right)l}$$

例 3-8

如图 3-14 所示，一半径为 R、质量为 m_0 的圆盘可绕竖直的中心轴 z 旋转，圆盘上距转轴为 $R/2$ 处站有一质量为 m 的人. 设开始时圆盘与人相对于地面以角速度 ω_0 匀速转动，求此人走到圆盘边缘时，人和圆盘一起转动的角速度 ω.

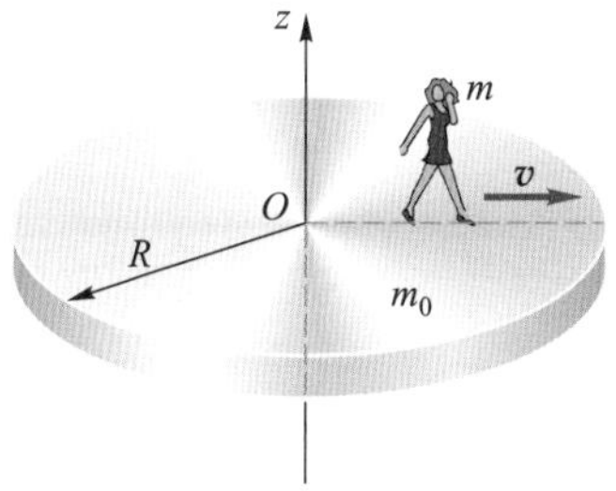

图 3-14　例 3-8 用图

解　取人与圆盘为一系统，由于圆盘和人的重力以及转轴对圆盘的支承力都平行于转轴，这些力对转轴的力矩为零，因此系统对该转轴的角动量守恒. 初始时刻，系统的角动量为

$$L_0=\frac{1}{2}m_0R^2\omega_0+m\left(\frac{R}{2}\right)^2\omega_0$$

在末状态时，系统的角动量为

$$L=\frac{1}{2}m_0R^2\omega+mR^2\omega$$

因为 $L=L_0$，所以有

$$\omega=\frac{2m_0+m}{2m_0+4m}\omega_0$$

例 3-9

如图 3-15 所示，有一质量为 m_1 的均匀细棒，原先静止地平放在水平桌面上，它可以绕通过其端点 O 且与桌面垂直的固定轴转动，另有一质量为 m_2 的水平运动的小滑块，从棒的侧面沿垂直于棒的方向与棒的另一端 A 相碰撞，并被棒反向弹回，设碰撞时间极短. 已知小滑块碰撞前、后的速率分别为 v 和 u，桌面与细棒的滑动摩擦因数为 μ. 求从碰撞到细棒停止运动所需的时间.

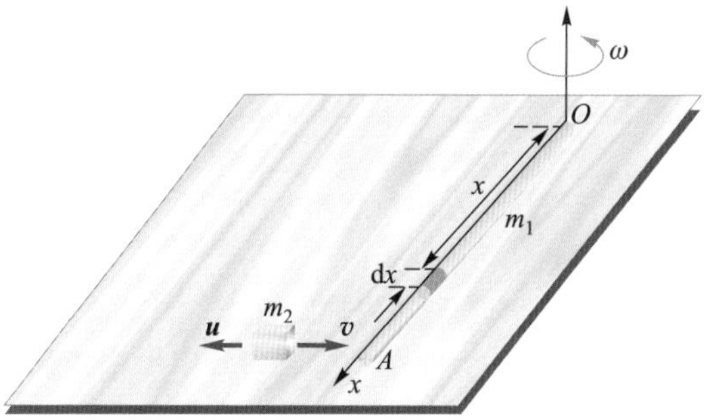

图 3-15　例 3-9 用图

解　取细棒与小滑块为一系统，在短促的碰撞过程中，摩擦力矩的作用可忽略不计，系统对 O 轴的角动量守恒. 设细棒长为 l，碰撞后细棒的角速度为 ω，则有

$$m_2vl=J\omega_0-m_2ul \tag{3-16}$$

式中 J 为细棒对 O 轴的转动惯量.

碰撞后，细棒以角速度 ω_0 开始绕 O 轴转动，在转动过程中，细棒受摩擦力矩作用. 今取如图所示的坐标系 Ox，则距 O 为 x 处，长为 $\mathrm{d}x$ 的细棒微小段所受的摩擦力为

$$\mathrm{d}F_{\mathrm{f}}=\mu g\mathrm{d}m=\mu g\frac{m_1}{l}\mathrm{d}x$$

它对 O 轴的摩擦力矩为

$$\mathrm{d}M=-x\mathrm{d}F_{\mathrm{f}}=-\mu g\frac{m_1}{l}x\mathrm{d}x$$

则细棒所受的摩擦力矩为

$$M=\int_0^l\mathrm{d}M=-\int_0^l\mu g\frac{m_1}{l}x\mathrm{d}x=-\frac{1}{2}\mu gm_1l$$

细棒绕 O 轴转动，由角动量定理可得

$$\int_0^t M\mathrm{d}t = L_2 - L_1$$

$$\int_0^t -\frac{1}{2}\mu g m_1 l \mathrm{d}t = 0 - J\omega_0$$

$$\frac{1}{2}\mu g m_1 l t = J\omega_0$$

将式(3-16)代入,得细棒运动的时间为

$$t=\frac{2m_2(v+u)}{\mu m_1 g}$$

3-1-5 力矩的功

质点在外力作用下发生了位移,我们就说力对质点做了功.刚体在外力矩作用下绕定轴转动而发生了角位移,我们同样可以说外力矩对刚体做了功.这就是力矩的空间积累效应.

在上一章讨论力矩时我们已经知道,在计算外力对转轴的力矩时,只需考虑在转动平面内的外力,或外力在转动平面内的分量对转轴的力矩.如图 3-16 所示,设绕定轴 Oz 转动的刚体上某一质元 P 受到在转动平面内的外力 $\boldsymbol{F}$ 的作用,且质元 P 的位矢 $\boldsymbol{r}$ 与 $\boldsymbol{F}$ 之间的夹角为 φ.刚体由此转过一微小角位移 $\mathrm{d}\theta$,质元 P 经历了相应的线位移,其大小为 $\mathrm{d}s=r\mathrm{d}\theta$,则外力 $\boldsymbol{F}$ 所做的元功为

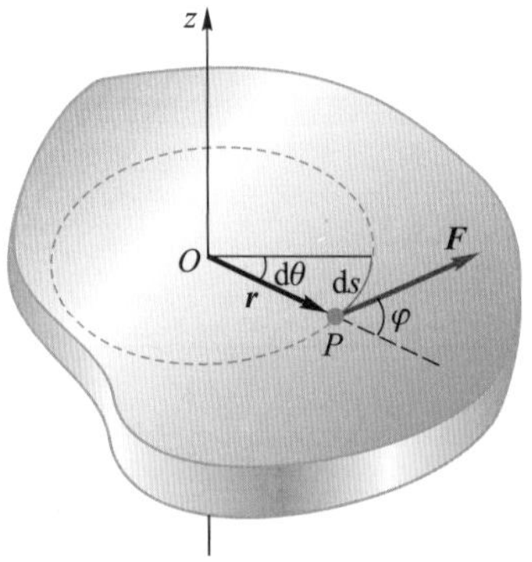

图 3-16 绕定轴 Oz 转动的刚体上某质元 P 在转动平面内的外力 $\boldsymbol{F}$ 的作用下,经历的角位移和相应的线位移

$$\mathrm{d}W=\boldsymbol{F}\cdot\mathrm{d}\boldsymbol{s}=F\sin\varphi r\mathrm{d}\theta$$

因为作用于质元 P 的外力 $\boldsymbol{F}$ 对转轴的力矩为 $M=Fr\sin\varphi$,故上式可写成

$$\mathrm{d}W=M\mathrm{d}\theta$$

这就表明力矩对质元 P 所做的元功等于力矩与角位移的乘积.不难理解,上式适用于刚体上所有质元,因而也可以用来表示整个刚体受外力矩做功的情形.

如果刚体在力矩 $\boldsymbol{M}$ 作用下绕定轴转过 θ 角,则在此过程中力矩对刚体所做的功为

$$W=\int_0^\theta M\mathrm{d}\theta \tag{3-17}$$

按功率的定义,可得力矩的瞬时功率为

$$P=\frac{\mathrm{d}W}{\mathrm{d}t}=M\frac{\mathrm{d}\theta}{\mathrm{d}t}=M\omega \tag{3-18}$$

即力矩对转动刚体的瞬时功率等于力矩与角速度的乘积.

3-1-6 刚体的定轴转动动能和动能定理

当刚体以角速度 ω 绕定轴转动时,其上各质元的线速度各不相同.设刚体中第 i 个质元的质量为 Δm_i,距转轴为 r_i,则其动能为

$$E_{ki}=\frac{1}{2}\Delta m_i v_i^2=\frac{1}{2}\Delta m_i r_i^2\omega^2$$

整个刚体的转动动能等于所有质元的动能之和，即

$$E_k=\sum_i E_{ki}=\sum_i \frac{1}{2}\Delta m_i r_i^2\omega^2=\frac{1}{2}(\sum_i \Delta m_i r_i^2)\omega^2$$

式中 $\sum_i \Delta m_i r_i^2$ 为刚体对定轴的转动惯量 J，故刚体绕定轴的转动动能可表示为

$$E_k=\frac{1}{2}J\omega^2 \tag{3-19}$$

刚体转动动能的改变与外力矩做功的关系可由转动定律推得.设在合外力矩 M 的作用下，刚体绕定轴转过微小角位移 $\mathrm{d}\theta$，则合外力矩所做的元功为

$$\mathrm{d}W=M\mathrm{d}\theta$$

将转动定律表达式(3-13)代入上式，可得

$$\mathrm{d}W=J\frac{\mathrm{d}\omega}{\mathrm{d}t}\mathrm{d}\theta=J\omega\mathrm{d}\omega$$

设在 t_1 到 t_2 时间内，刚体的角速度从 ω_1 变到 ω_2，则在此过程中合外力矩对刚体所做的功为

$$W=\int_{\omega_1}^{\omega_2}J\omega\mathrm{d}\omega=\frac{1}{2}J\omega_2^2-\frac{1}{2}J\omega_1^2 \tag{3-20}$$

上式表明，**合外力矩对刚体所做的功等于刚体转动动能的增量**，这一结论称为**刚体绕定轴转动的动能定理**.

例 3-10

一长为 l、质量为 m 的均质细杆 OA，可绕垂直于杆一端的固定水平轴 O 在竖直平面内无摩擦地转动，如图 3-17 所示.现将杆从水平位置由静止释放，试求杆转到竖直位置时的角速度以及此过程中重力所做的功.

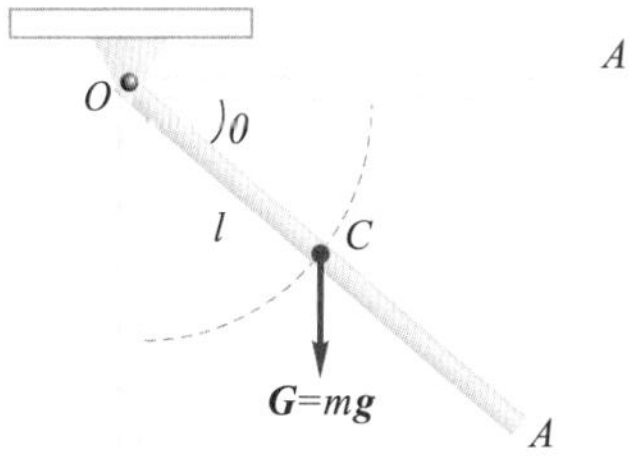

图 3-17 例 3-10 用图

解 均质细杆所受的重力可视为作用在其质心 C 上，细杆由水平位置静止释放后，在绕轴 O 转动的过程中，所受重力矩为变量.当细杆转动到 θ 角时，杆受到的重力矩为 $M=\frac{1}{2}mgl\cos\theta$，由 θ 转到 $\theta+\mathrm{d}\theta$ 的过程中(图中未画出)，重力矩做的元功为

$$\mathrm{d}W=M\mathrm{d}\theta=\frac{1}{2}mgl\cos\theta\mathrm{d}\theta$$

因此，细杆由水平位置转到竖直位置的过程中，重力矩所做的总功为

$$W=\int_0^{\frac{\pi}{2}}\frac{1}{2}mgl\cos\theta\mathrm{d}\theta=mg\frac{l}{2}$$

在细杆的转动过程中，轴的支承力通过转轴，不产生力矩，所以不做功. 按刚体绕定轴转动的动能定理，有

$$W=\frac{1}{2}J\omega^2-\frac{1}{2}J\omega_0^2$$

得

$$mg\frac{l}{2}=\frac{1}{2}\left(\frac{1}{3}ml^2\right)\omega^2-0$$

故细杆转到竖直位置时的角速度为

$$\omega=\sqrt{\frac{3g}{l}}$$

例 3-11

长为 l 的均质细直杆 OA 竖直悬挂于 O 点，如图 3-18 所示. 一单摆也悬于 O 点，摆线长也为 l，摆球质量为 m_1. 现将单摆拉到水平位置后由静止释放，摆球在 A 处与直杆作完全弹性碰撞后恰好静止. 试求：(1) 细直杆的质量 m_2；(2) 碰撞后细直杆摆动的最大角度 θ.（忽略一切阻力.）

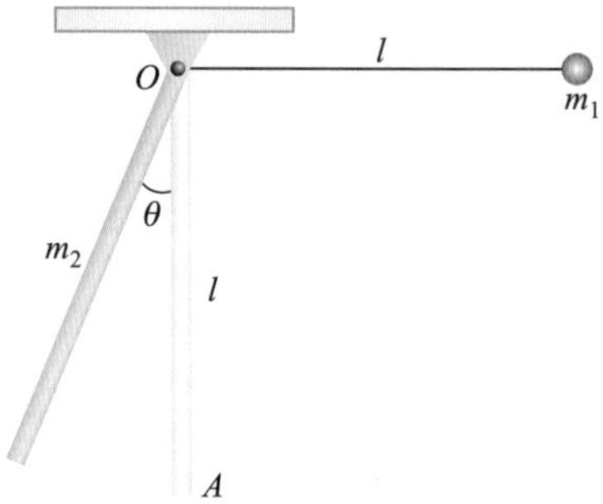

图 3-18 例 3-11 用图

解 (1) 以单摆和细杆为系统，在摆球和细杆碰撞的瞬时，由于摆球和细杆所受的重力以及转轴对它们的支承力均通过转轴 O，因此系统所受的合外力矩为零，系统的角动量守恒，有

$$J_1\omega_1=J_2\omega_2$$

式中 J_1 和 J_2 分别为摆球和细直杆对转轴 O 的转动惯量，ω_1 为碰撞前摆球的角速度，ω_2 为碰撞后细杆的角速度. 又因两者是完全弹性碰撞，故系统的动能守恒，即

$$\frac{1}{2}J_1\omega_1^2=\frac{1}{2}J_2\omega_2^2$$

由上列两式可得

$$J_1=J_2$$

即

$$m_1l^2=\frac{1}{3}m_2l^2$$

可得

$$m_2=3m_1$$

(2) 以摆球、细杆和地球为系统，由于外力做功和非保守内力做功均为零，因此，系统的机械能守恒，有

$$m_1gl=m_2g\frac{l}{2}(1-\cos\theta)$$

得

$$\cos\theta=\frac{1}{3}$$

$$\theta=\arccos\frac{1}{3}=70.5^\circ$$

3-1-7 进动

前面我们讨论了刚体的定轴转动,本节将对刚体绕定点的转动作些简单的分析.

玩具陀螺(top)是孩子们喜欢的一种玩具,它的运动是刚体绕定点转动的一个典型实例,当其绕自身对称轴高速旋转时不会翻到.仔细观察会发现,陀螺在自转的同时,其自转轴又会绕通过定点 O 的竖直轴作缓慢的回旋,如图3-19(a)所示.这一现象称为**进动**(precession),或称为**回转效应**(gyroscopic effect).但是随着陀螺自转速度的减缓,进动速度会增加,最后会翻到.运用刚体动力学的知识可以解释陀螺在旋转时为什么会产生回转效应.

如图 3-19(b)所示,设陀螺的质量为 m,对自身对称轴的转动惯量为 J,对称轴与竖直方向的夹角为 θ,陀螺自转的角速度为 ω,自身对称轴绕竖直轴进动的角速度为 Ω.当陀螺在进动时,陀螺对定点 O 的总角动量应等于陀螺的自转角动量 $\boldsymbol{L}$ 与进动角动量的矢量和.但是因为陀螺自转角速度 $\boldsymbol{\omega}$ 远大于进动角速度 Ω,所以一般可不计进动角动量,而近似认为陀螺的总角动量等于自转角动量 $\boldsymbol{L}$,即

$$\boldsymbol{L}=J\boldsymbol{\omega} \tag{3-21}$$

自转角动量 $\boldsymbol{L}$ 与 $\boldsymbol{\omega}$ 的方向一致,都沿自转轴方向.设陀螺质心的位置矢量为 $\boldsymbol{r}_C$,重力作用于质心,对于固定点 O 的重力矩为

$$\boldsymbol{M}=\boldsymbol{r}_C\times m\boldsymbol{g} \tag{3-22a}$$

重力矩 $\boldsymbol{M}$ 的大小为

$$M=r_C mg\sin\theta \tag{3-22b}$$

在重力矩的作用下,对于定点 O 运用角动量定理,有

$$\mathrm{d}\boldsymbol{L}=\boldsymbol{M}\mathrm{d}t \tag{3-23}$$

上式表明,重力矩将引起陀螺角动量的改变,角动量增量 $\mathrm{d}\boldsymbol{L}$ 的方向与重力矩 $\boldsymbol{M}$ 的方向一致.对于对称陀螺,$\boldsymbol{r}_C$ 沿自转轴方向,由式(3-22a)可知重力矩 $\boldsymbol{M}$ 的方向应垂直于自转轴,也即垂直于自转角动量 $\boldsymbol{L}$,如图 3-19(b)所示.由此可以得出结论,重力矩 $\boldsymbol{M}$ 不能改变自转角动量 $\boldsymbol{L}$ 的大小,而只能改变其方向.因此,陀螺在时刻 $t+\mathrm{d}t$ 的角动量 $\boldsymbol{L}+\mathrm{d}\boldsymbol{L}$ 与在时刻 t 的角动量 $\boldsymbol{L}$ 的数值相等,方向不同,如图 3-19(c)所示.这样就使得自转角动量 $\boldsymbol{L}$ 的方向(也即自转轴的方位)不断发生改变,形成了绕竖直轴的进动.一般来说,进动现象就是高速自转的物体在外力矩的作用下,沿外力矩方向改变其角动量矢量的结果.

依据图 3-19(c)所示各矢量的几何关系,$\mathrm{d}t$ 时间内陀螺的进动角度为

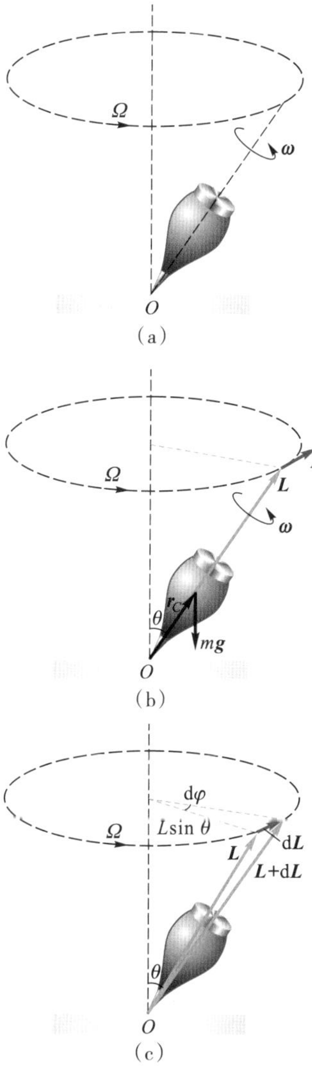

图 3-19 陀螺的进动

$$\mathrm{d}\varphi=\frac{\mathrm{d}L}{L\sin\theta} \tag{3-24}$$

由式(3-24)和式(3-23),陀螺进动的角速度可表示为

$$\Omega=\frac{\mathrm{d}\varphi}{\mathrm{d}t}=\frac{\mathrm{d}L}{L\sin\theta\mathrm{d}t}=\frac{M}{L\sin\theta}$$

将式(3-21)和式(3-22b)代入上式,可得

$$\Omega=\frac{mgr_C}{J\omega} \tag{3-25}$$

动画 陀螺运动
(建议横屏观看)

由此可见,陀螺的转动惯量 J 或自转角速度 ω 越大,则进动角速度 Ω 越小,即进动越慢;而进动的方向取决于外力矩 $\boldsymbol{M}$ 和自转角速度 ω 的方向.此外,当陀螺的自转角速度 ω 较小时,进动角速度 Ω 会增加,陀螺运动的动态过程见动画:陀螺运动.除此之外,陀螺的自转轴还会在竖直面内上下摆动,即自转轴与竖直轴的夹角 θ 会有周期性的变化,这一现象称为章动(nutation).详尽的章动分析比较复杂,这里不作进一步的讨论.

回转效应在工程实践中有着广泛的应用,例如,飞行中的炮弹要受到空气阻力的作用,阻力的方向总与炮弹质心速度 $\boldsymbol{v}_C$ 的方向相反,但其合力 $\boldsymbol{F}$ 的作用线一般并不通过质心 C,如图3-20所示.所以,阻力对质心的力矩会使炮弹在空中翻转.这样,当炮弹射中目标时,就有可能是弹尾先打到目标而不能引爆,从而丧失威力.为了避免这种事故,通常是在炮膛内设置螺旋形的来复线,使炮弹在射出时获得绕自身对称轴的高速旋转.由于自转,同样在空气阻力矩的作用下,炮弹将不会翻转,而是绕自己质心飞行的方向进动,因此炮弹的轴线将会始终只与前进的方向(弹道)有不大的偏离,而弹头就总是大致指向前方,从而提高了炮弹的命中率和威力.

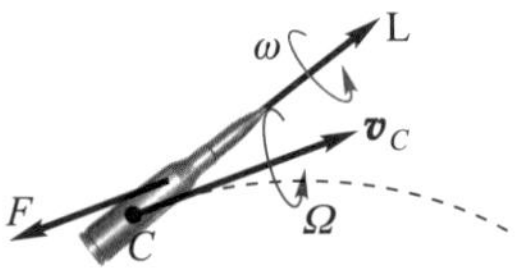

图3-20 炮弹在射出时由于自转,在空气阻力矩的作用下,将不会翻转,而是绕自己质心飞行的方向进动

地球绕自身轴旋转的同时,又受到太阳和其他星球的引力,所以地球在运动过程中会产生进动.

3-2 流体力学简介

在大海的边上,可以看到流体力学的许多现象,比如海中的旋涡、海浪的层层推进以及拍打在礁石上形成的浪花等

液体和气体统称为流体(fluid).流体的主要特征是具有流动性,它的各部分很易发生相对运动,因此流体没有固定的形状,其形状随容器的形状而异.气体易被压缩,不存在自由表面,没有一个固定不变的体积,例如当氧气瓶内的氧气泄漏出一部分后,剩余的氧气仍然能弥漫于整个容器内;而液体则不易被压缩,无一定形状,有一定的体积,能形成自由表面.

流体和其他物体一样,是由分子构成的,但是在流体力学(fluid mechanics)中并不涉及流体内部的微观结构,而是把它看作由无限多个质元构成的连续介

质.这是因为流体力学主要研究流体的宏观运动规律.

3-2-1 静止流体内的压强

1. 静止流体内的压强

水库中的水对拦水大坝有压力作用,吹气球时,球体壁在气体的压力下不断胀大.这些都说明流体对容器壁有力的作用.此外,流体内各部分之间也存在着相互作用力.为了研究流体内各部分之间的相互作用,可以在静止流体内任取一部分流体,如图 3-21(a)所示.设想将 A 部分移去,同时用一个力 $\boldsymbol{F}$ 来代替 A 部分对 B 部分的作用.我们假设力 $\boldsymbol{F}$ 的方向向外,且与作用面 S 成 θ 角,如图 3-21(b)所示,将 $\boldsymbol{F}$ 分解为垂直和相切于 S 面的两个分力 $F\sin\theta$ 和 $F\cos\theta$,若切向分力 $F\cos\theta\neq0$,则由于流体不能承受切向分力,会产生流动.显然,这与流体处于静止状态的假设相悖.因此,切向分力只可能为零,即 $F\cos\theta=0$,因 $F\neq0$,则必有 $\theta=90^\circ$,即 $\boldsymbol{F}$ 垂直于 S 面.另外由于流体也不能承受拉力,否则也将破坏流体的静止状态,于是 $\boldsymbol{F}$ 的方向只能指向作用面 S,如图 3-21(c)所示.由此可以得出结论:**静止流体内的相互作用力只能是一种压力**.

为了描述流体内部的受压程度,可在压力作用面 S 上任取一个面积元 ΔS,如图 3-21(d)所示.设作用于面积元上的压力为 ΔF,令所取面积 $\Delta S\to0$,则 $\Delta F/\Delta S$ 的极限就称为该点流体的压强,记作 p,即

$$p=\lim_{\Delta S\to0}\frac{\Delta F}{\Delta S} \tag{3-26}$$

压强 p 是标量.实验与理论证明(证明从略),**某一点处的压强大小只取决于该点的位置,而与压强的作用面的取向无关**;或者说,静止流体内任一点处沿各个方向的压强都相等.因此,以后在讨论流体内的压强时,只需指明是哪一点的压强.压强的单位为 Pa(帕斯卡),$1\ \text{Pa}=1\ \text{N}\cdot\text{m}^{-2}$.已废弃的压强单位还有标准大气压(atm),$1\ \text{atm}=1.013\times10^5\ \text{Pa}$.

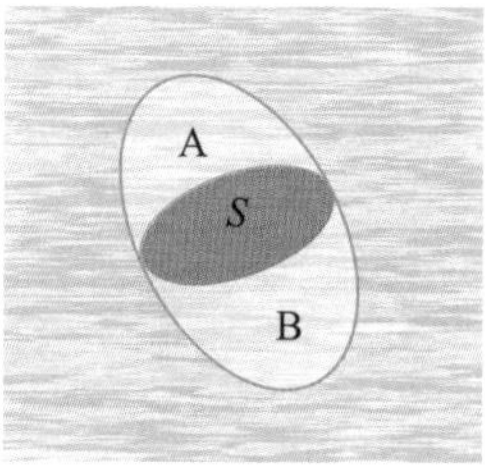

(a) 在静止流体内取一部分流体,并用截面 S 把它分成 A 和 B 两部分

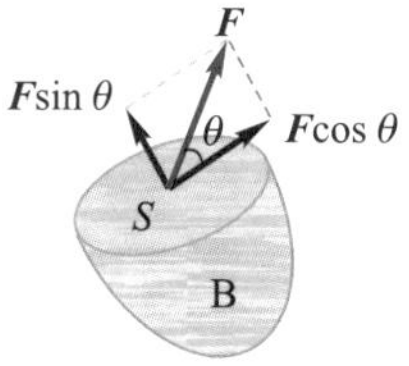

(b) A 对 B 的作用可用 $\boldsymbol{F}$ 取代,但 $\boldsymbol{F}$ 不能是拉力,也不能有切向分力

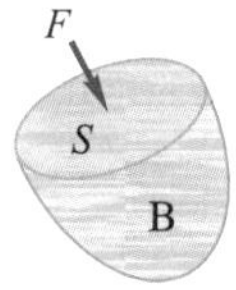

(c) 静止流体内的相互作用力只能是一种指向作用面的压力

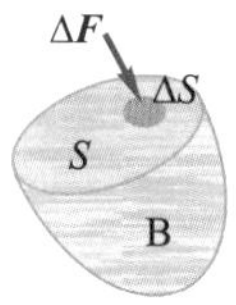

(d) 作用在面积元 ΔS 上的压力

图 3-21

2. 静止流体内的压强分布

上面说过,静止流体内某一点的压强沿各方向都相等,可是流体内不同点处的压强却不一定相等.现在我们来讨论静止流体内各点的压强分布.

如图 3-22(a)所示,在同一种静止流体内,任取同一水平面上不同的点 A、B,假想以 AB 为轴,取一段横截面积为 ΔS 的水平圆柱形流体,A、B 分别位于两端.以这段静止的圆柱形流体为研究对象,分析其受力情况,它除受重力 $\boldsymbol{G}$ 外,还受周围流体对它的压力作用.设 p_A、p_B 分别为 A、B 两点的压强,因圆柱体两端面积 ΔS 取得足够小,可以认为 ΔS 上的压强处处相等,因而两端面上分别受到压力 $F_A=p_A\Delta S$,$F_B=p_B\Delta S$ 的作用,两者沿水平方向,指向相反.由于这段静止流体的加速度为零,按牛顿第二定律,它所受的合外力应为零,即

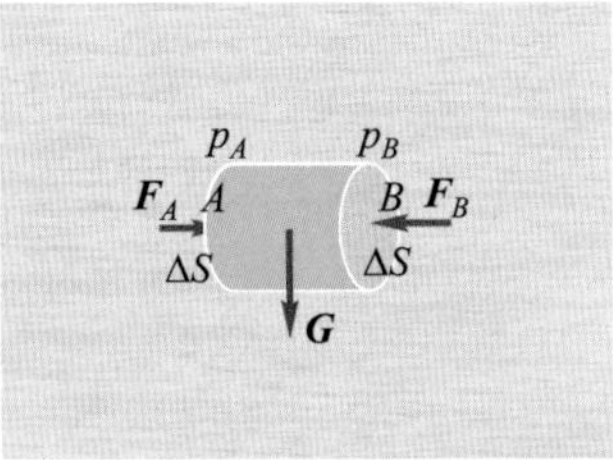

(a) 静止流体内同一水平面内各点的压强大小相等

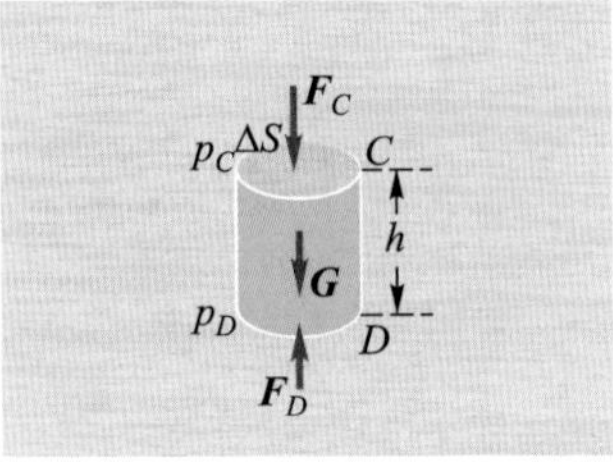

(b) 静止流体内,同一竖直线上两点的压强差为 $p_D-p_C=\rho gh$

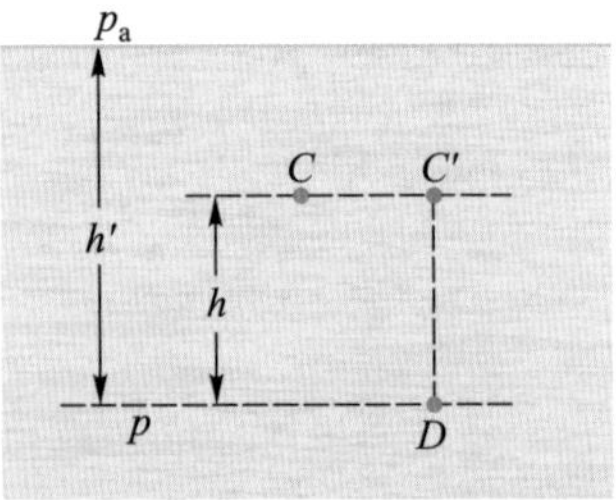

(c) 静止流体内,高度差为 h 的任意两点之间的压强差均相等,液面下深度为 h'处的压强 $p=p_a+\rho gh'$

图 3-22

$$p_A\Delta S-p_B\Delta S=0$$

从而得

$$p_A=p_B \tag{3-27}$$

由于 A、B 两点是任取的,所以在同一静止流体内,位于同一水平面上各点的压强都相等,也就是,水平面就是一个等压面.例如容器中静止液体(水、油等)的自由表面上各点都受到大气压强,所以自由表面是等压面,因而它是一个水平面.

若在同一种静止流体中,沿竖直方向任取两点 C、D,设 C、D 两点的高度差为 h,压强分别为 p_C、p_D.以 C、D 为轴取横截面积为 ΔS 的一段圆柱形液体,C、D 分别位于上、下两端面,如图 3-22(b)所示.设流体的密度 ρ 为常量,这段静止流体沿竖直方向分别受上端面压力 $F_C=p_C\Delta S$、下端面压力 $F_D=p_D\Delta S$ 和重力 $G=(h\Delta S)\rho g$ 的作用,各力方向如图所示.按牛顿第二定律,沿竖直方向,

$$p_D\Delta S-p_C\Delta S-\rho gh\Delta S=0$$

从而得同一竖直线上高度差为 h 的两点之间的压强差为

$$p_D-p_C=\rho gh$$

倘若 C、D 两点不在同一竖直线上,如图 3-22(c)所示,C、D 两点的高度差为 h.则可在 D 点正上方取一点 C',使 C'、C 两点在同一水平面上,由式(3-27)可得 $p_C=p_{C'}$,又因为 $p_D-p_{C'}=\rho gh$,所以仍可得

$$p_D-p_C=\rho gh \tag{3-28}$$

总之,同一种静止流体内,高度差为 h 的任意两点间的压强差均等于 ρgh.

值得指出,对气体而言,其密度通常很小,若高度差不是很大,式(3-28)中的 ρgh 可忽略不计,因此有 $p_D=p_C$.在这种情况下,气体内各处的压强可认为相等.

另外,对液体而言,其自由表面上各点的环境压强均为 p_{amb},则由式(3-28)可得在液体表面下深度为 h 处的压强为

$$p=p_{amb}+\rho gh \tag{3-29a}$$

倘若静止液体自由表面上的环境压强 p_{amb} 等于大气压强 p_a,则上式成为

$$p=p_a+\rho gh \tag{3-29b}$$

式中 p 称为绝对压强,并将 $p-p_a=\rho gh$ 称为相对压强,可从压强计上读出.当绝对压强等于大气压强时,压强计的读数为零.若流体内一点的绝对压强小于大气压强,则相对压强为负值,即 $p<p_a$,这时,把 p_a-p 称为真空度.当真空度在量值上等于标准大气压时,$p=0$,达到完全真空.

3. 静止流体内压强公式的物理意义

为了便于进一步演绎式(3-29)的物理意义，我们不妨以液体为研究对象. 如图 3-23 所示，设密度为 ρ 的液体静止于一密闭容器内，自由表面上的环境压强为 p_a. 而今在讨论液体内的压强分布时，我们可任选一个水平面 OO'，称为基准面，它可用来比较空间位置的高低. 这样，自由表面和液体内任一点 A 的位置便可用其相对于基准面 OO' 的高度 H 和 z 来表示. 将点 A 在液面下的深度 $h=H-z$ 代入式(3-29)，便得该点的压强为

$$p=p_a+\rho g(H-z) \tag{3-30}$$

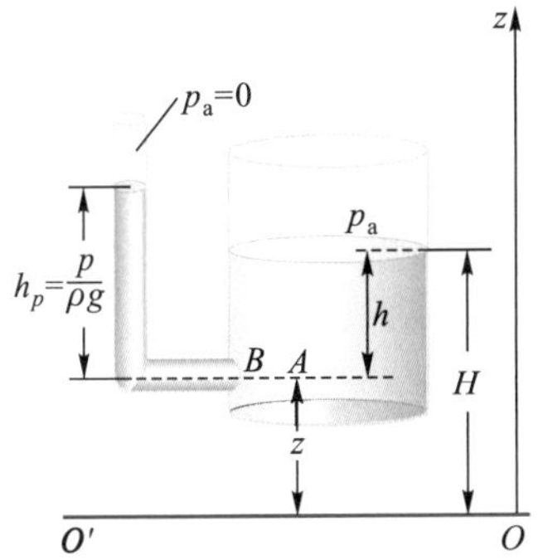

图 3-23 静止的流体中，压强随深度线性增加，且$\frac{p}{\rho g}+z=$常量

将上式两边分别除以 ρg，并整理后可得

$$\frac{p}{\rho g}+z=\frac{p_a}{\rho g}+H$$

因为 ρ、H 和 p_a 是给定的，故 $\frac{p_a}{\rho g}+H=$常量，则由上式可得静止液体内任一点的压强 p 与该点高度 z 的关系式为

$$\frac{p}{\rho g}+z=\text{常量} \tag{3-31a}$$

在同一种液体内，对于压强和高度分别为 p_1、z_1 和 p_2、z_2 的两点来说，上式还可表示为

$$\frac{p_1}{\rho g}+z_1=\frac{p_2}{\rho g}+z_2 \tag{3-31b}$$

如今用能量的观点来阐释式(3-31)的物理意义. 我们知道，在静止液体内，高度为 z 处、质量为 Δm 的一个质元拥有的重力势能为 $gz\Delta m$，其单位重量的重力势能值为 $\frac{gz\Delta m}{g\Delta m}=z$. 再设想在高度为 z 处的容器壁开一小孔 B，插一根上端封闭且管内完全真空的测压管，用来测量与小孔 B 处于同一水平面上 A 点的压强 p，于是液体便流入管内，液面上升到高度为 $z+h_p$ 处，由式(3-28)可得管内液柱之高度 $h_p=\frac{p}{\rho g}$. 这意味着由于 z 处的 A 点存在压强 p，使得单位重量的液体质元又获得了重力势能 $h_p=\frac{p}{\rho g}$，我们把它称为压力势能. 于是式(3-31)表明，静止液体内任意一点单位重量流体所拥有的重力势能和压力势能的代数和为一常量.

例 3-12

如图 3-24 所示，在气罐上装一 U 形水银测压管，可用来测量罐内气体的压强. 管内装有密度为 $\rho_{Hg}=13.6\times10^3\ kg\cdot m^{-3}$ 的水银，一端与大气相通. 今读得管中水银柱的高度差为 $h=0.5\ m$，问罐内气压 p_x 为多大?

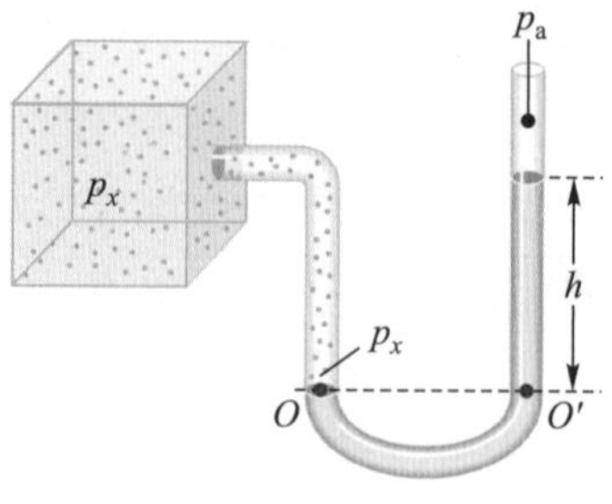

图 3-24 例 3-12 用图

解 罐内气体处于平衡态时，各点的压强 p_x 都相同，故可将 U 形管连接到罐壁任意一处的测孔上. 今将管中水银与气体的分界面取为水平基准面 OO'，又同一种流体（指水银）中等高的两点的压强应相等，即

$$p_x=p_{amb}+\rho gh$$

已知水银面处的环境压强 p_{amb} 为大气压强 $p_a=1.013\times10^5$ Pa，则按题设数据，可测得罐内的气压为

$$p_x=(1.013\times10^5+13.6\times10^3\times9.8\times0.5)\ Pa$$
$$=1.68\times10^5\ Pa$$

例 3-13

从自来水塔下引出一条管道，向用户供水，如图 3-25 所示. 今将阀门 B 关闭，问此时阀门 B 处的相对压强为多大? 设水塔内水面在阀门 B 以上高 $h=22$ m 处，且塔顶与大气相通.

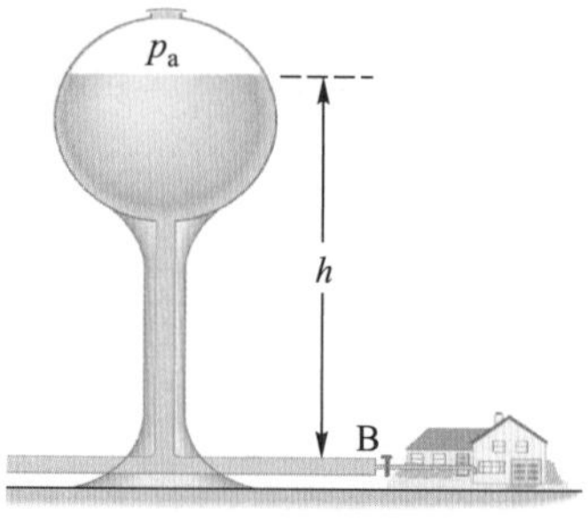

图 3-25 例 3-13 用图

解 已知水的密度为 $\rho=1\ 000\ kg\cdot m^{-3}$，则阀门 B 处的相对压强为

$$p_B-p_a=\rho gh$$
$$=1\ 000\times9.8\times22\ Pa$$
$$=2.16\times10^5\ Pa$$

例 3-14

求证浮力的阿基米德原理：物体在流体中所受浮力等于该物体排开的同体积流体的重量，浮力的方向恒竖直向上.

证 设物体浸没在密度为 ρ 的液体中. 物体左、右两侧受液体水平方向的压力等值、相反、共线，其合力为零. 如图 3-26 所示，在物体上任取一细长的竖直柱体，其横截面积为 dS，该柱体的上、下表面在自由液面下的深度分别为 h_1 和 h_2，上、下表面的面积分别为 dS_1 和 dS_2，与水平横截面 dS 的夹角分别为 α_1 和 α_2，则上、下表面所受液体的压力 dF_1、dF_2 在竖直方向的分量分别为

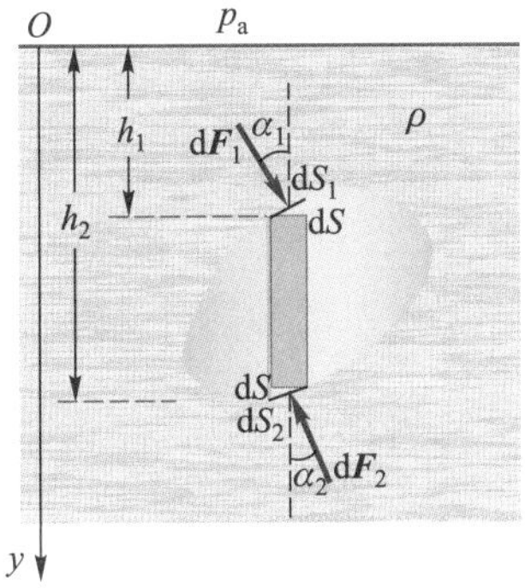

图 3-26 例 3-14 用图

$$\mathrm{d}F_{1y}=(p_a+\rho gh_1)\mathrm{d}S_1\cos\alpha_1=(p_a+\rho gh_1)\mathrm{d}S$$

$$\mathrm{d}F_{2y}=(p_a+\rho gh_2)\mathrm{d}S_2\cos\alpha_2=(p_a+\rho gh_2)\mathrm{d}S$$

整个微小柱体在竖直方向所受液体作用力的合力为

$$\begin{aligned}\mathrm{d}F_y&=\mathrm{d}F_{2y}-\mathrm{d}F_{1y}\\&=(p_a+\rho gh_2)\mathrm{d}S-(p_a+\rho gh_1)\mathrm{d}S\\&=\rho g(h_2-h_1)\mathrm{d}S\end{aligned}$$

$\mathrm{d}\boldsymbol{F}_y$ 的方向向上.式中$(h_2-h_1)\mathrm{d}S=\mathrm{d}V$可视为此微小柱体的体积.由于$\rho g$为常量,则对整个物体积分,即得浮力

$$\begin{aligned}F_y&=\int_V\rho g(h_2-h_1)\ \mathrm{d}S\\&=\rho g\int_V\mathrm{d}V=\rho gV\end{aligned}$$

式中V为浸入物体的体积.这就是阿基米德原理的数学表达式.由于浮力与物体浸入液体的深度无关,因此浮力实际上就是液体对该物体各个部分压力的合力,所以这条原理同样适用于浮体,这时其所受浮力的大小等于与物体浸没部分的体积相同的液体的重量.如果物体浸没在气体中,则气体对它作用的浮力同样可用上式计算.

3-2-2 理想流体的连续性方程

1. 理想流体

在压力的作用下,实际流体的体积V会减小,这就是流体的可压缩性.对质量为m的流体而言,由于存在可压缩性,势必导致其密度$\rho(=m/V)$发生变化.不过,在通常情况下,液体的可压缩性不显著.例如 10 ℃的水,如增加一个大气压的压强(1.013×10^5 Pa),其体积仅减少原体积的两万分之一.因此,液体体积的压缩性可忽略不计.气体体积的压缩性较大,但对流动的气体,若其两端的压强稍有不同,就可使气体迅速流动,故作用在流动气体上的压强差不致引起气体密度的显著变化,所以在研究流动的气体时,其可压缩性也往往可以忽略不计.

在流体运动时,流体内各相邻流层之间将发生相对运动.例如河道中的水流,其自由表面的水层流得较快,往下各水层的流动依次减慢,河底的水层几乎黏着河床不动,如图 3-27 所示.实验表明,当相邻水层之间存在相对运动时,这两个相邻水层之间会彼此互施阻碍水层之间相对运动的作用力,这种相互作用力称为**内摩擦力**或黏性阻力.相应地,流体在运动时所显示出来的这种性质,称

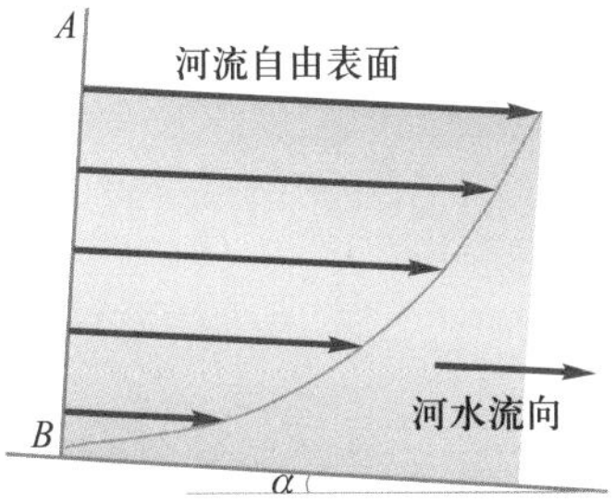

图 3-27 在河流中垂直于河水流动方向的横截面 AB 上各质元的流速分布情况:相邻水层的水流速度不同而存在着相对运动

为黏性.流体在运动过程中为了克服这种内摩擦力做功,就必须消耗其自身的能量.不过,除了甘油、机油等流体的黏性较大以外,其他像水、汽油、天然气等流体的黏性较小.因此,在研究水和气体等黏性较小的流体的运动时,可忽略其黏性.

我们把不可压缩,又没有黏性的流体,称为**理想流体**(ideal fluid).显然,理想流体也是一种物理模型.

由于理想流体是不可压缩的,则其密度 ρ 为常量,又因理想流体没有黏性,故在流动时各相邻流层之间不存在相互作用的切向力(内摩擦力).这样,运动的理想流体内部的压强(称为动压强)与静止的实际流体内的压强(即静压强)具有相同的性质,即对于理想流体,无论运动与否,其内部某一点的压强沿各个方向都是相等的.

2. 定常流动　流线和流管

流体流经空间各点的流速一般是随时间变化的,这种流动称为**非定常流动**(unsteady flow).但是,在有些情况下,尽管流经空间各点的流速不一定相同,但它们都不随时间变化,这种流动称为**定常流动**(steady flow).在定常流动中,先后流经空间某点的所有的流体质元,都具有相同的速度.定常流动是最简单、最基本的一种流动形式.水在管道或渠道中的缓慢流动,一般可近似地看成定常流动.

为了形象地描述流体的运动情况,我们可以在流体流动的空间中画一簇具有如下特点的曲线:某时刻位于曲线上各点的流体质元,它们的速度方向为曲线在该点的切线方向,流速的大小在数值上与所在处曲线的密度(该处垂直于流速方向的单位面积上的曲线条数)相等.流速较大处,曲线较密集;流速较小处,曲线较稀疏.这些曲线描绘了流体的运动,称为**流线**(streamline),如图3-28(a)所示.由于空间各点都具有确定的速度矢量,故流线不可能相交.对于定常流动而言,流线的形状和分布不随时间变化,且与流体质元的运动轨道(流迹)相重合.因此,在定常流动时,如果将有色细流注入流体内,采用闪光拍照的方法,就能形象地观察到流线,从而定性地获得流体内的速度分布图像.图3-28(b)、(c)、(d)分别表示流体流经球体和机翼时的流线分布情况.

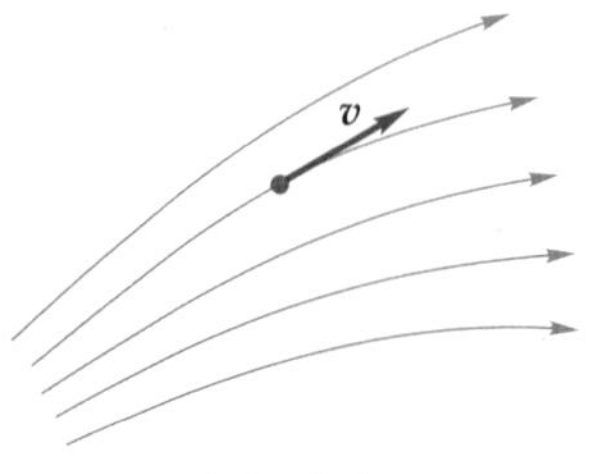

(a) 流线

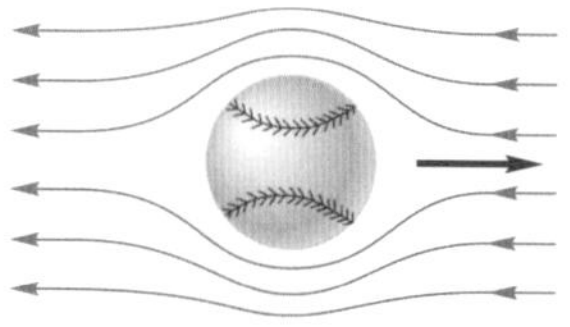

(b) 球体在气流中向前平动时,上下侧气流的分布情况相同

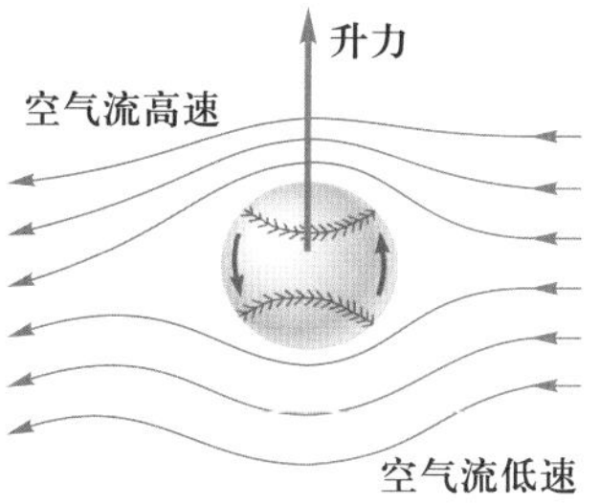

(c) 球体在平动的同时作逆时针旋转，带动附近的流体运动，使上侧流速较快，流线较密，下侧的流速较小，流线较疏

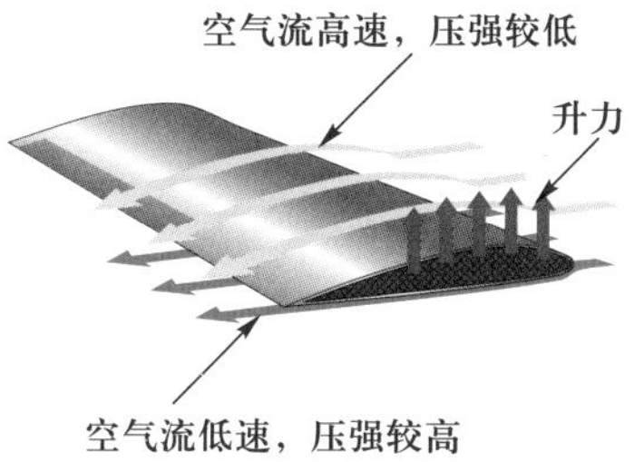

(d) 飞机在飞行时，机翼上部的流线比下部密，上部流体处于高速状态，机翼下部的流体处于低速状态

图 3-28

在流体内任取一条封闭曲线，通过该曲线上各点的流线所围成的细管称为**流管**(stream tube)，如图 3-29 所示. 由于流线不能相交，故流管中的流体不可能流出管外，而管外的流体也不可能流入管内. 在定常流动时，流管的形状不随时间变化. 我们可以设想整个运动流体由许多流管组成，这样，如果了解了所有流管的运动情况，就等于掌握了整个流体的运动规律. 事实上，上水管道中的水流就是一个"大流管"，一段河道中由河床界壁与自由水面包围的水流也可近似看作一个"大流管".

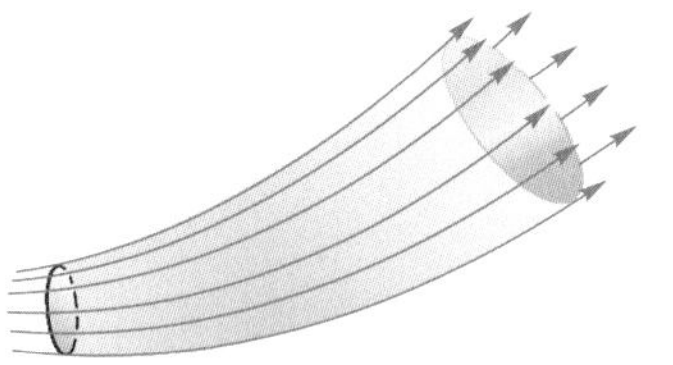

图 3-29 流管

3. 连续性方程

在定常流动的理想流体中，任意选取一段流管 AB，在其两端分别作垂直于该处流线的横截面 A 与 B，其面积分别为 ΔS_1 与 ΔS_2，如图 3-30 所示. 因为流管很细，故同一横截面上各点的流速可视为相同，且不随时间变化. 设 A 和 B 两截面处的流体密度分别为 ρ_1 和 ρ_2，流速分别为 $\boldsymbol{v}_1$ 与 $\boldsymbol{v}_2$，则在 Δt 时间内，经过截面 A 流入流管的流体质量为 $\rho_1 v_1 \Delta t \Delta S_1$，经过截面 B 从流管流出的流体质量为 $\rho_2 v_2 \Delta t \Delta S_2$. 根据质量守恒定律，在相同的时间内从截面 A 流入的流体质量应该等于从截面 B 流出的质量，即 $\rho_1 v_1 \Delta t \Delta S_1 = \rho_2 v_2 \Delta t \Delta S_2$. 对理想流体而言，流体内各处的密度相同，即 $\rho_1 = \rho_2$，从而有

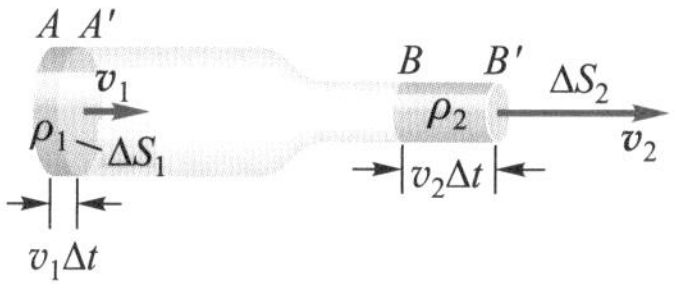

图 3-30 在理想流体中任取一细流管，理想流体作定常流动时，流体的速率与流管截面积的乘积是一个常量

$$v_1 \Delta S_1 = v_2 \Delta S_2 \tag{3-32a}$$

上式表明，在单位时间内，通过同一流管不同截面的流体体积相等. 由于截面 A 与 B 是任意选取的，故对同一流管的任一横截面，有

$$v \Delta S = \text{常量} \tag{3-32b}$$

$v\Delta S$ 是单位时间内流过横截面积为 ΔS 的流体的体积，称为**流量**(flow rate)，记作 Q 或 ΔQ. 流量的单位为立方米每秒($m^3 \cdot s^{-1}$).

如上所述，**理想流体作定常流动时，同一流管中任一横截面通过的流量 ΔQ 为一常量**. 这一结论称为流体的**连续性原理**(principle of continuity)，相应地，式(3-32)称为流体的**连续性方程**. 由式(3-32)可知，同一流管中横截面积越小处，其流速越大，反之亦然.

3-2-3 理想流体定常流动的伯努利方程

1738 年，瑞士物理学家、数学家伯努利（D.Bernoulli，1700—1782）在他的《流体动力学》一书中，给出了反映理想流体作定常流动时能量关系的伯努利方程（Bernoulli's equation），它是流体力学中的基本方程之一.

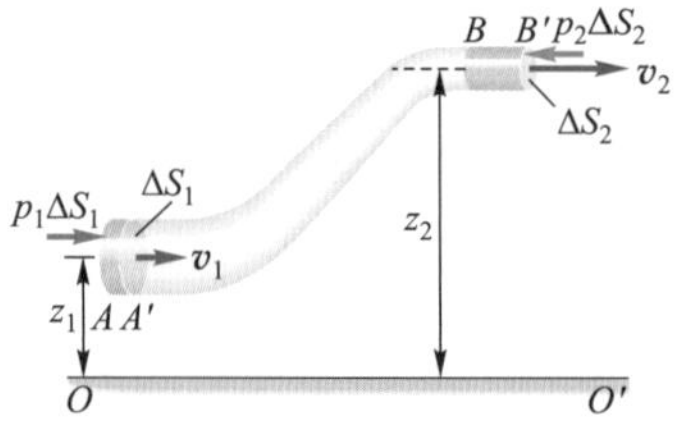

图 3-31 理想流体定常流动的伯努利方程推导用图

设理想流体在重力场中作定常流动，在流体内部任取一段流管 AB，如图 3-31 所示.其两端 A、B 的横截面积分别为 ΔS_1、ΔS_2.A 端的压强为 p_1，相对于基准面 OO'的高度为 z_1，流速为 v_1，B 端的压强为 p_2，相对于基准面 OO'的高度为 z_2，流速为 v_2.经过时间 Δt，这段流管中的流体流到 A'、B'之间的位置，通过截面积 ΔS_1、ΔS_2 的流体体积分别为 $\Delta V_1=\Delta S_1 v_1 \Delta t$ 和 $\Delta V_2=\Delta S_2 v_2 \Delta t$，对应于图中的 AA'段和 BB'段，按式（3-27）有 $\Delta V_1=\Delta V_2=\Delta V$.在流管的两端，作用于 ΔS_1 的压力为 $p_1\Delta S_1$，作用于 ΔS_2 的压力为 $p_2\Delta S_2$，方向如图 3-31 所示，这两端的位移分别为 $v_1\Delta t$ 和 $v_2\Delta t$.在 Δt 时间内合外力对整段流体所做的功为

$$W=p_1\Delta S_1 v_1\Delta t-p_2\Delta S_2 v_2\Delta t=(p_1-p_2)\Delta V$$

设流体的密度为 ρ，在 Δt 时间内，从横截面 ΔS_1 进入流管的流体质量为 $\Delta m=\rho\Delta V$，其动能为 $E_{k1}=\Delta m v_1^2/2=\rho\Delta V v_1^2/2$，势能为 $E_{p1}=\Delta m g z_1=\rho\Delta V g z_1$；与此同时，从断面 ΔS_2 流出流管的流体拥有动能 $E_{k2}=\rho\Delta V v_2^2/2$ 和势能 $E_{p2}=\rho\Delta V g z_2$.由于流体作定常流动，在 Δt 时间内，流管内的流体从 A、B 之间移到 A'、B'之间的过程中，它们的公共部分（即 A'、B 之间的这段流体）的体积和运动情况保持不变，即动能和势能未发生变化，所以在 Δt 时间内这段流体的动能和势能的增量为零，故整段流管中流体动能和势能的增量分别为

$$\Delta E_k=E_{k2}-E_{k1}=\frac{1}{2}\rho\Delta V(v_2^2-v_1^2)$$

$$\Delta E_p=E_{p2}-E_{p1}=\rho\Delta V(z_2-z_1)$$

根据功能原理，合外力对系统所做的功等于系统机械能的增量，即 $W_{合外}=\Delta E_k+\Delta E_p$.于是有

$$(p_1-p_2)\Delta V=\frac{1}{2}\rho\Delta V(v_2^2-v_1^2)+\rho\Delta V g(z_2-z_1)$$

化简后，可得

$$\frac{p_1}{\rho g}+\frac{v_1^2}{2g}+z_1=\frac{p_2}{\rho g}+\frac{v_2^2}{2g}+z_2 \tag{3-33a}$$

由于 ΔS_1、ΔS_2 是在流管中任意选取的，故上式对流管中任一横截面都成立，即

$$\frac{p}{\rho g}+\frac{v^2}{2g}+z=常量 \tag{3-33b}$$

式（3-33）称为**理想流体定常流动的伯努利方程**，简称**伯努利方程**.

如今,我们从能量角度来说明这个方程的意义.前面已讲过,$\frac{p}{\rho g}$和 z 在数值上分别等于单位重量流体的压力势能和重力势能,而今$\frac{v^2}{2g}$则在数值上等于单位重量流体所拥有的动能,即$\frac{\Delta m\cdot v^2/2}{\Delta m\cdot g}=\frac{v^2}{2g}$.由于$\frac{p}{\rho g}$、$\frac{v^2}{2g}$和 z 三者的量纲都是长度,其单位都是 m(米),因此,在工程上常把它们分别称为压力头、速度头和位置头.这样,我们便可以将伯努利方程表述为:**理想流体作定常流动时,在同一条流管内任一横截面上,压力头、速度头和位置头三者之和为一常量.**

如果将管道或江河中作定常流动的实际流体视作一个大流管,通常也可应用上述伯努利方程和连续性方程,联立求解所取横截面的 v、p 或 z 等未知量.由此所得出的解,对实际流体的运动问题一般也能给出较满意的解释和近似的结果.但须注意,这两个横截面应取在大流管内流线近似为平行直线的流段处,力求这两个横截面上的速度没有切向分量,以保证流管内所取的上述每一个横截面上各点的动压强都服从流体静止压强的分布规律,即$\frac{p}{\rho g}+z=$常量.其次,对理想流体而言,在同一横截面上各点的流速是相同的.这样,在符合上述要求的横截面上不论选取哪一点,该点的 v、p、z 三个量就能表述流体在整个横截面上的运动状态,也就是说,能够满足伯努利方程中对同一横截面的三项之和$\frac{p}{\rho g}+\frac{v^2}{2g}+z=$常量这一要求.

例 3-15

文特利流量计是测量流量的装置,如图 3-32 所示.管子的两端较粗、中间较细,并连接一个 U 形水银测压计.已知测压计管中水银面的高度差 h,求管道中 A 处的流速和流量.

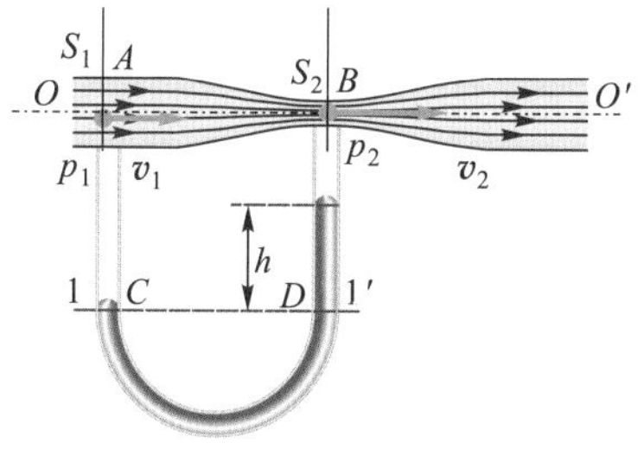

图 3-32 例 3-15 用图

解 设上述装置中的管道是水平的,在 A、B 处分别取截面积为 S_1 和 S_2 的横截面.在 A、B 之间的这段管道无疑是一根大流管,其中流体的流动服从连续性方程,即

$$v_1S_1=v_2S_2$$

式中 v_1、v_2 分别为流体流过横截面 A、B 的流速.设横截面上 A、B 处的压强分别为 p_1、p_2,通过管轴作基准面 OO',即 $z_1=z_2=0$,则由伯努利方程,有

$$\frac{p_1}{\rho g}+\frac{v_1^2}{2g}=\frac{p_2}{\rho g}+\frac{v_2^2}{2g}$$

式中 ρ 为流体的密度.由于管道中的流体沿管轴作纵向流动,沿横向没有分速度.因此,沿横截面 A、B 处的压强服从静压强分布规律.故由式(3-29),并在流体和水银面的分界面上取一水平面 11′,其上等高的两点的压强应相等,$p_C=p_D$,即

$$p_1+\rho gh=p_2+\rho_{Hg}gh$$

式中 ρ、ρ_{Hg}分别为管中流体和 U 形管中水银的密度.

由此,可得压强差

$$p_1-p_2=(\rho_{Hg}-\rho)gh$$

联立求解以上各式,可得管道中流体的速度为

$$v_1=\sqrt{\frac{2(\rho_{Hg}-\rho)ghS_2^2}{\rho(S_1^2-S_2^2)}}$$

相应的流量为

$$Q=v_1S_1=\sqrt{\frac{2(\rho_{Hg}-\rho)ghS_2^2S_1^2}{\rho(S_1^2-S_2^2)}}$$

实际的流体并非理想流体,在具体测量时对以上两式须加以修正.

例 3-16

在大容器(例如水库、水箱等)的水面下 h 处开一小孔,求从小孔流出的水流速度.

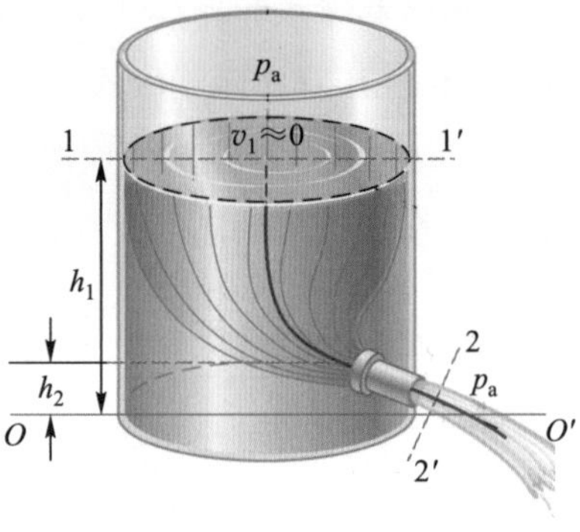

图 3-33 例 3-16 用图

解 如图 3-33 所示,在水面和小孔附近的流线处分别取横截面 11′和 22′,这两断面之间由虚线所包围的一段水流宛如一个大流管.今以容器底面为基准面 OO',则断面 11′处的压强为 $p_1=p_a$,高度为 h_1,流速为 $v_1\approx0$(因小孔甚小,水面下降很慢,水面高度无明显变化,故流速很小可近似为零),在断面22′处,$p_2=p_a$,高度为 h_2,流速为 v_2,按伯努利方程,有

$$\frac{p_a}{\rho g}+0+h_1=\frac{p_a}{\rho g}+\frac{v_2^2}{2g}+h_2$$

由此可得小孔流出的水流的速度为

$$v_2=\sqrt{2g(h_1-h_2)}$$

例 3-17

试分析如图 3-34 所示的喷雾器的工作原理.

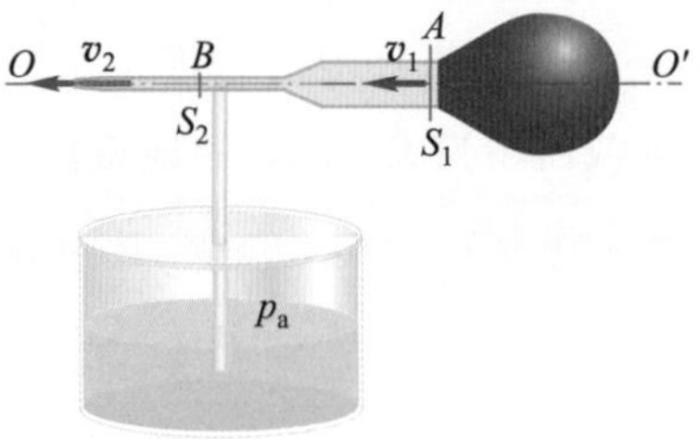

图 3-34 例 3-17 用图

解 图中水平管道在横截面 B 处的管径较小,管内的空气从右向左作定常流动.今取横截面 A、B,其间的空气流就是一段大流管.设截面 A、B 上的面积分别为 S_1 和 S_2,且 $S_1>S_2$;流速分别为 v_1 和 v_2,压强分别为 p_1 和 p_2.沿水平管轴取基准面 OO',则截面 A、B 的中心相对于基准面的高度 $z_1=z_2=0$.这时,伯努利方程变为

$$\frac{1}{2}\rho v_1^2+p_1=\frac{1}{2}\rho v_2^2+p_2 \qquad (3-34a)$$

或

$$p+\frac{1}{2}\rho v^2=常量 \qquad (3-34b)$$

从以上两式可知,流速较大处,压强较小,流速较小处,压强较大.又由连续性方程,有

$$v_1S_1=v_2S_2$$

即

$$v_2=\frac{v_1S_1}{S_2}$$

因 $S_1/S_2>1$，故 $v_2>v_1$，$p_2<p_1$. 可以推想，比值 S_1/S_2 越大，截面 B 处的压强 p_2 就越小. 当 S_1/S_2 大到一定程度时，p_2 将小于外界的环境压强 p_{amb}（例如大气压强）. 这时，若在截面 B 处接一细管插到另一放有液体的容器中，容器中的液体就会被吸上来而被导管中的气体带走. 这种现象就是空吸作用. 喷雾器、水流抽气器等都是利用空吸作用制成的.

例 3-18

试分析球体和机翼在气流中所受的升力（参阅前面图 3-28）.

解 在足球运动中常见的香蕉球，在乒乓球运动中常见的弧圈球等现象，都可以借助伯努利方程去解释. 如图 3-28(b) 所示，球体在流体中向前作匀速平动时，球体两侧的气流速度相同，因此压强也相同，所以球作直线运动；而图 3-28(c) 则表示球体在流体中向前作逆时针旋转时的运动情况，由于球体的旋转，带动周围的空气旋转，造成球下部的流体流速较慢，而上部的流速较快，由式(3-34b)可知，下部的压强较大，上部的压强较小. 这就使球受到一个向上的升力，从而使球在飞行时发生向上的偏转，这就是香蕉球.

飞机机翼的形状是按照流体力学理论设计的，飞机在飞行时，机翼上部的流线比下部密，则由式(3-34b)可知，上部流体处于高速和低压状态，而机翼下的流体处于低速和高压状态，因此在机翼的上下表面形成一个压力差，从而产生向上的升力，如图 3-28(d) 所示.

思考题

3-1 两个不同半径的飞轮用皮带相连互相带动，转动时，大飞轮和小飞轮边缘上各点的线速度和角速度是否相同？线加速度和角加速度是否相同？

3-2 如果一个刚体所受合外力为零，其合外力矩是否也一定为零？如果刚体所受合外力矩为零，其合外力是否也一定为零？

3-3 刚体定轴转动时，每秒内角速度都增加 $2\pi\ \mathrm{rad\cdot s^{-1}}$，能否肯定刚体是作匀加速转动？

3-4 一刚体在某一力矩作用下绕定轴转动，当力矩增加时，角速度怎样变化？角加速度怎样变化？当力矩减小时，角速度和角加速度又怎样变化？当力矩为零时，其角速度和角加速度是否一定为零？

3-5 一个圆盘和一个圆环的半径相等，质量也相同，都可绕过中心且垂直盘面和环面的轴转动，当用同样的力矩从静止开始作用时，问：经过相同的时间后，哪一个转得更快？

3-6 如图所示，试比较质量均为 m 的下列几何体绕通过中心 O 且垂直纸面的轴的转动惯量的大小.

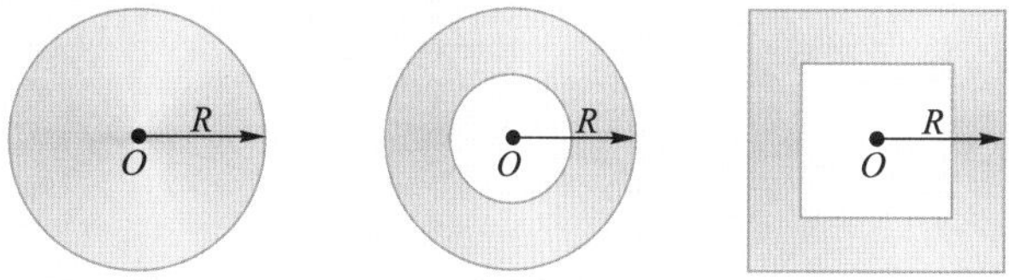

(a) 实心柱体　(b) 空心柱体　(c) 空心正方形薄板

思考题 3-6 图

3-7 铁环沿着斜坡滚下时是加速滚动，此时是什么力矩作用于它？力的方向如何？铁环滚到水平面上后作减速滚动，此时作用于它的力矩是什么？力的方向怎样？

3-8 就人体自身来说，你做什么姿势和相对什么样的轴，转动惯量最大或最小？

3-9 将一个生鸡蛋和一个熟鸡蛋放在桌上使它们旋转，如何判断它们的生熟？理由是什么？

3-10 一个系统的动量守恒,则角动量是否一定守恒?反过来说对吗?

3-11 旋转着的芭蕾舞演员要加快旋转时,总是把两臂收拢,靠近身体,这样做的目的是什么?当旋转加快时,转动动能有无变化?原因是什么?

3-12 为什么质点系动能的改变不仅与外力有关,而且也与内力有关,而刚体绕定轴转动动能的改变只与外力矩有关而与内力矩无关呢?

3-13 一个平台可绕中心轴无摩擦地转动,开始时静止.一辆带有马达的玩具小汽车相对平台由静止开始作绕中心轴的圆周运动,问这时小车对地面怎样运动?圆台将如何运动?经一段时间后,小车突然刹车,则圆台和小车又将怎样运动?在此过程中小车和圆台系统动量是否守恒?机械能是否守恒?角动量是否守恒?为什么?

3-14 一人坐在角速度为 ω_0 的转台上,手持一个旋转着的飞轮,其转轴垂直地面,角速度为 ω_1.如果突然使飞轮的转轴倒置,将会发生什么情况?

3-15 试解释下面三种现象:(1)当两船并行前进时,好像有一种力量将两船吸引在一起,甚至发生碰撞,造成危险;(2)烟囱越高,拔火力量越大;(3)如图所示,卡车快速行驶时,车厢顶部的帆布会弓起.

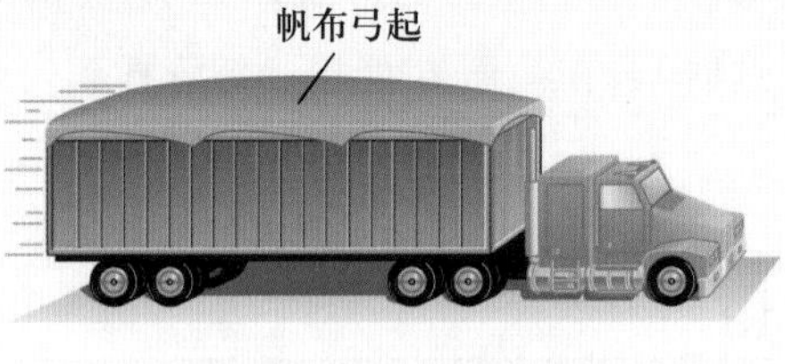

思考题 3-15 图

3-16 图示是一种杠杆式陀螺仪,陀螺仪 G 和砝码 W 置于杆的两端,杠杆既可绕竖直轴又可绕水平轴转动,也可偏离水平位置而倾斜.调节杠杆上的砝码 W 使杆处于平衡,如果此时让陀螺仪中的小飞轮 G 绕自身的转轴高速旋转起来,在各轴承摩擦很小的情况下,则无论如何转动仪器底座,都不能改变飞轮在空间的方位.再移动砝码 W,试分析这时杠杆陀螺仪的运动情况.

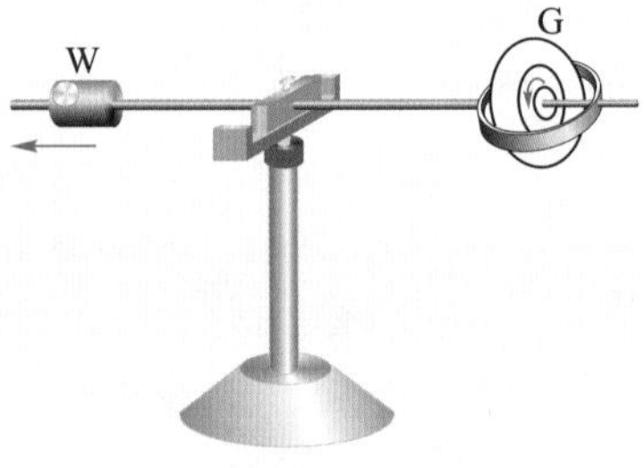

思考题 3-16 图

习题

3-1 如图所示为一根质量分布均匀的铁丝,质量为 m,长度为 l,在其中点 O 处弯成 $\theta=120°$角,放在 Oxy 平面内.求铁丝对 x 轴、y 轴、z 轴的转动惯量.

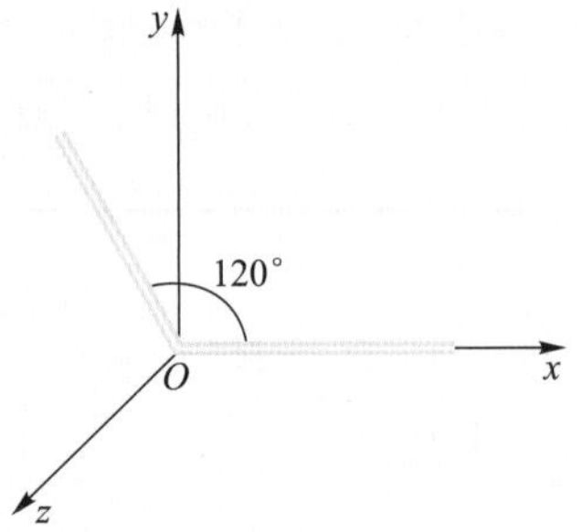

习题 3-1 图

3-2 有一质量面密度为 σ 的均匀矩形板,试证通过与板面垂直的几何中心轴线的转动惯量为$\frac{\sigma}{12}lb(l^2+b^2)$,其中 l 为矩形板的长,b 为它的宽.

3-3 一个砂轮直径为 0.4 m,质量为 20 kg,以 900 r/min 的转速转动,撤去动力后,一个工件以 100 N 的正压力作用在砂轮边缘上,使砂轮在 11.3 s 内停止,求砂轮和工件的摩擦因数(忽略砂轮轴的摩擦).

3-4 飞轮的质量 $m=60$ kg,半径 $R=0.25$ m,绕其水平中心轴 O 转动,转速为 900 r/min,现利用一闸杆制动,在闸杆的一端加一竖直方向的制动力 $\boldsymbol{F}$,可使飞轮减速.已知闸杆尺寸如图所示,闸杆与飞轮之间的摩擦因数 $\mu=0.4$,飞轮的转动惯量可按均质圆盘计算.(1)设 $F = 100\ \mathrm{N}$,问飞轮在多长时间内停止转动?在这段时间里,飞轮转了几转?(2)如果要在 2 s 内使飞轮转速减为一半,需加多大制动力 $\boldsymbol{F}$?

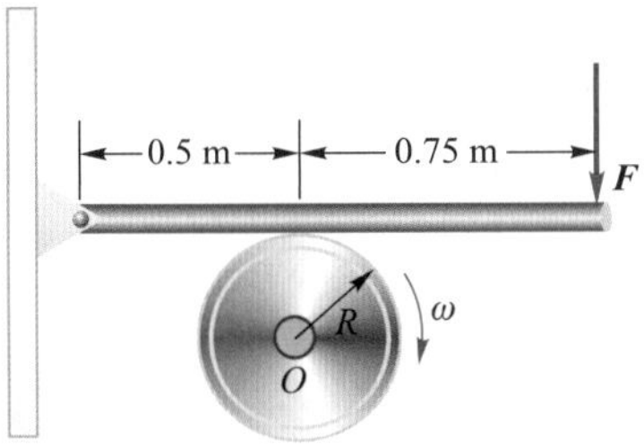

习题 3-4 图

3-5 用落体观察法测定飞轮的转动惯量.将半径为 R 的飞轮支承在 O 轴上,然后在绕过飞轮的绳子的一端挂一质量为 m 的重物,令重物以初速度为零下落,带动飞轮转动,如图所示.记下重物下落的距离和时间,就可算出飞轮的转动惯量.试写出它的计算式.(假设轴承间无摩擦.)

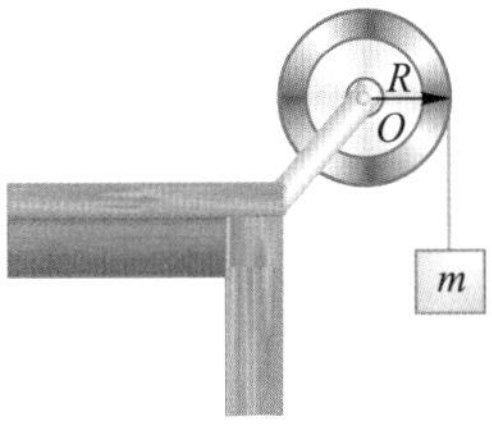

习题 3-5 图

3-6 一根质量为 m_0,长为 l 的均质细杆,一端固接一个质量为 m 的小球,细杆可绕另一端 O 在竖直平面内转动.现将小球从水平位置 A 向下抛射,使球恰好能通过最高点 C,如图所示.求:(1)下抛初速度 v_0;(2)在最低点 B 时,细杆对球的作用力.

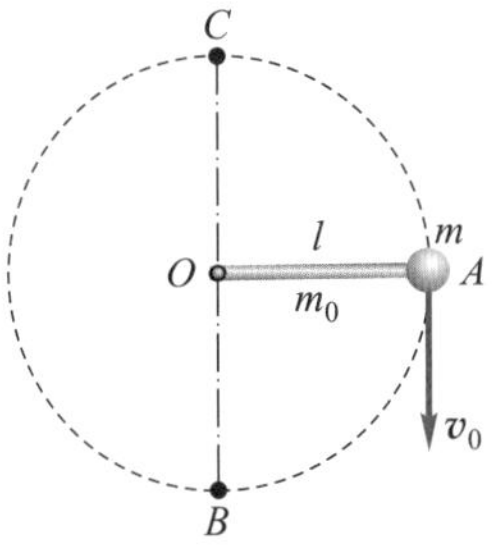

习题 3-6 图

3-7 如图所示,两个均质圆轮的半径分别为 R_1、R_2,质量分别为 m_1、m_2,可绕各自的中心轴旋转.两轮用皮带(质量不计)连接,如果在主动轮 A 上作用一个外力矩 M,则在被动轮 B 上产生摩擦力矩 M_f.设皮带与轮之间无相对滑动,求 A 轮的角加速度.

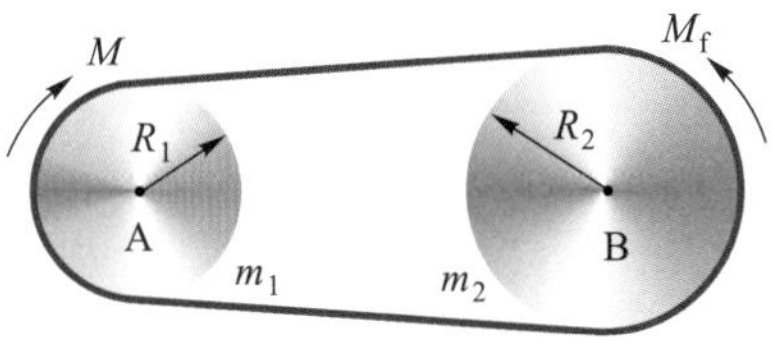

习题 3-7 图

3-8 如图所示装置,定滑轮的半径为 r,绕转轴的转动惯量为 J,滑轮两边分别悬挂质量为 m_1 和 m_2 的物体 A、B.A 置于倾角为 θ 的斜面上,它和斜面间的摩擦因数为 μ,若物体 B 向下作加速运动,求:(1)物体 B 下落的加速度大小;(2)滑轮两边绳子的张力.(设绳的质量及伸长均不计,绳与滑轮间无滑动,滑轮轴光滑.)

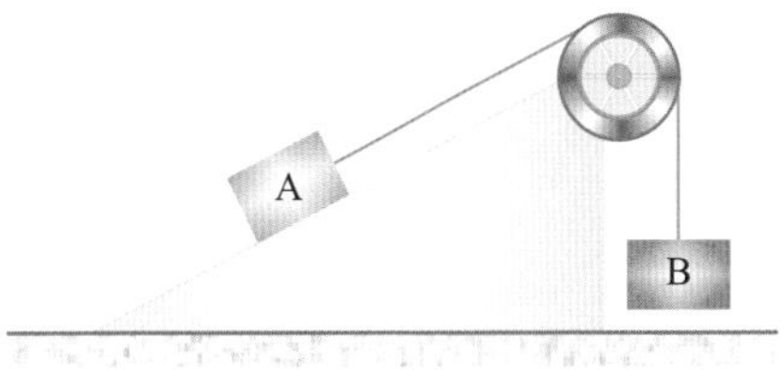

习题 3-8 图

3-9 本题图是测试汽车轮胎滑动阻力的装置.轮胎最初为静止,且被一轻质框架支承着,轮胎可绕 O 轴自由转动,其转动惯量为 $0.75\ \mathrm{kg\cdot m^2}$、质量为 15.0 kg、半径为 30.0 cm.今将轮胎放在以速度 $12.0\ \mathrm{m\cdot s^{-1}}$ 移动的传送带上,并使框架 OA 保持水平.(1)如果轮胎与传送带之间的动摩擦因数为0.60,则需要经过多长时间车轮才能达到最终的角速度?(2)车胎在传送带上留下的痕迹长度是多少?

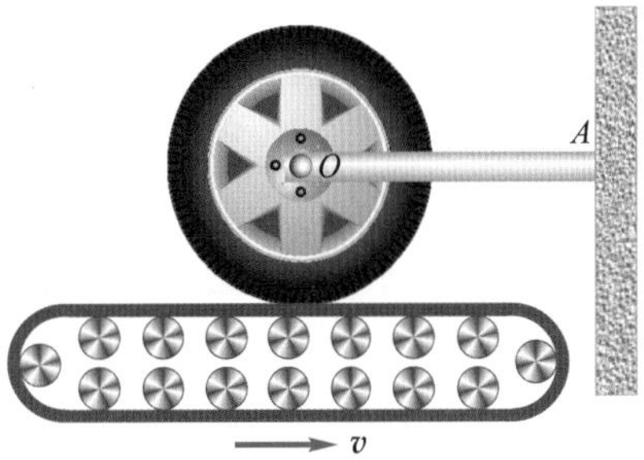

习题 3-9 图

3-10 质量为 m_0 的均质圆盘,可绕过盘心且垂直于盘的水平光滑轴转动,绕盘的边缘挂有质量为 m,长为 l 的均质柔绳,如图所示.设绳与圆盘无相对滑动,试求:当圆盘两侧绳长之差为 s 时,绳的加速度.

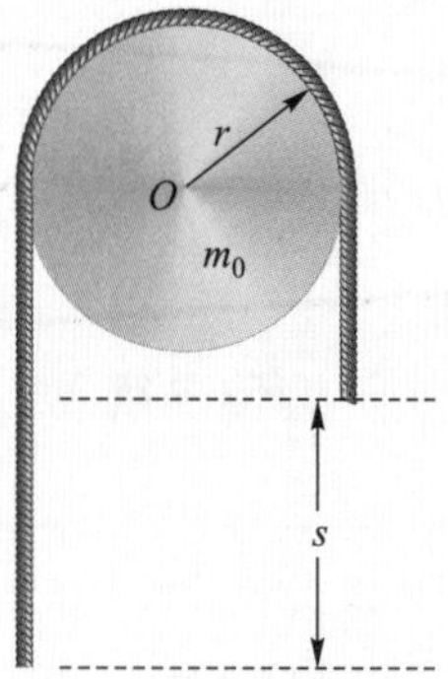

习题 3-10 图

3-11 如图所示,质量为 m,半径为 R 的均质圆盘,初角速度为 ω_0,不计轴承处的摩擦.若空气对圆盘表面单位面积的摩擦力正比于该处的线速度,即 $F_f=kv$,k 为常量,试求:(1)圆盘所受的空气阻力矩 M;(2)圆盘在停止前所转过的圈数 N.

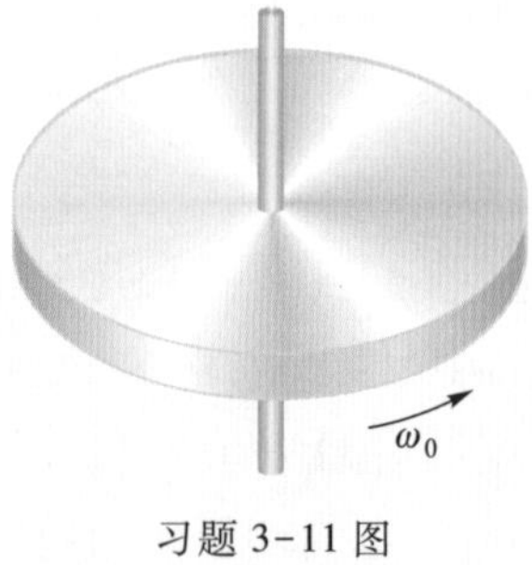

习题 3-11 图

3-12 如图所示在光滑的水平面上有一静止木杆,其质量 $m_1=1.0\ \mathrm{kg}$,长 $l=40\ \mathrm{cm}$,可绕通过其中点 O 并与之垂直的竖直轴转动.一质量为 $m_2=10\ \mathrm{g}$ 的子弹,以 $v=200\ \mathrm{m\cdot s^{-1}}$ 的速度射入杆端,其方向与杆及轴正交.若子弹陷入杆中,试求杆的角速度.

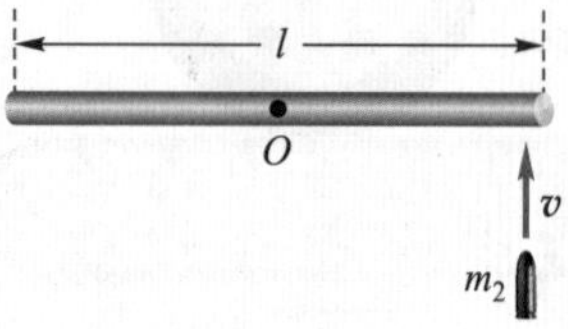

习题 3-12 图

3-13 半径分别为 r_1、r_2 的两个薄伞形轮,它们对通过各自盘心且垂直盘面转轴的转动惯量分别为 J_1 和 J_2.开始时轮Ⅰ以角速度 ω_0 转动,轮Ⅱ静止.问轮Ⅰ与轮Ⅱ成正交啮合后,两轮的角速度分别为多大?

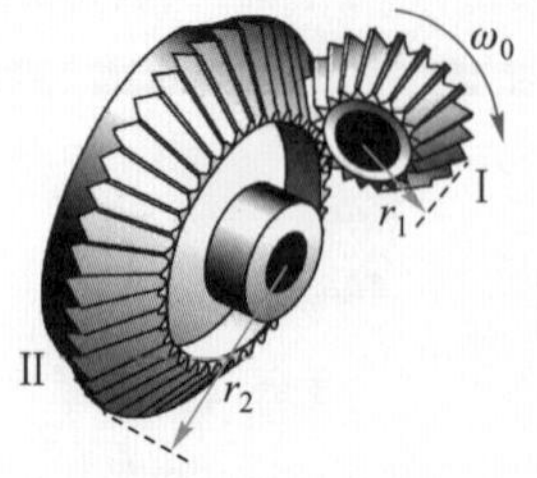

习题 3-13 图

3-14 质量为 m_0、半径为 R 的转盘,可绕竖直轴无摩擦地转动.转盘的初角速度为零.一个质量为 m 的人,在转盘上从静止开始沿半径为 r 的圆周相对圆盘匀速跑,如图所示.求当人在转盘上运动一周回到盘上的原位置时,转盘相对地面转过了多少角度.

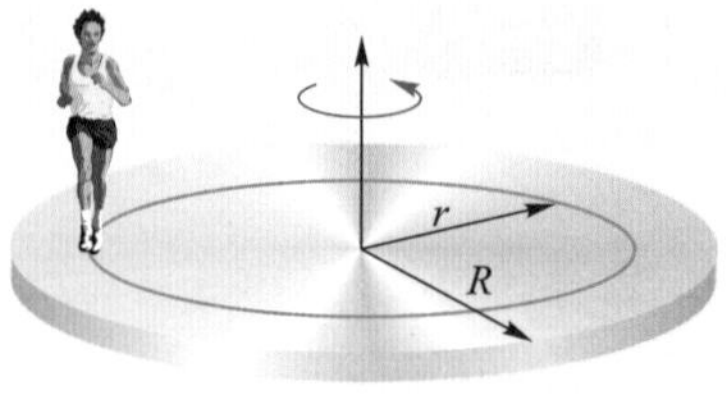

习题 3-14 图

3-15 一转台绕其中心的竖直轴以角速度 $\omega_0=\pi\ \mathrm{rad\cdot s^{-1}}$ 转动,转台对转轴的转动惯量为 $J_0=4.0\times10^{-3}\ \mathrm{kg\cdot m^2}$.今有砂粒以 $Q=2t\ (\mathrm{g\cdot s^{-1}})$ 的流量竖直落至转台上,并黏附于台面形成一圆环,若环的半径为 $r=0.10\ \mathrm{m}$,求砂粒下落 $t=10\ \mathrm{s}$ 时,转台的角速度.

3-16 一根质量为 m_0、长为 L 的粗细均匀的细棒自由下垂,并可绕固定轴 O 自由转动,如图所示.现有一颗质量为 m 的子弹以速度 $\boldsymbol{v}_0$ 斜向入射在棒长 $3L/4$ 处,并嵌入其中.求细棒被击中后的瞬时角速度 ω_0.

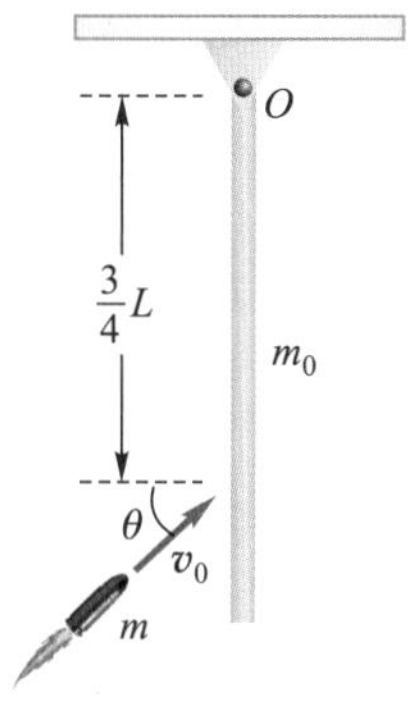

习题 3-16 图

3-17　如图所示，杂技演员 P 由距水平跷板高为 h 处自由下落到跷板的一端 A，并把跷板另一端的演员 Q 弹了起来.设跷板是均质的，长度为 l，质量为 m_0，支撑点在板的中点 C，跷板可绕 C 在竖直平面内转动，演员 P、Q 的质量均为 m.假定演员 P 落在跷板上，与跷板的碰撞是完全非弹性碰撞，问演员 Q 能弹起多高？

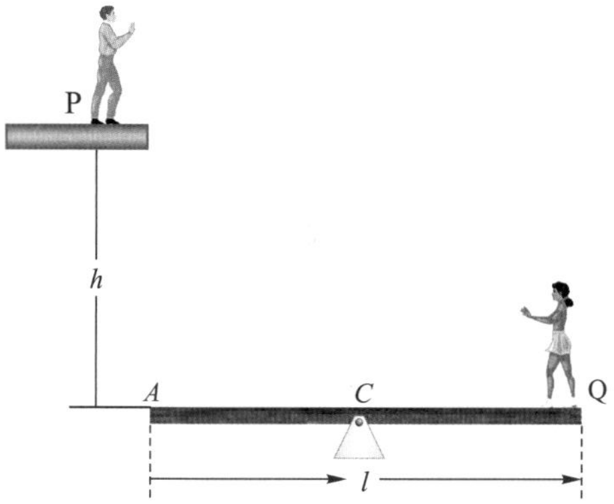

习题 3-17 图

3-18　如图所示，一个均质圆盘，质量为 m_0、半径为 R，放在一粗糙水平面上，圆盘可绕通过其中心 O 的竖直固定光滑轴转动.开始时，圆盘静止，一颗质量为 m 的子弹以水平速度 v_0 垂直于圆盘半径射入圆盘边缘并嵌在盘边上，求：(1) 子弹射入盘后，盘所获得的角速度；(2) 经过多少时间后，圆盘停止运动.(忽略子弹重力造成的摩擦阻力矩，圆盘与水平间的摩擦因数为 μ.)

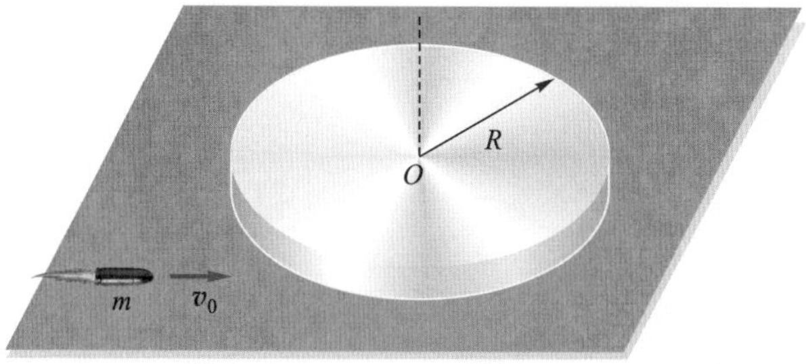

习题 3-18 图

3-19　如图所示，质量为 0.50 kg、长为 0.40 m 的均质细棒，可绕垂直于棒的一端的水平轴在竖直平面内转动.先将此棒放在水平位置，然后任其落下，求：(1) 当棒转过 60° 时的角加速度和角速度；(2) 下落到竖直位置时的动能；(3) 下落到竖直位置时的角速度.

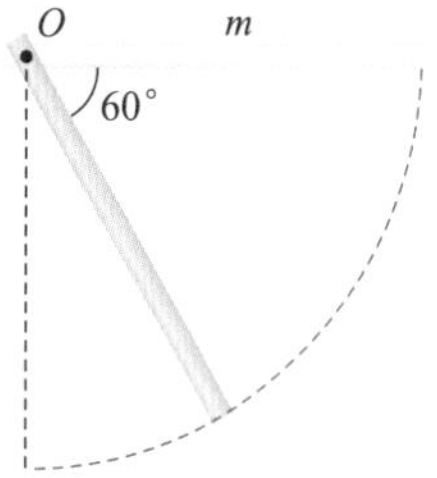

习题 3-19 图

3-20　一根长为 0.2 m、质量为 0.75 kg 的均质细棒，由竖直位置静止释放，如图所示.弹簧的弹性系数 $k = 25\ \mathrm{N \cdot m^{-1}}$，最初为原长.求细棒端点 A 撞击水平面时的速度.

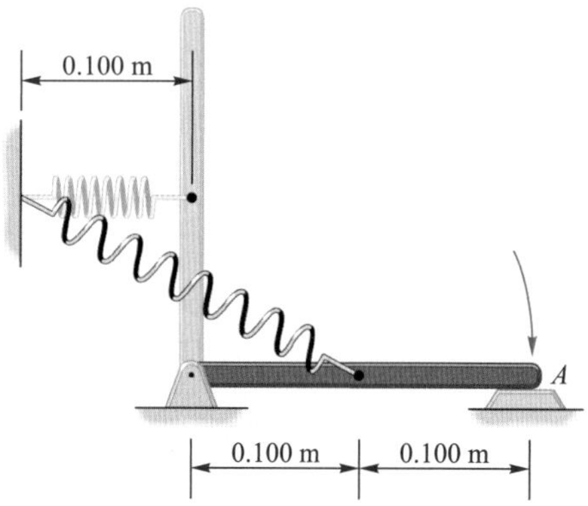

习题 3-20 图

3-21　如图所示，半径为 R 的圆环对过直径的转轴的转动惯量为 J，其上套有一个质量 m 的小珠，小珠可以在此圆环上无摩擦运动.这一系统可绕竖直轴转动.开始时，小珠(视为质点)位于圆环顶部的 A 点，系统绕轴旋转的角速度为 ω_0.求当小珠滑到与环心同一水平面的 B 处和底部的 C 处时，环的角速度、小珠相对环的速度.

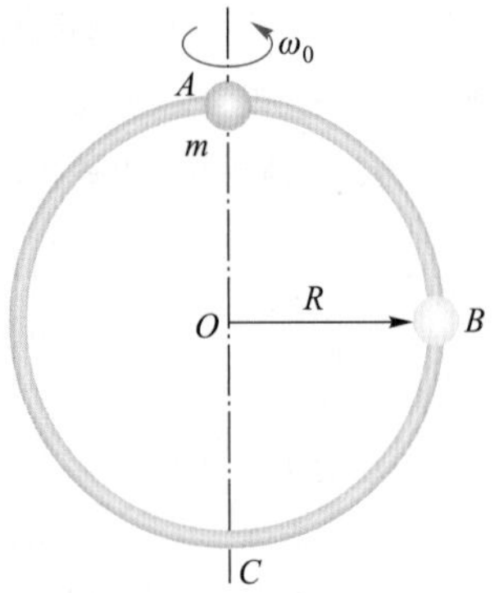

习题 3-21 图

3-22 有一个长方体形的水库，长 200 m，宽 150 m，水深 10 m，求水对水库底面和侧面的压力.

3-23 在 5.0×10^3 s 的时间内通过管子截面的二氧化碳气体（看作理想流体）的质量为 0.51 kg.已知该气体的密度为 $7.5\ \mathrm{kg\cdot m^{-3}}$，管子的直径为 2.0 cm，求二氧化碳气体在管子里的平均流速.

3-24 将内直径 $d_1=1.9\times10^{-2}$ m 的软管连接到草坪洒水器上，洒水器上装有一个有 24 个小孔的莲蓬头，每个小孔的直径均为 $d_2=1.27\times10^{-3}$ m.如果水在软管中的流速为 $v_1=0.914\ \mathrm{m\cdot s^{-1}}$，试问洒水器各小孔喷出水的速率有多大？

3-25 当水从水龙头缓慢流出而自由下落时，水流随位置的下降而变细，这是为什么？如果水龙头管口的内直径为 d，水流出的速率为 v_0，求在水龙头出口以下 h 处水流的直径.

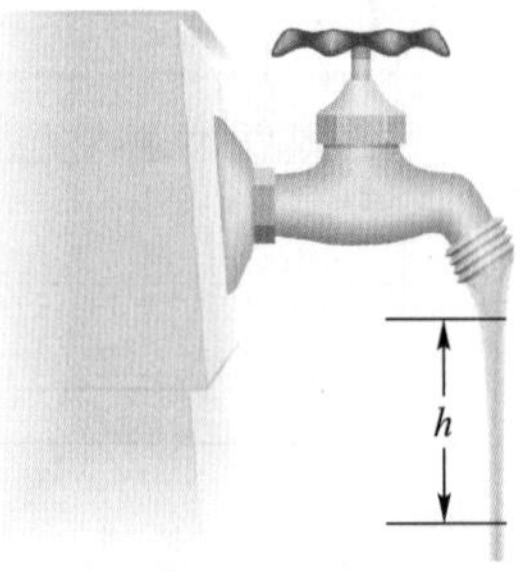

习题 3-25 图

3-26 利用压缩空气将水从一个密封容器内通过管子压出，如图所示，如果管口高出容器内液面 $h=0.65$ m，并要求管口的流速为 $1.5\ \mathrm{m\cdot s^{-1}}$，求容器内空气的压强（容器的横截面远大于管口的横截面）.

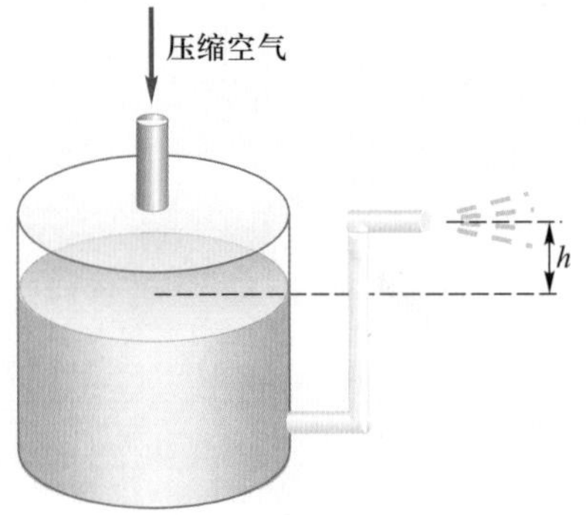

习题 3-26 图

*3-27 半径为 R 的车轮，沿直线轨道作纯滚动（只滚动而不滑动），轮心的速度为 $\boldsymbol{v}_0$.初始时刻，取车轮上 M 点与轨道相接触的位置为坐标原点 O，沿轨道作 Ox 轴，并以车轮前进的方向为 Ox 轴的正方向，如图所示，试画出 M 点的运动轨迹.

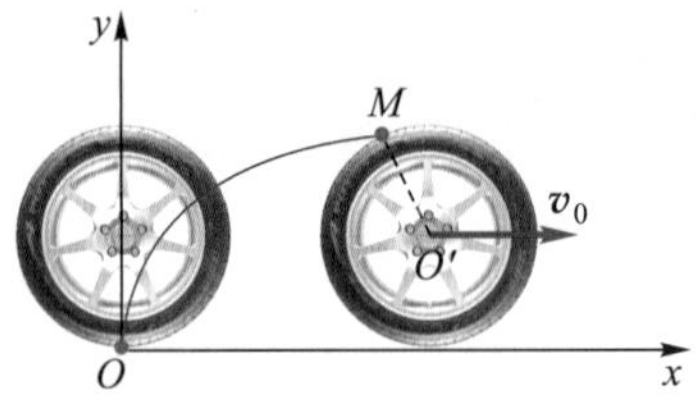

习题 3-27 图

*3-28 在如图所示的力学系统中，已知三个物体的质量分别为 $m_1=1.0$ kg，$m_2=2.0$ kg，$m_3=3.5$ kg，斜面倾角 $\theta=30°$，m_1 与斜面间的滑动摩擦因数 $\mu_1=0.1$，m_1 与 m_2 之间的滑动摩擦因数 $\mu_2=0.8$，滑轮的质量为 $m=2.0$ kg，半径为 $r=0.1$ m，不计绳和滑轮的摩擦.求作用在 m_1 和 m_2 上的正压力 F_{N1}，F_{N2}，绳子的张力 F_{T1} 和 F_{T2}，滑轮的角加速度 α 以及三个物体的加速度 a_1、a_2 和 a_3. m_1 与 m_2 能否保持相对静止？

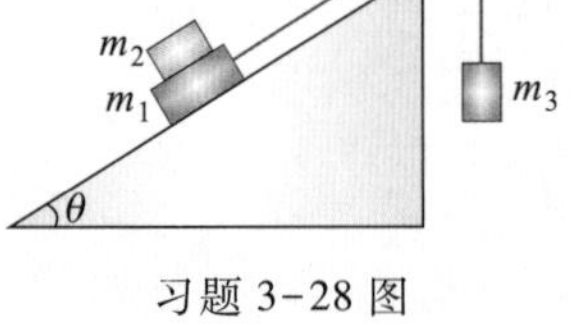

习题 3-28 图

水滴进入水中，在落水点引发振动，振动状态通过弹性介质——水，在水中传播，形成波动.

第4章 振动与波动

物质运动的形式多种多样，振动和波动是常见的两种运动形式.物体在一定的位置附近作来回往复的运动，称为机械振动(mechanical vibration).生活中，物体作机械振动的例子比比皆是，例如脉搏的跳动、微风中树枝的摇曳、发动机汽缸活塞的运动、琴弦的振动、声带的振动、耳鼓膜的振动等.除了机械振动以外，常见的还有电磁振动，例如家用交流电，信号发射天线中的电磁振荡等.广义地说：任何一个物理量在某个确定的数值附近作周期性的变化，都可以称为振动.不论是机械振动、电磁振动，在本质上虽不相同，但从运动形式而言，它们都具有振动的共性，所遵从的规律也可以用统一的数学形式来描述.

振动状态在空间的传播称为波动(wave)，振动是波动产生的根源，波动是振动传播的过程.因此振动与波动是具有密切联系的两种物质运动形式.振动和波动不仅在自然界中广泛存在，而且在科学技术中也有着极其重要的应用.振动状态的传播过程，也是能量的传播过程，人类赖以生存的太阳能，就是凭借电磁波不断地从太阳传送到地球上来的.因此有关振动和波动的理论在声学、地震学、建筑工程、光学、无线电技术、信息科学以及现代物理学等领域内是不可或缺的必要基础.不言而喻，研究振动和波动具有普遍而重要的意义.

在各种振动现象中，最简单而又最基本的振动是简谐振动.任何复杂的振动形式都可以看作是若干个简谐振动的合成.因此，研究简谐振动是进一步研究复杂振动的基础.本章将以机械振动和机械波为主要内容，从讨论简谐振动的基本规律着手，进而讨论振动的合成、波的传播规律及其运动特性.这对今后学习其他各种振动和波动的规律将不无裨益.

4-1 简谐振动

4-1-1 简谐振动的基本特征

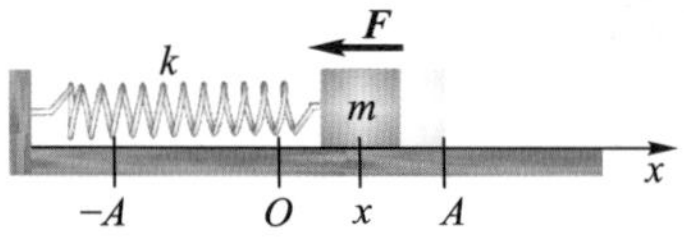

图 4-1 弹簧振子在一个水平面上作简谐振动

动画 弹簧振子模型

研究简谐振动的理想模型是**弹簧振子**(spring oscillator),它是由一个轻弹簧和系于轻弹簧一端的质量为 m 的物体所组成的.现将这一系统放置在一个水平面上,并把弹簧的另一端固定,如图 4-1 所示,其动态过程见动画:弹簧振子模型.设弹簧处于自然长度时,物体位于 O 点,这时物体所受合外力为零,因此 O 点为系统的平衡位置.以 O 点为坐标原点,建立坐标轴 Ox.若将物体稍加移动后释放,则由于弹簧的伸长或压缩,便有弹性力作用于物体.设在某一时刻 t,物体的位移为 $\boldsymbol{x}$,也是弹簧的形变量,根据胡克定律,弹簧发生弹性形变时,物体所受的弹性力 $\boldsymbol{F}$ 可表示为

$$\boldsymbol{F}=-k\boldsymbol{x} \tag{4-1}$$

式中 k 称为弹簧的弹性系数(coefficient of elasticity),负号表示力与位移的方向相反.由此可见,不管弹簧处于拉伸或压缩状态,弹性力始终指向平衡位置,这样的力称为**回复力**(restoring force).物体在回复力的作用下,在 O 点附近沿 Ox 轴作振动.根据牛顿第二定律,有

$$m\frac{\mathrm{d}^2x}{\mathrm{d}t^2}=-kx$$

令

$$\omega^2=\frac{k}{m} \tag{4-2}$$

整理后可得

$$\frac{\mathrm{d}^2x}{\mathrm{d}t^2}+\omega^2x=0 \tag{4-3}$$

求解这个二阶微分方程,可得到物体的运动方程为

$$x=A\cos(\omega t+\varphi) \tag{4-4}$$

式中的 A 和 φ 都是积分常量.**我们把位移随时间 t 按余弦(或正弦)函数规律变化的运动称为简谐振动**(simple harmonic vibration),式(4-3)和式(4-4)都可以被看作是简谐振动的数学表达式.

从上述分析可知,物体只要受到一个形如 $\boldsymbol{F}=-k\boldsymbol{x}$ 的弹性回复力的作用,它的位移 $\boldsymbol{x}$ 一定满足微分方程式(4-3),其解必定是时间 t 的余弦(或正弦)函数.因此回复力 $\boldsymbol{F}=-k\boldsymbol{x}$、运动微分方程式(4-3)以及物体的运动方程式(4-4),乃是简谐振动的三项基本特征,其中的任何一项都可以作为判断物体是否作简谐振动的依据.

将物体的位移对时间求一阶、二阶导数,可以得到物体的振动速度和加速度分别为

$$v=\frac{\mathrm{d}x}{\mathrm{d}t}=-\omega A\sin(\omega t+\varphi) \tag{4-5}$$

$$a=\frac{\mathrm{d}^2x}{\mathrm{d}t^2}=-\omega^2A\cos(\omega t+\varphi)=-\omega^2x \tag{4-6}$$

由此可见,物体作简谐振动时,其速度和加速度也随时间作周期性变化,加速度大小与位移大小成正比,但两者方向相反.图 4-2 画出了简谐振动的位移、速度、加速度分别与时间的关系.通常把其中的 $x-t$ 曲线称为振动曲线.

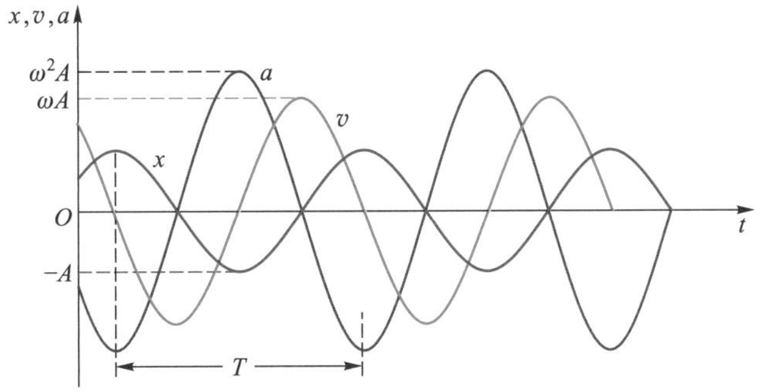

图 4-2 简谐振动的位移、速度、加速度与时间的关系,显示出它们随时间的变化情形.可是这些变化相互间不是“步调一致”的

一般来说,不管 x 代表什么物理量,只要它的变化规律遵循微分方程式(4-3),就表示这个物理量在作简谐振动,而其中的 ω 则是取决于系统本身性质的一个参量.

4-1-2 描述简谐振动的物理量

简谐振动的表达式(4-4)中出现了三个反映其特征的物理量 A、ω 及 φ,分别称为振幅、角频率和初相位.以下就这三个物理量进行讨论.

1. 振幅

由式(4-4)可知,当 $|\cos(\omega t+\varphi)|=1$ 时,振动物体的位移达到最大值 $x=A$,显然,A 表示物体(视为质点)作简谐振动时离开平衡位置的最大位移,因此把它称为振幅(amplitude).振幅 A 给出了物体的振动范围:$-A\leqslant x\leqslant A$.

2. 角频率

振动的特征之一是运动具有周期性.我们把振动往复一次(即完成一次全振动)所经历的时间称为周期(period),用 T 表示.由于每隔一个周期,振动状态就完全重复一次,故有

$$\begin{aligned} x&=A\cos(\omega t+\varphi)\\ &=A\cos[\omega(t+T)+\varphi] \end{aligned}$$

由上式可以解得周期为

$$T=\frac{2\pi}{\omega} \tag{4-7}$$

单位时间内质点完成全振动的次数称为频率(frequency),用 ν 表示,它的单位是赫兹(Hz),1 Hz=1 s^{-1}.显然,频率与周期的关系为

$$\nu=\frac{1}{T}=\frac{\omega}{2\pi} \tag{4-8}$$

式中 ω 称为角频率(angular frequency)或圆频率(circular frequency):

$$\omega=2\pi\nu \tag{4-9}$$

ω 的单位是 rad · s^{-1} 或 s^{-1}.物体振动得越快,周期就越小,频率和角频率就越大.所以频率、角频率与周期一样,都反映了振动的快慢.

把式(4-2)代入式(4-8),可得弹簧振子的振动频率为

$$\nu=\frac{1}{2\pi}\sqrt{\frac{k}{m}} \tag{4-10}$$

弹簧振子的振动周期为

$$T=\frac{2\pi}{\omega}=2\pi\sqrt{\frac{m}{k}} \tag{4-11}$$

可见,弹簧振子的振动频率或周期完全由系统本身的固有属性(质量 m 和弹性系数 k)决定.这种由振动系统本身的固有属性所决定的频率和周期分别称为固有频率(natural frequency)和固有周期(natural period).

3. 相位

由式(4-4)、(4-5)、(4-6)可知,当角频率 ω 和振幅 A 一定时,物体振动的位移、速度和加速度都取决于($\omega t+\varphi$),所以由它能反映出振动物体在任一时刻的运动状态,因而把($\omega t+\varphi$)称为相位(phase).例如由式(4-4)和(4-5)可知,某时刻的相位 $\omega t+\varphi=0$ 时,有 $x=A$,$v=0$,表示振动物体的位移达到最大值,而速度为零;若某时刻的相位 $\omega t+\varphi=\frac{\pi}{2}$,则有 $x=0$,$v=-\omega A$,表示振动物体正越过平衡位置并以最大速率向 Ox 轴的负方向运动…….可见,在一个周期内振动物体在各时刻的运动状态完全由振动的相位决定.

φ 是 $t=0$ 时刻的相位,称为初相位,简称初相(initial phase).初相 φ 一般用弧度表示,它反映初始时刻($t=0$)振动物体的运动状态.

振幅 A 和初相 φ,在数学上是求解微分方程(4-3)时引入的两个积分常量,但是在物理上,它们是描述简谐振动的两个基本量,具有明确的物理意义,它们可以通过振动物体的初始运动状态来确定.将 $t=0$ 分别代入式(4-4)和式

(4-5),可得振动物体在初始时刻的位移 x_0、速度 v_0 和 A、φ 的关系,即

$$\begin{cases} x_0 = A\cos\varphi \\ v_0 = -\omega A\sin\varphi \end{cases} \tag{4-12}$$

于是由 x_0 和 v_0 便可求出振幅 A 和初相 φ,即由式(4-12)可解出

$$A = \sqrt{x_0^2 + \left(\frac{v_0}{\omega}\right)^2} \tag{4-13}$$

$$\varphi = \arctan\left(-\frac{v_0}{\omega x_0}\right) \tag{4-14}$$

通常把 $t=0$ 时的 x_0 和 v_0 称为初始条件,因而式(4-13)和(4-14)表明,A 和 φ 是由初始条件决定的.

综上所述,振幅、频率(或周期)以及相位这三个量是描述简谐振动的三个特征量,只要这三个量被确定,简谐振动也就完全被确定了.在这三个特征量中,角频率 ω 取决于系统本身的动力学性质,而振幅 A 和初相 φ 则由初始条件决定.

此外,利用相位的概念还可以比较两个同频率简谐振动物体的运动状态.设两物体 P 和 Q 的简谐振动表达式分别为

$$x_1 = A_1\cos(\omega t + \varphi_1)$$
$$x_2 = A_2\cos(\omega t + \varphi_2)$$

它们的相位差为

$$\Delta\varphi = (\omega t + \varphi_2) - (\omega t + \varphi_1) = \varphi_2 - \varphi_1$$

上式表明,对两个同频率的简谐振动而言,在任意时刻它们的相位差都等于其初相位之差,而与时间无关.当 $\Delta\varphi = 2k\pi\ (k=0,1,2,\cdots)$ 时,两物体在振动过程中将完全同步,同时到达各自同方向的位移最大值或最小值,同时越过平衡位置同向某个方向运动,这种情况被称为同相(in-phase),如图 4-3(a)所示;当 $\Delta\varphi = (2k+1)\pi\ (k=0,1,2,\cdots)$ 时,两振动物体将同时到达各自相反方向的最大位移处,或同时通过平衡位置但向相反方向运动,其步调完全相反,这种情况则被称为**反相**(antiphase),如图 4-3(b)所示.如果 $\Delta\varphi = \varphi_2 - \varphi_1 > 0$,表示物体 Q 的相位超前于物体 P 的相位为 $\Delta\varphi$,或者说物体 P 的相位落后物体 Q 的相位为 $\Delta\varphi$;如果 $\Delta\varphi < 0$,则表示振动物体 P 的相位超前振动物体 Q 的相位为 $|\Delta\varphi|$.由于两个振动的相位差等于 2π 时表示相同的运动状态,所以在相位超前和落后的描述中存在相对性.例如当 $\Delta\varphi = \frac{3}{2}\pi$ 时,我们可以说振动物体 Q 的相位超前振动物体 P 的相位为 $\frac{3}{2}\pi$,但是通常往往这样说:振动物体 Q 的相位落后于振动物体 P 的相位为 $\frac{\pi}{2}$,或者说振动物体 P 的相位超前于振动

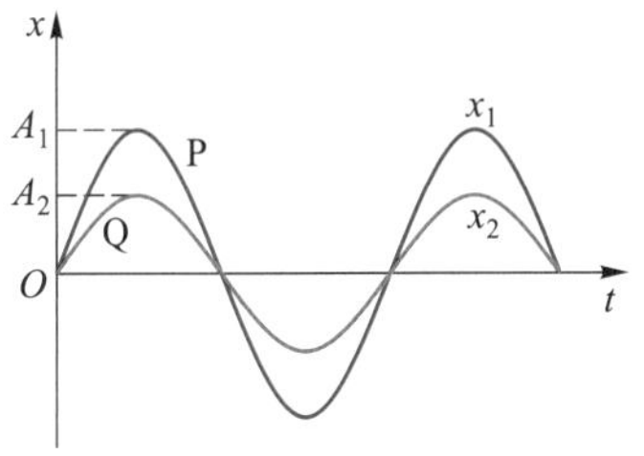

(a) 两个作简谐振动物体的相位差为 $\Delta\varphi = 0$(或者 2π 的整数倍)时,两物体振动的步调完全一致,我们称之为两者同相

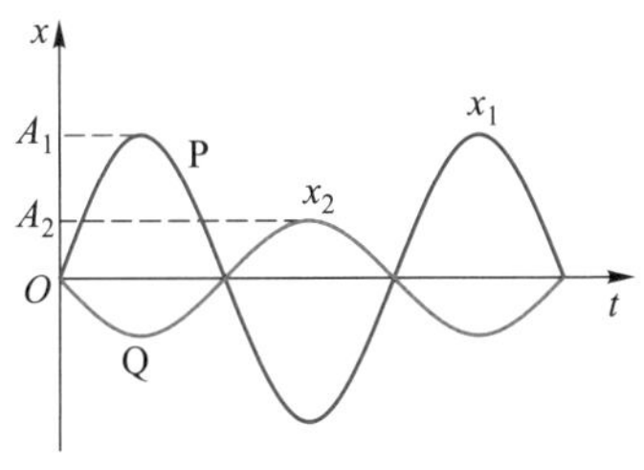

(b) 两个作简谐振动物体的相位差 $\Delta\varphi = \pi$(或者 π 的奇数倍)时,两物体振动的步调完全相反,我们称之为两者反相

图 4-3

物体 Q 的相位为$\frac{\pi}{2}$.通常我们把$|\Delta\varphi|$的值限制在 $0\sim\pi$ 以内来描述相位的超前与落后.

4-1-3 简谐振动的旋转矢量表示法

在研究简谐振动时,常采用一种比较直观的几何描述方法,称为旋转矢量法.该方法不仅在描述简谐振动和处理振动的合成问题时提供了简捷的手段,而且能使我们对简谐振动的三个特征量有更进一步的认识.

在直角坐标系 Oxy 中,以原点 O 为始端作一矢量 $\boldsymbol{A}$,让矢量 $\boldsymbol{A}$ 以角速度 ω 绕 O 点作逆时针方向的匀速转动,如图 4-4 所示.我们把矢量 $\boldsymbol{A}$ 称为旋转矢量.矢量 $\boldsymbol{A}$ 在旋转的过程中,其端点 P 在 Ox 轴上的投影 M 将以 O 点为中心作往复振动.现在我们来考察投影点 M 的振动规律.

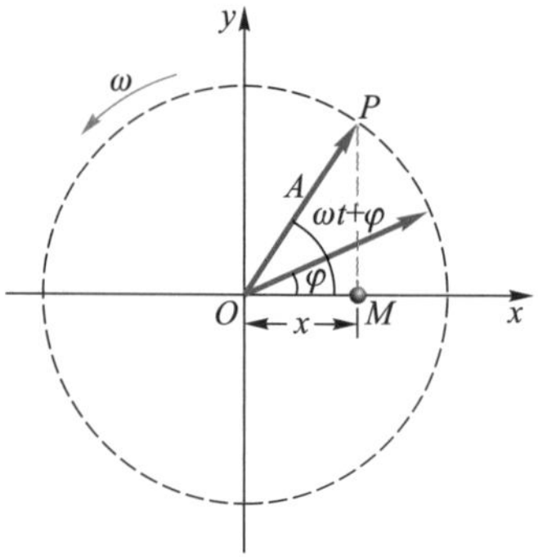

图 4-4 矢量 $\boldsymbol{A}$ 以角速度 ω 绕 O 点作逆时针方向的匀速转动,则矢量的端点 P 在 x 轴上的投影点 M 沿 x 轴作简谐振动

动画 旋转矢量

设在 $t=0$ 时刻,矢量 $\boldsymbol{A}$ 与 Ox 轴之间的夹角为 φ,经过时间 t,矢量 $\boldsymbol{A}$ 与 Ox 轴之间的夹角变为 $\omega t+\varphi$,则 M 点的运动方程为

$$x=A\cos(\omega t+\varphi)$$

可见,旋转矢量 $\boldsymbol{A}$ 的端点 P 在 Ox 轴上的投影点 M 的运动是简谐振动.在旋转矢量图中,矢量 $\boldsymbol{A}$ 的长度即为简谐振动的振幅 A,矢量 $\boldsymbol{A}$ 的角速度即为振动的角频率 ω,在初始时刻($t=0$),矢量 $\boldsymbol{A}$ 与 Ox 轴的夹角 φ 即为初相位,任意时刻矢量 $\boldsymbol{A}$ 与 Ox 轴的夹角即为振动的相位($\omega t+\varphi$).旋转矢量 $\boldsymbol{A}$ 的某一特定位置对应于简谐振动系统的一个运动状态,它转过一周所需的时间就是简谐振动的周期 T,两个简谐振动的相位差就是两个旋转矢量之间的夹角.所以旋转矢量法把描述简谐振动的三个特征量以及其他一些物理量都非常直观地表示出来了.

例 4-1

竖直悬挂的弹簧下端系一质量为 m 的物体,弹簧伸长量为 b,如图4-5所示.若先用手将物体上托,使弹簧处于自然长度,然后放手.(1)试证物体的运动为简谐振动;(2)写出物体简谐振动的表达式.

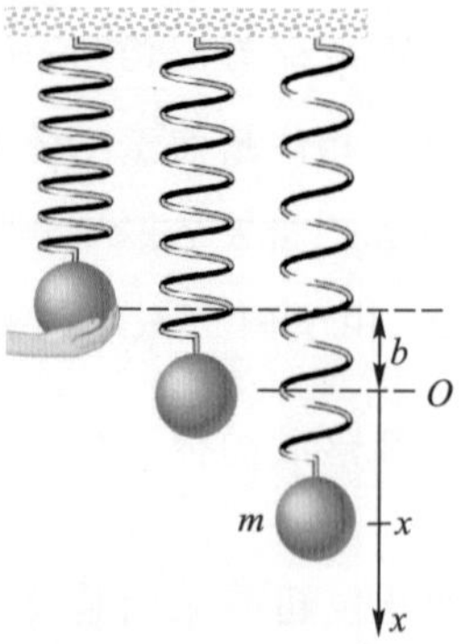

图 4-5 例 4-1 用图

解 (1) 取物体所受的合外力等于零的位置为平衡位置,以平衡位置为坐标原点 O,建立坐标系 Ox,如图所示.当物体处于平衡位置时,有

$$mg-kb=0$$

式中 b 为弹簧悬挂物体后的伸长量,由上式解得

$$b=\frac{mg}{k} \tag{4-15}$$

设物体在运动过程中某一时刻的坐标为 x,此时作用在物体上的合外力为

$$F=mg-k(x+b)=-kx$$

由上式即可判定物体作简谐振动.

(2) 由牛顿第二定律可列出物体运动的微分方程为

$$m\frac{\mathrm{d}^2x}{\mathrm{d}t^2}=-kx \quad 或 \quad \frac{\mathrm{d}^2x}{\mathrm{d}t^2}+\frac{k}{m}x=0$$

式中 x 前面的系数就是小球作简谐振动的角频率的平方,即

$$\omega=\sqrt{\frac{k}{m}}$$

将式(4-15)代入上式,可得

$$\omega=\sqrt{\frac{g}{b}}$$

选定“放手”时为计时零点,则初始条件为:$t=0$ 时,$x_0=-b,v_0=0$.利用式(4-13)和式(4-14)可分别求得振幅和初相为

$$A=b,\quad \varphi=\pi$$

因而,该物体的简谐振动的表达式为

$$x=b\cos\left(\sqrt{\frac{g}{b}}t+\pi\right)$$

从上例可以看出,对一个弹簧振子而言,其竖直悬挂时的振动角频率和在水平面上振动时的角频率相同,均由系统本身的参量决定.

在上例中,如果取弹簧原长处为坐标原点,物体的运动是否还是简谐振动?其简谐振动的表达式是否改变?请读者考虑.

例 4-2

长为 l 的细线上端固定,下端系一个质量为 m 的重物,构成如图 4-6 所示的系统.这个系统称为单摆,细线称为摆线,其质量和伸长均可忽略不计,重物称为摆球.试分析其运动规律.(假设空气阻力可以被忽略.)

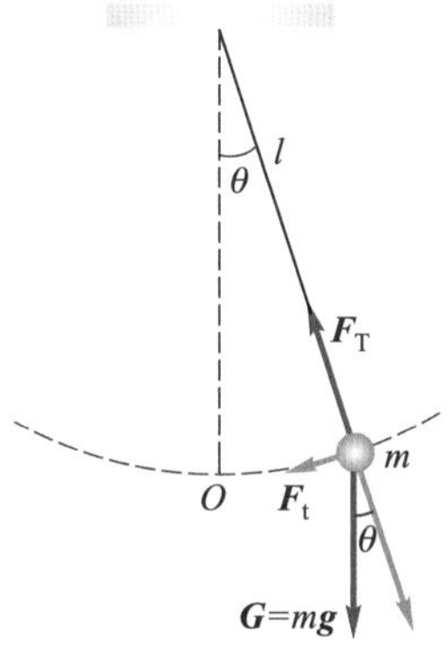

图 4-6 例 4-2 用图

解 摆球受重力 $\boldsymbol{G}=m\boldsymbol{g}$ 和绳子的拉力 $\boldsymbol{F}_T$ 的作用,在竖直位置时所受的合力为零.取 O 点为平衡位置,将摆球从其平衡位置拉开一段微小距离后放手,摆球就在竖直平面内来回摆动.

设某一时刻单摆的角位移为 θ(取逆时针方向为角位移 θ 的正方向),重力在运动轨道的切向分量为

$$F_t=-mg\sin\theta$$

负号表示此力的方向与角位移 θ 的方向相反.切向运动方程为

$$-mg\sin\theta=ma_t=ml\frac{\mathrm{d}^2\theta}{\mathrm{d}t^2}$$

化简得

$$\frac{\mathrm{d}^2\theta}{\mathrm{d}t^2}+\frac{g}{l}\sin\theta=0 \tag{4-16}$$

显然单摆的往复运动并非简谐振动.但是如果摆角 θ 很小(小于 5°,即 θ 小于 0.087 3 rad),则有 $\sin\theta\approx\theta$,这样,上式可写作

$$\frac{\mathrm{d}^2\theta}{\mathrm{d}t^2}+\frac{g}{l}\theta=0$$

这正是具有简谐振动特征的微分方程.这就表明:小角度摆动的单摆是作简谐振动,振动的表达式为

$$\theta=\theta_0\cos(\omega t+\varphi)$$

式中 θ_0 为摆角的振幅,φ 为初相,单摆的角频率为

$$\omega=\sqrt{\frac{g}{l}}$$

单摆的周期为

$$T=\frac{2\pi}{\omega}=2\pi\sqrt{\frac{l}{g}} \tag{4-17}$$

计算结果表明,单摆的周期决定于摆长和该处的重力加速度.历史上,伽利略正是通过测量单摆的周期和摆线的长度求得实验地点的重力加速度的.

例 4-3

一物体沿 Ox 轴作简谐振动,平衡位置在坐标原点 O,振幅 $A=0.06$ m,周期 $T=2$ s.当 $t=0$ 时,物体的位移 $x=0.03$ m,且向 Ox 轴正方向运动.求:(1) 此简谐振动的表达式;(2) $t=0.5$ s 时物体的位移、速度和加速度;(3) 物体从 $x=-0.03$ m 处向 Ox 轴负方向运动,到第一次回到平衡位置所需的时间.

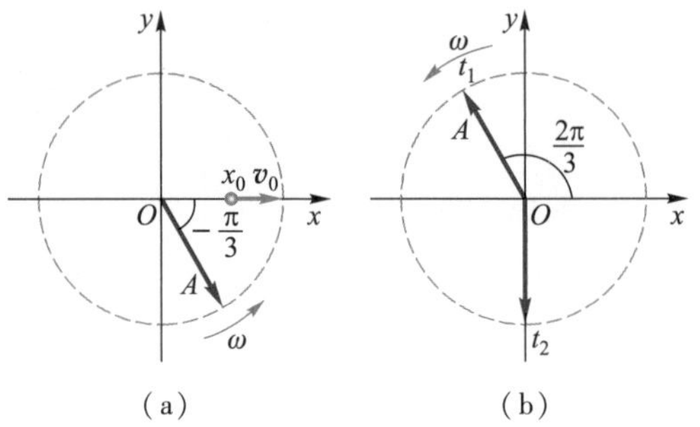

图 4-7 例 4-3 用图

解 (1) 设简谐振动的表达式为

$$x=A\cos(\omega t+\varphi)$$

其中 $A=0.06$ m,$\omega=\frac{2\pi}{T}=\pi\ \text{rad}\cdot\text{s}^{-1}$,初相 φ 可通过两种方法求得.

第一种方法为解析法:将初始条件 $t=0$ 时,$x_0=0.03$ m 代入振动的表达式,得

$$0.03=0.06\cos\varphi$$

可解得 $\cos\varphi=\frac{1}{2}$,$\varphi=\pm\frac{\pi}{3}$,其中的正、负号取决于初始时刻速度的方向.在 $t=0$ 时刻,物体向 Ox 轴正方向运动,则有

$$v_0=-A\omega\sin\varphi>0$$

所以初相位应取

$$\varphi=-\frac{\pi}{3}$$

第二种方法为旋转矢量法:根据初始条件可画出如图 4-7(a) 所示的旋转矢量的初始位置,从而得出 $\varphi=-\frac{\pi}{3}$.

于是,便可写出简谐振动的表达式为

$$x=0.06\cos\left(\pi t-\frac{\pi}{3}\right)\quad(\text{SI 单位})$$

(2) 将上述简谐振动表达式对 t 求导,可得

$$v=\frac{dx}{dt}=-0.06\pi\sin\left(\pi t-\frac{\pi}{3}\right)$$

$$a=\frac{dv}{dt}=-0.06\pi^2\cos\left(\pi t-\frac{\pi}{3}\right)$$

以 $t=0.5$ s 代入振动表达式和以上两式,不难求得此时物体的位移、速度及加速度分别为

$$x=0.052\ \text{m}$$

$$v=-0.094\ \text{m}\cdot\text{s}^{-1}$$

$$a=-0.51\ \text{m}\cdot\text{s}^{-2}$$

(3) 由"某一时刻 t_1,振动物体位于 $x=-0.03$ m,且向 Ox 轴负方向运动"可知,这一运动状态对应的旋转矢量位置如图 4-7(b) 所示,旋转矢量与 Ox 轴的夹角为 $\frac{2\pi}{3}$;当旋转矢量逆时针转动到与 Ox 轴的夹角为 $\frac{3\pi}{2}$ 时,物体第一次回到平衡位置.此时旋转矢量转过的角度为 $\frac{3\pi}{2}-\frac{2\pi}{3}=\frac{5\pi}{6}$,由于转动的角速度 $\omega=\pi\ \text{rad}\cdot\text{s}^{-1}$,所以所需的时间应为

$$\Delta t=\frac{\frac{5}{6}\pi}{\pi}\ \text{s}=\frac{5}{6}\ \text{s}=0.83\ \text{s}$$

例 4-4

一个作简谐振动的物体，其振动曲线如图 4-8(a)所示. 试写出该振动的表达式.

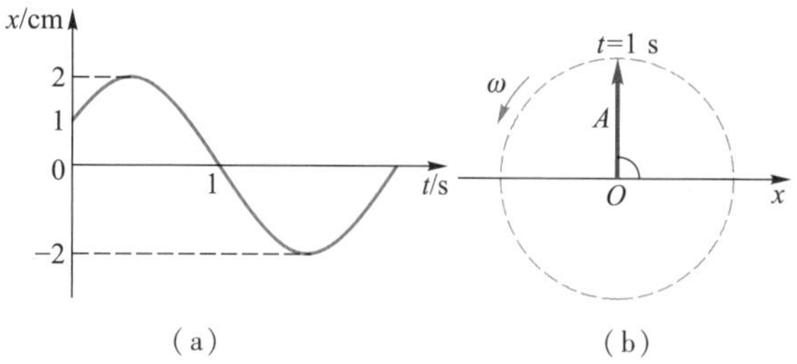

图 4-8 例 4-4 用图

解 任何简谐振动都可以表达为

$$x=A\cos(\omega t+\varphi)$$

由振动曲线可知，振幅 $A=2$ cm，初始条件为 $t=0$ 时，$x_0=\dfrac{A}{2}=1$ cm，$v_0>0$. 由初始条件，利用解析法或旋转矢量图法都可得出初相 φ 为

$$\varphi=-\frac{\pi}{3}$$

由图 4-8(a)可知，当 $t=1$ s 时，物体处于 $x=0$ 处，且向负方向移动，即 $v<0$. 由旋转矢量图 4-8(b)，可知对应的相位为

$$(\omega t+\varphi)\big|_{t=1\text{ s}}=\frac{\pi}{2}$$

在这 1 s 内旋转矢量转过了 $\dfrac{5}{6}\pi$，得振动角频率为

$$\omega=\frac{5}{6}\pi\ \text{rad}\cdot\text{s}^{-1}$$

从而可写出此简谐振动的表达式为

$$x=0.02\cos\left(\frac{5}{6}\pi t-\frac{\pi}{3}\right)\quad(\text{SI 单位})$$

4-1-4 简谐振动的能量

从机械运动的观点来看，在振动过程中，若系统不受外力和非保守内力的作用，则机械能应该守恒，即动能和势能之和不变. 我们仍以弹簧振子为例来研究振动系统的能量守恒与转化.

当弹簧振子的位移为 x，速度为 v 时，弹簧振子的弹性势能和动能分别为

$$E_p=\frac{1}{2}kx^2=\frac{1}{2}kA^2\cos^2(\omega t+\varphi)\tag{4-18}$$

$$E_k=\frac{1}{2}mv^2=\frac{1}{2}m\omega^2A^2\sin^2(\omega t+\varphi)\tag{4-19}$$

因为 $\omega^2=\dfrac{k}{m}$，所以动能还可以表示为

$$E_k=\frac{1}{2}kA^2\sin^2(\omega t+\varphi)$$

则系统的总能量为

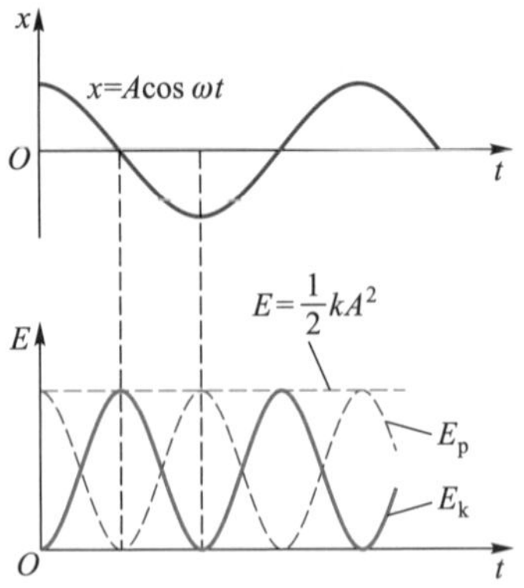

(a) 弹簧振子系统的总能量、动能、弹性势能随时间 t 作周期性变化

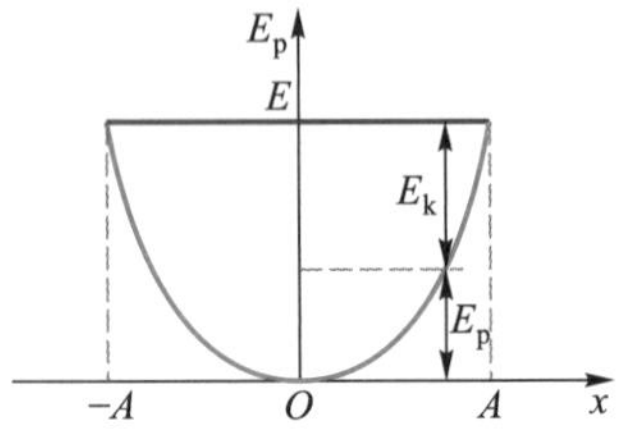

(b) 弹簧振子的势能曲线. 系统的动能和势能随位置 x 而变化

图 4-9

$$E=E_k+E_p=\frac{1}{2}kA^2 \tag{4-20}$$

以上计算表明,在振动过程中弹簧振子的动能和弹性势能都将随时间 t 作周期性变化,如图 4-9(a)所示.在平衡位置 $x=0$ 处,势能为零,动能最大,在最大位移 $x=\pm A$ 处,势能最大,动能为零,但是其总能量不随时间改变,即系统的动能与势能相互转化,但总机械能守恒.

图 4-9(b)所示的抛物线是弹簧振子的势能曲线,横坐标是位移 x,纵坐标是势能 E_p,相应的数学表达式为 $E_p=\frac{1}{2}kx^2$.从图中可知,势能随位置 x 而变化,在任一位置 x 处,总能量与势能之差表示动能.

由式(4-20)可以看出,简谐振动的总能量与振幅的二次方成正比,因此振幅的大小可以用来表征简谐振动的强弱.这一结论不仅适用于弹簧振子,而且适用于其他形式的简谐振动.

例 4-5

质量 0.1 kg 的物体以 0.01 m 的振幅作简谐振动,其最大加速度为 $0.04\ \mathrm{m\cdot s^{-2}}$,求:(1)振动的周期;(2)系统振动的总能量;(3)物体在何处时,其动能和势能相等;(4)位移等于振幅的一半时,动能与势能之比.

解 (1) 物体作简谐振动时,其加速度表达式为

$$a=-\omega^2A\cos(\omega t+\varphi)$$

最大加速度为 $a_m=\omega^2A$,即 $\omega=\sqrt{\frac{a_m}{A}}$,则振动周期为

$$T=\frac{2\pi}{\omega}=2\pi\sqrt{\frac{A}{a_m}}=2\pi\sqrt{\frac{0.01}{0.04}}\ \mathrm{s}=3.14\ \mathrm{s}$$

(2) 总能量为

$$E=\frac{1}{2}m\omega^2A^2=\frac{1}{2}ma_mA$$

$$=\left(\frac{1}{2}\times0.1\times0.04\times0.01\right)\ \mathrm{J}$$

$$=2\times10^{-5}\ \mathrm{J}$$

(3) 设物体的位移为 x 时动能和势能相等,即势能为总能量的一半,故

$$E_p=\frac{1}{2}kx^2=\frac{1}{2}E=\frac{1}{4}kA^2$$

解得

$$x=\pm\frac{\sqrt{2}}{2}A=\pm\frac{\sqrt{2}}{2}\times0.01\ \mathrm{m}$$

$$=\pm7.07\times10^{-3}\ \mathrm{m}$$

(4) 当 $x=\frac{1}{2}A$ 时

$$E_p=\frac{1}{2}kx^2=\frac{1}{2}k\left(\frac{1}{2}A\right)^2$$

$$=\frac{1}{4}E$$

$$E_k=E-E_p=E-\frac{1}{4}E$$

$$=\frac{3}{4}E$$

则此时的动能与势能之比为

$$\frac{E_k}{E_p}=3$$

例 4-6

绕不通过质心的水平转轴 O 摆动的刚体称为**复摆**，设刚体的质量为 m，如图 4-10 所示. 今将刚体拉开一个微小角度 θ 后释放，不计任何阻力，刚体将绕 O 轴作微小的自由摆动. 若复摆对 O 轴的转动惯量为 J，复摆的质心 C 到 O 轴的距离为 l，求复摆的振动周期.

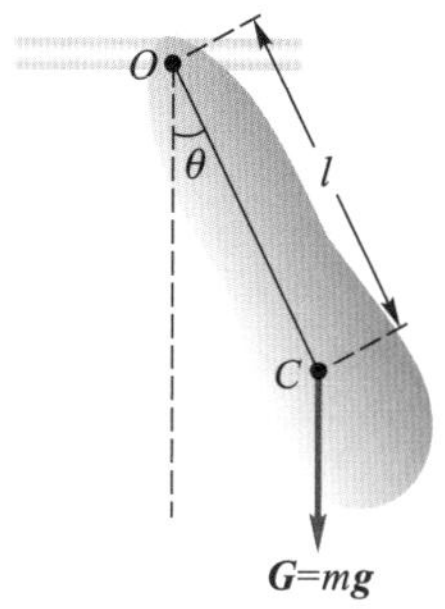

图 4-10 例 4-6 用图

解 鉴于复摆为一个保守系统，故可考虑从能量的角度进行分析. 刚体的角速度 $\omega=\dfrac{d\theta}{dt}$，其转动动能为 $\dfrac{1}{2}J\omega^2$. 取 O 点为零势能点，则复摆的总能量为

$$E=E_k+E_p$$
$$=\frac{1}{2}J\omega^2-mgl\cos\theta$$

在摆角 θ 很小的情况下，将 $\cos\theta$ 按幂级数展开，并取前两项，可得

$$E\approx\frac{1}{2}J\left(\frac{d\theta}{dt}\right)^2-mgl\left(1-\frac{1}{2}\theta^2\right)$$

因为系统机械能守恒，所以应有 $dE/dt=0$，即

$$\frac{dE}{dt}=J\frac{d\theta}{dt}\cdot\frac{d^2\theta}{dt^2}+mgl\theta\frac{d\theta}{dt}$$
$$=J\omega\left(\frac{d^2\theta}{dt^2}+\frac{mgl}{J}\theta\right)=0$$

由上式可得

$$\frac{d^2\theta}{dt^2}+\frac{mgl}{J}\theta=0$$

可见复摆的运动在摆角很小时，可视为简谐振动，其角频率和周期分别为

$$\omega=\sqrt{\frac{mgl}{J}},\quad T=2\pi\sqrt{\frac{J}{mgl}}$$

此例也可用刚体定轴转动定律求解，所得结论相同.

4-2 振动的合成和分解

在实际问题中，经常会遇到一个质点同时参与两个或两个以上振动的情况. 例如两个人的声音同时传播到我们的耳中，引起耳鼓膜的振动，此时鼓膜将同时参与两种振动. 耳鼓膜实际的运动就是这两个振动的合成. 由于参与叠加的各个振动的振动方向、频率和相位不同，因而一般振动的合成较为复杂. 反之，一个复杂的周期振动也可以表示为若干个简谐振动的合成，这就是振动的分解. 下面主要就简谐振动的合成问题来进行讨论.

4-2-1 振动的合成

1. 两个同方向同频率的简谐振动的合成

设一质点同时参与两个简谐振动，这两个简谐振动的振动方向相同，频率相同，振幅分别为 A_1 和 A_2，初相分别为 φ_1 和 φ_2，它们的振动表达式分别为

$$x_1=A_1\cos(\omega t+\varphi_1)$$
$$x_2=A_2\cos(\omega t+\varphi_2)$$

根据运动的叠加原理，合振动的位移为

$$\begin{aligned}x&=x_1+x_2\\&=A_1\cos(\omega t+\varphi_1)+A_2\cos(\omega t+\varphi_2)\end{aligned}$$

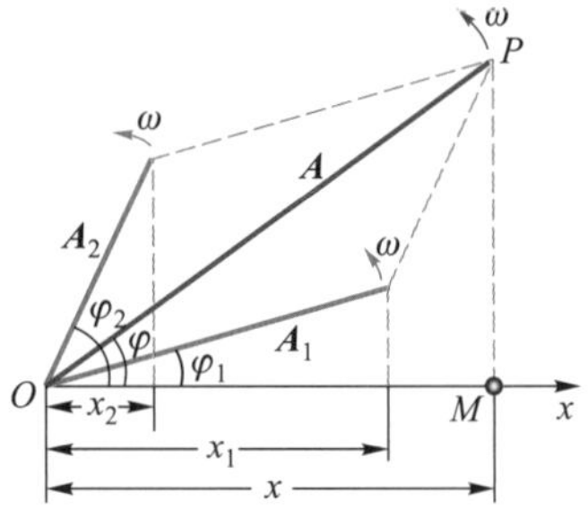

图 4-11 两个同方向同频率的简谐振动合成的旋转矢量图

动画 同方向同频率振动合成

用三角学知识可以从上式给出合成结果.但是应用旋转矢量法可以更方便地得出同样的结果，且物理图像比较清晰.如图 4-11 所示，$\boldsymbol{A}_1$ 和 $\boldsymbol{A}_2$ 分别为两个分振动的旋转矢量，角速度均为 ω，在 $t=0$ 时刻，它们与 Ox 轴的夹角分别为 φ_1 和 φ_2.利用平行四边形法则，$\boldsymbol{A}_1$ 和 $\boldsymbol{A}_2$ 的合矢量为 $\boldsymbol{A}$，它们在 Ox 轴上的投影分别为 x_1、x_2 和 x，且有 $x=x_1+x_2$.因为 $\boldsymbol{A}_1$ 和 $\boldsymbol{A}_2$ 均以相同的角速度 ω 作匀速旋转，所以在旋转过程中，平行四边形的形状保持不变，显然，合矢量 $\boldsymbol{A}$ 的长度也保持不变，并以相同的角速度 ω 匀速旋转，由此可知，合振动也是简谐振动，其表达式为

$$x=A\cos(\omega t+\varphi)$$

由图 4-11，根据余弦定理可求得合振动的振幅为

$$A=\sqrt{A_1^2+A_2^2+2A_1A_2\cos(\varphi_2-\varphi_1)} \tag{4-21}$$

利用直角三角形 OMP 可求得合振动的初相 φ 应满足如下关系式：

$$\tan\varphi=\frac{A_1\sin\varphi_1+A_2\sin\varphi_2}{A_1\cos\varphi_1+A_2\cos\varphi_2} \tag{4-22}$$

从式(4-21)可以看到，合振动的振幅不仅与两个分振动的振幅有关，而且与两者的初相位差有关.下面我们分两种特殊情况来讨论：

(1) 若两个分振动同相位，即

$$\varphi_2-\varphi_1=2k\pi \quad (k=0,\pm1,\pm2,\cdots)$$

则有

$$A=\sqrt{A_1^2+A_2^2+2A_1A_2}=A_1+A_2$$

此时合成振动加强，振幅最大，如图 4-12(a)所示.

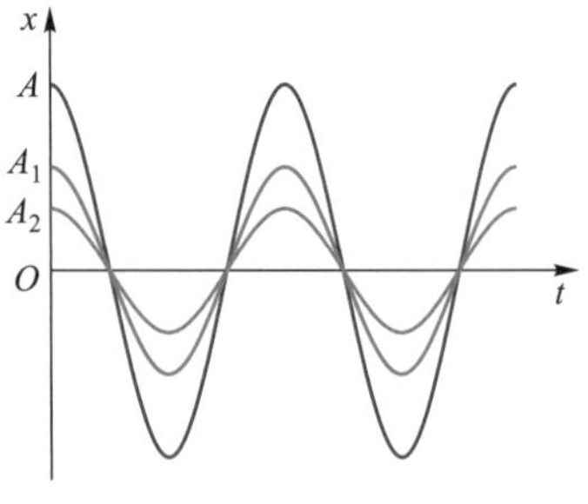

(a) 若两个分振动同相位，合振动加强，合振幅最大

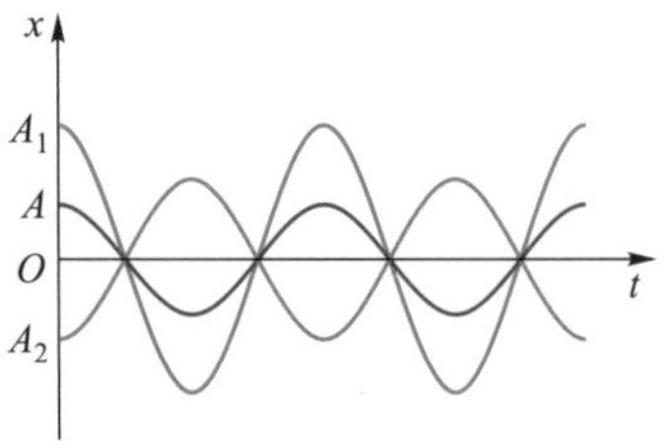

(b) 若两个分振动相位相反，合振动减弱，合振幅最小

图 4-12

（2）若两个分振动相位相反，即

$$\varphi_2-\varphi_1=(2k+1)\pi \quad (k=0,\pm1,\pm2,\cdots)$$

则有

$$A=\sqrt{A_1^2+A_2^2-2A_1A_2}=|A_1-A_2|$$

此时两个振动合成的结果是相互削弱，合振幅最小，如图 4-12(b) 所示. 如果 $A_1=A_2$，则 $A=0$，这说明一个质点同时参与两个等幅而反相位的简谐振动的合成将使其处于静止状态.

上述用旋转矢量法求简谐振动合成的方法，可以推广到多个简谐振动的合成.

例 4-7

已知两个简谐振动的振动表达式分别为

$$x_1=2\cos\left(10\pi t+\frac{\pi}{2}\right) \quad \text{(SI 单位)}$$

$$x_2=2\cos(10\pi t-\pi) \quad \text{(SI 单位)}$$

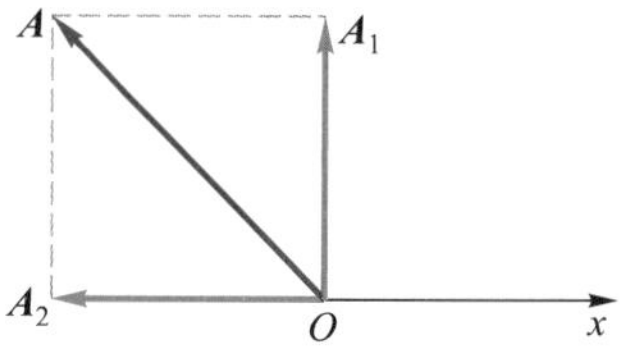

图 4-13 例 4-7 用图

(1) 求合振动的表达式；(2) 若 $x_3=3\cos(10\pi t+\theta)$，则 θ 为何值时，三个简谐振动叠加后，合振动的振幅最大？θ 为何值时，三个简谐振动叠加后，合振动的振幅最小？

解 （1）这是两个同频率、同方向的简谐振动的合成问题. $t=0$ 时刻两个简谐振动对应的旋转矢量 $\boldsymbol{A}_1$ 和 $\boldsymbol{A}_2$ 的位置如图 4-13 所示. 由三角学关系可推得，合振动的振幅及初相分别为

$$A=\sqrt{2}A_1=\sqrt{2}A_2=\sqrt{2}\times2\ \text{m}=2\sqrt{2}\ \text{m}$$

$$\varphi=\frac{3\pi}{4}$$

因此合振动的表达式为

$$x=2\sqrt{2}\cos\left(10\pi t+\frac{3\pi}{4}\right)$$

（2）从图 4-13 中可见，如果第三个振动的旋转矢量 $\boldsymbol{A}_3$ 与 $\boldsymbol{A}$ 的相位差为 2π 的整数倍时，三个简谐振动的合振动的振幅最大，即 $\theta-\varphi=2k\pi$ $(k=0,\pm1,\pm2,\cdots)$，可得

$$\theta=2k\pi+\frac{3\pi}{4} \quad (k=0,\pm1,\pm2,\cdots)$$

此时最大合振幅为 $3\ \text{m}+2\sqrt{2}\ \text{m}=5.83\ \text{m}$

当 $\boldsymbol{A}_3$ 与 $\boldsymbol{A}$ 相位相反时，三个简谐振动的合振幅最小，由 $\theta-\varphi=(2k+1)\pi$ $(k=0,\pm1,\pm2,\cdots)$ 可得

$$\theta=2k\pi+\frac{7\pi}{4} \quad (k=0,\pm1,\pm2,\cdots)$$

此时最小合振幅为 $3\ \text{m}-2\sqrt{2}\ \text{m}=0.17\ \text{m}$

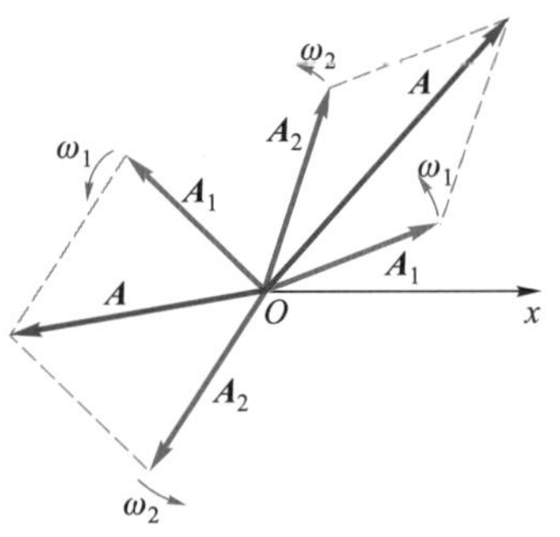

图 4-14 由于 A_1 和 A_2 以不同的角速度 ω_1 和 ω_2 匀速旋转，A_1 和 A_2 间的夹角将随时间变化，使得合矢量 A 的长度（合振幅）也随时间变化

2. 两个同方向不同频率简谐振动的合成

我们仍可用旋转矢量法来分析两个同方向但不同频率的简谐振动的合成问题，如图 4-14 所示. 以旋转矢量 $\boldsymbol{A}_1$ 和 $\boldsymbol{A}_2$ 表示两个简谐振动，它们的角速度分别为 ω_1 和 ω_2. 由于它们的角速度不同，因此 $\boldsymbol{A}_1$ 和 $\boldsymbol{A}_2$ 间的夹角将随时间变化，使得合矢量 $\boldsymbol{A}$ 的长度（合振幅）也将随时间变化. 当两个旋转矢量恰好重合时，合振动加强；当两个旋转矢量恰好反向重合时，合振动削弱；在其他时候，合振动振幅介于最大和最小之间. 可见合振动不再是简谐振动，而是一种比较复杂的振动. 当 ω_1 和 ω_2 相差越小时，合振幅的变化就越缓慢，也就易于被观测到.

我们把**两个同方向、不同频率但频率差不大的简谐振动叠加后出现合振动振幅时大时小的现象称为拍**（beat）. 设 $\omega_2>\omega_1$，则 $\boldsymbol{A}_2$ 相对于 $\boldsymbol{A}_1$ 的角速度为 $\omega_2-\omega_1$，于是 $\boldsymbol{A}_1$ 和 $\boldsymbol{A}_2$ 相继两次重合（或反向重合）所需要的时间为

$$T=\frac{2\pi}{\omega_2-\omega_1} \tag{4-23}$$

上式即为“拍”的周期. 单位时间内合振动振幅加强或减弱的次数称为**拍频**：

$$\nu=\frac{1}{T}=\frac{\omega_2-\omega_1}{2\pi}=\nu_2-\nu_1 \tag{4-24}$$

即拍频等于两个分振动频率之差.

我们也可以利用解析法来讨论拍的现象. 为了使问题简化，设两个简谐振动的振幅都是 A，初相都是 φ，它们的振动表达式可分别写成

$$x_1=A\cos(\omega_1 t+\varphi)$$
$$x_2=A\cos(\omega_2 t+\varphi)$$

运用三角函数公式，可得合振动的表达式为

$$\begin{aligned} x &= x_1+x_2=A\cos(\omega_1 t+\varphi)+A\cos(\omega_2 t+\varphi) \\ &= 2A\cos\left(\frac{\omega_2-\omega_1}{2}t\right)\cos\left(\frac{\omega_2+\omega_1}{2}t+\varphi\right) \end{aligned} \tag{4-25}$$

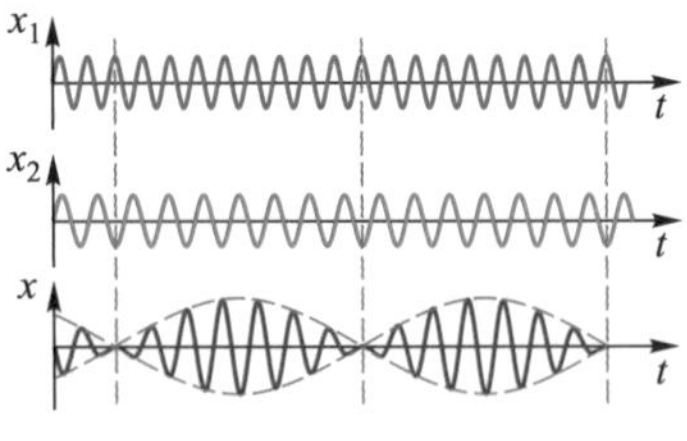

图 4-15 两个不同频率简谐振动的合成

动画 拍的模拟
（建议横屏观看）

显然合振动不再是简谐振动. 图 4-15 描绘了合振动的振动曲线，其动态过程见动画：拍的模拟. 由式（4-25）及图 4-15 可见，合振动包含两个周期性变化因子 $\cos\left(\frac{\omega_2-\omega_1}{2}t\right)$ 和 $\cos\left(\frac{\omega_2+\omega_1}{2}t+\varphi\right)$. 当两个分振动的角频率都较大且它们之差很小，即 $\omega_2-\omega_1\ll\omega_2+\omega_1$ 时，第一个因子随时间的变化比第二个因子随时间的变化缓慢得多. 因此可以近似地把式（4-25）可看成是振幅为 $\left|2A\cos\left(\frac{\omega_2-\omega_1}{2}t\right)\right|$、角频率为 $\frac{\omega_2+\omega_1}{2}$ 的简谐振动. 由于余弦函数的绝对值以 π 为周期，所以振幅

$\left|2A\cos\left(\frac{\omega_2-\omega_1}{2}t\right)\right|$（虚线所绘的包络曲线）变化的频率为 $\nu=\frac{\omega_2-\omega_1}{2\pi}=\nu_2-\nu_1$.

我们可用演示实验来显示拍现象.取两个完全相同的音叉（固有频率相同），在其中的一个音叉上固接一个小物体，使两音叉的固有频率稍有差异，如图 4-16 所示.现用小锤敲击这两个音叉，两音叉的振动导致空气中各质元振动叠加，会使我们听到时高时低的嗡嗡声，这种声音叫做“拍音”，拍音的实验演示见视频：拍.

视频 拍

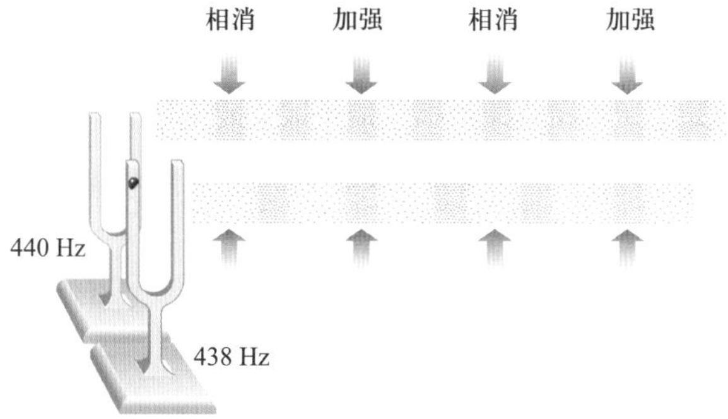

图 4-16 敲击两个频率差很小的音叉，就会听到时高时低的嗡嗡声，这种声音叫做“拍音”

拍是一种很重要的现象，在声振动和电磁振动中我们经常会遇到拍现象.例如利用标准音叉可以校准钢琴，当钢琴发出的频率与音叉发出的标准频率有些微小差别时，叠加后就会产生拍音.调整到拍音消失，就校准了钢琴的一个琴音.管乐器中的双簧管也是利用两个簧片振动频率的微小差别，产生出颤动的拍音.

3. 相互垂直的简谐振动的合成

当一个质点同时参与两个相互垂直方向的振动时，质点的合位移是两个分振动位移的矢量和.一般情况下，质点将在两个分振动位移所确定的平面内作曲线运动，其轨道取决于两个分振动的频率、振幅和相位差.

(1) 两个同频率相互垂直简谐振动的合成

设质点分别在 Ox 轴和 Oy 轴上作同频率的简谐振动，它们的振动表达式分别为

$$x=A_1\cos(\omega t+\varphi_1)$$
$$y=A_2\cos(\omega t+\varphi_2)$$

消去以上两式中的时间参量 t（推导从略），可得质点的轨道方程为

$$\frac{x^2}{A_1^2}+\frac{y^2}{A_2^2}-2\frac{xy}{A_1A_2}\cos(\varphi_2-\varphi_1)=\sin^2(\varphi_2-\varphi_1) \qquad (4-26)$$

上式是个椭圆方程.椭圆轨道被局限在 $x=\pm A_1$ 和 $y=\pm A_2$ 的矩形区域内，椭圆的具体形状取决于两个分振动的振幅和相位差.下面讨论相位差的几种特殊情况：

① 当 $\varphi_2-\varphi_1=0$ 时，式(4-26)可简化为

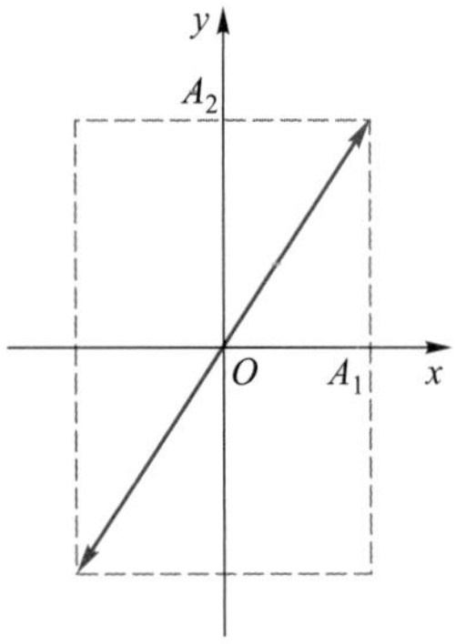

（a）$\varphi_2-\varphi_1=0$

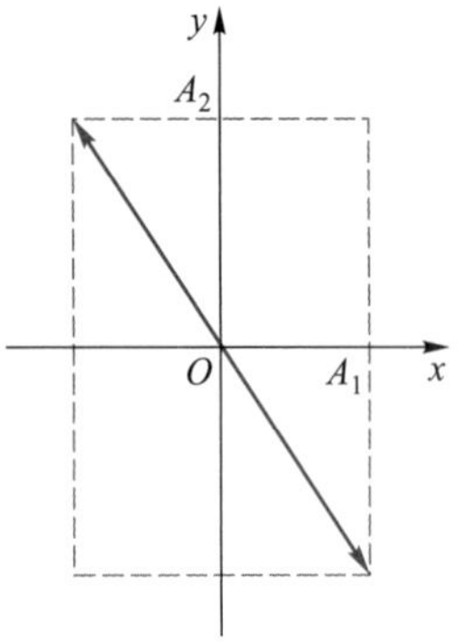

（b）$\varphi_2-\varphi_1=\pi$

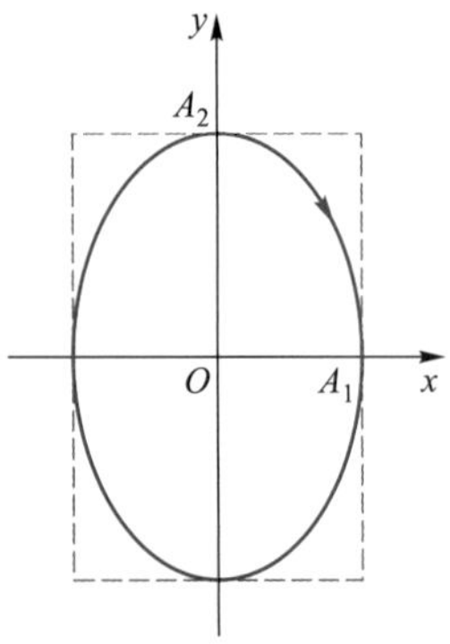

（c）$\varphi_2-\varphi_1=\frac{\pi}{2}$

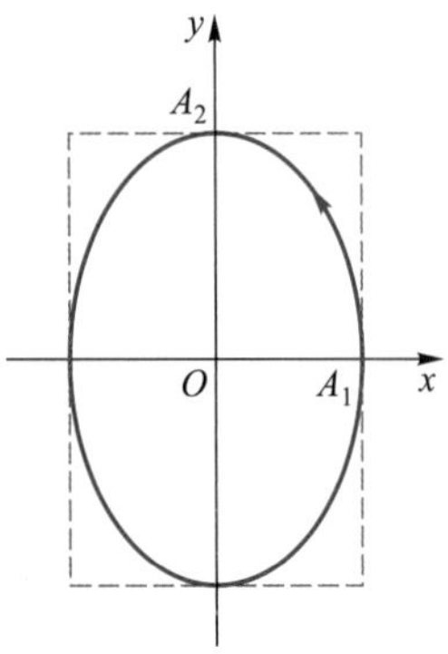

（d）$\varphi_2-\varphi_1=-\frac{\pi}{2}$

图 4-17　同频率、相互垂直的简谐振动的合成

$$y=\frac{A_2}{A_1}x$$

这表明两相互垂直的同频率、同相位的简谐振动的合成为一线振动，其轨道为一直线，振动方向的斜率为 A_2/A_1，如图 4-17(a)所示.

② 当 $\varphi_2-\varphi_1=\pm(2k+1)\pi\quad(k=0,1,2,\cdots)$时，式(4-26)可简化为

$$y=-\frac{A_2}{A_1}x$$

可见合振动仍为一线振动，与第一种情况相比较，其斜率为负值，如图 4-17(b)所示.

在①、②两种情况下，质点离开平衡位置的位移 s 均为

$$s=\sqrt{x^2+y^2}=\sqrt{A_1^2+A_2^2}\cos(\omega t+\varphi)$$

可见合振动仍是简谐振动，频率与分振动相同，而振幅等于$\sqrt{A_1^2+A_2^2}$.

③ 当 $\varphi_2-\varphi_1=\pm\frac{\pi}{2}$时，式(4-26)可简化为

$$\frac{x^2}{A_1^2}+\frac{y^2}{A_2^2}=1$$

这是一个正椭圆方程，表明质点的轨道是以坐标轴 Ox、Oy 为主轴的椭圆. 图 4-17(c)对应于 $\varphi_2-\varphi_1=\frac{\pi}{2}$的情况，此时，沿 Ox 轴方向振动的相位落后于沿 Oy 轴方向振动的相位为$\frac{\pi}{2}$，从而可判断质点按顺时针方向作椭圆运动(图中箭头方向表示质点的运动方向)，这个运动的周期就等于分振动的周期；而图 4-17(d)对应的是 $\varphi_2-\varphi_1=-\frac{\pi}{2}$的情况，此时 Ox 轴方向振动的相位超前于 Oy 轴方向振动的相位$\frac{\pi}{2}$，图中箭头表示质点沿椭圆轨道作逆时针方向运动. 因此在这两种情况下，虽然质点的运动轨道相同，但质点的运动方向却有右旋与左旋之分.

当 $\varphi_2-\varphi_1=\pm\frac{\pi}{2}$，并且两个分振动的振幅相等，即 $A_1=A_2$ 时，质点将作圆周运动. 可见，圆周运动可以分解成两个相互垂直的简谐振动的叠加. 正是基于圆周运动与简谐振动的这种联系，使我们有可能运用旋转矢量法来描述简谐振动.

④ 当 $\varphi_2-\varphi_1$ 等于其他值时，合振动的质点轨道为斜椭圆，随着相位差的取值不同，椭圆的倾斜角度也不同. 图 4-18 给出了 $\varphi_2-\varphi_1$ 为$\frac{\pi}{4}$和$\frac{3\pi}{4}$两种情况下的椭圆轨道.

（2）两个不同频率相互垂直的简谐振动的合成

对于两个相互垂直，且不同频率的简谐振动，其合成运动较为复杂.一般情况下，合振动的轨迹是不稳定的.但若两个分振动的频率成简单的整数比，则质点的合成运动将沿一稳定的闭合曲线进行，曲线的形状由两个分振动的振幅、频率及相位差决定.图 4-19 给出了对应不同频率比和不同相位差时质点的运动轨道，这些图形称为**李萨如图形**（Lissajous figure）.利用旋转矢量法可以作出李萨如图形，其动态合成过程见动画：李萨如图形.李萨如图形也可以在示波器上观察到各种频率比的李萨如图形.利用这些图形，可由一已知频率的振动求得另一振动的未知频率.若已知两个频率之比，利用李萨如图形可得两分振动的相位关系，这在无线电技术中非常有用.

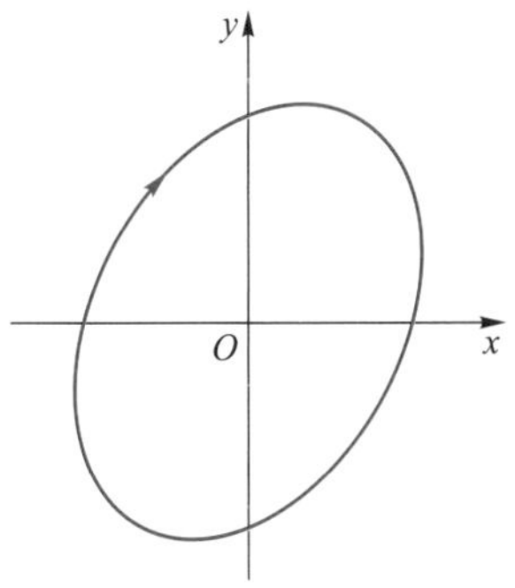

（a）$\varphi_2-\varphi_1=\frac{\pi}{4}$

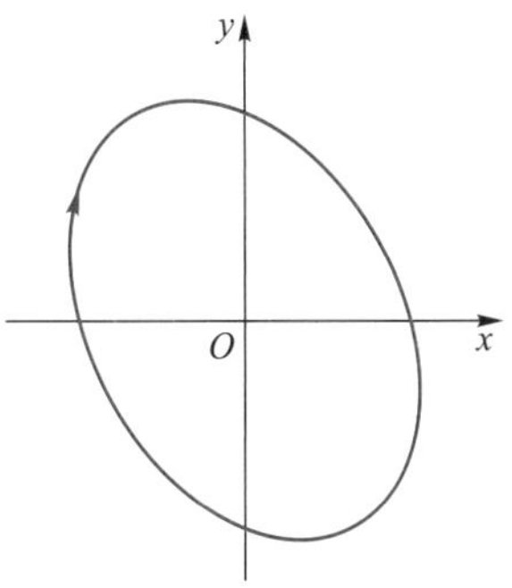

（b）$\varphi_2-\varphi_1=\frac{3\pi}{4}$

图 4-18 同频率相互垂直简谐振动的合成

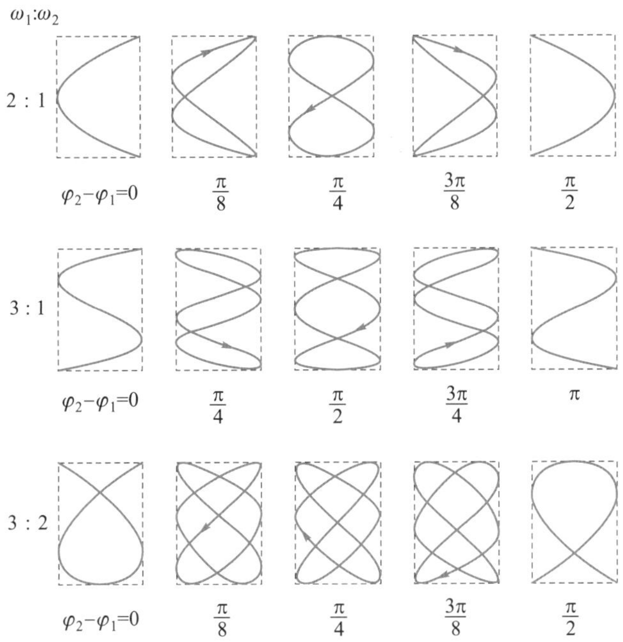

图 4-19 李萨如图形

动画 李萨如图形（建议横屏观看）

4-2-2 振动的分解

前面我们讨论了同方向、不同频率的简谐振动的合成，一般来说，合振动已不是简谐振动，但仍具有周期性.例如两个频率比为 1 ∶ 2 的简谐振动，其合振动的表达式为

$$x=x_1+x_2=A_1\cos\ \omega t+A_2\cos\ 2\omega t$$

合振动曲线如图 4-20 所示.显然合振动已不再是简谐振动，但仍是周期性振动，合振动的角频率等于频率较低的那个分振动的角频率.若在合振动的基础上再叠加上一系列角频率分别为 3ω，4ω，…，$n\omega$，…的简谐振动，即

$$x=A_1\cos\ \omega t+A_2\cos\ 2\omega t+A_3\cos\ 3\omega t+\cdots$$

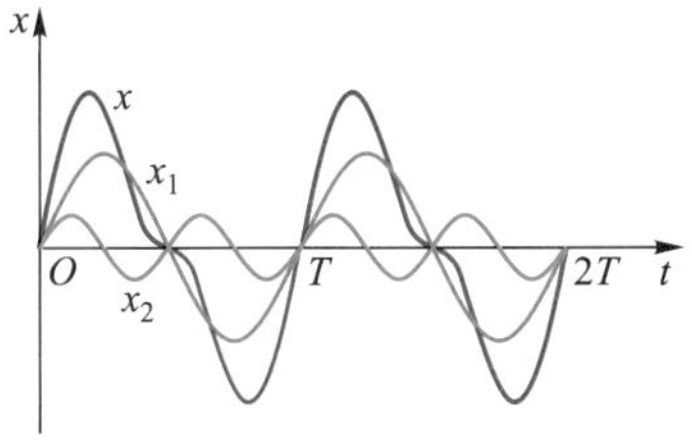

图 4-20 两个频率比为 1 ∶ 2 的简谐振动合成的合振动曲线

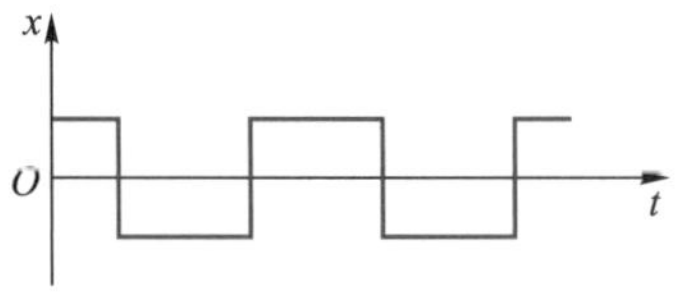

（a） 一个方波的周期性振动

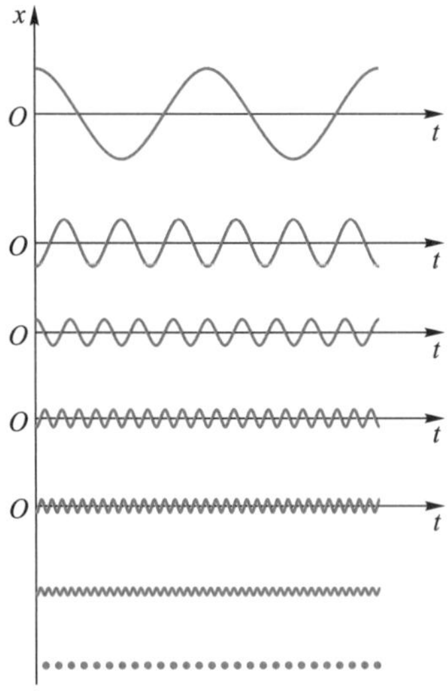

（b） 构成方波振动的各简谐振动

图 4-21

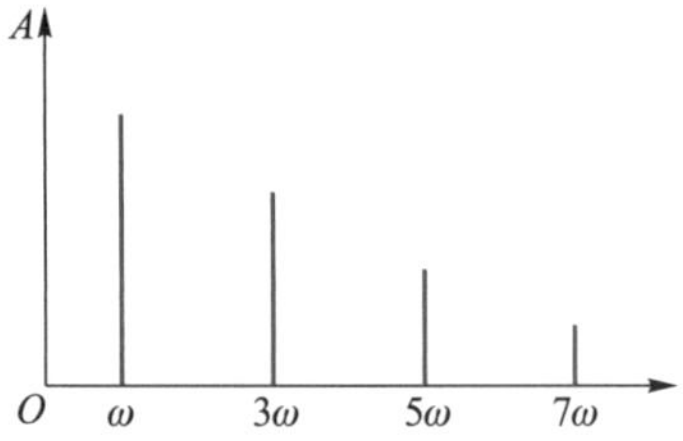

图 4-22 频谱分析图

可以推断，所得到的合振动仍然是以角频率为 ω 的周期性振动.这就是说，如果将一系列角频率是某个基本角频率 ω（也称主频）的整数倍的简谐振动叠加，则其合振动仍然是以 ω 为角频率的周期性振动，但一般不再是简谐振动.

反之，任一角频率为 ω 的周期性振动是否能分解为一系列角频率为 ω，$2\omega,3\omega,\cdots,n\omega,\cdots$的简谐振动呢？数学上的傅里叶级数理论提供了这种分解的可行性.傅里叶级数理论指出，一个以 ω 为频率的周期性函数 $f(t)$，如果它满足狄利希里的收敛条件，则可展开为傅里叶级数.例如图 4-21（a）所示的方波，可用傅里叶级数分解为

$$f(t)=A_0+\sum_{n=1}^{\infty}A_n\cos(n\omega t+\varphi_n)$$

式中 ω 称为**基频**（fundamental frequency），$n\omega$ 称为 n **次谐频**（harmonic frequency）.级数的各项系数 A_n 为各简谐振动的振幅，而 φ_n 为各简谐振动的初相位，它们都可以由函数 $f(t)$ 的积分求得.图 4-21（a）为一方波的周期性振动曲线，它被分解成一系列简谐振动的振动曲线，如图 4-21（b）所示.

将复杂的周期性振动分解为一系列简谐振动的操作，称为频谱分析.在进行频谱分析时，所取级数的项数越多，这些简谐振动之和就越接近被分析的复杂振动.在实际问题中，可根据要求的精度选取项数.将所取项的振幅 A 和对应的角频率 ω 画成如图 4-22 所示的图线，这就是该复杂振动的频谱，其中的短线称为谱线.频谱中振幅最大的谱线对应的简谐振动对所分解的复杂振动贡献最大，其相应的频率称为此复杂振动的主频（basic frequency）.但要注意，主频不一定就是基频，而可能是某次谐频.

不仅周期性振动可以分解为一系列简谐振动，任意一种非周期性振动也可以分解为许多简谐振动，不过对非周期性振动的谐振分析需采用傅里叶变换来处理.

4-3 阻尼振动、受迫振动和共振

4-3-1 阻尼振动

前面讨论的简谐振动是一种不计阻力作用的理想振动.在振动过程中系统的总机械能守恒，因而振幅不随时间变化.但是实际的振动系统总要受到各种阻力的作用，比如弹簧振子和单摆，在振动过程中总要受到摩擦阻力和空气阻力的作用，振动能量会不断损耗，振幅会不断减小，直至最后停止.振动系统在回复力和阻力作用下发生的减幅振动称为**阻尼振动**（damped vibration）.

系统能量的消耗通常有以下两条途径：一是由于外界或系统内部的摩擦阻

力使振动能量转化为热能;二是由于振动状态向外传播,以波的形式向外辐射能量.这两种情况分别称为摩擦阻尼和辐射阻尼.而一般机械振动中能量损耗的原因主要是摩擦阻尼.以下我们仅考虑摩擦阻尼的情况.

实验表明,当物体以不太大的速率在黏性介质中运动时,介质对物体的阻力与物体的运动速率成正比,即

$$F_\gamma=-\gamma v=-\gamma\frac{\mathrm{d}x}{\mathrm{d}t}$$

式中 γ 称为**阻力系数**(resistance coefficient),负号表示阻力与速度反向,阻力系数值 γ 与运动物体的形状、大小以及周围介质的性质有关,一般可从实验测得.对弹簧振子而言,在弹性力和上述阻力的作用下,按牛顿第二定律,物体的运动方程为

$$m\frac{\mathrm{d}^2x}{\mathrm{d}t^2}=-kx-\gamma\frac{\mathrm{d}x}{\mathrm{d}t}$$

令 $\omega_0^2=\dfrac{k}{m}$,$2\beta=\dfrac{\gamma}{m}$,代入上式,整理后可得

$$\frac{\mathrm{d}^2x}{\mathrm{d}t^2}+2\beta\frac{\mathrm{d}x}{\mathrm{d}t}+\omega_0^2x=0 \tag{4-27}$$

在上述微分方程中,ω_0 为无阻尼时振子的固有频率,它由振动系统的性质决定,β 称为**阻尼系数**(damping coefficient).

对于确定的振动系统,根据阻尼大小的不同,由微分方程式(4-27)可解出三种可能的运动情况.

(1) 在阻尼作用较小时,即 $\beta<\omega_0$,微分方程的解为

$$x=A_0\mathrm{e}^{-\beta t}\cos(\omega t+\varphi_0) \tag{4-28}$$

其中

$$\omega=\sqrt{\omega_0^2-\beta^2} \tag{4-29}$$

式(4-28)为小阻尼时阻尼振动的位移表达式,式中 A_0 和 φ_0 是由初始条件决定的两个积分常量.振动曲线如图 4-23(a)所示.

显然阻尼振动不是简谐振动,也不是严格的周期运动,因为在阻尼的作用下位移已不能恢复原值.但是在小阻尼的情况下,我们可把式(4-28)中的 $A_0\mathrm{e}^{-\beta t}$看作随时间变化的振幅,这样阻尼振动就可视为振幅按指数规律衰减的准周期振动,振动的周期 T 为振动物体相继两次通过极大(或极小)位置所经历的时间,即

$$T=\frac{2\pi}{\omega}=\frac{2\pi}{\sqrt{\omega_0^2-\beta^2}} \tag{4-30}$$

上式表明,阻尼振动的周期比系统的固有周期要长,而式(4-28)表明,阻尼系

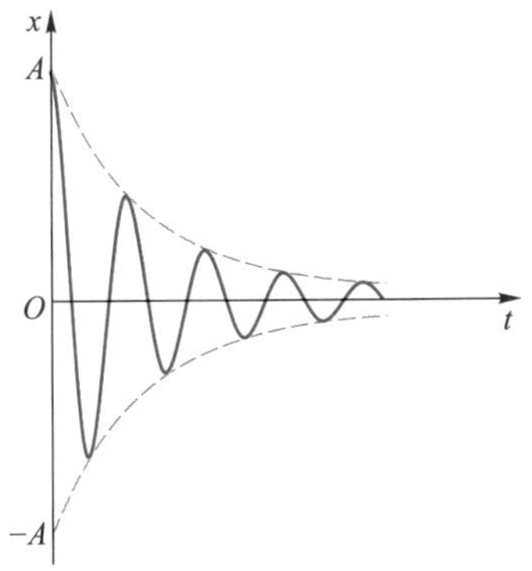

(a) 小阻尼时的振动曲线

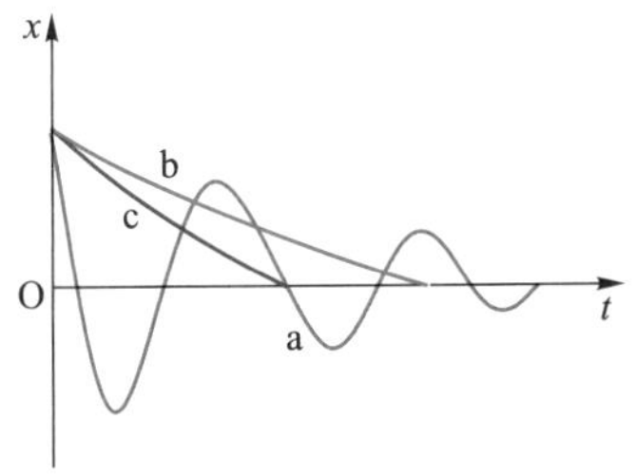

(b) 曲线 a 为小阻尼振动;曲线 b 为过阻尼情况;曲线 c 为临界阻尼情况

图 4-23

数 β 越大,振幅衰减得越快.

(2) 若阻尼过大,即 $\beta>\omega_0$ 时,此时式(4-30)的分母将是一个虚数,没有物理意义.这表明物体不能完成一个周期运动,将缓慢地回到平衡位置,以后便不再运动,这种情况称为过阻尼(over damping).振动曲线如图 4-23(b)中的曲线 b 所示.例如将单摆放在黏度很大的油中运动,就属于这种情况.

(3) 若阻尼系数 $\beta=\omega_0$,对应的是振子刚好从准周期振动转变为非周期运动的临界状态,如图 4-23(b)中的曲线 c 所示,这时的阻尼称为临界阻尼(critical damping).与前两种情况相比,在临界阻尼的情况下,物体从运动到静止在平衡位置所经历的时间最短.

在生产实践中,人们常会根据需要用不同的方法来改变阻尼.比如,在精密仪表中,为了能较快地和较准确地进行读数,可以通过增强电磁阻尼使仪表指针很快稳定下来.

4-3-2 受迫振动和共振

在实际的振动系统中,阻尼或大或小总是客观存在的,由于振动系统要克服阻力做功,从而不断有能量损失,因此系统的振动状态维持不了多久.要使系统的振动能较长久地维持下去,必须依靠外界不断地给系统补充能量.这可以通过对振动系统施加一个周期性的外力来实现,系统在周期性外力的作用下所进行的振动称为受迫振动(forced vibration).这个周期性外力称为驱动力(driving force).许多实际的振动都属于受迫振动,如扬声器纸盆在音圈带动下的振动、机器运转时引起基座的振动,等等.

为便于讨论,假设驱动力按余弦规律变化,即有

$$F=F_0\cos\omega t$$

式中 F_0 为驱动力的力幅,ω 为驱动力的角频率.假设系统在弹性力、阻力以及驱动力的作用下作振动,则根据牛顿第二定律,其动力学方程为

$$m\frac{\mathrm{d}^2x}{\mathrm{d}t^2}=-kx-\gamma\frac{\mathrm{d}x}{\mathrm{d}t}+F_0\cos\omega t$$

令 $\omega_0^2=\dfrac{k}{m}$,$2\beta=\dfrac{\gamma}{m}$,$f_0=\dfrac{F_0}{m}$,则上式可写成

$$\frac{\mathrm{d}^2x}{\mathrm{d}t^2}+2\beta\frac{\mathrm{d}x}{\mathrm{d}t}+\omega_0^2x=f_0\cos\omega t \tag{4-31}$$

在阻尼较小的情况下,上述微分方程的解为

$$x=A_0\mathrm{e}^{-\beta t}\cos\left(\sqrt{\omega_0^2-\beta^2}\,t+\varphi_0\right)+A\cos(\omega t+\varphi) \tag{4-32}$$

上式表示,小阻尼下的受迫振动是阻尼振动和简谐振动两项的叠加.阻尼振动

是减幅振动,它随时间 t 很快衰减而消失,所以它对受迫振动的影响是短暂的.而第二项则表示一个稳定的等幅振动,体现了驱动力对受迫振动的影响.经过一段时间后,第一项衰减到可以忽略不计,受迫振动进入稳定的等幅振动,其表达式为

$$x=A\cos(\omega t+\varphi) \tag{4-33}$$

上式表明,稳态时受迫振动的频率与驱动力的频率相等.式中 A 为受迫振动的振幅、φ 为初相位,它们分别为

$$A=\frac{f_0}{\sqrt{(\omega_0^2-\omega^2)^2+4\beta^2\omega^2}} \tag{4-34}$$

$$\varphi=\arctan\frac{-2\beta\omega}{\omega_0^2-\omega^2} \tag{4-35}$$

可见稳态时振幅的大小与外力幅值 f_0 成正比.

从上述各式可知,受迫振动与振动系统本身的性质和阻尼情况有关,也和驱动力的频率和力幅有关.应该指出,式(4-33)虽然与自由简谐振动的表达式在形式上相同,但其实质却迥异.首先 ω 并非系统的固有角频率,而是驱动力的角频率,其次,振幅 A 和初相 φ 也并非取决于初始条件,而是依赖于系统的性质、阻尼的大小和驱动力的特征.

由式(4-34)可知,在其他条件不变的情况下,稳态受迫振动的振幅 A 随驱动力的频率而改变,其变化情况如图 4-24 所示.**当驱动力的频率为某一特定值时,受迫振动的振幅将达到极大值,这一现象称为共振(resonance),相应的频率称为共振频率**,用 ω_r 表示.利用求极值的方法,由式(4-34)可求得共振频率为

$$\omega_r=\sqrt{\omega_0^2-2\beta^2} \tag{4-36}$$

此时振幅的最大值为

$$A_r=\frac{f_0}{2\beta\sqrt{\omega_0^2-\beta^2}} \tag{4-37}$$

共振频率 ω_r 一般不等于系统的固有频率 ω_0,只有当阻尼很小($\beta\ll\omega_0$)时,共振频率才接近固有频率,这时的振幅将趋于无穷大,系统发生强烈的共振.

由式(4-33)可以得到受迫振动的速度为

$$v=-\omega A\sin(\omega t+\varphi) \tag{4-38}$$

由式(4-34)可得速度振幅为

$$v_{max}=\omega A=\frac{\omega f_0}{\sqrt{(\omega_0^2-\omega^2)^2+4\beta^2\omega^2}}$$

利用求极值的方法,令 $dv_{max}/d\omega=0$,可得当 $\omega=\omega_0$ 时速度振幅达到最大值,称

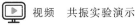

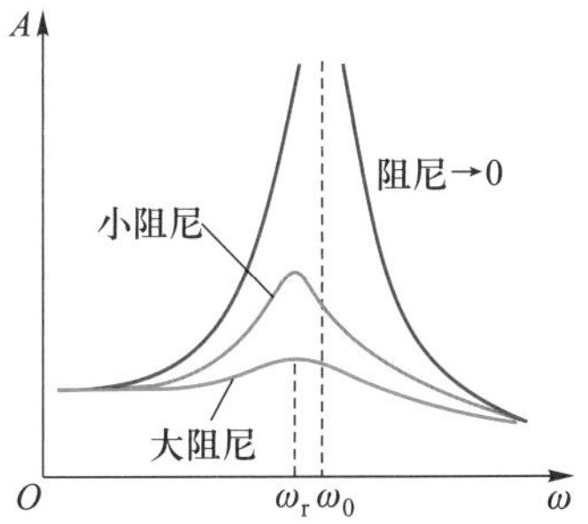

图 4-24 当驱动力的频率为某一特定值时,振幅达到极大值,这一频率称为共振频率

视频 共振实验演示

之为速度共振.在速度共振条件下,由式(4-35)可得稳态振动的初相位 $\varphi=-\frac{\pi}{2}$,代入式(4-38)可得

$$v=\omega A\cos \omega t$$

可见,速度和驱动力有相同的相位.这就是说驱动力对振动系统始终做正功,充分地把外界的能量转移给振动系统.因此,速度共振又称为能量共振.

共振是日常生活中常见的物理现象,我国早在公元前 3 世纪就有了乐器相互共鸣的文字记载.利用声波共振可提高乐器的音响效果,利用核磁共振可研究物质结构以及进行医疗诊断,收音机中的调谐回路是利用电磁共振来选台,等等.然而,共振除了可资利用的一面外,还会给我们带来不利的一面.机器在工作过程中由于共振会使某些零部件损坏.1940 年 11 月 7 日,美国的塔科马海峡(Tacoma Narrows)大桥在启用后仅四个多月,就在大风下因共振而坍塌,如图 4-25 所示.

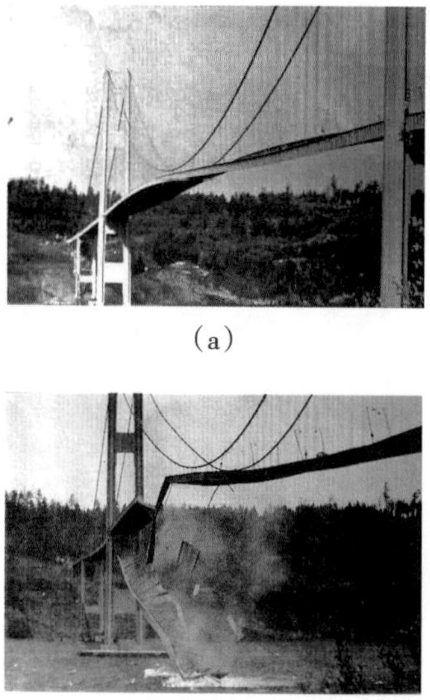

(a)

(b)

图 4-25 1940 年,塔科马海峡大桥在通车 4 个月零 6 天后因大风引起扭转振动,又因振动频率接近于大桥的共振频率而突然坍塌

☆4-4 非线性振动 混沌

4-4-1 非线性振动

在上一节中,我们曾给出振动系统在周期性外力的作用下,物体作一维受迫振动的运动方程式(4-31),即

$$\frac{d^2x}{dt^2}+2\beta\frac{dx}{dt}+\omega_0^2x=f_0\cos \omega t$$

这是一个二阶常系数线性非齐次微分方程.

一般来说,一维振动系统的问题都可以简化为一个质点和一个理想弹簧构成的系统.系统中的弹性力一般是位置坐标 x 的函数,可表示为 $F_s(x)$,系统所受阻力一般是速度的函数,可表示为 $F_f\left(\frac{dx}{dt}\right)$,外加驱动力是时间的函数,可表示为 $F_p(t)$.在这些力的作用下,由牛顿第二定律,系统的运动方程为

$$m\frac{d^2x}{dt^2}+F_s(x)+F_f\left(\frac{dx}{dt}\right)=F_p(t)$$

令函数$f\left(x,\frac{\mathrm{d}x}{\mathrm{d}t},t\right)=\frac{F_s(x)}{m}+\frac{F_f}{m}\left(\frac{\mathrm{d}x}{\mathrm{d}t}\right)-\frac{F_p(t)}{m}$,则上式可写成

$$\frac{\mathrm{d}^2x}{\mathrm{d}t^2}+f\left(x,\frac{\mathrm{d}x}{\mathrm{d}t},t\right)=0 \tag{4-39}$$

式中$f\left(x,\frac{\mathrm{d}x}{\mathrm{d}t},t\right)$是一个关于$x$、$\frac{\mathrm{d}x}{\mathrm{d}t}$的一次幂函数,则此方程称为二阶线性微分方程,满足以上方程的振动问题称为线性振动问题.显然,满足式(4-31)的受迫振动是线性振动.线性振动系统对外界驱动的稳态响应具有与驱动力相同的频率,且稳态响应的振幅与驱动力的力幅成正比.

但是在实际情况中,大多数的力是非线性的,即$f\left(x,\frac{\mathrm{d}x}{\mathrm{d}t},t\right)$是$x$和$\frac{\mathrm{d}x}{\mathrm{d}t}$的二次或更高次幂函数(即非线性函数),这时式(4-39)为二阶非线性微分方程,这样的振动系统称为非线性系统.以前面讨论过的单摆为例,当单摆以较大角度摆动时,它的运动方程为

$$\frac{\mathrm{d}^2\theta}{\mathrm{d}t^2}+\frac{g}{l}\sin\theta=0$$

将上式中的正弦函数$\sin\theta$作级数展开,有$\sin\theta=\theta-\frac{\theta^3}{3!}+\frac{\theta^5}{5!}-\cdots$,在角位移$\theta$很小时($<5°$),只需保留第一项,忽略其他所有项,此时运动方程为$\frac{\mathrm{d}^2\theta}{\mathrm{d}t^2}+\frac{g}{l}\theta=0$.这是一个线性微分方程,其解为简谐振动形式,见例题4-2的结果.但是,如果θ不是很小,则$\sin\theta$至少要保留至第二项,即

$$\frac{\mathrm{d}^2\theta}{\mathrm{d}t^2}+\frac{g}{l}\theta-\frac{g}{l}\frac{\theta^3}{6}=0 \tag{4-40}$$

由于出现了θ的三次方项,因此方程变为非线性微分方程,这样的振动系统是非线性的.对于非线性的振动系统,系统的稳态响应与驱动力之间不再有线性关系,它们之间的具体关系将视非线性系统的具体性质而定.

非线性微分方程的求解在数学上是非常复杂的,因为在非线性振动理论中没有适应于各种不同类型方程的通用解析求解方法,目前仅有极少数的非线性方程可求得其解析解.为了解决非线性问题,目前已推出不少有效的近似方法,但是都非常复杂,且计算量颇大.

为了对非线性运动的特征作出定性描述,法国数学家、物理学家庞加莱(J.H.Poincaré,1854—1912)在19世纪提出"相图法",即运用一种几何的方法来讨论非线性问题.具体做法是:将质点的位置(或角位置)作为横坐标轴,将速度(或角速度)作为纵坐标轴,所构成的直角坐标系平面,称为**相平面**.所谓"相"是指某种运动状态,质点在某一时刻的运动状态可用它在该时刻的位置和速度来描述,因此质点的一个运动状态对应于相平面上的一个点,称

为相点.当质点的运动状态发生变化时,相点就在相平面内运动,相点的运动轨迹称为相迹或相图(phase diagram).如果在相迹上选定一个起点作为初始条件,还可以用相迹上的箭头表示状态变化的方向.在起点前方的相点就代表对应此初值的运动方程的解.但要注意相迹并不是质点的运动轨道.在相图中虽然没有反映出位置和速度随时间变化的信息,但却将质点的所有运动状态显示了出来,展现了运动的全貌,因此通过对相图的研究,可以了解系统的稳定性、运动趋势等特性.相图的描述方法已成为非线性力学中最基本的方法.下面,我们以无阻尼小角度摆动的单摆为例,来引入相图的描述方法.

在例 4-2 中,我们已经得到单摆作小角度摆动时的运动方程为

$$\frac{\mathrm{d}^2\theta}{\mathrm{d}t^2}+\omega^2\theta=0$$

通过一次积分,可以得到

$$\left(\frac{\mathrm{d}\theta}{\mathrm{d}t}\right)^2+\omega^2\theta^2=C$$

其中 C 是由初始条件决定的积分常量.将上式改写为

$$\frac{(\mathrm{d}\theta/\mathrm{d}t)^2}{C}+\frac{\theta^2\omega^2}{C}=1 \tag{4-41}$$

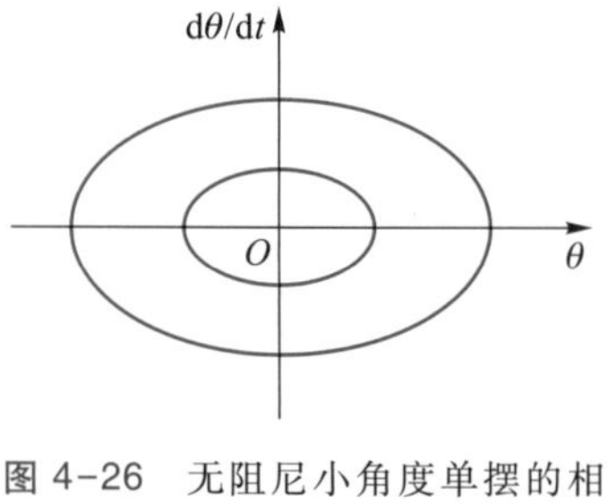

图 4-26 无阻尼小角度单摆的相图是一个椭圆,相迹为封闭曲线,说明运动是周期性的往复运动

其中 $\mathrm{d}\theta/\mathrm{d}t$ 为单摆的角速度,θ 为单摆的角位置.如果在坐标系中以 $\mathrm{d}\theta/\mathrm{d}t$ 为纵坐标,以 θ 为横坐标,则上式为一椭圆方程,它表明,小角度单摆的相迹是一个正椭圆,如图 4-26 所示.对应于某一个常量 C(即对应于某一个确定的初始条件),就有一个确定的椭圆,它表示一个特定的振动过程,并且过相平面上的一个点,只有一个椭圆.通过坐标原点(0,0)的椭圆退化为一个点,此点对应于单摆的稳定平衡状态.相迹为封闭曲线说明运动是周期性的往复运动.

将初始条件的值作一微小的改变,所得到的新相迹与原相迹差别并不明显,两条相迹几乎重合,这说明无阻尼摆的运动对初值并不敏感.

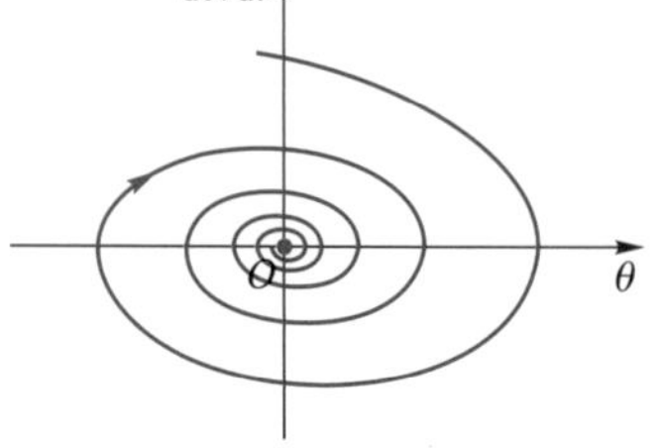

图 4-27 有阻尼小角度单摆的相图是一条向内旋进的螺旋线,曲线最终趋向中心的吸引子

考虑阻尼后,相图将发生变化.例如在小阻尼情况下,相图成为一条向内旋进的螺旋线,随着时间的增加,曲线最终趋向中心点,此点对应于摆的平衡位置,如图 4-27 所示.而且无论初值如何,曲线最终总是趋向中心这个不动点,形象地说,中心不动点似乎吸引着相图上的相迹,因此我们称相图上这个不动点为**吸引子**(attractor),吸引子对应着系统的稳定状态.另外,对初值作微小的改变,相迹无明显变化,即阻尼摆的运动对初值也不敏感.

再讨论周期性驱动力作用下的强迫摆.通过对受迫振动的稳定解[式(4-33)]的类比分析可知,强迫摆的稳定解也与初值无关,它只决定于系统的固有频率、外加驱动力以及阻尼系数,最终强迫摆的相迹稳定在一个确定的椭圆上.当初值较小时,相迹由椭圆内部向外趋于该椭圆;当初值较大时,相轨迹

由椭圆外部向内趋于该椭圆，如图 4-28 所示. 图中的这个椭圆与图 4-27 中的中心不动点一样具有吸引相迹的性质，因此这个椭圆也叫吸引子，或称为一维极限环(limit cycle). 极限环代表了强迫摆一种稳定的周期运动. 要注意无阻尼自由摆的相迹虽然也是一系列的椭圆，但是当取不同的初值时，椭圆的大小也不同，也就是说，在自由摆的情况中不存在极限环，因此自由摆相图中的所有相迹都不能叫吸引子.

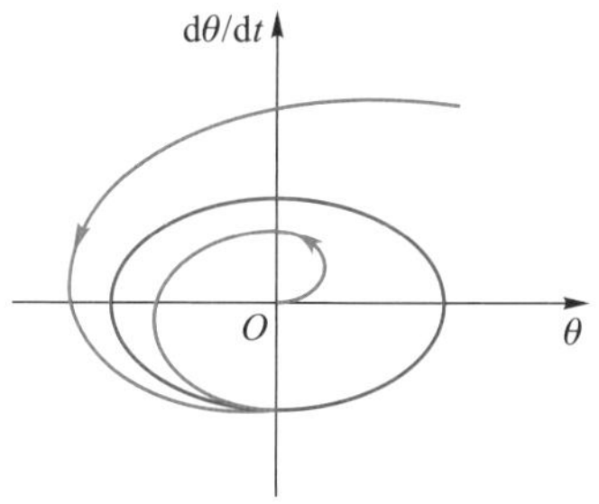

图 4-28 驱动力作用下强迫摆的相图. 当初值较小时，相迹由内部向外趋于极限环；当初值较大时，相迹由外部向内趋于极限环

以上我们用相图分析了小角度单摆的各种情况. 当角位移 θ 较大时，方程中的 $\sin\theta$ 至少要保留至第二项，这样方程就变成了非线性的，由于非线性的原因，将使摆的运动出现新的现象. 下面我们讨论在驱动力作用下，大角度振动的强迫摆. 它的运动方程一般可表示为

$$\frac{\mathrm{d}^2\theta}{\mathrm{d}t^2}+2\beta\frac{\mathrm{d}\theta}{\mathrm{d}t}+\omega_0^2\sin\theta=f_0\cos\omega t \tag{4-42}$$

为便于讨论，不妨设系统的 $\omega_0^2=1$，阻尼系数 $\beta=0.25$，驱动力的角频率 $\omega=2/3$. 改变驱动力，使 f_0 逐渐增加，同时观察系统相图的变化. 当 $f_0=1.01$ 时，解方程式(4-42)，可得系统的振动是单周期的，相迹如图 4-29(a)所示. 当 f_0 增加至 1.055 时，系统的振动出现双周期现象，亦称出现了分岔现象，相迹如图 4-29(b)所示，这表明系统可能以这个周期振动，也可能以另一个周期振动，运动出现了随机性质. 当 $f_0=1.065$ 时，系统的振动周期有四个，运动的随机性增加. 当 $f_0=1.093$ 时，相迹如图 4-29(c)所示，单摆的运动开始不再表现出周期性，不再作有规律的重复运动，而是呈现出不重复的混乱运动. 此时略微改变初始条件的值，开始时，新的相迹与原来的相迹相差不大，但经过一段时间之后，相迹就变得面目全非了，新的相迹与原来的相迹已无相似之处，但同样呈现出不重复的混乱运动状态. 由此可见，非线性动力学方程对初始条件特别敏感，初始条件略微改变，就会导致系统最终的运动状态与原来的完全不同. 这使我们不能对系统的长期动力学行为进行预测，我们称系统出现了混沌运动.

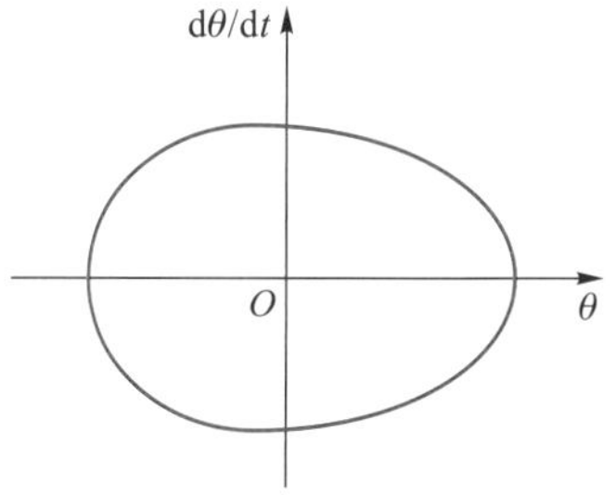

(a) $f_0=1.01$ 时，由方程解得，系统的振动是单周期的

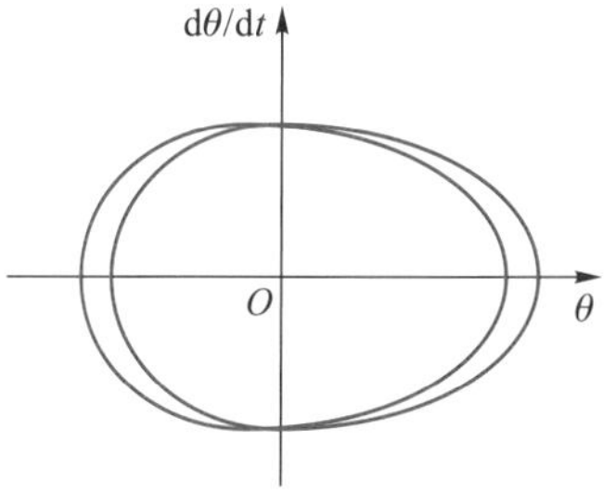

(b) $f_0=1.065$ 时，系统的振动是双周期的，出现了分岔现象

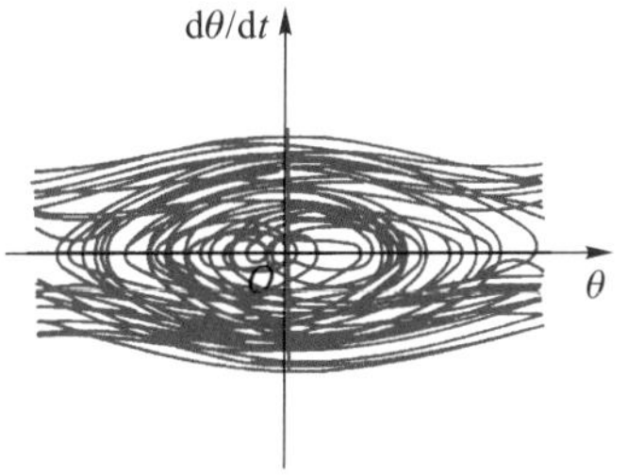

(c) $f_0=1.093$ 时，单摆的运动不再表现出周期性，而是呈现出永不重复的混乱运动，系统出现了混沌运动

图 4-29

4-4-2 混沌

1963 年，美国气象学家洛伦茨(E.N.Lorenz，1917—2008)在研究大气对流的运动方程时，曾提出“蝴蝶效应”来形象地比喻非线性动力学系统对初值的敏感性. 他把大气在初值上的微小差别比作一只蝴蝶在空中扇动了一下翅膀，尽管这对大气初值的影响极小，但其结果可能导致在另一个地方引起一场风暴，由此他指出天气的长期预报是不可能的.

非线性力学系统对初值的敏感性，使得过程看起来好像是随机的. 这种貌似的随机性是如何产生的呢？

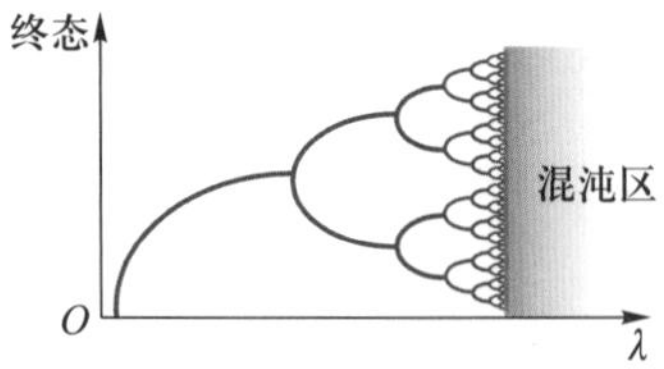

图 4-30 非线性系统通过倍周期分岔而进入混沌状态

从相图(图 4-29)分析可知,对于一些非线性方程,随着方程中某个参量 λ 的增加,方程的解会发生分岔(或分支)现象,即由单一解变为双解或多解,而每个分支解上又会再行分支……直至参量达到某值后,方程的解变为无穷多分支,如图 4-30 所示,这时物体的运动演变成看似无规则的运动.值得注意的是:这种貌似随机的无规则运动,看起来似乎不可预测,但实际上它有自己的规律性.我们把发生在确定性系统中的貌似随机的不规则运动,称为**混沌**(chaos).一个确定性理论描述的系统,其行为却表现为不确定性——不可重复、不可预测,这就是混沌现象.混沌学的任务就是寻求混沌现象的规律,并加以处理和应用.进一步研究表明,混沌是非线性动力学系统的固有特性,也是非线性系统普遍存在的现象.

长期以来,人们认为牛顿力学是受决定论支配的,即只要知道了物体的受力情况和初始条件,就可以完全决定物体在任一时刻的运动状态.初始值微不足道的变化不会引起结果的巨大差异.天文学家拉普拉斯曾经说“我们必须把目前的宇宙状态看成它以前状态的结果,以及以后发展的原因.如果我们想象某一位天才在一给定时刻洞悉了宇宙所有事物间的全部相互作用,那么对他来说没有什么事情是不确定的,将来就像过去那样展现在他的眼前.”这段话是对决定论最精辟的注解.混沌概念的提出使经典物理的决定论理念受到冲击.在非线性系统中,从牛顿力学定律出发,虽然微分方程是完全确定的,但在一定条件下也可能出现结果的不确定性.

自然界中存在的许多极为复杂的运动大多与混沌有关.在物理学、化学、生物学、气象学等自然科学中存在混沌行为,甚至在社会学、经济学等其他领域也存在混沌现象.比如传染病学专家试图用混沌学来研究传染病的发病规律,经济学家希望用混沌学来预测股市行情,社会学家则企图用它去认识和评价政治危机……对混沌的研究已成为物理学中一个重要的前沿课题.

4-5 机械波的产生和传播

波(wave)是自然界中一种常见的物质运动的形式,在日常生活中人们无时无刻不在与波打交道.我们所看到的一切事物都是因为光波把周围的信息带入眼睛才被感知到的,而人们相互之间的沟通和交流是通过声波在空气中的传递而实现的,当我们打开收音机收听新闻报道时,首先是收音机把空中的电磁波接收下来,然后通过扬声器以声波的形式将声音传播到我们的耳朵里.

从宏观上来说,自然界存在两种不同的波,它们是**机械波**(mechanical wave)和**电磁波**(electromagnetic wave).机械波必须在弹性介质中才能传播,例如声波、水波、地震波等等；而电磁波则可以在真空中传播，无线电波、光波乃至一些射线（红外线、紫外线、X 射线等）都是电磁波. 现代物理学指出，微观粒子具有波动性，这种波称为**物质波**，它是量子力学的基础. 虽说各种波的物理本质不同，但是都具有波的某些共同特征. 下面几节，我们仅就机械波的特征和基本规律进行讨论，并由此获得关于波的共性知识.

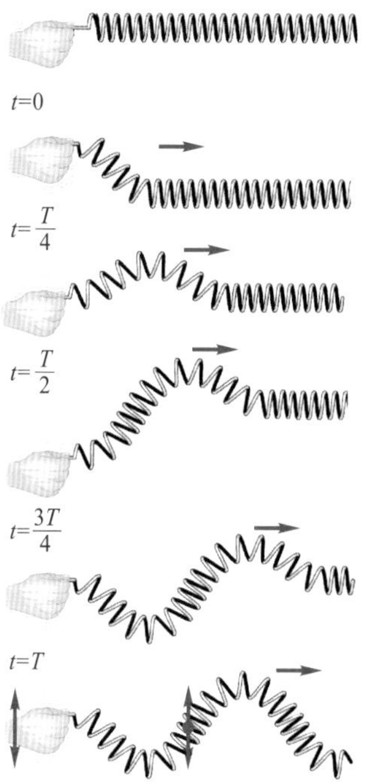

图 4-31 弹性介质中一处的振动将通过弹性力引起周围质元的振动，由近及远形成波动. 图中显示的波动为横波，质元的振动方向垂直于波的传播方向

4-5-1 机械波的产生条件

人们最早认识波动也许在孩童时代. 孩子在河边玩耍，将小石子投入水中，水面出现了波纹，并以石子入水点为中心由近及远向四周传播. 如果我们凝视着水面上一片叶子的运动，会发现叶子并不随波而去，而是在原地上下振动. 这说明水波的传播并非水在向前流动，而是水的振动状态在弹性介质（水）中传播. 所谓**弹性介质是指由无穷多的质元通过相互之间的弹性力组合在一起的连续介质**. 当介质中的某一质元因受外界的扰动而偏离平衡位置时，邻近质元将对它施加一个弹性回复力，使其在平衡位置附近产生振动. 与此同时，根据作用力和反作用力定律，这个质元也将给其邻近质元以弹性回复力的作用，迫使邻近质元也在各自的平衡位置附近振动起来. 这样，弹性介质中一个质元的振动会引起它邻近质元的振动，依次通过质元之间弹性力的带动，使振动以一定速度由近及远地传播开去，形成了波动. 由此可见，产生机械波需要满足两个条件：一是**波源**（振动源）；二是能够传播机械振动的弹性介质.

既然波所传递的是振动状态，而振动状态可以由相位来描述，因此波动的过程也是相位的传播过程，如图 4-31 所示. 关于波动的这一特征可以用足球场看台上的“人浪”形象地加以说明. 看台上的每位观众依次重复“起立或举手”的动作，整体上就形成了一个沿看台推进的波动，显然这种波动只是状态的传播，因为每个人都没有离开自己的座位.

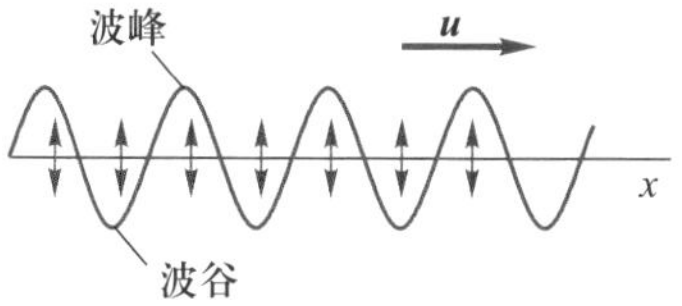

图 4-32 横波中质元的振动方向与波的传播方向垂直

按照介质中质元的振动方向和波的传播方向的关系，可将机械波分为两类. 质元振动方向与波传播方向相垂直的波称为**横波**（transverse wave），如图 4-32 所示，其波形特征表现为呈现波峰和波谷；质元振动方向与波传播方向平行的波称为**纵波**（longitudinal wave），如图 4-33 所示，其波形特征表现为稀疏和稠密区域相间分布. 气体、液体和固体在拉伸（膨胀）或压缩时分子之间会产生弹性力，借助这种弹性力可以形成纵波. 因此纵波可以在气体、液体和固体中传播；至于横波，由于它的振动方向与传播方向垂直，因此只能在固体中传播，却不能在液体和气体中传播. 这是由于液体和气体难以承受剪切形变，因而质元之间形成不了切向弹性力，所以介质中一个质元的振动带动不了周围质元的振动.

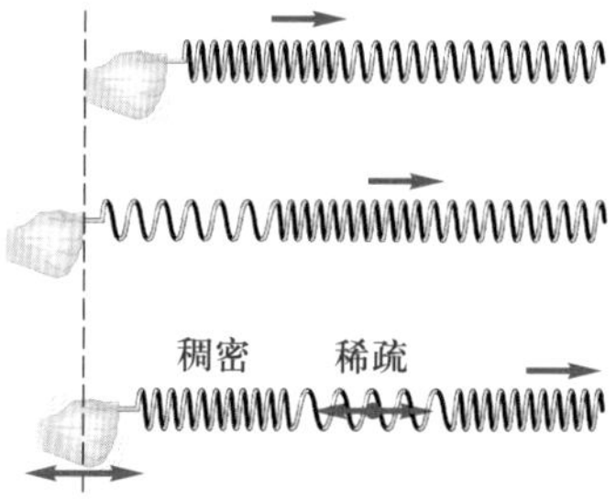

图 4-33 纵波中质元的振动方向与波的传播方向平行

自然界中有些实际波动，是横波和纵波的组合. 以水面波为例，如图 4-34

图 4-34 水面波是横波和纵波的组合,水面质元的轨迹近似为圆

所示,当波动在水面传播时,水面各质元的实际轨道近似为圆形,使它们回复到平衡位置的力不是一般的弹性力,而是重力和表面张力.

4-5-2 波动过程的描述

为了形象地描述波在介质中传播的情况,在此引入波线和波面的概念.如图 4-35 所示,波从波源出发向各个方向传播,沿波的传播方向可以画出带有箭头的射线,称为波线(wave line),用以表示波的传播方向;在某一时刻介质中各振动相位相同的点连接成的空间曲面,称为波面(wave surface),波在传播过程中行进在最前面的波面称为波阵面或波前(wave front).按波面的形状可以将波划分为球面波、柱面波、平面波等.在各向同性的均匀介质中,波线总是与波面处处垂直.

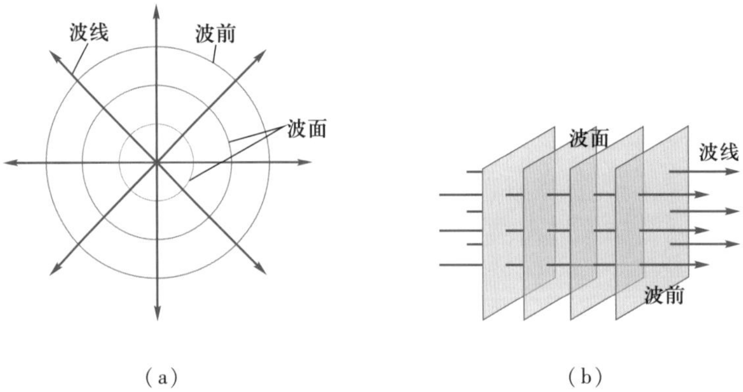

图 4-35
(a) 球面波的波线、波面和波前
(b) 平面波的波线、波面和波前

在各向同性均匀介质中,点波源激起球面波,线波源激起柱面波.不过无论何种波源,在离波源较远处,其波面上的某一个局部总可以近似看成是一个平面,因此凡离波源较远的波,一般都可近似认为是平面波.例如太阳发出的光波应该是球面波,但是当照射到地球上时,可以把它近似看作平面波.

在对波作定量描述时,波长、波的周期(或频率)和波速是一组重要的物理量.

1. 波长

在一个周期内振动状态传播的距离,也即在同一波线上两个相邻的、相位差为 2π 的质点之间的距离称为波长(wavelength),这个距离正是一个完整波形的长度,一般用 λ 表示.波长反映了波的空间周期性.

2. 周期

波前进一个波长的距离所需的时间,也就是一个完整的波通过波线上某点所需的时间称为周期(period),一般用 T 表示.

3. 频率

单位时间内,通过波线上某点的完整波的数目称为频率(frequency),一般用 ν 表示.频率与周期互为倒数关系,即

$$\nu=\frac{1}{T} \tag{4-43}$$

波源完成一次全振动,经过一个周期,在此期间振动状态沿波线正好传播一个波长的距离,因此波的周期(或频率)与波源的周期(或频率)相等,也与介质中各质元的振动周期(或频率)相等.周期反映了波的时间周期性.

4. 波速

波速(wave velocity)**是振动状态(或相位)在介质中的传播速度**,所以,确切地说应称为相速(phase velocity),一般用 $\boldsymbol{u}$ 表示.由于在振动的一个周期内振动状态传播的距离恰好是一个波长,因此

$$u=\frac{\lambda}{T}=\lambda\nu \tag{4-44}$$

这就是波长、波速和周期(或频率)三者之间的基本关系,它把波的时间周期性和空间周期性联系了起来.

在弹性介质中,波速取决于介质的特性.理论上可以证明(从略),在拉紧的绳索或弦中,横波的波速为

$$u=\sqrt{\frac{F_{\mathrm{T}}}{\rho_l}} \tag{4-45}$$

式中 F_{T} 为绳索或弦线中的张力,ρ_l 为其质量的线密度.

在固体中横波和纵波的传播速度分别为

$$u=\sqrt{\frac{G}{\rho}} \quad \text{(横波)} \tag{4-46}$$

$$u=\sqrt{\frac{E}{\rho}}\text{①} \quad \text{(纵波)} \tag{4-47}$$

式中的 ρ 为固体的密度,G 和 E 分别为固体的切变模量和弹性模量.这里提及的**切变模量**(shear modulus)和**弹性模量**(modulus of elasticity)是反映材料形变与内应力关系的物理量,其单位是 $\mathrm{N}\cdot\mathrm{m}^{-2}$.

在液体和气体内部只能传播纵波,其波速可以表示为

$$u=\sqrt{\frac{K}{\rho}} \tag{4-48}$$

式中 K 为液体或气体的体积模量,ρ 为它们的密度.

① 纵波在无限大的固体介质中传播时,式(4-47)是近似的,但在细棒中沿着棒长的方向传播时是准确的.

从上述几个速度表达式可知，机械波的传播速度取决于介质的性质，而与波的频率无关.同一频率的波在不同介质中传播时的波速不同，由式(4-44)推知，其波长也不同；即使在同一固体介质中，由于切变模量 G 和弹性模量 E 的数值不同，横波和纵波的传播速度也不同.

地球上某处发生地震时，地震波中既有纵波又有横波.在靠近地球表面处纵波的传播速度约为 7～8 $km \cdot s^{-1}$，而横波的传播速度约为 4～5 $km \cdot s^{-1}$.由于纵波的波速要大于横波的波速，因此纵波被称为 P **波**(primary wave)，横波被称为 S **波**(secondary wave).地震监测仪根据接收到的 P 波和 S 波的时间差就可以判断出震源离监测站的距离.震源一定是在以检测站为球心，以这一距离为半径的球面上.如果地面上有三个或三个以上，并相隔较远的地震监测站，就可以根据数据比较，得到三个球面的交点，这就是震源所在的位置.

此外，波速还和介质的温度有关.在同一介质中，温度不同时，波速一般也不相同，例如在 $t=0$ ℃时，声波在空气中的传播速度为 330.5 $m \cdot s^{-1}$，在 $t=20$ ℃时的波速为 343.65 $m \cdot s^{-1}$.

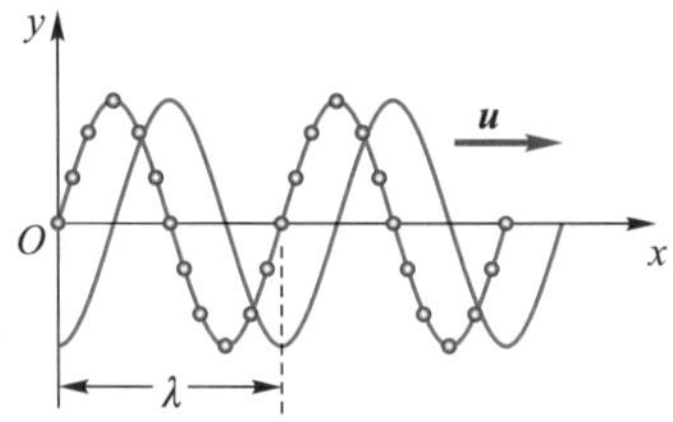

图 4-36 横波的波形曲线，传播中曲线的波峰和波谷的位置将沿波的传播方向平移

在某一时刻，同一波线上各质元的位移分布曲线称为该时刻的波形曲线.如图 4-36 所示，如果 y 表示质元垂直于波传播方向的位移，此波形曲线便显示了横波的波形；若 y 是质元平行于波传播方向的位移，则此曲线便成了纵波的波形曲线.它直观地给出了某时刻波峰和波谷的位置.随着时间的推移，曲线中波峰和波谷的位置将沿波的传播方向平移.

4-6 平面简谐波

在平面波传播的过程中，若介质中各质元均作同频率、同振幅的简谐振动，则称该平面波为平面简谐波.平面简谐波是最简单、最基本的波动形式，许多复杂的波都可以看成由不同频率的简谐波叠加而成.因此，研究简谐波具有重要意义.本节主要讨论介质对波没有能量吸收的情况下，在各向同性的均匀介质中传播的平面简谐波.

4-6-1 平面简谐波的波动表达式

平面简谐波在传播时，同相面(即波面)是一系列垂直于波线的平面，在每一个同相面上各点的振动状态完全一样，因此，在任取的一条波线上各点的振动状态就代表了整个波动的情况.

设平面简谐波沿 Ox 轴正方向传播，波速为 u.取任意一条波线为 Ox 轴，以纵坐标 y 表示 Ox 轴上各质元相对于平衡位置的振动位移，如图 4-37 所示.设

原点 O 处质元的简谐振动表达式为

$$y_O(t)=A\cos(\omega t+\varphi_0)$$

振动状态从原点传播到波线上坐标为 x 的任意一点 P 处时,将引起该点处质元的振动.如果不考虑波在传播过程中的能量损失,则 P 处质元的振动规律与原点 O 处质元的振动规律完全一样,只是开始振动的时间落后于原点处的质元.振动从 O 点传到 P 点所需的时间为 $\Delta t=\frac{x}{u}$,P 点处质元在 t 时刻的位移就是 O 点处质元在 $t-\Delta t=t-\frac{x}{u}$ 时刻的位移,即

$$y_P(t)=y_O(t-\Delta t)=A\cos\left[\omega\left(t-\frac{x}{u}\right)+\varphi_0\right]$$

由于 P 点的位置是任意的,因此可以把 y 的下标 P 省略,这样,就可以得到波线上任一点 x 处的质元的位移随时间的变化规律:

$$y(x,t)=A\cos\left[\omega\left(t-\frac{x}{u}\right)+\varphi_0\right] \qquad (4-49)$$

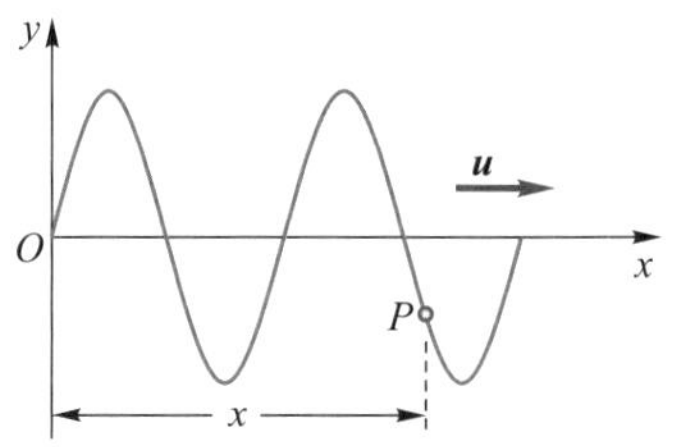

图 4-37 波线上任一点 x 处质点的位移随时间的变化规律就是平面简谐波的波动表达式

这就是沿 Ox 轴正方向传播的平面简谐波的波动表达式.考虑到 $\omega=2\pi/T$,$uT=\lambda$,式(4-49)又可表示成

$$y(x,t)=A\cos\left(\omega t-\frac{2\pi x}{\lambda}+\varphi_0\right) \qquad (4-50)$$

或

$$y(x,t)=A\cos\left[2\pi\left(\frac{t}{T}-\frac{x}{\lambda}\right)+\varphi_0\right] \qquad (4-51)$$

将式(4-50)与原点处质元的振动表达式比较后可知,坐标为 x 的质元的振动相位比原点 O 处质元的振动相位落后了 $\frac{2\pi x}{\lambda}$.当 $x=n\lambda\ (n=1,2,\cdots)$ 时,在这些坐标处质元的振动状态与原点处质元的振动状态完全相同,可见波长 λ 反映了空间的周期性.

为了进一步理解波动表达式的物理意义,我们进行如下的讨论:

(1) 考察波线上一个确定点 $x=x_0$ 处质元的运动情况,则式(4-49)便成为

$$y(t)=A\cos\left[\omega\left(t-\frac{x_0}{u}\right)+\varphi_0\right]$$

此时位移 y 仅是时间 t 的函数,它表示 x_0 处质元的位移随时间 t 的变化规律,这就是该质元的振动表达式.

（2）考察某一确定的时刻 $t=t_0$ 时波的运动状态，则式（4-49）成为

$$y(x)=A\cos\left[\omega\left(t_0-\frac{x}{u}\right)+\varphi_0\right]$$

此时位移 y 仅是坐标 x 的函数，它表示在给定的时刻 t_0，波线上各质元的位移 y 随 x 的分布情况．这就是 t_0 时刻的波形表达式．显然，不同时刻各质点的位移分布是不同的．

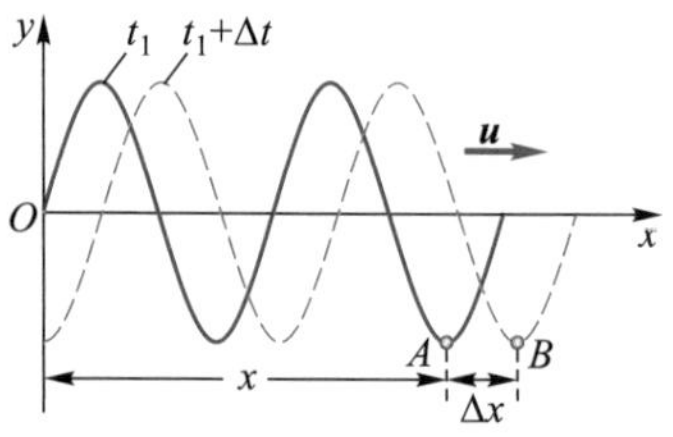

图 4-38　t_1 时刻位于坐标为 x 处的质元的振动状态在 $t_1+\Delta t$ 时刻传到了 $x+u\Delta t$ 处．即在 Δt 时间内，整个波形向前移动了 $u\Delta t$ 的距离

（3）如果 x 和 t 都在变化，则 y 是 x 和 t 的二元函数，波动表达式表示波线上任一点在任一时刻的位移．图 4-38 中实线表示 t_1 时刻的波形，虚线表示 $t_1+\Delta t$ 时刻的波形．在 t_1 时刻的波形上任取一点 A，在 $t_1+\Delta t$ 时刻的波形上取一点 B，使 A 和 B 两质元具有相同的位移和速度．若 A、B 两点的位置坐标分别为 x 和 $x+\Delta x$，由波动表达式可知，A 点的相位为 $\left[\omega\left(t_1-\frac{x}{u}\right)+\varphi_0\right]$，$B$ 点的相位为 $\left[\omega\left(t_1+\Delta t-\frac{x+\Delta x}{u}\right)+\varphi_0\right]$．由于 A、B 两点的位移和速度相同，所以它们的相位相同，即有

$$\omega\left(t_1-\frac{x}{u}\right)+\varphi_0=\omega\left(t_1+\Delta t-\frac{x+\Delta x}{u}\right)+\varphi_0$$

解得

$$\Delta x=u\Delta t$$

由此可见，在 Δt 时间内，整个波形向波的传播方向移动了 $u\Delta t$ 的距离．这种在空间行进的波称为行波．

如果波沿 Ox 轴的负方向传播，那么仿照前述思路，只要在式（4-49）中的波速 u 前添加一个负号（u 恒取正），则波动表达式可表示为

$$y(x,t)=A\cos\left[\omega\left(t+\frac{x}{u}\right)+\varphi_0\right] \tag{4-52}$$

上式就是沿 Ox 轴负方向传播的平面简谐波的波动表达式．它同样也可写成

$$y(x,t)=A\cos\left(\omega t+\frac{2\pi x}{\lambda}+\varphi_0\right) \tag{4-53}$$

或

$$y(x,t)=A\cos\left[2\pi\left(\frac{t}{T}+\frac{x}{\lambda}\right)+\varphi_0\right] \tag{4-54}$$

最后需要指出，若已知的振动点不在原点，而是在 x_0 点，则只要将各波动表达式中的 x 换为 $(x-x_0)$ 即可．

例 4-8

一平面简谐波沿 Ox 轴的正方向传播，已知其波动表达式为 $y=0.02\cos\pi(5x-200t)$（SI 单位）. 求：(1) 波的振幅、波长、周期、波速；(2) 介质中质元振动的最大速度；(3) 画出 $t_1=0.0025$ s 及 $t_2=0.005$ s 时的波形曲线.

解 (1) 将已知波动表达式写成标准形式

$$y=0.02\cos 2\pi\left(100t-\frac{5}{2}x\right)$$

将上式与 $y=A\cos 2\pi\left(\frac{t}{T}-\frac{x}{\lambda}\right)$ 比较，可得

$$A=0.02\ \text{m}$$

$$\lambda=\frac{2}{5}\ \text{m}=0.4\ \text{m}$$

$$T=\frac{1}{100}\ \text{s}=0.01\ \text{s}$$

$$u=\frac{\lambda}{T}=40\ \text{m}\cdot\text{s}^{-1}$$

(2) 介质中质元的振动速度为

$$v=\frac{\mathrm{d}y}{\mathrm{d}t}=0.02\times200\pi\sin\pi(5x-200t)$$

其最大值为

$$v_{\max}=4\pi\ \text{m}\cdot\text{s}^{-1}=12.6\ \text{m}\cdot\text{s}^{-1}$$

(3) 当 $t_1=0.0025$ s 时，波形表达式为

$$y=0.02\cos\pi(5x-0.5)=0.02\sin 5\pi x$$

当 $t_2=0.005$ s 时，波形表达式为

$$y=0.02\cos\pi(5x-1)=-0.02\cos 5\pi x$$

于是，便可画出两条波形曲线，如图 4-39 所示.

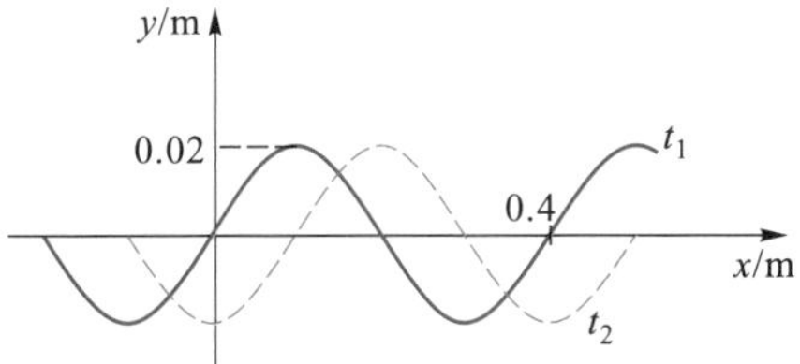

图 4-39 例 4-8 用图

例 4-9

一平面简谐波以 $400\ \text{m}\cdot\text{s}^{-1}$ 的波速沿 Ox 轴正方向传播. 已知坐标原点 O 处质元的振动周期为 0.01 s，振幅 $A=0.01$ m，并且在 $t=0$ 时刻，其正好经过平衡位置向正方向运动. 求：(1) 波动表达式；(2) 距原点 2 m 处的质点的振动表达式；(3) 若以 2 m 处为坐标原点，写出波动表达式.

解 (1) 根据题目给出的条件，原点 O 处质元的振幅、振动周期和初始条件都为已知. 在 $t=0$ 时，原点 O 处质元的位移 $y_O=0$，速度 $v_O>0$，由旋转矢量法容易判断出其初相位为 $\varphi_0=-\pi/2$，故 O 点处质元的振动表达式为

$$y_O(t)=A\cos\left(\frac{2\pi}{T}t+\varphi_0\right)$$

$$=0.01\cos\left(200\pi t-\frac{\pi}{2}\right)\quad\text{(SI 单位)}$$

由于该平面波以 $u=400\ \text{m}\cdot\text{s}^{-1}$ 波速沿 Ox 轴正向传播，所以该平面简谐波的波动表达式为

$$y(x,t)=0.01\cos\left[200\pi\left(t-\frac{x}{u}\right)-\frac{\pi}{2}\right]$$

$$=0.01\cos\left[200\pi\left(t-\frac{x}{400}\right)-\frac{\pi}{2}\right]$$

(2) 将 $x=2$ m 代入波动表达式，得 2 m 处质点的振动表达式为

$$y(t)=0.01\cos\left(200\pi t-\frac{3}{2}\pi\right)$$

（3）若以 2 m 处为坐标原点，则由题设条件，这相当于已知 $x_0=-2$ m 处的振动，于是只要将式中的 x 换为 $x-x_0$，即可得到新坐标系下的波动表达式：

$$y(x,t)=0.01\cos\left[200\pi\left(t-\frac{x-x_0}{400}\right)-\frac{\pi}{2}\right]$$

$$=0.01\cos\left[200\pi\left(t-\frac{x}{400}\right)-\frac{3\pi}{2}\right]$$

亦即

$$y(x,t)=0.01\cos\left[200\pi\left(t-\frac{x}{400}\right)+\frac{\pi}{2}\right]$$

例 4-10

图 4-40(a) 为一平面简谐波在 $t=0$ 时的波形曲线，在波线上 $x=1$ m 处，质元 P 的振动曲线如图 4-40(b) 所示. 求该平面简谐波的波动表达式.

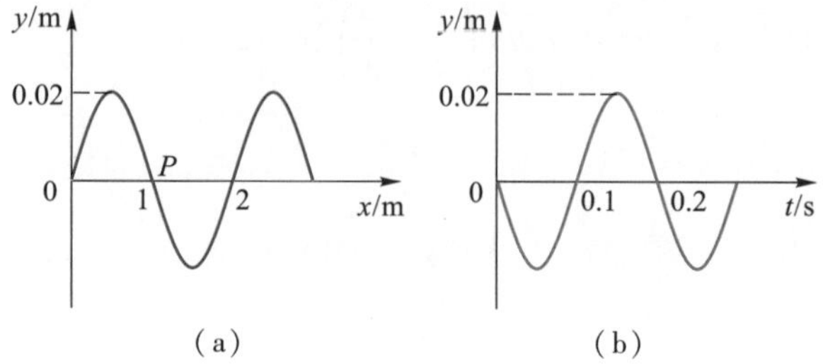

图 4-40 例 4-10 用图

解 由 $t=0$ 时的波形曲线可得 $A=0.02$ m，$\lambda=2$ m. 由 P 点处质元的振动曲线可知，周期 $T=0.2$ s，由此可以得到波速为

$$u=\frac{\lambda}{T}=\frac{2}{0.2}\ \text{m}\cdot\text{s}^{-1}=10\ \text{m}\cdot\text{s}^{-1}$$

从图 4-40(b) 可知，P 点处质元在 $t=0$ 时刻向下运动. 结合 $t=0$ 时的波形曲线分析，可知此波向 Ox 轴的负方向传播. 所以坐标原点 O 处的质元在 $t=0$ 时刻正好过平衡位置向 Oy 轴正方向运动，即 $t=0$ 时，$y_0=0$，$v_0>0$. 由此可得原点 O 处的质点的初相位为 $\varphi_0=3\pi/2$. 于是其波动表达式为

$$y(x,t)=A\cos\left[2\pi\left(\frac{t}{T}+\frac{x}{\lambda}\right)+\varphi_0\right]$$

$$=0.02\cos\left[10\pi\left(t+\frac{x}{10}\right)+\frac{3\pi}{2}\right]\quad(\text{SI 单位})$$

通过本例可以比较出波形曲线与质点振动曲线在物理意义上的联系和区别.

*4-6-2 波动方程

将平面简谐波的波动表达式 $y(x,t)=A\cos\left[\omega\left(t-\frac{x}{u}\right)+\varphi_0\right]$ 对 t 和 x 求偏导数，有

$$\frac{\partial y}{\partial t}=-\omega A\sin\left[\omega\left(t-\frac{x}{u}\right)+\varphi_0\right]$$

$$\frac{\partial^2 y}{\partial t^2}=-\omega^2 A\cos\left[\omega\left(t-\frac{x}{u}\right)+\varphi_0\right]$$

$$\frac{\partial y}{\partial x}=-\frac{\omega A}{u}\sin\left[\omega\left(t-\frac{x}{u}\right)+\varphi_0\right]$$

$$\frac{\partial^2 y}{\partial x^2}=-\frac{\omega^2 A}{u^2}\cos\left[\omega\left(t-\frac{x}{u}\right)+\varphi_0\right]$$

比较上述两个二阶偏导数，不难得出

$$\frac{\partial^2 y}{\partial x^2}=\frac{1}{u^2}\frac{\partial^2 y}{\partial t^2} \tag{4-55}$$

这就是沿 x 方向传播的平面波(不限于平面简谐波)的波动微分方程,简称为**波动方程**(wave equation).这一方程不仅适用于机械波,也适用于电磁波等.它是物理学中的一个具有普遍意义的方程.而平面简谐波的波动表达式只是它的一个特解而已.任何一个物理量只要与时间和坐标的关系满足式(4-55),这一物理量就会按平面波的形式传播,式中的 u 就是波的传播速度.

在一般的情况下,物理量 $\psi(x,y,z,t)$ 在空间直角坐标系 $Oxyz$ 中以波的形式传播,则波动的微分方程为

$$\frac{\partial^2 \psi}{\partial x^2}+\frac{\partial^2 \psi}{\partial y^2}+\frac{\partial^2 \psi}{\partial z^2}=\frac{1}{u^2}\frac{\partial^2 \psi}{\partial t^2} \tag{4-56}$$

4-6-3 波的能量

1. 波动能量的传播

在机械波的传播过程中,波源的振动状态在弹性介质中由近及远地传播出去,一些原来处于静止状态的质元逐个获得了能量,并开始在各自的平衡位置附近振动,这就表明波的传播伴随着能量的传播.各质元在振动中不但具有动能,而且在振动过程中介质要产生形变,因而具有弹性势能.以下我们将以平面简谐纵波在棒中传播的情况为例,对波能量的传播作简单分析.

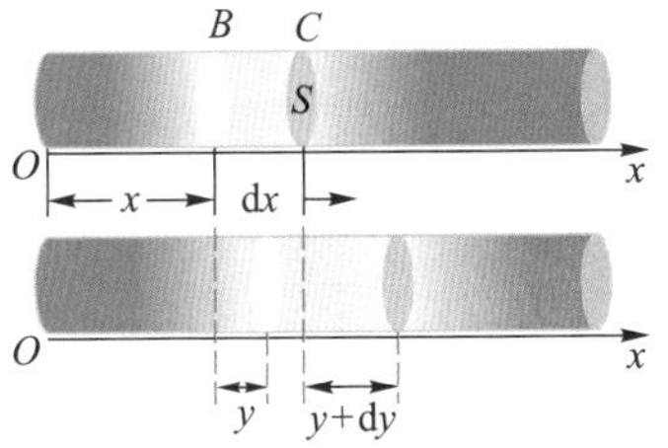

图 4-41 简谐弹性纵波在棒中传播时,质元在振动中要发生纵向形变,前、后两个端面的位移不同

如图 4-41 所示,有一密度为 ρ、横截面为 S 的细长棒沿 Ox 轴放置.在棒上任取一长度为 $\mathrm{d}x$ 的质元,质元在平衡位置时,其左端面 B 的坐标为 x,右端面 C 的坐标为 $x+\mathrm{d}x$,则这一质元的体积为 $\mathrm{d}V=S\mathrm{d}x$,质量为 $\mathrm{d}m=\rho\mathrm{d}V$.设平面纵波的波动表达式为 $y=A\cos\omega\ (t-x/u)$,当振动状态传到这一质元时,这一质元开始振动,其振动速度为

$$v=\frac{\partial y}{\partial t}=-\omega A\sin\ \omega\left(t-\frac{x}{u}\right)$$

振动动能为

$$\mathrm{d}E_{\mathrm{k}}=\frac{1}{2}\mathrm{d}m\cdot v^2=\frac{1}{2}\rho A^2\omega^2\sin^2\omega\left(t-\frac{x}{u}\right)\mathrm{d}V \tag{4-57}$$

质元由于不断受到相邻质元的挤压和拉伸而产生弹性形变,因而拥有弹性势能.假设在 t 时刻,B 端的振动位移为 y,C 端的位移为 $y+\mathrm{d}y$,则这一时刻质元的伸长量为 $\mathrm{d}y$,其应变①为

① 弹性介质中,质元沿纵波传播方向受到相邻质元的内力(拉力或压力)作用而相应地发生伸长或压缩形变,其形变量与质元原有长度之比称为应变.

$$\frac{\partial y}{\partial x}=\frac{\omega A}{u}\sin\,\omega\left(t-\frac{x}{u}\right) \tag{4-58}$$

根据胡克定律，正应力①与应变成正比，即有 $\frac{F}{S}=-E\,\frac{\partial y}{\partial x}$，其中 E 为弹性模量. 则弹性力 $F=-ES\,\frac{\partial y}{\partial x}$，其次，如果我们把弹性介质中的质元之间的相互作用力视作轻弹簧对质元所施的弹性力，则此弹性力可表示为 $F=-k\mathrm{d}y$，因此有 $k=\frac{ES}{\mathrm{d}x}$，并考虑到微分关系 $\mathrm{d}y=\frac{\partial y}{\partial x}\mathrm{d}x$，质元的弹性势能为

$$\mathrm{d}E_{\mathrm{p}}=\frac{1}{2}k\,(\mathrm{d}y)^2=\frac{1}{2}ES\left(\frac{\partial y}{\partial x}\right)^2\mathrm{d}x=\frac{1}{2}E\left(\frac{\partial y}{\partial x}\right)^2\mathrm{d}V$$

将式(4-58)代入上式，可得

$$\mathrm{d}E_{\mathrm{p}}=\frac{1}{2}E\,\frac{\omega^2A^2}{u^2}\sin^2\omega\left(t-\frac{x}{u}\right)\mathrm{d}V$$

因为 $u=\sqrt{E/\rho}$，上式又可写成

$$\mathrm{d}E_{\mathrm{p}}=\frac{1}{2}\rho\omega^2A^2\,\sin^2\omega\left(t-\frac{x}{u}\right)\mathrm{d}V \tag{4-59}$$

比较式(4-57)和式(4-59)可见，质元的势能和动能具有完全相同的表达式. 质元的总机械能 $\mathrm{d}E_{\Sigma}$ 应等于其动能和势能之和，即

$$\mathrm{d}E_{\Sigma}=\mathrm{d}E_{\mathrm{k}}+\mathrm{d}E_{\mathrm{p}}=\rho A^2\omega^2\,\sin^2\omega\left(t-\frac{x}{u}\right)\mathrm{d}V \tag{4-60}$$

从以上的讨论结果可知，在波的传播过程中，任一质元的动能和势能都随时间作周期性的变化，而且动能与势能的变化是完全同步的，同时达到最大值，又同时为零，即任何时刻它们有相同的相位和能量值，这与单个质点的简谐振动中动能和势能的交替变化不同. 那么这是否违背了机械能守恒定律呢？读者可以自行思考.

式(4-60)指出，波动中不同坐标位置的质元具有不同的能量. 为了描述波动中的能量分布，人们引入了能量密度的概念，把单位体积介质中波的能量称为波的能量密度(energy density)，用 w 表示. 由式(4-60)可得

$$w=\frac{\mathrm{d}E_{\Sigma}}{\mathrm{d}V}=\rho A^2\omega^2\,\sin^2\omega\left(t-\frac{x}{u}\right) \tag{4-61}$$

可见，波在空间任一点处的能量密度也是随时间变化的，通常取其在一个周期内的平均值，称为平均能量密度，记作 $\overline{w}$，则

$$\overline{w}=\frac{1}{T}\int_0^T w\,\mathrm{d}t$$

① 物体受外力作用而发生形变时，其内部会产生内力，此内力与作用面的面积之比称为应力，如内力沿作用面的法线方向，则称相应的应力为正应力.

$$= \frac{1}{T}\int_0^T \rho A^2\omega^2 \sin^2\omega\left(t-\frac{x}{u}\right)\mathrm{d}t$$

$$= \frac{1}{2}\rho A^2\omega^2 \tag{4-62}$$

即对于确定的弹性介质,平均能量密度与波的振幅的二次方成正比,这个结论具有普遍意义.这一结论虽然由简谐弹性纵波的特殊情况推出,但对于所有的弹性波均适用.

2. 能流密度和平均能流

为了反映波动中能量传播的特点,人们又引入了平均能流的概念.将单位时间内垂直通过某一面积的平均能量称为平均能流(average energy flux),用$\overline{P}$表示.如图 4-42 所示,在介质中作一垂直于波传播方向的面积 S,则在 dt 时间内,通过面积 S 的平均能量就等于体积 $Su\mathrm{d}t$ 中的能量.因此单位时间内通过面积 S 的平均能量,即平均能流为

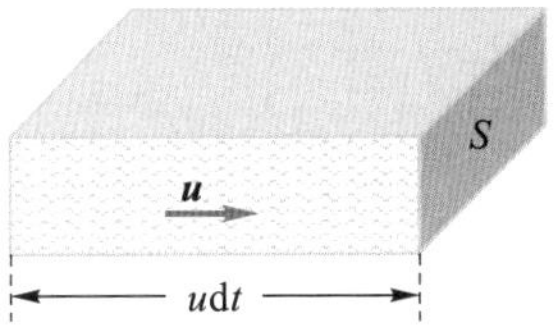

图 4-42 在体积为 $Su\mathrm{d}t$ 的"箱体"内的能量,在 dt 时间内都能够通过面积 S

$$\overline{P} = \overline{w}uS = \frac{1}{2}\rho A^2\omega^2 uS \tag{4-63}$$

平均能流的单位是瓦特(W),因此也把波的能流称为波的功率.

单位时间内垂直通过单位面积的平均能量,称为能流密度或波的强度,用 I 表示,即

$$I = \frac{\overline{P}}{S} = \overline{w}u = \frac{1}{2}\rho A^2\omega^2 u \tag{4-64a}$$

能流密度的单位是 W · m^{-2}.我们也可以将能流密度表示成矢量,它的方向代表能量的传播方向,即波速方向,因此能流密度的矢量式可写成

$$\boldsymbol{I} = \frac{1}{2}\rho A^2\omega^2 \boldsymbol{u} \tag{4-64b}$$

由此可见,在给定的均匀介质(即 ρ、u 一定)中,从一波源发出的波,其能流密度与振幅的二次方成正比,与频率的二次方成正比.

例 4-11

试证明在均匀且无吸收的介质中传播的球面波,其振幅与它离开波源的距离成反比.

证 设球面波在均匀介质中传播,在距波源 O 为 r_1 和 r_2 处作两个球面,相应的面积分别为 $S_1=4\pi r_1^2$、$S_2=4\pi r_2^2$,如图 4-43 所示.如果介质不吸收波的能量,则通过这两个球面的平均能流应相等,即有

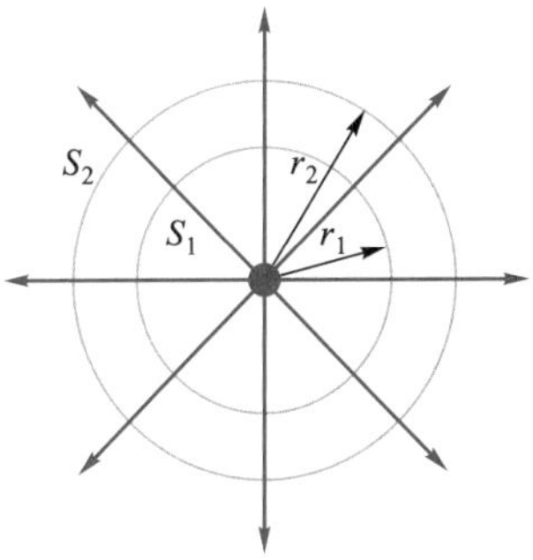

图 4-43 例 4-11 用图

$$\frac{1}{2}\rho A_1^2\omega^2 uS_1 = \frac{1}{2}\rho A_2^2\omega^2 uS_2$$

式中 A_1 和 A_2 分别为两个球面上波的振幅.由上式可得

$$\frac{A_1^2}{A_2^2}=\frac{S_2}{S_1}=\frac{4\pi r_2^2}{4\pi r_1^2}$$

因此有

$$\frac{A_1}{A_2}=\frac{r_2}{r_1}$$

证毕.

上例表明球面波在传播过程中各处的振幅 A 与该处离开波源的距离 r 成反比.设某一球面简谐波在距波源为 r_0 处的质元振幅为 A_0,则由式(4-49),可以写出球面简谐波的波动表达式为

$$y=\frac{A_0 r_0}{r}\cos\left[\omega\left(t-\frac{r}{u}\right)+\varphi\right] \tag{4-65}$$

4-7 声波、超声波和次声波

4-7-1 声波

声波是人类生活中接触最多的一种机械波.人类通过声波进行语言交流、情感沟通和获得信息.例如听到汽车的鸣笛声就知道一辆车正向我们驶来,听到上课铃声就提示我们该进教室了,运动员听到发令枪声就立刻开始起跑等.但是并不是任何机械波都能为人们所感知,能够引起人类听觉的机械波频率在 20 Hz ~ 2×10^4 Hz 之间,这一波段的机械波称为**声波**(acoustic wave).频率低于 20 Hz 的声波称为**次声波**(infrasonic wave),而频率超过 2×10^4 Hz 的声波称为**超声波**(ultrasonic wave).在气体和液体中传播的声波是纵波,而在固体中传播的声波既可以是纵波,也可以是横波.声波除了具有机械波的一般性质外,还具有一些自身的特征.

1. 声速

在气体和液体中,纵波的波速由式(4-48)给出.如果把气体看作理想气体,声波的传播过程当作绝热过程(参阅 9-3-2),那么,声波在气体中的传播速度为

$$u=\sqrt{\frac{\gamma RT}{M}} \tag{4-66}$$

式中 γ 为摩尔热容比,R 为摩尔气体常量($R=8.31\ \mathrm{J\cdot mol^{-1}\cdot K^{-1}}$),$T$ 为气体的热力学温度,M 为气体的摩尔质量(这些物理量将在第九章中介绍).从上式中可以看出气体中的声速与气体的温度有关.表 4-1 给出了一些弹性介质中的声速.

表 4-1 一些弹性介质中的声速

介质	温度/℃	声速/($\mathrm{m\cdot s^{-1}}$)
空气	0	331
氢	0	1 270
水	20	1 400
冰	0	5 100
黄铜	20	3 500
玻璃	0	5 500
花岗岩	0	3 950
铝	20	5 100

2. 声压

声波在流体中传播时，由于介质中各质元之间的相互挤压或拉伸会引起各质元所在处压强的变化.某一时刻在介质中的某处，有声波传播时的压强与无声波传播时的压强 p_0 之差，称为声压(sound pressure).可见声压是由于声波产生的附加压强，其单位即是压强的单位.人的耳朵对声音的感知就是通过声压使耳鼓膜的压力发生变化所引起的.由于纵波是一种疏密波，显然，疏部的声压为负，密部的声压为正.以下我们来讨论声压的变化规律.

在质量密度为 ρ 的弹性介质中任取一垂直于声波传播方向的平面薄层，其面积为 S、厚度为 $\mathrm{d}x$，如图 4-44 所示.设介质中无声波时的压强为 p_0，有声波时平面左侧的声压为 p，右侧的声压为 $p+\mathrm{d}p$，由牛顿第二定律可得

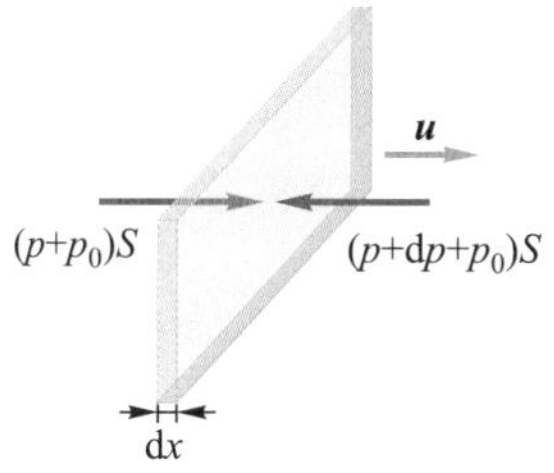

图 4-44 一个平面薄层左侧面上的声压为 p，右侧面上的声压为 $p+\mathrm{d}p$

$$(p+p_0)S-(p+\mathrm{d}p+p_0)S=\rho S\mathrm{d}x\cdot a$$

式中 a 为介质中平面薄层(质元)的加速度.简化后可得

$$-\mathrm{d}p=\rho a\mathrm{d}x \tag{4-67}$$

设声波的波动表达式为

$$y=A\cos\omega\left(t-\frac{x}{u}\right)$$

则质元的振动速度和加速度分别为

$$v=\frac{\partial y}{\partial t}=-\omega A\sin\omega\left(t-\frac{x}{u}\right)$$

$$a=\frac{\partial^2 y}{\partial t^2}=-A\omega^2\cos\omega\left(t-\frac{x}{u}\right)$$

将加速度 a 代入式(4-67)，得

$$\mathrm{d}p=\rho A\omega^2\cos\omega\left(t-\frac{x}{u}\right)\mathrm{d}x$$

两边积分，可得介质中声压 p 与质元速度 v 之间的关系为

$$p=-\rho A\omega u\sin\omega\left(t-\frac{x}{u}\right)=\rho uv \tag{4-68}$$

可见，声压 p 随空间位置和时间作周期性变化，并且与振动速度是同相位的.通常将介质密度 ρ 与声速 u 的乘积称为声阻抗(acoustic impedance)或特征阻抗，用 Z 表示：

$$Z=\rho u \tag{4-69}$$

声阻抗是一个重要的物理量，声阻抗大的介质称为波密介质，声阻抗小的介质称为波疏介质.声波在两种不同介质的分界面上反射和折射时，反射波和折射波的能量分配就是由这两种介质的声阻抗来决定的.

3. 声强和声强级

声波的能流密度称为声强(intensity of sound),由式(4-64)可知声强为

$$I=\frac{1}{2}\rho A^2\omega^2 u$$

将式(4-68)中声压的幅值 $p_m=\rho A\omega u$ 代入上式可得

$$I=\frac{1}{2}\frac{p_m^2}{\rho u} \tag{4-70}$$

式(4-70)反映了声强与声压之间的关系.

人类能听到的声强范围很广.例如,对于频率为 1 000 Hz 的声音,刚好能听见的声强约为10^{-12} W·m^{-2},而勉强能承受(将引起耳膜疼痛感)的最大声强可达 1 W·m^{-2},两者相差 10^{12}倍.如此大的声强范围给声强的比较带来诸多不便.此外,人耳对声音强弱的主观感觉——响度(loudness)并不与声强成正比,而是近似地与声强的对数成正比,于是人们引入了声强级的概念.取声强 10^{-12} W·m^{-2}为标准声强,记作 I_0,声强 I 与标准声强 I_0 之比的常用对数称为声强 I 的声强级(sound intensity level),记作 L,即

$$L=\lg\frac{I}{I_0} \tag{4-71a}$$

声强级的单位为贝尔(B).由于贝尔单位较大,通常取其 1/10 为单位,称为分贝(dB),即

$$L=10\lg\frac{I}{I_0}\quad(\text{单位:dB}) \tag{4-71b}$$

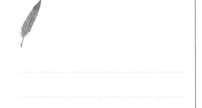

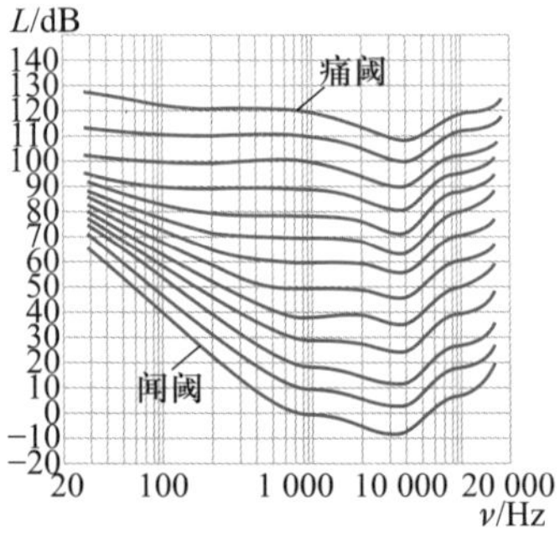

图 4-45 纯音的等响度曲线

图 4-45 给出了纯音的等响度曲线.最下面的曲线叫闻阈(hearing threshold),低于此曲线的声音一般听不到,最上边的曲线叫痛阈(pain threshold),超过此曲线的声音,人耳朵有疼痛感.从图中可以看出响度不仅与声强级有关,还和声音的频率有关.40 Hz、70 dB 的纯音和 1 000 Hz、40 dB 的纯音使我们感觉到一样响.正因为如此,音箱中低音扬声器的功率总是远比高音扬声器的功率大.

*4-7-2 超声波和次声波

频率在 2×10^4 Hz~5×10^8 Hz 之间的机械波称为超声波.由于超声波的频率比通常声波的频率高得多,所以它具有一些独特的性质:超声波的频率高,它的声强就大,超声波的波长较短,定向传播性能很好,遇到障碍物时易形成反射.此外超声波在水等一些介质中的衰减系数较小,故在这些介质中它具有良好的穿透本领.超声波的这些特性被广泛地应用在物理、化学、生物、医学等各个领域.

海水的导电性能较好,容易吸收电磁波,因此雷达在海水中无法使用.利用超声波(声呐)就可以探测海水中的物体,比如鱼群、潜艇或测量海深等,

如图 4-46 所示.

超声波探伤仪可以用来无损探测工件内部的缺陷.仪器上有个探头,既可以发射超声波又可以接收超声波.探伤时,将探头放在工件表面,并发出一个超声脉冲,如工件完好,则探头可接收到来自工件另一表面的反射脉冲,它在示波器上与发射脉冲有一间距,如果工件有缺陷,那么在两个脉冲之间又会有被缺陷反射回来的脉冲,根据此脉冲的位置,可确定缺陷在工件内部的位置与深度.另外,超声波在人体软组织和肌肉中的衰减系数较小,故可用于探测体内的病变,如 B 超等.

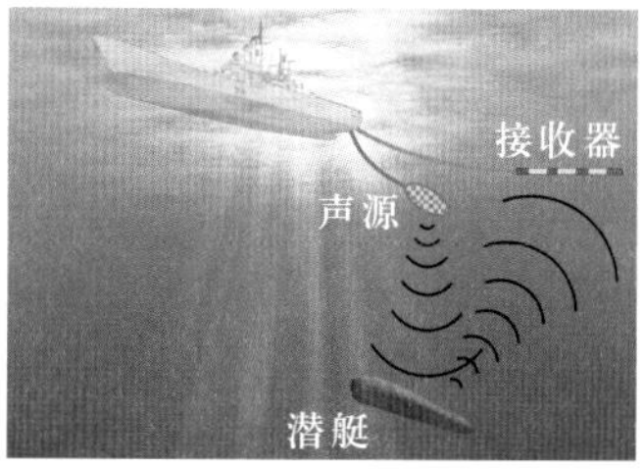

图 4-46 超声波探测海中的潜艇

超声波的能量大而集中,可用于切割、焊接、钻孔、清洗机件,还可用来处理植物种子和促进化学反应等.

频率在10^{-4} Hz~20 Hz 之间的机械波称为次声波.次声波的特点是频率低、波长较长、衰减极小,在大气中传播几千千米,其吸收不到万分之几分贝.在火山爆发、地震、飓风、磁暴、核暴等过程中,都有次声波产生.另外次声波对生物也会产生很大的影响,大地震前人们经常能观察到有些动物的异常行为.一定强度的次声波对人的平衡系统会产生干扰,人的内脏和躯体的共振频率一般在几赫兹范围,在次声波作用下,人体的器官会产生共振,轻者感觉不适,重者其器官受到损伤,甚至人会死亡.

例 4-12

歌手在露天舞台上演唱,某观众与歌手相距 r_1,另一位观众与歌手相距 $r_2=3r_1$,如图 4-47 所示.则两位观众听到的声音的声强级相差多少?

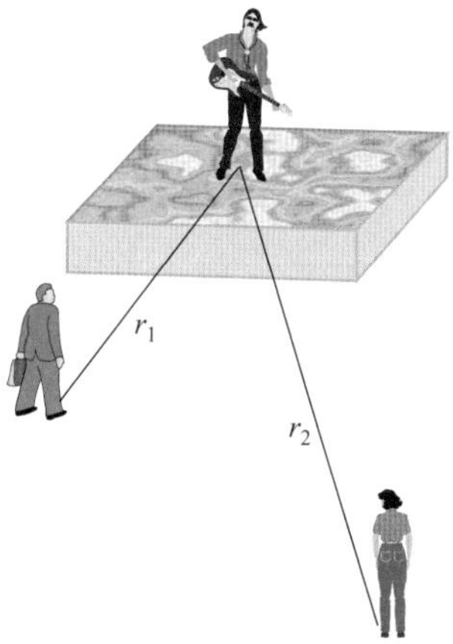

图 4-47 例 4-12 用图

解 设 I_1 和 I_2 分别为声音传到 r_1 和 r_2 处的声强,则两位观众听到的声强级差为

$$\Delta L=L_2-L_1=10\lg\frac{I_2}{I_0}-10\lg\frac{I_1}{I_0}=10\lg\frac{I_2}{I_1}(\text{dB})$$

由于声源产生的是球面波,因此振幅与距离成反比,即有

$$\frac{A_2}{A_1}=\frac{r_1}{r_2}$$

因为波的强度与振幅的平方成正比,所以有

$$\frac{I_2}{I_1}=\frac{A_2^2}{A_1^2}=\frac{r_1^2}{r_2^2}$$

因此

$$\Delta L=10\lg\frac{r_1^2}{r_2^2}=20\lg\frac{r_1}{r_2}$$

$$=20\lg\frac{r_1}{3r_1}=20\lg\frac{1}{3}=-9.5(\text{dB})$$

结果表明,距离增加了 2 倍,声强级衰减了9.5 dB.

大量的实验表明,如果声强级增加 10 dB 左右,则声音听上去几乎比原来响一倍.可见本例中两位观众听到歌声的响度相差近一倍.

4-8　波的干涉和波的衍射

以上我们讨论了一列波在弹性介质中的传播规律.现在我们将讨论两列或两列以上的波在传播过程中相遇时,介质中各质元的振动情况以及波的传播规律.

4-8-1　波的叠加原理

一台大型的交响音乐会是由多种乐器组合而成的,有小提琴、中提琴、大提琴、单簧管、双簧管、长笛、鼓、号、锣等,各种乐器相互配合,演奏出美妙的旋律.显然,不同乐器发出的声波并不会因为在空间相遇而改变其原有的特征,使得声音变得嘈杂而不堪入耳.有经验的人一听就可以辨别出有哪些乐器在同时演奏.同样,我们把两块石子扔进水中,水面会泛起两列水波.虽然在两列水波相遇的区域将由于两列波的叠加而出现特殊的波纹,但是一旦这两列水波分离后仍将保持原有的特征继续按原方向传播.类似的现象还有很多.通过对这些现象的观察和分析,可以总结出以下规律:

当几列波在空间某处相遇后,各列波仍将保持其原有的频率、波长、振动方向等特征继续沿原来的传播方向前进,好像在各自的传播过程中,并没有遇到其他的波一样.这就是所谓波传播的独立性.

在相遇区域内,任一质元的振动,乃是各列波单独存在时对该质元所引起振动的合振动.这一规律称为波的叠加原理.

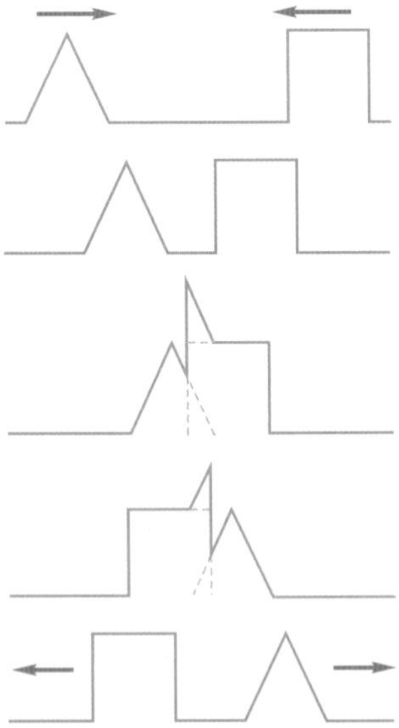

交响音乐会中的各种乐器发出各种声波,并在空间交汇,但各种声振动仍将保持其原有的特征

图 4-48　一个三角形脉冲波和一个方形脉冲波相向传播,在传播过程中将保持各自的原有特性(频率、波长、振动方向等);但在相遇处介质质元的振动为各波单独存在时在该点引起的振动的合成

图 4-48 表示一个三角形脉冲波和一个方形脉冲波沿同一直线相向传播与相互叠加的过程.

波的可叠加性是波不同于粒子的一个显著特点.两列波可以占据同一空间,并且只有在相遇时彼此相互叠加而形成合成波,然后又保持各自的特性独立地继续向前传播;而如果是两个实物粒子,它们在相遇时将发生碰撞,碰撞后它们的运动状态都要发生改变.

值得注意,波的叠加原理是有其适用条件的,通常在波幅不太大,且描述波动过程的微分方程为线性方程时,叠加原理才成立.对于强烈爆炸形成的大振幅艏波来说,一般不遵守波的叠加原理.

4-8-2 波的干涉

首先让我们做一个实验,两音叉在水中不断地振动,掀起两列水波,并在空间相遇而叠加.叠加结果如图 4-49 所示,水面出现稳定的波纹花样,水面上有些地方的质元振动始终微弱,甚至静止不动,而有些地方的质元振动始终较强.我们把波叠加后形成的这种现象称为干涉(interference)现象.一般情况下,当几列波在空间相遇时并不一定会出现稳定的干涉图像分布.要实现干涉现象必须满足一定的条件,这就是:**两列波有相同的频率、相同的振动方向以及在相遇区域中的每一个点两列波都有恒定的相位差.**满足相干条件的这两列波称为相干波(coherent wave),能产生相干波的波源称为相干波源.

图 4-49 两列水波的干涉图像

如图 4-50 所示,设有两个同频率的相干波源 S_1 和 S_2,它们的振动表达式分别为

$$y_{10}=A_{10}\cos(\omega t+\varphi_1)$$
$$y_{20}=A_{20}\cos(\omega t+\varphi_2)$$

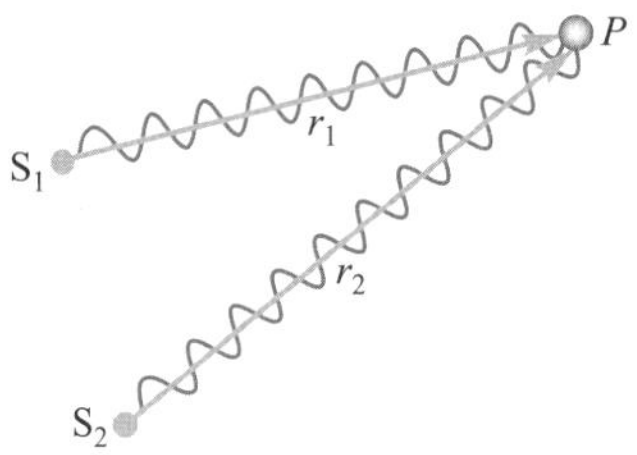

图 4-50 两列相干波在 P 点叠加

这两个波源发出的波在 P 点相遇,P 点的振动表达式分别为

$$y_{1P}=A_1\cos\left(\omega t+\varphi_1-\frac{2\pi r_1}{\lambda}\right)$$
$$y_{2P}=A_2\cos\left(\omega t+\varphi_2-\frac{2\pi r_2}{\lambda}\right)$$

式中的 A_1 和 A_2 为两波传到 P 点时的振幅,r_1 和 r_2 为 P 点到两波源的距离.两列波在 P 点的振动为同方向、同频率的简谐振动,它们的合振动仍为简谐振动.根据波的叠加原理,P 点的合振动为

$$y_P=y_{1P}+y_{2P}=A\cos(\omega t+\varphi)$$

由式(4-21),合振动的振幅为

$$A=\sqrt{A_1^2+A_2^2+2A_1A_2\cos\left[(\varphi_2-\varphi_1)-\frac{2\pi}{\lambda}(r_2-r_1)\right]} \tag{4-72a}$$

由式(4-22),合振动的初相位为

$$\varphi=\arctan\frac{A_1\sin\left(\varphi_1-\frac{2\pi r_1}{\lambda}\right)+A_2\sin\left(\varphi_2-\frac{2\pi r_2}{\lambda}\right)}{A_1\cos\left(\varphi_1-\frac{2\pi r_1}{\lambda}\right)+A_2\cos\left(\varphi_2-\frac{2\pi r_2}{\lambda}\right)} \tag{4-72b}$$

由于简谐波的强度 I 正比于振幅 A 的二次方，因此合成波的强度可表示为

$$I=I_1+I_2+2\sqrt{I_1I_2}\cos\Delta\varphi \tag{4-73}$$

式中的 $\Delta\varphi$ 为两列波传播到 P 点时的相位差，即

$$\Delta\varphi=(\varphi_2-\varphi_1)-\frac{2\pi}{\lambda}(r_2-r_1) \tag{4-74}$$

可见，在 P 点的相位差取决于两波源的初相位差 $\varphi_2-\varphi_1$ 以及由于传播路程不同而引起的相位差.一般把波的传播路程称为波程.但是，由于 $\varphi_2-\varphi_1$ 为一常量，因此相位差 $\Delta\varphi$ 实际上取决于波程差 $\delta=r_2-r_1$.对空间某一确定的点，其波程差一定，则该点的合振幅 A 和波强 I 有稳定不变的值.对空间不同的点，波程差一般不相等，从而合振动的振幅和波强也各不相同，有些点合振幅大，有些点合振幅小.由此可知，两列相干波在空间相遇时，在叠加区域内各点合振动的振幅 A 和强度 I 将在空间形成一种稳定的分布，某些点的振动始终加强，而在另外一些点的振动始终减弱，呈现出波的干涉现象.

由式(4-72)可看出，介质中振幅 A 和强度 I 皆为最大的那些点，其相位差应满足关系式

$$\Delta\varphi=(\varphi_2-\varphi_1)-\frac{2\pi}{\lambda}(r_2-r_1)=\pm 2k\pi \quad (k=0,1,2,\cdots) \tag{4-75}$$

这些点称为干涉相长点.其振幅和强度分别为 $A_{max}=A_1+A_2$，$I_{max}=I_1+I_2+2\sqrt{I_1I_2}$.

介质中因干涉相消而引起振幅和强度都为最小的点，其相位差满足关系式

$$\Delta\varphi=(\varphi_2-\varphi_1)-\frac{2\pi}{\lambda}(r_2-r_1)=\pm(2k+1)\pi \quad (k=0,1,2,\cdots) \tag{4-76}$$

这些点称为干涉相消点.其振幅和强度分别为 $A_{min}=|A_1-A_2|$ 和 $I_{min}=I_1+I_2-2\sqrt{I_1I_2}$.

如果两相干波源的初相位相同，即 $\varphi_2=\varphi_1$，则相位差只取决于波程差，上述相长和相消的条件可以简化为

$$\delta=r_2-r_1=\begin{cases}\pm k\lambda & (A_{max}=A_1+A_2)\\ \pm(2k+1)\dfrac{\lambda}{2} & (A_{min}=|A_1-A_2|)\end{cases} \quad (k=0,1,2,\cdots) \tag{4-77}$$

对那些波程差不是半波长的奇数倍或偶数倍的空间各点，其合振幅介于 $|A_1-A_2|$ 和 A_1+A_2 之间，其波强也在最大值和最小值之间.

图 4-51 表示水波的干涉现象，由两个波源 S_1 和 S_2 发出的两列波相遇叠加，图中实线表示两列波的波峰，虚线表示两列波的波谷.在两列波的波峰和波峰相遇处(实线与实线的交点)以及波谷和波谷的相遇处(虚线与虚线的交点)合振幅最大，合成波最强，在两列波的波峰和波谷相遇处(实线与虚线的交点)，合振幅最小，合成波最弱.

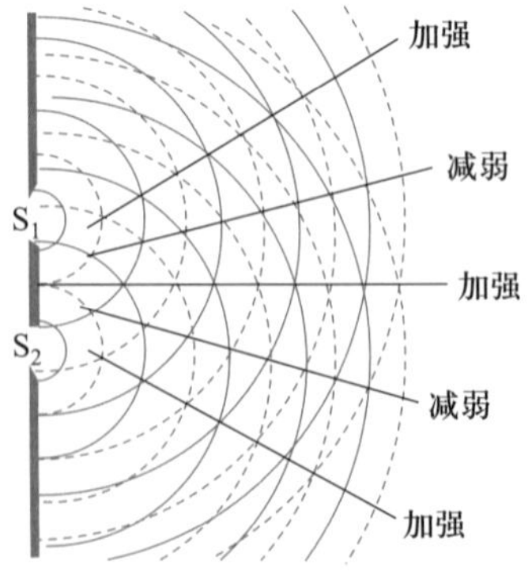

图 4-51 两列相干波的干涉示意图

例 4-13

介质中两相干波源位于 Ox 轴上 P、Q 两点，如图 4-52 所示，它们的频率均为 100 Hz，振幅相同，初相位差为 π，波速为400 $m \cdot s^{-1}$，相距 10 m.试求 Ox 轴上因干涉而静止的各点位置.

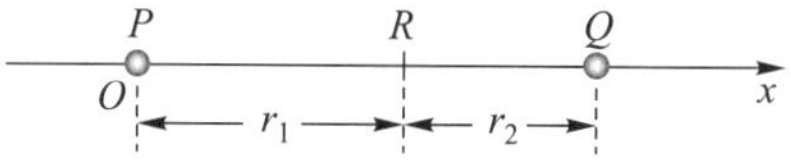

图 4-52 例 4-13 用图

解 求解干涉现象中相长或相消点的位置时，关键是要求出两列波在叠加区域中任一点的相位差，再利用相长和相消的条件，求出该点的位置.

以 P 点为坐标原点，两列波在空间叠加区域内任意一点 R 的相位差为

$$\Delta\varphi=(\varphi_Q-\varphi_P)-\frac{2\pi}{\lambda}(r_2-r_1)$$

$$=\pi-\frac{2\pi}{\lambda}(r_2-r_1)$$

波长为

$$\lambda=\frac{u}{\nu}=\frac{400}{100}\ \mathrm{m}=4\ \mathrm{m}$$

（1）设 R 在 P、Q 之间，其坐标为 x，则有

$$r_2-r_1=(10-x)-x$$

R 点的相位差为

$$\Delta\varphi=\pi-\frac{\pi}{2}(10-2x)=\pi x-4\pi$$

干涉相消条件取决于下式，即

$$\pi x-4\pi=(2k+1)\pi \quad (k=0,\pm1,\pm2,\cdots)$$

由此可解得

$$x=(2k+5)\ \mathrm{m}$$

于是在 P、Q 之间因干涉而静止的点的位置为 $x=1,3,5,7,9$ m，共 5 个静止点.

（2）设 R 在 P 点的左侧，则 $r_2-r_1=10$ m，

$$\Delta\varphi=\pi-\frac{\pi}{2}\times10=-4\pi$$

P 点左侧各点的相位差 $\Delta\varphi$=常量$=2k\pi$，表明此区域内各点均为干涉相长点，无干涉静止点.

（3）设 R 在 Q 的右侧，则 $r_2-r_1=-10$ m，

$$\Delta\varphi=\pi+\frac{\pi}{2}\times10=6\pi$$

显然，在此区域也没有干涉静止点.由此可得 Ox 轴上因干涉而静止的点均在 P、Q 两点之间.

4-8-3 驻波和半波损失

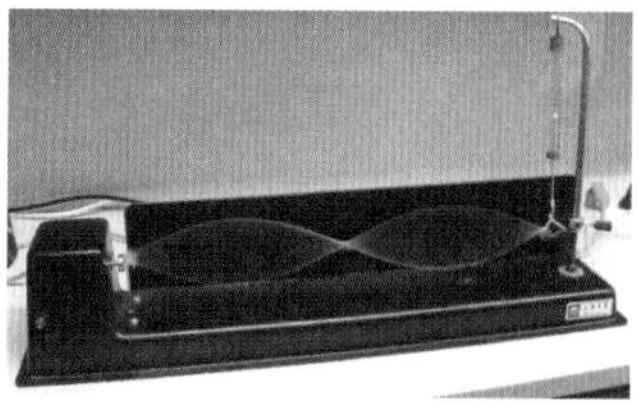

图 4-53 驻波的演示实验装置

视频 驻波演示

图 4-53 是一个波动的演示实验装置，把一根弦线一端固定，另一端接一个机械振动源.启动振动源后会看到整个弦线形成如图所示的稳定波形.弦线上各个振动质元的振幅不同，有的最大，有的为零，具有这种波形特征的波称为驻波（standing wave），见视频：驻波演示.驻波是由两列振幅相同的相干波在同一直线上沿相反方向传播时叠加形成的，这是一种特殊的干涉现象.图示实验中的驻波是由振动源发出的入射波与经弦线另一端的固定点反射回来的反射波叠加而成的.以下我们将对驻波的形成作详细讨论.

设有频率相同、振幅相同，且振动方向相同的两列波，沿 Ox 轴相向传播，如

动画 驻波的形成

图 4-54 所示.图中的绿色线表示沿 Ox 轴正方向传播的波;而红色线表示沿 Ox 轴负方向传播的波.两列波的合成波在图中以蓝色线表示.我们把入射波与反射波的波形刚好重合的时刻作为计时零点,取某个合位移最大的点作为坐标原点 O,则这两列波可表示为

$$y_1=A\cos\left(\omega t-\frac{2\pi x}{\lambda}\right)$$

$$y_2=A\cos\left(\omega t+\frac{2\pi x}{\lambda}\right)$$

合成波的表达式为

$$y=y_1+y_2=2A\cos\frac{2\pi x}{\lambda}\cos\omega t \tag{4-78}$$

上式常被称为**驻波方程**,它就是图 4-54 中合成波(蓝色线)的波动表达式.

将驻波形成的示意图 4-54 与驻波的表达式(4-78)进行比较,可以得出驻波的一些特征.

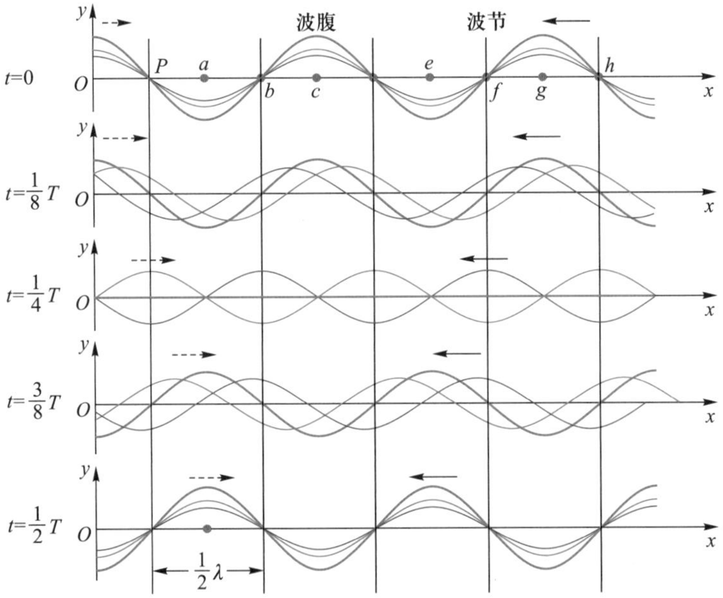

图 4-54 一列波沿 Ox 轴正方向传播(绿色线所示),另一列波沿 Ox 轴负方向传播(红色线所示),两列波合成后形成的驻波在图中以蓝色线表示

1. 驻波中的波腹和波节

式(4-78)中的 $\cos\omega t$ 是一个简谐振动项,而式中 $2A\cos\dfrac{2\pi x}{\lambda}$ 的绝对值表示各质元的振幅.这就表明形成驻波后,波线上各质元作同频率的简谐振动,但振幅却各不相同.

当 x 值满足 $\left|\cos\dfrac{2\pi x}{\lambda}\right|=1$ 时,振幅最大,这时有

$$\frac{2\pi x}{\lambda}=\pm k\pi \quad (k=0,1,2,\cdots)$$

即

$$x=\pm k\frac{\lambda}{2} \quad (k=0,1,2,\cdots) \tag{4-79}$$

$x=0, \lambda/2, \lambda, 3\lambda/2, 2\lambda, \cdots$，分别对应于图 4-54 中的 O、a、c、e、g 等各点.位于这些点的质元的振幅最大（$2A$），称为**波腹**（wave loop）.

当 x 值满足 $\left|\cos\dfrac{2\pi x}{\lambda}\right|=0$ 时，振幅为零，这时有

$$\frac{2\pi x}{\lambda}=\pm(2k+1)\frac{\pi}{2} \quad (k=0,1,2,\cdots)$$

也即

$$x=\pm(2k+1)\frac{\lambda}{4} \quad (k=0,1,2,\cdots) \tag{4-80}$$

$x=\dfrac{\lambda}{4}, \dfrac{3}{4}\lambda, \dfrac{5}{4}\lambda, \dfrac{7}{4}\lambda, \cdots$，分别对应于图 4-54 中的 P、b、d、f、h 等各点，位于这些点的质元振幅为零，因此称为**波节**（wave node）.其他各质元的振幅则介于零与最大值之间.由式（4-79）和式（4-80）可知，两相邻波腹（或波节）之间的距离为半波长$\dfrac{\lambda}{2}$.实验中我们只要测定两相邻波节之间的距离，就可确定原来两列波的波长.

由于波腹和波节的位置始终固定不动，因此在驻波中看不到像行波那样的波形传播现象.

2. 驻波中各质元振动的相位关系

首先讨论相邻两波节之间各质点的相位关系.根据式（4-80），相邻两波节的坐标可表示为

$$x_k=(2k+1)\frac{\lambda}{4}, \quad x_{k+1}=(2k+3)\frac{\lambda}{4}$$

以上两式两边分别乘以$\dfrac{2\pi}{\lambda}$，可得

$$\frac{2\pi}{\lambda}x_k=k\pi+\frac{1}{2}\pi, \quad \frac{2\pi}{\lambda}x_{k+1}=k\pi+\frac{3}{2}\pi$$

由此可见，对相邻两波节之间的各点，有

$$k\pi+\frac{1}{2}\pi \leqslant \frac{2\pi}{\lambda}x \leqslant k\pi+\frac{3}{2}\pi$$

因为 k 的取值可以是 $0,1,2,\cdots$，所以$\dfrac{2\pi}{\lambda}x$ 的量值要么全在第二、第三象限内，要么全在第一、第四象限内，无论属于哪种情况，驻波表达式中的 $2A\cos\dfrac{2\pi}{\lambda}x$ 项都同号，这表明在某一时刻，位于相邻波节间的各质元的位移和速度同号，即各质元具有相同的相位.

任意选择两相邻波腹的坐标 $x_k=\dfrac{k}{2}\lambda$ 和 $x_{k+1}=\dfrac{k+1}{2}\lambda$，代入式（4-78），则有

$$y_k = 2A\cos k\pi\cos \omega t$$

$$y_{k+1} = 2A\cos(k+1)\pi\cos \omega t = 2A\cos k\pi\cos(\omega t+\pi)$$

不难看出，相邻两波腹质元的位移、速度反号，表明这两质元的相位相反．而从前面的讨论中已经知道，相邻两波节之间的质元同相位，因此可推断波节两侧各质元的振动相位相反．

以上分析可概括如下：驻波中任意相邻两波节之间各质元的振动同相位；一个波节两侧各质元的振动相位相反．显然驻波是一种分段振动现象．

3. 驻波的能量

由于形成驻波的两列相干波振幅相同，即 $A_1=A_2$，传播方向相反，因此它们的平均能流密度大小相等，方向相反，驻波的总平均能流密度为零．这表明驻波中不存在能量的传播．

以横波为例，当两波节间各质元达到最大位移时，各质元的速度和动能均为零，但各质元都发生了不同程度的最大形变，而且越靠近波节，形变也越大．此时驻波能量以形变势能的形式主要集中于波节附近．当各质元通过平衡位置时，所有质元的形变和形变势能为零，但各质元速度和动能均达到最大值．此时驻波能量以动能的形式主要集中于波腹附近．这样，驻波中的动能和势能就在波腹和波节之间的小范围内迁移并转化，正是因为没有波形和能量的传播，才将这种特殊的合成波称为驻波．

动画　半波损失

在实验室中往往是通过入射波和反射波的叠加来得到驻波的．如前面图 4-53 所示，由于弦线的一端固定，因此反射点恒为波节．这表明入射波与反射波在反射点的相位正好相反，即反射波在反射点的相位较之入射波发生了 π 的突变，这等价于波多走（或少走）了半个波长的波程．我们把这种现象称为半波损失（half-wave loss）．若波在自由端反射，在反射点会形成波腹，即无半波损失．半波损失的动态过程见动画：半波损失．

入射波在两种介质的分界面上反射时是否会发生半波损失，取决于波的种类、介质的性质以及入射角等诸多因素．在垂直入射的情况下，它由介质的特征阻抗 Z 决定．当波从波疏介质入射到波密介质时，有半波损失，界面处为波节，当波由波密介质入射到波疏介质时，无半波损失，界面处为波腹．半波损失不仅在机械波反射时存在，在电磁波（包括光波）反射时也存在．

例 4-14

一列沿 x 轴正方向传播的入射波的波动表达式为 $y_1=A\cdot\cos 2\pi\left(\dfrac{t}{T}-\dfrac{x}{\lambda}\right)$．该波在距坐标轴原点 O 为 $x_0=5\lambda$ 处被一竖直面反射，如图 4-55 所示，反射点为一波节．求：(1) 反射波的波动表达式；(2) 驻波的表达式；(3) 原点 O 到 x_0 间各个波节和波腹的坐标．

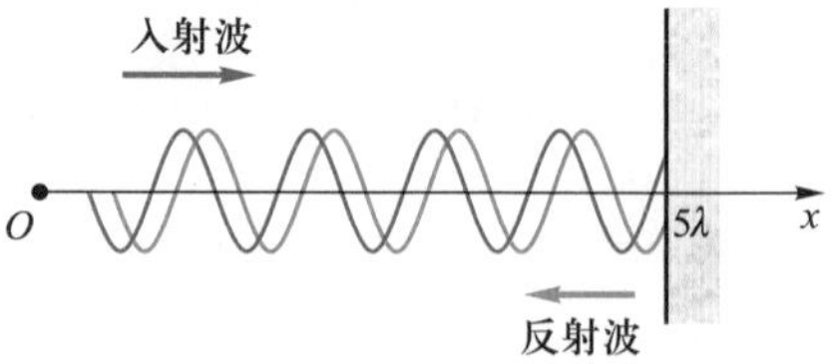

图 4-55　例 4-14 用图

解 (1) 为了写出反射波的波动表达式,可以先找出反射波在某点处质元的振动表达式.

从入射波的波动表达式可以确定波在原点的振动表达式为

$$y_{10}=A\cos\frac{2\pi t}{T}$$

反射波在 O 点的振动相位比入射波在 O 点的振动相位要落后

$$\frac{2\pi(2x_0)}{\lambda}+\pi=\frac{2\pi(2\times5\lambda)}{\lambda}+\pi=21\pi$$

式中后一项$+\pi$是考虑反射端有半波损失而加上的(也可用$-\pi$).由此可得反射波在 O 点的振动表达式为

$$y_{20}=A\cos\left(\frac{2\pi t}{T}-21\pi\right)=A\cos\left(\frac{2\pi t}{T}-\pi\right)$$

得反射波的波动表达式为

$$\begin{aligned}y_2&=A\cos\left[\frac{2\pi}{T}\left(t+\frac{x}{u}\right)-\pi\right]\\&=A\cos\left(\frac{2\pi t}{T}+\frac{2\pi x}{\lambda}-\pi\right)\\&=-A\cos 2\pi\left(\frac{t}{T}+\frac{x}{\lambda}\right)\end{aligned}$$

(2) 驻波表达式为

$$\begin{aligned}y&=y_1+y_2\\&=A\cos 2\pi\left(\frac{t}{T}-\frac{x}{\lambda}\right)-A\cos 2\pi\left(\frac{t}{T}+\frac{x}{\lambda}\right)\\&=2A\sin\frac{2\pi x}{\lambda}\sin\frac{2\pi t}{T}\end{aligned}$$

(3) 因为原点 O 和 $x_0=5\lambda$ 处均为波节,鉴于相邻波节的间距为$\frac{\lambda}{2}$,可知各波节点的坐标为

$$x_{\min}=k\frac{\lambda}{2}\quad(k=0,1,2,\cdots,10)$$

又两波节之间为一波腹,故波腹点的坐标为

$$x_{\max}=\frac{\lambda}{4}+k\frac{\lambda}{2}\quad(k=0,1,2,\cdots,9)$$

也可用下面的方法求反射波的波动表达式.入射波经反射后再传到任意点 x 所需的时间为 $\Delta t=\frac{2x_0-x}{u}$,于是可借助入射波在原点 O 的振动方程 y_{10} 直接写出反射波的波动表达式,即

$$\begin{aligned}y_2&=A\cos\left[\frac{2\pi}{T}\left(t-\frac{2x_0-x}{u}\right)+\pi\right]\\&=A\cos\left[\frac{2\pi}{T}\left(t+\frac{x}{u}\right)+\pi\right]\end{aligned}$$

驻波在理论和实际应用上都是十分重要的.激光谐振腔的设计和所有的弦乐器的弦振动以及鼓乐器的面振动,都分别是一维和二维驻波的实例.

4-8-4 惠更斯原理 波的衍射现象

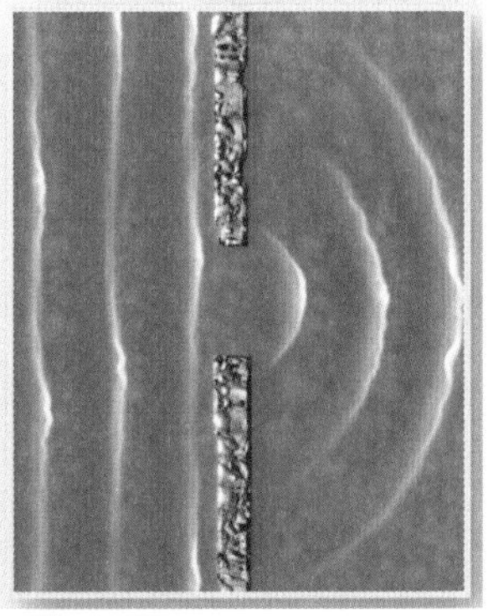

图 4-56 平面水波在遇到障碍物时,绕过了障碍物继续向前沿各个方向传播

波在各向同性的均匀介质中以直线传播,但是在实验中我们发现了一个很有趣的现象,即当波在传播过程中遇到障碍物时会出现绕过障碍物继续传播的现象.图 4-56 表示一列平面水波在通过一狭缝时绕过了两侧的障碍,继续向前沿各个方向传播.我们把波能够绕过障碍物继续传播的现象称为衍射(diffraction).

如何解释波的衍射现象呢?荷兰物理学家惠更斯(C. Huygens, 1629—1695)于 1690 年提出了以他的名字命名的惠更斯原理(Huygens' principle),从此这个问题才得到初步的解释.惠更斯原理可表述为:某一时刻,同一波面上的各点,都可以看作发射子波的波源,在其后的任一时刻,这些子波源发出的子波

惠更斯(C. Huygens, 1629—1695),荷兰物理学家、天文学家、数学家.1678 年,他在法国科学院的一次演讲中公开反对牛顿关于光的微粒说,并于 1690 年出版了《光论》一书,正式提出了光的波动说,建立了惠更斯原理

波面的包迹(包络面)就是该时刻的新波面.

设在各向同性均匀介质中有一个点波源 O,波在此介质中的传播速度为 $\boldsymbol{u}$,在时刻 t 的波面是半径为 $R_1=ut$ 的球面 S_1,如图 4-57(a)所示.惠更斯认为,S_1 上的各点都可以看作发射子波的点波源,子波的波面是以 S_1 上各点为中心,以 $r=u\Delta t$ 为半径的球面,再作公切于这些子波波面的包络面,就得到 $t+\Delta t$ 时刻的新的波面 S_2.显然波面 S_2 就是以 O 为中心,以 $R_2=u(t+\Delta t)$ 为半径的球面,它仍以球面波的形式向前传播.

如果波面在 t 时刻为平面 S_1,如图 4-57(b)所示.同样平面 S_1 上的各点可以看作是发射子波的波源,在下一个时刻 $t+\Delta t$,这些子波波面的包络面就是新的波面 S_2,显然 S_2 仍为平面,只是比 S_1 向前移动了一段距离 $u\Delta t$,仍然以平面波的形式向前传播.

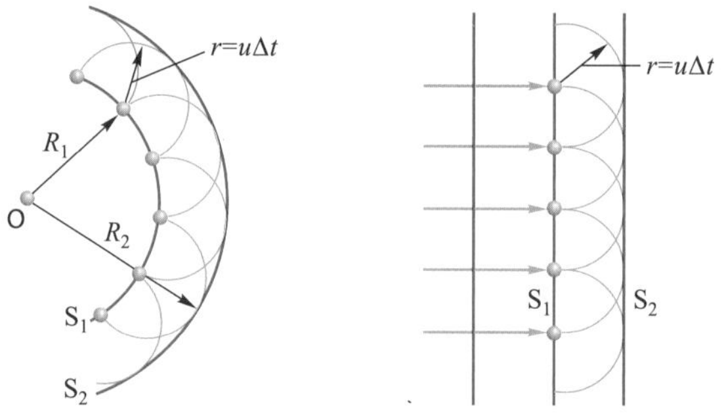

(a) (b)

图 4-57 惠更斯原理示意图

下面我们用惠更斯原理来解释波的衍射现象.

如图 4-58 所示,在水中用一块挡板把水分为两个区域,挡板上开有一个口子.当水波传播到挡板位置时,根据惠更斯原理,开口处的各点可以作为新的子波源,由这些子波源发出球面子波,继续向前方各个方向传播.这些子波的包迹即为下一个时刻的新波面.显然,新波面的形状以及波的传播方向都发生了很大的变化,这就是衍射现象.

文档 惠更斯简介

惠更斯原理适用于任何形式的波动,无论是机械波还是电磁波,无论波是在均匀介质或非均匀介质中传播,只要知道某一时刻的波前,就可以根据这一原理用几何作图法确定下一时刻的波前.

与干涉一样,衍射现象也是波动的一个重要特征.但是,衍射现象显著与否,与障碍物的大小有关.当波长远小于障碍物的线度时,衍射现象很不明显,仅当障碍物的线度与波长差不多或者更小时,才会出现明显的衍射现象.

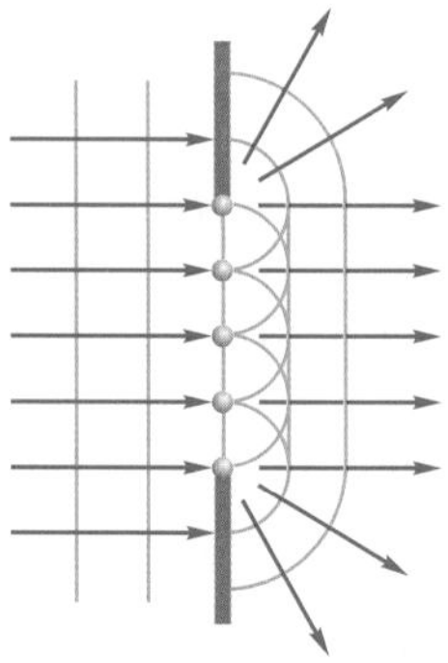

图 4-58 根据惠更斯子波原理,可以很好地解释波的衍射现象

应用惠更斯原理不但能解释波的衍射现象,而且还能说明波在两种介质的交界面上发生的反射和折射现象,并可以演绎波的反射和折射定律.

4-8-5 波的反射与折射

当波在均匀介质中传播时,将以恒定的波速沿直线方向传播.可是当波从一种介质Ⅰ入射到另一种介质Ⅱ时,在两种介质的分界面上,其传播方向要发生突变.如图4-59(a)所示,入射波的一部分被分界面 MN 反射回原介质Ⅰ中,形成反射波,另一部分穿过分界面进入介质Ⅱ中,形成折射波,与入射波相比,折射波波速的大小和方向均有所改变.这就是波的反射和折射现象.

波的反射和折射规律最初是由实验得到的,我们将在几何光学(11-1-3)中叙述.无论是机械波还是电磁波(或光波)都遵从反射和折射定律.现在我们可以从惠更斯原理作出解释.

如图4-59(b)所示,平面波在介质Ⅰ中以速度 $\boldsymbol{u}_1$ 传播,其波前在时刻 t 抵达位置 AB.按惠更斯原理,波前 AB 上的各点将发射出子波.位于分界面 MN 上 A 点发出的子波,一部分反射回介质Ⅰ中,成为反射波,而由 B 点发出的子波则需经过一段时间 Δt 后才能抵达分界面上的 C 点,即有 $BC=u_1\Delta t$,而此时 A 点发出的子波波前已反射到达 B' 处.由于同种介质中入射波和反射波的波速相同,因此有 $AB'=BC=u_1\Delta t$.在 Δt 时间内,波前 AB 上的各点发出的子波相继抵达分界面上的 A_1,A_2,…各点,这些点先后发出子波,其中一部分成为反射波.在 $t+\Delta t$ 时刻,这些子波的包络面 $B'C$ 即为该时刻反射波的波前,其反射角为 i'.因为 $AB'=BC$,$\angle ABC=\angle AB'C=90°$,$AC$ 为公共边,所以有 $\triangle ABC\cong\triangle CB'A$,所以有 $\angle ACB=\angle CAB'$.从图中看出,入射角 i 和反射角 i' 分别与 $\angle ACB$ 和 $\angle CAB'$ 互为余角,所以可得

$$i=i'$$

即入射角等于反射角,这就是波的反射定律.

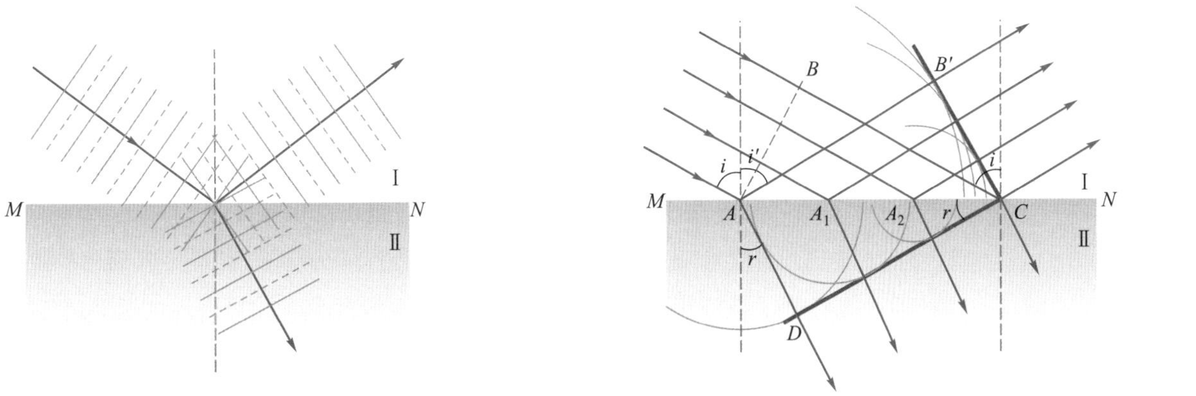

(a) 平面波在两种介质的分界面上发生反射和折射

(b) 入射波的波线与分界面的法线夹角 i 称为入射角;反射波的波线与分界面的法线夹角 i' 称为反射角;折射波的波线与分界面的法线夹角 r 称为折射角

图 4-59

入射波抵达分界面时，各子波波源发出的子波除了一部分形成反射波外，另一部分将进入介质Ⅱ中，成为折射波.设折射波的波速为 $\boldsymbol{u}_2$，则在时间 Δt 内，当 B 点的子波抵达 C 点时，A 点发出的子波在介质Ⅱ中正好传播到 D 点，$AD=u_2\Delta t$.在 $t+\Delta t$ 时刻，作点 A、C 之间各子波波源发出子波的波前的包络面 CD，这就是该时刻折射波的波前.折射线与界面法线的夹角称为折射角，记作 r.若 $u_1>u_2$，则 $BC>AD$，这样，折射波的波前 CD 不平行于入射波的波前 AB，即折射线在介质表面发生了偏折，折射波在介质Ⅱ中改变了传播方向.从图中可知 $AD=AC\sin r=u_2\Delta t$，$BC=AC\sin i=u_1\Delta t$，从而可得

$$\frac{\sin i}{\sin r}=\frac{u_1}{u_2}=n_{21}$$

这就是折射定律的表达式，见式(11-3)，式中的 n_{21} 称为第一种介质相对于第二种介质的相对折射率.

4-9 多普勒效应和超波速运动

4-9-1 多普勒效应

在上面的讨论中，波源和观察者(或接收器)相对于介质皆保持静止，所以观察者接收到的频率与波的频率相同，也与波源的振动频率相等.但是，如果波源或观察者相对于介质运动，则观察者接收到的波频率与波源的实际频率将不再相同.人们往往有这样的生活经验，一列火车向我们快速驶来，我们听到的火车鸣笛声要比火车实际的鸣笛音调高，亦即频率较大，而当火车离开我们远去时，我们听到的鸣笛声音要比火车实际的鸣笛音调低，亦即频率较小.波源或观察者相对于介质运动时，观察者接收到波的频率与波源实际发出的频率不同的现象，称为多普勒效应(Doppler effect).无论是机械波或是电磁波都会产生多普勒效应，但是两者有本质上的区别.本节将着重讨论机械波的多普勒效应.

设介质中的波速为 u，波源的振动频率为 ν，观察者接收到的频率为 ν'，以 v_s 表示波源相对介质的运动速度，v_o 表示观察者相对介质的运动速度.

1. 波源和观察者都相对于介质静止($v_s=0,v_o=0$)

观察者接收到的频率取决于观察者在单位时间内接收到完整波形的数目.如果波源和观察者都相对于介质静止，则波源在单位时间内发出的完整波长的数目应等于观察者在单位时间内接收到的完整波长的数目，即有

$$\nu'=\frac{u}{\lambda}=\nu \tag{4-81}$$

观察者接收到的频率与波源振动的频率相等.

2. 波源静止,观察者以速度 v_o 相对于介质运动

设观察者以速度 v_o 向着波源运动.由于波源发出波的波速仅取决于介质的性质,而与观察者的运动无关,因此波速仍为 u,波长仍为 $\lambda=\dfrac{u}{\nu}$.显然,根据速度合成定理,相对于观察者的波速应该是 $u+v_o$,如图 4-60 所示.单位时间内通过观察者的完整波长的数目为

$$\nu'=\frac{u+v_o}{\lambda}=\frac{u+v_o}{u}\nu=\left(1+\frac{v_o}{u}\right)\nu \tag{4-82}$$

由此可见,观察者向着波源运动时,接收到的频率大于波源的实际频率.如果当观察者远离波源运动,只要将式(4-82)中的 v_o 取负值即可,这时观察者接收到频率小于波源的实际频率.

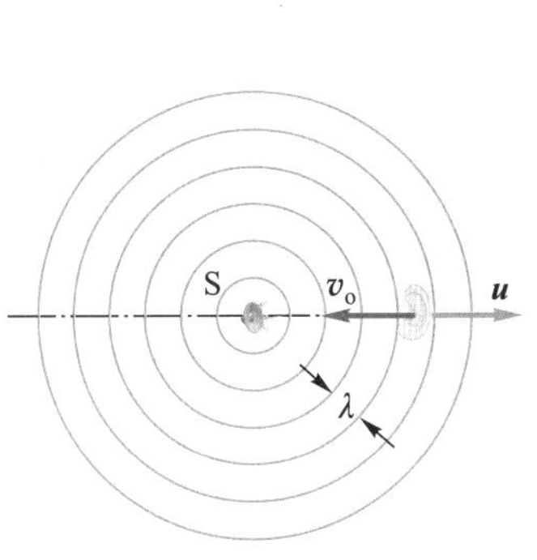

图 4-60 波源静止,观察者向着波源运动时,单位时间内通过观察者的完整波长的数目为 $(v_o+u)/\lambda$,因此接收到的频率大于波源的实际频率

3. 观察者静止,波源以速度 v_s 相对于介质运动

当波源以速度 v_s 向着静止的观察者运动时,它发出的球状波面不再同心,各波面的球心不断向观察者推进,如图 4-61(a)所示.这时向着观察者一侧的波被挤压,波长变短.由于在一个周期 T 内波源向观察者运动了 v_sT 距离,所以在观察者看来波长被压缩为 $\lambda'=\lambda-v_sT$(λ 是波源相对介质不动时的波长),如图 4-61(b)所示.于是观察者接收到的频率为

$$\nu'=\frac{u}{\lambda'}=\frac{u}{\lambda-v_sT}=\frac{u}{u-v_s}\nu \tag{4-83}$$

这表明,波源向着观察者运动时,观察者接收到的频率高于波源的频率.而当波源远离观察者运动时,只要将式(4-83)中的 v_s 取负值即可,这时观察者接收到的频率低于波源的实际频率.快速列车驶向我们时汽笛声的音调变高,而离我们远去时汽笛声的音调变低,就是基于这个原理.请注意,这里的讨论只适用于 $v_s<u$ 的情况.

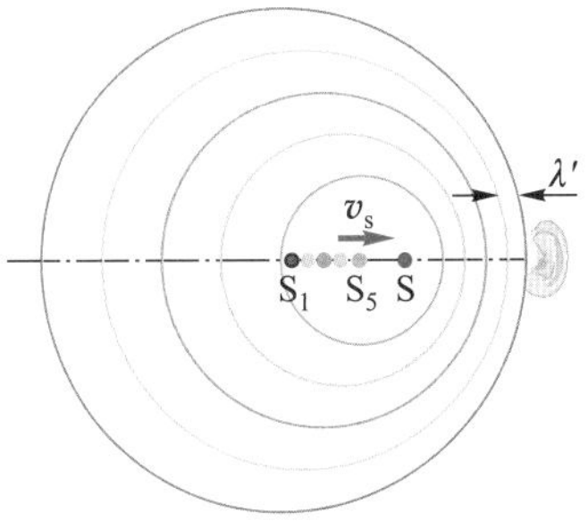

(a) 观察者静止,波源向着观察者运动时,球状波面不再同心,各波面的球心不断向观察者推进

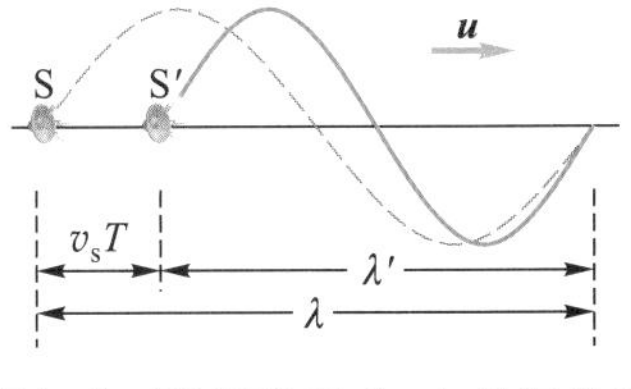

(b) 由于波源的运动,在观察者看来,波长被压缩了

图 4-61

4. 波源和观察者同时相对于介质运动

综合 2、3 的结果,可得到观察者和波源都相对于介质运动时的情况,观察者接收到的频率为

$$\nu'=\frac{u+v_o}{\lambda'}=\frac{u+v_o}{u-v_s}\nu \tag{4-84}$$

式(4-84)是波源和观察者相向运动时的情况.若波源和观察者反向运动时,上式中 v_o 和 v_s 前的正负号请读者自行判断.

总结前面的结论可以看出,不论是波源运动还是观察者运动,或是两者同时运动,只要两者互相接近,接收到的频率就大于波源的实际频率,若两者互相远离,则接收到的频率小于波源的实际频率.

光波也存在多普勒效应,其本质与机械波的多普勒效应完全不同,我们将在相对论中进行讨论.

动画 波源和观察者相向运动的多普勒效应

例 4-15

一静止波源向一飞机发射频率 $\nu_s=30\ \text{kHz}$ 的超声波，飞机以速度 v 远离波源飞行，如图 4-62 所示.相对波源静止的观察者测得反射波的频率为 $\nu=10\ \text{kHz}$.已知声速 $u=340\ \text{m}\cdot\text{s}^{-1}$，求飞机的飞行速度 v.

解 飞机接收到的超声波频率为

$$\nu'=\frac{u-v}{u}\nu_s$$

飞机又作为“波源”反射出频率为 ν' 的波.观察者收到此反射超声波的频率 ν 为

$$\nu=\frac{u}{u+v}\nu'=\frac{u-v}{u+v}\nu_s$$

解得

$$v=\frac{\nu_s-\nu}{\nu_s+\nu}u=\frac{30\ 000-10\ 000}{30\ 000+10\ 000}\times 340\ \text{m}\cdot\text{s}^{-1}=170\ \text{m}\cdot\text{s}^{-1}$$

多普勒效应有很多应用，例如交通警察用多普勒效应监测车辆行驶速度，在医学上使用的胎心检测仪和血流测定器也是根据多普勒效应制成的.

图 4-62 例 4-15 用图

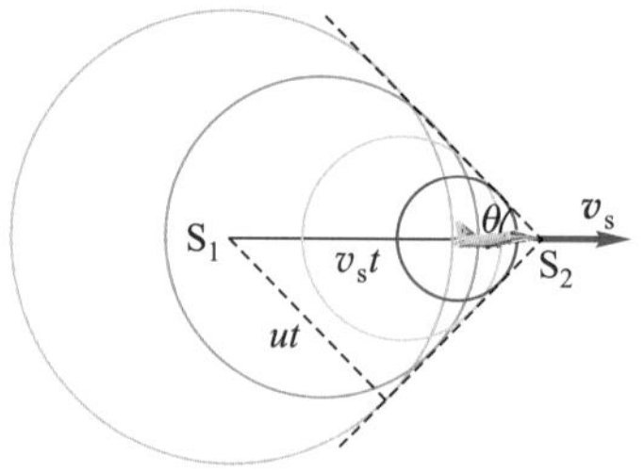

(a) 马赫锥

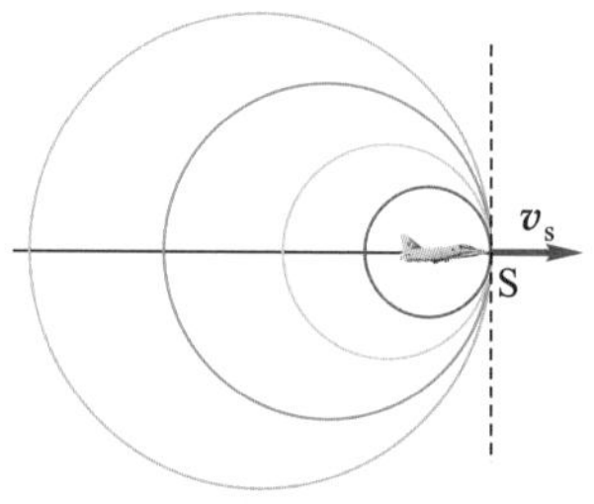

(b) 波源运动速度等于波的传播速度，这时马赫锥展为平面

图 4-63

动画 马赫波现象

☆4-9-2 艏波与马赫锥

在推导式(4-83)时我们曾假设波源相对于介质的运动速度 v_s 小于波的传播速度 u.如果波源运动速度 $v_s>u$，则式(4-83)将失去意义.此时波源比波前进得更快，在波源前面不可能形成波动，各时刻波源发出波的波前的包络面为一个以波源为顶点的圆锥面，如图 4-63(a)所示.这种波称为**艏波**(bow wave)，也叫**马赫波**，上述锥面称为**马赫锥**(Mach cone)，它是受扰动介质和未受扰动介质的分界面.

设马赫锥的半顶角为 θ，则由图示的几何关系可求得

$$\sin\theta=\frac{ut}{v_st}=\frac{u}{v_s}=\frac{1}{Ma} \tag{4-85}$$

式中量纲为 1 的参数 $Ma=\dfrac{v_s}{u}$ 称为**马赫数**(Mach number).

艏波的例子有很多，如站在地面上的人首先看到超音速飞机从头顶上飞过，片刻后才能听到飞机发出的声音，超音速子弹掠空而过所发出的呼啸声，高速快艇在其两侧激起的舷波等.另外，还存在一种特殊情况，当 $v_s=u$ 时，由式(4-83)，出现频率 $\nu'\to\infty$，由式(4-85)，马赫锥的半顶角 $\theta=\dfrac{\pi}{2}$，这时马赫

锥展开为平面,如图 4-63(b)所示,即波源在所有时刻发出的波几乎同时到达接收器,因此这种艏波的强度极大.例如以声速飞行的飞机就会产生这种艏波,通常称为"声暴".如图 4-64 所示,由于飞机的速度与声速相等,机体的任一振动所产生的声波都将尾随在机体附近并引起机身的共振,结果将造成机毁人亡.在研制超音速飞机的历史上,这样的例子屡见不鲜.所以对飞行员来说,声速区构成了一个"声障".在飞机加速飞行时,必须尽快越过"声障"进入超音速区.

图 4-64　当战斗机以接近声速飞行时,在其机身上产生凝聚的云

思考题

4-1　设一个质点的位移可用两个角频率分别为 ω 和 2ω 的简谐振动的叠加来表示:

$$x=A\cos\,\omega t+B\cos\,2\omega t$$

问此质点的运动是否是简谐振动?

4-2　分析以下几种运动是否是简谐振动:(1)拍皮球时球的运动(设皮球与地面的碰撞是弹性的);(2)质点作匀加速圆周运动时,它在直径上的投影点的运动;(3)一小球在半径很大的光滑凹形球面内作小幅振动;(4)U 形玻璃管中的水银作上下摆动.

4-3　同一个简谐振动能否同时写成正弦函数表达式和余弦函数表达式,其区别何在?

4-4　用旋转矢量法,快速思考并决定下列振动的初相:(1)开始时,振动质点的位移为 $+\dfrac{A}{2}$,向 x 轴负方向运动;(2)开始时,振动质点的位移为 $-\dfrac{A}{2}$,向 x 轴负方向运动;(3)开始时,振动质点的位移为 $-A$.

4-5　两个质点沿 x 轴作简谐振动,它们的 $x-t$ 曲线如图所示,那么振动 a 和振动 b 的初相各是多少?

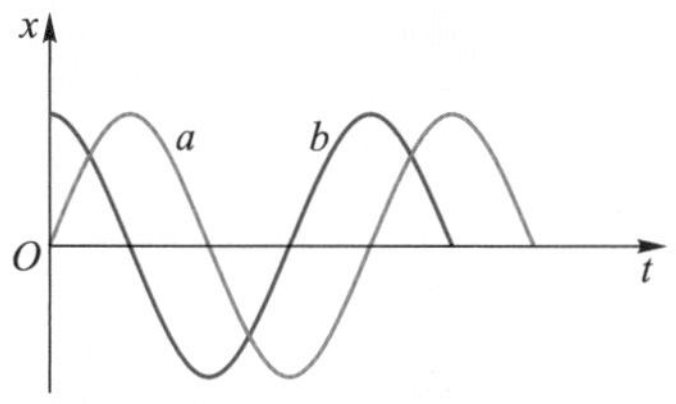

思考题 4-5 图

4-6　如果把一个单摆拉开一个小角度 θ_0,然后放开让其自由摆动,试问:(1)此 θ_0 是否即为摆动初相?(2)单摆绕悬点转动的角速度是否即为简谐振动的角频率?(3)我们说单摆作简谐振动是指单摆的什么物理量在作简谐振动?

4-7　为什么说简谐振动的相位是描述系统的运动状态的?同一简谐振动能否选择不同时刻当作时间的起始点,它们之间的差别何在?

4-8　(1)在两个相同的竖直悬挂着的弹簧上,挂着两个质量不同的砝码,以相同的振幅振动,问:振动的频率是否相同?振动的能量是否相同?(2)在两个相同的竖直悬挂着的弹簧上,挂着两个质量相同的砝码,以不同的振幅振动,问:振动的频率是否相同?振动的能量是否相同?

4-9　弹簧的一端固定,另一端挂一个质量为 m 的物体,如果忽略摩擦,现将弹簧水平地放在光滑的桌面上振动和将弹簧竖直地悬挂起来振动,两者相比较,它们的振动周期是否一样?

4-10　弹簧的弹性系数为 k,挂一个质量为 m 的物体,它的振动频率多大?如果把弹簧切去一半,仍将原物体挂在上面,它的振动频率是否改变?

4-11　如果竖直悬挂着的弹簧振子与单摆具有相同的振动频率,那么当它们竖直悬挂在向上作匀加速运动的升降机内时,振动频率各有何变化?

4-12　一个质点同时参与两个振动方向相互垂直、周期相同的简谐振动,当它们的初相差(1)$\Delta\varphi=\dfrac{\pi}{4}$;(2)$\Delta\varphi=\dfrac{3\pi}{2}$时

的合振动情况如何？是什么样的轨迹？

4-13 弹簧振子作简谐振动时，如果它的振幅增大为原来的两倍，而频率减小为原来的一半，问它的能量怎样改变？

4-14 把待测的重物挂在弹簧秤上，由于重物下落时发生振动，如果在观察的时间内，空气的阻尼忽略不计，怎样在这振动过程中读出重物的重量？

4-15 弹簧振子作简谐振动时，弹性力在一个周期内做多少功？半个周期内做多少功？

4-16 当介质中传播着某种频率的简谐波时，(1) 每个质元的振动周期与波动周期是否相同？(2) 每个质元的运动速度与波的传播速度是否相同？

4-17 说明下列几组概念的区别和联系：(1) 振动和波动；(2) 振动曲线和波形曲线；(3) 振动速度和波速；(4) 振动能量和波动能量；(5) 机械波和电磁波.

4-18 波长、频率、波速各由哪些因素决定，根据三者的关系式 $u=\lambda\nu$，能否用提高频率的方法来增大波在介质中的传播速度 u？

4-19 关于波长有如下说法，试说明它们是否一致？(1) 同一波线上相位差为 2π 的两个质点之间的距离；(2) 在一个周期内，波所传播的距离；(3) 在同一波线上，相邻的振动状态相同的两点之间的距离；(4) 两个相邻的波峰(或波谷)之间的距离，或相邻两个密部(或疏部)对应点之间的距离.

4-20 下面的结论哪些是正确的？哪些是错误的？(1) 波动表达式的坐标原点一定要放在波源位置；(2) 当波源和坐标原点在一起时，波动表达式中的 φ 才等于 0；(3) 机械振动一定能产生机械波；(4) 质点振动的周期和波的周期数值是相等的；(5) 波的振幅在介质中传播时始终保持不变.

4-21 试从以下三个方面来理解波动表达式的物理意义：(1) x 一定时，波动表达式表示什么？(2) t 一定时，波动表达式表示什么？(3) x 和 t 一定时，波动表达式表示什么？

4-22 当波从一种介质透入另一种介质时，波长、频率、波速、振幅物理量中，哪些量会改变，哪些量不会改变？

4-23 波可以传递能量，粒子也可以传递能量，这两种传递能量方式有什么不同？

4-24 图中正弦曲线是一弦线上的波在时刻 t 的波形，其中 a 处质点向下运动，问：(1) 波向哪个方向传播？(2) 图中 b、c、d、e 处各质点向什么方向振动？(3) 能否由此波形曲线确定波源振动的频率和初相？

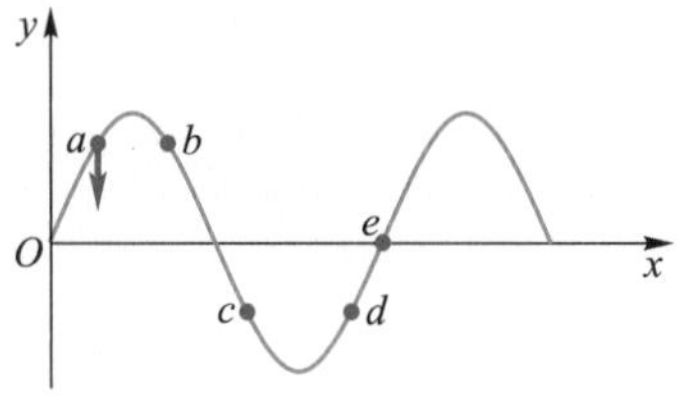

思考题 4-24 图

4-25 两波叠加产生干涉现象的条件是什么？在什么情况下两波相互叠加加强？在什么情况下相互叠加减弱？

4-26 有两个振幅同为 A 的相干波在空间某点 P 相遇，在某一时刻观测到 P 点的合振动的位移既不等于 $2A$，又不等于零，此时，能否判定 P 点的振动：(1) 不是最强点；(2) 不是最弱点.

4-27 线上有两个对称的正负脉冲沿相反方向行进，如图所示，在它们相遇的某一瞬时，弦线上所有质点都没有位移. 试问，在该瞬时，两个脉冲的能量是否消失了？

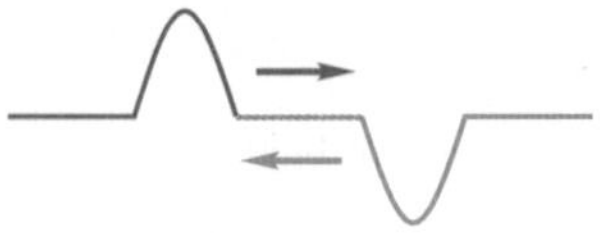
思考题 4-27 图

4-28 声源向着观察者和观察者向着声源运动都使观察者接收的频率变高，这两种过程在物理上有何区别？

4-29 声源和接收器相对静止，但两者以相同速率 v($v<$ 波速)相对地面运动，问接收器接收到的频率有何变化？

4-30 设想有人在音乐会散场时以两倍于声速的速率离去，有人说他“就会听见音乐作品倒过来演奏”.这种说法对吗？

习题

4-1 质量为 10 g 的小球与轻质弹簧组成的系统，按

$$x=0.5\cos\left(8\pi t+\frac{\pi}{3}\right)$$

的规律振动，式中 t 以 s 为单位，x 以 cm 为单位，试求：(1)振动的圆频率、周期、振幅、初相位、速度的最大值，加速度的最大值及力的最大值；(2)$t=2$ s，10 s 时刻的相位；(3)分别画出位移、速度、加速度与时间的关系曲线.

4-2 质量为 10 g 的物体作简谐振动，振幅为 24 cm，周期为 4 s，当 $t=0$ 时位移为+24 cm.试求：(1)$t=0.5$ s 时物体的位置；(2)$t=0.5$ s 时作用在物体上力的大小和方向；(3)物体从初位置到 $x=-12$ cm 处所需的最短时间；(4)当 $x=-12$ cm 时物体的速度.

4-3 作简谐振动的小球，速度的最大值为 $v_m=3\ \text{m}\cdot\text{s}^{-1}$，振幅为 $A=2$ cm，若令速度具有正最大值的某时刻为 $t=0$，求：(1)振动周期；(2)加速度的最大值；(3)振动表达式.

4-4 如图所示为简谐振动的 $x-t$ 图，写出该简谐振动的表达式，并画出 $t=0$，$t=1$ s 及 $t=1.5$ s 时刻所对应的旋转矢量.

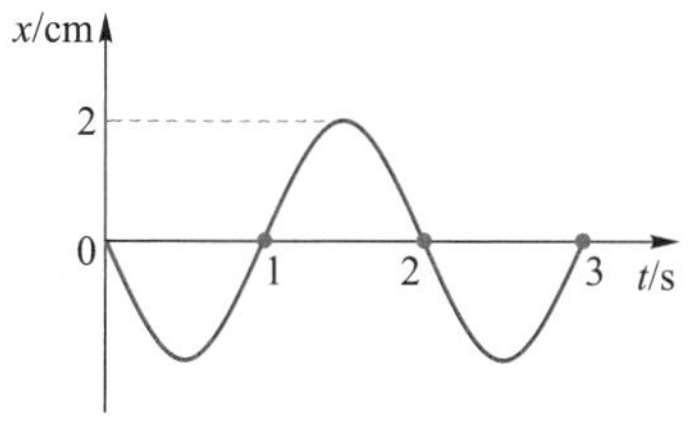

习题 4-4 图

4-5 已知弹簧振子的振幅 $A=2.0\times10^{-2}$ m，周期 $T=0.50$ s.当 $t=0$ 时，(1)物体在负方向的端点；(2)物体在平衡位置，向正方向运动；(3)物体在位移 $A=1.0\times10^{-2}$ m 处，向负方向运动，求以上各种情况的振动表达式.

4-6 两质点沿着同一直线作频率相同、振幅相同的简谐振动，当它们每次沿相反方向互相通过时，它们的位移均为它们的振幅的一半，试问它们之间的相位差为多大？并用旋转矢量图表示之.

4-7 作简谐振动的物体，由平衡位置向 x 轴的正方向运动，试问经过下列路程所需的时间各为周期的几分之几？(1)由平衡位置到最大位移处；(2)上述这段距离的前半段；(3)上述这段距离的后半段.

4-8 将盘子挂在一个弹性系数为 k 的弹簧下端，如图所示，有一个质量为 m 的物体从离盘高为 h 处自由下落至盘中后不再跳离盘子，由此盘子和物体一起开始运动，求系统振动时的振幅及初相(设盘子与弹簧的质量可忽略).

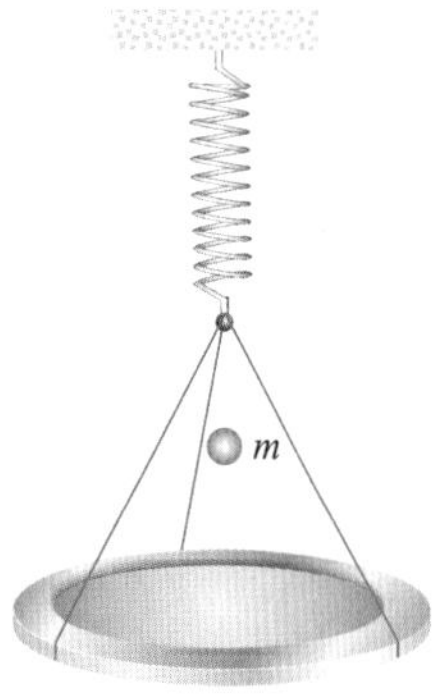

习题 4-8 图

4-9 证明图示振动系统的振动频率为

$$\nu=\frac{1}{2\pi}\sqrt{\frac{k_1+k_2}{m}}$$

式中 k_1、k_2 分别为两个弹簧的弹性系数，m 为物体的质量.

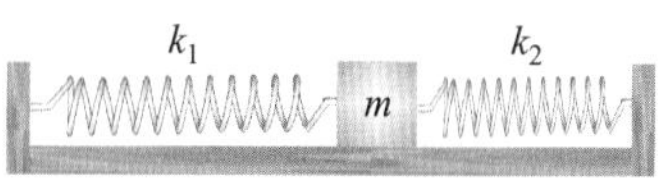

习题 4-9 图

4-10 质量为 $m=121$ g 的水银装在 U 形管中，如图所示，管的截面积 $S=0.30\ \text{cm}^2$，若使两边水银面相差 $2y_0$，然后让

水银面上下振动，水银面的振动是否为简谐振动？如果是简谐振动，求振动频率.已知水银的密度为 $13.6\ g \cdot cm^{-3}$.

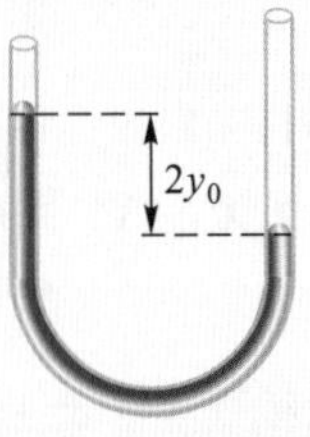

习题 4-10 图

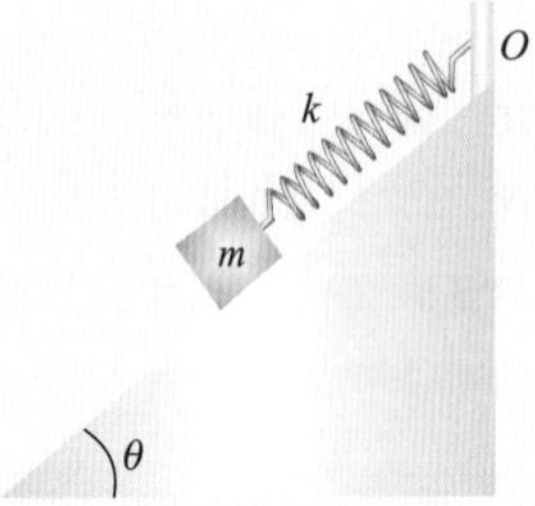

习题 4-11 图

4-11 如图所示，在一个倾角为 θ 的光滑斜面上，固定地安放一原长为 l_0、弹性系数为 k、质量可以忽略不计的弹簧，在弹簧下端挂一个质量为 m 的重物，求重物作简谐振动的平衡位置和周期.

4-12 如图所示，质量为 10 g 的子弹，以 $v_0 = 1\ 000\ m \cdot s^{-1}$ 的速度射入木块并嵌在木块中，使弹簧压缩从而作简谐振动，若木块质量为 4.99 kg，弹簧的弹性系数为 $8\times10^3\ N \cdot m^{-1}$，求振动的振幅.

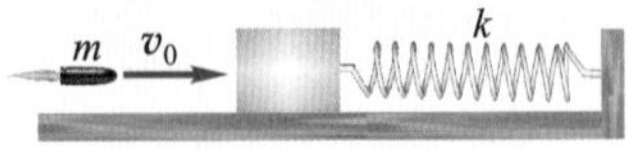

习题 4-12 图

4-13 一个质量为 3.0 kg 的质点按下述方程作简谐振动：

$$x = 5.0\cos\left(\frac{\pi}{3}t - \frac{\pi}{4}\right)$$

式中 x 的单位为 cm，t 的单位为 s，试问：(1) x 为何值时，势能等于总能量的一半？(2) 质点从平衡位置运动到这个位置需要的最短时间？

4-14 在实际情况中，许多弹簧的拉伸比压缩更容易，为此我们可以用不同的值来表示 $x>0$ 和 $x<0$ 时的弹性系数 k. 例如，有一弹簧在 $x>0$ 时，弹性系数为 k；在 $x<0$ 时，弹性系数为 $2k$.把此弹簧的一端固定，另一端与一个质量为 m 的物体连接，物体放在光滑的水平面上.现将物体拉伸至 $x=A$ 处静止释放.求：(1) 物体振动的周期？(2) 物体位移的负最大值？(3) 振动的对称位置是否为 $x=0$ 点？物体的振动是否为简谐振动？

4-15 一质点同时参与两个在同一直线上的简谐振动，表达式分别为

$$x_1 = 0.05\cos\left(10t + \frac{3}{4}\pi\right)$$

$$x_2 = 0.06\cos\left(10t + \frac{1}{4}\pi\right)$$

式中 x 的单位为 m，t 的单位为 s. (1) 求合振动的振幅和初相；(2) 若另有一振动 $x_3 = 0.07\cos(10t+\varphi)$，问 φ 为何值时，x_1+x_3 的振幅最大，φ 为何值时，x_2+x_3 的振幅最小.

4-16 有两个同方向、同频率的简谐振动，其合振动的振幅为 20 cm，合振动的相位与第一个振动的相位之差为 $\frac{\pi}{6}$，若第一个振动的振幅为 17.3 cm.求第二个振动的振幅以及第一、第二两振动的相位差.

4-17 用最简单的方法分别求出下面两组简谐振动合成后所得的合振动的振幅（式中 x 的单位为 cm，t 的单位为 s）：

(1)
$$x_1 = 5\cos\left(3t + \frac{1}{3}\pi\right)$$
$$x_2 = 5\cos\left(3t + \frac{7}{3}\pi\right)$$

(2)
$$x_1 = 5\cos\left(3t + \frac{1}{3}\pi\right)$$
$$x_2 = 5\cos\left(3t + \frac{4}{3}\pi\right)$$

4-18 已知某音叉与频率为 511 Hz 的音叉产生的拍频为每秒一次，而与另一频率为 512 Hz 的音叉产生的拍频为每秒两次，求此音叉频率.

4-19 示波管的电子束受到两个相互垂直的电场的作用.电子在两个方向上的位移分别为 $x = A\cos\omega t$ 和 $y = A\cos(\omega t+\varphi)$.求在 $\varphi=0$，$\varphi=\frac{\pi}{6}$，$\varphi=\frac{\pi}{2}$ 等三种情况下，电子在荧光屏上的轨迹方程.

4-20 已知空气中的声速为 $344\ m \cdot s^{-1}$，一列声波在空气中的波长是 0.671 m，当它传入水中时，波长变为 2.83 m，求声波在水中的传播速度.

4-21 已知一列平面简谐波的波函数 $y=0.05\cos\left[\pi\left(t-\dfrac{x}{3}\right)+\pi\right]$，式中 x、y 的单位为 m，t 的单位为 s，试求振幅、频率、波长、波速和原点的相位.

4-22 一个波源作简谐振动，周期 $T=0.01$ s，振幅 $A=0.4$ m，当 $t=0$ 时，振动位移恰为正方向的最大值，设此波动以 400 $\mathrm{m\cdot s^{-1}}$ 的速度沿直线传播，求：(1) 波函数；(2) 距波源 16 m 处质点的振动表达式和初相；(3) 距波源 15 m 和 16 m 处两质点振动的相位差.

4-23 频率为 3 000 Hz 的声波，以 1 560 $\mathrm{m\cdot s^{-1}}$ 的速度沿一波线传播，由波线上的 A 点再经 0.13 m 传至 B 点，求 B 点的振动比 A 点落后的时间，落后多少个周期和波长及 A、B 两点振动的相位差. 又设质点振动的振幅为 0.001 m，求质点振动速度的最大值，它和传播速度是否相等？

4-24 设波源位于 x 坐标轴的原点，波源的振动曲线如图所示，波速 $u=5\ \mathrm{m\cdot s^{-1}}$，沿 x 正方向传播. (1) 画出距波源 $x=25$ m 处质点的振动曲线；(2) 画出 $t=3$ s 时的波形曲线.

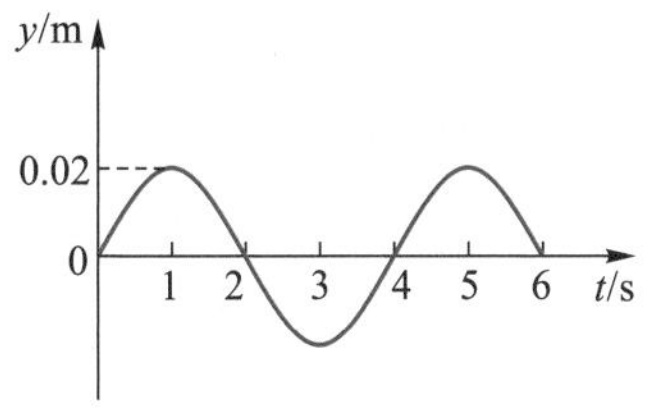

习题 4-24 图

4-25 一列平面波简谐波在 $t=0$ 时的波形如图中曲线 Ⅰ 所示，波沿 x 轴正方向传播，经过 $t=0.5$ s 后，波形变为曲线 Ⅱ. 已知波的周期 $T\geqslant 1$ s，试由图中所给的条件，求：(1) 波函数；(2) A 点的振动表达式.

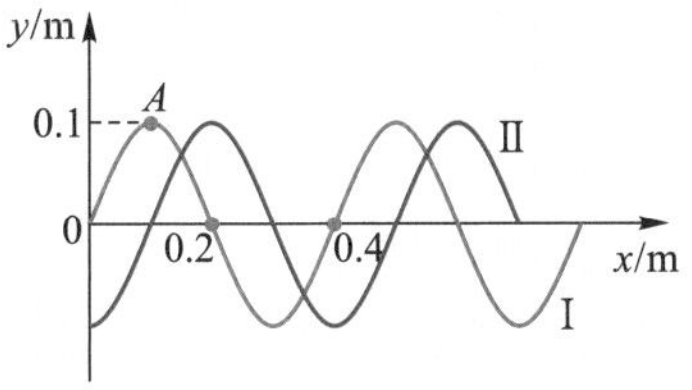

习题 4-25 图

4-26 图示是 $t=0$ 时刻沿 x 轴正方向传播的简谐波的波形图，其中振幅 A、波长 λ、波速 u 均为已知. (1) 求原点 O 处质点的初相位 φ_0；(2) 写出 P 处质点的振动表达式；(3) 比较 P、Q 两点相位差.

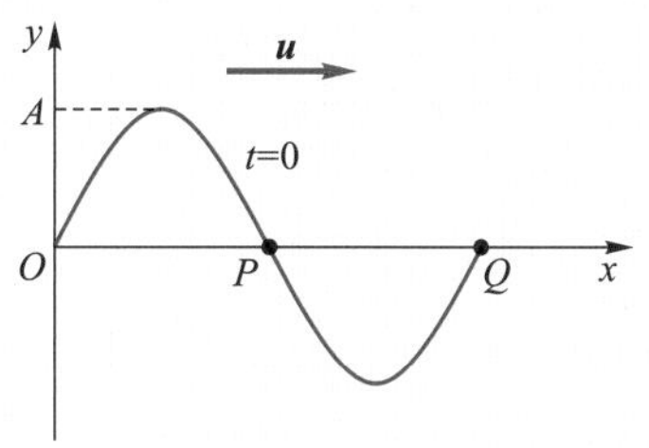

习题 4-26 图

4-27 图示为 $t=0$ 时刻沿 x 轴正方向传播的平面简谐波的波形，求：(1) 原点处质点的振动表达式；(2) 波动表达式；(3) P 处质点的振动表达式；(4) a、b 两点的运动方向.

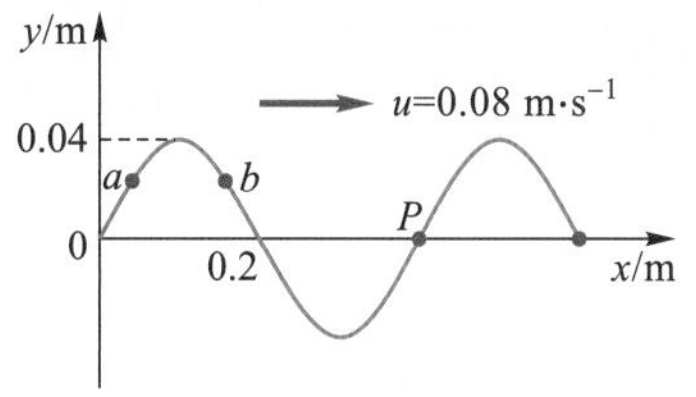

习题 4-27 图

4-28 一列平面简谐波沿 x 轴正方向传播，振幅 $A=10$ cm，角频率 $\omega=7\pi\ \mathrm{rad\cdot s^{-1}}$，当 $t=1.0$ s 时，$x=10$ cm 处 a 质点的振动状态为 $y_a=0$，$\left(\dfrac{\mathrm{d}y}{\mathrm{d}t}\right)_a<0$；此时 $x=20$ cm 处的 b 质点的振动状态为 $y_b=5.0$ cm，$\left(\dfrac{\mathrm{d}y}{\mathrm{d}t}\right)_b>0$，设波长 $\lambda>10$ cm，求该波的波动表达式.

4-29 一个线状波源发射柱面波，设介质是不吸收能量的各向同性均匀介质. 求波的强度和振幅与离波源的距离之间的关系.

4-30 电磁波的传播速率为 $3\times10^8\ \mathrm{m\cdot s^{-1}}$，一电磁波源以 5 kW 的功率发射电磁波，求离波源 50 km 处电磁波的强度和平均能量密度.

4-31 一个声音向各个方向均匀地发射总功率为 10 W 的声波，求距声源多远处，声强级为 100 dB.

4-32 设正常谈话的声强 $I=1.0\times10^{-6}\ \mathrm{W\cdot m^{-2}}$，响雷的声强 $I'=0.1\ \mathrm{W\cdot m^{-2}}$，它们的声强级各是多少？

4-33 两相干波源 A、B 相距 20 m，作同频率、同方向和等振幅的振动，它们所发出的平面简谐波的频率为 100 Hz，波速为 200 $\mathrm{m\cdot s^{-1}}$，相向传播，且 A 处为波峰时，B 处恰为波谷，求 AB 连线上因干涉而静止的各点的位置.

4-34 两相干波源 A、B 相距 0.3 m，相位差为 π，P 点位于过 B 点且垂直于 AB 的直线上，与 B 点相距 0.4 m. 欲使两波源发出的波在 P 点加强，两波的波长为多少？

4-35 两个沿 x 轴传播的平面简谐波，它们的波动表达式分别为

$$y_1=0.08\cos\ \pi(6t-0.1x)$$

$$y_2=0.08\cos\ \pi(6t+0.1x)$$

式中 x、y 的单位为 m，t 的单位为 s，试求合成波的波动表达式，并讨论这两列波的叠加结果，哪些地方振幅最大？哪些地方振幅为零？

4-36 已知驻波的波动表达式为

$$y=0.02\cos\ 0.16x\cos\ 750t$$

式中 x、y 的单位为 m，t 的单位为 s，求：(1) 两个相邻节点间的距离；(2) 在 $t=2.0\times10^{-3}$ s 时，位于 $x=5.0$ m 处质点的运动速度.

4-37 设入射波的波动表达式为 $y_1=A\cos\ 2\pi\left(\dfrac{t}{T}+\dfrac{x}{\lambda}\right)$，在 $x=0$ 处发生反射，反射点为一自由端. (1) 写出反射波的波动表达式；(2) 写出驻波的波动表达式；(3) 说明哪些点是波腹？哪些点是波节？

4-38 如图所示，一列平面简谐波沿 Ox 正方向传播，BC 为波密介质的反射面，波由 P 点反射，$OP=\dfrac{3}{4}\lambda$，$DP=\dfrac{1}{6}\lambda$，在 $t=0$ 时，O 处质点的振动是经过平衡位置向负方向运动，求入射波与反射波在 D 点处叠加的合振动表达式（设入射波与反射波的振幅都为 A，频率为 ν）.

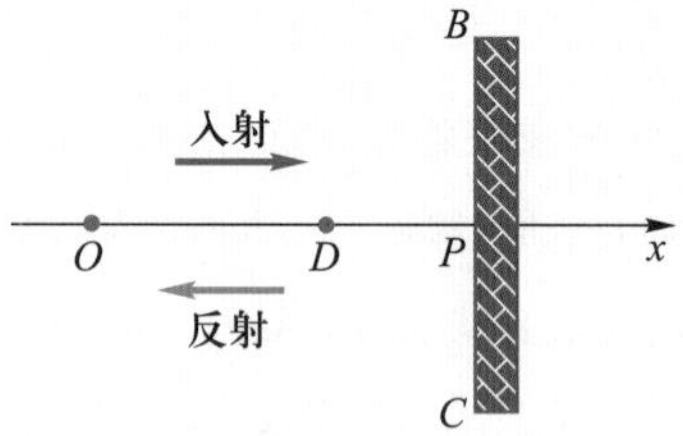

习题 4-38 图

4-39 站在铁路附近的观察者，听到迎面开来的火车笛声的频率为 440 Hz，当火车驶过后，笛声频率降为 390 Hz，设声音传播速度为 340 $\mathrm{m\cdot s^{-1}}$，求火车的速度.

4-40 求速度为声速 1.5 倍的飞行物的马赫角.

*4-41 试编写一个计算机程序，演示同方向不同频率的简谐振动合成的拍现象.

*4-42 用计算机程序模拟周期性外力作用下的阻尼单摆的运动，讨论在不同的周期性外力矩幅值与单摆转动惯量的比值情况下的角位移与时间的关系曲线（建议比值分别取 0.699，1.068 8，1.09，1.79）.

*4-43 弹簧振子在驱动力 $F=F_0\cos\ \omega t$、弹性力 kx 和阻尼力 kv 的作用下作受迫振动. 编写计算机程序描述物体作受迫振动的振动曲线，并讨论共振（$\beta\ll\omega_0$，$\omega=\omega_0$）的情况.

夏日，天空经常出现复杂的空气对流，致使云层产生大量的电荷积累，从而导致云层与云层之间，云层与地面之间产生放电现象，这就是闪电.地面上的树木、山丘或高大建筑距离带电云层更近，因此更容易遭受到雷击.

第 5 章 静电场

电磁运动是物质运动中最基本的一种运动形式，作为物理学的一个重要分支——电磁学，则是研究电磁运动规律的一门学科.电磁学理论的发展大大推动了社会的进步.今天，电视、广播以及无线电通信在人们的生活中日益普及；电灯照明、家用电器等也早已进入寻常百姓家；在一切高科技及智能化领域中，计算机扮演了极其重要的角色.所有这些，无不以电磁学基本原理为其核心.

人类对电和磁现象的认识可以追溯到远古时期.早在公元前 6 世纪，古希腊的泰勒斯（Thales）就观察到琥珀被毛皮摩擦后能够吸引草屑的现象.在我国，最早在公元前 4 世纪就知道磁矿石具有吸引铁物质的现象，并发明了指向性工具——司南（指南针）.

在相当长的一个历史阶段，电和磁被看作是两种完全不同的现象.由此造成对它们的理论研究完全是从两个不同的方面进行，进展十分缓慢.直到 1820 年，丹麦物理学家奥斯特（H.C.Oersted，1777—1851）发现了电流的磁效应，人们这才认识到电和磁的相关性.1831 年，英国物理学家法拉第（H.Faraday，1791—1867）发现了电磁感应现象，进一步揭示了电磁现象的内在联系.在历史上，法拉第还首先认为电力和磁力都是通过“场”作为中间媒介来实现相互作用的.

到了 1865 年，英国物理学家麦克斯韦（J.C.Maxwell，1831—1879）在前人工作的基础上，提出了感应电场和位移电流假说，总结出一套完整的电磁场理论.该理论预言了电磁波的存在，并指出光是一种电磁波，这样就把光学统一到了电磁学理论中.这一理论现在也常称为经典电磁学，它是继牛顿力学之后物理学理论的又一重要成果.

从本章开始至第 8 章，我们将主要研究经典电磁学.

5-1 电荷 库仑定律

5-1-1 电荷

人们对电荷的认识最早是从摩擦起电现象和自然界的雷电现象开始的.实验指出,硬橡胶棒与毛皮摩擦后或玻璃棒与丝绸摩擦后对轻微物体都有吸引作用,这种现象称为带电现象,人们认为硬橡胶棒和玻璃棒分别带有电荷(electric charge).进一步实验发现,硬橡胶棒所带电荷与玻璃棒所带电荷属于不同种类.人们把被毛皮摩擦过的硬橡胶棒所带的电荷称为负电荷;把被丝绸摩擦过的玻璃棒所带的电荷称为正电荷.自然界只有这两种电荷,同种电荷互相排斥,异种电荷互相吸引.物体所带电荷的多少称为电荷量(electric quantity),用 Q 或 q 表示.在国际单位制中,电荷量的单位是库仑,记作 C.

摩擦起电的根本原因与物体的电结构有关.近代物理学指出,任何物体都是由分子、原子构成,原子又由原子核和核外电子构成.原子核带正电,电子带负电.在通常状态下,原子核所带的正电荷,与核外电子所带的负电荷在电荷量的大小上相等,因此对外不显示电性.但是在不同物体之间发生相互摩擦时,会使一个物体上的电子转移到另一个物体上,从而失去电子的物体就带正电,得到电子的物体就带负电.由此可见,物体带电的本质是其电荷的迁移和重新分配.除了摩擦起电外,还可以有“接触”或“感应”等起电方法,起电本质都相同.在日常生活中,穿脱化纤、羊毛等衣服时很容易产生的静电就是一种接触带电.

相反,当两个带等量异种电荷的物体相互接触时,如果它们所带的正、负电荷的代数和为零,表现为对外的电效应相互抵消,宛如不带电一样,这种现象称为电的中和现象.

大量实验表明:在一个孤立系统中,无论发生了怎样的物理过程,电荷都不会创生,也不会消失,只能从一个物体转移到另一个物体上,或从物体的一部分移到另一部分,即在任何过程中,电荷的代数和是守恒的.这就是电荷守恒定律.

1909 年,美国物理学家密立根(R.A.Millikan,1868—1953)通过油滴实验发现,电荷量总是以一个基本单元的整数倍出现.这个电荷量的基本单元就是电子所带电荷量的绝对值,用 e 表示,

$$e=1.602\ 176\ 634\times10^{-19}\ \text{C}$$

物体由于失去电子而带正电,或是得到额外电子而带负电,但物体带的电荷量必然是电子电荷量 e 的整数倍,即 $q=ne(n=1,2,\cdots)$.物体所带电荷量的这种不连续性称为电荷的量子化.

5-1-2 库仑定律

在发现电现象后的两千多年里，人们对电的认识一直停留在定性阶段.从18世纪中叶开始，许多科学家有目的地进行一些实验性的研究，以便找出静止电荷之间相互作用力的规律.但是，直接研究带电体的作用十分复杂，因为作用力不仅与物体所带电荷量有关，而且还与带电体的形状、大小以及周围介质有关.法国科学家库仑(C.A.Coulomb，1736—1806)于1785年首先提出了点电荷(point charge)的理想模型，认为当带电体的大小和带电体之间的距离相比很小时，可以忽略其形状和大小，把它看作一个带电的几何点.库仑设计了一台精密的扭秤，如图5-1所示，在真空中对两个静止点电荷之间的相互作用进行实验，通过定量分析，库仑得到了两个点电荷在真空中的相互作用规律，称为库仑定律(定律的发现详情见阅读：库仑定律的建立)，表述如下：

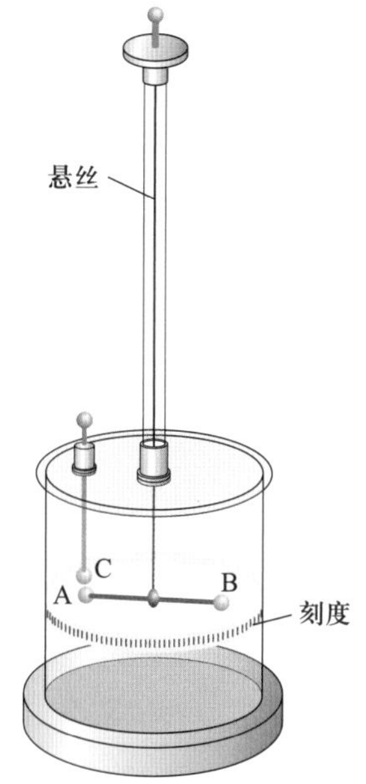

图5-1 测量点电荷之间相互作用规律的库仑扭秤装置

真空中两个静止点电荷之间的相互作用力 F 的大小与这两个点电荷所带的电荷量 q_1 和 q_2 的乘积成正比，与它们之间的距离 r 的二次方成反比，作用力 F 的方向沿它们的连线方向，同种电荷相斥，异种电荷相吸，即

$$\boldsymbol{F} = k\frac{q_1 q_2}{r^2}\boldsymbol{e}_r \tag{5-1}$$

式中 $\boldsymbol{e}_r$ 表示一单位矢量，由施力者指向受力者方向，如图5-2所示，k 为比例常量，其值取决于式中各物理量所选取的单位.电荷 q_1 和 q_2 的电荷量值可正可负，当 q_1 和 q_2 同号时，$\boldsymbol{F}$ 与 $\boldsymbol{e}_r$ 同向，表现为斥力；当 q_1 和 q_2 异号时，$\boldsymbol{F}$ 与 $\boldsymbol{e}_r$ 反向，表现为吸力.

阅读 库仑定律的建立

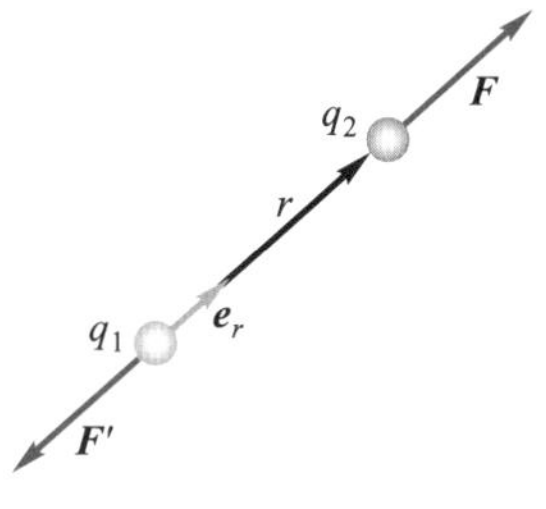

图5-2 点电荷 q_1 对点电荷 q_2 的静电作用.同样，点电荷 q_2 对 q_1 有反作用力，两个力的大小相等，方向相反，作用在同一条直线上

在国际单位制中，k 的量值为

$$k = 8.987\ 551\ 787 \times 10^9\ \mathrm{N\cdot m^2\cdot C^{-2}} \approx 9.0 \times 10^9\ \mathrm{N\cdot m^2\cdot C^{-2}}$$

为使以后导出的公式有理化，通常我们将 k 表示成

$$k = \frac{1}{4\pi\varepsilon_0}$$

式中 ε_0 称为真空介电常量，又称真空电容率(permittivity of vacuum)，其量值为

$$\varepsilon_0 = 8.854\ 187\ 813 \times 10^{-12}\ \mathrm{C^2\cdot N^{-1}\cdot m^{-2}}$$

这样，真空中的库仑定律通常可表示成

$$\boldsymbol{F} = \frac{1}{4\pi\varepsilon_0}\frac{q_1 q_2}{r^2}\boldsymbol{e}_r \tag{5-2}$$

库仑定律是一个实验定律，经过精密测定，在一定范围内证明是正确的.

例 5-1

α 粒子(氦核)的质量 $m=6.64\times10^{-27}$ kg,所带电荷量 $q=2e=3.2\times10^{-19}$ C,试比较两个 α 粒子间的静电斥力和万有引力.

解 静电斥力为

$$F_e=\frac{1}{4\pi\varepsilon_0}\frac{q^2}{r^2}$$

万有引力为

$$F_g=G\frac{m^2}{r^2}$$

式中 $G=6.67\times10^{-11}$ N·m^2·kg^{-2}为引力常量.两力之比为

$$\frac{F_e}{F_g}=\frac{1}{4\pi\varepsilon_0 G}\frac{q^2}{m^2}$$

$$=\frac{9\times10^9}{6.67\times10^{-11}}\frac{(3.2\times10^{-19})^2\ \mathrm{N}}{(6.64\times10^{-27})^2\ \mathrm{N}}$$

$$=3.1\times10^{35}$$

由计算结果可以看出,α 粒子之间的静电斥力远比它们之间的万有引力大得多.这表明在微观粒子的相互作用中,与静电力相比较,万有引力完全可以忽略.但是在宏观领域内,尤其是大质量天体之间的作用,万有引力则起主导作用.

5-2 电场 电场强度

5-2-1 电场

库仑定律只给出了两个点电荷之间相互作用的定量关系,并未指明这种作用是通过怎样的方式进行的.我们常说:力是物体与物体之间的相互作用.这种作用常被习惯地理解为是一种直接接触作用.例如,推车时,通过手和车的直接接触把力作用在车子上.但是电力、磁力和重力却可以发生在两个相隔一定距离的物体之间.那么,这些力究竟是如何传递的呢?围绕这个问题,历史上曾经有过争论,一种观点认为这些力的作用不需要中间媒介,也不需要时间,就能实现远距离的相互作用,这种作用常称为超距作用.另一种观点认为这些力是通过空间一种尚未被认识的弹性介质来传递的.

到了19世纪初英国物理学家法拉第提出新的观点:认为在电荷周围存在着一种特殊形态的物质,称为电场(electric field).电荷与电荷之间的相互作用是通过电场来传递的.其相互作用可表示为

$$\text{电荷}\longleftrightarrow\text{电场}\longleftrightarrow\text{电荷}$$

电场对电荷的作用力称为电场力(electric field force).近代物理学证明,“超

距作用”的观点是错误的，电场力和磁场力的传递需要时间，传递速度约为 $3\times10^{8}\ m\cdot s^{-1}$.

法拉第以其惊人的想象力提出的“场”的概念，受到了爱因斯坦的高度评价，认为：“场的概念的价值要比电磁感应的发现高得多……”，并且又说：“想象力比知识更重要，因为知识是有限的，而想象力概括着世界上的一切，推动着进步，并且是知识进化的源泉.”

近代物理学已经肯定了场的观点，并证明了电磁场的存在.电磁场与实物粒子一样具有质量、能量、动量等物质的基本属性.相对于观察者静止的电荷在周围空间激发的电场称为静电场（electrostatic field），它是电磁场的一种特殊状态.以下将就静电场的基本性质加以讨论.

阅读 法拉第“场”的思想的提出

5-2-2 电场强度

为了定量研究电场对电荷的作用，我们需要在电场中引入一个试验电荷（test charge）q_0.分析电场对试验电荷的作用，便可引入描述电场的物理量.试验电荷 q_0 应该满足两个条件：它的线度必须小到可以看作点电荷，以便确定电场中各点的电场性质；它所带的电荷量必须充分小，以免影响原来的电场分布.今后为了方便起见，我们不妨假设试验电荷带正电.

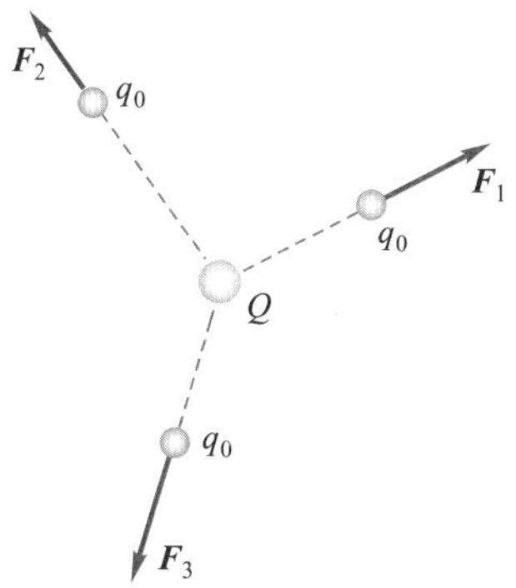

图 5-3 试验电荷放在电场中的不同位置，所受电场力的大小和方向都不相同，这表明电场中不同场点的电场性质不同

如图 5-3 所示，Q 为场源电荷，在其周围空间相应地激发一个电场.现将一个试验电荷 q_0 放在此电场不同地点（简称场点）.实验表明，在不同场点上，q_0 所受电场力的大小和方向不尽相同；若在任取的同一场点上，改变所放置的试验电荷 q_0 的电荷量大小，则 q_0 所受的电场力 $\boldsymbol{F}$ 的大小亦随之变化，然而，两者的比值 $\boldsymbol{F}/q_0$ 却与试验电荷量值无关，而仅取决于场源电荷的分布和场点的位置.因此，我们就从电场对电荷施力的角度，把这个比值作为描述电场的一个物理量，称之为电场强度（electric field intensity），记作 $\boldsymbol{E}$，即

$$\boldsymbol{E}=\frac{\boldsymbol{F}}{q_0} \tag{5-3}$$

在国际单位制中，电场强度 $\boldsymbol{E}$ 的单位是牛顿每库仑（$N\cdot C^{-1}$），也可表示为伏特每米（$V\cdot m^{-1}$）.

式（5-3）表明，静电场中某一点的电场强度 $\boldsymbol{E}$ 是一个矢量，其大小等于单位正电荷在该点所受电场力的大小，其方向与正电荷在该点的受力方向一致.在客观上，由于每一个场点都有一个确定的电场强度矢量，而不同场点的电场强度矢量的大小和方向则不尽相同.因此，我们把这些矢量的集合叫做矢量场.也就是说，电场是矢量场.

由以上讨论不难推断，如果已知空间某点处的电场强度 $\boldsymbol{E}$，则电荷 q 在该点处受到的电场力为

$$\boldsymbol{F}=q\boldsymbol{E} \tag{5-4}$$

5-2-3 电场强度的计算

1. 点电荷电场中的电场强度

场源电荷为点电荷 q，设想把一个试验电荷 q_0 放在距离 q 为 r 的 P 点处.根据库仑定律，q_0 受到的电场力为

$$\boldsymbol{F}=\frac{1}{4\pi\varepsilon_0}\frac{qq_0}{r^2}\boldsymbol{e}_r$$

式中的 $\boldsymbol{e}_r$ 是从 q 指向 P 点的单位矢量.由定义式(5-3)可得 P 点的电场强度为

$$\boldsymbol{E}=\frac{\boldsymbol{F}}{q_0}=\frac{1}{4\pi\varepsilon_0}\frac{q}{r^2}\boldsymbol{e}_r \tag{5-5}$$

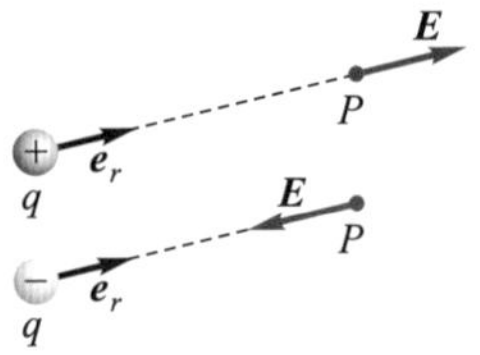

图 5-4 场源电荷 q 为正电荷时，P 点的电场强度方向与 $\boldsymbol{e}_r$ 的方向一致；场源电荷 q 为负电荷时，P 点的电场强度方向与 $\boldsymbol{e}_r$ 的方向相反

上式表明，在点电荷的电场空间，任意一点 P 的电场强度大小与场源电荷至场点的距离二次方成反比，与场源电荷的电荷量 q 成正比.电场强度的方向，取决于场源电荷的符号.若 $q>0$，则 $\boldsymbol{E}$ 与 $\boldsymbol{e}_r$ 同向；若 $q<0$，则 $\boldsymbol{E}$ 与 $\boldsymbol{e}_r$ 反向，如图 5-4 所示.从式(5-5)还可以看出，点电荷的电场具有球对称性分布，在以场源电荷为球心的球面上，电场强度大小处处相等.

2. 点电荷系电场中的电场强度

设场源电荷是由若干个点电荷 $q_1,q_2,\cdots,q_n$ 组成的一个系统，每个点电荷周围都有各自激发出的电场.把试验电荷 q_0 放在场点 P 处，根据力的独立作用原理，作用在 q_0 上的电场力的合力 $\boldsymbol{F}$ 应该等于各个点电荷分别作用于 q_0 上的电场力 $\boldsymbol{F}_1,\boldsymbol{F}_2,\cdots,\boldsymbol{F}_n$ 的矢量和，即

$$\boldsymbol{F}=\boldsymbol{F}_1+\boldsymbol{F}_2+\cdots+\boldsymbol{F}_n \tag{5-6}$$

把上式的两边分别除以 q_0，由电场强度定义式，可得 P 点的合电场强度为

$$\boldsymbol{E}=\boldsymbol{E}_1+\boldsymbol{E}_2+\cdots+\boldsymbol{E}_n=\sum_{i=1}^{n}\boldsymbol{E}_i \tag{5-7}$$

即点电荷系在空间某点激发的电场强度，等于各个点电荷单独存在时在该点激发电场强度的矢量和，这一结论称为电场强度的叠加原理.这是静电场的一条基本原理.将点电荷的电场强度公式(5-5)代入式(5-7)可得 P 点的电场强度为

$$\boldsymbol{E}=\sum_{i=1}^{n}\boldsymbol{E}_i=\sum_{i=1}^{n}\frac{q_i}{4\pi\varepsilon_0 r_i^2}\boldsymbol{e}_{ri} \tag{5-8}$$

式中，$\boldsymbol{e}_{r1},\boldsymbol{e}_{r2},\cdots,\boldsymbol{e}_{rn}$ 分别是场点 P 相对于各个场源电荷 $q_1,q_2,\cdots,q_n$ 的位矢 $\boldsymbol{r}_1$，$\boldsymbol{r}_2,\cdots,\boldsymbol{r}_n$ 方向上的单位矢量.

3. 连续分布电荷电场中的电场强度

对于电荷连续分布的任意带电体，可以将它看成为无数电荷元 dq 的集合，而每个电荷元 dq 则可视作点电荷，因此 dq 的电场强度为

$$\mathrm{d}\boldsymbol{E}=\frac{\mathrm{d}q}{4\pi\varepsilon_0 r^2}\boldsymbol{e}_r \tag{5-9}$$

式中 r 是电荷元 dq 到场点 P 的位矢大小，$\boldsymbol{e}_r$ 为其单位矢量.根据电场强度叠加原理，整个带电体在该点产生的合电场强度可用积分式表示为

$$\boldsymbol{E}=\int\mathrm{d}\boldsymbol{E}=\int\frac{1}{4\pi\varepsilon_0}\frac{\boldsymbol{e}_r}{r^2}\mathrm{d}q \tag{5-10}$$

如果带电体的电荷体密度为 ρ，电荷元的体积为 dV，则 $\mathrm{d}q=\rho\mathrm{d}V$；如果是一个带电面，电荷面密度为 σ，电荷元的面积为 dS，则 $\mathrm{d}q=\sigma\mathrm{d}S$；如果是一条带电线，电荷线密度为 λ，线元为 dl，则 $\mathrm{d}q=\lambda\mathrm{d}l$.

注意：式(5-10)是一个矢量积分，在运算时首先需要将电荷元的电场强度矢量沿各坐标轴进行分解，然后对电荷元沿各坐标轴方向的电场强度分量分别求其标量积分，最后求出合电场强度 $\boldsymbol{E}$.下面举几个典型例子.

例 5-2

如图 5-5 所示，一对相距为 l 的等量异种点电荷 $+q$ 和 $-q$ 组成一个点电荷系统，求两个点电荷的连线的中垂线上某点 P 的电场强度.

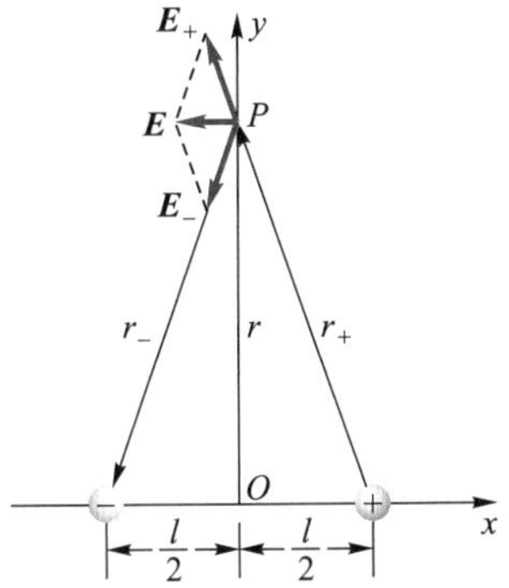

图 5-5 电偶极子中垂线上的电场强度

解 当两个等量异种点电荷 $+q$ 和 $-q$ 的距离 l 比从它们连线中点到所讨论场点的距离 r 小得多时，这一带电系统称为电偶极子.如图所示，以两个点电荷连线的中心为坐标原点 O，建立直角坐标系 Oxy.设 P 点到电偶极子轴线的距离为 r，正、负电荷在 P 点激发的电场强度为

$$\boldsymbol{E}_+=\frac{q}{4\pi\varepsilon_0 r_+^3}\boldsymbol{r}_+$$

$$\boldsymbol{E}_-=-\frac{q}{4\pi\varepsilon_0 r_-^3}\boldsymbol{r}_-$$

由于 $r\gg l$，因此

$$r_+=r_-=\sqrt{r^2+\frac{l^2}{4}}\approx r$$

则总电场强度为

$$\boldsymbol{E}=\boldsymbol{E}_++\boldsymbol{E}_-=\frac{q}{4\pi\varepsilon_0 r^3}(\boldsymbol{r}_+-\boldsymbol{r}_-)$$

令 $\boldsymbol{l}$ 为从 $-q$ 指向 $+q$ 的矢量，其大小为 l，则

$$\boldsymbol{r}_+-\boldsymbol{r}_-=-\boldsymbol{l}$$

从而

$$\boldsymbol{E}=\frac{-q\boldsymbol{l}}{4\pi\varepsilon_0 r^3}$$

式中 $q\boldsymbol{l}$ 反映了电偶极子本身的特征，用 $\boldsymbol{p}$ 表示，称为电偶极子的电偶极矩，简称电矩.因此，上述结果

又可以写成

$$E=\frac{-\boldsymbol{p}}{4\pi\varepsilon_0 r^3} \tag{5-11}$$

可见,电偶极子在中垂线上的电场强度与电偶极子的电矩 $\boldsymbol{p}$ 成正比,与该点到电偶极子中心的距离的三次方成反比,方向与电矩 $\boldsymbol{p}$ 相反.并且随着距离 r 的增大,其电场强度值迅速衰减.$\boldsymbol{p}$ 是表征电偶极子属性的一个重要物理量,在研究电介质极化时要用到.

例 5-3

一长为 L 的均匀带电细棒,电荷线密度为 λ,设棒外一点 P 到细棒的距离为 a,且与棒两端的连线分别和棒成夹角 θ_1、θ_2,如图 5-6 所示.求 P 点的电场强度.

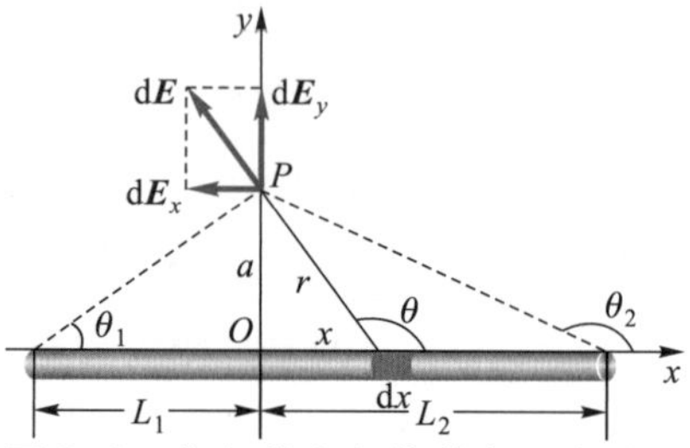

图 5-6 均匀带电细棒外任一点处的场强

解 以 P 点到带电细棒的垂足 O 为原点并建立直角坐标系 Oxy,如图所示.在细棒上 x 处取一长为 $\mathrm{d}x$ 的电荷元,其电荷量为 $\mathrm{d}q=\lambda\mathrm{d}x$,则 $\mathrm{d}q$ 在 P 点产生的电场强度大小为

$$\mathrm{d}E=\frac{1}{4\pi\varepsilon_0}\frac{\mathrm{d}q}{r^2}=\frac{\lambda}{4\pi\varepsilon_0}\frac{\mathrm{d}x}{r^2}$$

细棒上不同位置的电荷元 $\mathrm{d}q$ 在 P 点产生的 $\mathrm{d}\boldsymbol{E}$ 方向都不相同,因此在积分前须将矢量 $\mathrm{d}\boldsymbol{E}$ 沿 Ox、Oy 轴的方向分解为

$$\mathrm{d}E_x=\mathrm{d}E\cos\theta=\frac{1}{4\pi\varepsilon_0}\frac{\lambda\mathrm{d}x}{r^2}\cos\theta$$

$$\mathrm{d}E_y=\mathrm{d}E\sin\theta=\frac{1}{4\pi\varepsilon_0}\frac{\lambda\mathrm{d}x}{r^2}\sin\theta$$

从图中可知,上式中 x、r、θ 并非都是独立变量,它们有如下的关系:

$$r=a/\sin\theta$$

$$x=-a\cot\theta$$

对上式微分

$$\mathrm{d}x=a/\sin^2\theta\mathrm{d}\theta$$

则各电荷元在 P 点产生的合电场强度,在 Ox、Oy 轴上的分量为

$$E_x=\int\mathrm{d}E_x=\int\frac{1}{4\pi\varepsilon_0}\frac{\lambda\mathrm{d}x}{r^2}\cos\theta$$

$$=\frac{\lambda}{4\pi\varepsilon_0 a}\int_{\theta_1}^{\theta_2}\cos\theta\mathrm{d}\theta$$

$$=\frac{\lambda}{4\pi\varepsilon_0 a}(\sin\theta_2-\sin\theta_1)$$

$$E_y=\int\mathrm{d}E_y=\int\frac{1}{4\pi\varepsilon_0}\frac{\lambda\mathrm{d}x}{r^2}\sin\theta$$

$$=\frac{\lambda}{4\pi\varepsilon_0 a}\int_{\theta_1}^{\theta_2}\sin\theta\mathrm{d}\theta$$

$$=\frac{\lambda}{4\pi\varepsilon_0 a}(\cos\theta_1-\cos\theta_2)$$

讨论:

(1) 若 $a\ll L$,则细棒可以看成无限长,即 $\theta_1=0,\theta_2=\pi$,代入可得

$$\begin{cases}E_x=0\\E_y=\dfrac{\lambda}{2\pi\varepsilon_0 a}\end{cases} \tag{5-12}$$

上式指出,在一无限长带电细棒周围任意点的场强与该点到带电细棒的距离成反比,在离细棒距离相同处的电场强度大小相等,方向垂直于细棒,即电场分布具有轴对称性.

（2）当 $a \gg L$ 时，

$$\cos\theta_1 = \frac{L_1}{\sqrt{a^2+L_1^2}} \approx \frac{L_1}{a}$$

$$\cos\theta_2 = -\frac{L_2}{\sqrt{a^2+L_2^2}} \approx -\frac{L_2}{a}$$

$$\sin\theta_1 = \frac{a}{\sqrt{a^2+L_1^2}} \approx 1$$

$$\sin\theta_2 = \frac{a}{\sqrt{a^2+L_2^2}} \approx 1$$

所以

$$E_x = 0$$

$$E_y = \frac{\lambda}{4\pi\varepsilon_0 a}\left(\frac{L_1}{a}+\frac{L_2}{a}\right) = \frac{\lambda L}{4\pi\varepsilon_0 a^2} = \frac{q}{4\pi\varepsilon_0 a^2}$$

此结果显示，离带电细棒很远处的电场相当于一个点电荷的电场.

例 5-4

如图 5-7 所示，电荷 $q(q>0)$ 均匀分布在一半径为 R 的细圆环上.计算在垂直于环面的轴线上任一点 P 的电场强度.

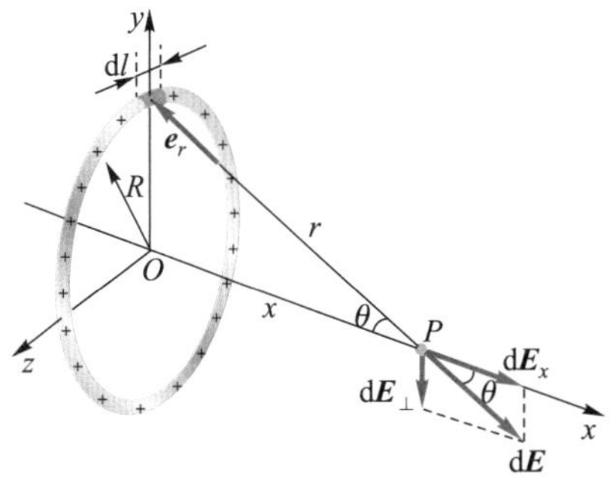

图 5-7 均匀带电细圆环轴上的电场强度

解 在圆环轴线上任取一点 P，距离环心 O 为 x.取如图所示的坐标系 $Oxyz$.将圆环分割成许多电荷元 $dq=\lambda dl=\frac{q}{2\pi R}dl$，任一电荷元在 P 点激发的场强为

$$d\boldsymbol{E} = \frac{1}{4\pi\varepsilon_0}\frac{dq}{r^2}\boldsymbol{e}_r$$

根据对称性分析可知，各电荷元在 P 点的电场强度沿垂直于轴线方向上的分量 $dE_\perp$ 相互抵消，而平行于轴线方向上的分量 dE_x 则相互加强，因而合电场强度大小即为

$$E = \int_l dE_x = \int_l dE\cos\theta = \int_l \frac{\cos\theta}{4\pi\varepsilon_0}\frac{dq}{r^2} = \frac{\cos\theta}{4\pi\varepsilon_0 r^2}\int_l dq = \frac{q\cos\theta}{4\pi\varepsilon_0 r^2}$$

上式中，积分号下的 l 表示对整个带电圆环积分.考虑到 $\cos\theta = x/r$，而 $r=\sqrt{x^2+R^2}$，则可将上式改写成

$$E = \frac{qx}{4\pi\varepsilon_0(x^2+R^2)^{3/2}} \qquad (5-13)$$

$\boldsymbol{E}$ 的方向沿 x 轴正向.

讨论：

（1）当 $x \gg R$ 时，$(x^2+R^2)^{3/2} \approx x^3$，则 $\boldsymbol{E}$ 的大小为

$$E \approx \frac{1}{4\pi\varepsilon_0}\frac{q}{x^2}$$

上式表明，远离环心处的电场相当于一个电荷全部集中在环心的点电荷产生的电场.

（2）当 $x=0$ 时，环心处的电场强度 $E=0$.

例 5-5

有一表面均匀带电的薄圆盘，半径为 R，电荷面密度为 σ，如图5-8所示.计算圆盘轴线上任一点 P 的电场强度.

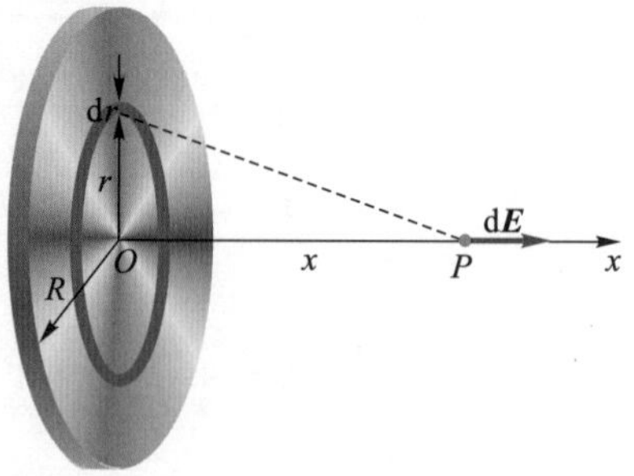

图 5-8 均匀带电圆盘轴上的电场强度

解 取如图所示的坐标轴 Ox，将圆盘表面看成由许多同心带电的细圆环所组成，取任一带电细圆环，其电荷量 $dq=\sigma 2\pi r dr$.由上例可知，此带电细圆环在 P 点激发的电场强度大小为

$$dE=\frac{x\sigma 2\pi r dr}{4\pi\varepsilon_0 (x^2+r^2)^{3/2}}$$

$d\boldsymbol{E}$ 方向沿 Ox 轴正向.因此，带电圆盘在 P 点激发的电场强度大小为

$$E=\frac{x\sigma}{2\varepsilon_0}\int_0^R \frac{r dr}{(x^2+r^2)^{3/2}}$$

$$=\frac{\sigma}{2\varepsilon_0}\left[1-\frac{x}{(x^2+R^2)^{1/2}}\right] \qquad (5-14)$$

方向沿 Ox 轴正向.

讨论：

（1）当 $x\ll R$ 时，便可将表面均匀带电的薄圆盘看作无限大均匀带电平面，则其附近的电场强度大小为

$$E=\frac{\sigma}{2\varepsilon_0} \qquad (5-15)$$

上式表明，无限大均匀带电平面附近是一均匀电场，其方向垂直于平面.若 $\sigma>0$，则 $\boldsymbol{E}$ 从带电平面指向两侧；若 $\sigma<0$，则 $\boldsymbol{E}$ 从两侧指向带电平面.

（2）当 $x\gg R$ 时，因为

$$\frac{x}{\sqrt{x^2+R^2}}=\frac{1}{\sqrt{1+\left(\frac{R}{x}\right)^2}}$$

$$=1-\frac{1}{2}\frac{R^2}{x^2}+\frac{3}{8}\left(\frac{R^2}{x^2}\right)^2-\cdots$$

$$\approx 1-\frac{1}{2}\frac{R^2}{x^2}$$

所以

$$E\approx\frac{\sigma}{2\varepsilon_0}\frac{R^2}{2x^2}=\frac{\sigma\pi R^2}{4\pi\varepsilon_0 x^2}=\frac{q}{4\pi\varepsilon_0 x^2}$$

式中 $q=\sigma\pi R^2$ 为圆盘面所带的总电荷量.上式指出此时带电圆盘产生的电场近似等于点电荷产生的电场.

5-3 高斯定理及其应用

5-3-1 电场线

因为场的概念比较抽象，所以法拉第在提出场的概念的同时引入了力线的概念，对场的物理图像作出非常直观的形象化描述.描述电场的力线称为电场线(electric field line).

为了使电场线既能显示空间各处的电场强度大小,又能显示各点电场强度的方向,在绘制电场线时作如下规定:**电场线上每一点的切线方向都与该点处的电场强度方向一致;在任一场点处,通过垂直于电场强度 $\boldsymbol{E}$ 的单位面积的电场线条数,等于该点处电场强度 $\boldsymbol{E}$ 的大小.**按此规定绘制的电场线便可以很好地描述电场强度的分布.

图 5-9 是几种常见电场线的分布.从中可看出电场线的一些基本特性:

(1) 电场线总是起始于正电荷(或无限远),终止于负电荷(或无限远),在没有电荷的地方电场线不会中断;

(2) 电场线不会形成闭合线;

(3) 没有电荷处,任意两条电场线不会相交;

(4) 电场线密集处,电场强度较大;电场线稀疏处,电场强度较小.

应当指出:电场线只是为了描述电场的分布而引入的一簇曲线,电场线不是电荷在电场中运动的轨迹.

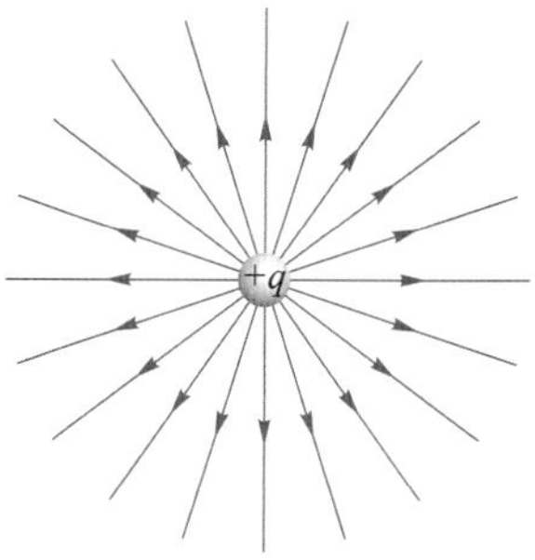

(a) 正点电荷

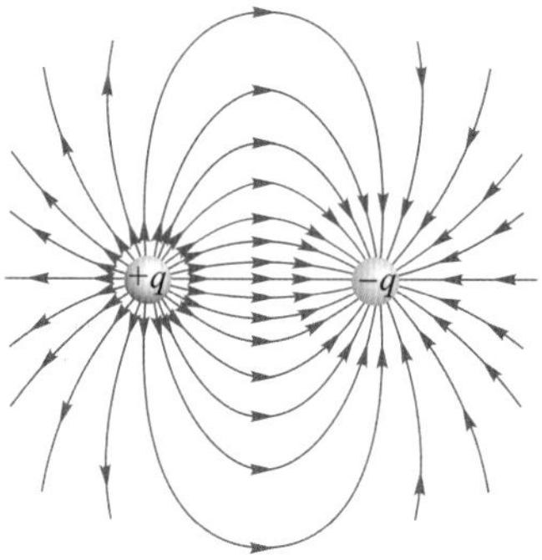

(b) 两等值异号点电荷

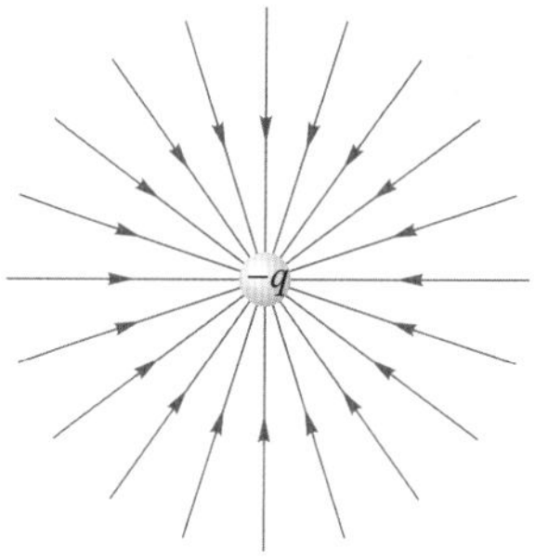

(c) 负点电荷

图 5-9 几种典型电场的电场线分布

5-3-2 E 通量

通量是描述包括电场在内的一切矢量场的一个重要概念,理论上有助于说明场与源的关系.我们常常用通过电场中某一个面的电场线条数来表示通过这个面的电场强度通量,**简称 $\boldsymbol{E}$ 通量(electric flux)**,用符号 Φ_e 表示.设 $dS_{\perp}$ 是电场中某点垂直于电场强度 $\boldsymbol{E}$ 方向的面积元,$d\Phi_e$ 是通过面积元 $dS_{\perp}$ 的电场线条数.根据绘制电场线的规定,有

$$E=\frac{d\Phi_e}{dS_{\perp}} \tag{5-16}$$

下面我们将讨论通过任意曲面的 $\boldsymbol{E}$ 通量.设电场中有任意曲面 S,电场线分布如图 5-10 所示.在曲面 S 上任取一面积元 $d\boldsymbol{S}$,其法线 $\boldsymbol{e}_n$ 方向与该点处电场强度 $\boldsymbol{E}$ 方向的夹角为 θ.则通过该面积元 $d\boldsymbol{S}$ 的 $\boldsymbol{E}$ 通量为

$$d\Phi_e=E dS_{\perp}=E dS\cos\theta \tag{5-17a}$$

或

$$d\Phi_e=\boldsymbol{E}\cdot d\boldsymbol{S} \tag{5-17b}$$

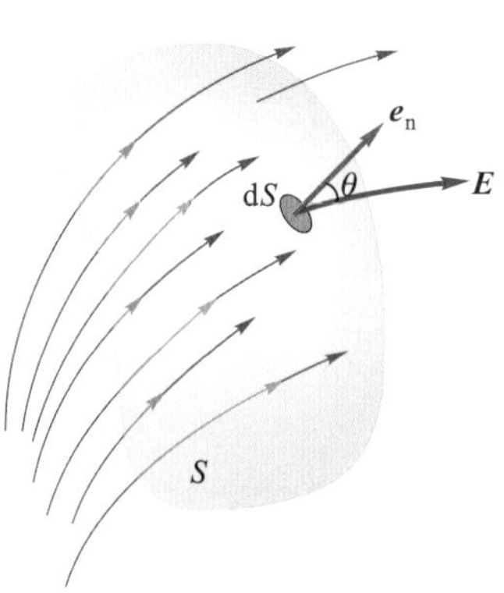

图 5-10 通过任意曲面的 $\boldsymbol{E}$ 通量

式中 $d\boldsymbol{S}=dS\boldsymbol{e}_n$.我们可以把曲面 S 看成是由无数个面积元 $d\boldsymbol{S}$ 组合而成,穿过整个曲面的 $\boldsymbol{E}$ 通量即为穿过所有面积元 $\boldsymbol{E}$ 通量的代数和,即

$$\Phi_e=\int_S\boldsymbol{E}\cdot d\boldsymbol{S}=\int_S E\cos\theta dS \tag{5-18}$$

需要说明,对于非闭合的任意曲面,面积元 $d\boldsymbol{S}$ 的法线取向可在曲面的任一侧选取.但对于闭合曲面来说,我们规定:取指向曲面外部的法线方向为正.因此,由式(5-17)可知,当电场线从闭合面穿出时,$\theta<90°$,通量 $d\Phi_e$ 为正;当电场

线穿进闭合面时，$\theta>90°$，通量 $d\Phi_e$ 为负.计算闭合曲面的 $\boldsymbol{E}$ 通量，通常用积分符号 $\oint$ 表示，即

$$\Phi_e = \oint d\Phi_e = \oint_S \boldsymbol{E} \cdot d\boldsymbol{S} \tag{5-19}$$

5-3-3 高斯定理

高斯（K. F. Gauss，1777—1855）是德国一位非常著名的数学家、天文学家和物理学家，他和牛顿、阿基米德，被誉为有史以来的三大数学家，他把数学应用于天文学、大地测量学和电磁学的研究，并有杰出的贡献

在静电场中，通过闭合曲面的 $\boldsymbol{E}$ 通量 Φ_e 与该闭合曲面内所包含的电荷有着确定的量值关系，这一关系可由高斯定理（Gauss theorem）表述如下：

在真空中的静电场内，通过任何闭合曲面的 E 通量，等于包围在该闭合曲面内的所有电荷的代数和的 $1/\varepsilon_0$ 倍.其数学表达式为

$$\Phi_e = \oint_S \boldsymbol{E} \cdot d\boldsymbol{S} = \frac{1}{\varepsilon_0}\sum_{i=1}^{n} q_i \tag{5-20}$$

定理中的闭合曲面常称为高斯面，$\sum\limits_{i=1}^{n} q_i$ 表示高斯面内电荷的代数和.高斯定理是电磁学理论中的一条重要规律.下面我们来验证高斯定理的正确性.

首先，我们考虑以点电荷 q（设 $q>0$）为球心、半径为 r 的闭合球面的 $\boldsymbol{E}$ 通量，如图 5-11（a）所示.球面 S 上任一点的电场强度 $\boldsymbol{E}$ 的大小均为 $\dfrac{q}{4\pi\varepsilon_0 r^2}$，方向都沿位矢 $\boldsymbol{r}$ 的方向，且处处与球面垂直.显然通过整个球面的 $\boldsymbol{E}$ 通量应为

$$\begin{aligned}\Phi_e &= \oint_S \boldsymbol{E} \cdot d\boldsymbol{S} = \int_S \frac{q}{4\pi\varepsilon_0 r^2}\cos 0° dS \\ &= \frac{q}{4\pi\varepsilon_0 r^2}\int_S dS = \frac{q}{4\pi\varepsilon_0 r^2} \cdot 4\pi r^2 = \frac{q}{\varepsilon_0}\end{aligned}$$

此结果与球面半径 r 无关，只与它所包围的电荷量有关.这意味着，对以点电荷 q 为中心的任意球面来说，通过它们的 $\boldsymbol{E}$ 通量都等于 q/ε_0.

接着，考虑通过包围点电荷 q 的任意闭合曲面 S' 的 $\boldsymbol{E}$ 通量情况，如图 5-11（b）所示.S 和 S' 包围同一个点电荷 q，且在 S 和 S' 之间并无其他电荷，故电场线不会中断，因此穿过球面 S 的电场线都将穿过闭合曲面 S'.这就是说，通过任意闭合曲面 S' 的 $\boldsymbol{E}$ 通量与通过球面 S 的 $\boldsymbol{E}$ 通量相等，在数值上都等于 q/ε_0.

如果电荷 q 在任意闭合曲面 S 之外，如图 5-11（c）所示.可见只有在与闭合曲面相切的锥体范围内的电场线才能通过闭合曲面，而且每一条电场线从某处穿入曲面，必从曲面上的另一处穿出，因此通过这一闭合曲面 $\boldsymbol{E}$ 通量的代数和为零，即

$$\Phi_e = \oint_S \boldsymbol{E}\cdot \mathrm{d}\boldsymbol{S} = 0 \tag{5-21}$$

对于一个由 $q_1, q_2, \cdots, q_n$ 组成的点电荷系来说，根据电场强度叠加原理，电场中任意一点的电场强度为

$$\boldsymbol{E} = \boldsymbol{E}_1 + \boldsymbol{E}_2 + \cdots + \boldsymbol{E}_n \tag{5-22}$$

其中 $\boldsymbol{E}_1, \boldsymbol{E}_2, \cdots, \boldsymbol{E}_n$ 为各个点电荷单独存在时的电场强度，$\boldsymbol{E}$ 为总电场强度.这时通过任意闭合曲面 S 的 $\boldsymbol{E}$ 通量为

$$\begin{aligned}\Phi_e &= \oint_S \boldsymbol{E}\cdot \mathrm{d}\boldsymbol{S} = \oint_S \boldsymbol{E}_1\cdot \mathrm{d}\boldsymbol{S} + \oint_S \boldsymbol{E}_2\cdot \mathrm{d}\boldsymbol{S} + \cdots + \oint_S \boldsymbol{E}_n\cdot \mathrm{d}\boldsymbol{S} \\ &= \Phi_{e1} + \Phi_{e2} + \cdots + \Phi_{en}\end{aligned}$$

其中 $\Phi_{e1}, \Phi_{e2}, \cdots, \Phi_{en}$ 为各个点电荷的电场线通过闭合曲面的 $\boldsymbol{E}$ 通量.由上述有关点电荷情况的结论可知，当 q_i 在闭合曲面内时，$\Phi_{ei} = q_i/\varepsilon_0$；当 q_i 在闭合曲面外时，$\Phi_{ei} = 0$，所以上式可以写成

$$\Phi_e = \oint_S \boldsymbol{E}\cdot \mathrm{d}\boldsymbol{S} = \frac{1}{\varepsilon_0}\sum_{i=1}^{n} q_i \tag{5-23}$$

式中 $\sum_{i=1}^{n} q_i$ 表示在闭合曲面内的电荷量的代数和.对于电荷连续分布的带电体与点电荷系的情况相同.至此我们验证了高斯定理的正确性.

为了正确地理解高斯定理，需要注意以下几点：

（1）高斯定理反映了电场对闭合曲面的 $\boldsymbol{E}$ 通量 Φ_e 与闭合曲面包围的电荷量的代数和的关系，并非是指闭合曲面上的电场强度 $\boldsymbol{E}$ 与闭合曲面内电荷量的代数和的关系.

（2）虽然闭合面外的电荷对通过闭合面的 $\boldsymbol{E}$ 通量 Φ_e 没有贡献，但是对闭合面上各点的电场强度 $\boldsymbol{E}$ 是有贡献的，也就是说，闭合面上各点的电场强度是由闭合面内、外所有电荷共同激发的.

（3）高斯定理说明了静电场是有源场.从高斯定理可知，若闭合面内有正电荷，则它对闭合曲面贡献的 $\boldsymbol{E}$ 通量是正的，电场线自内向外穿出，说明电场线出自于正电荷；若闭合面内有负电荷，则它所贡献的 $\boldsymbol{E}$ 通量是负的，意味着必有电场线自外穿入闭合面，说明电场线终止于负电荷.如果通过闭合面的电场线不中断，$\boldsymbol{E}$ 通量为零，说明此处无电荷.高斯定理将电场与场源电荷联系了起来，揭示了静电场是有源场这一普遍性质.

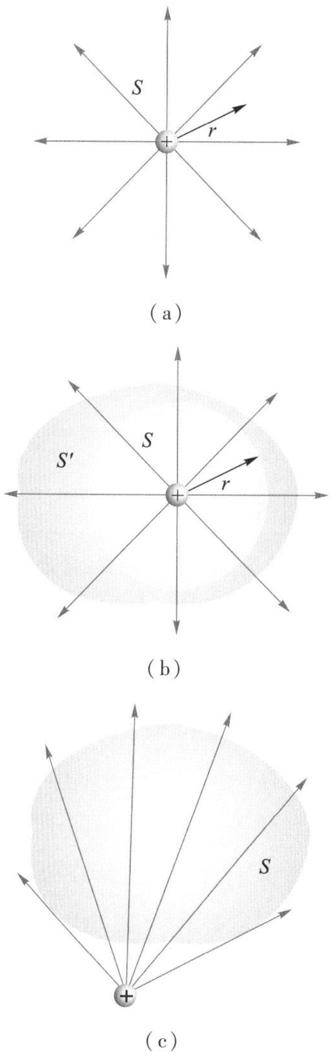

图 5-11 证明高斯定理用图

5-3-4 高斯定理的应用

高斯定理不仅从一个侧面反映了静电场的性质，而且有时也可用来计算一些呈高度对称性分布的电场的电场强度，这往往比采用叠加法更简便.从

高斯定理的数学表达式(5-20)来看,电场强度 $\boldsymbol{E}$ 位于积分号内,一般情况下不易求解.但是如果高斯面上的电场强度大小处处相等,且方向与各点处面积元 d$\boldsymbol{S}$ 的法线方向一致或具有相同的夹角,这时 $\boldsymbol{E}\cdot \mathrm{d}\boldsymbol{S}=E\cos\theta \mathrm{d}S$,则 E 可作为常量从式(15-20)的积分号中提出来,这样就可以解出 E 值.由此看来,利用高斯定理计算电场强度,不仅要求电场强度分布具有对称性,而且还要根据电场强度的对称分布作相应的高斯面,以满足:①高斯面上的电场强度大小处处相等;②面积元 d$\boldsymbol{S}$ 的法线方向与该处的电场强度 $\boldsymbol{E}$ 的方向一致或具有相同的夹角.下面我们通过几个例题来理解上述应用高斯定理求电场强度 $\boldsymbol{E}$ 的方法.

例 5-6

已知半径为 R,带电荷量为 q(设 $q>0$)的均匀带电球面,求其空间的电场强度分布.如果是均匀带电球体,它在空间的电场强度分布情况又将如何?

解 先分析电场分布的对称性.如图 5-12 所示,由于电荷分布关于直线 OP 对称,因此,对于任何一对对称的电荷元 dq'和 dq''来说,它们在 P 点产生的合电场强度 d$\boldsymbol{E}$ 的方向一定沿着 OP 方向,所以整个带电球面上的电荷在 P 点产生的合电场强度 $\boldsymbol{E}$ 的方向也必然沿着 OP 方向.又由于电荷分布具有球对称性,在与带电球面同心的球面上各点的 $\boldsymbol{E}$ 的大小也一定相等,所以电场 $\boldsymbol{E}$ 的分布具有球对称性.

为了计算空间某点 P 的电场强度,可根据电场的球对称性特点,以 O 点为球心,过 P 点作一半径为 r 的闭合高斯面.由于高斯面上各点的电场强度大小处处相等,方向又分别与相应点处面积元 d$\boldsymbol{S}$ 上的法线方向一致,则通过此高斯面的 $\boldsymbol{E}$ 通量为

$$\Phi_e=\oint_S \boldsymbol{E}\cdot \mathrm{d}\boldsymbol{S}=\oint_S E\mathrm{d}S=E\oint_S \mathrm{d}S=E\cdot 4\pi r^2$$

如果 P 点在球面外($r>R$),此时高斯面 S 所包围的电荷量为 q.根据高斯定理有

$$4\pi r^2 E=\frac{q}{\varepsilon_0}$$

由此得 P 点的电场强度为

$$E=\frac{1}{4\pi\varepsilon_0}\frac{q}{r^2} \tag{5-24}$$

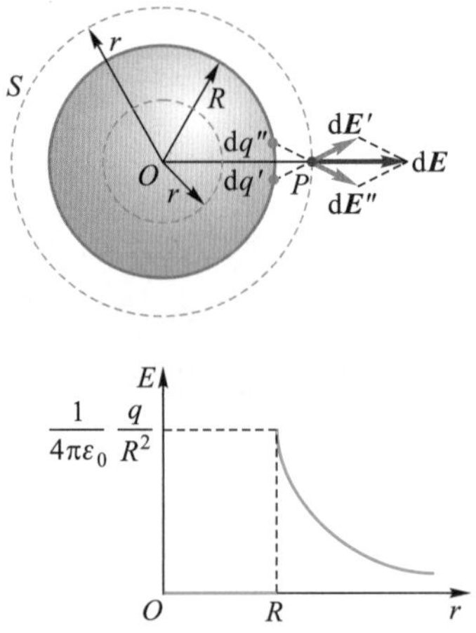

图 5-12 用高斯定理计算均匀带电球面的电场强度.球面内电场强度 E 为零,球面外电场强度 E 按 r^{-2} 规律减小,在球面处电场强度不连续,其量值有突变

$\boldsymbol{E}$ 的方向沿径向向外.

如果 P 点在球面内($r<R$),由于高斯面 S 内没有电荷,根据高斯定理有

$$4\pi r^2 E=0$$

则

$$E=0 \tag{5-25}$$

由上式可知,均匀带电球面内部空间的电场强度处处为零.均匀带电球面内、外的电场强度分布如图 5-12 所示.

如果电荷 q 均匀分布在球体内,可以用同样的方法计算电场强度.球体外的电场强度与球面外的电场强度完全相同.计算球内电场强度时,根据高斯定理,有

$$E\cdot 4\pi r^2=\frac{q}{4\pi R^3/3}\cdot\frac{4}{3}\pi r^3\cdot\frac{1}{\varepsilon_0}\qquad(r<R)$$

得

$$E=\frac{1}{4\pi\varepsilon_0}\frac{qr}{R^3}\tag{5-26}$$

$\boldsymbol{E}$ 的方向沿径向向外.均匀带电球体的电场强度分布如图 5-13 所示.从图中可以看出,在球体表面上电场强度大小是连续的.

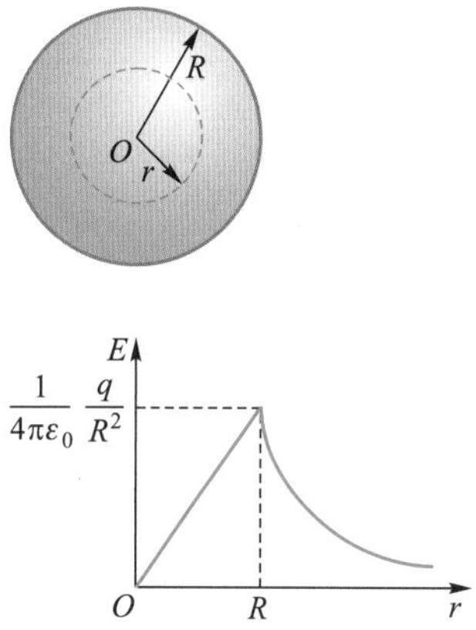

图 5-13 均匀带电球体的电场强度分布.球外的电场强度分布情况与上述球面的情况相同;球内各点的电场强度与到球心的距离成正比;球面上的电场强度最大,且连续

例 5-7

设有一无限长均匀带电细棒,已知电荷线密度为 λ.求细棒在空间的电场强度分布.

解 因为无限长带电细棒上电荷均匀分布,所以其电场分布具有轴对称性.$\boldsymbol{E}$ 的方向垂直于该细棒沿径向.以带电细棒为轴,作半径为 r,长为 h 的圆柱形高斯面 S,如图 5-14 所示.则通过高斯面的 $\boldsymbol{E}$ 通量为

$$\Phi_e=\oint_S\boldsymbol{E}\cdot d\boldsymbol{S}$$
$$=\int_{侧面}\boldsymbol{E}\cdot d\boldsymbol{S}+\int_{左底面}\boldsymbol{E}\cdot d\boldsymbol{S}+\int_{右底面}\boldsymbol{E}\cdot d\boldsymbol{S}$$

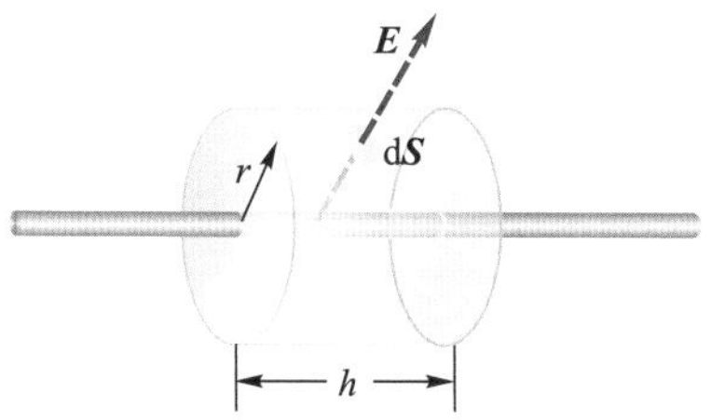

图 5-14 作圆柱形高斯面,求解无限长均匀带电细棒的电场强度分布

因为 $\boldsymbol{E}$ 与圆柱两底面的法线方向垂直,所以后两项的积分为零,而侧面上各点 $\boldsymbol{E}$ 的方向与各点的法线方向相同,且 E 为常量,故有

$$\Phi_e=\int_{侧面}\boldsymbol{E}\cdot d\boldsymbol{S}=\int E dS=E\int dS=E\cdot 2\pi rh$$

式中,$2\pi rh$ 为圆柱面的侧面积.圆柱形高斯面内包围的电荷为

$$\sum_i q_i=\lambda h$$

根据高斯定理,有

$$2\pi rhE=\lambda h/\varepsilon_0$$

因此高斯面上任一点的电场强度的大小为

$$E=\frac{\lambda}{2\pi\varepsilon_0 r}\tag{5-27}$$

当 $\lambda>0$ 时,$\boldsymbol{E}$ 的方向沿径向指向外,当 $\lambda<0$ 时,$\boldsymbol{E}$ 的方向沿径向指向内,这一结果与例 5-3 的讨论结果相同.

例 5-8

设有一无限大的均匀带电平面，电荷面密度为 σ.求此平面在空间电场的分布.

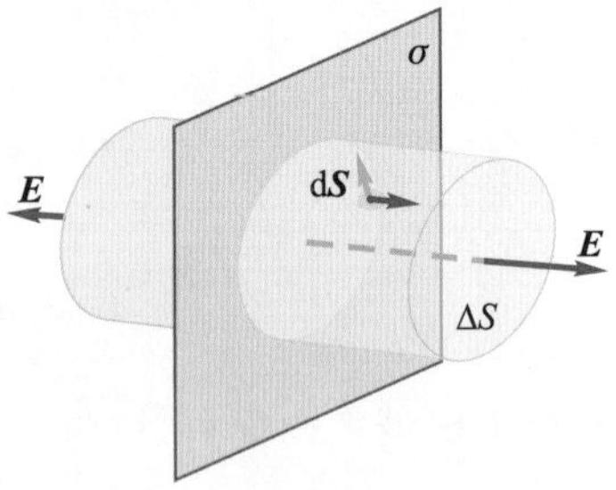

图 5-15 无限大均匀带电平面的电场

解 根据对称性分析，平面两侧的电场强度分布具有对称性.两侧离平面等距离处的电场强度大小相等，方向处处与平板垂直.我们作圆柱形高斯面 S，垂直于平面且被平面左右等分，如图 5-15 所示.由于圆柱侧面上各点 $\boldsymbol{E}$ 的方向与侧面上各面积元 $\mathrm{d}\boldsymbol{S}$ 法向垂直，所以通过侧面的 $\boldsymbol{E}$ 通量为零.设底面的面积为 ΔS，则通过整个圆柱形高斯面的 $\boldsymbol{E}$ 通量为

$$\Phi_e = \oint_S \boldsymbol{E} \cdot \mathrm{d}\boldsymbol{S} = \int_{侧面} \boldsymbol{E} \cdot \mathrm{d}\boldsymbol{S} + \int_{两底面} \boldsymbol{E} \cdot \mathrm{d}\boldsymbol{S}$$

$$= \int_{两底面} \boldsymbol{E} \cdot \mathrm{d}\boldsymbol{S} = 2E\Delta S$$

该高斯面中包围的电荷量为

$$\sum_i q_i = \sigma \Delta S$$

根据高斯定理，有

$$2E\Delta S = \frac{\sigma \Delta S}{\varepsilon_0}$$

因此无限大均匀带电平面外的电场强度为

$$E = \frac{\sigma}{2\varepsilon_0} \qquad (5-28)$$

可见无限大均匀带电平面两侧的电场是均匀的，它与例 5-5 讨论的第一种情况的结果相同.

综合以上几个例题可以看出，利用高斯定理求电场强度的关键在于对称性的分析，只有当带电系统的电荷分布具有一定的对称性时，才有可能利用高斯定理求电场强度.具体步骤如下：

（1）从电荷分布的对称性来分析电场强度的对称性，判定电场强度的方向.

（2）根据电场强度的对称性特点，作相应的高斯面（通常为球面、圆柱面等），使高斯面上各点的电场强度大小相等.

（3）确定高斯面内所包围的电荷的代数和.

（4）根据高斯定理计算出电场强度大小.

值得指出，不具有特定对称性的电荷分布，其电场不能直接用高斯定理求出.但是，由于高斯定理是反映静电场性质的一条普遍规律，因此不论电荷的分布对称与否，高斯定理对各种情形下的静电场总是成立的.

5-4 静电场的环路定理 电势

前面我们从静电场中电荷的受力特点出发研究了静电场，揭示了静电场是有源场,并引入了描述电场力学性质的物理量——电场强度 $\boldsymbol{E}$.现在我们将研究电场力对电荷所做的功,进而从功能观点来阐述静电场的能量性质,并引入新的物理量——电势.

5-4-1 静电场的环路定理

如图 5-16 所示,在场源点电荷 q(设 $q>0$)的电场中,试验电荷 q_0 从 a 点沿任意路径 L 移动到 b 点.取电荷 q 所在处为坐标原点,在试验电荷 q_0 移动过程中的某一位置(其位矢为 $\boldsymbol{r}$)取位移元 $\mathrm{d}\boldsymbol{l}$,该处电场强度为 $\boldsymbol{E}$,则电场力对试验电荷 q_0 所做的元功为

$$\mathrm{d}W=\boldsymbol{F}\cdot\mathrm{d}\boldsymbol{l}=q_0\boldsymbol{E}\cdot\mathrm{d}\boldsymbol{l}=q_0E\mathrm{d}l\cos\theta$$

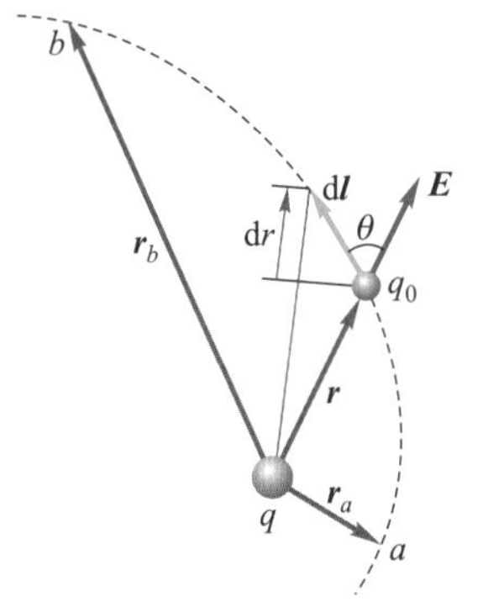

图 5-16 试验电荷 q_0 在点电荷的电场中运动,从 a 点移动到 b 点.电场力所做的总功等于沿各位移元所做元功的代数和

式中 θ 为 $\boldsymbol{E}$ 与 $\mathrm{d}\boldsymbol{l}$ 之间的夹角.由图可知,$\mathrm{d}l\cos\theta=\mathrm{d}r$,将它代入上式,可得

$$\mathrm{d}W=q_0E\mathrm{d}r$$

当试验电荷 q_0 从 a 点移到 b 点时,电场力对它所做的功为

$$W=\int_a^b\mathrm{d}W=\int_{r_a}^{r_b}q_0E\mathrm{d}r=\int_{r_a}^{r_b}\frac{q}{4\pi\varepsilon_0}\frac{q_0}{r^2}\mathrm{d}r$$

$$=\frac{qq_0}{4\pi\varepsilon_0}\left(\frac{1}{r_a}-\frac{1}{r_b}\right)\tag{5-29}$$

式中 r_a、r_b 分别为试验电荷在起点 a 和终点 b 的位矢大小.

上式表明,在点电荷的电场中电场力对试验电荷 q_0 所做的功与路径无关,只和试验电荷 q_0 的始、末两个位置有关.

如果试验电荷 q_0 在点电荷系的电场中移动,根据电场强度叠加原理,电场力对试验电荷 q_0 所做的功应等于各个点电荷单独存在时对 q_0 做功的代数和,即

$$W_{ab}=W_1+W_2+\cdots+W_n$$

$$=\frac{q_0}{4\pi\varepsilon_0}\sum_i q_i\left(\frac{1}{r_{ia}}-\frac{1}{r_{ib}}\right)\tag{5-30}$$

式中 r_{ia} 和 r_{ib} 分别表示试验电荷 q_0 相对于各个点电荷 q_i 的起点和终点的位矢.由于上式中的每一项都与路径无关,因此它们的代数和也必与路径无关.因为任何静电场都可以看作是由某种分布的点电荷系产生的,由此可以得出结论:**在任何静电场中,试验电荷 q_0 从一个位置移动到另一个位置时,电场力对它所做的功只与 q_0 及其始、末两个位置有关,而与路径无关.**这是静电场力的一个重要特性,与重力场中重力对物体做功与路径无关的特性相同,所以静电场力是保守力,静电场是保守场(conservative field).

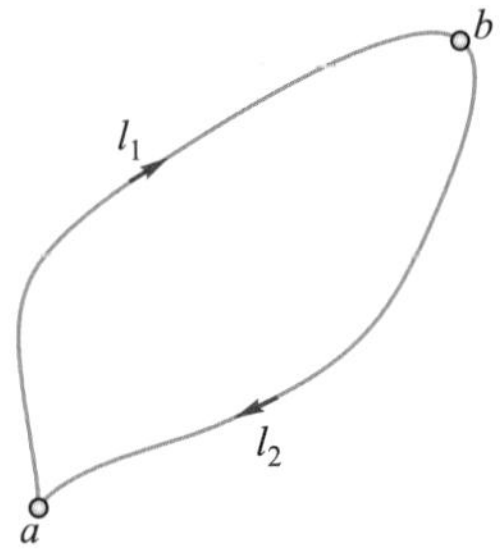

图 5-17 静电场的环流等于零

静电场力做功与路径无关这一结论，还可换成另一种等价的说法. 如图 5-17 所示，设试验电荷 q_0 在静电场中从某点 a 出发，沿任意闭合路径 l 运动一周，又回到起点 a，设想在 l 上再任取一点 b，将 l 分成 l_1 和 l_2 两段，则沿闭合路径 l 电场力对试验电荷 q_0 所做的功为

$$
\begin{aligned}
q_0\oint_l \boldsymbol{E}\cdot \mathrm{d}\boldsymbol{l} &= q_0\int_{\substack{a\\(l_1)}}^{b} \boldsymbol{E}\cdot \mathrm{d}\boldsymbol{l} + q_0\int_{\substack{b\\(l_2)}}^{a} \boldsymbol{E}\cdot \mathrm{d}\boldsymbol{l} \\
&= q_0\int_{\substack{a\\(l_1)}}^{b} \boldsymbol{E}\cdot \mathrm{d}\boldsymbol{l} - q_0\int_{\substack{a\\(l_2)}}^{b} \boldsymbol{E}\cdot \mathrm{d}\boldsymbol{l} \qquad (5-31)
\end{aligned}
$$

因为电场力做功与路径无关，对于相同的始点和终点而言，有

$$
q_0\int_{\substack{a\\(l_1)}}^{b} \boldsymbol{E}\cdot \mathrm{d}\boldsymbol{l} = q_0\int_{\substack{a\\(l_2)}}^{b} \boldsymbol{E}\cdot \mathrm{d}\boldsymbol{l} \qquad (5-32)
$$

将式(5-32)代入式(5-31)得

$$
q_0\oint_l \boldsymbol{E}\cdot \mathrm{d}\boldsymbol{l} = 0
$$

因 $q_0\neq 0$，故

$$
\oint_l \boldsymbol{E}\cdot \mathrm{d}\boldsymbol{l} = 0 \qquad (5-33)
$$

式中，$\oint_l \boldsymbol{E}\cdot \mathrm{d}\boldsymbol{l}$ 是电场强度 $\boldsymbol{E}$ 沿闭合路径 l 的线积分，称为电场强度 $\boldsymbol{E}$ 的环流(circulation).上式表示，静电场中电场强度 $\boldsymbol{E}$ 的环流恒等于零.这一结论与电场力做功与路径无关等价，称为**静电场的环路定理**(circuital theorem of electrostatic field).

静电场的高斯定理和环路定理是描述静电场性质的两条基本定理.高斯定理指出静电场是有源场；环路定理指出静电场是有势场(或无旋场)，即为一种保守力场.以下将讨论静电场的电势能.

5-4-2 电势能

在力学中，重力是保守力，因此可以引入重力势能；弹性力是保守力，同样可以引入弹性势能.现在知道静电场力也是保守力，因此也可以引入相应的**电势能**(electric potential energy)，记作 E_{p}.

能量是反映做功本领的物理量.在保守场中，保守力做功等于相应势能的减少(比如，重力做功等于重力势能的减少).静电场力既然是一种保守力，那么静电场力做功应该等于电势能的减少.设试验电荷 q_0 在电场力作用下从 a 点移动到 b 点，在此期间，电势能从 $E_{\mathrm{p}a}$ 改变为 $E_{\mathrm{p}b}$.电场力做功与电势能的关系可表

示为

$$W_{ab}=q_0\int_a^b \boldsymbol{E}\cdot \mathrm{d}\boldsymbol{l}=E_{\mathrm{p}a}-E_{\mathrm{p}b}=-(E_{\mathrm{p}b}-E_{\mathrm{p}a}) \tag{5-34}$$

在国际单位制中,电势能的单位是焦耳,记作 J.电势能与重力势能、弹性势能等其他形式的势能相仿,是个相对量,其数值取决于势能零点位置的选取.而势能零点的选择是任意的.当场源电荷为有限大小的带电体时,习惯上取无限远处作为电势能零点.设式(5-34)中的 b 点在无穷远处,即 $E_{\mathrm{p}b}=E_{\mathrm{p}\infty}=0$.则试验电荷 q_0 在 a 点的电势能为

$$E_{\mathrm{p}a}=W_{a\infty}=q_0\int_a^{\infty} \boldsymbol{E}\cdot \mathrm{d}\boldsymbol{l} \tag{5-35}$$

上式表明,试验电荷 q_0 在电场中某点 a 处的电势能,在数值上等于将 q_0 从 a 点移到电势能零点处电场力所做的功.必须指出:

(1) 电势能仅与电荷 q_0 及其在静电场中的位置有关,可见电势能是属于电场和位于电场中的电荷 q_0 所组成的系统的,而不是属于某个电荷的.其实质是电荷 q_0 与电场之间的相互作用能.

(2) 电势能是标量,可正可负.

5-4-3 电势和电势差

试验电荷 q_0 在电场中 a 点的电势能 $E_{\mathrm{p}a}$ 不仅与电场有关,而且与试验电荷的电荷量有关,所以电势能不能直接用来描述电场的性质.实验表明,试验电荷在场点 a 的电势能与其带电荷量之比($E_{\mathrm{p}a}/q_0$)是一个与试验电荷无关的量,仅取决于场源电荷的分布和场点的位置.因此,我们也可以从电场与电荷之间相互作用能的角度,把这个比值作为描述电场能量性质的一个物理量,称之为该点的电势(electric potential),记作 V_a,即

$$V_a=\frac{E_{\mathrm{p}a}}{q_0}=\int_a^{\infty} \boldsymbol{E}\cdot \mathrm{d}\boldsymbol{l} \tag{5-36}$$

上式表明,电场中某一点 a 的电势 V_a,在数值上等于单位正电荷在该处的电势能;或等于单位正电荷从 a 点移到无限远处(电势能零点),静电场力所做的功.

电势是标量,它的单位是 $\mathrm{J\cdot C^{-1}}$,称为伏特(V).电势也是一个相对量,要确定某点的电势,必须先选定参考点(电势零点).实际上真正有意义的是两点之间的电势差(亦称电压).由式(5-34),两边除以 q_0,可得静电场中任意两点 a 和 b 之间的电势差为

$$V_a-V_b=\int_a^b \boldsymbol{E}\cdot \mathrm{d}\boldsymbol{l} \tag{5-37}$$

这表明,静电场中 a、b 两点之间的电势差,等于将单位正电荷从 a 点移到 b 点时,静电场力所做的功.显然,只要知道 a、b 两点之间的电势差,就可以方便地算出电荷 q_0 从 a 点移到 b 点时电场力做的功.

$$W_{ab}=q_0(V_a-V_b) \tag{5-38}$$

上式在计算电场力做功或计算电势能增减变化时经常被用到.

需要注意,与电势能一样,电势也是一个与参考零点有关的量,但电场中任意两点的电势差则与参考零点的选取无关.在理论计算中,对一个有限大小的带电体,往往选取无限远处的电势为零;如果是一个分布于无限空间的带电体,那么,就只能在电场中选一个合适位置作为电势零点.在实际问题中,通常选取大地作为电势零点,导体接地后就认为它的电势为零了.在电子仪器中,常将电器的金属外壳或公共地线作为电势的零点.

5-4-4 电势的计算

1. 点电荷电场中的电势

在点电荷 q 激发的电场中,若选取无限远处电势为零,即 $V_\infty=0$,则由式(5-36),可得电场中任意一点 P 的电势.由于积分与路径无关,因此可沿径向积分,即

$$V_P=\int_P^\infty E\cdot \mathrm{d}\boldsymbol{l}=\int_r^\infty \frac{q}{4\pi\varepsilon_0 r^2}\mathrm{d}r=\frac{q}{4\pi\varepsilon_0 r} \tag{5-39}$$

显然,在正电荷($q>0$)激发的电场中,各点的电势为正,且离场源越远,电势越低;在负电荷($q<0$)激发的电场中,各点的电势为负,离场源越远,电势越高(绝对值越小).

2. 点电荷系电场中的电势

在点电荷系所激发的电场中,总电场强度是各个点电荷所激发的电场强度的矢量和,即

$$\boldsymbol{E}=\boldsymbol{E}_1+\boldsymbol{E}_2+\cdots+\boldsymbol{E}_n$$

所以电场中 P 点的电势为

$$\begin{aligned}V_P&=\int_P^\infty \boldsymbol{E}\cdot \mathrm{d}\boldsymbol{l}=\int_P^\infty(\boldsymbol{E}_1+\boldsymbol{E}_2+\cdots+\boldsymbol{E}_n)\cdot \mathrm{d}\boldsymbol{l}\\&=\int_P^\infty \boldsymbol{E}_1\cdot \mathrm{d}\boldsymbol{l}+\int_P^\infty \boldsymbol{E}_2\cdot \mathrm{d}\boldsymbol{l}+\cdots+\int_P^\infty \boldsymbol{E}_n\cdot \mathrm{d}\boldsymbol{l}\end{aligned}$$

亦即

$$V_P = V_{P1} + V_{P2} + \cdots + V_{Pn} = \sum_i \frac{q_i}{4\pi\varepsilon_0 r_i} \tag{5-40}$$

上式是电势叠加原理的表达式.它表示点电荷系电场中任一点的电势,等于各个点电荷单独存在时在该点处的电势的代数和.显然,电势叠加是一种标量叠加.

3. 连续分布电荷电场中的电势

对于电荷连续分布的带电体,可将其看作无限多个电荷元 $\mathrm{d}q$ 的集合,每个电荷元可被看作点电荷,它在电场中某点 P 处产生的电势为

$$\mathrm{d}V = \frac{\mathrm{d}q}{4\pi\varepsilon_0 r}$$

根据电势叠加原理,可得 P 点的总电势为

$$V = \int_V \mathrm{d}V = \int_V \frac{\mathrm{d}q}{4\pi\varepsilon_0 r} \tag{5-41}$$

注意:上式的积分空间是带电体(场源)的体积,电势零点在无限远处.

例 5-9

半径为 R 的均匀带电球面,所带电荷量为 q,试求该带电球面的电场中电势的分布.

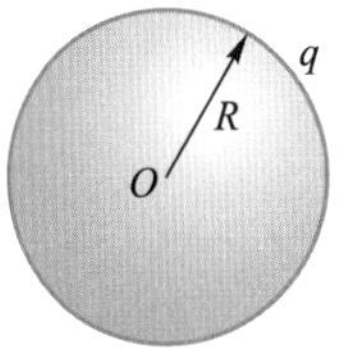

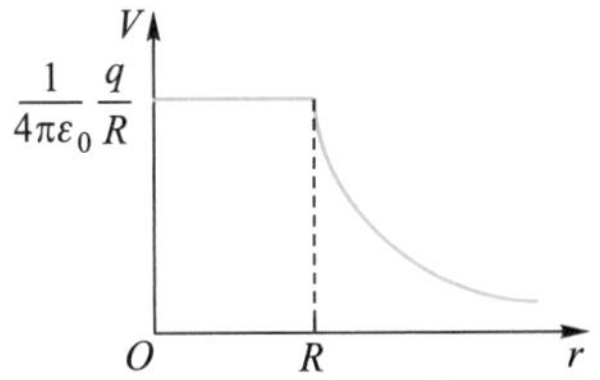

图 5-18 均匀带电球面电场中的电势分布

解 利用例 5-6 的结论,均匀带电球面的电场强度分布为

$$E = \begin{cases} 0 & (r<R) \\ \dfrac{q}{4\pi\varepsilon_0 r^2} & (r>R) \end{cases}$$

电场强度沿半径方向.

选取无限远处的电势为零.设球面外任一点 P 与球心 O 相距为 r,从 P 点出发沿径向积分,则得球面外任一点 P 的电势为

$$V_P = \int_P^\infty \boldsymbol{E} \cdot \mathrm{d}\boldsymbol{l} = \int_r^\infty \frac{q}{4\pi\varepsilon_0 r^2}\mathrm{d}r = \frac{q}{4\pi\varepsilon_0 r}$$

把上式与点电荷的电势公式相比较,可知均匀带电球面在球外一点的电势,等于将球面上的电荷全部集中在球心形成的点电荷的电势.同理还可求得球面内任一点 P 的电势为

$$V_P = \int_P^\infty \boldsymbol{E} \cdot \mathrm{d}\boldsymbol{l} = \int_r^R \boldsymbol{E}_{内} \cdot \mathrm{d}\boldsymbol{l} + \int_R^\infty \boldsymbol{E}_{外} \cdot \mathrm{d}\boldsymbol{l}$$

$$= \int_R^\infty \frac{q}{4\pi\varepsilon_0 r^2}\mathrm{d}r = \frac{q}{4\pi\varepsilon_0 R}$$

这说明均匀带电球面内各点的电势相等,并且等于球面上各点的电势.电势分布如图 5-18 所示.

例 5-10

半径为 R 的均匀带电圆环，所带电荷量为 q，求圆环 Ox 轴上任一点 P 的电势.

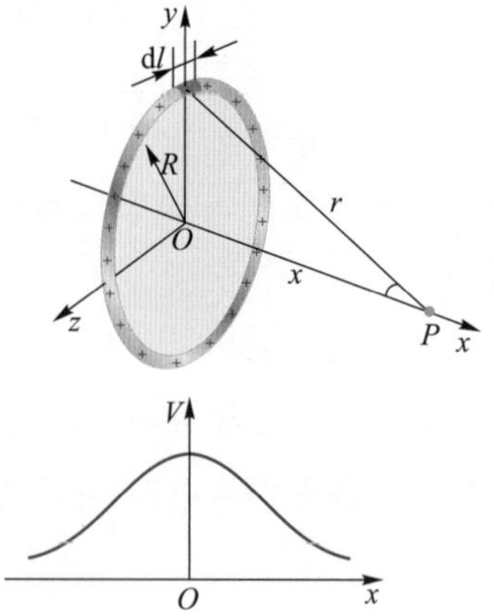

图 5-19 均匀带电圆环轴线上的电势

解 如图 5-19 所示，设轴线上任一点 P 到环心距离为 x，电荷线密度 $\lambda=q/2\pi R$，在环上任取一线元 dl，所带电荷量为 $dq=\lambda dl$，则 dq 在 P 点产生的电势为

$$dV=\frac{1}{4\pi\varepsilon_0}\frac{\lambda dl}{r}$$

式中 $r=\sqrt{R^2+x^2}$，根据电势叠加原理，带电圆环在 P 点产生的电势为

$$V=\frac{\lambda}{4\pi\varepsilon_0 r}\int_0^{2\pi R}dl=\frac{\lambda 2\pi R}{4\pi\varepsilon_0 r}=\frac{q}{4\pi\varepsilon_0 r}$$

$$=\frac{q}{4\pi\varepsilon_0\sqrt{R^2+x^2}} \qquad (5-42)$$

电势沿 Ox 轴的分布如图 5-19 所示.

从式(5-42)可知：当 $x\gg R$ 时，$V_P=\frac{q}{4\pi\varepsilon_0 x}$，这相当于将全部电荷集中于环心形成的点电荷在 P 点产生的电势.

5-5 等势面 电势梯度

5-5-1 等势面

在描述电场时，我们曾借助电场线来描述电场强度的分布.同样，我们也可以用绘制等势面的方法来描述电场中电势的分布.

在静电场中，将电势相等的各点连起来所形成的曲面，称为等势面(equipotential surface).在画等势面的图像时，通常规定相邻两等势面间的电势差相同.图 5-20 是按此规定画出的一个点电荷和一个电偶极子的等势面与电场线的分布，其中，虚线表示等势面，实线表示电场线.

等势面具有以下两个特点：

(1) 等势面密集的地方电场强度较大，稀疏的地方电场强度较小.

(2) 等势面处处与电场线正交.电荷 q_0 沿等势面移动时，电场力不做功.

在实际问题中，很多带电体的等势面分布可以通过实验描绘出来，于是便可从等势面分布的特点来分析电场的分布.

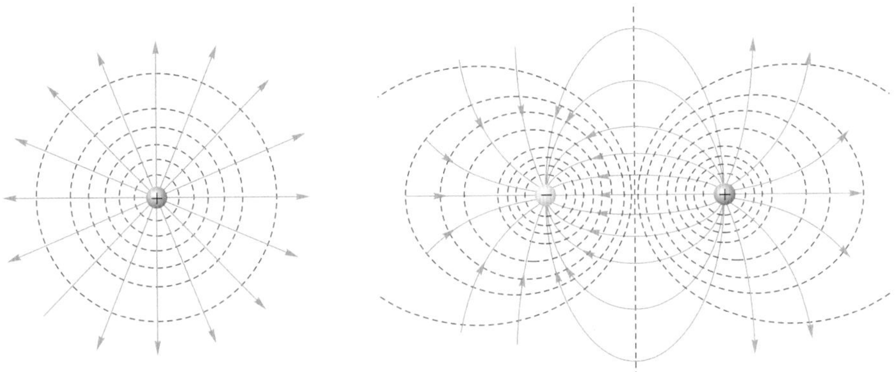

(a) 点电荷电场　　(b) 等量异号点电荷的电场

图 5-20 等势面和电场线

5-5-2 电场强度与电势梯度的关系

电场强度和电势都是描述电场性质的物理量,两者之间必然存在某种联系.式(5-36)给出了电场强度与电势的积分关系,下面我们将讨论它们之间的微分关系.

如图 5-21 所示,设一试验电荷 q_0 在电场强度为 $\boldsymbol{E}$ 的电场中,从等势面 V 上的 a 点移动到等势面 $V+\mathrm{d}V$ 上的 b 点,位移为 $\mathrm{d}\boldsymbol{l}$,电势增高了 $\mathrm{d}V$,并设位移 $\mathrm{d}\boldsymbol{l}$ 与 $\boldsymbol{E}$ 间的夹角为 θ.由式(5-38)可知,在这一过程中,电场力所做的功为

$$\mathrm{d}W=-q_0\mathrm{d}V=q_0E\cos\theta\mathrm{d}l$$

因此可得

$$E\cos\theta=-\frac{\mathrm{d}V}{\mathrm{d}l}$$

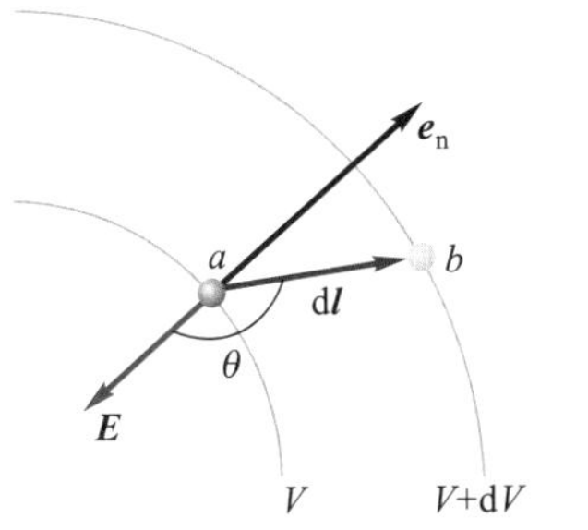

图 5-21 两等势面,电势分别为 V 和 $V+\mathrm{d}V$,$\boldsymbol{e}_n$ 为等势面的法向单位矢量,电场强度 $\boldsymbol{E}$ 垂直于等势面.试验电荷 q_0 沿 $\mathrm{d}\boldsymbol{l}$ 方向从 a 点移动到 b 点

式中 $E\cos\theta$ 是电场强度 $\boldsymbol{E}$ 在位移 $\mathrm{d}\boldsymbol{l}$ 方向的分量,用 E_l 表示,$\mathrm{d}V/\mathrm{d}l$ 为电势沿位移 $\mathrm{d}\boldsymbol{l}$ 方向上的变化率.于是上式可写成

$$E_l=-\frac{\mathrm{d}V}{\mathrm{d}l} \tag{5-43}$$

上式表示,电场中给定点的电场强度沿某一方向的分量,等于这一点电势沿该方向变化率的负值,负号表示电场强度 $\boldsymbol{E}$ 指向电势降低的方向.

一般来说,在直角坐标系 $Oxyz$ 中,电势 V 是坐标 x、y 和 z 的函数.因此,由式(5-43)可知,如果把电势 V 对坐标 x、y 和 z 分别求一阶偏导数,就可得到电场强度在这三个方向上的分量,分别为

$$E_x=-\frac{\partial V}{\partial x},\quad E_y=-\frac{\partial V}{\partial y},\quad E_z=-\frac{\partial V}{\partial z} \tag{5-44}$$

将上式合并在一起，电场强度的矢量式可表示为

$$\boldsymbol{E}=-\left(\frac{\partial V}{\partial x}\boldsymbol{i}+\frac{\partial V}{\partial y}\boldsymbol{j}+\frac{\partial V}{\partial z}\boldsymbol{k}\right) \tag{5-45}$$

由图 5-21 可知，沿等势面法线 e_n 方向的电势变化率最大，将其定义为电势梯度(potential gradient)，引入梯度算子：$\boldsymbol{\nabla}=\mathrm{grad}=\frac{\partial}{\partial x}\boldsymbol{i}+\frac{\partial}{\partial y}\boldsymbol{j}+\frac{\partial}{\partial z}\boldsymbol{k}$，上式可以简写为

$$\boldsymbol{E}=-\boldsymbol{\nabla}V=-\mathrm{grad}\ V \tag{5-46}$$

这就是电场强度与电势的微分关系，据此可以方便地由电势分布求出电场的分布.

在国际单位制中，电势梯度的单位是伏特每米($\mathrm{V\cdot m^{-1}}$)，所以电场强度的单位也可用伏特每米($\mathrm{V\cdot m^{-1}}$)表示，$1\ \mathrm{V\cdot m^{-1}}=1\ \mathrm{N\cdot C^{-1}}$.

例 5-11

在例 5-4 中，我们曾用电场强度叠加原理计算过均匀带电圆环轴线上一点 P 的电场强度.在此试利用电场强度与电势梯度的关系求解同样的问题.

解 我们在例 5-10 中已用电势叠加原理求得均匀带电圆环的轴线上一点 P 的电势为

$$V=\frac{1}{4\pi\varepsilon_0}\frac{q}{(x^2+R^2)^{1/2}}$$

由式(5-44)可求得 P 点的电场强度为

$$E=E_x=-\frac{\partial V}{\partial x}$$

$$=-\frac{\partial}{\partial x}\left[\frac{1}{4\pi\varepsilon_0}\frac{q}{(x^2+R^2)^{1/2}}\right]$$

$$=\frac{1}{4\pi\varepsilon_0}\frac{qx}{(x^2+R^2)^{3/2}}$$

这与例 5-4 的计算结果相同.

从以上例子可以看出，先按电势叠加原理用积分求电势，然后，通过电场强度和电势梯度的关系对电势求导，计算出相应的电场强度.显然，由于电势是标量，这要比直接用电场强度叠加原理求电场强度分布容易，因为电场强度叠加原理往往归结为求矢量积分，其运算较复杂.

思考题

5-1 把带电物体放在不带电的验电器近旁，但不接触验电器的金属杆，为什么里面的金箔也会张开？

5-2 四个电荷量都是 $+Q$ 的点电荷，分别放在正方形的四个顶点上.试问在此正方形的中心应放多大电荷量的点电荷，方能使各电荷都处于平衡状态？又问此平衡状态是稳定平衡还是不稳定平衡？

5-3 一个电荷能受到它自身产生的电场的作用力吗？

5-4 电场强度的概念是怎样引入的？怎样正确理解电场强度的定义式 $\boldsymbol{E}=\frac{\boldsymbol{F}}{q}$，该式的适用范围是什么？

5-5 真空中有 A 和 B 两板，相距为 d，板面积为 S，分别均匀带电荷量 $+q$ 和 $-q$.有人说，根据库仑定律，两板之间的相互作用力 $F=\frac{q^2}{4\pi\varepsilon_0 d^2}$；又有人说，因 $F=qE$，$E=\frac{q}{\varepsilon_0 S}$，所以 $F=\frac{q^2}{\varepsilon_0 S}$.试问这两种说法对吗？为什么？究竟应等于多少？

5-6　在静电场中为什么电场线永不闭合？

5-7　在静电场中，每一条电场线必须从正电荷出发，终止于负电荷.但如果静电场是由一个正电荷激发的，则每一条电场线又将如何？

5-8　一个带电粒子，在电场中运动.如果它从静止开始运动，是否总能沿着通过出发点的一条电场线运动？为什么？

5-9　一个带正电荷的质点，在电场力的作用下从 A 点经 C 点运动到 B 点，其运动轨道如图所示.下面关于 C 点电场强度方向的四个图示哪些可能是正确的？在这些图中，质点的速度是怎样变化的？

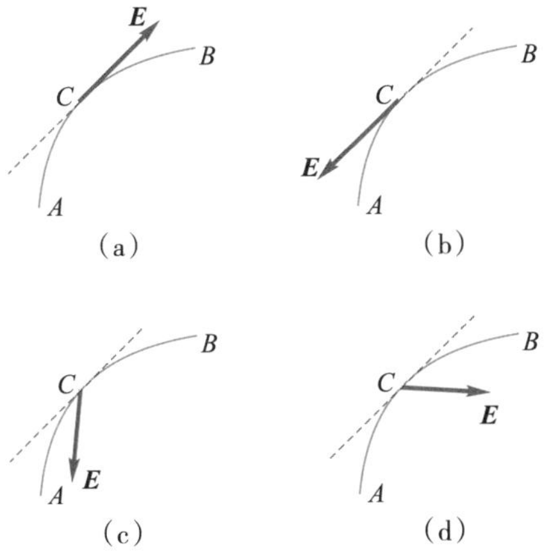

思考题 5-9 图

5-10　想象空间有一封闭曲面，该封闭曲面内不包含电荷，则封闭曲面上各点的电场总是零吗？如果不是，在什么情况下表面上的电场强度为零？

5-11　判断下列说法是否正确，并说明为什么.(1) 如果高斯面上的电场强度 $\boldsymbol{E}$ 处处为零，则该面内必无电荷.(2) 如果高斯面内无电荷，则高斯面上的电场强度 $\boldsymbol{E}$ 处处为零.(3) 如果高斯面上的电场强度 $\boldsymbol{E}$ 处处不为零，则高斯面内必有净电荷.(4) 如果高斯面内有电荷，则高斯面上的电场强度 $\boldsymbol{E}$ 处处不为零.并且高斯面上各点的电场强度 $\boldsymbol{E}$ 完全由高斯面内的电荷激发.

5-12　有人应用高斯定理求电偶极子的电场强度，方法如下：作一个包围电偶极子的半径为 R 的球面 S，使电偶极子中心处在球心上，则有

$$\oint_S \boldsymbol{E}\cdot \mathrm{d}\boldsymbol{S} = \frac{q+(-q)}{\varepsilon_0} = 0$$

化简得

$$\varepsilon_0 E\cos\theta \oint_S \mathrm{d}S = 0$$

即

$$\varepsilon_0 E\cos\theta(4\pi R^2) = 0$$

所以

$$E = 0$$

所得结果是球面上各点的电场强度都为零.这一结果显然与实验不符.试指出其错误在哪里？

5-13　如果把正电荷从电场中某一点移向无穷远，电场力做正功，那么正电荷在这一点的电势能是正值还是负值？负电荷在这一点的电势能是正值还是负值？这一点的电势是正值还是负值？

5-14　已知在地球表面以上电场强度方向指向地面，则在地面以上，电势随高度是增加还是减小？

5-15　在静电场中，有关静电场的电场强度与电势之间的关系，下列说法是否正确：(1) 电场强度较大的地方电势一定较高.(2) 电场强度相等的各点电势一定也相等.(3) 电场强度为零的点，其电势不一定为零.(4) 电场强度为零的点，其电势必定为零.

5-16　将初速为零的电子放在电场中，在电场力的作用下，该电子是向高电势处移动还是向低电势处移动？其电势能是增加还是减小？如果是质子又将如何？

5-17　在静电场中，当电荷分布在有限区域内时，我们常取无限远处电势为零.按照这样的规定，试说明下述各种情况中，电势能是正值还是负值？(1) 正电荷 q 在正电荷 Q 的电场中；(2) 正电荷 q 在负电荷 $-Q$ 的电场中；(3) 负电荷 $-q$ 在正电荷 Q 的电场中；(4) 负电荷 $-q$ 在负电荷 $-Q$ 的电场中.

5-18　两个不同的等势面能否相交？为什么？

习题

5-1 两个可视作质点的小球，质量均为 $m=1\ \text{g}$，每个小球需要带多大的电荷量，才能使电荷间的相互排斥力与两球间的万有引力相平衡？

5-2 如图所示，两个点电荷，其电荷量均为 q，相距为 $2a$. 一个试验电荷 q_0 放在上述两个点电荷的中垂线上. 欲使 q_0 受力最大，q_0 到两电荷连线中点的距离 r 应为多大？

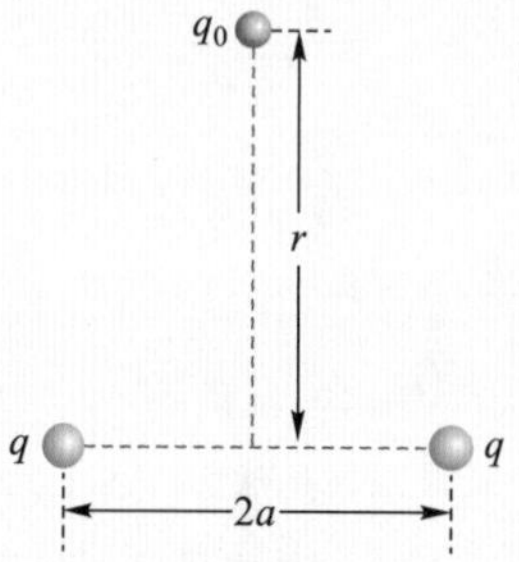

习题 5-2 图

5-3 如果把 1 mol 氢原子的全部正电荷集中起来，视作一个点电荷，全部负电荷集中起来，视作另一个点电荷. 当两个点电荷相距为（1）1 m；（2）10^7 m（与地球直径可比拟）时，其相互作用力是多少？

5-4 两个相同的小球，质量均为 m，各用长为 l 的丝线把它们悬挂于同一点. 两球带有相同的电荷量，平衡时两线之间夹角为 2θ，设小球的半径可以忽略不计，求每个小球上的电荷量.

5-5 三个电荷量相同的正电荷 Q 放在等边三角形的三个顶点上，如图所示，问在三角形的中心应放置多大的电荷，才能使作用于每一个电荷上的合力为零？

5-6 一个竖直的大平板均匀带电，电荷的面密度为 $\sigma=0.33\times10^{-4}\ \text{C}\cdot\text{m}^{-2}$，一长为 $l=5\ \text{cm}$ 的丝线上端固定于该平板上，下端悬有质量 $m=1\ \text{g}$ 的小球，球上带有正电荷，若丝线与竖直方向成 $\varphi=30°$ 角而达到平衡，求小球上的电荷 q.

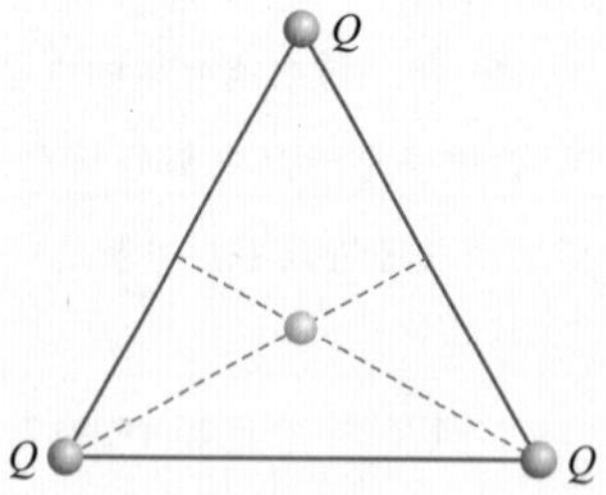

习题 5-5 图

5-7 一个均匀带电细杆长为 l，其电荷线密度为 λ，在杆的延长线上，与杆的一端距离为 d 的 P 点处，有一电荷量为 q_0 的点电荷. 试求：（1）该点电荷所受的电场力；（2）当 $d\gg l$ 时，结果如何？

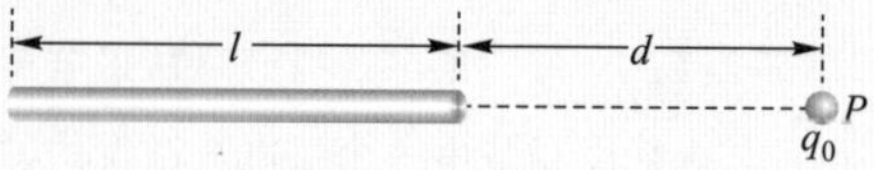

习题 5-7 图

5-8 一个半径为 R 的半球面，均匀地分布着电荷面密度为 σ 的电荷，求球心处的电场强度的大小.

5-9 一厚度为 d 的无限大带电平板，板内均匀带电，电荷体密度为 ρ，求板内、外电场的电场强度的分布.

5-10 一个带电细线弯成半径为 R 的半圆形，电荷线密度为 $\lambda=\lambda_0\cos\theta$，如图所示，试求环心 O 处的电场强度.

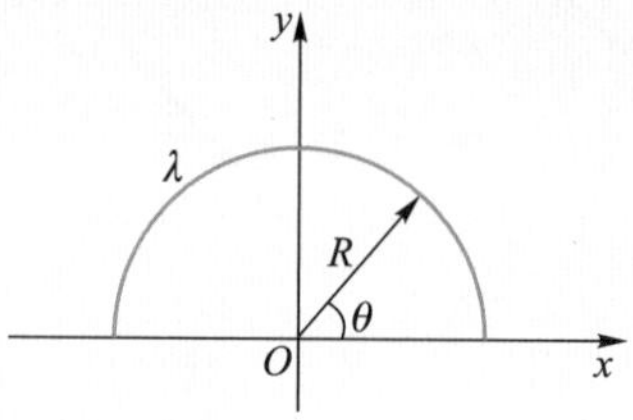

习题 5-10 图

5-11 一个点电荷 q 位于一个立方体中心，立方体边长为 a，则通过立方体一个面的 $\boldsymbol{E}$ 通量是多少？如果将该电荷移动到立方体的一个角上，这时通过立方体每个面的 $\boldsymbol{E}$ 通量分别是多少？

5-12 两无限大的平行平面均匀带电，电荷面密度都是 σ，求空间各区域的电场分布.

5-13 如图所示，在直角坐标系 $Oxyz$ 的 Oxy 平面内，有与 y 轴平行、位于 $x=a/2$ 和 $x=-a/2$ 处的两条“无限长”平行的均匀带电直线，电荷线密度分别为 λ 和 $-\lambda$. 求 Oz 轴上任一点的电场强度.

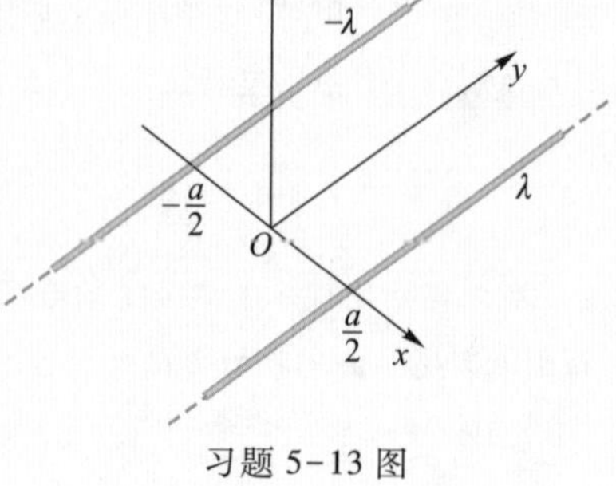

习题 5-13 图

5-14 假设正电荷均匀分布在一个半径为 R 的很长的圆柱体内，电荷体密度为 ρ.(1)求圆柱体内离轴线为 r 处的电场强度表达式.用电荷体密度 ρ 表示.(2)求圆柱体外一点的电场强度，用单位长度的带电荷量 λ 表示.(3)当 $r=R$ 时，比较答案(1)和(2).

5-15 如图所示，一个半径为 R 的均匀带电球体，电荷体密度为 ρ，现在球内挖去以 O'为圆心、半径为 r 的球体，设 O'与原球心 O 之间的距离为 a，且满足 $(a+r)<R$.求由此形成的空腔内任意一点的电场强度，并证明空腔内的电场是均匀分布的.

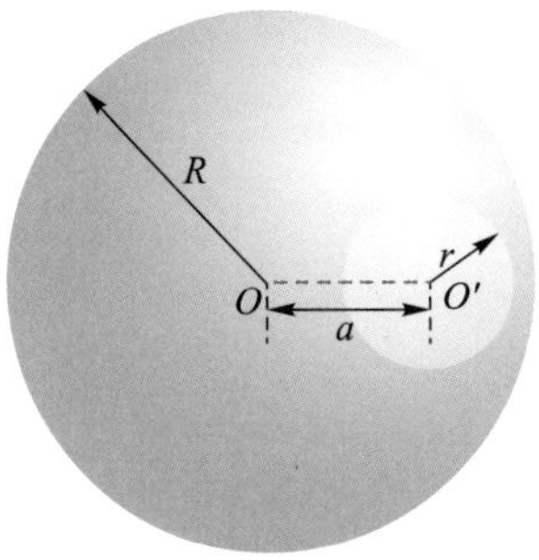

习题 5-15 图

5-16 在半径为 R 的球体内，设其电荷分布是球对称的，电荷体密度为 $\rho=kr$，k 为正的常量，r 为球心到球内、外一点的位矢的大小，求此带电球体在空间产生的电场强度.

5-17 一个绝缘细棒均匀带电，其电荷线密度为 λ，细棒被弯成半径为 a 的半圆环和长度为 a 的两直线段，如图所示，求环心 O 处的电场强度和电势.

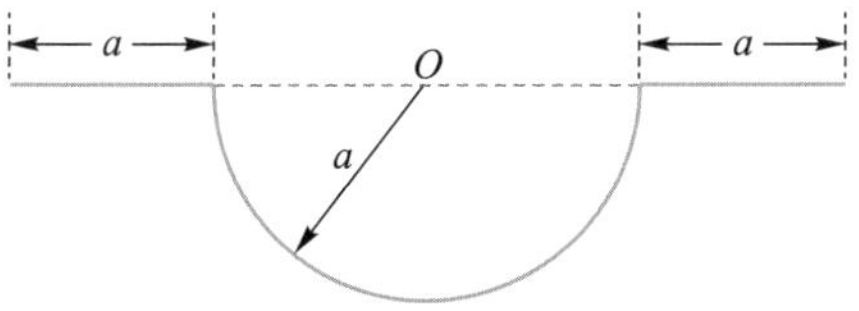

习题 5-17 图

5-18 如图所示，真空中一均匀带电细直杆，长度为 $2a$，总电荷量为 $+Q$，沿 Ox 轴固定放置.一个运动粒子的质量为 m、带有电荷量 $+q$，在经过 Ox 轴上的 C 点时，速率为 v_0，试求：(1)粒子在经过 x 轴上的 C 点时，它与带电杆之间的相互作用电势能(设无穷远处为电势零点)；(2)粒子在电场力作用下运动到无穷远处的速率 v_∞(设 v_∞ 远小于光速).

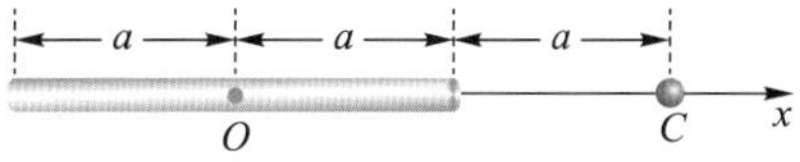

习题 5-18 图

5-19 已知两个点电荷 Q_1、Q_2 相距为 a，A 点距 Q_1、B 点距 Q_2 均为 b，如图所示.(1)将另一个点电荷 q 从无穷远处移到 A 点，电场力做功多少？电势能增加多少？(2)将 q 从 A 点移到 B 点，电场力做功多少？电势能增加多少？

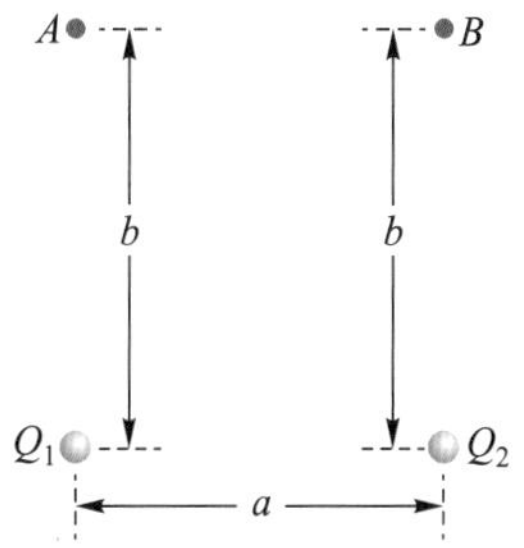

习题 5-19 图

5-20 如图所示，A 点有点电荷 $+q$，B 点有点电荷 $-q$，$AB=2R$，OCD 是以 B 为中心、R 为半径的半圆.求：(1)将正电荷 q_0 从 O 点沿 OCD 移到 D 点，电场力做功多少？(2)将负电荷 $-q_0$ 从 D 点沿 AB 延长线移到无穷远处，电场力做功多少？

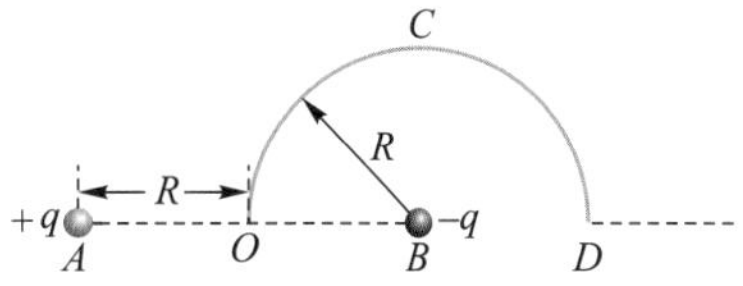

习题 5-20 图

5-21 外力将电荷量为 $q=1.7\times10^{-8}$ C 的点电荷从电场中的 A 点移到 B 点，做功 5.1×10^{-6} J.问 A、B 两点间的电势差为多少？A、B 两点哪点电势较高？若设 B 点电势为零，问 A 点的电势为多大？

5-22 两个同心的均匀带电球面，$R_1=5.0$ cm，$R_2=20.0$ cm，分别均匀地带着电荷 $q_1=2.0\times10^{-9}$ C 和 $q_2=-4.0\times10^{-9}$ C，求：(1)两球面的电势 V_1 和 V_2；(2)在两个球面之间的零电势点.

5-23 电荷 Q 均匀分布在半径为 R 的球体内，求与球心相距为 $r(r<R)$ 处的电势.

5-24 两个均匀带电的同轴圆柱面，其半径分别为 R_1 和 $R_2(R_1<R_2)$，内圆柱面上每单位长度带有 $-\lambda$ 的负电荷，外圆柱面上带有等量的正电荷. 一个带有正电荷 q 的质点，在两圆柱面之间沿半径为 r 的轨道绕圆柱轴作圆周运动，求此质点的动能.

5-25 一个电偶极子放在均匀电场中，其电偶极矩与电场强度成 30°角，电场强度大小为 $2.0\times10^3\ \mathrm{N\cdot C^{-1}}$，作用在电偶极子上的力矩为 $5.0\times10^{-2}\ \mathrm{N\cdot m}$，试计算电偶极矩的大小以及此时电偶极子的电势能.

*5-26 电荷量为 $4\pi\varepsilon_0$ 的正负电荷分别位于平面上的 (0.2,0) 和 (-0.2,0) 处，形成一个电偶极子. 编写程序绘制：(1) 等势线和电场线；(2) 三维电势曲面（国际单位制）.

*5-27 有一半径为 $R=0.1\ \mathrm{m}$ 的圆环，均匀带有电荷量 $q=4\pi\varepsilon_0$，试编写程序求圆环平面内径向电势的分布曲线.

电力系统维修工人身穿屏蔽服可在数十万伏超高压输电线路上进行高空带电作业，对电力线网进行维护和保养.

第 6 章

静电场中的导体和电介质

上一章我们讨论了真空中的静电场，旨在阐述静电场的一些基本性质和规律.然而实际的电场中往往存在各种导体或实物介质，这些宏观物体的存在会与电场产生相互作用和相互影响，从而出现一些新的现象.处在静电场中的导体，会出现静电感应现象，引起导体表面感应电荷的分布，这种电荷反过来又对原有电场施加影响，最后使导体达到静电平衡.处于电场中的电介质，情况则不相同，此时电介质在电场中会由于极化而出现极化电荷，极化电荷对原有电场也会施加影响.本章将讨论导体和电介质在静电场中的性质和行为，然后，作为这些基本性质的应用，将介绍电子设备中的基本元件——电容器，电容器的带电过程就是静电场建立的过程，最后简述静电场的能量.

6-1 导体的静电平衡性质

金属是最常见的一种导体.金属导体是由大量带负电的自由电子和带正电的晶格所构成的.在无外电场的情况下,金属中的自由电子像气体分子一样作着无规则的运动,因此在导体内部的任意一个体积元内,自由电子的负电荷与晶格的正电荷量值相等,整个导体或其中任一部分都呈电中性.

6-1-1 导体的静电平衡条件

金属导体的特征是其内部存在着大量可以自由移动的电子,例如铜的自由电子密度约为 $8\times10^{28}\ m^{-3}$.将金属导体放在外电场中,它内部的自由电子将在电场力的作用下作定向运动,从而使导体中的电荷重新分布,导体一侧将形成自由电子堆积而带负电,另一侧由于失去自由电子而带正电.导体两侧正负电荷的积累将影响外电场的分布,同时在导体内部建立电场,这一电场称为内建电场(built-in field).导体内部的电场强度是外电场 $\boldsymbol{E}_0$ 与内建电场 $\boldsymbol{E}'$ 的矢量叠加.随着导体两侧的电荷积累,内建电场逐渐加强,直至导体内部 $\boldsymbol{E}_0$ 和 $\boldsymbol{E}'$ 的矢量和处处为零.这时自由电子的定向迁移停止,我们便说导体达到了静电平衡(electrostatic equilibrium),如图 6-1 所示.在外电场作用下,引起导体中电荷重新分布而呈现带电的现象称为静电感应(electrostatic induction).因静电感应而在导体两侧表面上出现的电荷称为感应电荷(induced charge).导体达到静电平衡的时间极短,通常约为 $10^{-14}\sim10^{-13}$ s,几乎在瞬间完成.处在静电平衡状态下的导体必然满足以下两个条件:

(1) 在导体内部,电场强度处处为零;

(2) 导体表面附近电场强度的方向都与导体表面垂直.

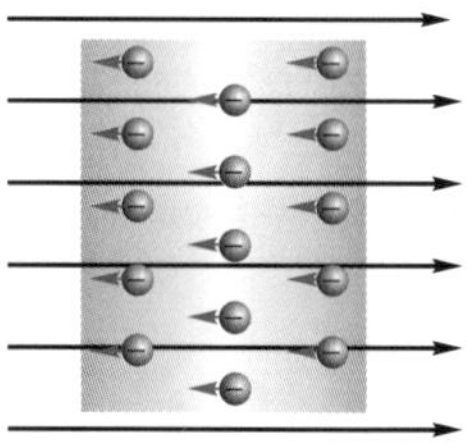

(a) 在外电场作用下,导体中的自由电子逆电场方向作定向运动

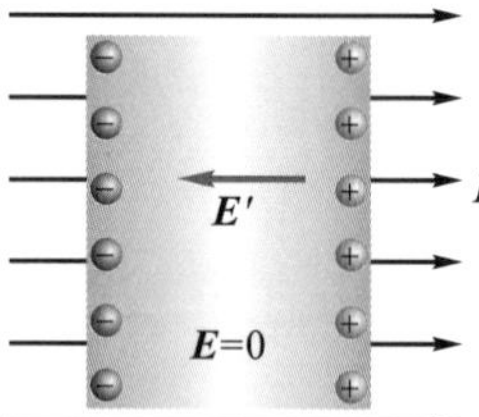

(b) 在外电场作用下,导体两侧出现感应电荷.在静电平衡下,导体内部的外电场与内建电场的电场强度大小相等方向相反,合电场强度等于零

图 6-1

可以设想,如果导体内部电场强度不等于零,则导体内的自由电子将在电场力的作用下继续作定向运动;如果电场强度与导体表面不垂直,则电场强度在沿导体表面的分量将使自由电子沿表面作定向运动.因此在静电平衡时,以上两个假设皆不可能出现.

导体的静电平衡条件也可以用电势来表述.由于在静电平衡时,导体内部的电场强度为零,导体表面的电场强度与表面垂直.因此,导体内部以及导体表面任意两点之间的电势差为零.这就是说,当导体处于静电平衡时,导体上的电势处处相等,导体为等势体,其表面为等势面.

6-1-2 静电平衡时导体上的电荷分布

1. 当导体达到静电平衡时,电荷都分布在导体表面上,内部各处的净电荷为零

现在我们用高斯定理来证明这一结论.如图 6-2 所示,设想在导体内部任意作一高斯面 S.因为在静电平衡时导体内部电场强度处处为零,所以对于这个高斯面,$\boldsymbol{E}$ 通量必然为零.根据高斯定理可得高斯面内必然没有净电荷.又因为在导体内部高斯面的大小和位置可以任意选取,所以导体内任一点均没有净电荷.电荷只能分布在导体的外表面上.

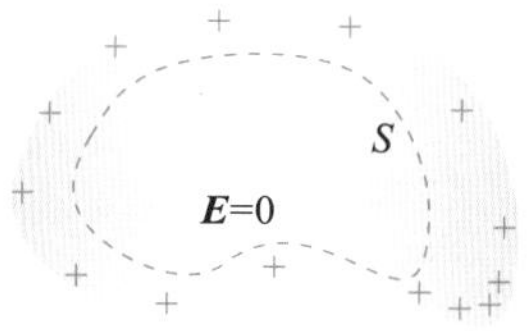

图 6-2 静电平衡时电荷分布在导体的外表面

2. 当导体达到静电平衡时,其表面上各点的电荷面密度与表面附近的电场强度成正比

如图 6-3 所示,在导体外侧紧贴表面附近取一点 P,$\boldsymbol{E}$ 为该处的电场强度.在 P 点处的导体表面上取一面积元 ΔS,该面积元取得充分小,使得其上的电荷面密度 σ 可认为是均匀的.作一底面积为 ΔS 的扁平圆柱形高斯面,其轴线与导体表面相垂直,上底面在导体外侧通过 P 点,下底面在导体内侧,紧靠表面.因导体内部电场强度为零,导体外表面的电场强度垂直于导体表面,所以通过下底面和侧面的 $\boldsymbol{E}$ 通量均为零,根据高斯定理有

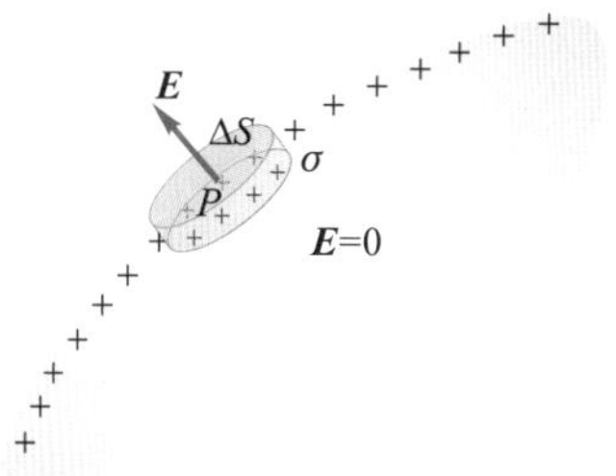

图 6-3 圆柱形高斯面的上、下两底分别位于导体表面的内、外两侧.因为导体表面的电场强度垂直于导体表面,且导体内部电场强度为零,因此只有上底面具有 $\boldsymbol{E}$ 通量

$$\oint_S \boldsymbol{E}\cdot \mathrm{d}\boldsymbol{S} = E\Delta S = \frac{\sigma \Delta S}{\varepsilon_0}$$

由此得

$$E = \frac{\sigma}{\varepsilon_0} \tag{6-1}$$

这就表明:在静电平衡时,导体表面某点处的电场强度 E 与该处的电荷面密度 σ 成正比.

一般来说,导体表面各部分的电荷分布是不均匀的.实验表明,如果带电导体不受外电场的影响或其影响可以忽略,那么,导体表面曲率越大(表面尖而凸出),则该处的电荷面密度越大;曲率越小(表面比较平坦),则该处的电荷面密度也越小;如曲率为负(表面向内凹),则该处的电荷面密度最小,如图 6-4 所示.

图 6-4 孤立带电导体表面的电荷分布.尖而凸处电荷面密度最大;平坦处电荷面密度较小;凹处的电荷面密度最小

对于有尖端的带电导体,尖端处的电荷面密度会很大,尖端附近的电场强度非常强,当电场强度足够大时就会使空气分子发生电离而放电,这一现象被称为尖端放电(point discharge).尖端放电时,在它周围的空气就变得更加容易导电,急速运动的离子与空气中的分子碰撞时,会使分子受激而发光,形成电晕(corona).夜晚在高压输电导线附近往往会看到这种现象,如图 6-5 所示.在出现电晕现象的同时,伴随有电能损耗.尤其在远距离的输电过程中,将要损耗掉许多电能.放电时产生的电波,还会干扰电视和射频信号.所以在高压电器设备中的电极通常做成直径较大的光滑球面,传输电线表面也必须做得很平滑.

图 6-5 夜晚,高压输电导线附近出现的电晕

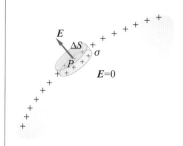

尖端放电有很多危害.例如,静电放电会使火箭弹产生意外爆炸;在石化工

视频 避雷针

业中,由于静电放电曾多次发生汽油着火事故;在电子工业中,尖端放电会损坏电子元器件.

尖端放电也有可利用之处,避雷针(lightning rod)就是一个例子.雷雨季节,当带电的大块雷雨云接近地面时,由于静电感应,使地面上的物体带上异种电荷,这些电荷较集中地分布在地面上凸起的物体(如高层建筑、烟囱、大树等)上,电荷密度高,因而电场强度很大.当电场强度大到一定程度时,足以使空气电离,从而引发雷雨云与这些物体之间的放电,这就是雷击现象.为了防止雷击对建筑物的破坏,可安装避雷针.因为避雷针尖端处电荷密度最高,所以电场强度也最大,避雷针与云层之间的空气就很容易被击穿,这样,带电云层与避雷针之间形成通路.同时避雷针又是接地的,于是就可以把雷雨云上的电荷导入大地,使其不对高层建筑构成危险,从而保证了高层建筑的安全,尖端放电的演示实验见视频:避雷针.

6-1-3 空腔导体

前面在叙述导体在静电平衡时的电荷分布时,实际上是以实心导体为例来进行讨论的,其电荷只能分布在导体的表面上.现在我们要讨论在静电平衡时空腔导体的电荷分布问题.以下分两种情况来分析.

1. 腔内无带电体

当空腔导体内没有其他带电体时,在静电平衡下,空腔导体具有如下的性质:**电荷只能分布在导体的外表面上,内表面无电荷.**

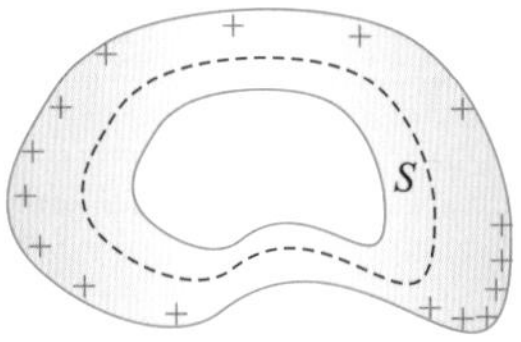

图 6-6 空腔导体的腔内没有带电体,则在静电平衡下,电荷只能分布在导体的外表面

上述结论不难借助高斯定理来证明.如图 6-6 所示,可以在空腔内取一包围内表面的高斯面 S,由于高斯面上的电场强度处处为零,则根据高斯定理,有

$$\oint_S \boldsymbol{E}\cdot \mathrm{d}\boldsymbol{S}=\frac{1}{\varepsilon_0}\sum_i q_i=0$$

可知 S 面内电荷的代数和为零,说明在内表面上净电荷为零.那么在空腔内表面的不同部位是否还会有等量异种的电荷分布呢?现假设空腔内表面一部分带有正电荷,另一部分带有负电荷,则在空腔内就会有从正电荷指向负电荷的电场线.电场强度沿此电场线的积分将不等于零,即空腔内表面间存在电势差.显然,这与导体在静电平衡时是一个等势体的结论相违背.因此,静电平衡时,空腔导体内表面处处没有电荷,电荷只能分布在空腔导体的外表面上.

2. 腔内有带电体

当空腔导体内有带电体时,在静电平衡下,空腔导体具有如下的性质:**电荷分布在导体内、外两个表面,其中内表面的电荷是空腔内带电体的感应电荷,与腔内带电体的电荷等量异号.**

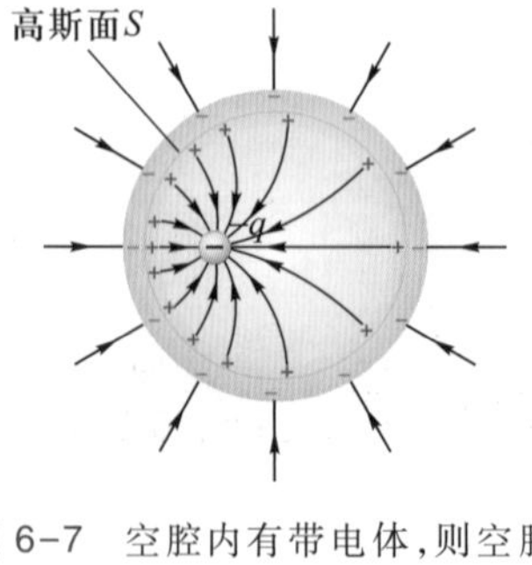

图 6-7 空腔内有带电体,则空腔内、外壁出现感应电荷

如图 6-7 所示,设空腔内带电体的电荷为 $-q$,空腔导体本身不带电.当处于静电平衡时,在导体内取一包围内表面的高斯面 S,由于在高斯面 S 上的电场

强度处处为零，所以根据高斯定理，空腔内表面所带的电荷与空腔内电荷的代数和为零，则空腔内表面所带的感应电荷必为$+q$.根据电荷守恒定律，由于整个空腔导体不带电，所以在空腔外表面上也会出现感应电荷，电荷量必为$-q$.

6-1-4 静电屏蔽

根据空腔导体在静电平衡时的带电特性，只要空腔导体内没有带电体，则即使在外电场中，导体和空腔内必定不存在电场.这样空腔导体就屏蔽了外电场或空腔导体外表面的电荷，使它们无法影响空腔内部.此外，如果空腔导体内部存在带电体，空腔外表面则会出现感应电荷，感应电荷激发的电场会对外界产生影响，如图 6-7 所示.但是如果我们将空腔外壳接地，如图 6-8 所示，由于此时空腔导体的电势与大地的电势相同，则导体外表面的感应电荷将被大地中的电荷所中和，因此腔内带电体不会对导体外产生影响.综上所述，空腔导体（不论是否接地）的内部空间不受腔外电荷和电场的影响；接地的空腔导体，腔外空间不受腔内电荷和电场的影响，这种现象统称为**静电屏蔽**（electrostatic shielding）.

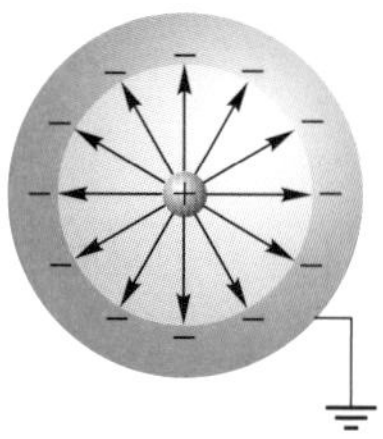

图 6-8 接地的空腔导体可以屏蔽空腔内外电场的相互影响

视频 金属网中的小鸟

静电屏蔽有着广泛的应用.在工程上，为了避免外电场对电器设备（如一些精密的电器测量仪器等）的干扰，或防止电器设备（如高电压装置等）的电场对外界产生影响，常在这些设备的外面用接地的金属壳（网）屏蔽电场.在弱电工程中，有些传送弱电信号的导线，为了增强抗干扰性能，往往在其绝缘层外再加一层金属编织网，这种线缆称为屏蔽线缆.视频：金属网中的小鸟真实地演示了在屏蔽网中的小鸟不受外电场影响的事实.

例 6-1

如图 6-9 所示，半径为 R_1 的导体球 A 所带电荷量为$+q$，在它的外面套一个同心的导体薄球壳 B，半径为 R_2，外球壳原本不带电.求：(1) 外球壳所带的电荷和外球壳的电势；(2) 把外球壳接地后再重新绝缘，外球壳上所带的电荷量及外球壳的电势；(3) 然后把内球接地，内球上所带的电荷量及外球电势的改变量.

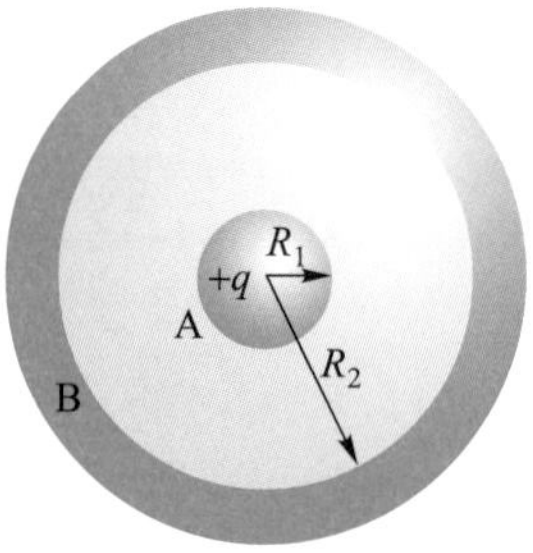

图 6-9 例 6-1 用图

解 (1) 由静电平衡条件，导体球 A 上的电荷$+q$只能分布在表面上；且由于静电感应，在导体球壳 B 的内、外两个表面分别将感应出电荷$-q$和$+q$.此时空间电场强度的分布为

$$E=\begin{cases}0 & (r<R_1)\\ \dfrac{q}{4\pi\varepsilon_0 r^2} & (R_1\leqslant r\leqslant R_2)\\ \dfrac{q}{4\pi\varepsilon_0 r^2} & (r\geqslant R_2)\end{cases}$$

则导体球壳 B 的电势为

$$V_B=\int_{R_2}^{\infty}\boldsymbol{E}\cdot \mathrm{d}\boldsymbol{l}=\int_{R_2}^{\infty}\frac{q}{4\pi\varepsilon_0 r^2}\mathrm{d}r=\frac{q}{4\pi\varepsilon_0 R_2}$$

（2）由于静电感应，在导体球壳 B 的内表面有感应电荷 $-q$. 导体球壳 B 接地后再绝缘，则导体球壳 B 的电势为零，其外表面上的电荷也为零.

（3）设内球接地后带电荷量为 Q，而导体球壳 B 内表面带电荷量为 $-Q$，外表面带电荷量为 $Q-q$，则内球 A 的电势为

$$V_A=\frac{Q}{4\pi\varepsilon_0 R_1}+\frac{-q}{4\pi\varepsilon_0 R_2}=0$$

由此可解得内球的电荷量为

$$Q=\frac{R_1}{R_2}q$$

此时导体球壳 B 的电势为

$$V_B'=\frac{Q-q}{4\pi\varepsilon_0 R_2}=-\frac{(R_2-R_1)q}{4\pi\varepsilon_0 R_2^2}$$

则导体球壳 B 的电势改变量为

$$\Delta V_B=\frac{Q-q}{4\pi\varepsilon_0 R_2}-0=-\frac{(R_2-R_1)q}{4\pi\varepsilon_0 R_2^2}$$

从本例可以看到，导体接地后导体上的电势虽为零，但导体上的电荷不一定为零.

例 6-2

如图 6-10 所示，两块大导体平板 A 和 B 相向平行放置，平板面积都为 S，所带电荷量分别为 q_1 和 q_2，如果两极板间距远小于平板的线度，求平板各表面上的电荷面密度.

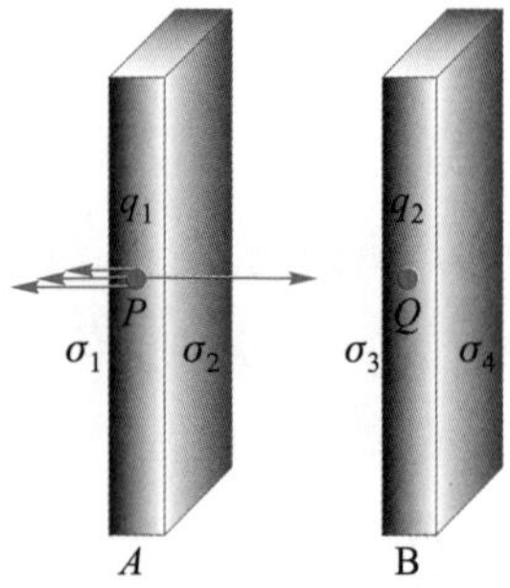

图 6-10 例 6-2 用图

解 由于在静电平衡时导体内部无净电荷，电荷只能分布在两个导体平板的表面上. 不考虑边缘效应，可以认为这些电荷分布是均匀的. 设四个面的电荷面密度分别为 σ_1、σ_2、σ_3 和 σ_4，如图所示. 显然，空间任一点的电场强度都是由这四个面上的电荷共同激发的. 若取向右为正，则导体板内 P 点和 Q 点的电场强度分别为

$$E_P=\frac{\sigma_1}{2\varepsilon_0}-\frac{\sigma_2}{2\varepsilon_0}-\frac{\sigma_3}{2\varepsilon_0}-\frac{\sigma_4}{2\varepsilon_0}=0$$

$$E_Q=\frac{\sigma_1}{2\varepsilon_0}+\frac{\sigma_2}{2\varepsilon_0}+\frac{\sigma_3}{2\varepsilon_0}-\frac{\sigma_4}{2\varepsilon_0}=0$$

由电荷守恒定律可得

$$\sigma_1+\sigma_2=\frac{q_1}{S}$$

$$\sigma_3+\sigma_4=\frac{q_2}{S}$$

由以上四个方程可解得

$$\sigma_1=\sigma_4=\frac{q_1+q_2}{2S}$$

$$\sigma_2=-\sigma_3=\frac{q_1-q_2}{2S}$$

由此我们可以知道，对于两块无限大的导体平板，两个相对的内侧表面上的电荷面密度大小相等，符号相反，两个外侧表面上的电荷面密度大小相等，符号相同. 如果 $q_1=q$，$q_2=-q$，则

$$\sigma_1=\sigma_4=0$$

$$\sigma_2=-\sigma_3=\frac{q}{S}$$

这时电荷只能分布在两个相对的内侧表面上，两个外侧表面上没有电荷.

例 6-3

设有一无限大不带电的接地导体平板，如图 6-11 所示，在离导体左侧面距离为 a 处有一点电荷 q_0.求导体平板上的感应电荷面密度及导体表面上总感应电荷量.

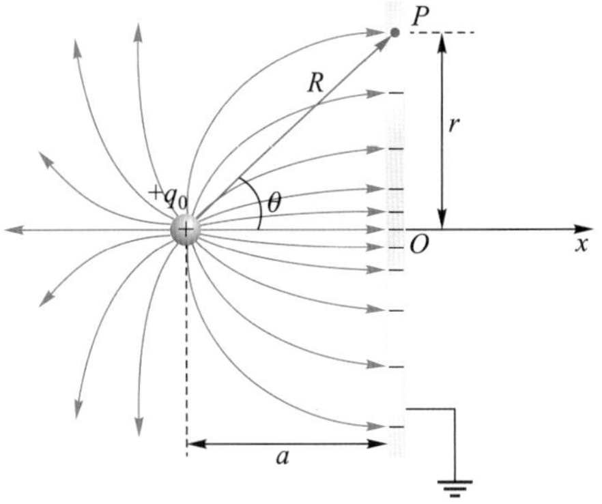

图 6-11 接地导体平板上的感应电荷

解 在静电平衡时，导体表面分布有与 q_0 异种的感应电荷，设距 O 点距离为 r 处的导体平板上的电荷面密度为 σ_r，在导体左侧表面距 O 点距离为 r 的 P 点(在导体内部)处的电场强度应为零.P 点处的电场强度是由点电荷 q_0 和导体平板上感应电荷激发的电场强度的叠加.则 P 点处沿 Ox 轴的电场强度分量为

$$\frac{q_0}{4\pi\varepsilon_0 R^2}\cos\theta+\frac{\sigma_r}{2\varepsilon_0}=0$$

即导体平板上的 P 点处电荷面密度为

$$\sigma_r=-\frac{q_0}{2\pi R^2}\cos\theta=-\frac{q_0 a}{2\pi\left(r^2+a^2\right)^{3/2}}$$

感应电荷应以 O 点为中心，呈圆对称分布.在导体表面取 $r\to r+\mathrm{d}r$ 的细圆环，则环面的感应电荷为

$$\mathrm{d}q=\sigma_r\mathrm{d}S=-\frac{q_0 a}{2\pi\left(r^2+a^2\right)^{3/2}}\cdot 2\pi r\mathrm{d}r$$

整个导体表面上的感应电荷为

$$q=-\int_0^{\infty}\frac{q_0 a}{2\pi\left(r^2+a^2\right)^{3/2}}\cdot 2\pi r\mathrm{d}r=-q_0$$

6-2 静电场中的电介质

电介质(dielectric)是电阻率很高(常温下大于 $10^7\ \Omega\cdot\mathrm{m}$)、导电能力极差的物质，故又称绝缘体(insulator).例如：空气、氢气等气态电介质；纯水、油漆等液态电介质和玻璃、云母、橡胶、陶瓷、塑料等固态电介质.从电介质的电结构分析，它与导体完全不同，不存在自由电子，分子中的电子被原子核紧紧束缚，即使在外电场作用下，电子一般也只能相对于原子核有一微观的位移.因此可以想象，当电介质放在外电场中时，不会像导体那样由于大量自由电子的定向迁移而在表面出现感应电荷.但是实验发现，即使电介质在外电场中，其表面也会出现电荷，这是什么原因呢？我们将从电介质的极化说起.

6-2-1 电介质的极化

电介质由分子组成，分子中的电子和原子核由库仑力而相互作用，结合成中性分子.但其中的正、负电荷并不集中于一点，而是分散于分子所占的体积中.

电介质分子一般可分为两大类.一类电介质如 He、N_2、H_2、CH_4 等气体，在无外电场作用时，每个分子的正、负电荷中心重合，因此分子的电矩为零，这类分子称为**无极分子**(nonpolar molecule)，如图 6-12 中所示的甲烷分子.另一类电介质，如 H_2O、SO_2、H_2S 等，在无外电场作用时，其每个分子的正、负电荷中心不重合，形成一个电偶极子，本身具有固定的电矩 $\boldsymbol{p}$，称为**有极分子**(polar molecule)，如图 6-12 中所示的水分子.

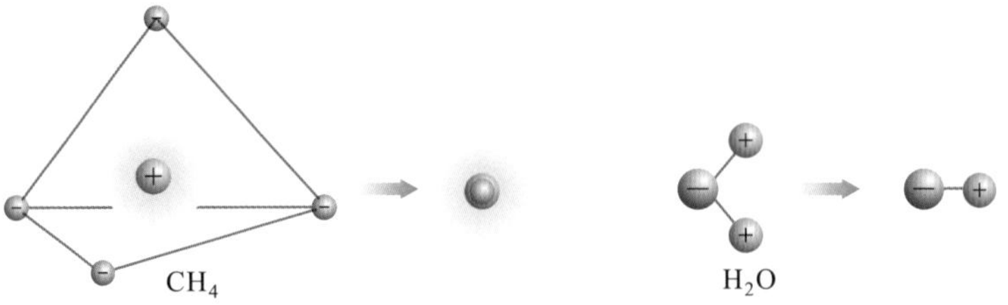

图 6-12 在无外电场情况下，甲烷分子的正、负电荷中心重合，为无极分子；水分子的正、负电荷中心不重合，为有极分子

对于无极分子而言，单个分子的固有电矩 $\boldsymbol{p}=0$，因此在无外电场时，整个电介质中分子电矩的矢量和为零.但是当有外电场作用时，无极分子的正、负电荷的中心将在电场力的作用下发生相对位移，如图 6-13(a)所示.这样每个分子的电矩不再为零，而且都将沿电场方向有序排列.对于整块电介质而言，这时电介质内部正、负电荷的代数和为零，但在垂直于外场方向的介质两个端面上分别出现了正、负电荷，如图 6-13(b)所示.这种电荷称为**极化电荷**(polarization charge).极化电荷一般不能脱离介质，也不能在介质中自由移动，因此又称为**束缚电荷**.在外电场作用下电介质表面出现极化电荷的现象称为电介质的极化(polarization).无极分子电介质的极化是一种位移极化.

对于有极分子而言，其极化过程与无极分子介质不同.尽管单个分子具有固有电矩，但由于大量分子的热运动，分子电矩的排列混乱，因而在无外电场时，介质中任一体积元中所有分子电矩的矢量和为零，介质对外不显现电性.但是当有外电场作用时，每个有极分子都将受到电场的作用而发生偏转，使分子电矩转向外电场方向排列，如图 6-13(c)所示.虽然由于分子的热运动，大量分子沿外电场方向的有序排列并不整齐.但从整体趋势看，在电介质的表面上仍有极化电荷出现.这种现象称为有极分子电介质的**取向极化**.当外电场撤去后，由于分子的热运动，分子电矩排列又变得杂乱无序了，电介质又恢复了电中性.

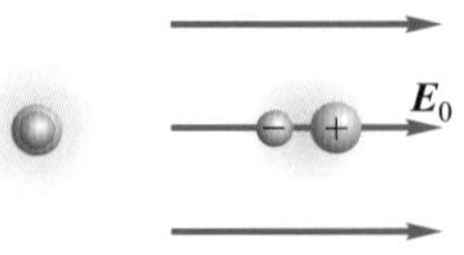

(a) 在外电场 $\boldsymbol{E}_0$ 作用下，无极分子发生位移极化

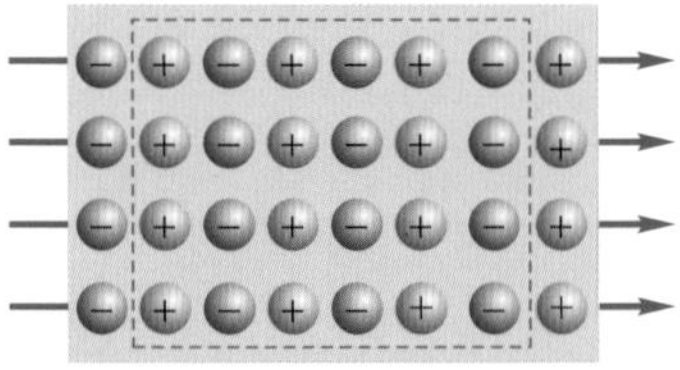

(b) 电介质在外电场 $\boldsymbol{E}_0$ 作用下发生极化，表面出现了极化电荷

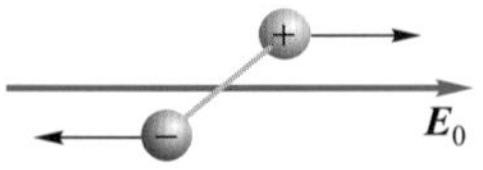

(c) 有极分子在外电场 $\boldsymbol{E}_0$ 作用下发生取向极化

图 6-13 电介质的极化

由以上分析可见，虽然这两类电介质的极化机制在微观上有所不同，但产生的宏观效果却是相同的——电介质表面出现了极化电荷.因此，以后在宏观上描述电介质的极化现象时就不必对这两种电介质加以区分了.考虑到表面的极化电荷会产生附加电场 $\boldsymbol{E}'$，因此，在电介质内部各处的电场强度 $\boldsymbol{E}$ 是外电场 $\boldsymbol{E}_0$ 与附加电场 $\boldsymbol{E}'$ 的矢量和，即

动画 位移极化

$$\boldsymbol{E}=\boldsymbol{E}_0+\boldsymbol{E}' \tag{6-2}$$

如果外电场足够强，则电介质分子中的正、负电荷可能被拉开而变成自由电荷，这时电介质的绝缘性能被破坏，变成了导体.在强电场作用下电介质变成导体的现象称为电介质的击穿（breakdown）.空气的击穿电场强度约为 3 kV · mm^{-1}，矿物油为 25~57 kV · mm^{-1}，云母为 80~160 kV · mm^{-1}.

动画 取向极化

有的电介质具有压电性，即在机械力作用下能产生极化.有的电介质具有铁电性，即电介质被外电场极化后，去掉外电场电介质还能保持极化状态.这些特殊的电介质在新技术领域有广泛的应用前景.

6-2-2 极化强度

根据上述电介质的极化机制可知，如果在外电场中分子电矩的有序排列越整齐，则电介质表面出现的极化电荷密度越大，这表明极化程度越强.而分子电矩有序排列得整齐与否可以用单位体积内分子电矩的矢量和 $\sum\limits_i \boldsymbol{p}_i$ 来反映.

在电介质中任取一体积元 ΔV（其中仍包含有大量分子），在没有外电场时，ΔV 内的分子电矩的矢量和 $\sum\limits_i \boldsymbol{p}_i=0$；当存在外电场时，电介质要发生极化，$\sum\limits_i \boldsymbol{p}_i\neq 0$.我们把单位体积内分子电矩的矢量和作为表述电介质的极化程度的物理量，称为**电极化强度**（electric polarization），用 $\boldsymbol{P}$ 表示.即

$$\boldsymbol{P}=\frac{\sum\limits_i \boldsymbol{p}_i}{\Delta V} \tag{6-3}$$

在国际单位制中，电极化强度的单位是库仑每二次方米（C · m^{-2}），与电荷面密度的单位相同.

实验指出，在外电场 $\boldsymbol{E}_0$ 不太强时，对于各向同性的电介质来说，其中每一点处的电极化强度 $\boldsymbol{P}$ 与该处的电场强度 $\boldsymbol{E}$ 成正比，即

$$\boldsymbol{P}=\chi_e\varepsilon_0\boldsymbol{E} \tag{6-4}$$

式中的 χ_e 称为电介质的**电极化率**（electric susceptibility），它与电场强度 $\boldsymbol{E}$ 无关，只与电介质的种类有关，它用来表征介质材料的一种属性.若 χ_e 是常量，表

明电介质各点的性质相同,称为均匀电介质.

电介质的极化,从宏观上表现为在电介质表面出现极化电荷,因此,电极化强度必定与极化电荷存在定量关系.

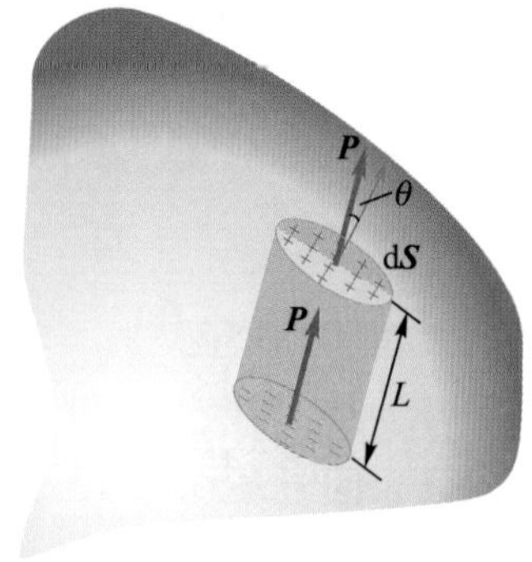

图 6-14 极化电荷面密度与电极化强度间的关系.

如图 6-14 所示,在均匀电介质中截取一长为 L,底面积为 dS 的斜柱体,其轴线与电极化强度 $\boldsymbol{P}$ 平行.设 $\boldsymbol{P}$ 的方向与面元矢量 $d\boldsymbol{S}$ 方向的夹角为 θ,底面 $d\boldsymbol{S}$ 上的极化电荷面密度为 σ',此时斜柱体内所有分子电矩的矢量和在整体上相当于一个电偶极子.

$$\sum_i \boldsymbol{p}_i = \sigma' d\boldsymbol{S} \cdot L$$

由于斜柱体的体积为 $dV = dS \cdot L\cos\theta$,因而电极化强度的大小为

$$P = \frac{\left|\sum_i \boldsymbol{p}_i\right|}{dV} = \frac{\sigma' dS \cdot L}{dS \cdot L\cos\theta} = \frac{\sigma'}{\cos\theta}$$

由此得到极化电荷面密度与电极化强度的关系为

$$\sigma' = P\cos\theta = P_n \tag{6-5}$$

上式表明,均匀电介质表面上产生的极化电荷面密度,在数值上等于该处电极化强度 $\boldsymbol{P}$ 在表面法向上的分量.当 $0 \leqslant \theta < 90°$ 时,在该处表面出现正极化电荷;当 $90° < \theta \leqslant 180°$ 时,在该处表面出现负极化电荷;而在 $\theta = 90°$ 时,在该处表面没有极化电荷.

在均匀电介质中,取任意封闭曲面 S,则由于介质极化使 $\boldsymbol{P}$ 通过封闭曲面 S 的通量为

$$\oint_S \boldsymbol{P} \cdot d\boldsymbol{S} = \oint_S P\cos\theta dS = \oint_S \sigma' \cdot dS$$

由此可知,电极化强度 $\boldsymbol{P}$ 通过封闭曲面 S 的通量应等于因极化而移出 S 面的极化电荷总量.根据电荷守恒定律,也等于留在 S 面所包围体积内极化电荷总量的负值,即

$$\oint_S \boldsymbol{P} \cdot d\boldsymbol{S} = -\sum_{(S内)} q_i' \tag{6-6}$$

6-2-3 有介质时的高斯定理

当外电场中存在电介质时,由于极化将引起周围电场的重新分布,这时空间任意一点处的电场将由自由电荷和极化电荷共同产生.因此高斯定理中封闭曲面所包围的电荷,不仅仅是自由电荷,还应该包括极化电荷,即

$$\oint_S \boldsymbol{E} \cdot d\boldsymbol{S} = \frac{1}{\varepsilon_0}\left(\sum_i q_i + \sum_i q_i'\right) \tag{6-7a}$$

式中，$\sum q_i$ 和 $\sum q_i'$ 分别为封闭曲面 S 所包围的自由电荷和极化电荷的代数和，S 面上的电场强度 $\boldsymbol{E}$ 则是空间所有电荷共同产生的.

由于介质中的极化电荷难于测定，因此即使满足对称性要求，仍很难由式(6-7a)求解出电场强度 $\boldsymbol{E}$. 为此，我们可以根据式(6-6)来取代 $\sum q_i'$. 则式(6-7a)可以改写成

$$\oint_S \boldsymbol{E} \cdot \mathrm{d}\boldsymbol{S} = \frac{1}{\varepsilon_0}\left(\sum_i q_i - \oint_S \boldsymbol{P} \cdot \mathrm{d}\boldsymbol{S}\right)$$

整理后可得

$$\oint_S (\varepsilon_0 \boldsymbol{E} + \boldsymbol{P}) \cdot \mathrm{d}\boldsymbol{S} = \sum_i q_i \tag{6-7b}$$

引入一个涉及电介质极化状态的辅助物理量 $\boldsymbol{D}$，定义为

$$\boldsymbol{D} = \varepsilon_0 \boldsymbol{E} + \boldsymbol{P} \tag{6-8}$$

称为电位移(electric displacement).则式(6-7b)就可表示为

$$\oint_S \boldsymbol{D} \cdot \mathrm{d}\boldsymbol{S} = \sum_i q_i \tag{6-9}$$

上式是有电介质时的高斯定理表达式，它可表述为：通过任意封闭曲面的 $\boldsymbol{D}$ 通量等于该封闭曲面所包围的自由电荷的代数和.

为了形象化地描述电位移 $\boldsymbol{D}$ 在空间的分布.我们引入电位移线(electric displacement line)，又称 $\boldsymbol{D}$ 线.$\boldsymbol{D}$ 线与 $\boldsymbol{E}$ 线的区别在于：$\boldsymbol{E}$ 线始于正电荷，终止于负电荷，这里说的电荷包括自由电荷和极化电荷；而 $\boldsymbol{D}$ 线则仅始于自由正电荷，终止于自由负电荷.

对于各向同性的均匀电介质，因为 $\boldsymbol{P} = \chi_e \varepsilon_0 \boldsymbol{E}$，所以有

$$\boldsymbol{D} = \varepsilon_0 \boldsymbol{E} + \boldsymbol{P} = (1 + \chi_e)\varepsilon_0 \boldsymbol{E} \tag{6-10}$$

令 $\varepsilon_r = 1 + \chi_e$，$\varepsilon_r$ 称为电介质的相对介电常量(relative dielectric constant)；又令 $\varepsilon = \varepsilon_0 \varepsilon_r$，$\varepsilon$ 称为电介质的介电常量，ε 与 ε_0 有相同的单位.在国际单位制中，电位移的单位为库仑每二次方米($\mathrm{C \cdot m^{-2}}$).于是式(6-10)可表示为

$$\boldsymbol{D} = \varepsilon_0 \varepsilon_r \boldsymbol{E} = \varepsilon \boldsymbol{E} \tag{6-11}$$

引入电位移 $\boldsymbol{D}$ 以后，可以利用高斯定理式(6-9)计算电介质中的电场强度.在电场强度满足对称性条件的前提下，可以先用式(6-9)先求出电位移 $\boldsymbol{D}$，然后根据实验测定的 ε_r，求出 ε.从而，由式(6-11)便可计算相应的电场强度，即 $\boldsymbol{E} = \boldsymbol{D}/\varepsilon$.

例 6-4

一半径为 R 的导体球带有自由电荷 q,周围充满无限大的均匀电介质,其相对介电常量为 ε_r.求介质内任一点的电场强度和电势.

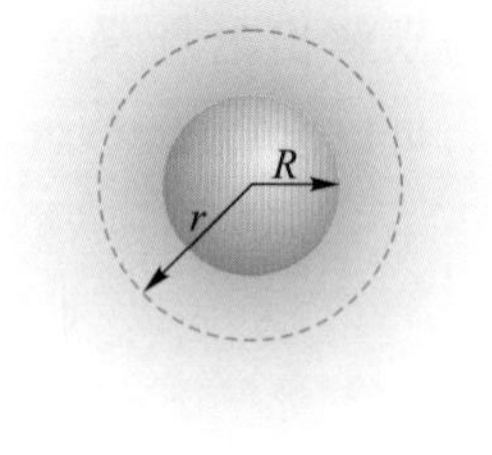

图 6-15 例 6-4 用图

解 在没有电介质时,均匀分布在导体表面上的自由电荷所激发的电场是球对称的.在充满电介质后,电介质极化产生的极化电荷均匀分布在与导体球表面相邻的介质边界面上,它所激发的电场也是球对称的,因此介质内的总电场强度是球对称的,方向均沿径向.如图 6-15 所示,以 r 为半径作一封闭球面,根据有电介质时的高斯定理

$$\oint_S \boldsymbol{D}\cdot \mathrm{d}\boldsymbol{S}=\sum_i q_i$$

有 $$D\cdot 4\pi r^2=q$$

即 $$D=\frac{q}{4\pi r^2}$$

由式(6-11),可得

$$E=\frac{q}{4\pi\varepsilon_0\varepsilon_r r^2}$$

$\boldsymbol{E}$ 的方向沿径向.

不难看出介质中的电场强度是真空中电场强度的$1/\varepsilon_r$倍.电场强度减小的原因是在导体球邻近的介质表面产生了异种极化电荷,它所激发的电场强度削弱了自由电荷所激发的电场强度.

按电势的定义,介质中任一点 P 的电势为

$$V_P=\int_P^{\infty}\boldsymbol{E}\cdot \mathrm{d}\boldsymbol{l}=\int_r^{\infty}\frac{q}{4\pi\varepsilon_0\varepsilon_r r^2}\mathrm{d}r=\frac{q}{4\pi\varepsilon_0\varepsilon_r r}$$

例 6-5

在一对无限大均匀带电(电荷面密度为$\pm\sigma$)的导体板 A、B 之间充满相对介电常量为 ε_r 的电介质,板间距离为 d.求两者之间的电场强度及两板之间的电势差.

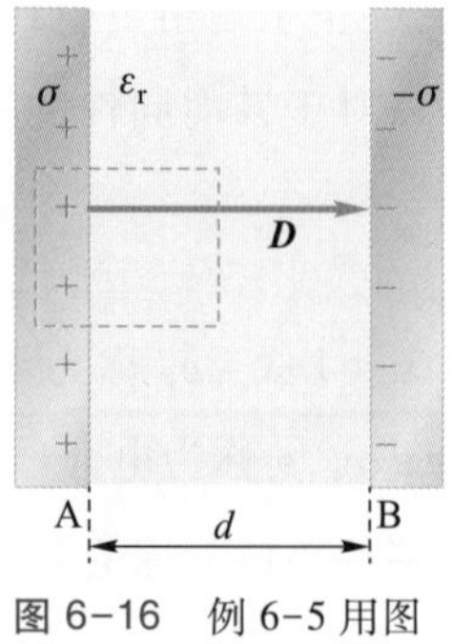

图 6-16 例 6-5 用图

解 根据自由电荷和电介质分布的对称性可知,介质中的电场强度为均匀电场.电位移的方向与无限大平板垂直.

如图 6-16 所示,在介质中作一底面积为 ΔS 的封闭柱形高斯面,其轴线与板面垂直,上底在金属板内,下底在介质中.由于在金属中,电位移为零,柱形侧面与电位移平行,根据有电介质时的高斯定理,有

$$\oint_S \boldsymbol{D}\cdot \mathrm{d}\boldsymbol{S}=D\Delta S=\sigma\Delta S$$

即 $$D=\sigma$$

所以介质中的电场强度为

$$E=\frac{D}{\varepsilon_0\varepsilon_r}=\frac{\sigma}{\varepsilon_0\varepsilon_r}$$

极板之间的电势差为

$$V_A-V_B=\int_A^B\boldsymbol{E}\cdot \mathrm{d}\boldsymbol{l}=\int_0^d\frac{\sigma}{\varepsilon_0\varepsilon_r}\mathrm{d}l=\frac{\sigma}{\varepsilon_0\varepsilon_r}d$$

6-3 电容和电容器

6-3-1 孤立导体的电容

当我们给一个导体带上电荷时，导体的电势会升高，这好比在杯中注入水时，水位会升高一样.升高同样的水位，所需水量越多，就表明杯子的储水本领越大.同样，导体具有储存电荷的本领，在储存电荷的同时，也储存了电能.随着电荷储存量的增加，导体电势也会随之升高.导体储电本领可以由其所带电荷量 q 与电势 V 的比值反映，称为**电容**(capacity)，记作 C，即

$$C=\frac{q}{V} \tag{6-12}$$

在国际单位制中，电容的单位为库仑每伏特，称为**法拉**(F).

一个半径为 R，电荷量为 q 的孤立导体球，若取无穷远处为电势零点，则其电势为

$$V=\frac{1}{4\pi\varepsilon_0}\frac{q}{R}$$

因而孤立导体球的电容为

$$C=\frac{q}{V}=\frac{q}{\dfrac{1}{4\pi\varepsilon_0}\dfrac{q}{R}}=4\pi\varepsilon_0 R \tag{6-13}$$

从式(6-13)看出，真空中孤立导体球的电容正比于导体球的半径.类似的结论适用于任意孤立导体，即其电容仅取决于导体的几何形状和大小，与导体是否带电无关.地球是一个大导体球，它的平均半径 R 约为 6 370 km，其电容为

$$\begin{aligned} C &=4\pi\varepsilon_0 R=4\pi\times 8.85\times 10^{-12}\times 6.37\times 10^{6}\ \mathrm{F} \\ &=7.08\times 10^{-4}\ \mathrm{F} \end{aligned}$$

由此可知，在实际应用中，法拉的单位太大，因此常采用**微法**(μF)、**皮法**(pF)等作为电容的单位，它们之间的换算关系为

$$1\ \mathrm{F}=10^{6}\ \mu\mathrm{F}=10^{12}\ \mathrm{pF}$$

6-3-2 电容器

电容器是专门用于储存电荷和电能的元件.理想的孤立导体是不存在的，当导体周围有其他导体或电介质存在时，该导体的电势就会受到影响，从而引

起电容发生变化.要想消除周围环境的影响,可以采取静电屏蔽的方法,电容器就是这样一个装置.两个靠得很近的导体 A、B 板构成了电容器(capacitor),两个导体板分别称为电容器的两个极板.电容器带电时,两极板分别带有等量异种电荷.电容器的电容定义为电容器一个极板所带电荷量 q(指它的绝对值)与两极板之间的电势差 V_{AB}之比,表示为:

$$C=\frac{q}{V_{AB}} \tag{6-14}$$

由于电容器两个极板靠得很近,虽然它们各自的电势 V_A 和 V_B 与外界的导体有关,但是它们的电势差 V_{AB} 却不受外界影响,且正比于极板所带的电荷量 q,因此,电容器的电容也不受外界的影响.电容器的电容和孤立导体电容的定义,实际上是一致的,因为当把其中的一个导体极板移到无限远处时,电容器就无异于一个孤立导体,电容器的电容就成为孤立导体的电容.电容器电容的大小取决于两极板的形状、大小、相对位置以及极板间电介质的相对介电常量.实际上电容器(图 6-17)是储存电能和电荷的元件,在无线电、电子计算机和电器乃至大型输电系统等电子线路方面起着很重要的作用.激光脉冲的能量存储和电子闪光灯中都用到了电容器.闪光灯在工作时,电容器的能量被迅速放出.

图 6-17　部分电容器的外观图

下面将根据定义式(6-14)来计算几种常用电容器的电容.

1. 平行板电容器

最简单的电容器是由两个靠得很近,且大小相同、互相平行的金属极板组成的,称为平行板电容器(parallel plate capacitor),如图 6-18 所示.设两极板面积均为 S,电荷面密度分别为$+\sigma$ 和$-\sigma$,极间距离为 d,充满了相对介电常量为 ε_r 的电介质.由于两极板靠得很近,极板的线度远大于极间距离,因此可以忽略边缘效应,两极板间的电场可以认为是均匀的.根据高斯定理(参考例6-5),两极板间的电场强度大小为

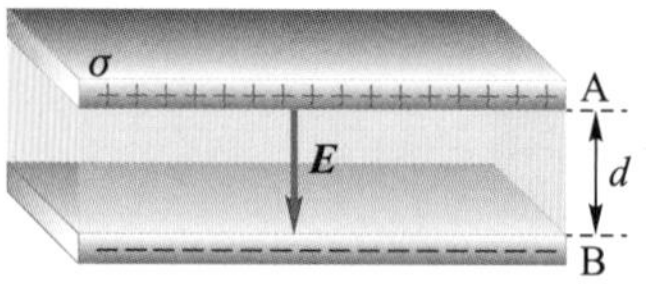

图 6-18　平行板电容器

$$E=\frac{\sigma}{\varepsilon_0\varepsilon_r}$$

两极板间的电势差为

$$V_{AB}=Ed=\frac{\sigma}{\varepsilon_0\varepsilon_r}d=\frac{qd}{\varepsilon_0\varepsilon_r S}$$

所以平行板电容器的电容为

$$C=\frac{q}{V_{AB}}=\frac{\varepsilon_0\varepsilon_r S}{d} \tag{6-15}$$

由上式可知,只要使两极板的间距 d 足够小,并加大两极板的面积 S,就可获得较大的电容.而且板间充满均匀电介质的电容是板间为真空($\varepsilon_r=1$)时电容的 ε_r 倍.因此 ε_r 也称为相对电容率(relative permittivity),而介电常量 ε 则相应地称为电容率(permittivity).

2. 球形电容器

球形电容器是由半径分别为 R_A 和 R_B 的两个同心金属球壳组成，两球壳间充满相对介电常量为 ε_r 的电介质，如图 6-19 所示. 两球壳即为电容器的两极板，设极板所带电荷量为 q，则根据高斯定理，两球壳间的电场强度为 $E=q/(4\pi\varepsilon_0\varepsilon_r r^2)$，极板间的电势差为

$$V_{AB}=\int_{R_A}^{R_B}\frac{q}{4\pi\varepsilon_0\varepsilon_r}\frac{dr}{r^2}=\frac{q}{4\pi\varepsilon_0\varepsilon_r}\left(\frac{1}{R_A}-\frac{1}{R_B}\right)$$

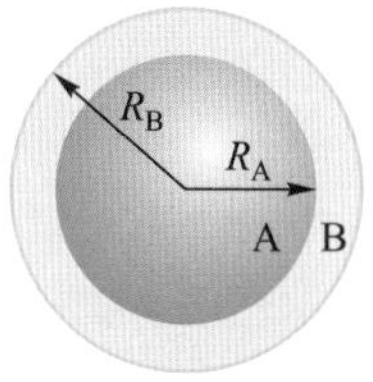

图 6-19 球形电容器

由电容器电容的定义式，可得

$$C=\frac{q}{V_{AB}}=\frac{4\pi\varepsilon_0\varepsilon_r R_A R_B}{R_B-R_A} \tag{6-16}$$

当 $R_B \gg R_A$ 时，$C\approx 4\pi\varepsilon_0\varepsilon_r R_A$，即为孤立导体球的电容；当 $R_B-R_A=d\ll R_A$ 时，则有 $C\approx\frac{4\pi\varepsilon_0\varepsilon_r R_A^2}{d}=\frac{\varepsilon_0\varepsilon_r S}{d}$，这与平行板电容器的电容相同.

3. 圆柱形电容器

圆柱形电容器由半径分别为 R_A 和 R_B 的两同轴金属圆筒 A、B 组成，圆筒的长度 l 比半径 R_B 大得多. 两筒之间充满相对介电常量为 ε_r 的电介质，如图 6-20 所示. 设内、外圆柱面各带有 $+q$ 和 $-q$ 的电荷，则单位长度上的电荷为 $\lambda=\frac{q}{l}$. 由高斯定理可知，两圆柱面之间的电场强度为

$$E=\frac{\lambda}{2\pi\varepsilon_0\varepsilon_r r}=\frac{q}{2\pi\varepsilon_0\varepsilon_r l}\frac{1}{r}$$

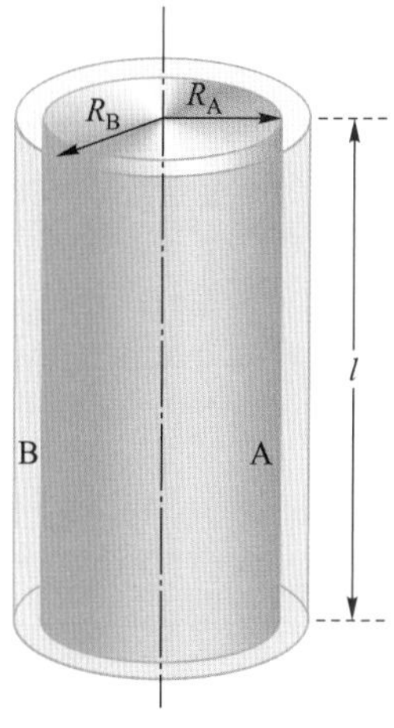

图 6-20 圆柱形电容器

电场强度方向垂直于圆柱轴线，于是，两圆柱面间的电势差为

$$V_{AB}=\int_l \boldsymbol{E}\cdot d\boldsymbol{r}=\int_{R_A}^{R_B}\frac{q}{2\pi\varepsilon_0\varepsilon_r l}\frac{dr}{r}=\frac{q}{2\pi\varepsilon_0\varepsilon_r l}\ln\frac{R_B}{R_A}$$

根据电容器电容的定义式，有

$$C=\frac{q}{V_{AB}}=\frac{2\pi\varepsilon_0\varepsilon_r l}{\ln\frac{R_B}{R_A}} \tag{6-17}$$

当 $R_B-R_A=d\ll R_A$ 时，有 $\ln(R_B/R_A)=\ln[(R_A+d)/R_A]\approx d/R_A$. 于是式(6-17)可写成 $C\approx 2\pi\varepsilon_0\varepsilon_r lR_A/d$. 因为 $2\pi lR_A$ 为圆柱体的侧面积 S，所以上式又可写成 $C\approx\varepsilon_0\varepsilon_r S/d$，此即平板电容器的电容. 可见，当两圆柱面之间的间隙远小于圆柱体半径，即 $d\ll R_A$ 时，圆柱形电容器可当作平行板电容器.

电容器的种类很多，按极板间所充的电介质分类，有空气电容器、云母电容器、纸质电容器和陶瓷电容器等. 按电容的变化分类，有固定电容器、可变电容器和半可变（或微调）电容器. 虽然它们的用途各不相同，但其基本结构都是相同的.

实际上，在导线之间、电子元器件和印刷电路板上铜箔之间等均有电容，统称为分布电容.在安装电子设备，尤其是高频电路（如计算机主板）中必须考虑分布电容的影响.

6-3-3 电容器的连接

一个实际电容器的性能指标主要有电容和耐压能力.在使用电容器时，要注意电容器的耐压问题.当电压超过规定的耐压值，电介质就容易被击穿，使电介质失去绝缘性而变为导体.在实际应用中常常会遇到这种场合，手上现有的电容器不能同时达到上述两个指标，这时可以把若干个电容器适当地组合起来使用，以达到使用的要求.电容器组合连接的基本方式有**串联**（connection in series）和**并联**（connection in parallel）两种.

1. 电容器的串联

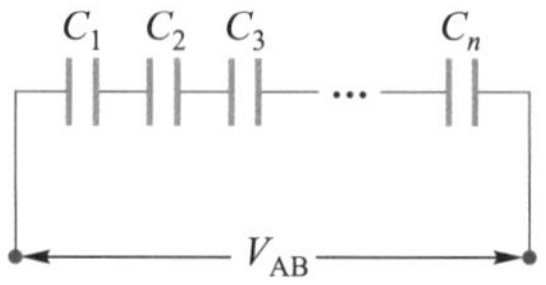

图 6-21　电容器的串联

将 n 个电容分别为 $C_1, C_2, \cdots, C_n$ 的电容器按图 6-21 所示的方式连接，称为串联.显然，串联后的总电压等于各电容器上分电压之和，而各电容器上的电荷量相等，均为 q.设串联后的等效电容为 C，则有 $V_{AB}=q/C$；各电容器的电压分别为 $V_1=q/C_1, V_2=q/C_2, \cdots, V_n=q/C_n$.因为 $V_{AB}=V_1+V_2+\cdots+V_n$，所以有

$$\frac{1}{C}=\frac{1}{C_1}+\frac{1}{C_2}+\cdots+\frac{1}{C_n} \tag{6-18}$$

上式表明，**在电容器串联时，电容器组合的等效电容的倒数等于各个电容的倒数之和**.显然串联后的总电容减小了，但这时整个电容器组合所能承受的电压提高了.这就是说，串联组合可使耐压程度较小的电容器工作在较高电压的电路中.但应注意，当其中一个电容器被击穿，工作电压将在其他电容器上重新分配，使其他电容器承受的电压加大，因而其他电容器也相应地容易被击穿.

2. 电容器的并联

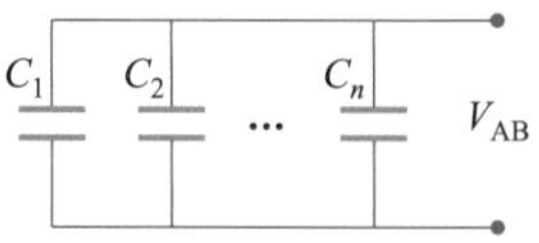

图 6-22　电容器的并联

将 n 个电容分别为 $C_1, C_2, \cdots, C_n$ 的电容器按图 6-22 所示的方式连接，称为并联.这时，每个电容器两极板之间的电压都相等，并联后等效电容器所带电荷量 q 应等于各电容器所带电荷量之和.根据电容器的定义，各电容器所带电荷量分别为 $q_1=C_1V_{AB}, q_2=C_2V_{AB}, \cdots, q_n=C_nV_{AB}$，则并联电容器组合后的等效电容为

$$C=\frac{q}{V_{AB}}=C_1+C_2+\cdots+C_n \tag{6-19}$$

上式说明，**在电容器并联时，等效电容等于各个电容器的电容之和**.可见，电容器的并联可使电容增加，但耐压不变.使用并联电容器组合时应注意，加在电容

器上两端的电压不能大于其中耐压最小的那个电容器的额定电压，否则容易被击穿.在实际应用中一般采用**混联**组合，也就是既有串联也有并联.

例 6-6

有一平行板电容器，金属极板的面积为 S，两极板 A、B 间充有两层各向同性的电介质，相对介电常量分别为 ε_{r1} 和 ε_{r2}，厚度分别为 d_1 和 d_2，如图 6-23 所示.求此电容器的电容.

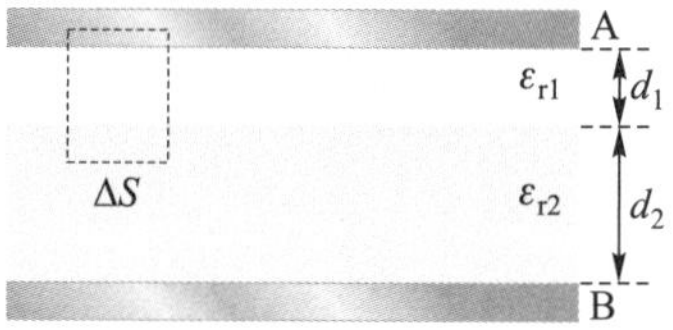

图 6-23 例 6-6 用图

解 设两极板分别带有电荷 $+q$、$-q$，电荷面密度分别为 $+\sigma$、$-\sigma$，在两层介质中的电场强度分别为 $\boldsymbol{E}_1$ 和 $\boldsymbol{E}_2$.根据自由电荷和电介质分布的对称性可知，电位移的方向与平板电容器的极板相垂直.

在介质中作一底面积为 ΔS 的封闭柱形高斯面，其轴线与板面垂直，上底在金属板内，下底在介质中.由于在金属中，电位移为零，柱形侧面与电位移平行，按有电介质时的高斯定理，得

$$D\Delta S=\sigma\Delta S$$

即

$$D=\sigma=\frac{q}{S}$$

电介质中的电场强度为

$$E_1=\frac{D}{\varepsilon_0\varepsilon_{r1}}=\frac{q}{\varepsilon_0\varepsilon_{r1}S},\quad E_2=\frac{D}{\varepsilon_0\varepsilon_{r2}}=\frac{q}{\varepsilon_0\varepsilon_{r2}S}$$

两极板间的电势差为

$$V_A-V_B=E_1d_1+E_2d_2=\frac{q}{\varepsilon_0 S}\left(\frac{d_1}{\varepsilon_{r1}}+\frac{d_2}{\varepsilon_{r2}}\right)$$

所求电容为

$$C=\frac{q}{V_A-V_B}=\frac{\varepsilon_0 S}{\left(\frac{d_1}{\varepsilon_{r1}}+\frac{d_2}{\varepsilon_{r2}}\right)}$$

可见电容与电介质填充的次序无关，而且上述结果可以推广到两极板间含有任意层数的电介质.

例 6-7

设有两根半径为 a 的平行长直导线，它们中心轴线之间相距为 d，且 $d\gg a$.求单位长度导线的电容.

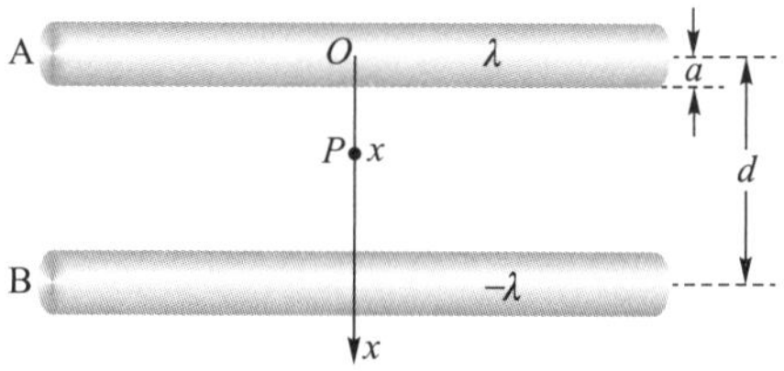

图 6-24 例 6-7 用图

解 先假设两条导线均匀带电，电荷线密度分别为 $+\lambda$ 和 $-\lambda$，沿垂直于两导线的方向建立 Ox 轴，如图 6-24 所示，原点 O 取在导线 A 的轴线上.按静电场的高斯定理，可求出这两条“无限长”均匀带电直导线在两导线间的任一点 P 所激发的电场强度，其大小分别为

$$E_A=\frac{1}{2\pi\varepsilon_0}\frac{\lambda}{x}$$

$$E_B=\frac{1}{2\pi\varepsilon_0}\frac{\lambda}{d-x}$$

式中，x 为 P 点的坐标.由于 $\boldsymbol{E}_A$ 和 $\boldsymbol{E}_B$ 同方向，均指向 Ox 轴正方向，故 P 点的总电场强度大小为

$$E=E_A+E_B=\frac{\lambda}{2\pi\varepsilon_0}\left(\frac{1}{x}+\frac{1}{d-x}\right)$$

两导线 A、B 之间的电势差为

$$V_A - V_B = \int_a^{d-a} E\mathrm{d}x$$

$$= \int_a^{d-a} \frac{\lambda}{2\pi\varepsilon_0}\left(\frac{1}{x} + \frac{1}{d-x}\right)\mathrm{d}x$$

$$= \frac{\lambda}{\pi\varepsilon_0}\ln\frac{d-a}{a} \approx \frac{\lambda}{\pi\varepsilon_0}\ln\frac{d}{a}$$

两导线(相当于两极板)构成的电容器,其单位长度的电容为

$$C_l = \frac{\lambda}{V_A - V_B} = \frac{\pi\varepsilon_0}{\ln(d/a)}$$

6-4 静电场的能量

我们已经知道,任何带电过程实质上都是正、负电荷的分离或迁移过程.当分离正、负电荷时,外界必须克服电荷之间相互作用的静电力而做功.因此带电系统通过外力做功便可获得一定的能量.根据能量守恒定律,外界所供给的能量将转化为带电系统的静电能(electrostatic energy),它在数值上等于外力克服静电力所做的功,所以任何带电体都具有一定的能量.

6-4-1 点电荷系的电能

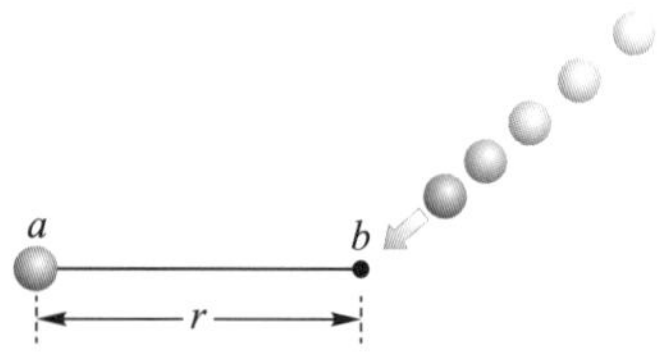

图 6-25 一个点电荷从无限远处移动到 b 点

首先我们讨论两个点电荷 q_1 与 q_2 所组成的系统的能量,如图 6-25 所示.设它们之间的距离为 r.若开始时,q_1 在 a 点,q_2 在无限远处,此时它们相互作用力为零,并规定在该状态时系统的电势能为零.现将 q_2 从无限远处移到 b 点,在这个过程中,外力要克服 q_1 的电场对 q_2 的电场力做功 W,即

$$W = \frac{1}{4\pi\varepsilon_0}\frac{q_1 q_2}{r} \tag{6-20}$$

根据能量守恒定律,外力所做的功等于该带电系统静电能的增量,即两个点电荷系统的相互作用能

$$W_e = W = q_2\frac{1}{4\pi\varepsilon_0}\frac{q_1}{r} = q_2 V_2$$

式中,V_2 表示 q_1 在 q_2 处所产生的电势,上式又可以写成

$$W_e = q_1\frac{1}{4\pi\varepsilon_0}\frac{q_2}{r} = q_1 V_1$$

式中,V_1 表示 q_2 在 q_1 处所产生的电势.通常可将两个点电荷系统的相互作用能写成下列对称形式:

$$W_e=\frac{1}{2}(q_1V_1+q_2V_2) \tag{6-21}$$

上述结果很容易推广到由 n 个点电荷组成的系统,该系统的相互作用能为

$$W_e=\frac{1}{2}\sum_{i=1}^{n}q_iV_i \tag{6-22}$$

式中 V_i 表示除第 i 个点电荷以外的所有其他点电荷的电场在 q_i 所在处的总电势.上式不管在真空中还是在介质中都是正确的.当有介质时,q_i 仍然是自由点电荷,V_i 为介质中的电势.

如果是连续分布的带电体,可以设想将这带电体分割成无限多个电荷元,这时将式(6-22)的求和号改为积分号就可以了,即

$$W_e=\frac{1}{2}\int_q V\mathrm{d}q \tag{6-23}$$

如果只考虑一个带电体,上式给出的是该带电体的固有能量,或称自能(self-energy).因此,一个带电体的静电自能就是组成它的各个电荷元之间的静电互能(mutual energy).

6-4-2 电容器的能量

电容器储存电荷的同时还储存能量,很多重要的应用就是利用电容器储存能量的本领.例如照相机上的闪光灯装置,就是将储存在电容器内的电能释放出来变成光能.

下面我们以平行板电容器为例,来讨论电容器储存的能量.如图 6-26 所示,设平行板电容器的电容为 C,它的两块极板原为电中性,而今不断地从原来中性的 B 极板取正电荷移到 A 极板上,若在此过程中的某一时刻 t,两极板上的电荷分别为 $+q$ 和 $-q$;相应地,在该时刻两极板之间的电势差 $V=q/C$.这时,如果再将电荷 $+\mathrm{d}q$ 从 B 极板移到 A 极板,则外力克服电场力所做的功为

$$\mathrm{d}W=V\mathrm{d}q=\frac{1}{C}q\mathrm{d}q$$

所以,当电容器从不带电到充电为 Q 的过程中,外力克服电场力所做的总功为

$$W=\int_0^Q\frac{1}{C}q\mathrm{d}q=\frac{1}{2}\frac{Q^2}{C}$$

上式即为电容器带电荷量为 Q 时所具有的能量.利用关系式 $Q=CV_{AB}$ 代入上式,带电电容器的能量 W_e 可写成

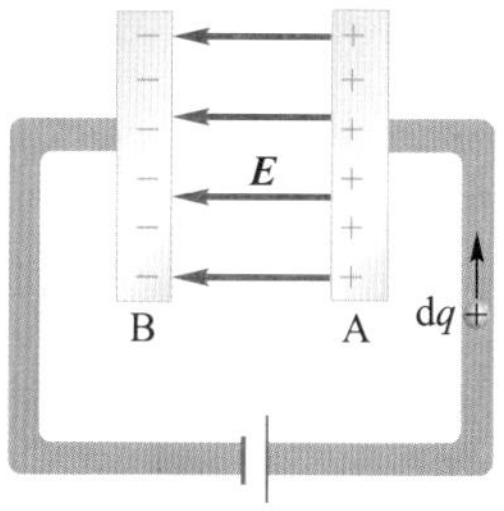

图 6-26　电源克服电场力做功,把正电荷从 B 极板移到 A 极板

$$W_e=\frac{1}{2}\frac{Q^2}{C}=\frac{1}{2}CV_{AB}^2=\frac{1}{2}QV_{AB} \tag{6-24}$$

式中,Q 为电容器极板上所带的电荷,V_{AB} 为两极板之间的电势差.不管电容器的结构如何,这一结果对任何电容器都是正确的.

6-4-3 电场的能量

上面说明了带电系统在带电过程中如何从外界获得能量.现在我们进一步说明这些能量是如何分布的.当你用手机接听电话时,由电磁波带来的能量就会从天线输入,经过电子线路的放大,再转化为话筒发出的声能,这说明能量是分布在电磁场中的,也就是说,电磁场是能量携带者.

现仍以平行板电容器为例,设平行板电容器的极板面积为 S,两极板之间距离为 d,当板间充满介电常量为 ε 的电介质时,若不考虑边缘效应,则电场所占据的空间体积为 Sd,于是,电容器内的电场能量可表示为

$$W_e=\frac{1}{2}CV_{AB}^2=\frac{1}{2}\frac{\varepsilon S}{d}(Ed)^2=\frac{1}{2}\varepsilon E^2Sd=\frac{1}{2}\varepsilon E^2V \tag{6-25}$$

这样我们就得到了静电能与电场的关系,由于平行板电容器的电场是均匀的,因此静电能是均匀分布在电场中.单位体积内的电场能量称为电场能量密度(energy density),以 w_e 表示.由式(6-25)可得电场能量密度为

$$w_e=\frac{1}{2}\varepsilon E^2 \tag{6-26}$$

上式表明,电场的能量密度与电场强度的二次方成正比.电场强度越大,电场能量密度也越大.这也进一步说明了电场能量确实是储存在电场中的.上述结果虽然是从平行板电容器这个特例给出的,但可以证明,对于任意电场,它也是普遍适用的.

例 6-8

如图 6-27 所示,一个内、外半径分别为 R_1 和 R_2 的球形电容器,两球壳间充以介电常量为 ε 的电介质.当球形电容器的电荷量为 q 时,这个电容器储存的电场能量为多少?

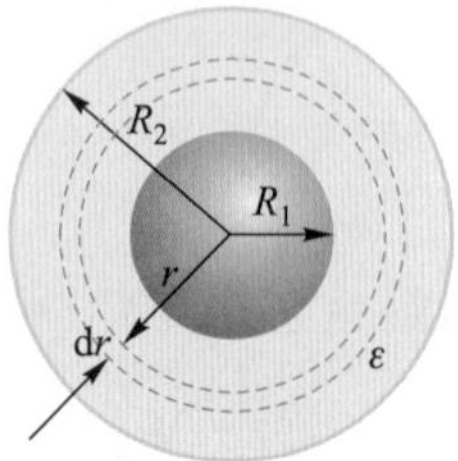

图 6-27 例 6-8 用图

解 由对称性分析,电场分布具有球对称性.由高斯定理可得内球内部和外球外部电场强度均为零,球壳间电场强度为

$$E=\frac{q}{4\pi\varepsilon r^2}\quad (R_1<r<R_2)$$

故球壳内的电场能量密度为

$$w_e=\frac{1}{2}\varepsilon E^2=\frac{q^2}{32\pi^2\varepsilon r^4}$$

取半径为 r、厚为 $\mathrm{d}r$ 的球壳，其体积元为 $\mathrm{d}V=4\pi r^2\mathrm{d}r$，在此体积元内电场的能量为

$$\mathrm{d}W_e=w_e\mathrm{d}V=\frac{q^2}{8\pi\varepsilon r^2}\mathrm{d}r$$

则电场总能量为

$$W_e=\int_V\mathrm{d}W_e=\frac{q^2}{8\pi\varepsilon}\int_{R_1}^{R_2}\frac{\mathrm{d}r}{r^2}=\frac{q^2}{8\pi\varepsilon}\left(\frac{1}{R_1}-\frac{1}{R_2}\right)$$

$$=\frac{1}{2}\frac{q^2}{4\pi\varepsilon\dfrac{R_2R_1}{R_2-R_1}}$$

由电容器能量公式 $W_e=\frac{1}{2}\frac{q^2}{C}$ 可得球形电容器的电容为

$$C=4\pi\varepsilon\frac{R_1R_2}{R_2-R_1}$$

这与式(6-16)得到的结果一致.

如果 $R_2\to\infty$，此带电系统即为一半径为 R_1，电荷量为 q 的孤立球形导体.所以，孤立球形导体激发的电场中所储存的能量为

$$W_e=\frac{q^2}{8\pi\varepsilon R_1}$$

例 6-9

如图 6-28 所示，半径为 a 的长直导线，外面套有共轴导体圆筒，筒的内半径为 b，导线与圆筒间充以介电常量为 ε 的均匀电介质.沿轴线单位长度上导线带电为 λ，圆筒带电为 $-\lambda$.忽略边缘效应，求沿轴线单位长度内的电场能量.

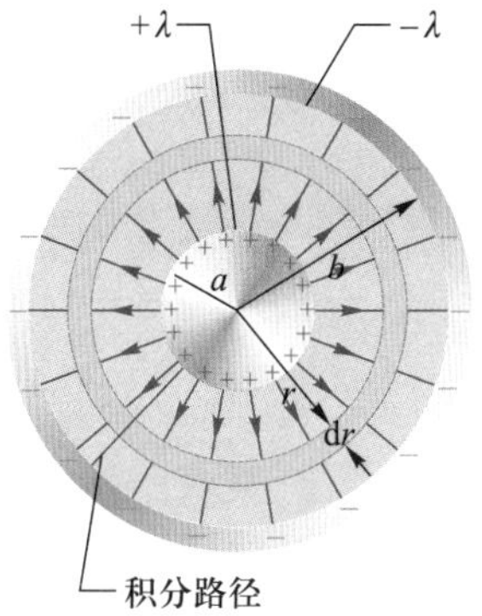

图 6-28 例 6-9 用图

解 由对称性分析可知，电场分布具有圆柱对称性.由高斯定理可得在长直导线内部和圆筒内半径以外区域电场强度均为零，长直导线和圆筒之间的电场强度为

$$E=\frac{\lambda}{2\pi\varepsilon r}\quad (a<r<b)$$

因此长直导线和圆筒之间的电场能量密度为

$$w_e=\frac{1}{2}\varepsilon E^2=\frac{\lambda^2}{8\pi^2\varepsilon r^2}$$

如图所示，取长为 h、半径为 r、厚为 $\mathrm{d}r$ 的薄圆筒，其体积元为 $\mathrm{d}V=2\pi rh\mathrm{d}r$，在此体积元内电场的能量为

$$\mathrm{d}W_e=w_e\mathrm{d}V=\frac{\lambda^2h}{4\pi\varepsilon r}\mathrm{d}r$$

则沿轴线单位长度的电场能量为

$$\frac{W_e}{h}=\frac{\int_V\mathrm{d}W_e}{h}=\frac{\lambda^2}{4\pi\varepsilon}\int_a^b\frac{\mathrm{d}r}{r}$$

$$=\frac{\lambda^2}{4\pi\varepsilon}\ln\frac{b}{a}$$

思考题

6-1 导体在电结构方面有何特征？何谓金属导体的静电平衡？试述导体的静电平衡条件.

6-2 为什么从导体出发或终止于导体上的电场线都垂直于导体外表面？

6-3 球形空腔导体内的电场为零，对于方形空腔也对吗？能否用相同的方法来论证？

6-4 用手捏住一根金属棒，并用丝绸去摩擦金属棒，试问金属棒是否会因摩擦而失去或得到电子？如何证明你的观点是正确的？

6-5 如图所示，在金属球 A 内有两个球形空腔，此金属球体上原来不带电. 在空腔中心各放置一个点电荷 q_1 和 q_2，则金属球 A 的内球面上分布电荷为多少？外球面上分布电荷为多少？金属球 A 的体内电荷为多少？若在离金属球很远处放置一个点电荷 $q(r>>R)$，则 q_1 受力为多少？q_2 受力为多少？q 受力为多少？

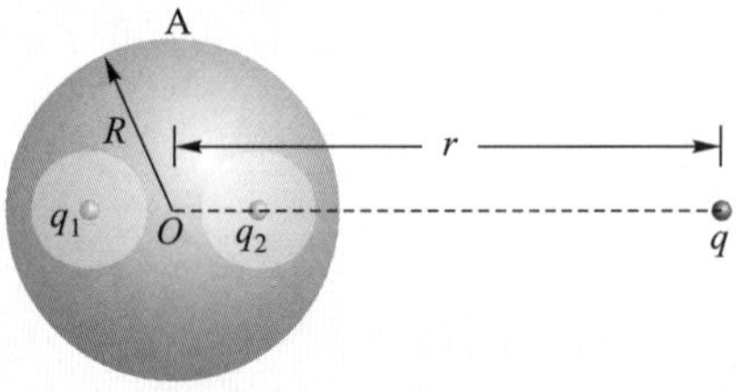

思考题 6-5 图

6-6 无限大均匀带电平面两侧的电场强度为 $E=\frac{\sigma}{2\varepsilon_0}$，这个公式对于靠近有限大小的带电平面的地方也适用. 这就是说，根据这个结果，导体表面附近的电场强度也应是 $E=\frac{\sigma}{2\varepsilon_0}$. 它比式(6-1)的电场强度小一半. 这是为什么？

6-7 如图所示，四块金属板 A、B、C、D 大小相等，互相平行，且间隔相同地并列着，其间距皆为 $\frac{d}{3}$，现将 A、B 接到电源上并充电到 V_0 之后拆去电源，这时 A、C 间，C、D 间，D、B 间的电势差各为多少？C、D 上有无电荷？如何分布？A、C 间，C、D 间，D、B 间的电场强度各为多少？若用导线将 C、D 两板连接，随即拆去导线，请再回答上述问题. 若再用导线将 A、B 两板连接，随即拆去导线，请再回答上述问题. 如果先用导线将 C、D 两板连接，再把 A、B 接到电源上，充电到电压 V_0 后，拆去电源，再拆去导线，请再回答上述问题.

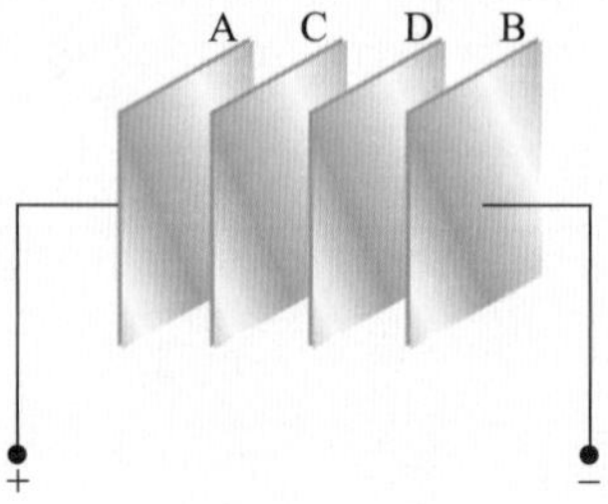

思考题 6-7 图

6-8 何谓尖端放电现象？将一个带电物体移近一个导体壳，带电体单独在导体空腔内激发的电场是否等于零？静电屏蔽效应是怎样体现的？

6-9 一个不带电的导体球壳半径为 r，球心处放一个点电荷，可测得球壳内、外的电场. 此后将该点电荷移至距球心 $r/2$ 处，重新测量电场. 试问电荷的移动对电场有何影响？

6-10 将一个带负电的导体 A 移近一个不带电的绝缘导体 B 时，由于静电感应，B 导体近端将出现正电荷，远端将出现负电荷，这时 B 导体两端的电势是否相等？

6-11 一个孤立导体球壳带有负电荷，如把另一个带正电荷的金属物块拿来和球壳内表面接触，则将发生什么情况？假设这个正电荷的量值(a)小于，(b)等于，(c)大于负电荷的数值.

6-12 在电子机件的装修技术中，有时将整机机壳作为电势零点. 若机壳未接地，能否说因为机壳电势为零，人站在地上就可以任意接触机壳？若机壳接地，则又如何？

6-13 介质的极化与导体的静电感应有什么相似之处？有什么不同？感应电荷与极化电荷有什么区别？

6-14 电位移 $\boldsymbol{D}$ 与电场强度 $\boldsymbol{E}$ 有什么不同？两者能否比较大小？

6-15 一个空气平行板电容器接上电源后，在不断开电源的情况下浸入煤油中，则极板间的电场强度大小 E 和电位移大小 D 将如何变化？

6-16 利用平行板电容器公式 $C=\dfrac{\varepsilon S}{d}$，说明电容器串联后电容为什么会减小？而并联后电容为什么会增大？

6-17 我们希望制备一个充满油的平行板电容器，在等于或低于某一最大电势差 V_m 的情况下，它不致发生击穿而能安全工作.可是，因为设计师设计得不够好，电容器偶尔要发生电弧.试问，使用同样的电介质并在电容和最大电势差 V_m 保持不变的情况下，你将如何重新设计这个电容器？

6-18 将平行板电容器两极板接在电源上，然后用介电常量为 ε 的均匀电介质将它充满，极板上的电荷量将增为原来的几倍？电场将增为原来的几倍？若充电后拆掉电源，然后再加入电介质，情况又将如何？

6-19 真空中带电的导体球面和带电的导体球体，若它们的半径和所带的电荷量都相等，则球面的静电能 W_{e1} 与球体的静电能 W_{e2} 之间的关系如何？

6-20 空气平行板电容器接通电源后，将电容率为 ε，且厚度与极板间距相等的介质板插入电容器的两极板之间.则插入前、后，电容 C、电场强度 E 和极板上的电荷面密度 σ 将分别如何变化？

习题

6-1 地球表面有净电荷，因而在地球表面附近存在电场，其电场强度约为 100 N · C^{-1}，方向竖直向下，如果把地球看作一个半径为 6.38×10^6 m 的导体球，其所带电荷量为多少？

6-2 如图所示，A、B、C 是三块平行金属板，面积均为 200 cm^2，A、B 相距 4.0 mm，A、C 相距 2.0 mm，B、C 两板都接地.如果使 A 板带正电 3.0×10^{-7} C，忽略边缘效应，求：(1) B 板和 C 板上的感应电荷以及 A 板的电势；(2) 若在 A、B 两板间充以相对介电常量 $\varepsilon_r=5$ 的均匀电介质，再求 B 板和 C 板上的感应电荷以及 A 板的电势.

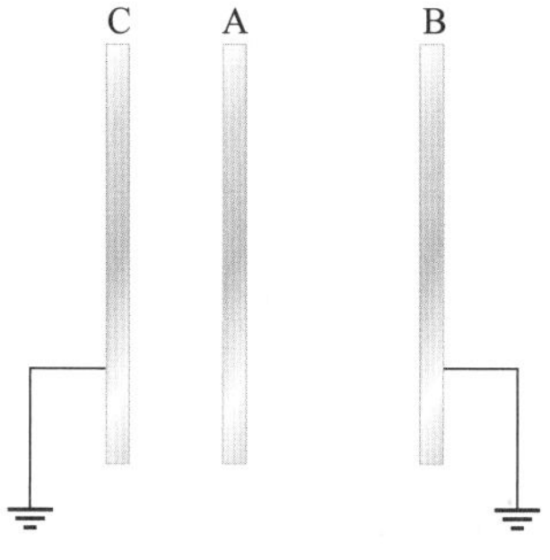

习题 6-2 图

6-3 半径为 R_1 的金属球 A 带电为 Q，把一个原来不带电的、半径为 R_2($R_2>R_1$) 的薄金属球壳 B 同心地罩在 A 球外面，然后把 A 和 B 用金属线连接起来，求区域 $R_1<r<R_2$ 中的电势.

6-4 静止电荷 Q 均匀分布在半径为 R 的球面上.试证明：带电荷量为 dq 的小面元所受的电场力沿径向向外，其大小由公式 $\mathrm{d}F=\dfrac{1}{2}E\mathrm{d}q$ 给出，其中 $E=\dfrac{Q}{4\pi\varepsilon_0 R^2}$ 为球面上电场强度的大小.

6-5 半径分别为 1.0 cm 与 2.0 cm 的两个球形导体，各带电荷量 1.0×10^{-8} C，两球相距很远而互不影响.若用细导线将两球连接起来，求：(1) 每个球所带的电荷量；(2) 球的电荷面密度与球的半径有何关系；(3) 每个球的电势.

6-6 两块无限大均匀带电的薄导体平板，平行放置，相距为 d.A 板的电荷面密度为 σ_1，B 板的电荷面密度为 σ_2，求 A 板与 B 板之间的电势差.

6-7 如图所示，半径为 R_1 的导体球，被一个与其同心的导体球壳包围着，其内外半径分别为 R_2、R_3，使内球的电荷量为 q，球壳的电荷量为 Q，试求：(1) 电势分布的表示式，作图表示 V-r 关系；(2) 用导线连接球和球壳后的电势分布；(3) 外壳接地后的电势分布.

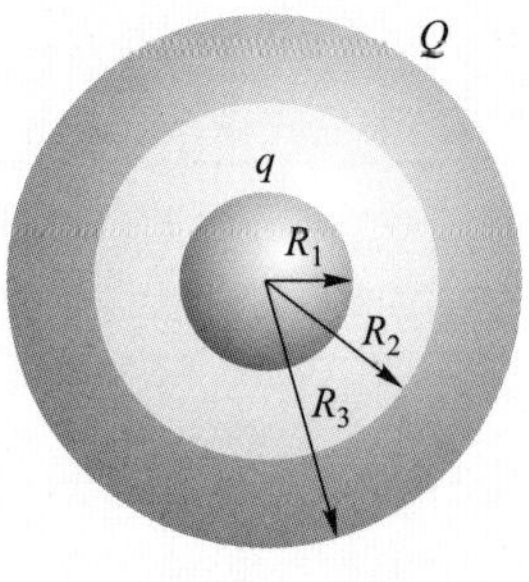

习题 6-7 图

6-8 两同心导体球壳，内球的半径为 r_1，外球的半径为 r_2，它们之间充满均匀电介质，两球壳间的电压为 V，假设电介质的击穿电场强度为 E'，求：(1)内球的表面电场强度为最小的条件；(2)电介质被击穿的条件.

6-9 在紧贴半径为 R_1 的金属球外同心地包围着一层半径为 R_2、相对介电常量为 ε_r 的均匀介质球壳层.若已知金属球的电荷量为 Q，求：(1)介质层内、外的电场强度分布；(2)介质层内、外的电势分布；(3)金属球的电势.

6-10 一个半径为 R_1 的金属球的电荷量为 Q，球外有一层同心球壳的均匀电介质，其内、外半径分别为 R_2、R_3，相对介电常量为 ε_r，求：(1)介质内、外电场强度 E 和电位移 D；(2)电势的分布；(3)介质内极化强度 P 和介质内、外表面上的极化电荷面密度.

6-11 如图所示，有三个相同的电容器，电容均为 $C=6\ \mu F$，相互连接.今在此电容器组的两端加上电压 $V_A-V_B=300$ V.求：(1)电容器 C_1 上的电荷量；(2)电容器 C_3 两端的电势差.

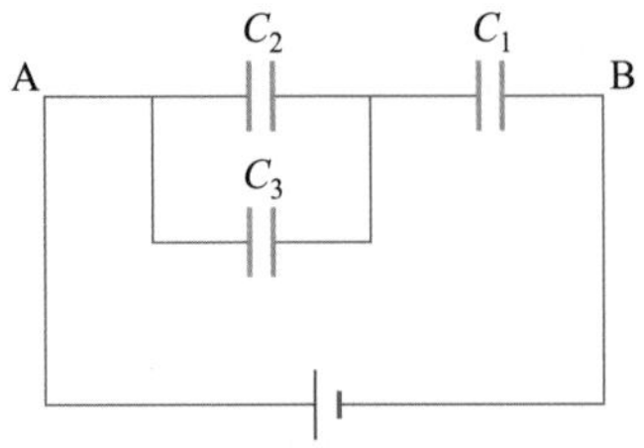

习题 6-11 图

6-12 有两个电容器，电容分别为 $C_1=30\ \mu F$，$C_2=20\ \mu F$，耐压分别为 500 V 和 400 V，能不能把这两个电容器串联起来接到 700 V 的电源上？

6-13 一个平行板空气电容器，两极板面积均为 S，相距为 d，今将一厚度为 t 的铜板平行地插入电容器.计算此时电容器的电容，铜板与极板之间的距离对这一结果有无影响？

6-14 如图所示，一个平行板电容器填充介电常量分别为 ε_1、ε_2 和 ε_3 的三种介质，它们分别占电容器体积的 $\frac{1}{2}$、$\frac{1}{4}$ 和 $\frac{1}{4}$，极板面积为 S，板间距离为 $2d$，求此电容器的电容.

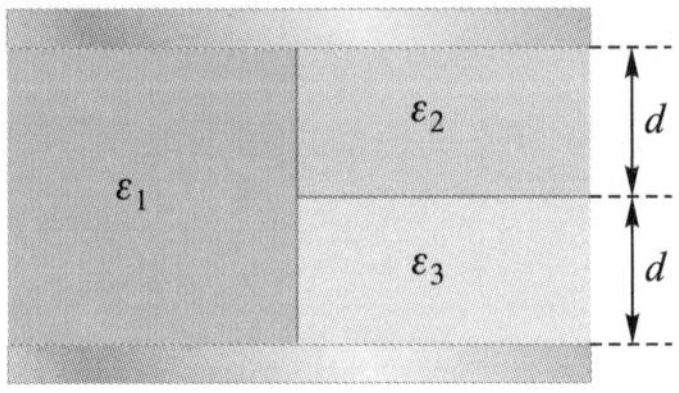

习题 6-14 图

6-15 如图所示，平行板电容器的极板面积 $S=200\ cm^2$，两极板间距 $d=5.0$ mm，极板间充以两层均匀电介质，其一厚度为 $d_1=2.0$ mm，相对介电常量 $\varepsilon_{r1}=5.0$，其二厚度为 $d_2=3.0$ mm，相对介电常量 $\varepsilon_{r2}=2.0$.若以 3 800 V 的电势差 V_A-V_B 加在此电容器的两极板上，求：(1)板上的电荷面密度；(2)介质内的电场强度、电位移及电极化强度.

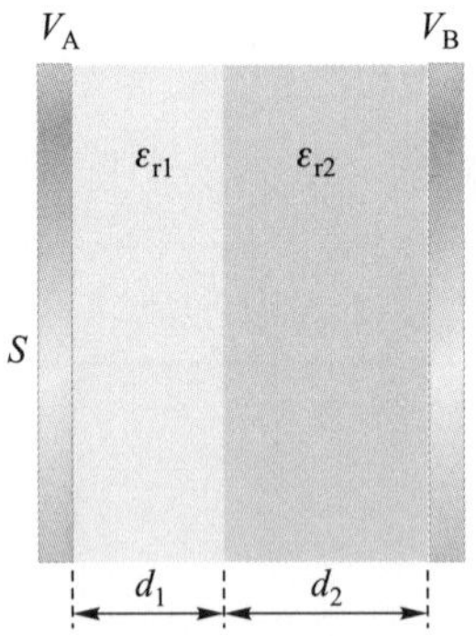

习题 6-15 图

6-16 如图所示，同轴电缆由半径为 R_1 的导线和半径为 R_3 的导体圆筒构成，在内、外导体间用两层电介质隔离，分界面的半径为 R_2，其介电常量分别为 ε_1 和 ε_2.若使两层电介质中最大电场强度相等，其条件如何？并求此种情况下电缆单位长度的电容.

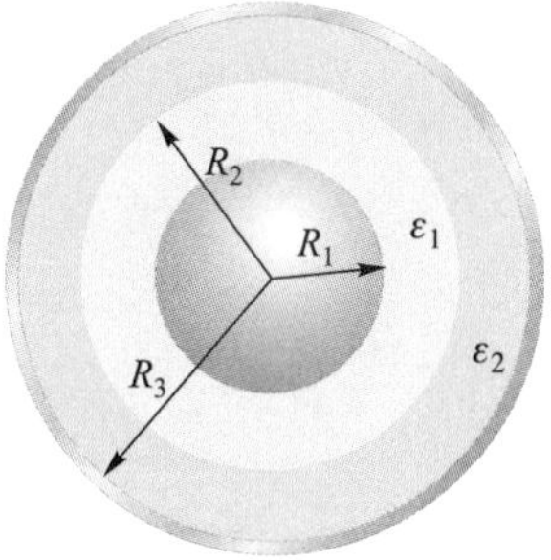

习题 6-16 图

6-17　一球形电容器两极板的半径分别为 R_1 和 R_2，两极板间充满介电常量为 ε 的电介质，试计算该电容器所储存的能量，设两极板的电荷量分别为 $\pm Q$.

6-18　求一均匀带电球体（非导体）的静电能. 设球体半径为 R，电荷量为 Q.

6-19　设球形电容器极板上的电荷量不变，若将两极板的间距缩小一半（内球半径 R_1 不变，外球半径 R_2 变小），试问缩小后的电容器能量与原来的能量之比为多少？

6-20　一空气平行板电容器，极板面积为 S，极板间距为 d，在连接电源的条件下，拉开两极板至间距 $d' = 2d$. 已知拉开极板过程中外力做功为 $W_{外}$，试求：(1) 电容器两极板间的电势差；(2) 拉开极板的过程中电源所做的功 $W_{源}$.

*6-21　如图所示，真空中两个同心的金属薄球壳，内外球壳的半径分别为 R_1 和 R_2.(1) 试求它们所构成的电容器的电容；(2) 如果 $R_1 = 0.1\ \mathrm{m}$，$R_2 = R_1 + \Delta R$，描述电容器的电容 C 与 ΔR 的关系曲线，并讨论 ΔR 为多少时可以看作平板电容器.

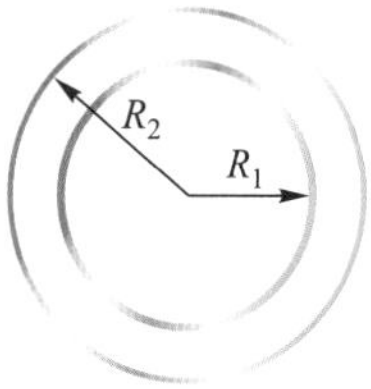

习题 6-21 图

*6-22　在示波器的竖直偏转系统的两极板上加电压，在两极板间产生均匀电场 $E = 100\cos 5t$（SI 单位）. 设电子质量为 m_e，电荷量为 $-e$，它以 $300\ \mathrm{m \cdot s^{-1}}$ 的速度射入电场中，且速度与电场方向垂直，试编程绘出电子在电场中的运动轨迹.

2006 年 4 月，首条磁悬浮列车示范运营线在上海开通，最高速度达到 430 公里/小时.磁力使列车悬浮于轨道之上约 1 cm 处，即使在静止时候仍可保持悬浮状态.由于列车与路轨之间没有了直接的摩擦阻力，因此可以大大提高列车的运行速度，比现在的高铁快得多.

2020 年 6 月，时速 600 公里/小时的高速磁浮试验样车在上海同济大学的磁浮试验线上成功试跑，这标志着中国高速磁浮的研发取得了新的重大突破.

第 7 章 恒定磁场

人们对磁现象的最粗浅认识莫过于吸铁石.就连孩子都知道吸铁石具有吸引铁物质的性质.其实磁现象在生活中随处可见，尤其是在现代文明社会中，人们常会不自觉地与磁性打交道.白天，我们在电脑前工作，通过硬盘存取大量的数据；晚上，我们拖着疲惫的身躯回到家，用微波炉煮热一杯咖啡，打开电视机看看每日新闻或播放一盒录音带，欣赏自己喜欢的音乐.所有这一切，都与磁性有关.

现在我们知道，一切磁现象从本质上而言都是由运动电荷间的相互作用而产生的.两个运动电荷间除了有遵守库仑定律的静电力以外，还存在一种相互作用力，这种力称为磁力.

本章主要研究由恒定电流产生的恒定磁场的性质和规律以及磁场对电流的作用.

7-1 恒定电流 电动势

7-1-1 恒定电流和恒定电场

在静电场中，当导体处于静电平衡时，导体上的电荷将重新分布，致使导体内部电场强度处处为零，不能驱动电荷继续作定向移动.但是可以设想，如果采用某种方法，使导体内部维持一定的电场分布或存在一定的电势差，则在导体内就会形成大量电荷的定向运动，我们把大量电荷的定向运动称为**电流**(electric current).由此可知，导体中要形成电流需要具备两个基本条件：①导体中存在自由电荷；②导体中要维持一定的电场.导体中能够承担电流任务的粒子称为**载流子**(carrier).载流子可以是金属中的自由电子，电解质中的正、负离子或半导体材料中的“空穴”等.由载流子定向运动而形成的电流称为**传导电流**(conduction current)；而带电物体作机械运动时，宏观上也会形成电荷的定向运动，这样形成的电流称为**运流电流**(convection current).

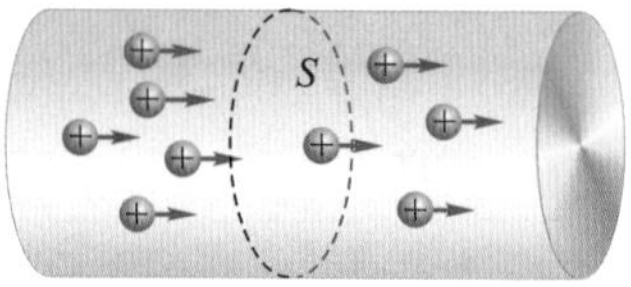

图 7-1 导体中的电流

电流用符号 I 表示，定义为**单位时间内通过导体任一横截面的电荷量**.如图 7-1 所示，若在 dt 时间内，通过导体截面 S 的电荷量为 dq，则通过导体中该截面的电流 I 为

$$I=\frac{dq}{dt} \tag{7-1}$$

电流的单位称为**安培**，用符号 A 表示，$1\ A=1\ C\cdot s^{-1}$.常用的电流单位还有毫安(mA)和微安(μA).它们之间的换算关系为

$$1\ A=10^3\ mA=10^6\ \mu A$$

如果导体中通过任一截面的电流不随时间变化，即 I 为常量，则这种电流称为恒定电流，又称**直流电**(direct current).

电流是标量，但有方向性，所谓电流的方向是指正电荷在导体中的流动方向.这是沿袭了历史上的规定，与自由电子移动的方向正好相反.这样，在导体中的电流方向总是沿着电场的方向，从高电势处流向低电势处.

从以上分析可知，若要在导体中维持恒定电流，必须在导体内部建立恒定电场，也就是说产生恒定电场的电荷分布必须不随时间变化.从这个意义上说，恒定电场和静电场性质相同，也遵守静电场的高斯定理和环路定理.

7-1-2 电流密度

在许多情况下，导体中的电流分布并不均匀，因此仅有电流的概念还不足以描述导体内各点处的电流分布情况，必须引入新的物理量——**电流密度**(electric current density).

以金属导体为例，常温下金属中的自由电子都处在无规则的热运动中，其平均速率约为$10^6\ \mathrm{m\cdot s^{-1}}$的数量级.在没有外电场时，由于存在热运动，大量自由电子与振动的晶格正离子频繁碰撞，每一个自由电子的轨迹是无规则的，所以不会出现大量电子的定向运动.当存在外电场时，导体中的自由电子除了无规则的热运动以外，在电场力作用下还会逆着电场方向漂移(drift)，如图 7-2 所示.漂移运动的速度大约为$10^{-4}\ \mathrm{m\cdot s^{-1}}$的数量级，自由电子漂移速度如此之小的原因在于它与晶格正离子碰撞非常频繁，只能在两次碰撞之间被电场加速，而每次碰撞都有可能使它失去逆电场方向上的速度，导体中的电阻就是这种微观过程的宏观反映.

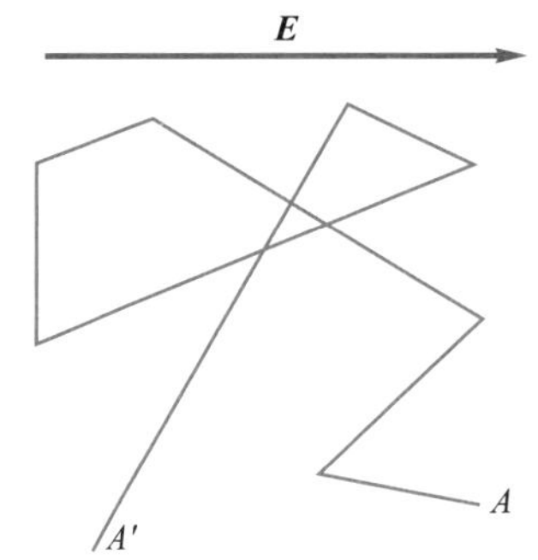

图 7-2 电子的漂移运动

如图 7-3 所示，设导体中单位体积内的载流子数为 n，每个载流子所带电荷量为 q，载流子的漂移速度为 $\boldsymbol{u}$.设想在导体中取一面积元 d$\boldsymbol{S}$，其方向与载流子的漂移速度 $\boldsymbol{u}$ 方向之间的夹角为 θ，根据电流的定义，通过导体中某点处的面积元 d$\boldsymbol{S}$ 的电流为

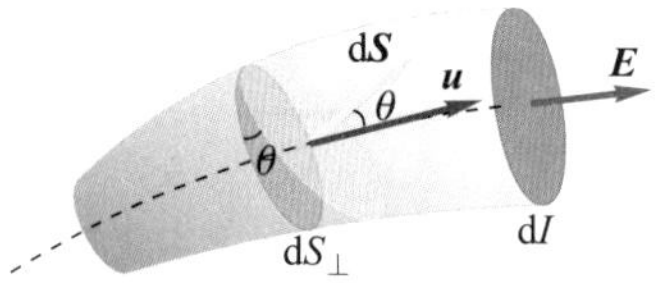

图 7-3 电流密度的推导

$$\mathrm{d}I=qnu\mathrm{d}S_{\perp}=qnu\mathrm{d}S\cos\theta=qn\boldsymbol{u}\cdot\mathrm{d}\boldsymbol{S} \tag{7-2}$$

我们定义：**单位时间内通过某点处垂直于电流方向单位面积的电荷量为导体中通过该点处的电流密度 $\boldsymbol{j}$ 的大小，$\boldsymbol{j}$ 的方向为该点处正电荷漂移运动的方向，亦即外电场 $\boldsymbol{E}$ 的方向**.电流密度为一矢量，可以表示为

$$\boldsymbol{j}=qn\boldsymbol{u} \tag{7-3}$$

在国际单位制中，电流密度的单位为安培每平方米($\mathrm{A\cdot m^{-2}}$).根据电流密度分布，可以求出通过任意截面的电流.通过面积元 d$\boldsymbol{S}$ 的电流为

$$\mathrm{d}I=\boldsymbol{j}\cdot\mathrm{d}\boldsymbol{S} \tag{7-4}$$

通过任意曲面的电流，应该等于通过各面积元电流的积分，即

$$I=\int_S\boldsymbol{j}\cdot\mathrm{d}\boldsymbol{S} \tag{7-5}$$

由此可见，在电流场中，通过某一面积的电流就是通过该面积电流密度的通量.

7-1-3 电源和电动势

我们已经知道，要形成恒定电流必须在导体内建立一个恒定电场.

在如图 7-4 所示的电容器放电回路中，设开始时正、负极板各带有正、负电荷，导线中存在电场.放电开始后导线中形成电流，随着电流的持续，导致正、负极板上的电荷因中和而逐渐减少，直至电场消失.这种随时间减少的电荷分布不可能在导线中形成恒定电场，所以也就不可能在导线中形成恒定电流.

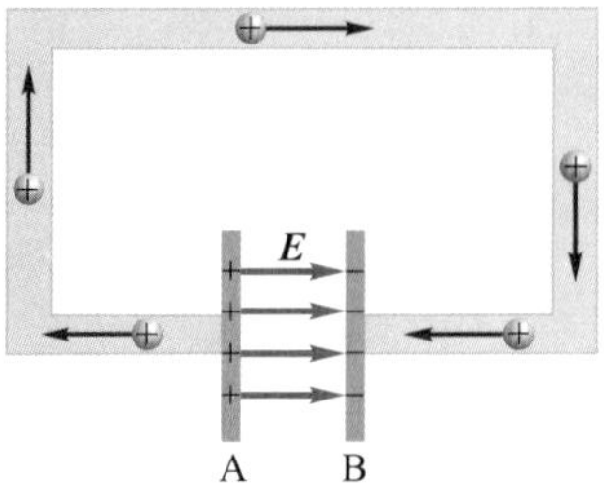

图 7-4 充了电的电容器的两极板分别带有等量异号电荷.当两极板用导线连接后，电容器开始放电，导线中有电流流过

如果我们能够让流到负极板上的正电荷重新回到正极板上，并维持两极板正、负电荷分布不变，就能在导线中产生恒定电场，从而形成恒定电流.根据静电场的环路定理，恒定电场力沿闭合路径做功等于零，但由于回路中存在电阻，或多或少存在能量损失，因此抵达负极板的正电荷已不具有反抗静电力做功的能力而从负极板移到正极板上.为了维持电流，必须借助其他形式的非静电力.能够提供非静电力而把其他形式的能量转化为电能的装置称为**电源**(power source).电源的种类有很多，例如干电池、蓄电池、燃料电池、太阳能电池和发电机等就是常用的电源.

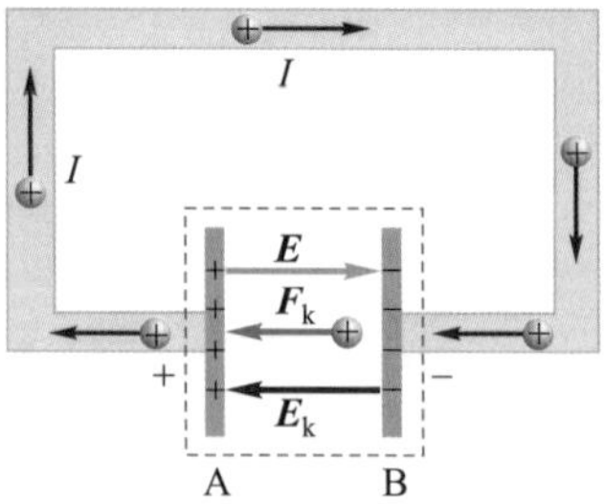

图 7-5 电源的内、外电路

通常将电源内部正、负两极之间的电路称为**内电路**(internal circuit)，电源外部的电路称为**外电路**(external circuit)，如图 7-5 所示.正电荷从正极板流出，经外电路流入负极板；在电源内部，依靠非静电力 $\boldsymbol{F}_k$ 反抗静电力 $\boldsymbol{F}$ 做功，将正电荷从负极板移到正极板，从而将其他形式的能量转化为电能.

我们可以像定义静电场强度 $\boldsymbol{E}$ 那样，定义**非静电性电场强度**，用 $\boldsymbol{E}_k$ 表示，即

$$\boldsymbol{E}_k=\frac{\boldsymbol{F}_k}{q} \tag{7-6}$$

非静电性电场强度 $\boldsymbol{E}_k$ 是与静电场强度 $\boldsymbol{E}$ 类比的一种等效表示，其物理意义是单位正电荷所受的非静电性电场力.

为了定量描述电源转化能量的本领，我们引入**电源电动势**(electromotive force)的概念.将单位正电荷沿闭合回路移动一周的过程中，非静电性电场力所做的功，称为电源电动势，用符号 $\mathscr{E}$ 表示.以 W 表示非静电力做的功，则 $\mathscr{E}$ 表示为

$$\mathscr{E}=\frac{W}{q}=\oint_l \boldsymbol{E}_k \cdot \mathrm{d}\boldsymbol{l} \tag{7-7}$$

考虑到大部分情况非静电性电场 $\boldsymbol{E}_k$ 只存在于电源内部，因此式(7-7)又可表示为

$$\mathscr{E}=\oint_l \boldsymbol{E}_k \cdot \mathrm{d}\boldsymbol{l}=\int_{内} \boldsymbol{E}_k \cdot \mathrm{d}\boldsymbol{l} \tag{7-8}$$

但有些时候，非静电性电场会出现在整个闭合回路中.

式(7-8)表明：**电源电动势在数值上等于把单位正电荷从电源负极经电源内部移到正极过程中非静电性电场力所做的功**.在国际单位制中，电动势的单位与电势的单位相同，为伏特(V).

电源电动势是标量，但有方向性.通常把电源内部电势升高的方向，即电源内部从负极指向正极，规定为电动势的方向.虽然电动势与电势差的单位相同，但它们是完全不同的物理概念.根据电动势的定义，电源电动势的大小反映电

源中非静电性电场力做功的本领，只取决于电源本身的性质，与外电路的性质无关.

7-2 磁场 磁感应强度

7-2-1 磁的基本现象

人类发现磁现象远比发现电现象要早得多.据历史记载，我国早在春秋战国时期就陆续在《管子·地数篇》、《山海经·北山经》和《吕氏春秋·精通》等古籍中，有关于磁石的描述和记载.东汉的王充在《论衡》中所描写的"司南勺"（见图 7-6）是公认为最早的磁性指南工具.到了 12 世纪初，我国已有关于指南针用于航海事业的明确记载.

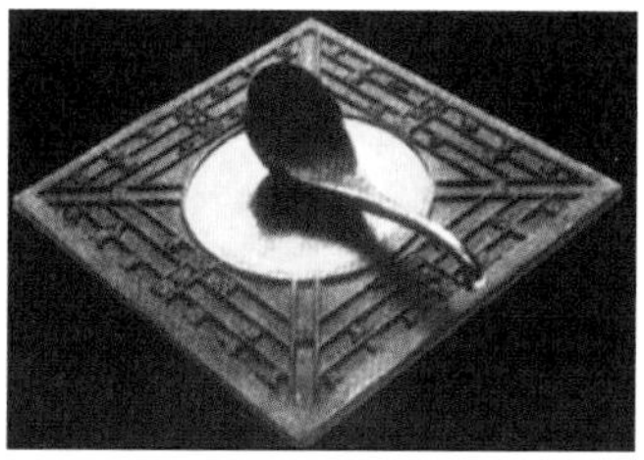

图 7-6 司南勺

最初，人们认识磁现象是从天然磁铁（Fe_3O_4）的相互作用中观察到的.这种磁铁称为永久磁体（permanent magnet）.磁铁具有吸引铁、钴、镍等物质的性质，这种性质称为磁性（magnetism）.磁铁总是存在两个磁性很强的区域，称为磁极（magnetic pole）.如果将条形磁铁水平悬挂起来，磁铁将自动地转向沿地球的南北方向，指向北方的磁极称为磁北极（N pole），指向南方的磁极称为磁南极（S pole）.磁极之间的相互作用称为磁力（magnetic force），同种磁极相斥，异种磁极相吸.与电荷不同，两种不同性质的磁极总是成对出现.尽管许多科学家从理论上预言存在磁单极（magnetic monopole），但是，迄今为止，人们在实验中还没有令人信服地证实磁单极能够独立存在.无论将磁铁怎样分割，分割后的每一小块磁铁总是具有 N、S 两个不同的磁极.

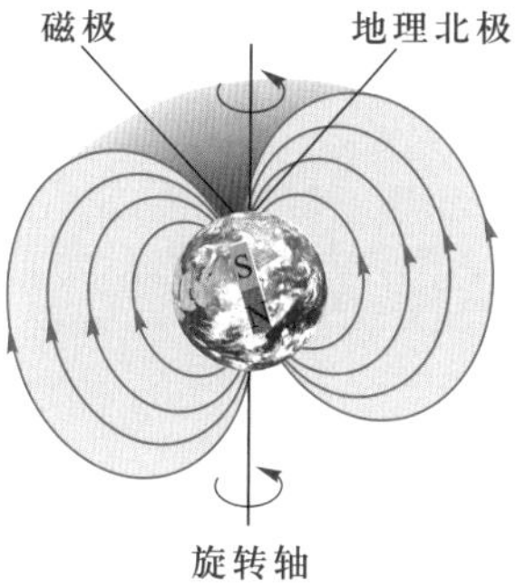

图 7-7 地磁场的磁偏角

地球本身就是一个巨大的永久磁体，致使小磁针受其作用总是沿南北指向.地磁两极在地面上的位置不是固定的，随着时间的推移会有些变化.目前，地磁北极（N 极）在地理南极附近，地磁南极（S 极）在地理北极附近.地磁场的两极方向与地理上的南北极方向之间的夹角叫做磁偏角（magnetic declination），目前为 11.5°，如图 7-7 所示.

在相当长的一个历史时期内，人们（甚至包括后来对认识电磁相互联系有巨大贡献的安培、毕奥等人）把磁和电看成是本质上完全不同的两种现象，因此对它们的研究是沿着两个相互独立的方向发展的，进展极其缓慢.直到 1820 年 4 月，丹麦物理学家奥斯特（H.C.Oersted，1777—1851）在一次讲座上做演示实验时，偶然发现了小磁针在通电导线周围受到磁力作用而发生偏转，如图 7-8 所示.这才逐渐揭开了电、磁现象的内在联系.

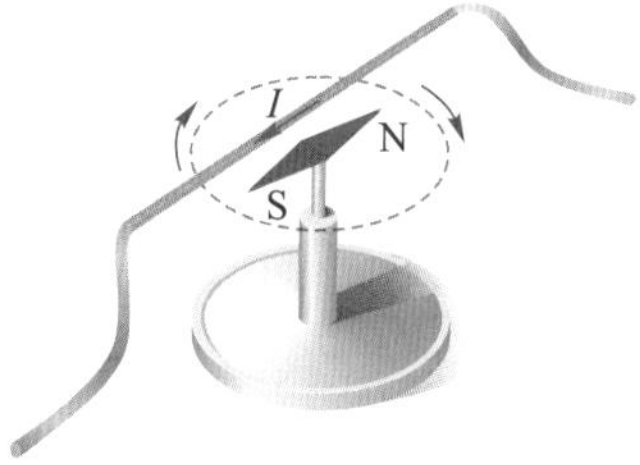

图 7-8 奥斯特实验.小磁针在通电导线周围发生偏转

小磁针这么一动,对当时听课者来说并没有产生多少影响,但是对奥斯特却是一个震惊.紧接着,奥斯特苦苦进行了三个多月的研究,终于在 1820 年 7 月 21 日发表了题为《关于磁针与电流碰撞的实验》的论文,向世界宣布了"电流的磁效应",详细史料见阅读:电流磁效应的发现.当时这件事轰动了整个欧洲学术界.法国物理学家安培(A.M.Ampère,1775—1836)在两个月后得知此消息时对此作出了异乎寻常的反应.他在第二天重复了奥斯特的实验,并立即作了进一步的研究.发现磁铁对载流导线、载流导线之间或载流线圈之间也有相互作用,如图7-9所示.这些实验事实都表明磁现象与电荷的运动之间有着密切的联系.

阅读 电流磁效应的发现

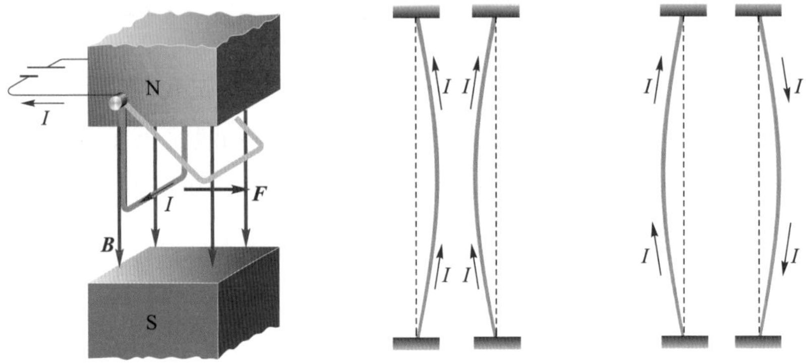

(a) (b) (c)

图 7-9 安培的实验
(a) 磁铁对通电导线的作用
(b) 同向电流相吸
(c) 反向电流相斥

1821 年,安培又提出了著名的分子电流假说,他认为一切磁现象的根源都是电流.磁性物质的分子中存在回路电流,称为分子电流(molecular current).分子电流相当于基元磁铁,物质对外显示出的磁性,取决于物质中分子电流对外界的磁效应的总和.

近代物理学表明,所谓分子电流是由原子中核外电子绕核的轨道运动和自旋运动所形成的.而电流是电荷作定向运动形成的,因此,磁现象在本质上源于运动电荷.

7-2-2 磁场和磁感应强度

与静止电荷之间的相互作用一样,磁体与磁体、磁体与电流、电流与电流、磁体与运动电荷之间的相互作用是通过周围特殊形态的物质——磁场(magnetic field)来传递的.而就根本上而言,是运动电荷周围激发磁场,通过磁场对另一个运动电荷进行作用.这种作用称为磁场力(magnetic field force),作用形式可表示为

$$运动电荷 \longleftrightarrow 磁场 \longleftrightarrow 运动电荷$$

恒定电流周围激发的磁场不会随时间发生变化,因此称为恒定磁场.本章将着重讨论恒定磁场的一些基本性质和规律.

与电场一样，磁场也是一个矢量场.空间某一点处磁场的方向可以由在该点处小磁针 N 极的指向表示.为了描述磁场空间各场点的性质，我们将引入新的物理量——磁感应强度(magnetic induction)，用矢量 $\boldsymbol{B}$ 表示.空间某一场点 $\boldsymbol{B}$ 的方向即表示该处磁场的方向.

实验表明：

(1) 当运动的试验电荷 q_0 以某一速度 $\boldsymbol{v}$ 沿磁场方向(或其反方向)运动时，运动电荷不受磁场力的作用，即 $\boldsymbol{F}=0$.

(2) 当运动的试验电荷 q_0 以某一速度 $\boldsymbol{v}$ 沿不同于磁场方向运动时，它在磁场中某点 P 所受到的磁场力 $\boldsymbol{F}$ 的大小与运动电荷的电荷量 q_0 和运动速度 $\boldsymbol{v}$ 的大小成正比，而磁场力 $\boldsymbol{F}$ 的方向总是垂直于运动速度 $\boldsymbol{v}$ 与磁场方向所组成的平面.

(3) 当运动的试验电荷 q_0 以某一速度 $\boldsymbol{v}$ 沿垂直于磁场方向运动时，它在磁场中所受磁场力 $\boldsymbol{F}$ 的量值为最大，即 $\boldsymbol{F}=\boldsymbol{F}_{\max}$，如图 7-10 所示.这个最大磁场力 $\boldsymbol{F}_{\max}$ 的大小正比于运动电荷的电荷量 q_0 与其速率 v 的乘积，但比值 $\dfrac{F_{\max}}{q_0 v}$ 具有确定的值，在确定的场点与运动电荷 $q_0 v$ 的大小无关，它反映了该点磁场的强弱.

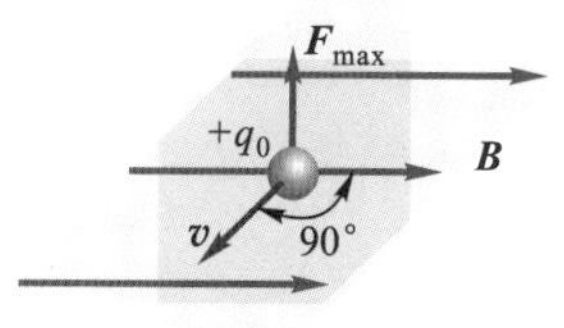

图 7-10 电荷在磁场中以速度 $\boldsymbol{v}$ 运动，当 $\boldsymbol{v}\perp\boldsymbol{B}$ 时所受磁场力最大 ($\boldsymbol{F}=\boldsymbol{F}_{\max}$)

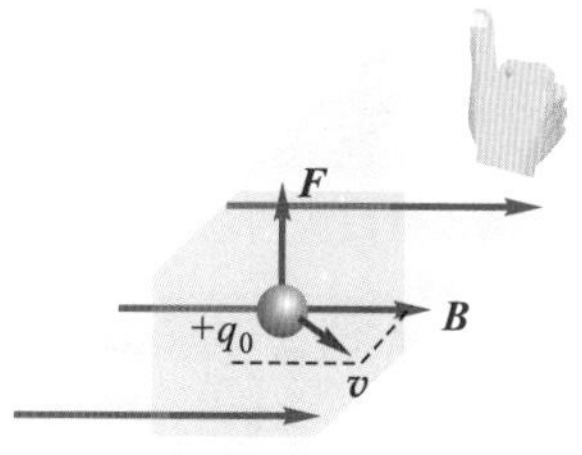

图 7-11 带电粒子在磁场中运动，其受力 $\boldsymbol{F}$ 的方向垂直于 $\boldsymbol{v}$ 和 $\boldsymbol{B}$ 所确定的平面

因此，我们定义磁场中某点的磁感应强度 $\boldsymbol{B}$ 的大小为

$$B=\frac{F_{\max}}{q_0 v} \tag{7-9}$$

磁感应强度 $\boldsymbol{B}$ 的方向为小磁针在该点处时 N 极的指向.我们可以通过实验归纳出磁感应强度 $\boldsymbol{B}$ 满足下面的关系：

$$\boldsymbol{F}=q_0\boldsymbol{v}\times\boldsymbol{B} \tag{7-10}$$

这就是运动电荷在磁场中受的磁场力，称为洛伦兹力(Lorentz force).由此式可知，磁场力 $\boldsymbol{F}$ 同时垂直于运动电荷的速度 $\boldsymbol{v}$ 和磁感应强度 $\boldsymbol{B}$(即垂直于两者构成的平面)，它们之间符合右手螺旋定则，如图 7-11 所示.

在国际单位制中，磁感应强度 $\boldsymbol{B}$ 的单位为特斯拉(T)，即

$$1\ \mathrm{T}=1\ \mathrm{N}\cdot\mathrm{A}^{-1}\cdot\mathrm{m}^{-1}.$$

目前常使用的另一个非国际单位制单位是高斯(Gs)，它与特斯拉的换算关系为

$$1\ \mathrm{T}=10^4\ \mathrm{Gs}$$

表 7-1 列出了一些典型的磁感应强度的大小.

表 7-1 一些磁感应强度的大小 (单位:T)

原子核表面	约 10^{12}
中子星表面	约 10^{8}
太阳黑子中	约 0.3
电视机内偏转磁场	约 0.1
太阳表面	约 10^{-2}
小型条形磁铁近旁	约 10^{-2}
木星表面	约 10^{-3}
地球表面	约 5×10^{-5}
蟹状星云内	约 10^{-8}
星际空间	约 10^{-10}
人体表面(头部)	3×10^{-10}
磁屏蔽室内	3×10^{-14}

7-2-3 磁感应线

为了形象地描绘磁场中磁感应强度的分布，我们引入磁感应线(magnetic induction line)(或称 $\boldsymbol{B}$ 线)来反映磁场的空间分布.磁感应线是在磁场中所描

绘的一簇有向曲线，通常规定：磁感应线上任一点的切线方向都与该点的磁感应强度 $\boldsymbol{B}$ 的方向一致.而通过垂直于磁感应强度 $\boldsymbol{B}$ 的单位面积上的磁感应线的条数则用来标示该处 B 的大小；显然，磁场中磁感应线的疏密程度反映了该处磁场的强弱.

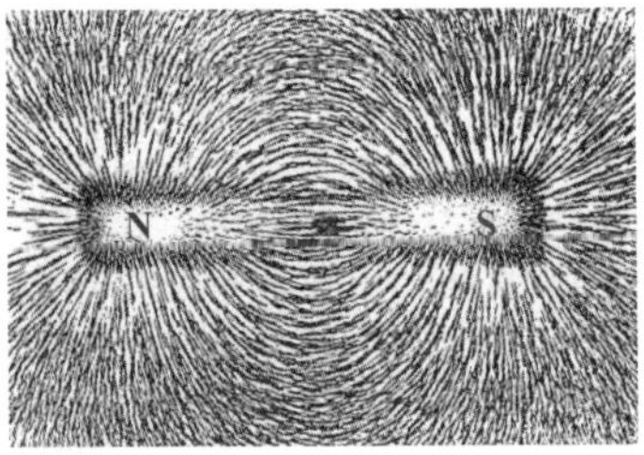

图 7-12 条形磁铁周围的铁屑沿磁感应线排列

磁感应线可以通过实验方法显示出来，用实验显示磁感应线要比显示电场线容易.将一块玻璃板放在有磁场的空间中，在板上撒上一些铁屑，轻轻地敲动玻璃板，铁屑就会沿磁感应线排列起来，如图 7-12 所示.图 7-13 是几种典型电流所激发的磁场的磁感应线分布图.从中可以看出：磁感应线的回转方向与电流方向成右手螺旋关系；磁感应线永不相交；而且每条磁感应线都是无头无尾的闭合曲线，这与静电场中的电场线不同，电场线是有头有尾的不闭合曲线.

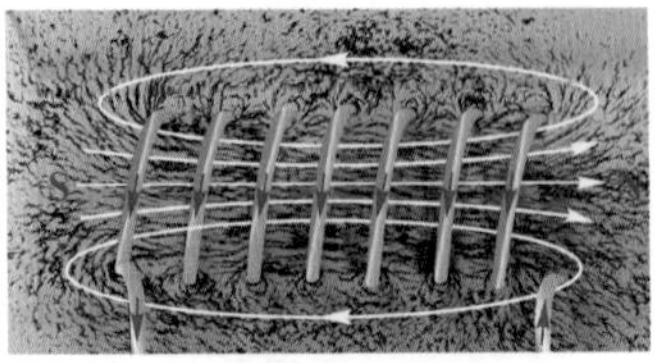

(a) 载流螺线管周围的磁场分布

(b) 载流圆环周围的磁场分布

(c) 载流直导线周围的磁场分布

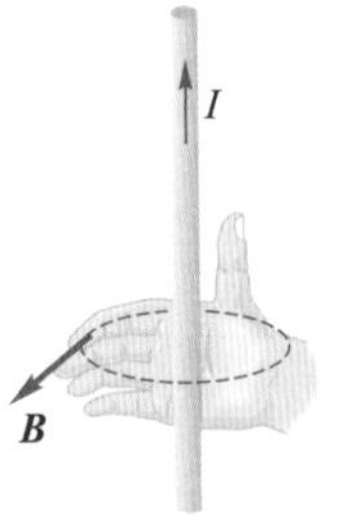

(d) 磁感应线的回转方向与电流方向成右手螺旋关系

图 7-13 磁场的磁感应线

7-3 毕奥-萨伐尔定律

在静电场中，通常将带电体看成由无数个电荷元组成，根据点电荷的电场强度表达式以及电场强度叠加原理可以计算出该带电体的电场强度.同样在计算电流周围各处的磁感应强度时，我们也可以把电流看成由许多个电流元组合而成.只要找出电流元的磁感应强度表达式，就可以利用磁场的叠加原理计算任意电流产生的磁感应强度.

7-3-1 毕奥-萨伐尔定律

1820 年 10 月，法国物理学家毕奥（J. B. Biot，1774—1862）和萨伐尔（F.Savart，1791—1841）通过大量的实验发现，载流直导线周围场点的磁感应强度 $\boldsymbol{B}$ 的大小与电流 I 成正比，与场点到直线电流的距离 r 成反比.后来法国数学家兼物理学家拉普拉斯（P.S.M.Laplace，1749—1827）根据毕奥和萨伐尔由实验得出的结论，运用物理学的思想方法，从数学上给出了电流元产生磁场的磁感应强度的数学表达式，从而建立了著名的毕奥-萨伐尔定律.

设在真空中任意形状的载流导线，其导线截面与所考察的场点的距离相比可以忽略不计，这种电流则称为线电流（line current）.在线电流上任取一线元矢量 $\mathrm{d}\boldsymbol{l}$，$\mathrm{d}\boldsymbol{l}$ 的方向与该处电流的流向一致.我们把该处电流 I 与 $\mathrm{d}\boldsymbol{l}$ 的乘积所组成的矢量 $I\mathrm{d}\boldsymbol{l}$ 称为电流元（current element）.则毕奥-萨伐尔定律可表述为：**电流元在真空中某点 P 处所产生的磁感应强度 $\mathrm{d}B$ 的大小与电流元 $I\mathrm{d}l$ 的大小成正比，与电流元 $I\mathrm{d}l$ 到 P 点的位矢 $\boldsymbol{r}$ 和电流元方向的夹角 θ 的正弦成正比，与位矢 $\boldsymbol{r}$ 的二次方成反比**，即

$$dB=k\frac{Idl\sin\theta}{r^2} \tag{7-11}$$

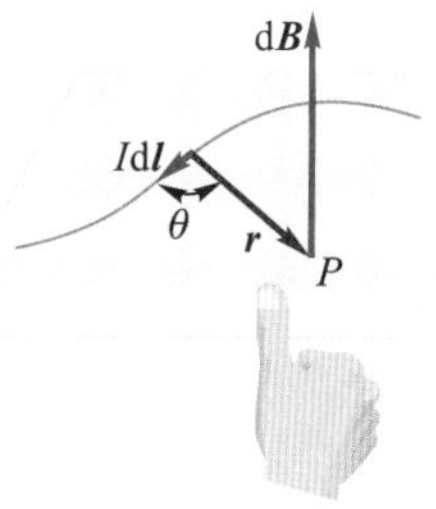

图 7-14 电流元 $Id\boldsymbol{l}$ 与其在场点 P 激发的磁感应强度 $d\boldsymbol{B}$ 的方向构成右手螺旋关系

式中的 k 为比例系数，在国际单位制中，$k=\frac{\mu_0}{4\pi}$，其中 μ_0 称为真空磁导率(permeability of vacuum)，其值为 $\mu_0=4\pi\times10^{-7}\ \mathrm{N\cdot A^{-2}}$.

电流元 $Id\boldsymbol{l}$ 在 P 点所产生的磁感应强度 $d\boldsymbol{B}$ 的方向总是垂直于 $Id\boldsymbol{l}$ 和 $\boldsymbol{r}$ 所构成的平面，并沿 $Id\boldsymbol{l}\times\boldsymbol{r}$ 的方向，如图 7-14 所示.这样，我们便可把式(7-11)的毕奥-萨伐尔定律的表达式写成如下的矢量形式：

$$d\boldsymbol{B}=\frac{\mu_0}{4\pi}\frac{Id\boldsymbol{l}\times\boldsymbol{e}_r}{r^2}=\frac{\mu_0}{4\pi}\frac{Id\boldsymbol{l}\times\boldsymbol{r}}{r^3} \tag{7-12}$$

式中，$\boldsymbol{e}_r=\frac{\boldsymbol{r}}{r}$是从电流元所在位置指向场点 P 的单位矢量.

7-3-2 毕奥-萨伐尔定律的应用

根据场的叠加原理，任意线电流在场点 P 的磁感应强度 $\boldsymbol{B}$ 等于构成这个线电流的所有电流元单独存在时在该点的磁感应强度的矢量和，数学上可表示为

$$\boldsymbol{B}=\int d\boldsymbol{B}=\frac{\mu_0}{4\pi}\int\frac{Id\boldsymbol{l}\times\boldsymbol{e}_r}{r^2} \tag{7-13}$$

如果是面电流或体电流，则可以将它们看成是由许多线电流组成，然后根据磁场的叠加原理计算各线电流在同一场点的磁感应强度的矢量和.

下面我们应用毕奥-萨伐尔定律来计算几种常见电流的磁场分布.

1. 载流直导线的磁场

设在真空中有一长为 l 的载流直导线(简称直电流)，电流为 I.设场点 P 至直电流的垂直距离为 a.如图 7-15 所示，将直导线分割成无数个电流元，在直电流上任取电流元 Idy.根据毕奥-萨伐尔定律，所有电流元 Idy 在 P 点的磁感应强度 $d\boldsymbol{B}$ 的方向都相同，垂直于纸面向内，其大小计算式为

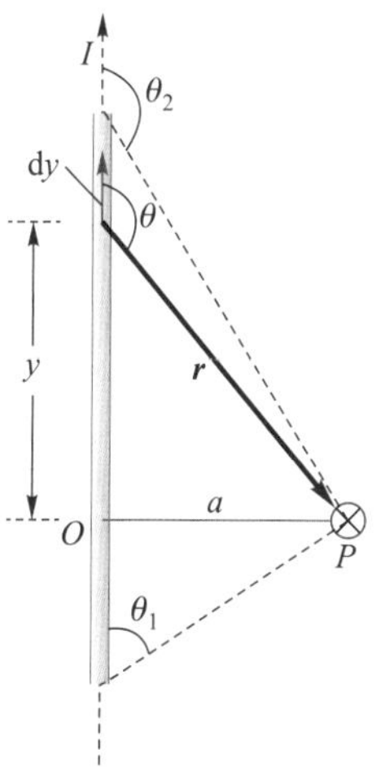

图 7-15 载流直导线的磁场

$$dB=\frac{\mu_0}{4\pi}\frac{Idy\sin\theta}{r^2}$$

式中 θ 为电流元 Idy 方向与位矢 $\boldsymbol{r}$ 之间的夹角.将各电流元在 P 点的磁感应强度求和，数学上可表示为

$$B=\int_l dB=\frac{\mu_0}{4\pi}\int\frac{Idy\sin\theta}{r^2} \tag{7-14}$$

式中的 y、r、θ 均为变量.首先我们要做的一项工作就是统一变量.从图中可以看出，各变量之间的几何关系为

$$y=-a\cot\theta,\quad r=a/\sin\theta$$

对 y 取微分,有

$$\mathrm{d}y=a\csc^2\theta\mathrm{d}\theta$$

将上述关系式代入式(7-14)可得到 P 点的磁感应强度为

$$\begin{aligned}B&=\frac{\mu_0 I}{4\pi a}\int_{\theta_1}^{\theta_2}\sin\theta\mathrm{d}\theta\\&=\frac{\mu_0 I}{4\pi a}(\cos\theta_1-\cos\theta_2)\end{aligned}\tag{7-15}$$

式中 θ_1 和 θ_2 分别为载流直导线起点处和终点处电流元的方向与位矢 $\boldsymbol{r}$ 之间的夹角.对上述结果讨论:

(1) 对于无限长的直电流(简称长直电流),$\theta_1=0$,$\theta_2=180°$,则场点 P 处的磁感应强度大小为

$$B=\frac{\mu_0 I}{2\pi a}\tag{7-16}$$

在实际过程中,我们不可能遇到真正的无限长直电流,但是如果在闭合回路中有一段有限长的直电流,只要所考察的场点离直电流的距离远比直电流的长度及离两端的距离小,上式还是成立的.

(2) 对于半无限长的直电流,即有 $\theta_1=0°$(或 $90°$),$\theta_2=90°$(或 $180°$),则场点 P 处的磁感应强度大小为

$$B=\frac{\mu_0 I}{4\pi a}\tag{7-17}$$

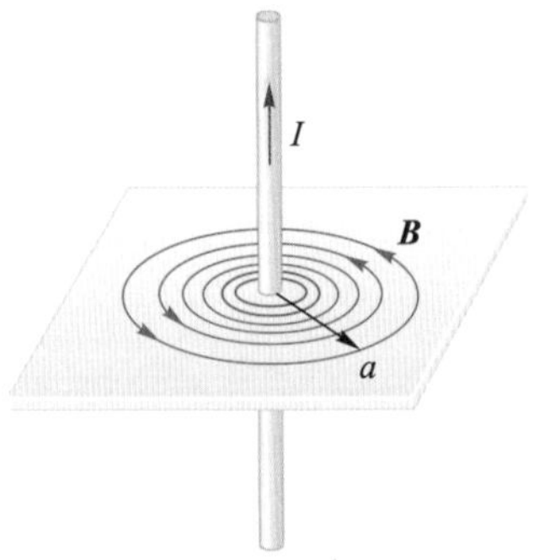

图 7-16 载流直导线的磁感应线

由上面讨论可知,长直电流周围的磁感应强度 B 与场点 P 到直导线的距离 a 的一次方成反比.它的磁感应线是垂直于导线的平面内一簇同心圆,如图 7-16 所示.

2. 圆形载流导线轴线上的磁场

设真空中有一半径为 R,通有电流 I 的圆形导线(常称为圆电流),求其轴线上与圆心 O 点相距 x 处的 P 点的磁感应强度 $\boldsymbol{B}$.

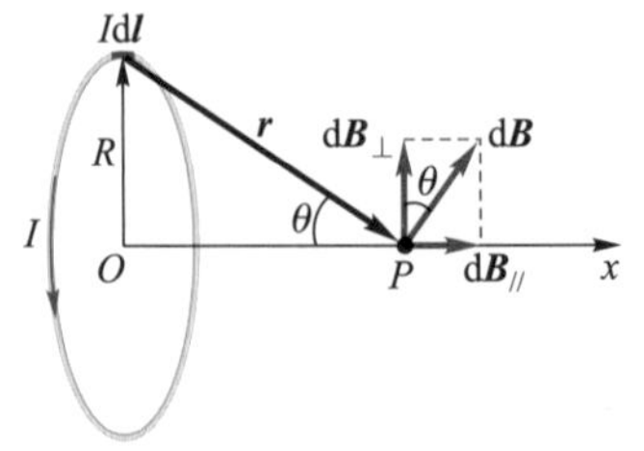

图 7-17 圆线圈轴线上的磁场

如图 7-17 所示,在圆电流上任取一电流元,电流元 $I\mathrm{d}\boldsymbol{l}$ 到 P 点的位矢为 $\boldsymbol{r}$,与位矢的夹角为 $90°$,根据毕奥-萨伐尔定律,此电流元在 P 点所激发的磁感应强度 $\mathrm{d}\boldsymbol{B}$ 的大小为

$$\mathrm{d}B=\frac{\mu_0}{4\pi}\frac{I\mathrm{d}l\sin 90°}{r^2}=\frac{\mu_0}{4\pi}\frac{I\mathrm{d}l}{r^2}$$

从磁场的对称性分析可知,各电流元在 P 点的磁感应强度 $\mathrm{d}\boldsymbol{B}$ 的大小都相等,且与垂直于 Ox 轴方向的夹角均为 θ,只是各个电流元分别在该点激发的磁感应强度 $\mathrm{d}\boldsymbol{B}$ 的方向不同.我们把 $\mathrm{d}\boldsymbol{B}$ 分解为平行于 Ox 轴的分量 $\mathrm{d}B_{/\!/}$ 和垂直于 Ox

轴的分量 $\mathrm{d}B_{\perp}$.考虑到各个电流元关于 Ox 轴的对称关系,所有电流元在 P 点的磁感应强度的垂直分量 $\mathrm{d}B_{\perp}$ 相互抵消,而平行分量 $\mathrm{d}B_{/\!/}$ 则相互加强.所以,P 点的磁感应强度 $\boldsymbol{B}$ 沿 Ox 轴方向,其大小为

$$B=B_{/\!/}=\int_l \mathrm{d}B_{/\!/}=\int_l \mathrm{d}B\sin\theta$$

将 $\sin\theta=R/r$ 和 $\mathrm{d}B$ 代入上式,可得

$$\begin{aligned}B&=\int_0^{2\pi R}\frac{\mu_0}{4\pi}\frac{I\mathrm{d}l}{r^2}\frac{R}{r}=\frac{\mu_0 IR^2}{2r^3}\\&=\frac{\mu_0}{2}\frac{IR^2}{(R^2+x^2)^{3/2}}\end{aligned}\tag{7-18}$$

磁感应强度 $\boldsymbol{B}$ 的方向与圆电流环绕方向呈右手螺旋关系,见图 7-17.由上式,我们考虑两种特殊情况:

(1) 场点 P 在圆心 O 处,$x=0$,该处磁感应强度大小为

$$B=\frac{\mu_0 I}{2R}\tag{7-19}$$

(2) 场点 P 远离圆电流($x\gg R$)时,P 点的磁感应强度大小为

$$B\approx\frac{\mu_0 IR^2}{2x^3}=\frac{\mu_0 IS}{2\pi x^3}\tag{7-20}$$

式中 $S=\pi R^2$,为圆电流的面积.

根据安培假设,分子圆电流相当于基元磁体.为描述圆电流的磁性质,我们将引入磁矩(magnetic moment),表示为 $\boldsymbol{m}$.

设有一平面圆电流,其电流为 I,面积为 S.我们规定,面积 $\boldsymbol{S}$ 的正法线方向与圆电流的流向成右手螺旋关系,其单位矢量用 $\boldsymbol{e}_{\mathrm{n}}$ 表示.由此,我们定义圆电流的磁矩为

$$\boldsymbol{m}=IS\boldsymbol{e}_{\mathrm{n}}\tag{7-21}$$

如果圆电流由 N 匝导线构成,则其磁矩为

$$\boldsymbol{m}=NIS\boldsymbol{e}_{\mathrm{n}}\tag{7-22}$$

考虑到磁感应强度 $\boldsymbol{B}$ 的方向,可以将式(7-20)表示成

$$\boldsymbol{B}=\frac{\mu_0}{2\pi}\frac{\boldsymbol{m}}{x^3}$$

从形式上而言,上式与静电场中电偶极子的电场强度表达式(5-11)相似,因此我们把圆电流看成**磁偶极子**(magnetic dipole),圆电流产生的磁场称为**磁偶极磁场**.

以上我们只计算了圆电流轴线上的磁场分布,轴线以外的磁场计算较复杂.图 7-18 显示了通过圆电流轴线的任意平面上的磁感应线的分布图.

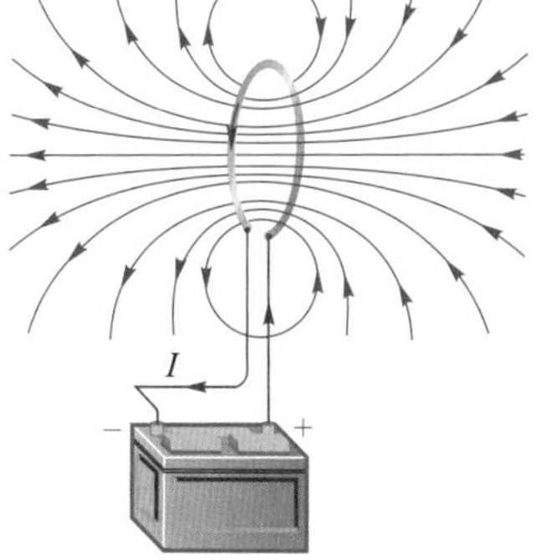

图 7-18 圆电流的磁感应线

3. 载流密绕直螺线管内部轴线上的磁场

设在真空中有一均匀密绕直螺线管，其半径为 R，电流为 I，单位长度上绕有 n 匝线圈，求其管内轴线上任一点 P 处的磁感应强度 $\boldsymbol{B}$.

螺线管上的线圈绕得很紧密，每匝线圈相当于一个圆电流.直螺线管内部轴线上任意一点 P 的磁感应强度可以看成各匝线圈在该点产生的磁感应强度的矢量和.

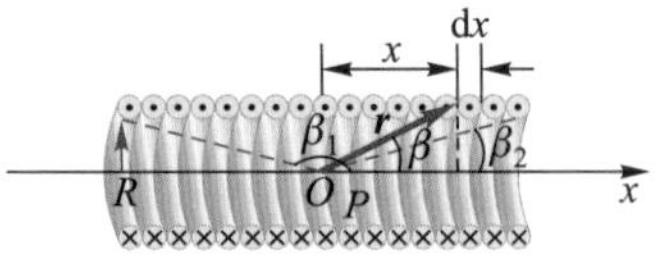

(a)

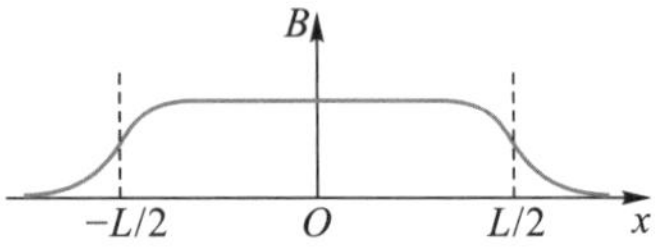

(b)

图 7-19 螺线管内的磁场

如图 7-19(a)所示，建立坐标轴 Ox，坐标原点 O 选在场点 P 处.在螺线管上距场点 P 为 x 处取一小段 $\mathrm{d}x$，该小段上线圈的匝数为 $n\mathrm{d}x$，由于螺线管上的线圈绕得很紧密，可以将它看作电流为 $\mathrm{d}I=In\mathrm{d}x$ 的圆电流.应用式(7-18)得到该圆电流在轴线上 P 点所激发的磁感应强度 $\mathrm{d}\boldsymbol{B}$ 的大小为

$$\mathrm{d}B=\frac{\mu_0}{2}\frac{R^2nI\mathrm{d}x}{(R^2+x^2)^{3/2}}$$

$\mathrm{d}\boldsymbol{B}$ 的方向沿 Ox 轴正向.因为螺线管上所有圆环在 P 点产生的磁感应强度的方向都相同，所以整个螺线管在 P 点处所产生的磁感应强度的大小应为

$$B=\int\mathrm{d}B=\int\frac{\mu_0}{2}\frac{R^2nI\mathrm{d}x}{(R^2+x^2)^{3/2}} \tag{7-23}$$

根据图 7-19 中的几何关系有

$$x=R\cot\beta$$

微分后可得

$$\mathrm{d}x=-R(\csc\beta)^2\mathrm{d}\beta$$

将它们代入式(7-23)，整理后可得

$$B=-\int_{\beta_1}^{\beta_2}\frac{\mu_0nI}{2}\sin\beta\,\mathrm{d}\beta=\frac{1}{2}\mu_0nI(\cos\beta_2-\cos\beta_1) \tag{7-24}$$

有限长直螺线管内的轴线上各点的磁感应强度分布如图 7-19(b)所示.在螺线管中心附近很大范围内的磁场基本上是均匀的，只有到两个端面附近才逐渐减小.在螺线管外，磁场很快减弱.

下面考虑两种特殊情况：

(1) 当螺线管可看作是“无限长”时(即螺线管的长度 $L\gg2R$)，此时有 $\beta_1=180°$，$\beta_2=0°$，得

$$B=\mu_0nI \tag{7-25}$$

可见，无限长均匀密绕的长直螺线管内部轴线上各点磁感应强度为常矢量.

（2）对于长直螺线管两个端面轴线上的 P 点，则有 $\beta_1=180°$，$\beta_2=90°$ 或 $\beta_1=90°$，$\beta_2=0°$，这两处的磁感应强度的大小为

$$B=\frac{1}{2}\mu_0 nI \tag{7-26}$$

即在半“无限长”螺线管两端中心轴线上的磁感应强度的大小只有管内的一半，如图 7-19(b)所示.

例 7-1

如图 7-20 所示，有一条宽度为 a 的“无限长”载流薄铜片，电流 I 沿宽度方向均匀分布. 求铜片中垂线正上方 P 点的磁感应强度.

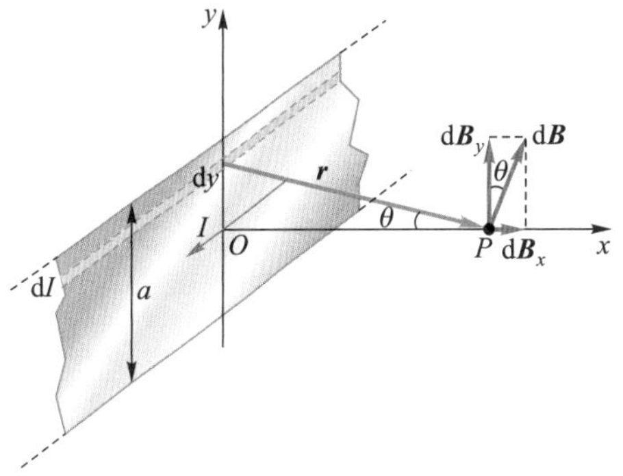

图 7-20 例 7-1 用图

解 把薄铜片沿宽度方向划分成无限多个宽度为 dy 的细条. 每根细条载有电流 $dI=(I/a)\,dy$，这些细条在 P 点激发的磁感应强度 $d\boldsymbol{B}$ 的大小为

$$dB=\frac{\mu_0 dI}{2\pi r}=\frac{\mu_0}{2\pi}\frac{(I/a)\,dy}{x\sec\theta}$$

$d\boldsymbol{B}$ 位于 Oxy 平面内，且垂直于径矢 $\boldsymbol{r}$. $d\boldsymbol{B}$ 按坐标轴分解为 $dB_y=dB\cos\theta$ 和 $dB_x=dB\sin\theta$. 根据对称性分析，所有分量 dB_y 相互加强，而所有分量 dB_x 的代数和却等于零. 因而 P 点的磁感应强度方向沿 y 方向，大小为

$$B=\int_S dB_y=\int_S dB\cos\theta$$

$$=\int\frac{\mu_0}{2\pi}\frac{(I/a)\,dy}{x\sec\theta}\cos\theta=\frac{\mu_0 I}{2\pi a x}\int\cos^2\theta dy$$

从图中的几何关系可知，$y=x\tan\theta$，因此有 $dy=x\sec^2\theta d\theta$，变量 θ 的积分上下限为 $\pm\arctan\frac{a}{2x}$，代入上述积分式可得

$$B=\frac{\mu_0 I}{2\pi a}\int_{-\arctan\frac{a}{2x}}^{\arctan\frac{a}{2x}}d\theta=\frac{\mu_0 I}{\pi a}\arctan\frac{a}{2x}$$

下面讨论两种特殊情况：

（1）在距离薄铜片很远处，因为 $x\gg a$，所以 $\arctan\frac{a}{2x}$ 很小，因此有 $\arctan\frac{a}{2x}\approx\frac{a}{2x}$，从而得

$$B\approx\frac{\mu_0 I}{\pi a}\frac{a}{2x}=\frac{\mu_0 I}{2\pi x}$$

这个结果与长直电流的磁场分布的结果是一样的. 可见，无限长载流薄铜片和长直电流在很远处产生的磁场几乎没有什么区别.

（2）在距离薄铜片中心线很近处，由于 $x\ll a$，$\arctan\frac{a}{2x}\approx\frac{\pi}{2}$，因此有

$$B\approx\frac{\mu_0 I}{\pi a}\frac{\pi}{2}=\frac{\mu_0 I}{2a}$$

例 7-2

一半径为 R 的塑料圆盘 S 均匀带电，其电荷面密度为 σ.若圆盘以角速度 ω 绕通过圆心 O，且垂直于盘面的轴匀速转动，试求轴线上距圆盘中心 O 为 x 处的磁感应强度和圆盘的磁矩.

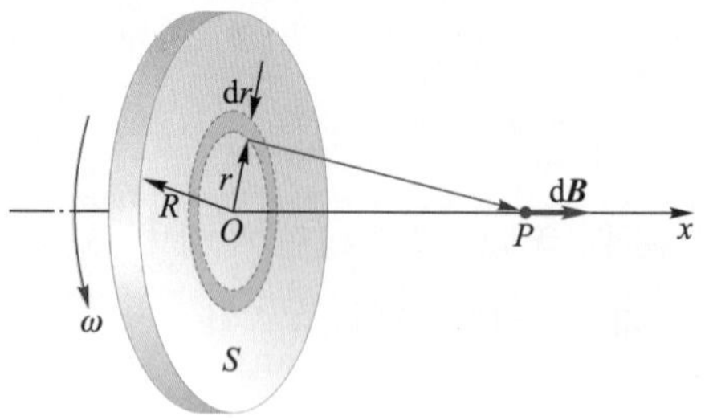

图 7-21 例 7-2 用图

解 圆盘转动产生的电流可以看成由许多同心的圆电流组成.如图 7-21 所示，设圆盘的电荷为正，且按图示方向转动.在圆盘上距圆心 O 为 r 处取一宽度为 $\mathrm{d}r$ 的细圆环，其电流为

$$\mathrm{d}I=\frac{\omega}{2\pi}\sigma\cdot 2\pi r\mathrm{d}r=\sigma\omega r\mathrm{d}r$$

根据式(7-18)，圆电流在轴线上激发的磁感应强度的大小为

$$\mathrm{d}B=\frac{\mu_0}{2}\frac{r^2\mathrm{d}I}{(x^2+r^2)^{3/2}}=\frac{\mu_0}{2}\frac{r^3\sigma\omega\mathrm{d}r}{(x^2+r^2)^{3/2}}$$

所有圆电流激发的磁感应强度的方向都相同，都沿 Ox 轴的正向，因此整个圆盘的磁感应强度为

$$B=\int_S\mathrm{d}B=\int_0^R\frac{\mu_0\sigma\omega}{2}\frac{r^3\mathrm{d}r}{(x^2+r^2)^{3/2}}$$

$$=\frac{\mu_0\sigma\omega}{2}\left[\frac{R^2+2x^2}{\sqrt{R^2+x^2}}-2x\right]$$

显然，当 $x=0$ 时，圆心处的磁感应强度为

$$B=\frac{\mu_0\sigma\omega R}{2}$$

下面计算转动圆盘的磁矩，它应等于所有细圆环电流磁矩的叠加.每个圆电流的磁矩大小为

$$\mathrm{d}m=S\mathrm{d}I=\pi r^2\sigma\omega r\mathrm{d}r=\pi r^3\sigma\omega\mathrm{d}r$$

由于所有圆电流磁矩的方向都相同，因此转动带电圆盘的磁矩为

$$m=\int\mathrm{d}m=\int_0^R\pi r^3\sigma\omega\mathrm{d}r$$

$$=\frac{1}{4}\pi\sigma\omega R^4$$

磁矩 $\boldsymbol{m}$ 的方向与电流方向成右手螺旋关系.

7-3-3 运动电荷的磁场

按照经典电子理论，导体中的电流是由大量载流子作定向运动而形成的.因此电流激发的磁场，从本质上讲是由运动电荷所激发的，一切磁现象都来源于电荷的运动.下面我们从毕奥-萨伐尔定律出发讨论运动电荷产生的磁场.

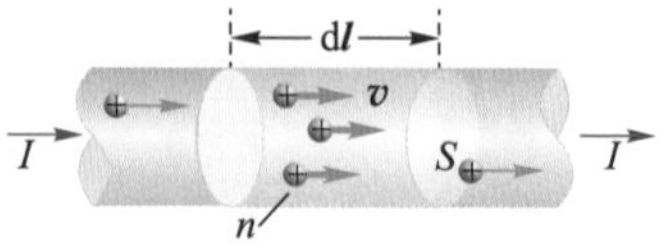

图 7-22 电流元中的运动电荷

如图 7-22 所示，设导体单位体积中载流子的数目为 n，每个载流子所带电荷量为 q，以速度 $\boldsymbol{v}$ 沿电流元 $I\mathrm{d}\boldsymbol{l}$ 的方向作定向运动.如果电流元 $I\mathrm{d}\boldsymbol{l}$ 的截面积为 S，则此电流元的电流等于单位时间通过截面积 S 的电荷量，即

$$I=nqvS$$

由于图示的 $q\boldsymbol{v}$ 与 $I\mathrm{d}\boldsymbol{l}$ 方向相同，所以有

$$Id\boldsymbol{l}=nqSdl\boldsymbol{v}$$

将上式代入毕奥-萨伐尔定律表达式,得

$$d\boldsymbol{B}=\frac{\mu_0}{4\pi}\frac{nSqdl\boldsymbol{v}\times\boldsymbol{r}}{r^3}$$

在电流元 $Id\boldsymbol{l}$ 内有 $dN=nSdl$ 个载流子,从微观意义上讲,电流元产生的磁场 $d\boldsymbol{B}$,实际上是由这 dN 个作定向运动的载流子共同产生的.考虑到电流元内所有载流子在场点 P 产生的磁感应强度都近似相同,因而每一个载流子所产生的磁感应强度 $\boldsymbol{B}$ 为

$$\boldsymbol{B}=\frac{d\boldsymbol{B}}{dN}=\frac{\mu_0}{4\pi}\frac{q\boldsymbol{v}\times\boldsymbol{r}}{r^3}=\frac{\mu_0}{4\pi}\frac{q\boldsymbol{v}\times\boldsymbol{e}_r}{r^2} \tag{7-27}$$

$\boldsymbol{B}$ 的方向垂直于 $\boldsymbol{v}$ 和 $\boldsymbol{r}$ 所组成的平面,其指向由右手螺旋定则判定,如图 7-23 所示.

必须指出,运动电荷的磁场表达式(7-27)是非相对论的形式,它只适用于电荷的运动速率 v 远小于光速 c 的情况.

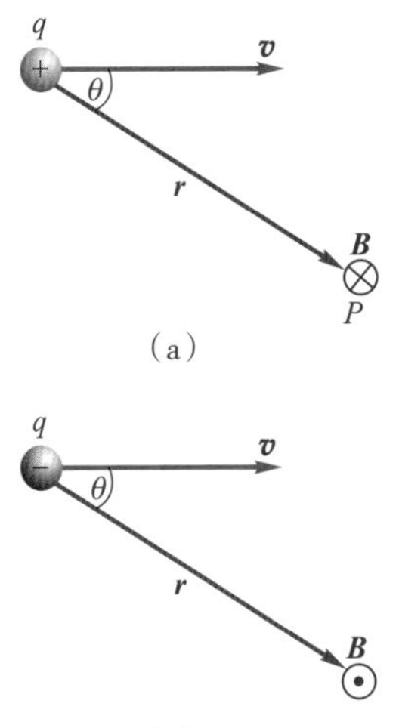

图 7-23 运动电荷产生的磁场方向

例 7-3

根据玻尔理论,氢原子处在基态时,其电子绕原子核的轨道运动半径为 0.53×10^{-10} m,速度为 $2.2\times10^6\ \mathrm{m\cdot s^{-1}}$.求此时电子在原子核处产生的磁感应强度的大小.

解 根据运动电荷的磁场表达式(7-27),氢原子处在基态时,电子在原子核处产生的磁感应强度的大小为

$$B=\frac{\mu_0 ev}{4\pi r^2}$$
$$=10^{-7}\times\frac{1.6\times10^{-19}\times2.2\times10^6}{(0.53\times10^{-10})^2}\ \mathrm{T}=12.5\ \mathrm{T}$$

从这个例子可以看出,在微观领域内,粒子运动产生的磁场是很强的.目前欧洲核子研究组织(CERN)享誉世界的加速器——质子同步加速器的主要偶极线圈在最大通电电流达到1 300 A 时,其产生的最大磁感应强度为 8.76 T.

7-4 磁场中的高斯定理

7-4-1 *B* 通量

类似于静电场中引入 $\boldsymbol{E}$ 通量的概念,现在我们将引入 $\boldsymbol{B}$ 通量的概念,用以描写磁场的性质.

我们把磁场中通过某一曲面的磁感应线的条数称为通过该曲面的磁感应

强度通量，简称为 B 通量(magnetic flux)，用 Φ 表示.设空间存在磁感应强度为 B 的磁场，如图 7-24 所示，在曲面 S 上任取一面积元 $\mathrm{d}\boldsymbol{S}$，$\mathrm{d}\boldsymbol{S}$ 的法线方向与该点处磁感应强度 $\boldsymbol{B}$ 方向之间的夹角为 θ.根据 B 通量的定义，以及关于磁感应强度 $\boldsymbol{B}$ 与磁感应线密度的规定，通过该面积元 $\mathrm{d}\boldsymbol{S}$ 的 B 通量可写为

$$\mathrm{d}\Phi = B\mathrm{d}S\cos\theta = \boldsymbol{B}\cdot\mathrm{d}\boldsymbol{S} \tag{7-28}$$

而通过有限曲面 S 的总 B 通量为

$$\Phi = \int_S B\cos\theta\mathrm{d}S = \int_S \boldsymbol{B}\cdot\mathrm{d}\boldsymbol{S} \tag{7-29}$$

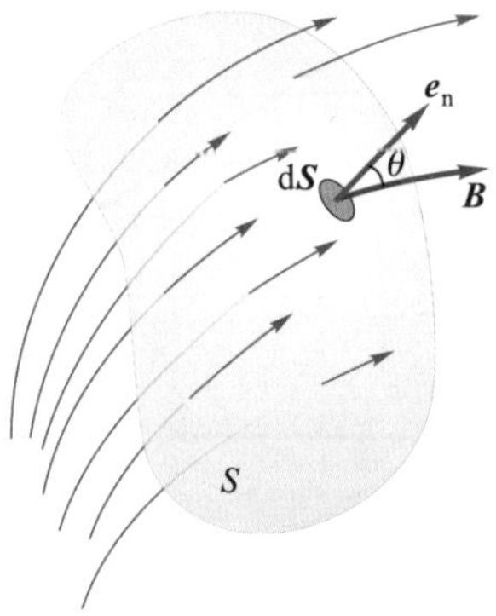

图 7-24 B 通量

在国际单位制中，B 通量的单位为韦伯(Wb)，$1\ \mathrm{Wb}=1\ \mathrm{T}\cdot\mathrm{m}^2$.

7-4-2 磁场中的高斯定理

对于闭合曲面来说，和静电场中一样，通常规定，闭合曲面上任一面积元 $\mathrm{d}\boldsymbol{S}$ 的外法线方向 $\boldsymbol{e}_n$ 为正.这样，磁感应线从闭合面穿出($\theta<90°$)的 B 通量为正，穿入的 B 通量($\theta>90°$)为负.由于磁感应线是一组闭合曲线，因此对于任何闭合曲面来说，有多少条 B 线进入闭合曲面，就有多少条 B 线穿出该闭合曲面.这就是说，在磁场中通过任意闭合曲面的总 B 通量等于零，即

$$\oint_S \boldsymbol{B}\cdot\mathrm{d}\boldsymbol{S} = 0 \tag{7-30}$$

上式称为真空中磁场的高斯定理.它是表明磁场基本性质的重要方程之一.其形式与静电场中的高斯定理 $\oint_S \boldsymbol{E}\cdot\mathrm{d}\boldsymbol{S} = \sum_i q_i/\varepsilon_0$ 很相似，但两者有本质上的区别.在静电场中，由于自然界存在单独的正、负电荷，因此通过任意闭合曲面的 E 通量可以不等于零.而在磁场中，由于自然界没有与电荷相对应的"磁荷"(或叫磁单极子)，磁极总是成对出现，因此通过任意闭合曲面的 B 通量一定等于零，磁感应线必然闭合.这样的场在数学上称为无源场，而静电场则是有源场.

7-5 安培环路定理

7-5-1 安培环路定理

在静电场中，电场强度 $\boldsymbol{E}$ 沿任意闭合路径的环路积分为零$\left(\oint_L \boldsymbol{E}\cdot\mathrm{d}\boldsymbol{l} = 0\right)$.

说明静电场是保守场.而在磁场中,磁感应线是闭合的,磁场沿任意闭合路径的环路积分不一定为零.由毕奥-萨伐尔定律可以导出磁场中的一条重要定理,它表述为:在真空中,恒定电流的磁场内,磁感应强度 $\boldsymbol{B}$ 沿任意闭合路径 L 的线积分等于被这个闭合路径所包围并穿过的电流的代数和的 μ_0 倍,而与路径的形状和大小无关.其数学表达式为

$$\oint_L \boldsymbol{B} \cdot \mathrm{d}\boldsymbol{l} = \mu_0 \sum_i I_i \tag{7-31}$$

上式称为安培环路定理(Ampère circuital theorem).安培环路定理是反映磁场基本性质的重要方程之一,它说明磁场是有旋场.

以下我们通过一个特例,即长直载流导线的磁场,来验证上述定理.

如图 7-25 所示,设真空中有一长直载流导线,电流 I 垂直纸面向外,根据式(7-16),磁感应线是以长直载流导线为中心的一系列同心圆,其绕向与电流方向成右手螺旋关系.若在垂直于长直载流导线的平面上作任意闭合路径 L,则磁感应强度 $\boldsymbol{B}$ 沿该闭合路径 L 的环路积分为

$$\oint_L \boldsymbol{B} \cdot \mathrm{d}\boldsymbol{l} = \oint_L B\cos\theta \mathrm{d}l$$

式中 $\mathrm{d}\boldsymbol{l}$ 为积分路径 L 上任取的线元,$\boldsymbol{B}$ 为 $\mathrm{d}\boldsymbol{l}$ 处的磁感应强度,θ 为 $\mathrm{d}\boldsymbol{l}$ 与 $\boldsymbol{B}$ 的夹角,由图 7-25 中的几何关系可知,$\cos\theta\mathrm{d}l = r\mathrm{d}\varphi$,$r$ 为线元 $\mathrm{d}\boldsymbol{l}$ 至长直载流导线的距离,用 $B=\dfrac{\mu_0 I}{2\pi r}$代入上式,可得

$$\oint_L \boldsymbol{B} \cdot \mathrm{d}\boldsymbol{l} = \int_0^{2\pi} \frac{\mu_0 I}{2\pi r} r\mathrm{d}\varphi = \mu_0 I$$

再来考虑另一种情况,如果长直载流导线在闭合路径 L 以外,没有穿过 L 所包围的面积,如图 7-26 所示.则可以从长直载流导线出发,引与闭合路径 L 相切的两条切线.切点把闭合路径 L 分为 L_1 和 L_2 两部分.则

$$\begin{aligned}\oint_L \boldsymbol{B} \cdot \mathrm{d}\boldsymbol{l} &= \int_{L_1} \boldsymbol{B} \cdot \mathrm{d}\boldsymbol{l} + \int_{L_2} \boldsymbol{B} \cdot \mathrm{d}\boldsymbol{l} \\ &= \frac{\mu_0 I}{2\pi}\left(\int_{L_1} \mathrm{d}\varphi + \int_{L_2} \mathrm{d}\varphi\right) \\ &= \frac{\mu_0 I}{2\pi}[\varphi + (-\varphi)] \\ &= 0\end{aligned}$$

可见,闭合路径 L 之外的电流对磁感应强度 $\boldsymbol{B}$ 沿闭合路径的线积分没有贡献.

虽然我们从长直载流导线这个特例对安培环路定理作了验证,但可以证明:不管闭合路径的形状如何,对任意恒定电流而言,安培环路定理普遍成立.

安培(A. M. Ampère, 1775—1836)法国物理学家.他的主要贡献是在电磁学领域,以他的姓氏"安培"命名的电流的单位,是国际单位制中的基本单位之一

文档 安培简介

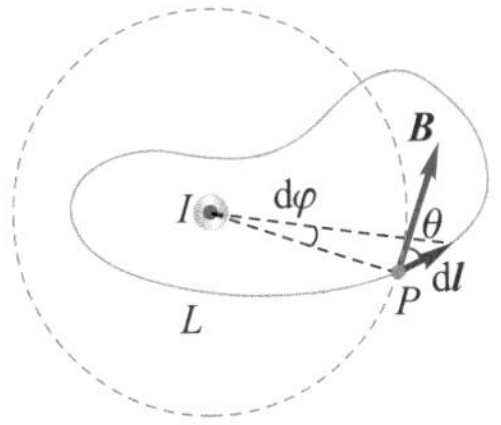

图 7-25 长直载流导线磁场中 $\boldsymbol{B}$ 的环路积分

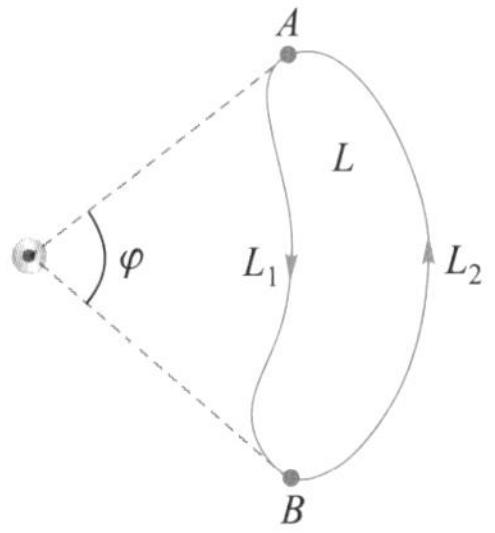

图 7-26 闭合路径不包围载流直导线

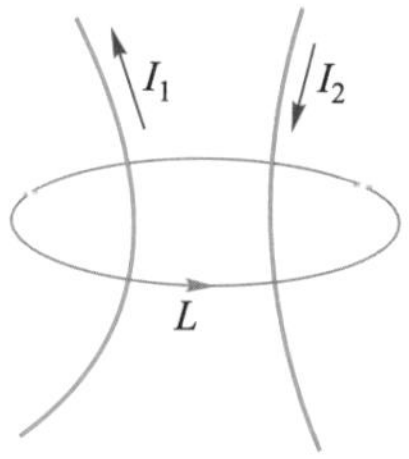

(a)

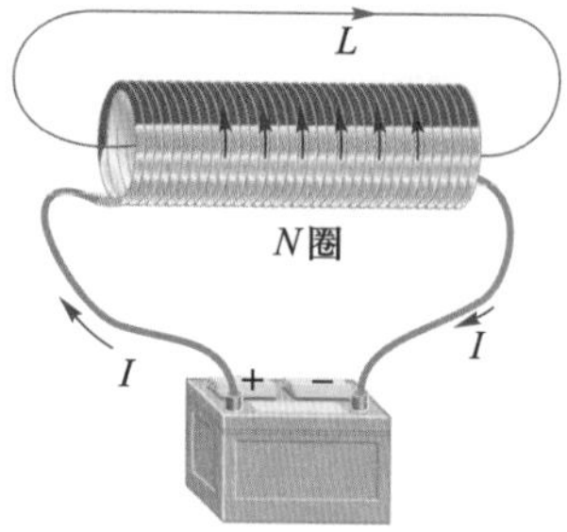

(b)

图 7-27 安培环路定理

此外还需要对运用这一定理作如下说明：

(1) 由于对闭合环路 L 积分的结果与电流的方向有关，因此我们规定：当所取回路 L 的绕行方向与电流流向成右手螺旋关系时（右手四指弯曲指向环路绕行方向，大拇指指向为电流方向），I 取正值；反之，I 取负值. 在图 7-27(a)中，I_1 为正，I_2 为负.

(2) 安培环路定理表达式右边的电流是指穿过以闭合环路 L 为边界的任意曲面的电流. 而磁感应强度 $\boldsymbol{B}$ 是指空间所有电流在闭合环路 L 上产生磁场的总磁感应强度. 没有被 L 包围的电流，它们对沿 L 的 $\boldsymbol{B}$ 的环路积分没有贡献，却对环路 L 上的磁感应强度 $\boldsymbol{B}$ 是有贡献的.

(3) 如果闭合路径所包围的电流与闭合路径相互套链 N 圈，见图 7-27(b)，则有

$$\oint_L \boldsymbol{B} \cdot \mathrm{d}\boldsymbol{l} = \mu_0 NI$$

(4) 安培环路定理只适用于真空中恒定电流产生的磁场. 如果电流随时间发生变化或空间存在其他磁性材料，则需要对安培环路定理的形式进行修正.

7-5-2 安培环路定理的应用

与静电场中应用高斯定理计算电场强度 $\boldsymbol{E}$ 的分布相仿，我们也可以利用安培环路定理，很方便地计算具有一定对称性分布的载流导线周围的磁场分布.

应用安培环路定理计算磁感应强度 $\boldsymbol{B}$ 的步骤如下：

(1) 首先根据电流分布的对称性，分析磁场分布的对称性.

(2) 选取适当的闭合回路 L 使其通过所求的场点，且在所取回路 L 上要求磁感应强度 $\boldsymbol{B}$ 的大小处处相等；或使积分在回路 L 某些段上的积分为零，剩余路径上的 $\boldsymbol{B}$ 值处处相等，而且 $\boldsymbol{B}$ 与路径的夹角也处处相同.

(3) 任意规定一个闭合回路 L 的绕行方向，根据右手螺旋定则判定电流的正、负，从而求出闭合回路所包围电流的代数和.

(4) 根据安培环路定理列出方程式，将 $\oint_L \boldsymbol{B} \cdot \mathrm{d}\boldsymbol{l}$ 写成标量形式，并将 B 及 $\cos\theta$ 从积分号中提出，最后解出磁感应强度 B 的分布.

下面我们通过几个例题来理解上述应用安培环路定理计算磁感应强度 $\boldsymbol{B}$ 的方法.

例 7-4

设真空中有一无限长载流圆柱形导体，圆柱半径为 R，圆柱截面积上均匀地通有电流 I 并沿轴线流动．求载流圆柱导体周围空间磁场的分布．

解 如图 7-28(a)所示，由于电流分布具有轴对称性，因此可以判断在圆柱形导体内、外空间中的磁感应线是一系列同轴圆周线．我们先讨论圆柱形导体外的磁场分布．

设 P 点离轴线的垂直距离为 $r(r>R)$．过 P 点作圆形积分回路 L，在积分回路 L 上各点的磁感应强度 $\boldsymbol{B}$ 的大小都相等，$\boldsymbol{B}$ 方向沿圆周的切线方向．根据安培环路定理，有

$$\oint_L \boldsymbol{B}\cdot \mathrm{d}\boldsymbol{l}=B\cdot 2\pi r=\mu_0 I$$

所以

$$B=\frac{\mu_0 I}{2\pi r}\quad (r>R) \tag{7-32}$$

这与长直载流导线周围的磁场分布完全相同．

在圆柱形导体内部，取过 P 点，半径为 $r(r<R)$ 的同轴圆周线 L 为积分回路，L 上各点的磁感应强度 $\boldsymbol{B}$ 大小都相等，方向沿回路 L 的切线方向．回路 L 所包围的电流为

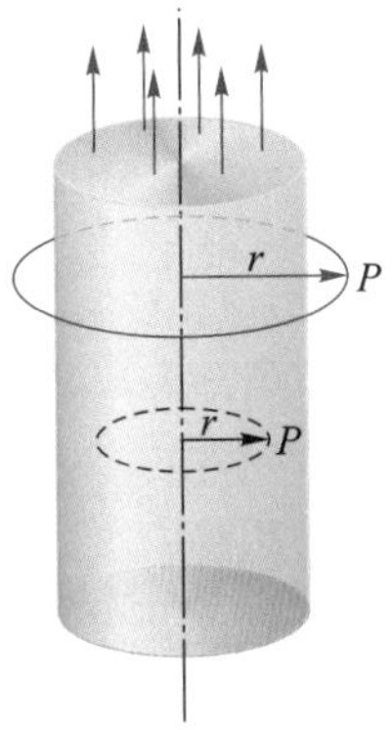

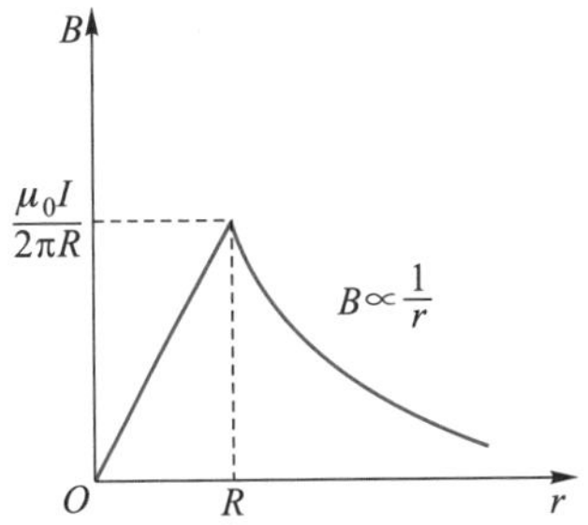

图 7-28 例 7-4 用图

$$\sum_i I_i=\frac{\pi r^2}{\pi R^2}I=\frac{Ir^2}{R^2}$$

根据安培环路定理 $\oint_L \boldsymbol{B}\cdot \mathrm{d}\boldsymbol{l}=\mu_0\sum_i I_i$ 得

$$B\cdot 2\pi r=\mu_0\frac{Ir^2}{R^2}$$

解得

$$B=\frac{\mu_0 Ir}{2\pi R^2}\quad (r<R) \tag{7-33}$$

图 7-28(b)描绘了磁感应强度 $\boldsymbol{B}$ 的大小随距离 r 的变化关系曲线．

例 7-5

载流长直螺线管内的磁场分布．设真空中有一密绕载流长直螺线管，线圈中通有电流 I，单位长度上密绕 n 匝线圈．求载流长直螺线管内部的磁感应强度．

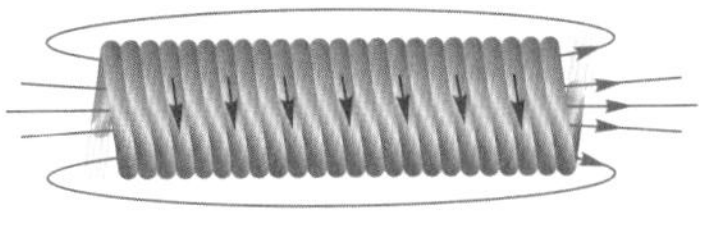

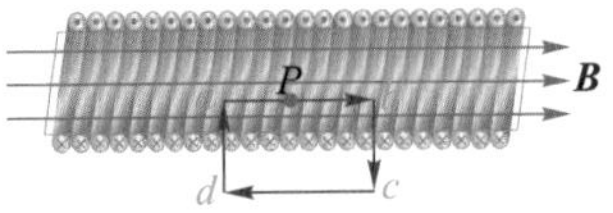

图 7-29 例 7-5 用图

解 前面我们曾计算过长直螺线管内轴线上的磁场分布，现在利用安培环路定理，再来求解这个问题．

螺线管内外的磁场分布与螺线管的密绕程度（即 n 的大小）以及管的尺寸有关．由电流分布的对称性可判断，在螺线管内部靠近中心轴附近，磁感应线近似与管轴平行．对于密绕的长直螺线管，可以看作“无限长”．在离轴线等距离处，磁感应强度大小相等，方向与管轴平行；在螺线管外部磁场

很弱，磁感应强度趋近于零.其磁感应线的分布如图7-29(a)所示.

选取通过管内任意一点 P 的矩形回路 $abcda$ 作为积分回路 L，如图7-29(b)所示，则磁感应强度 $\boldsymbol{B}$ 的沿回路 L 的环路积分为

$$\oint_L \boldsymbol{B}\cdot d\boldsymbol{l}=\int_{ab}\boldsymbol{B}\cdot d\boldsymbol{l}+\int_{bc}\boldsymbol{B}\cdot d\boldsymbol{l}+\int_{cd}\boldsymbol{B}\cdot d\boldsymbol{l}+\int_{da}\boldsymbol{B}\cdot d\boldsymbol{l}$$

在 ab 段上，由于 $\boldsymbol{B}$ 的大小都相等，方向与 $d\boldsymbol{l}$ 相同，所以

$$\int_{ab}\boldsymbol{B}\cdot d\boldsymbol{l}=Bl \qquad (\text{设 } ab \text{ 段之长为 } l)$$

在 bc、da 段和 cd 段上，由于管内 $\boldsymbol{B}$ 与线元 $d\boldsymbol{l}$ 垂直或管外 $\boldsymbol{B}$ 为零，所以

$$\int_{bc}\boldsymbol{B}\cdot d\boldsymbol{l}=0,\int_{da}\boldsymbol{B}\cdot d\boldsymbol{l}=0,\int_{cd}\boldsymbol{B}\cdot d\boldsymbol{l}=0$$

因此可得 $\boldsymbol{B}$ 在矩形回路 L 上的环路积分为

$$\oint_L \boldsymbol{B}\cdot d\boldsymbol{l}=Bl$$

根据安培环路定理，有

$$Bl=\mu_0 nIl$$

整理后得

$$B=\mu_0 nI \tag{7-34}$$

上式说明："无限长"载流密绕螺线管内部任意一点的磁感应强度大小均为 $B=\mu_0 nI$，方向平行于轴线.虽然上述结论只适用于无限长的理想螺线管，但对实际螺线管内靠近中央部分的各点来说，也是适用的.在实验室中，常利用载流密绕长直螺线管来产生均匀磁场.螺线管线圈中的电流流向与管内的磁场方向成右手螺旋关系.

例 7-6

如图7-30所示的环状螺线管称为螺绕环.设真空中有一螺绕环，环的平均半径为 R，环上均匀地密绕 N 匝线圈，线圈中通有电流 I.求螺绕环的磁感应强度分布.

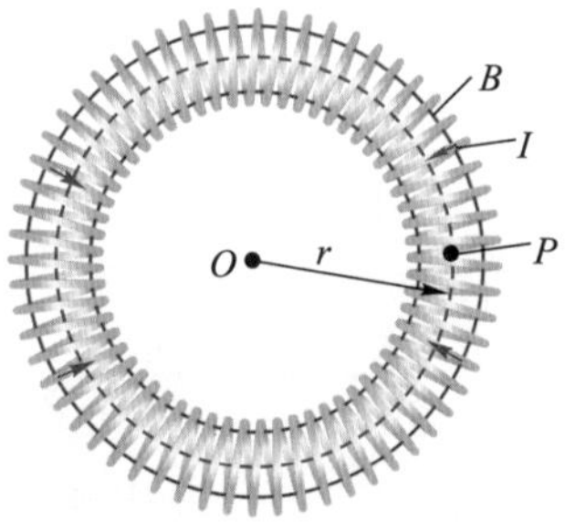

图7-30 例7-6用图

解 根据电流分布的对称性分析，可以判断环内磁场也呈对称性分布，即环内磁感应线为一系列以螺绕环的轴线为圆心的同心圆，在同一条磁感应线上各点的磁感应强度 $\boldsymbol{B}$ 的大小相等，方向沿圆周的切线方向，与电流方向成右手螺旋关系.

先分析环内的磁场分布.过环内点 P 点，以 O 点为圆心，作一与环同轴半径为 r 的圆形闭合路径 L.磁感应强度 $\boldsymbol{B}$ 在回路 L 上的环路积分为

$$\oint_L \boldsymbol{B}\cdot d\boldsymbol{l}=B\cdot 2\pi r$$

由于电流穿过回路 N 次，根据安培环路定理，有

$$B\cdot 2\pi r=\mu_0 NI$$

得

$$B=\frac{\mu_0 NI}{2\pi r} \quad (\text{在环管内}) \tag{7-35}$$

如果环管截面半径比环半径小得多，可认为 $r\approx R$，则上式可写成

$$B=\frac{\mu_0 NI}{2\pi R}=\mu_0 nI$$

式中 $n=\dfrac{N}{2\pi R}$，即单位长度上的线圈匝数.

再分析环管外的磁场分布.如果将积分回路取在螺绕环外的空间里,并与它共轴,这时穿过它的总电流的代数和将为零.根据安培环路定理有

$$\oint_L \boldsymbol{B} \cdot \mathrm{d}\boldsymbol{l} = B \cdot 2\pi r = 0$$

得

$$B=0 \quad (\text{在环管外})$$

上述结果表明,密绕细螺绕环内部的磁场可近似看成是均匀的;磁场几乎全部集中在环内,环外无磁场.

7-6　磁场对运动电荷的作用

7-6-1　带电粒子在磁场中的运动

在 7-2-2 节中我们已经知道,带电粒子在磁场中将受到磁场力的作用,磁场力的大小与粒子所带电荷量以及它的速度有关.当电荷量为 q 的粒子以速度 $\boldsymbol{v}$ 在磁场 $\boldsymbol{B}$ 中运动时,由式(7-10)可知,磁场力可表示为

$$\boldsymbol{F}=q\boldsymbol{v}\times\boldsymbol{B}$$

视频　阴极射线管

上式称为洛伦兹力公式.洛伦兹力的大小可表示为

$$F=qvB\sin\theta \tag{7-36}$$

视频:阴极射线管演示了电子束在磁场力作用下轨迹发生偏转的现象.

应当指出,由于洛伦兹力 $\boldsymbol{F}$ 总是与带电粒子的速度 $\boldsymbol{v}$ 垂直,因此洛伦兹力对带电粒子不做功,它只改变带电粒子的运动方向,而不改变它的速率和动能.以下我们分三种情况来讨论带电粒子在磁场中的运动规律.

(1) 带电粒子 q 以速率 v_0 沿磁场 $\boldsymbol{B}$ 方向进入均匀磁场.由洛伦兹力公式可知,粒子将不受磁场力的作用,它将沿磁场方向作匀速直线运动.

(2) 带电粒子 q 以速率 v_0 沿垂直于磁场 $\boldsymbol{B}$ 的方向进入均匀磁场,这时它受到洛伦兹力的作用,作用力的大小为 $F=qv_0B$.因为洛伦兹力始终与粒子的运动方向垂直,所以带电粒子将在垂直于磁场的平面内作半径为 R 的匀速率圆周运动,如图 7-31 所示.其运动方程为

$$qv_0B=m\frac{v_0^2}{R}$$

由上式可给出带电粒子相应的轨道半径为

$$R=\frac{mv_0}{qB} \tag{7-37}$$

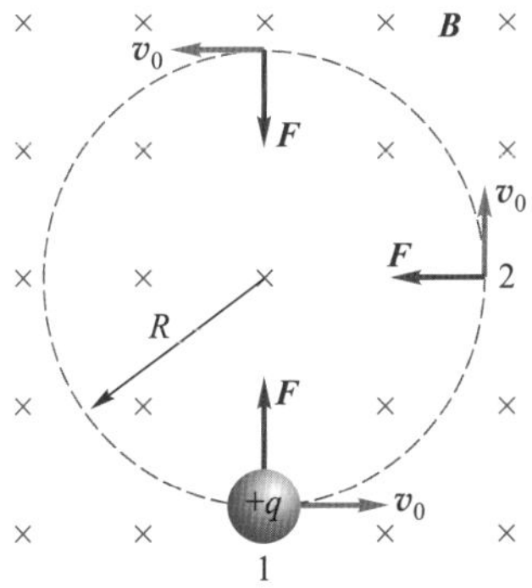

图 7-31　带电粒子垂直于磁场方向运动的轨迹

可见，轨道半径 R 与带电粒子的运动速率 v_0 成正比，与磁感应强度 $\boldsymbol{B}$ 的大小成反比.

带电粒子沿圆形轨道绕行一周所需的时间，称为**周期**，用 T 表示：

$$T=\frac{2\pi R}{v_0}=\frac{2\pi m}{qB} \tag{7-38}$$

单位时间内，带电粒子的绕行圈数称为**回旋频率**(cyclotron frequency)，用 ν 表示，它是周期的倒数，即

$$\nu=\frac{qB}{2\pi m} \tag{7-39}$$

由式(7-38)和式(7-39)可以看出，带电粒子的运动周期 T 或回旋频率 ν 与运动速率 v_0 无关，这一点被用在回旋加速器中来加速带电粒子.

(3) 带电粒子进入磁场时的速度 $\boldsymbol{v}_0$ 和磁场 $\boldsymbol{B}$ 方向成一夹角 θ. 这时可以将带电粒子的初速度 $\boldsymbol{v}_0$ 分解为平行于 $\boldsymbol{B}$ 的分量 $\boldsymbol{v}_{/\!/}$ 和垂直于 $\boldsymbol{B}$ 的分量 $\boldsymbol{v}_{\perp}$，有

$$v_{/\!/}=v_0\cos\theta$$

$$v_{\perp}=v_0\sin\theta$$

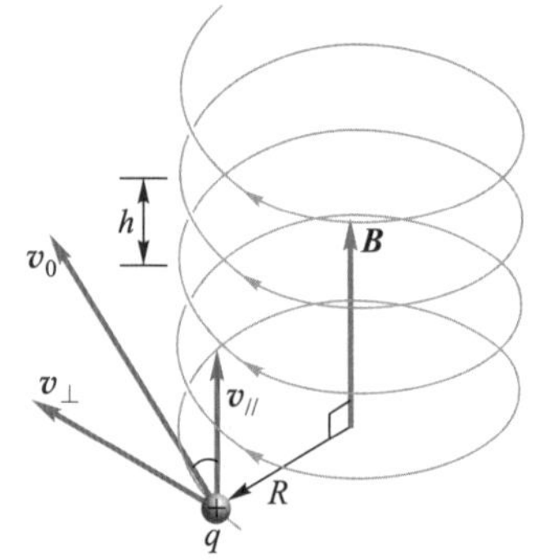

图 7-32 带电粒子在磁场中的螺旋运动

因为平行于磁场方向的速度分量 $\boldsymbol{v}_{/\!/}$ 不受磁场力作用，所以粒子作匀速直线运动；因为还存在垂直于磁场方向的速度分量 $\boldsymbol{v}_{\perp}$，在磁场力的作用下，粒子还同时作匀速圆周运动. 因此，带电粒子同时参与两种运动. 其复合运动是以磁场方向为轴的等螺距螺旋运动，如图 7-32 所示. 螺旋线半径为

$$R=\frac{mv_{\perp}}{qB}=\frac{mv_0\sin\theta}{qB} \tag{7-40}$$

螺旋周期为

$$T=\frac{2\pi R}{v_{\perp}}=\frac{2\pi m}{qB} \tag{7-41}$$

一个周期内，粒子沿磁场方向前进的距离称为**螺距**(pitch)，为

$$h=Tv_{/\!/}=\frac{2\pi mv_0\cos\theta}{qB} \tag{7-42}$$

在阴极射线管中，由阴极出射的电子束在控制极和阳极加速电压的作用下，会聚于 A 点. 这时由于速度近似相等的电子束受到库仑力的作用而产生发散. 由于电子束的发散角比较小，且电子的速率又差不多相等，因此有

$$v_{/\!/}=v_0\cos\theta\approx v_0,\quad v_{\perp}=v_0\sin\theta\approx v_0\theta$$

图 7-33 电子以不同发散角从 A 点出发. 经均匀磁场作用，又会聚于 A' 点. 这一过程称为磁聚焦

这时若在电子束原来速度方向加上一个均匀磁场，则各电子将沿不同半径的螺旋线前进. 由于它们速度的平行分量近似相等，因而螺距近似相等，因此经过一个螺距后，它们又会重新聚在 A' 点，这与光束通过透镜后聚焦的现象有些类似，所以称为**磁聚焦**(magnetic focusing)现象，如图 7-33 所示. 由于均匀磁场通

常是由长直螺线管产生的,所以上述装置称为长**磁透镜**(magnetic lens).然而实际情况下用得更多的是短磁透镜,它由短线圈产生非均匀磁场的聚焦作用(图 7-34),被广泛用于电真空器件,特别是电子显微镜中.

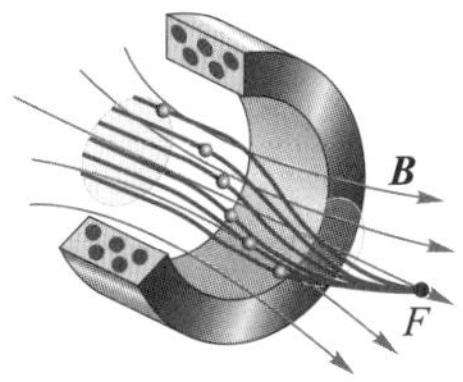

图 7-34 磁透镜

带电粒子在非均匀磁场中向磁场较强的方向运动时,螺旋线半径将随着磁感应强度的增加而减少.如图 7-35 所示,两个相隔一定距离的通电线圈,当带电粒子靠近任何一个线圈时都要受到一个指向中央区域的磁场力.如果带电粒子沿轴线方向上的分速度较小时,就会减速到零,然后作反向运动,就像光线射到镜面上反射回来一样.通常把这种强度逐渐增强的会聚磁场的作用称为**磁镜约束**(mirror confinement).这样,两个线圈就好像两面"镜子",称为**磁瓶**(magnetic bottle).在一定速度范围内的带电粒子进入这个区域后,就会被这样一个磁场所俘获而无法逃脱.这种技术主要用在可控热核反应装置中.这是因为在热核反应中物质处于等离子态,温度高达 10^6 K 以上,目前尚无一种实体容器能够耐受如此高温.所以采用磁瓶这样一个"虚拟"容器,来"容纳"可控热核反应物质.

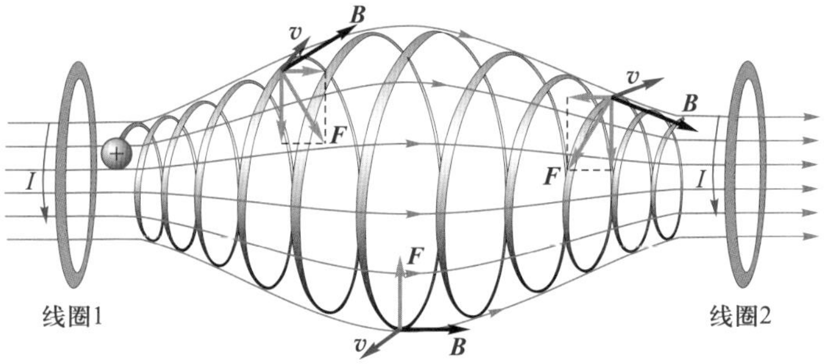

图 7-35 磁瓶

地球也可算是一个天然磁约束捕集器,地球周围的非均匀磁场能够俘获来自宇宙射线和"太阳风"的带电粒子,使它们在地球两磁极之间来回振荡.探索者 1 号宇航器在 1958 年从太空中发现,在距地面几千千米和两万千米的高空,分别存在质子层、电子层两个环绕地球的辐射带,这些区域称为范艾仑(Van Allen)辐射带.在高纬地区出现的极光则是高速电子与大气相互作用引起的,如图 7-36 所示.

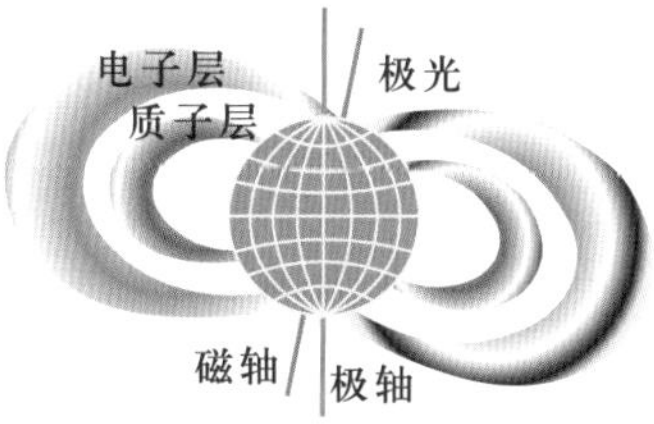

图 7-36 范艾仑辐射带,在地球两磁极附近,总有一部分高能带电粒子能从辐射带逃离进入大气,产生极光.在北极称为"北极光";在南极称为"南极光"

7-6-2 电磁场控制带电粒子运动的实例

带电粒子在电场中将受到电场力的作用,运动时在磁场中将受到磁场力的作用,因此我们可以通过电场和磁场来对带电粒子的运动进行控制,这在现代科学技术领域中已经得到了广泛的应用.

1. 速度选择器

在科学研究中,常需要获取具有确定速度的带电粒子,而一般射线源发射

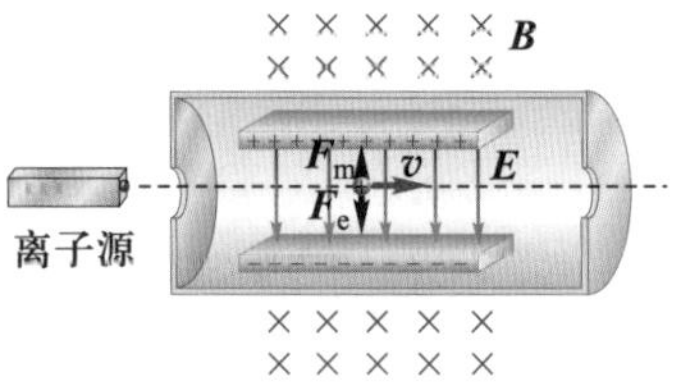

图 7-37 速度选择器.左右两端的两个小孔分别是带电粒子的进口和出口.中间两块极板带有等量异种电荷,其间产生均匀电场,电场强度 $\boldsymbol{E}$ 的方向向下.在垂直于电场方向加上均匀磁场,其磁感应强度为 $\boldsymbol{B}$.速度为 $\boldsymbol{v}$ 的带电粒子在电场与磁场的共存区域内将同时受到电场力和磁场力的作用

出来的带电粒子速度各不相同.因此人们根据带电粒子在电场和磁场中的运动规律,设计出能够选择具有确定速度的带电粒子的装置,称为速度选择器,如图 7-37 所示.设带电粒了的质量为 m,电荷量为 q,以速度 $\boldsymbol{v}$ 沿图示方向进入均匀电场和均匀磁场的共存区域.图示的电场方向朝下,磁场方向垂直纸面朝里,$\boldsymbol{v}$、$\boldsymbol{E}$、$\boldsymbol{B}$ 三者互相垂直.粒子在速度选择区受到的电场力为 $F_e=qE$、磁场力为 $F_m=qvB$,两者方向恰好相反.调整 $\boldsymbol{E}$ 或 $\boldsymbol{B}$ 的大小,可以使具有某一速度的粒子受到的电场力和磁场力大小相等,即 $eE=evB$,因此这个粒子的速度是

$$v=\frac{E}{B} \tag{7-43}$$

显然,当带电粒子的速度等于 E/B 时,它将作匀速直线运动,能够顺利地通过速度选择器.而具有其他速度的粒子,由于受到的合力不为零将发生偏离,无法通过速度选择区域.

2. 汤姆孙实验

1897 年,汤姆孙(J.J.Thomson,1856—1940)在英国剑桥卡文迪什实验室工作期间,在研究阴极射线时,利用电子在磁场中偏转的特性,测定了电子的电荷量与电子质量的比值,即所谓的荷质比(charge-to-mass ratio).通常认为电子就是在这个具有划时代的实验中第一次被发现的.汤姆孙的装置如图 7-38所示,在一个高度真空的玻璃管中,电子从热阴极中发射出来,经过一个加速电场,从阳极 A 和 A' 中间小孔穿出,电子穿出的速度由加速电压 V 决定.电子获得的动能应该等于电势能的减少,因此有

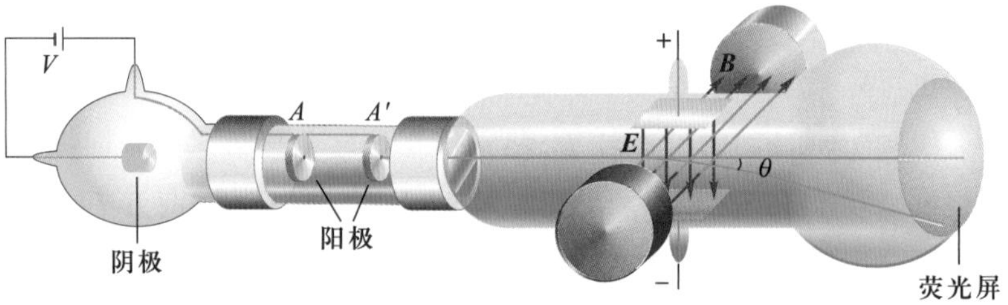

图 7-38 汤姆孙实验

$$\frac{1}{2}mv^2=eV \quad 或 \quad v=\sqrt{\frac{2eV}{m}} \tag{7-44}$$

电子通过电场 $\boldsymbol{E}$ 和磁场 $\boldsymbol{B}$ 的共存区域最后打到荧光屏上,如果电子受到的电场力与磁场力相等,则将直线射向荧光屏的中央,这时必然满足关系式 $v=\dfrac{E}{B}$,因此有

$$\frac{E}{B}=\sqrt{\frac{2eV}{m}} \tag{7-45}$$

解得

$$-\frac{e}{m}=-\frac{E^2}{2VB^2} \tag{7-46}$$

上式右边的参量都可以测量，因此可以求出电子的荷质比$-e/m$.汤姆孙实验只是测出电子的荷质比，而不是电荷$-e$和质量m.在电子速度远小于光速的情况下，电子的荷质比的精确值为[①]

$$-\frac{e}{m}=-1.758\ 820\ 010\ 76(53)\times10^{11}\ \mathrm{C\cdot kg^{-1}}$$

15 年以后，美国物理学家密立根在油滴实验中成功地测出了电子的电荷量，这样就可以利用电子的比荷确定电子的质量：[②]

$$m=9.109\ 383\ 701\ 5(28)\times10^{-31}\ \mathrm{kg}$$

3. 霍耳效应

把一块通有电流I的导体板放在磁场中，如果电流沿板的长度方向流动，磁场方向垂直于导体板平面，则在导体板的上、下两侧之间会出现一定的电势差V_H.这一现象是由美国物理学家霍耳（E.H.Hall，1855—1938）在 1897 年发现的，因此称为霍耳效应（Hall effect），所产生的电势差V_H称为霍耳电势差.

霍耳电势差的产生可以用经典电子理论来解释.以金属导体为例，其载流子为自由电子.设导体板厚度为h，宽度为b，放在磁感应强度为$\boldsymbol{B}$的磁场中，磁场方向垂直于导体板面，如图 7-39 所示.设自由电子平均定向运动速率为v，数密度为n，则电流为

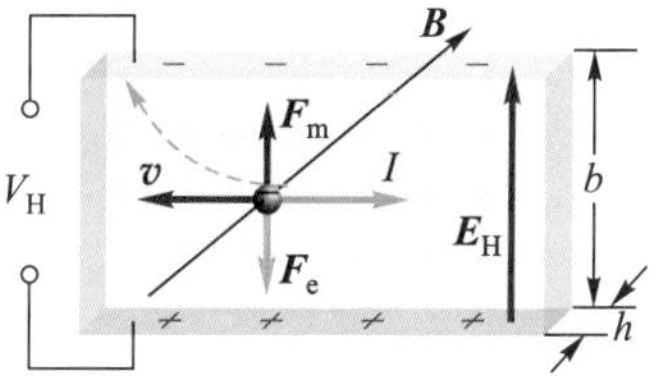

图 7-39 霍耳效应

$$I=envhb$$

那么

$$v=\frac{I}{enhb} \tag{7-47}$$

v就是形成电流的自由电子作定向运动的速率，与电流方向相反.自由电子在洛伦兹力（$F_m=evB$）的作用下，将向金属板的上侧漂移，使得金属板上侧积累负电荷.金属板的下侧因缺少电子而形成正电荷积累，从而在板内形成横向电场$\boldsymbol{E}_H$，称为霍耳电场.这时电子在导体内还将受到方向向下的电场力作用，其大小为

$$F_e=eE_H$$

随着导体板两侧电荷的积累，电场力逐渐增大，直至$F_m=F_e$，即

①② 注：此为国际科学联合会理事会科学技术数据委员会（CODATA）2018 年的国际推荐值.

$$evB=eE_H$$

这时自由电子的侧向漂移停止，横向电场 $\boldsymbol{E}_H$ 达到稳定，导体的上下两侧出现稳定的霍耳电势差，设导体板上侧电势为 V_1，下侧电势为 V_2，则有

$$V_H=V_1-V_2=-E_Hb=-Bbv$$

将式(7-47)代入上式得

$$V_H=-\frac{IB}{neh}=R_H\frac{IB}{h} \tag{7-48}$$

式中

$$R_H=-\frac{1}{ne} \tag{7-49}$$

称为霍耳系数(Hall coefficient). 如果载流子带正电荷 q，在电流和磁场方向不变的情况下，正电荷在上侧积累，负电荷在下侧积累，霍耳系数为

$$R_H=\frac{1}{nq} \tag{7-50}$$

由此可见，根据霍耳系数的正、负，可以判断载流子的正、负性质. 而通过测定霍耳系数的大小，可以测量材料中载流子的数密度 n. 霍耳效应也可以测量金属中电子的漂流速度. 如果我们在与电流相反方向上移动样品，且移动速度等于电子漂流速度，则霍耳效应就会消失.

利用霍耳效应制成的半导体器件被广泛应用于工业生产和科学研究中. 例如可以通过霍耳电压来测量磁场，这是现阶段比较精确测量磁场的一种常用方法. 霍耳效应还可以用来测量强电流、压力、转速等. 目前，霍耳效应在计算机技术和自动控制领域的应用越来越广泛.

7-7 磁场对载流导线的作用

载流导线在磁场中将受到磁场力的作用，人们根据这一原理发明了电动机. 从本质上分析，磁场对载流导线的作用，是由磁场对载流导体中的运动电荷作用引起的. 导体中作定向运动的电子和导体中晶格上的正离子不断地碰撞，最终把动量传给了导体，从而使整个载流导体在磁场中受到磁场力的作用，这个力称为安培力(Ampère force).

7-7-1 载流导线在磁场中所受的力

把载流导线置于磁场中，导线中的载流子将受到洛伦兹力的作用. 如图

7-40 所示，设导线截面积为 S，通过的电流为 I，导线中的载流子数密度为 n，平均漂移速度为 $\boldsymbol{v}_d$，每个载流子所带的电荷量为 q. 在磁场 $\boldsymbol{B}$ 的作用下，每个载流子都将受到洛伦兹力 $\boldsymbol{F}=q\boldsymbol{v}\times\boldsymbol{B}$ 的作用. 设想在导线上截取一电流元 $I\mathrm{d}\boldsymbol{l}$，该电流元中的载流子数为 $\mathrm{d}N=nS\mathrm{d}l$，因此整个电流元受到的磁场力为

$$\mathrm{d}\boldsymbol{F}=nS\mathrm{d}l(q\boldsymbol{v}_d\times\boldsymbol{B})$$

式中 $qnSv_d$ 是单位时间内通过导线截面 S 的电荷量，即电流 I. 由于电流流动方向就是电流元的方向，上式可以写成

$$\mathrm{d}\boldsymbol{F}=I\mathrm{d}\boldsymbol{l}\times\boldsymbol{B} \tag{7-51}$$

上式称为**安培定律**（Ampère law）. 安培力的方向与矢积 $\mathrm{d}\boldsymbol{l}\times\boldsymbol{B}$ 的方向相同.

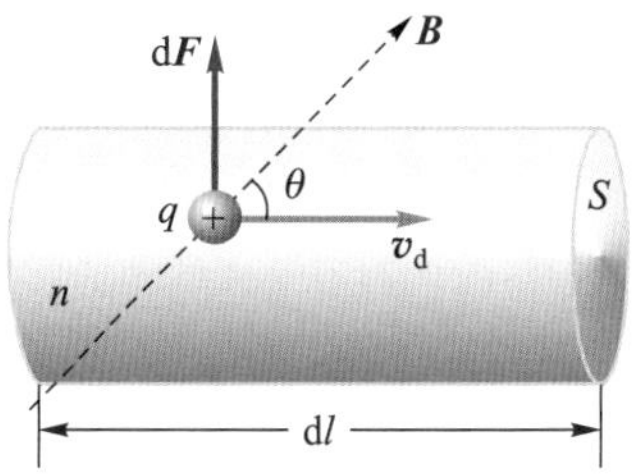

图 7-40 电流元受到的磁场力

对于任意形状的载流导线 L 在磁场中所受的安培力 $\boldsymbol{F}$，应等于各个电流元所受的安培力 $\mathrm{d}\boldsymbol{F}$ 的矢量和，即

$$\boldsymbol{F}=\int_L \mathrm{d}\boldsymbol{F}=\int_L I\mathrm{d}\boldsymbol{l}\times\boldsymbol{B} \tag{7-52}$$

上式是我们计算安培力的基本公式.

现在我们首先考虑一种最简单的情况，即载流直导线在均匀的恒定磁场 $\boldsymbol{B}$ 中的受力问题. 设导线长度为 l，电流为 I，其方向与磁场 $\boldsymbol{B}$ 方向的夹角为 θ. 由式(7-52)可得

$$F=IlB\sin\theta \tag{7-53}$$

当 $\theta=0°$ 或 $180°$ 时，$F=0$；当 $\theta=90°$ 时，F 最大，为 $F_{max}=IlB$.

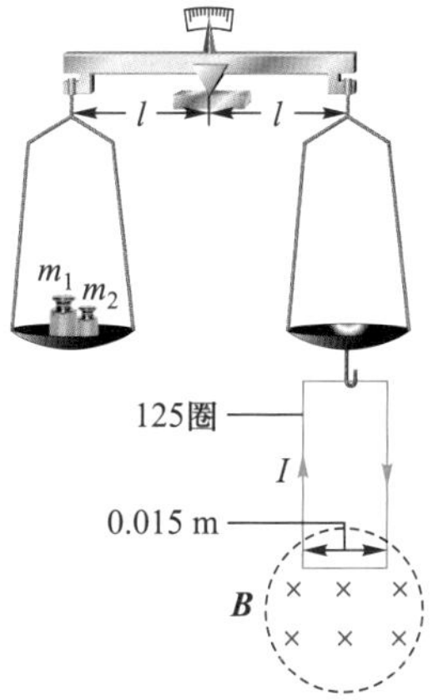

图 7-41 测量磁感应强度所用的装置. 电流天平对正、反电流的两次测量，分别测出线圈重量加上通电导线所受的磁场力和线圈重量减去通电导线所受的磁场力，由此可以计算出通电导线所受的磁场力，从而算出磁感应强度

我们可以根据上式来测定磁感应强度. 测量装置如图 7-41 所示，通过电流天平对正、反电流的两次测量，测出通电导线所受的磁场力，就可以精确算出磁感应强度.

下面我们应用安培定律计算两根平行的长直载流导线之间的相互作用力. 如图 7-42 所示，设真空中有两根平行的长直载流导线 a 和 b，相距为 d，它们分别通有同方向电流 I_1 和 I_2. 在导线 b 上任取一电流元 $I_2\mathrm{d}\boldsymbol{l}_2$. 根据安培定律，该电流元所受的磁场力 $\mathrm{d}\boldsymbol{F}_{21}$ 的大小为

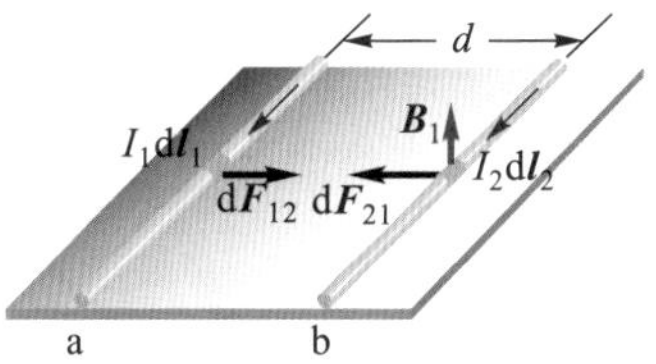

图 7-42 平行长直载流导线之间的相互作用力

$$\mathrm{d}F_{21}=B_1I_2\mathrm{d}l_2$$

式中 B_1 是导线 a 在电流元 $I_2\mathrm{d}\boldsymbol{l}_2$ 处的磁感应强度的大小，其值为

$$B_1=\frac{\mu_0I_1}{2\pi d}$$

因此有

$$\mathrm{d}F_{21}=B_1I_2\mathrm{d}l_2=\frac{\mu_0I_1I_2}{2\pi d}\mathrm{d}l_2$$

$\mathrm{d}\boldsymbol{F}_{21}$的方向在两平行长直载流导线所决定的平面内，且指向导线 a.单位长度导线所受磁场力的大小为

$$\frac{\mathrm{d}F_{21}}{\mathrm{d}l_2}=\frac{\mu_0 I_1 I_2}{2\pi d} \tag{7-54}$$

同理，可以求得载流导线 a 上单位长度所受磁场力的大小也是

$$\frac{\mathrm{d}F_{12}}{\mathrm{d}l_1}=\frac{\mu_0 I_1 I_2}{2\pi d}$$

方向指向导线 b.由此可见，两个同向电流的长直导线，通过磁场的作用，互相吸引；两个反向电流的长直导线，通过磁场的作用，互相排斥.

在国际单位制中，电流的单位——安培曾经是由式(7-54)来定义的：在真空中，截面积可忽略的两根相距 1 m 的无限长平行圆直导线内通以等量恒定电流时，若导线间相互作用力在每米长度上为 2×10^{-7} N，则每根导线内的电流为 1 A.根据上述规定，我们还可以从式(7-54)导出真空磁导率 $\mu_0=4\pi\times10^{-7}\ \mathrm{N\cdot A^{-2}}$.最新的安培定义方式为：当元电荷 e 以单位 C 即 A · s 表示时，将其固定数值取为 $1.602\ 176\ 634\times10^{-19}$来定义安培，即 1 安培是相当于每秒流过 $1/1.602\ 176\ 634\times10^{-19}$元电荷的电流.

例 7-7

一根直铜棒通有 50.0 A 的电流，沿东西方向水平地放在一均匀磁场区域中，磁场沿东北方向，磁感应强度为 1.20 T，如图 7-43 所示.求：(1) 直铜棒单位长度上所受安培力的大小和方向；(2) 直铜棒如何放置才能使安培力达到最大.

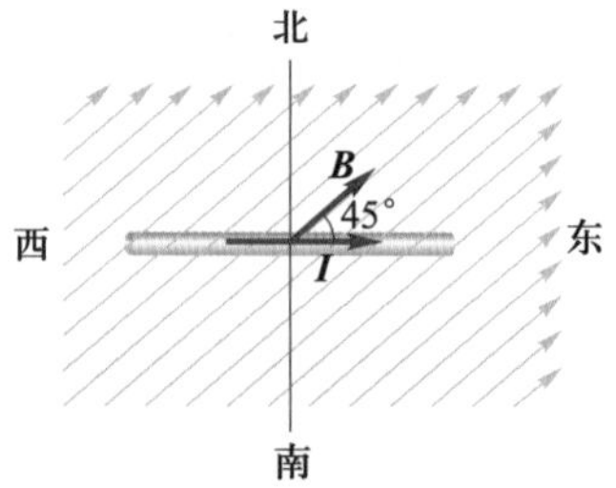

图 7-43 例 7-7 用图

解 (1) 根据安培定律，1 m 长直铜棒所受的安培力的大小为

$$F=IlB\sin\theta$$
$$=50.0\times1.00\times1.20\times\sin 45^\circ\ \mathrm{N}=42.4\ \mathrm{N}$$

根据右手螺旋定则，安培力的方向垂直水平面向上.顺便指出，如果这个磁场力与 1 m 长直铜棒的重力相等而达到平衡，则此时它的质量为

$$m=\frac{F}{g}=\frac{42.4}{9.8}\ \mathrm{kg}=4.33\ \mathrm{kg}$$

(2) 如果磁场和电流相互之间垂直，磁场力达到最大.将铜棒在水平面内转动到东南方向放置，则此时磁场力达到最大为

$$F=IlB\sin\theta$$
$$=50.0\times1.00\times1.20\times\sin 90^\circ\ \mathrm{N}=60.0\ \mathrm{N}$$

方向还是垂直水平面向上，它能托起铜棒质量为

$$m=\frac{F_{\max}}{g}=\frac{60.0}{9.8}\ \mathrm{kg}=6.12\ \mathrm{kg}$$

这是一个简单的磁悬浮的情况.磁悬浮技术可以用在高速列车上，使列车悬浮在导轨上.由于消除了滚动摩擦，列车的速度可以超过 $400\ \mathrm{km\cdot h^{-1}}$.

例 7-8

如图 7-44 所示，有一段弯曲形状的导线 ab，通有电流 I，ab 两点之间的距离为 L，将这段导线放在均匀磁场 $\boldsymbol{B}$ 中.求它所受的磁场力.

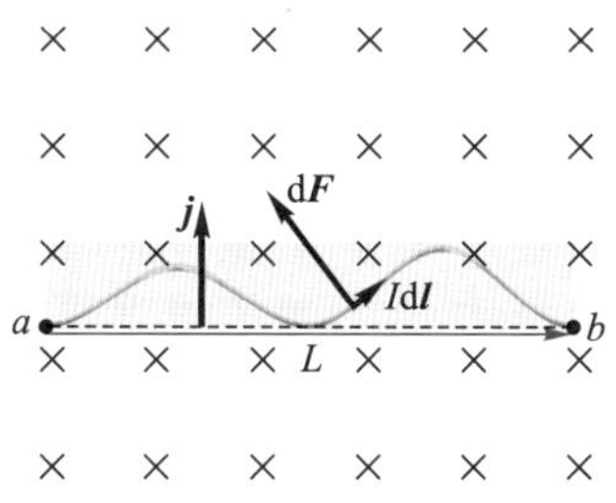

图 7-44 例 7-8 用图

解 根据安培定律，导线上任一电流元 $I\mathrm{d}\boldsymbol{l}$ 所受的安培力为

$$\mathrm{d}\boldsymbol{F}=I\mathrm{d}\boldsymbol{l}\times\boldsymbol{B}$$

整个导线所受磁场力 $\boldsymbol{F}$ 为

$$\boldsymbol{F}=\int_a^b I\mathrm{d}\boldsymbol{l}\times\boldsymbol{B}$$

由于电流 I 是常量，且磁场是均匀磁场，因此可以提到积分号外

$$\boldsymbol{F}=I\left(\int_a^b \mathrm{d}\boldsymbol{l}\right)\times\boldsymbol{B}$$

式中括号内的积分是线元 $\mathrm{d}\boldsymbol{l}$ 的矢量和，应该等于从 a 到 b 点的矢量直线段 $\boldsymbol{L}$.整个载流导线在均匀磁场中所受的磁场力为

$$\boldsymbol{F}=I\boldsymbol{L}\times\boldsymbol{B}=ILB\boldsymbol{j}$$

式中 $\boldsymbol{j}$ 为平行于纸面向上的单位矢量.上式表明，任意形状的平面载流导线在均匀磁场中所受磁场力之总和，就等于从起点到终点之间载有同样电流的直导线所受的磁场力.如果载流导线构成闭合回路，由上述讨论的结果可知，闭合载流回路所受的磁场力为零.

例 7-9

轨道炮（又称电磁炮）是一种利用电流间相互作用的安培力将弹头发射出去的武器.如图 7-45 所示，两条扁平的长直圆柱导轨互相平行，导轨之间由一滑块状的弹头连接.强大的电流 I 从一条直导轨流经弹头再从另一条直导轨流回.导轨上的电流沿圆柱面均匀分布.设圆柱导轨半径为 R，两圆柱导轨相距为 L.求弹头所受的磁场力.

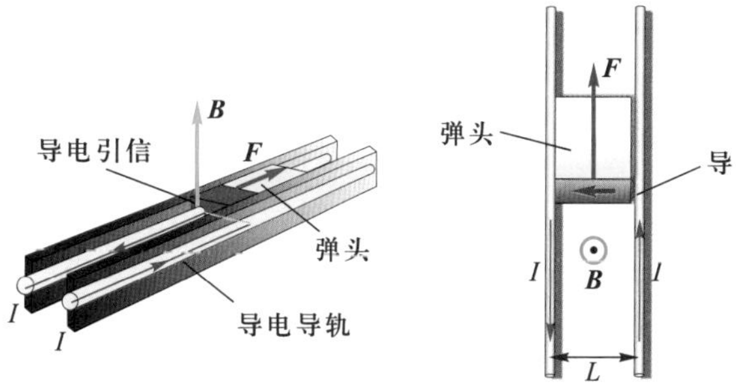

图 7-45 例 7-9 用图

解 弹头受到的磁场力应该是两导轨产生的磁场对弹头的作用，先在弹头距其横向一端为 x 处任取一电流元 $I\mathrm{d}x$，其所在处的磁场可看成是两个半无限长直电流产生的磁感应强度的叠加（可视为均匀）

$$B=\frac{\mu_0 I}{4\pi x}+\frac{\mu_0 I}{4\pi(L-x)}$$

电流元 $I\mathrm{d}x$ 与 $\boldsymbol{B}$ 的夹角为 90°，由安培定律可得弹头所受磁场力的大小为

$$F=\int_R^{L-R} I\mathrm{d}xB=\int_R^{L-R} I\left[\frac{\mu_0 I}{4\pi x}+\frac{\mu_0 I}{4\pi(L-x)}\right]\mathrm{d}x$$

$$=\frac{\mu_0 I^2}{2\pi}\ln\frac{L-R}{R}$$

方向沿导轨向外.由于超导材料研究上的突破，可望输送极大的电流（$10^5\sim10^6$ A），在 5 m 长的导轨

上，可使弹头加速到 6 km · s^{-1}的速度.而常规火炮受结构和材料强度的限制，发射弹头的速度一般不超过 2 km · s^{-1}.如果用海水代替上述弹头，就可以作为船舶的电磁推进器.

7-7-2 载流线圈在磁场中所受的磁力矩

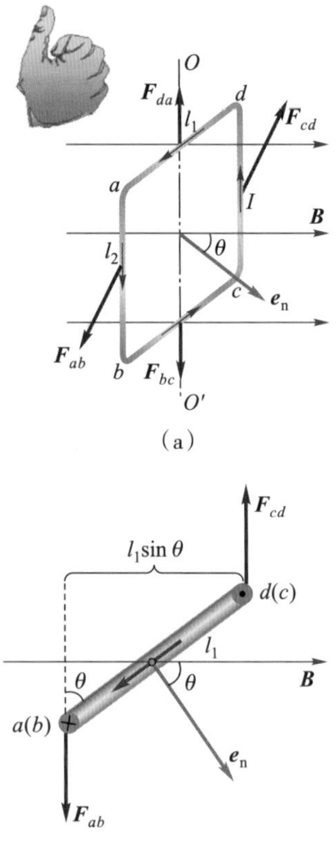

图 7-46 平面矩形载流线圈在均匀磁场中所受的力矩

讨论了载流导线在磁场中的受力规律后，我们将进一步研究载流线圈在磁场中的受力规律.如图 7-46 所示，在磁感应强度为 $\boldsymbol{B}$ 的均匀磁场中，有一刚性矩形平面载流线圈 $abcd$，其边长分别为 l_1 和 l_2，电流为 I，ab 边和 cd 边与 $\boldsymbol{B}$ 垂直，线圈可绕垂直于磁感应强度 $\boldsymbol{B}$ 的中心轴 OO' 自由转动.当线圈法线方向 $\boldsymbol{e}_n$ 与磁感应强度 $\boldsymbol{B}$ 之间的夹角为 θ 时，根据安培定律，导线 bc 和 da 所受的磁场力大小分别为

$$F_{cb}=BIl_1\sin(90°-\theta),\quad F_{da}=BIl_1\sin(90°-\theta)$$

可见 $F_{cb}=F_{da}$，方向相反，并且在同一直线上，所以这两力相互平衡.而导线 ab 和 cd 所受的磁场力 F_{ab} 和 F_{cd} 的大小相等，为

$$F_{ab}=F_{cd}=BIl_2$$

方向相反，但不在同一直线上.因此形成一力偶，力偶臂为 $l_1\sin\theta$.所以磁场对线圈作用的磁力偶矩大小为

$$M=F_{ab}l_1\sin\theta=BIl_1l_2\sin\theta=BIS\sin\theta$$

式中，$S=l_1l_2$ 为线圈面积.

如果线圈有 N 匝，那么线圈所受磁力偶矩的大小为

$$M=NBIS\sin\theta=mB\sin\theta \tag{7-55}$$

式中 $m=NIS$ 为线圈磁矩，它的方向就是载流线圈平面法线的正方向，用矢量表示为 $\boldsymbol{m}=NIS\boldsymbol{e}_n$.磁力偶矩的方向为 $\boldsymbol{m}\times\boldsymbol{B}$ 的方向.将式(7-55)写成矢量形式为

$$\boldsymbol{M}=\boldsymbol{m}\times\boldsymbol{B} \tag{7-56}$$

上式虽是从均匀磁场中的矩形载流线圈的情形推出的，但是可以证明(从略)，对均匀磁场中任意形状的平面载流线圈都适用.甚至，对于带电粒子沿闭合回路运动或自旋所形成的磁矩，在均匀磁场中受到的磁力偶矩，也可以用上式表示.

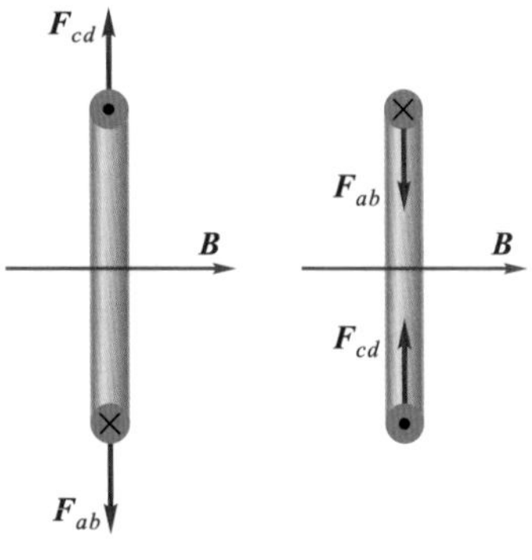

(a) 线圈处于稳定平衡状态　(b) 线圈处于不稳定平衡状态

图 7-47

讨论：

(1) 当 $\theta=0°$时，如图 7-47(a)所示，线圈法线方向与磁场方向平行，$M=0$，线圈不受磁力偶矩作用，此时线圈处于稳定平衡状态.

（2）当 $\theta=180°$ 时，如图 7-47(b) 所示，线圈法线方向与磁场方向反平行，同样线圈不受磁力偶矩作用，有 $M=0$，但如果此时稍有外力干扰，线圈就会向 $\theta=0°$ 处转动，因此称 $\theta=180°$ 时的状态为不稳定平衡状态.

（3）当 $\theta=90°$ 时，线圈法线方向与磁场方向垂直，$M=M_{max}=mB$，此时线圈所受的磁力偶矩最大.

平面载流线圈在均匀磁场中所受的安培力的矢量和为零，仅受到磁力偶矩的作用.因此刚性线圈在均匀磁场中只会发生转动状态变化，而不会发生平动状态变化.但线圈各段都受力的作用，使线圈受压或受拉而产生形变.

当载流线圈处于非均匀磁场中时，它不但受到磁力偶矩的作用，还将受到不为零的合力作用.图 7-48 表示同一载流线圈分别在不同磁极附近的非均匀磁场中，在这两种情况下，线圈磁矩的方向都向左，所受的合力都不为零.在图 7-48(a) 中，线圈磁矩与非均匀磁场方向相同时，合力指向磁场增强的方向.而在图 7-48(b) 中，线圈磁矩与非均匀磁场方向相反时，合力指向磁场减弱的方向.

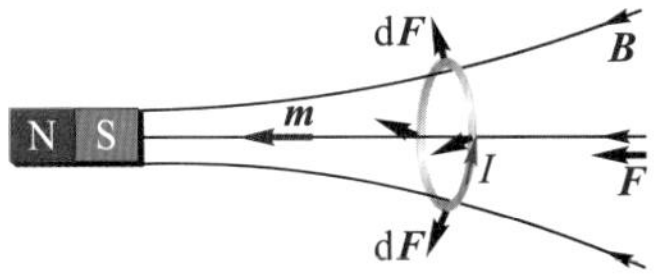

(a) 载流线圈各电流元在永久磁铁的非均匀磁场受到的磁场力，可分解为垂直于线圈平面的分力和平行于线圈平面的分力.平行于线圈平面的分力的合力为零，而垂直于线圈平面的分力的合力指向磁极 S

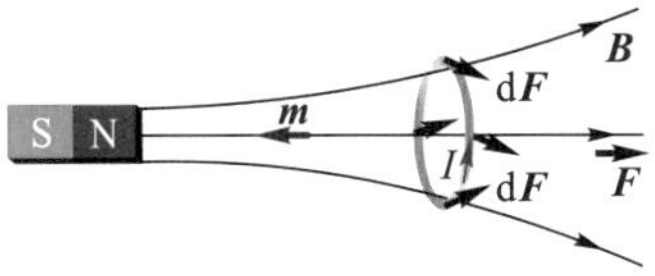

(b) 同理，线圈所受的合力远离磁极 N

图 7-48 导体中的电流

利用磁场对载流线圈的作用可以制造电动机、磁电式电流计等.

当载流导线或载流线圈在磁场中受到磁场力作用后，其运动状态要发生变化，磁场力要做功.

如图 7-49 所示，设长为 l 的载流导线 ab 与两平行导轨构成闭合回路，回路中的电流 I 保持稳定.均匀磁场垂直于纸面向里，导线 ab 可以沿着平行导轨自由滑动.当导线 ab 移到 $a'b'$ 位置时，磁场力所做的功为

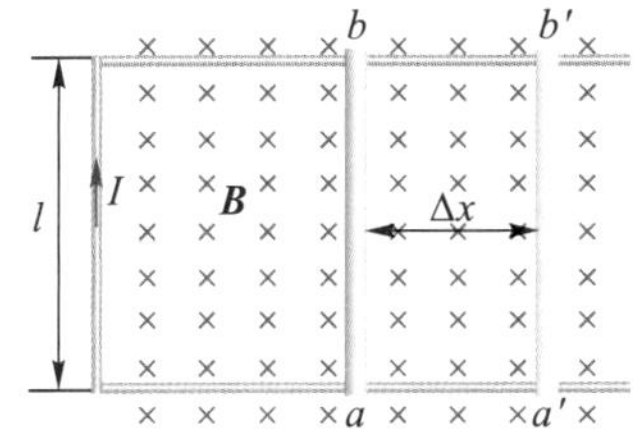

图 7-49 磁场力做功

$$W=F\Delta x=IlB\Delta x$$

式中 $Bl\Delta x$ 为导线 ab 平移后线框平面磁通量的增量 $\Delta\Phi$，所以有

$$W=I\Delta\Phi \tag{7-57}$$

上式说明磁场力对运动载流导线所做的功等于回路中的电流乘以通过回路所环绕的面积内磁通量的增量.

当载流线圈放在均匀磁场中（图 7-50），则所受的磁力偶矩大小为

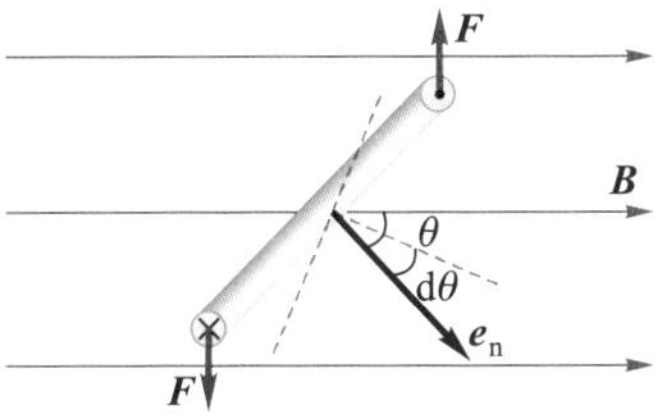

图 7-50 磁力偶矩做功

$$M=mB\sin\theta=ISB\sin\theta$$

如果线圈转动 $d\theta$ 角度时，磁场力所做的功为

$$dW=M(-d\theta)=-ISB\sin\theta d\theta$$

$$=Id(SB\cos\theta)=Id\Phi$$

在线圈从角度 θ_1 转到角度 θ_2 的过程中，磁力偶矩做功为

$$W=\int dW=\int_{\Phi_1}^{\Phi_2} Id\Phi=I\Delta\Phi \tag{7-58}$$

式中 Φ_1 和 Φ_2 分别对应角度 θ_1 和角度 θ_2 时通过线圈的磁通量.

式(7-57)和式(7-58)在形式上完全相同.可以证明，对任意形状的平面载流线圈，在均匀磁场中无论是转动或发生形变的过程中，安培力做功均可用上式计算.

思考：如果回路中电流 I 发生变化，那安培力做功应该是什么形式？

例 7-10

如图 7-51 所示，在均匀磁场 $\boldsymbol{B}$ 中，有一半径为 R，通有电流 I 的圆形载流线圈，可绕 y 轴旋转. 试求该线圈所受磁场力和磁力偶矩.

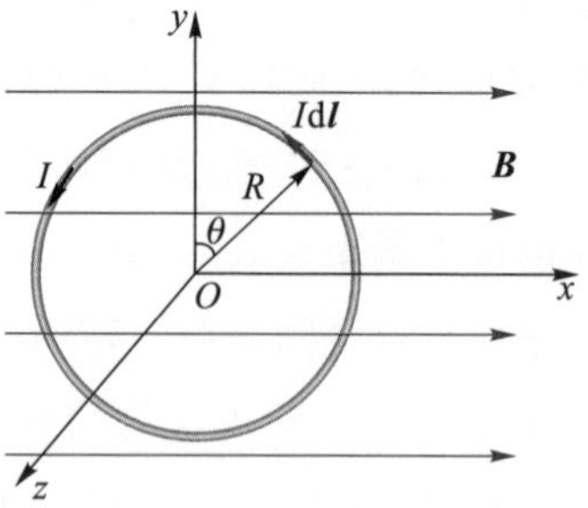

图 7-51 例 7-10 用图

解 由于载流线圈是放在均匀磁场中，所以圆形载流线圈所受磁场力的合力为零.

下面计算作用在线圈上的磁力偶矩. 在线圈上任取一电流元 $I\mathrm{d}\boldsymbol{l}$，电流元所受磁场力的大小为 $\mathrm{d}F=BI\mathrm{d}l\sin\theta$，方向垂直于纸面向里，对转轴 Oy 的力臂为 $x=R\sin\theta$，$\mathrm{d}l=R\mathrm{d}\theta$. 由此可以得到磁场力对 Oy 轴的力矩为

$$\mathrm{d}M=x\mathrm{d}F=BIR^2\sin^2\theta\mathrm{d}\theta$$

$\mathrm{d}\boldsymbol{M}$ 的方向沿 y 轴正方向. 由于所有电流元上受到的磁力偶矩方向都相同，因此可以用标量积分来计算整个线圈受到的磁力偶矩大小，即

$$M=\int\mathrm{d}M=BIR^2\int_0^{2\pi}\sin^2\theta\mathrm{d}\theta=BI\pi R^2$$

磁力偶矩 $\boldsymbol{M}$ 的方向沿 Oy 轴正方向. 此结果也可以由式(7-56)直接计算得到. 从图中可以看出，该线圈的磁矩 $\boldsymbol{m}$ 为

$$\boldsymbol{m}=IS\boldsymbol{k}=I\pi R^2\boldsymbol{k}$$

磁感应强度 $\boldsymbol{B}$ 为

$$\boldsymbol{B}=B\boldsymbol{i}$$

整个线圈所受磁力偶矩为

$$\boldsymbol{M}=\boldsymbol{m}\times\boldsymbol{B}=I\pi R^2B\boldsymbol{k}\times\boldsymbol{i}=BI\pi R^2\boldsymbol{j}$$

与上述结果一致.

7-8 磁介质

在前面讨论电流产生磁场时，我们假定载流导线周围为真空状态，不存在其他任何介质. 然而在实际应用中，例如，变压器、电动机、发电机的线圈和天然磁石附近总是存在一些介质或磁性材料. 永久磁铁、录音磁带以及计算机磁盘都直接依赖于磁性材料的性质，将信息数据往磁盘或磁带中进行储存时，这些磁盘或磁带表面的磁性材料性质将按照信息发生相应的变化，从而将信息数据记录下来. 本节将介绍介质在磁场中所表现的性质及其规律.

7-8-1 物质的磁性

与电介质在电场中与电场相互作用而发生极化一样，当磁场中存在介质时，磁场对介质也会产生作用，使其磁化(magnetization). 介质磁化后会激发附加磁场，从而对原磁场产生影响. 此时，介质内部任何一点处的磁感应强度 $\boldsymbol{B}$ 应

该是外磁场 $\boldsymbol{B}_0$ 和附加磁场 $\boldsymbol{B}'$ 的矢量和，表示为

$$\boldsymbol{B}=\boldsymbol{B}_0+\boldsymbol{B}' \tag{7-59}$$

一切在磁场中能被磁化的介质统称为磁介质(magnetic medium).磁介质对磁场的影响可以通过实验来观察.最简单的方法是对真空中的长直螺线管通以电流 I,测出其内部的磁感应强度的大小 B_0,然后使螺线管内充满各向同性的均匀磁介质,并通以相同的电流 I,再测出此时磁介质内的磁感应强度的大小 B.实验发现:磁介质内的磁感应强度是真空时的 μ_r 倍,即

$$B=\mu_r B_0 \tag{7-60}$$

我们将 μ_r 定义为磁介质的相对磁导率(relative permeability).根据相对磁导率 μ_r 的大小,可将磁介质分为四类:

(1) 抗磁质(diamagnetic substance)($\mu_r<1$):$B<B_0$,附加磁场 $\boldsymbol{B}'$ 与外磁场 $\boldsymbol{B}_0$ 方向相反,磁介质内的磁场被削弱.

(2) 顺磁质(paramagnetic substance)($\mu_r>1$):$B>B_0$,附加磁场 $\boldsymbol{B}'$ 与外磁场 $\boldsymbol{B}_0$ 方向一致,磁介质内的磁场被加强.

(3) 铁磁质(ferromagnetic substance)($\mu_r\gg1$):$B\gg B_0$,磁介质内的磁场被大大增强.

(4) 完全抗磁体($\mu_r=0$):$B=0$,磁介质内的磁场等于零(如超导体).

抗磁质和顺磁质又都被称为弱磁质,它们磁化后激发的附加磁场 $\boldsymbol{B}'$ 非常弱,通常只是 $\boldsymbol{B}_0$ 大小的几万分之一或几十万分之一.而铁磁质则被称为强磁质,它的附加磁场 $\boldsymbol{B}'$ 值一般是 $\boldsymbol{B}_0$ 值的 $10^2\sim10^4$ 倍.表 7-2 给出了几种磁介质的相对磁导率.

表 7-2 几种磁介质的相对磁导率

磁介质种类	种类	温度	相对磁导率
抗磁质 ($\mu_r<1$)	铋	293 K	0.999 834
	汞	293 K	0.999 971
	铜	293 K	0.999 990
	氢(气)		0.999 961
顺磁质 ($\mu_r>1$)	氧(液)	90 K	1.007 699
	氧(气)	293 K	1.003 949
	铝	293 K	1.000 016
	铂	293 K	1.000 260
铁磁质 ($\mu_r\gg1$)	铸钢		2.2×10^3(最大值)
	铸铁		4×10^2(最大值)
	硅钢		7×10^2(最大值)
	坡莫合金		1×10^5(最大值)
完全抗磁体 ($\mu_r=0$)	汞	小于 4.15 K	0
	铌	小于 9.26 K	0

磁介质在磁场中为什么会被磁化？磁化的作用机制是怎样的？要了解这一切,首先要从磁介质的微观结构说起.就弱磁质和强磁质来说,它们的磁化机

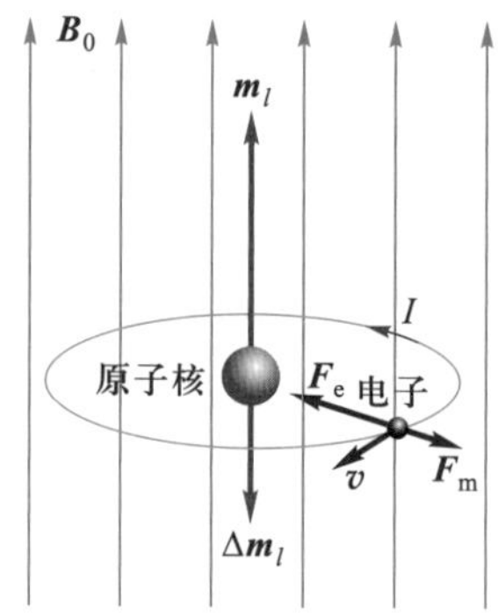

(a) 电子轨道磁矩 m_l 与外磁场 B_0 方向相同，在外场中形成反向的附加磁矩 Δm_l

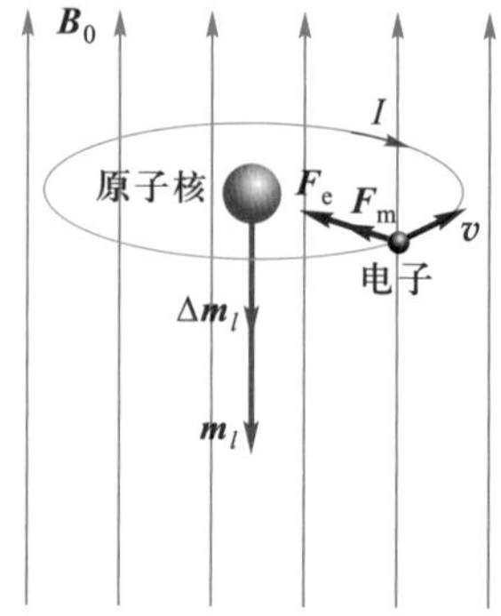

(b) 电子轨道磁矩 m_l 与外磁场 B_0 方向相反，这时电子所受洛伦兹力与库仑力方向相同. 在向心力增大的情况下，要维持轨道半径不变，必然引起电子轨道运动速度增大，以致引起磁矩增加. 这好比在原电子轨道磁矩 m_l 的方向上叠加一个同方向的附加磁矩 Δm_l. 附加磁矩与外磁场方向相反，从而产生抗磁效应

图 7-52

制完全不同.我们将先介绍弱磁质的磁化过程.

根据物质的电结构，所有物质都是由分子或原子组成的，每个原子中都有若干的电子绕着原子核作轨道运动；除此之外，电子自身还有自旋.无论是电子的轨道运动或是自旋，都会形成磁矩，对外产生磁效应.我们把分子或原子中的所有电子对外界产生磁效应的总和，用一个等效圆电流来替代，这个等效圆电流称为**分子电流**.分子电流形成的磁矩，称为**分子磁矩**(molecular magnetic moment)，用 $\boldsymbol{m}$ 表示.在没有外磁场的情况下，分子所具有的磁矩 $\boldsymbol{m}$ 称为**固有磁矩**.对于有些磁介质来说，分子中各个电子的轨道磁矩和自旋磁矩正好完全抵消，其矢量和为零，也就是说分子固有磁矩为零($\boldsymbol{m}=0$).以下我们先讨论分子固有磁矩为零的抗磁质的磁化机理.

如图 7-52(a)所示，在外加磁场作用下，原子中的电子在库仑力的作用下以速率 v 绕原子核作圆周运动，从而形成电子轨道运动的磁矩 $\boldsymbol{m}_l$.假设 $\boldsymbol{m}_l$ 与外磁场 $\boldsymbol{B}_0$ 同方向，此时电子在磁场中受到的洛伦兹力为 $\boldsymbol{F}_m=-e(\boldsymbol{v}\times\boldsymbol{B})$，方向与库仑引力 $\boldsymbol{F}_e$ 相反，背离原子核.若电子在库仑引力和洛伦兹力共同作用下维持轨道半径不变，则由牛顿定律可知，由于向心力减小，电子绕核转动的速率必然减小，从而引起电子轨道运动的磁矩变小，这就等效于在原电子的轨道磁矩 $\boldsymbol{m}_l$ 方向上叠加一个反向的附加磁矩 $\Delta\boldsymbol{m}_l$.在外磁场中，每个电子的附加磁矩必然形成分子的附加磁矩 $\Delta\boldsymbol{m}$，分子附加磁矩 $\Delta\boldsymbol{m}$ 与外磁场 $\boldsymbol{B}_0$ 方向相反.由于抗磁质分子的固有磁矩为零，因此分子的附加磁矩将起主导作用，大量分子的附加磁矩所产生的磁效应将削弱外磁场.

同理，若电子轨道磁矩 $\boldsymbol{m}_l$ 与外磁场相反，如图 7-52(b)所示，根据类似分析可知，分子附加磁矩 $\Delta\boldsymbol{m}$ 的方向同样与外磁场 $\boldsymbol{B}_0$ 方向相反，显示出抗磁效应.

接着，我们将继续介绍分子固有磁矩不为零($\boldsymbol{m}\neq0$)的顺磁质的磁化机理.在没有外磁场的情况下，虽然分子具有固有磁矩，但由于分子热运动，各个分子磁矩的排列是杂乱无章的，即大量分子磁矩的矢量和为零($\sum\boldsymbol{m}_i=0$)，宏观上不产生磁效应.当把介质放在外磁场中，分子磁矩将受到磁力偶矩的作用($\boldsymbol{M}=\boldsymbol{m}\times\boldsymbol{B}_0$)而转向沿外磁场 $\boldsymbol{B}_0$ 方向排列.然而由于分子的热运动，这种排列并不整齐，在达到平衡时，总的趋势是在一定程度上沿磁场方向排列.这时所有分子磁矩的矢量和将不再为零，有 $\sum\boldsymbol{m}_i\neq0$.这样在宏观上就显示出附加磁场，且与外磁场方向相同.外磁场越强，排列越整齐，附加磁场也越强.这就是顺磁质的磁化机制.

应该指出，顺磁质分子在外磁场中也会产生抗磁效应，只是这种抗磁效应与顺磁效应相比要小得多，因此被掩盖掉了，在宏观上只显示出顺磁效应.

7-8-2 磁化强度与磁化电流

1. 磁化强度

由以上讨论可知，无论是顺磁质还是抗磁质，在未加外磁场时，磁介质宏观上的一个小体积内，各个分子磁矩的矢量和等于零，因此磁介质在宏观上不产生磁效应.但是当磁介质放在外磁场中被磁化后，磁介质中的一个小体积内，各个分子磁矩的矢量和将不再等于零.顺磁质中分子的固有磁矩排列得越整齐，它们的矢量和就越大；抗磁质中分子的附加磁矩越大，它们的矢量和也越大.同一体积内，分子磁矩矢量和的大小反映了介质被磁化的强弱程度.因此，为了描述这种磁化的强弱程度，我们将引入物理量：**磁化强度**（magnetization intensity）矢量，用 $\boldsymbol{M}$ 表示.它定义为：**磁介质中某点处单位体积内分子磁矩的矢量和**，数学上表示为

$$\boldsymbol{M}=\frac{\sum \boldsymbol{m}_i}{\Delta V} \tag{7-61}$$

式中 ΔV 为磁介质内某点处的一个小体积，$\sum \boldsymbol{m}_i$ 为磁化后小体积 ΔV 内分子磁矩的矢量和.

在国际单位制中，磁化强度的单位为**安培每米**，符号为 $\mathrm{A\cdot m^{-1}}$.

磁化强度矢量是定量描述磁介质磁化强弱和方向的物理量.一般情况下，它是空间坐标的矢量函数.当磁化强度矢量为常矢量时，磁介质被均匀磁化.

2. 磁化电流

磁介质磁化后，顺磁质的分子固有磁矩沿着磁场方向排列，抗磁质的分子要产生附加磁矩.对于各向同性均匀的磁介质，这就相当于认为与此相对应的分子电流有规则地排列在磁介质内部，于是在宏观上将在磁介质表面形成电流.我们以长直载流螺线管为例来进行说明.如图 7-53 所示，长直载流螺线管内部的磁场沿轴线方向均匀分布，磁介质中的分子磁矩在磁场作用下沿外场排列.我们从螺线管中磁介质的一个横断面上可以看出分子圆电流的分布.在介质内部，相邻分子电流之间的电流流向相反，因此相互抵消.但在磁介质的表面上，这些分子电流不能抵消.由于介质表面处分子电流的规则排列，相邻分子电流相互连接，在宏观上构成了沿介质表面的等效环形电流，我们称这种电流为表面束缚电流或**磁化电流**（magnetization current）.磁化电流不同于导体中自由电荷定向运动形成的传导电流，因为它实质上是分子电流，是受到每个分子约束的.磁化电流在产生磁效应方面与传导电流一样，都能够激发磁场，但不具有热效应.

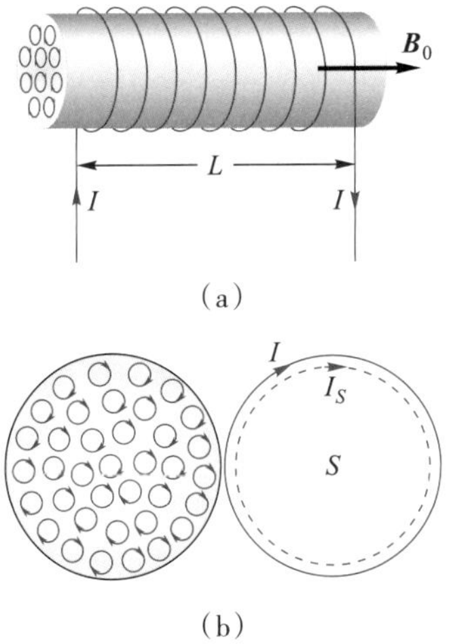

图 7-53　磁介质表面磁化电流的产生

下面我们以顺磁质为例，进一步讨论磁化强度和磁化电流之间的关系.在长直螺线管内取一段长度为 L 的磁介质，它的截面积为 S，表面磁化电流为 I_S，如图 7-53 所示.在这段磁介质中所有分子磁矩的矢量和，就等效为一个圆柱形面电流 I_S 与截面积 S 的乘积的磁矩，即

$$\left|\sum \boldsymbol{m}_i\right|=I_S S$$

因此，磁化强度 $\boldsymbol{M}$ 的大小为

$$M=\frac{\left|\sum \boldsymbol{m}_i\right|}{\Delta V}=\frac{I_S S}{LS}=\frac{I_S}{L}=j_S \tag{7-62}$$

式中j_S是单位长度上的磁化面电流,称为磁化面电流线密度.可见磁介质中某点的磁化强度的大小等于磁介质表面磁化电流的线密度.应该注意:上述结果只适用于均匀磁介质被均匀磁化的情况.

式(7-62)是磁化强度与磁化电流的微分关系式,下面我们将进一步建立它们的积分关系.如图7-54所示,在均匀磁化的圆柱形磁介质边界附近,作一矩形回路$abcd$,其中,ab边的长度为l,位于磁介质内,且平行于圆柱体轴线;cd边在磁介质外;而bc、da垂直于柱面.现在,沿闭合回路$abcd$对磁化强度$\boldsymbol{M}$进行线积分.因为在磁介质外$\boldsymbol{M}=0$,而bc、da边均垂直于$\boldsymbol{M}$,因此$\boldsymbol{M}$的回路积分仅取决于ab边.由于磁介质内部各点的$\boldsymbol{M}$都相等,且沿ab方向.所以有

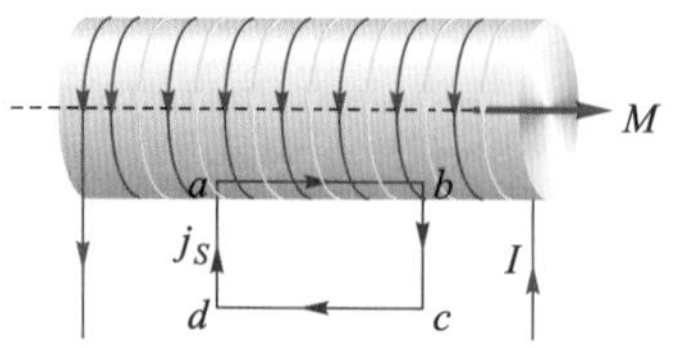

图7-54 磁化强度与磁化电流的关系

$$\oint_L \boldsymbol{M}\cdot \mathrm{d}\boldsymbol{l}=Ml=j_S l=I_S \tag{7-63}$$

上式是磁化强度$\boldsymbol{M}$与磁化电流I_S的积分关系式,它表明:磁化强度$\boldsymbol{M}$沿闭合回路的环流,等于穿过回路所包围面积的磁化电流.

7-8-3 磁介质中的磁场 磁场强度

1. 有介质存在时的高斯定理

磁介质在外磁场中会发生磁化,同时产生磁化电流I_S,因此磁介质内部的磁场$\boldsymbol{B}$是外磁场$\boldsymbol{B}_0$与磁化电流激发的磁场$\boldsymbol{B}'$的矢量叠加,由式(7-59)表示.

由于磁化电流在激发磁场方面与传导电流等效,激发的磁场都是涡旋场,因此在存在介质的磁场中高斯定理仍然成立,即

$$\oint_S \boldsymbol{B}\cdot \mathrm{d}\boldsymbol{S}=0 \tag{7-64}$$

上式是普遍情况下的高斯定理.在真空中,式中的$\boldsymbol{B}$即为外磁场;在磁介质中,式中的$\boldsymbol{B}$是外磁场与磁化电流产生的附加磁场的合磁场.

2. 有介质存在时的安培环路定理

当有磁介质存在时,空间任一点的磁感应强度$\boldsymbol{B}$,是由传导电流和磁化电流共同产生的.因此安培环路定理应该写成

$$\oint_L \boldsymbol{B}\cdot \mathrm{d}\boldsymbol{l}=\mu_0\left(\sum_i I_i+I_S\right) \tag{7-65}$$

上式表明:磁感应强度$\boldsymbol{B}$沿任一闭合回路L的环流,等于穿过回路所包围面积的传导电流和磁化电流之代数和的μ_0倍.一般情况下,磁化电流I_S难以直接测量,因此很难直接利用式(7-65)来计算介质中的磁感应强度.为了使安培环路

定理中不出现磁化电流 I_S，我们把式(7-63)代入式(7-65)，消去 I_S，有

$$\oint_L \boldsymbol{B}\cdot \mathrm{d}\boldsymbol{l}=\mu_0\left(\sum_i I_i+\oint_L \boldsymbol{M}\cdot \mathrm{d}\boldsymbol{l}\right)$$

整理后，可得

$$\oint_L\left(\frac{\boldsymbol{B}}{\mu_0}-\boldsymbol{M}\right)\cdot \mathrm{d}\boldsymbol{l}=\sum_i I_i$$

引入一个辅助物理量 $\boldsymbol{H}$，称为磁场强度(magnetic field intensity)，令

$$\boldsymbol{H}=\frac{\boldsymbol{B}}{\mu_0}-\boldsymbol{M} \tag{7-66}$$

这样，磁介质中的安培环路定理便可写成

$$\oint_L \boldsymbol{H}\cdot \mathrm{d}\boldsymbol{l}=\sum_i I_i \tag{7-67}$$

此式说明：磁场强度 $\boldsymbol{H}$ 沿任一闭合回路的环路积分，等于该闭合回路所包围并穿过的传导电流的代数和.上式中的电流并不包括磁化电流，不管是介质中还是在真空中它都成立.在国际单位制中，$\boldsymbol{H}$ 的单位是安培每米，符号为 $\mathrm{A\cdot m^{-1}}$.

实验表明，在各向同性的均匀磁介质中，空间任意一点处的磁化强度 $\boldsymbol{M}$ 与磁场强度 $\boldsymbol{H}$ 成正比，即

$$\boldsymbol{M}=\chi_{\mathrm{m}}\boldsymbol{H} \tag{7-68}$$

式中比例系数 χ_{m} 称为磁介质的磁化率(magnetic susceptibility).由于 $\boldsymbol{M}$ 与 $\boldsymbol{H}$ 的单位相同，因此 χ_{m} 的量纲为 1，其值只与磁介质的性质有关.将式(7-68)代入 $\boldsymbol{H}$ 的定义式，可得

$$\boldsymbol{B}=\mu_0\boldsymbol{H}+\mu_0\boldsymbol{M}=\mu_0(1+\chi_{\mathrm{m}})\boldsymbol{H}$$

令

$$\mu_{\mathrm{r}}=1+\chi_{\mathrm{m}} \tag{7-69}$$

μ_{r} 就是该磁介质的相对磁导率.因此磁介质中的磁感应强度可表示为

$$\boldsymbol{B}=\mu_0\mu_{\mathrm{r}}\boldsymbol{H}=\mu\boldsymbol{H} \tag{7-70}$$

式中 $\mu=\mu_0\mu_{\mathrm{r}}$ 称为磁介质的磁导率(permeability).

因为顺磁质的磁化率 $\chi_{\mathrm{m}}>0$，所以 $\mu_{\mathrm{r}}>1$；抗磁质的磁化率 $\chi_{\mathrm{m}}<0$，所以 $\mu_{\mathrm{r}}<1$.在真空中，$\boldsymbol{M}=0$，$\chi_{\mathrm{m}}=0$，$\mu_{\mathrm{r}}=1$，$\boldsymbol{B}=\mu_0\boldsymbol{H}$.

类似于在静电场中引入电位移矢量后，能够很方便地根据带电体和电介质的对称性分布，运用高斯定理求解电介质中电场问题.同样，在我们引入了磁场强度 $\boldsymbol{H}$ 这个辅助量后，在磁介质中，可以根据传导电流和磁介质的对称性分布，先由磁介质中的安培环路定理求出磁场强度 $\boldsymbol{H}$ 的分布，然后再根据式(7-70)中 $\boldsymbol{B}$ 与 $\boldsymbol{H}$ 的关系进一步求出磁感应强度 $\boldsymbol{B}$ 的分布.

例 7-11

在相对磁导率 $\mu_r = 1\,000$ 的磁介质环上均匀绕着线圈，如图 7-55 所示，在平均半径的周长上，单位长度上的匝数为 $n = 500\ \mathrm{m^{-1}}$，线圈中通以电流 $I = 2.0$ A. 求磁介质环内的磁场强度、磁感应强度和磁化强度.

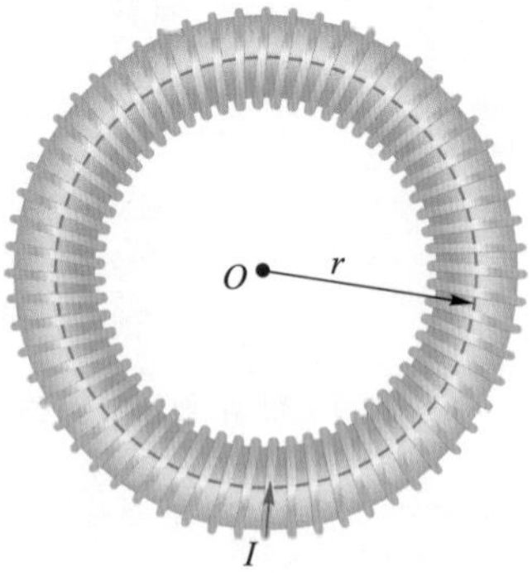

图 7-55 例 7-11 用图

解 利用磁场中的安培环路定理，可以求出磁介质的磁场强度为

$$\oint_L \boldsymbol{H} \cdot \mathrm{d}\boldsymbol{l} = \sum_i I_i$$

选择平均半径的圆环作为积分路径，按上式，则有

$$2\pi rH = 2\pi rnI$$

所以磁介质环内的磁场强度为

$$H = nI = 500 \times 2.0\ \mathrm{A \cdot m^{-1}} = 1.0 \times 10^3\ \mathrm{A \cdot m^{-1}}$$

磁介质环内的磁感应强度为

$$B = \mu_0 \mu_r H$$

$$= 4\pi \times 10^{-7} \times 1\,000 \times 1.0 \times 10^3\ \mathrm{T} = 1.3\ \mathrm{T}$$

磁介质环内的磁化强度为

$$M = \frac{B - \mu_0 H}{\mu_0}$$

$$= \frac{4\pi \times 10^{-1} - 4\pi \times 10^{-7} \times 10^3}{4\pi \times 10^{-7}}\ \mathrm{A \cdot m^{-1}}$$

$$= 1.0 \times 10^6\ \mathrm{A \cdot m^{-1}}$$

例 7-12

如图 7-56 所示，一同轴电缆由半径为 a 的长直导线和半径为 b 的长直导体圆筒组成. 两者之间充满相对磁导率为 μ_r 的均匀磁介质. 电流 I 由中心导体流入，由外圆筒流回. 求磁介质中的磁感应强度的分布和磁介质内表面上的束缚电流.

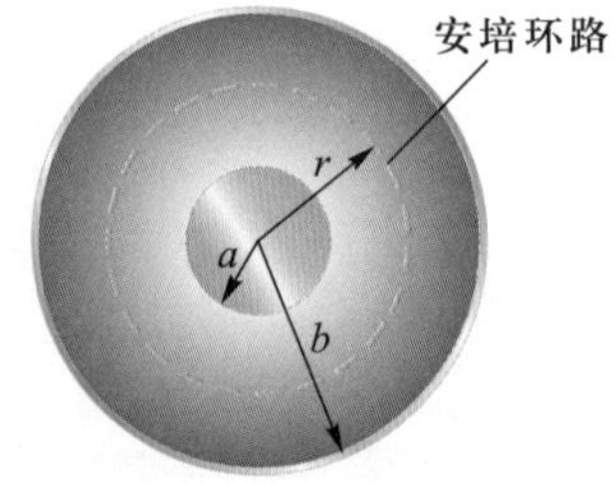

图 7-56 例 7-12 用图

解 对于长直同轴电缆，由于电流分布和磁介质分布具有轴对称性，因此其激发的磁场分布也具有轴对称性，且 $\boldsymbol{B}$ 线和 $\boldsymbol{H}$ 线都处在垂直于轴线的平面内，并以轴线为圆心的同心圆. 在距离轴线为 r 处取一半径为 r 的圆形闭合回路 L，根据 $\boldsymbol{H}$ 的安培环路定理，有

$$\oint_L \boldsymbol{H} \cdot \mathrm{d}\boldsymbol{l} = H \cdot 2\pi r = I$$

磁介质中的磁场强度为

$$H = \frac{I}{2\pi r}$$

利用式(7-68)，可得磁介质中的磁感应强度为

$$B = \mu H = \frac{\mu_0 \mu_r I}{2\pi r}$$

由此可得磁介质内表面处的磁感应强度为

$$B_1 = \mu H_1 = \frac{\mu_0 \mu_r I}{2\pi a}$$

我们也可以根据 $\boldsymbol{B}$ 的安培环路定理进行求解，即

$$\oint_L \boldsymbol{B}\cdot \mathrm{d}\boldsymbol{l} = B_1 \cdot 2\pi a = \mu_0(I + I_{S1})$$

$$B_1 = \frac{\mu_0(I + I_{S1})}{2\pi a}$$

与前面得到的 $B_1 = \dfrac{\mu_0\mu_r I}{2\pi a}$进行比较，可得磁介质内表面上的磁化电流

$$I_{S1} = (\mu_r - 1)I$$

7-8-4 铁磁质

铁、钴、镍等金属及其合金称为铁磁质.铁磁质的磁化机制与顺磁质和抗磁质完全不同，在室温下其磁导率比真空或空气的磁导率大几百倍甚至几千倍，铁磁质即使在较弱的磁场内，也可得到极高的磁化强度，而且当外磁场撤去后，某些铁磁质仍可保留极强的磁性.因此，在电工设备中，诸如电磁铁（见图7-57）、电机、变压器等，铁磁质材料都有其广泛的应用，见视频：强力电磁铁演示了电磁力的强大作用.

图 7-57　工厂里用大型电磁铁来搬运巨大的铁磁性物质材料

视频　强力电磁铁

1. 磁滞回线

铁磁质的磁化规律可以通过实验来进行研究.如图 7-58 所示，将铁磁质样品做成平均半径为 R 的环形状，环上密绕 N 匝线圈.当线圈中通以电流 I 后，铁磁质将被磁化.根据安培环路定理可以得到铁磁质中的磁场强度为

$$H = \frac{NI}{2\pi R}$$

在铁磁质环状样品中切开的一个很窄的缝，用依据霍耳效应制成的特斯拉计在狭缝内测出磁感应强度 B.改变电流就可以得到一系列对应的 H 和 B 值，从而画出 H 和 B 的关系曲线，这种曲线称为磁化曲线（magnetization curve）.此外可以根据公式 $\boldsymbol{M} = \dfrac{\boldsymbol{B}}{\mu_0} - \boldsymbol{H}$ 以及 $H = \mu B$，可以计算出磁化强度 M 和磁导率 μ.

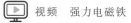

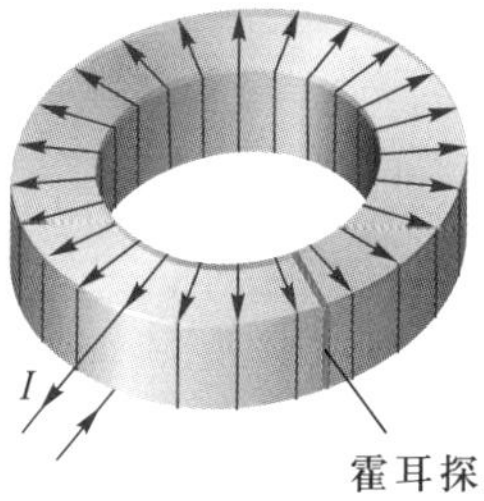

图 7-58　铁磁质的磁化规律的测定方法

下面从实验过程来具体说明 H 和 B 关系曲线的形成.在线圈中通以电流，对一块未经磁化铁环进行磁化实验，如图 7-59 所示.

开始时，随着电流的增加，磁场强度 H 增大，观察到铁磁质内的 B 随之作非线性地增大，这就意味着铁磁质开始被磁化；当 H 增大到某一数值 H_s 后，磁感应强度 B 将进入饱和状态，这时，即使继续增大 H 值，B 也不会发生改变.此时对应的磁感应强度 B_s 称为饱和磁感应强度，曲线 Oa 称为起始磁化曲线.

铁磁质被磁化达到饱和后，逐渐减小电流，使磁场强度 H 减小，直至为零.在此过程中，B 的大小并不按原曲线返回至零，而是沿另一曲线至 b，即当 $H=0$ 时，B 并不为零.这时铁磁质保留的磁感应强度 B_r 称为剩磁（remanent magnetization），铁磁质成为了永久磁铁.

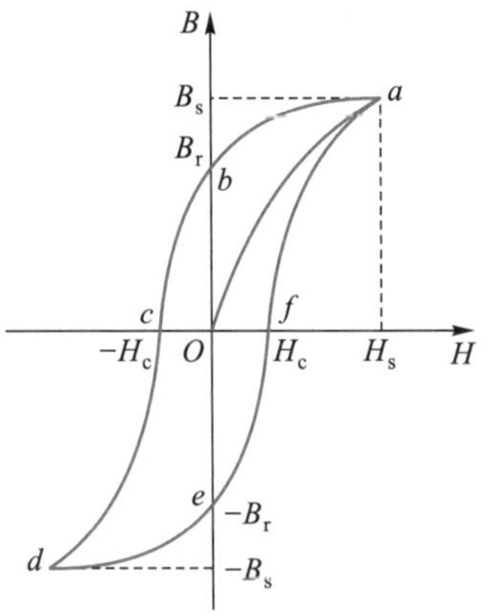

图 7-59 起始磁化曲线和磁滞回线

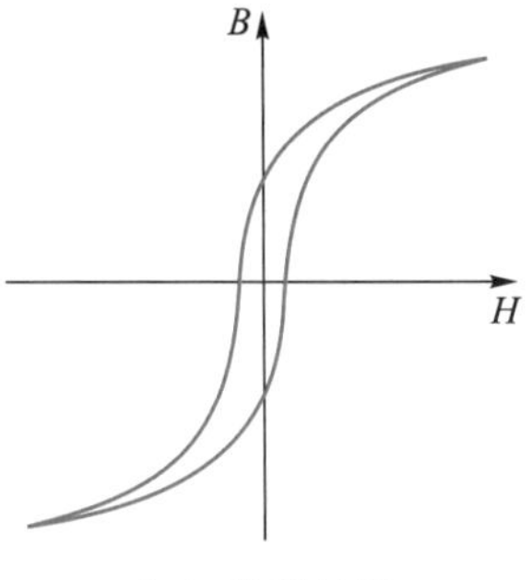

(a) 软磁材料

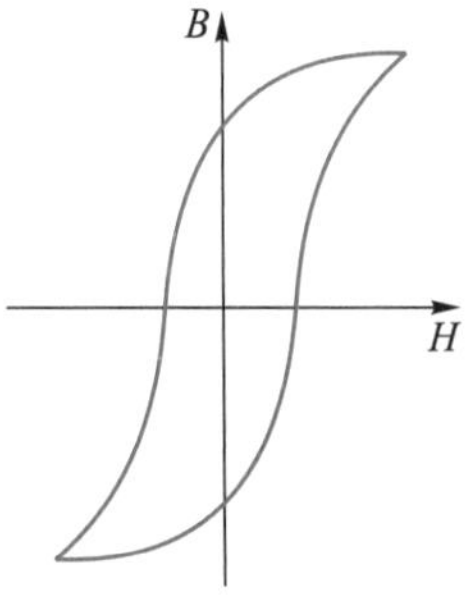

(b) 硬磁材料

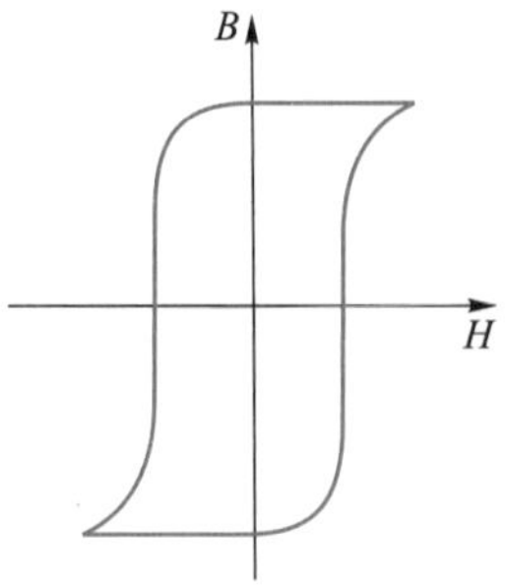

(c) 矩磁材料

图 7-60 各种磁性材料的磁滞回线

要想把剩磁完全消除,需逐渐增加反向电流,即外加一个反向磁场 H,当 H 值达到 $-H_c$,才使铁磁质中的磁感应强度 B 回到零.这一过程称为退磁(demagnetization).这时的反向磁场强度 H_c 称为矫顽力(coercive force).

进一步增大反向磁场强度将使磁感应强度在相反方向上达到饱和值 $-B_s$.如果再继续减小反向磁场 H,磁化曲线将沿下部曲线上升,当 H 再度减小为零时,曲线到达 e 点,铁磁质具有 $-B_r$ 的反向剩磁.继续增加正向电流,曲线沿 efa 再度到达饱和磁感应强度 B_s.这样磁化曲线就构成一个闭合的曲线.

从以上实验规律可知,磁感应强度 B 的变化总是滞后于磁场强度 H 的变化,这一现象称为磁滞(magnetic hysteresis).因此,图 7-59 所示的实验曲线称为磁滞回线(hysteresis loop).

磁滞回线大小和形状显示了磁性材料的特性,从而可把磁性材料分为软磁、硬磁和矩磁材料.

软磁材料(如纯铁、硅钢等)的磁滞回线狭长,如图 7-60(a)所示.可见,软磁材料的矫顽力小、初始磁导率高,外加很小的磁场就可达到饱和.根据软磁材料的特点,它适合于制作交变磁场的器件,如电感线圈、小型变压器、脉冲变压器、中频变压器等的磁芯以及天线棒磁芯、录音磁头、电视偏转磁轭、磁放大器等.

硬磁材料(如碳钢、钨钢等)的磁滞回线宽肥,如图 7-60(b)所示.它具有较高的剩磁,较高的矫顽力以及高饱和磁感应强度.磁化后可长久保持很强的磁性,适宜于制成永久磁铁.这类材料主要用于磁路系统中作为永磁体,以产生恒定磁场,如扬声器、微音器、拾音器、助听器、电视聚焦器、各种磁电式仪表、磁通计、磁强计、示波器以及各种控制设备.

矩磁材料(如三氧化二铁、二氧化铬等)的磁滞回线呈矩形形状,比硬磁材料具有更高的剩磁、更高的矫顽力,如图 7-60(c)所示.这种磁性材料在信息存储领域内的作用越来越重要,适合于制作磁带、计算机软盘和硬盘等,用于记录信息.用于计算机存储信息时可以用磁极方向来表示 1 和 0.例如,N 极向上存储的信息为 1,向下表示为 0.根据矩磁材料的特点,能保证存储信息的安全.

2. 磁畴

为什么铁磁质不同于其他弱磁质,在外磁场中能激发出远大于外磁场的强磁场?这与铁磁质独特的微观物质结构有关.

根据固体结构理论,铁磁质中相邻原子的电子间因自旋而存在很强的“交换作用”.在这种作用下,铁磁质内部相邻原子的磁矩会在一个微小的区域内形成方向一致、排列非常整齐的“自发磁化区”,称为磁畴(magnetic domain).磁畴结构的形成是由于这种磁体为了保持自发磁化的稳定性,而必须使强磁体的能量达最低值,因而就分裂成许多微小的磁畴.每个磁畴体积大约为 $10^{-12}\sim10^{-8}\ m^3$,其中约含有 $10^{17}\sim10^{21}$ 个原子.在无外磁场时,由于热运动,各磁畴的排列是无规则的，各磁畴的磁化方向各不相同，因此，产生的磁效应相互抵消，整个铁磁质对外不显磁性，如图 7-61 所示.

磁畴之间被畴壁隔开.畴壁实质上是相邻磁畴间的过渡层.为了降低交换能，在这个过渡层中，磁矩不是突然改变方向，而是逐渐地改变，因此过渡层（磁畴壁）有一定厚度.铁磁质在外磁场中的磁化过程主要为畴壁的移动和磁畴内磁矩的转向.这就使得铁磁体只需在很弱的外磁场中就能得到较大的磁化强度.当铁磁质处于外磁场中时，与外磁场方向接近的磁畴体积不断扩大（称为壁移运动），自发磁化方向逐渐转向外磁场 $\boldsymbol{H}$ 的方向（磁畴转向），直到所有磁畴都沿外磁场方向整齐排列时，铁磁质就达到磁饱和状态.此过程可用图 7-62 表示.如果将外磁场撤去，由于被磁化的铁磁质受到体内杂质和内应力的阻碍，并不能恢复到磁化前的状态，从而出现了剩磁.为了去除这种剩磁，可以利用振动和加热的方法.居里（P.Curie，1859—1906）发现，不同的铁磁质各自存在一个特定的临界温度 T_C，当温度升至 T_C 时，剧烈的热运动使得磁畴全部瓦解，铁磁性将失去而变成普通的顺磁质.这个临界温度 T_C 称为铁磁质的**居里温度**（Curie temperature）或**居里点**（Curie point）.例如铁的居里点为 1 043 K，镍的居里点是 633 K.

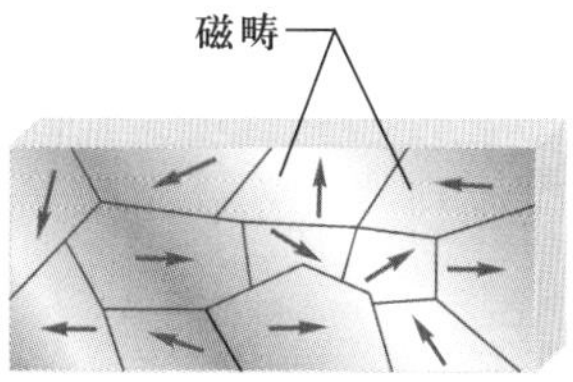

图 7-61　无外磁场时的磁畴

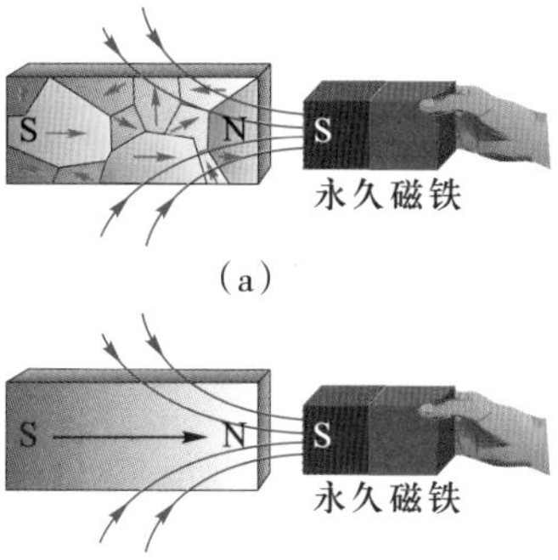

图 7-62　单晶铁磁质磁化过程

思考题

7-1　电源的电动势和端电压有什么区别？两者在什么情况下量值相等？

7-2　在磁场中运动的电荷要受到力的作用，但是，假如在和电荷一起运动的参考系里观察这个现象，电荷是静止的，因此就可能观察不到磁场力.怎样才能解释这种矛盾呢？

7-3　永久磁铁能用来吸引一串铁钉、图钉或别针等材料，尽管它们并不是磁体.这种吸引过程是怎样进行的？

7-4　带电粒子通过磁场时能不受到力吗？怎样才能做到这一点？

7-5　有学生建议取一根磁棒（一端是 N 极，另一端是 S 极），在中间把它截断，就可以得到孤立的磁极，这样做行吗？

7-6　在具体计算磁场时，安培定律和毕奥-萨伐尔定律比较起来，各有哪些优缺点？

7-7　一个作匀速直线运动的电荷，在真空中某点产生的磁场是不是恒定的磁场？为什么？

7-8　利用磁感应线没有头和尾的事实来解释为什么圆环状螺线管的磁场完全限制在管内，而直的螺线管有一部分是在管外的.

7-9　通电的一条长直导线各段之间有没有相互作用的磁场力？为什么？

7-10　如果给你两根铁棒并告诉你一根是永久磁铁，另一根则不是.它们看上去是一样的，如果只利用这两根棒而不利用其他任何设备，你能够把这两根棒区别开来吗？

7-11　两根互相垂直的且可自由移动的载流直导线，如图所示，在彼此激发的磁场相互作用下，两导线的相对位置将怎样改变？

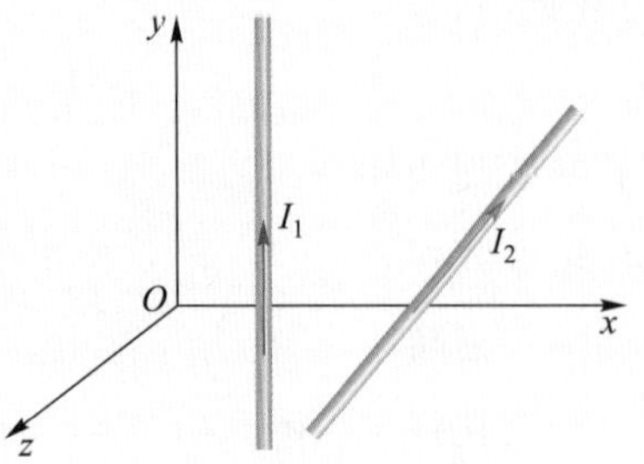

思考题 7-11 图

7-12 用磁场中的安环路定理能否求有限长一段载流直导线周围的磁场？试分析怎样的电流分布才能应用安培环路定理求磁感应强度？并且，应用这个定理求磁感应强度时要选择怎样的闭合路线？试比较用高斯定理求 E 与用安培环路定理求 B 的相似性与差别.

7-13 如图所示，在载流螺线管外面环绕一周的环路 L 上，$\oint_L \boldsymbol{B}\cdot \mathrm{d}\boldsymbol{l}$ 等于多少？

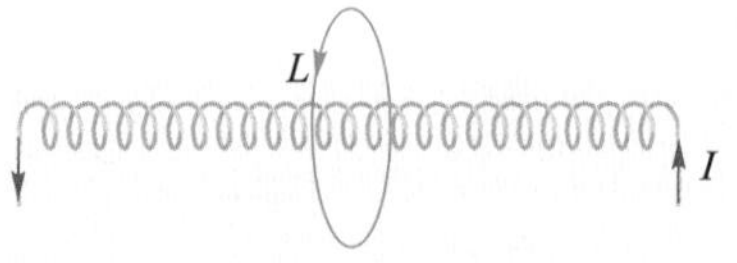

思考题 7-13 图

7-14 如果带电粒子以速度 $\boldsymbol{v}$ 入射到非均匀的磁场中，$\boldsymbol{v}$ 与 $\boldsymbol{B}$ 的夹角小于 90°，当此磁场沿电荷运动的方向加强时，此粒子沿怎样的曲线运动？当此磁场沿电荷运动的方向减弱时，此粒子又沿怎样的曲线运动？

7-15 如果一个电子在通过空间某一区域时不偏转，能否肯定这个区域中没有磁场？如果它发生偏转，能否肯定该区域中存在着磁场？

7-16 我们说洛伦兹力不做功，安培力可以做功，但是安培力可以看作导线中运动电荷受洛伦兹力的总和，既然洛伦兹力不做功，那么安培力为什么又能做功呢？试说明之.

7-17 矩形载流线圈在均匀磁场中受到的力矩为 $\boldsymbol{M}=\boldsymbol{m}\times\boldsymbol{B}$，试证明：对于任意形状的载流线圈，上式都成立.

7-18 我们知道，电荷在静电场中移动一周时电场力做功一定为零，如果电流元或载流导线在磁场中移动一周，磁场力做功是否也一定为零？试举例说明.

7-19 在均匀磁场中，有两个面积相等、通有相同电流的线圈，一个是三角形，另一个是圆形.这两个线圈所受的磁力矩是否相等？所受的最大磁力矩是否相等？所受磁场力的合力是否相等？两线圈的磁矩是否相等？当它们在磁场中处于稳定位置时，由线圈中电流所激发的磁场的方向与外磁场的方向是相同、相反、还是相互垂直？

7-20 将一个空心螺线管接到恒定电源上通电，然后插入一根软铁棒.在此过程中软铁棒受到什么样的力？此力做正功还是负功？螺线管储存的能量增加还是减少？

7-21 用式 $\mu_r=1+\chi_m$ 来定义相对磁导率，为什么比用式 $\mu_r=\dfrac{B_{介质}}{B_{真空}}$ 具有更普遍的意义？

7-22 如图所示，图中的三条实线分别表示三种不同磁介质的 $B-H$ 关系，另有一条虚线为关系曲线 $B=\mu_0 H$，试指出哪一条表示顺磁质？哪一条表示抗磁质？哪一条表示铁磁质？为什么？

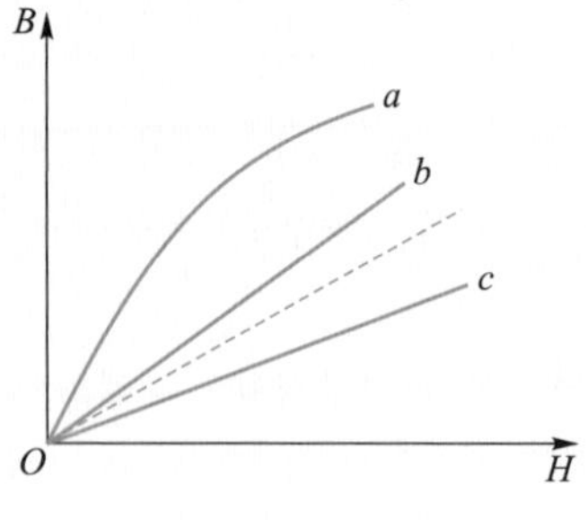

思考题 7-22 图

习题

7-1　两平行放置的长直载流导线相距为 d，分别通有同向的电流 I 和 $2I$，坐标系的选取如图所示．求：(1) $x=d/2$ 处的磁感应强度的大小和方向；(2) 磁感应强度为零的位置．

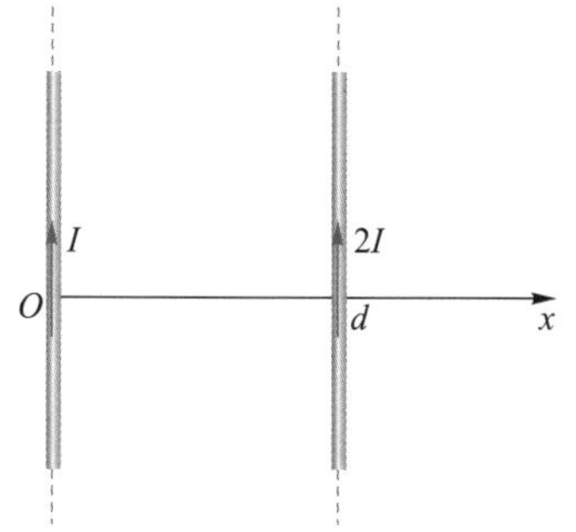

习题 7-1 图

7-2　如图所示，两根半无限长载流导线接在圆导线的 A、B 两点，圆心 O 和 EA 的距离为 R，且在 KB 的延长线上，$AO\perp BO$．如导线 ACB 部分的电阻是 AB 部分电阻的 2 倍，当通有电流 I 时，求中心 O 的磁感应强度．

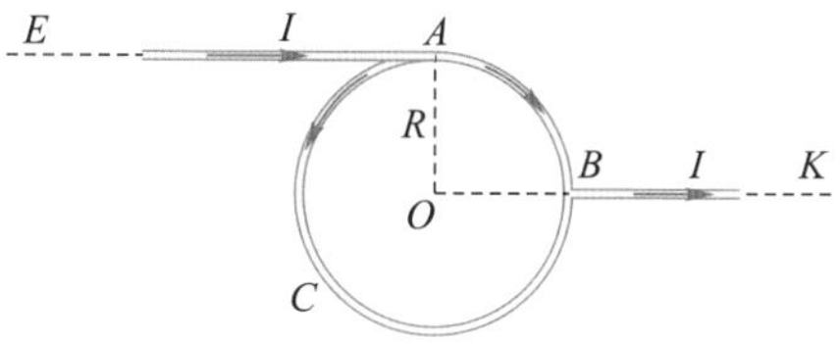

习题 7-2 图

7-3　如图所示，在截面均匀的铜环上任意两点用两根长直导线沿半径方向引到很远的电源上，求环中心处 O 点的磁感应强度．

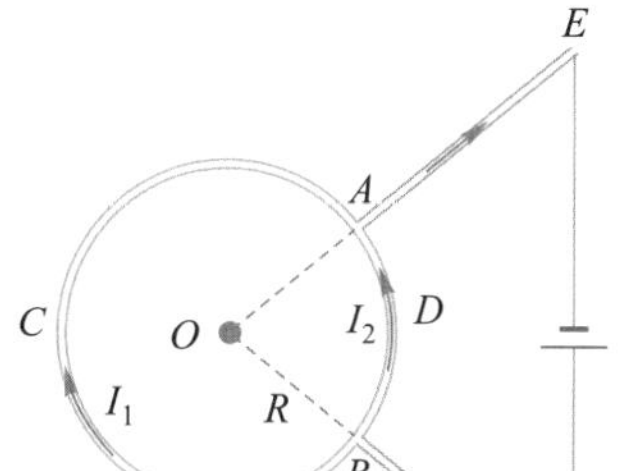

习题 7-3 图

7-4　如图所示，两条无限长直载流导线垂直而不相交，其间最近距离为 $d=2.0$ cm，电流分别为 $I_1=4.0$ A 和 $I_2=6.0$ A，P 点到两导线的距离都是 d，求 P 点的磁感应强度．

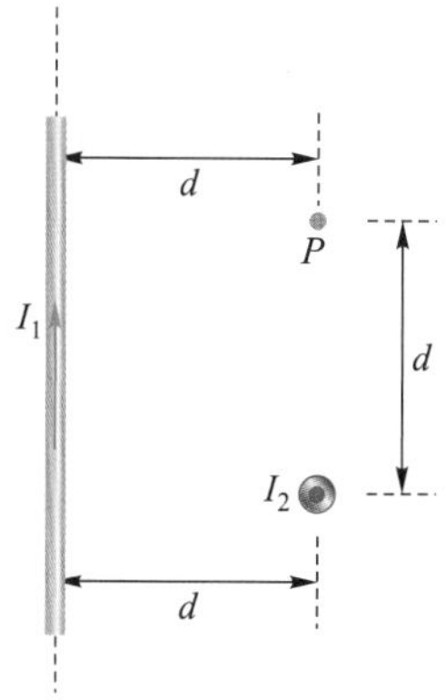

习题 7-4 图

7-5　在一半径为 R 的无限长半圆柱面金属薄片中，自下而上通有电流 I，如图所示．试求柱面轴线上任一点 P 处的磁感应强度．

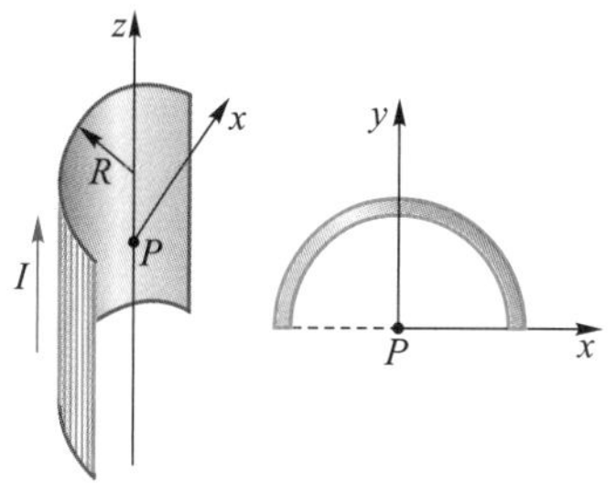

习题 7-5 图

7-6　如图所示，在半径为 R、r 的两个圆周之间，有一总匝数为 N 的均匀密绕平面线圈，通有电流 I，求线圈中心处的磁感应强度．

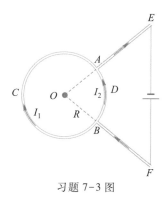

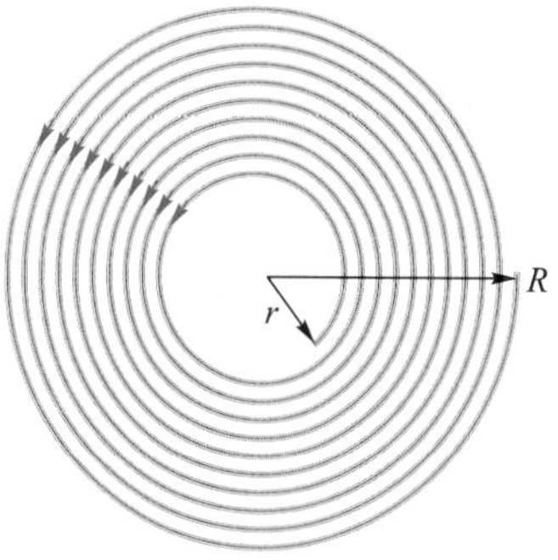

习题 7-6 图

7-7 如图所示，两根彼此平行的长直载流导线相距 $d=0.40$ m，电流 $I_1=I_2=10$ A（方向相反），求通过图示阴影面积的 **B** 通量，已知 $a=0.1$ m，$b=0.25$ m.

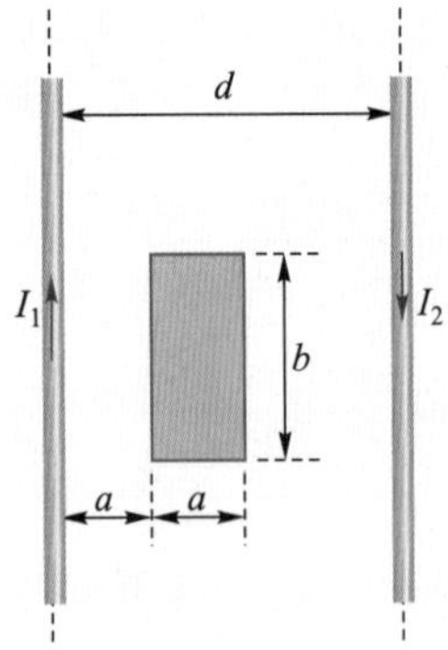

习题 7-7 图

7-8 一根很长的铜导线，载有电流 10 A，且电流均匀分布在铜导线的横截面上. 在导线内部，通过轴心线作一平面 S，如图所示. 试计算通过导线 1 m 长的 S 平面内的 **B** 通量.

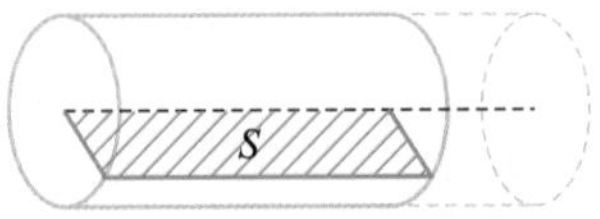

习题 7-8 图

7-9 如图所示，一根长直圆管形导体的横截面，内外半径分别为 a、b，导体内载有沿轴线方向的电流 I，且电流 I 均匀地分布在管的横截面上. 试证明导体内部与轴线相距 r 处的各点（$a<r<b$）磁感应强度为

$$B=\frac{\mu_0 I(r^2-a^2)}{2\pi(b^2-a^2)r}$$

试以 $a=0$ 的极限情形检验这一公式. 当 $r=b$ 时情形又怎样？

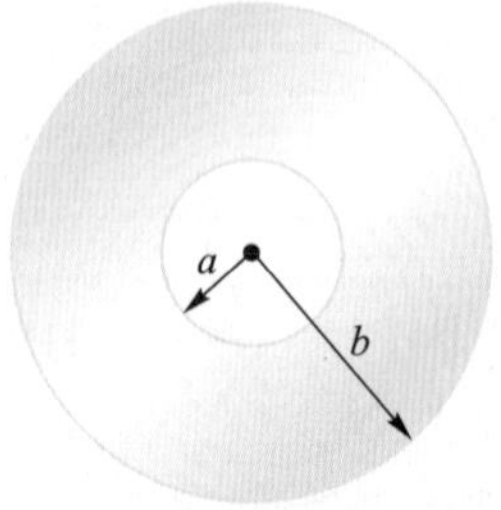

习题 7-9 图

7-10 一电子在 $B=2.0\times10^{-3}$ T 的磁场中沿半径为 $R=2.0$ cm的螺旋线向下运动，螺距 $h=5.0$ cm，如图所示. 求：（1）这个电子的速度；（2）判定磁感应强度 B 的方向.

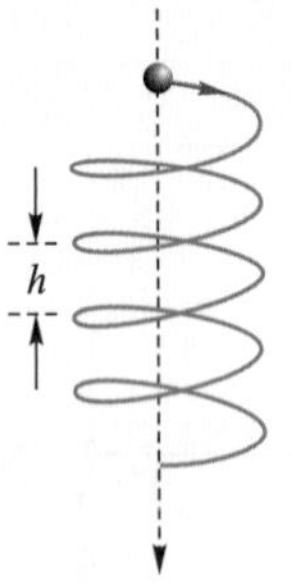

习题 7-10 图

7-11 一根导线长 0.20 m，载有电流 3.0 A，放在磁感应强度为 5.0 T 的均匀磁场中，并与磁场成 45°角，导线受到的磁场力有多大？

7-12 如图所示，有一长 50 cm 的直导线，质量 $m=10$ g，用轻绳平挂在 $B=1.0$ T 的外磁场中，导线通有电流 I，I 的方向与外磁场方向垂直. 若每根轻绳能承受的拉力最大为 0.1 N，试问导线中电流为多大时，刚好使轻绳被拉断？

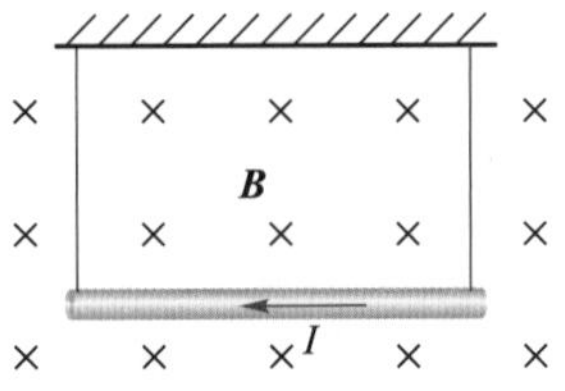

习题 7-12 图

7-13 一通有电流 I 的半圆形闭合回路，放在磁感应强度为 **B** 的均匀磁场中，回路平面垂直于磁场方向，如图所示. 求作用在半圆弧 ab 上的磁场力及直径 ab 段的磁场力.

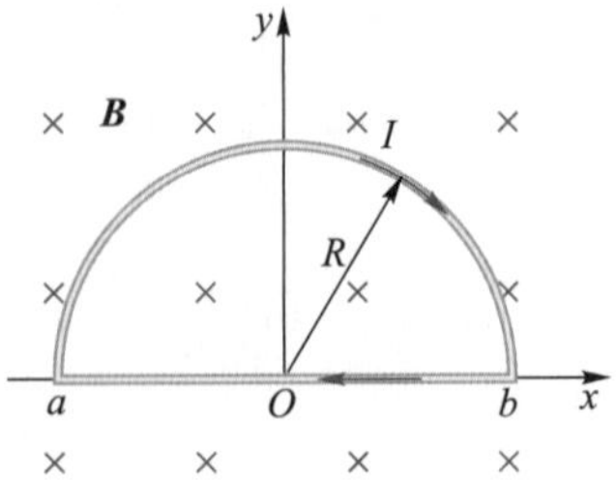

习题 7-13 图

7-14 如图所示，一半径为 R 的无限长半圆柱面导体，与位于其轴线上的长直导线载有等值反向的电流 I.试求轴线上长直导线单位长度所受磁场力的大小.

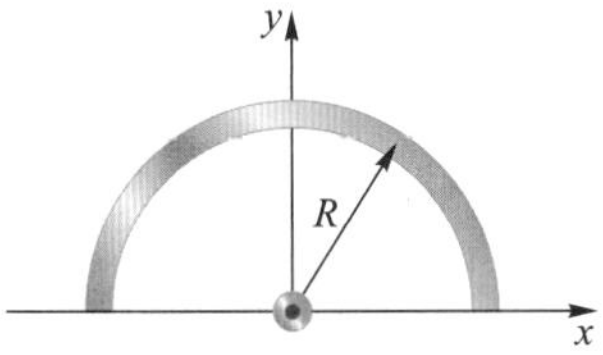

习题 7-14 图

7-15 如图所示，长直电流 I_1 附近有一直角三角形线框 ABC，通有电流 I_2，两者共面，试求电流 I_1 激发的磁场对线框三条边的作用力.

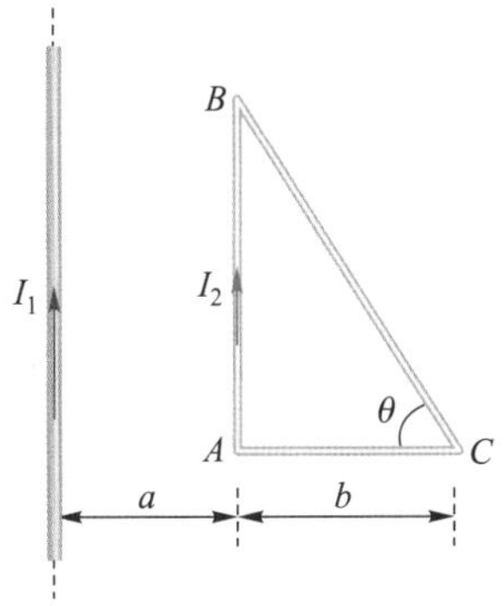

习题 7-15 图

7-16 试证明：在均匀磁场中，任意形状的平面通电线圈，受到磁场力的合力为零，设磁场方向沿线圈的磁矩方向.

7-17 一个半圆形回路，半径 $R=10$ cm，通有电流 $I=10$ A，放在均匀磁场中，磁场方向与线圈平面平行，如图所示.若磁感应强度 $B=5\times10^{-2}$ T，求线圈所受力矩的大小及方向.

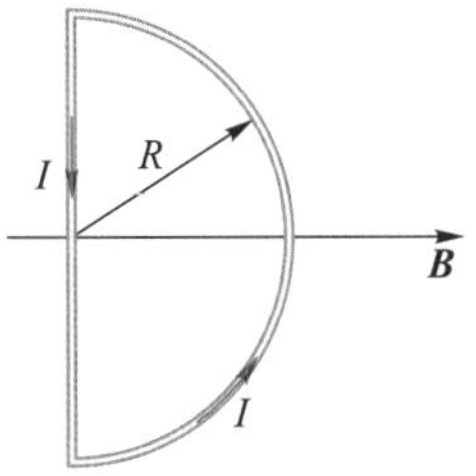

习题 7-17 图

7-18 有一个 5 cm×8 cm 的矩形线圈，线圈平面与均匀磁场平行，磁场的磁感应强度为 0.15 T.求：(1) 如果线圈上的电流为 10 A，作用在其上的力矩是多少？(2) 如果线圈形状可以变化，导线中的电流不变，导线总长也相同，在此磁场中线圈所能得到的最大力矩是多少？

7-19 如图所示，有一均匀带电细直导线 AB，长为 b，电荷量为 q.此导线绕垂直于纸面的 O 轴以匀角速度 ω 转动，转动过程中导线两端与 O 轴的距离保持不变，且 A 端与 O 轴的距离为 a.求：(1) O 点的磁感应强度；(2) 转动导线的磁矩.

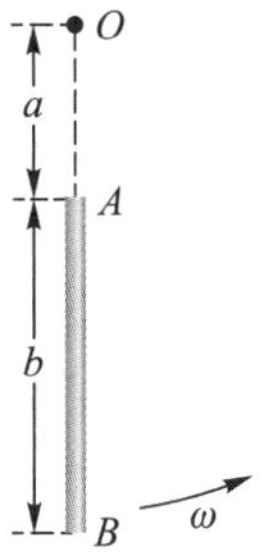

习题 7-19 图

7-20 如图所示，在一个与水平方向成 θ 角的斜面上放一木制圆柱，圆柱的质量 $m=0.25$ kg，半径为 R，长 $L=0.1$ m. 在这圆柱上，顺着圆柱缠绕 10 匝导线，而这个圆柱体的轴线位于导线回路的平面内.斜面处于均匀磁场 $\boldsymbol{B}$ 中，磁感应强度的大小为 0.5 T，其方向竖直向上，如果绕组的平面与斜面平行，问通过回路的电流至少要有多大，圆柱体才不致沿斜面向下滚动？

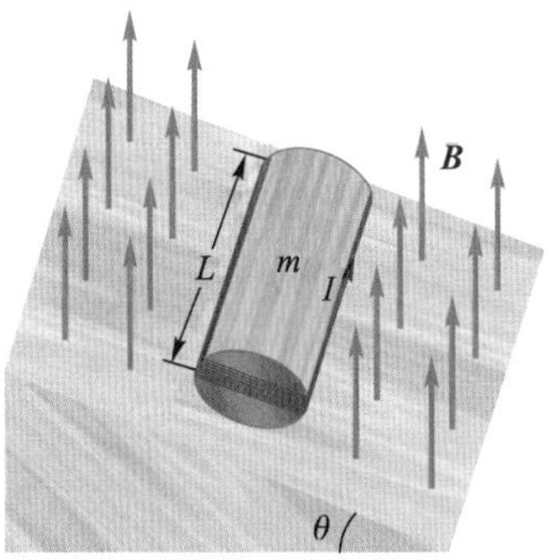

习题 7-20 图

7-21 用一根不可伸长的悬线将面积为 S 的线圈吊在天花板上，线圈通有电流 I，共有 N 匝.均匀磁场 $\boldsymbol{B}$ 的方向与线圈磁矩的方向相同，此时线圈处在平衡位置处.设线圈的转动惯量为 J，当将线圈转一很小的角度 θ 时，如图所示，试证明该线圈在平衡位置附近作简谐运动，并确定其振动周期.

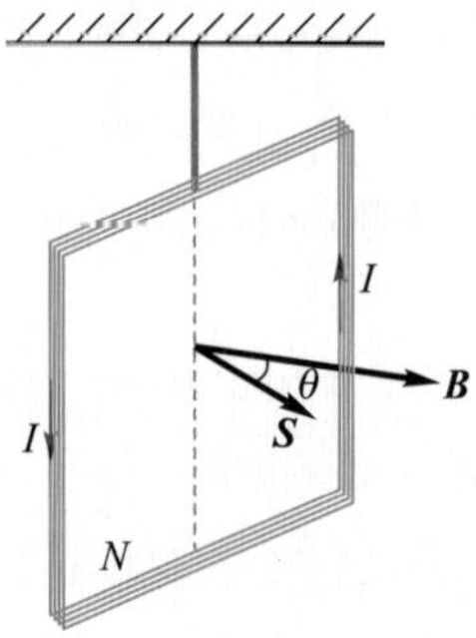

习题 7-21 图

7-22 有一半径为 R 的细软导线圆环，通过的电流为 I，将圆环放在一磁感应强度为 $\boldsymbol{B}$ 的均匀磁场中，磁场的方向与圆电流的磁矩方向一致.今有外力作用在导线环上，使其变成正方形，则在维持电流不变的情况下，求外力克服磁场力所做的功.

7-23 螺绕环中心半径为 2.90 cm，环上均匀密绕线圈 400 匝.在下述情况下，如果要在环内产生磁感应强度为 0.350 T 的磁场，需要在导线中通多大的电流？(1) 螺绕环铁芯由退火的铁($\mu_r=1\,400$)制成；(2) 螺绕环铁芯由硅钢片($\mu_r=5\,200$)制成.

7-24 螺绕环中心周长为 0.1 m，环上均匀密绕线圈 200 匝，线圈中通有电流 0.1 A.(1) 求环内的 B 和 H；(2) 若环内充满相对磁导率 $\mu_r=4\,200$ 的磁介质，则环内的 B 和 H 为多大？(3) 磁介质内由导线中的电流产生的磁感应强度 B_0 和由磁化电流产生的磁感应强度 B' 分别为多大？

*7-25 设一圆电流线圈半径 $a=0.2$ m，通有电流 $I=1$ A，求线圈平面内各点的磁感应强度大小的分布情况.

*7-26 载流正方形线圈的边长为 $2a$，电流为 I，问该正方形线圈的边长为多长时，轴线上距中心 r_0 处的磁感应强度 $\boldsymbol{B}$ 能达到最大值？

人们在银行或邮局的ATM机上用信用卡存、取款.岂不知在这一操作过程中蕴涵着电磁学基本原理的应用.信用卡上的个人信息都以数码形式储存在信用卡的IC芯片中.当信用卡插入机器时,读写器会向芯片卡发出电磁波,卡片中的线圈会因电磁感应而产生感应电动势,并通过卡片中的器件给芯片供电,从而实现IC芯片与机器读写器之间的数据传输.

第8章 变化的电磁场

自从1831年英国物理学家法拉第发现电磁感应现象至今,已跨越了180多年的历史.然而,这一发现对人类社会产生的深远影响直至今日都在发挥着极其重要的作用.现代文明中的人类生活越来越离不开各种电器设备,相应的所需电能也与日俱增.然而,电能是一种间接能源,我们所用的电,通常是从其他形式的能源转化而来的.比如,水力发电站是利用水的重力势能转化为电能;火力发电厂以煤或石油为燃料,把热能转化为电能;核电站是将核能先转化为热能,然后再转化为电能.

可是这样的能量转化是怎样实现的呢?或者说,在几乎所有需要电能的产品背后究竟蕴涵着什么样的物理学原理呢?其实有些实现这样的能量转化,依赖的就是电磁感应现象及其相关的基本规律.电磁感应现象的发现在科学上和技术上都具有划时代的意义.它不仅促进了电磁理论的发展,成为麦克斯韦电磁场理论的重要组成部分,而且在实践上开拓了广泛的应用前景,使现代电力工业、电工和电子技术得以建立和发展.

8-1 电磁感应定律

8-1-1 法拉第电磁感应定律

法拉第(Michael Faraday,1791—1867)英国物理学家,1831 年发现电磁感应现象.

文档 法拉第简介

(a) 线圈与电流计构成回路.将条形磁铁迅速插入线圈,发现电流计指针发生了偏转,这表明回路中出现了电流

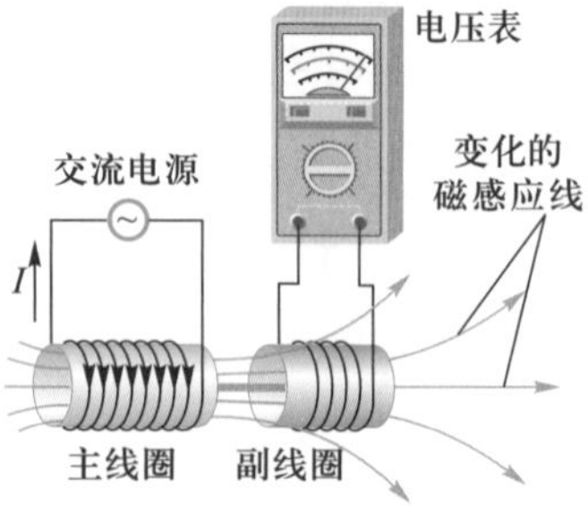

(b) 一个线圈中的电流发生变化时,在附近线圈中产生了电流

图 8-1

1820 年,奥斯特发现了电流的磁效应,从一个侧面揭示了电现象和磁现象之间的联系.既然电流可以产生磁场,从方法论中的对称性原理出发,“是否磁场也能产生电流呢?”1822 年,法拉第在日记中写下了这一光辉思想,并开始在这方面进行系统的探索.

经过了 10 年的艰苦工作,并经历了一次又一次的失败,终于在 1831 年从实验上证实磁场可以产生电流.1831 年 10 月 17 日,法拉第做了一个实验,他用一个电流计连接在一个线圈中,形成一个回路,在回路中没有电源.然后,迅速将一条形磁铁插入线圈或拔出线圈,这时发现电流计指针发生偏转,如图 8-1 所示,这表明线圈回路中产生了电流.同年 11 月 24 日,法拉第写了一篇论文,向英国皇家学会报告了整个情况,并将上述现象正式定名为电磁感应(electromagnetic induction).

法拉第的实验大体上可归结为两类:一类是磁铁与线圈发生相对运动时,线圈中产生了电流,如图 8-1(a)所示;另一类是以一个通电线圈来取代磁铁,当电流发生变化时,在它附近的其他线圈中产生了电流,如图 8-1(b)所示.

归纳大量的实验事实,法拉第把电磁感应现象的产生归结为:当穿过闭合导体回路的 **B** 通量发生变化时,不管这种变化是由于什么原因所引起的,闭合导体回路中就会出现电流.这样的电流称为感应电流(induction current),用 I_i 表示.感应电流的存在说明回路中有电动势,这种电动势称为感应电动势(induction electromotive force),用 $\mathscr{E}_i$ 表示.

感应电动势比感应电流更能反映电磁感应现象的本质.感应电流只是回路中存在感应电动势时的外在表现,如果导体回路不闭合就不会有感应电流,但感应电动势仍然可以存在.

1845 年,德国物理学家诺伊曼(F.E.Neumann,1798—1895)对法拉第的工作从理论上作出表述,并写出了电磁感应定律的定量表达式,称为法拉第电磁感应定律,表述为:当穿过回路所包围面积的 **B** 通量发生变化时,回路中产生的感应电动势 $\mathscr{E}_i$ 与穿过回路的 **B** 通量对时间变化率的负值成正比.在国际单位制中,其数学形式为

$$\mathscr{E}_i = -\frac{\mathrm{d}\Phi}{\mathrm{d}t} \tag{8-1}$$

式中的负号反映了感应电动势的方向与 **B** 通量变化之间的关系.在判断感应电

动势的方向时，可以通过符号法则来确定.符号法则规定：任意确定一个导体回路 L 的绕行方向，当回路中的磁感应线方向与回路的绕行方向成右手螺旋关系时，$\boldsymbol{B}$ 通量 Φ 为正.因此，按式(8-17)，如果穿过回路的 $\boldsymbol{B}$ 通量增大$\left(\dfrac{\mathrm{d}\Phi}{\mathrm{d}t}>0\right)$，则 $\mathscr{E}_{\mathrm{i}}<0$，说明感应电动势的方向与回路绕行方向相反；如果穿过回路的 $\boldsymbol{B}$ 通量减小$\left(\dfrac{\mathrm{d}\Phi}{\mathrm{d}t}<0\right)$，则 $\mathscr{E}_{\mathrm{i}}>0$，说明感应电动势的方向与回路绕行方向一致.图8-2 分别就可能的四种情况标出了感应电动势的方向.

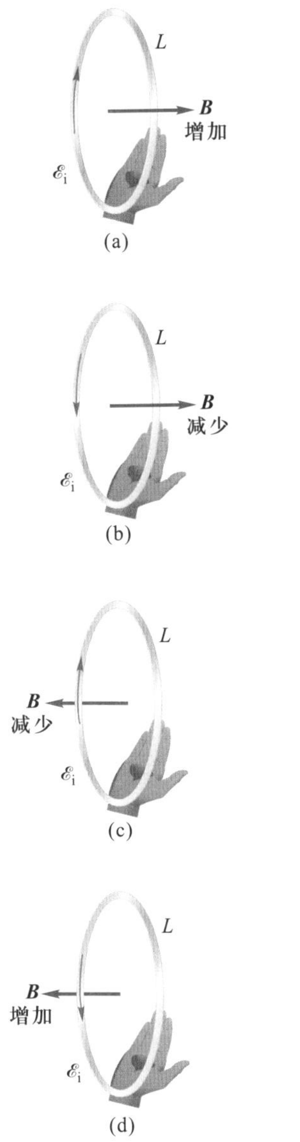

图 8-2 感应电动势方向和 $\boldsymbol{B}$ 通量变化之间的关系

当导体回路是由 N 匝导线构成的线圈时，整个线圈的总感应电动势就等于各匝导线回路所产生的感应电动势之和.设穿过各匝线圈的 $\boldsymbol{B}$ 通量为 Φ_1，Φ_2，…，Φ_N，则线圈中总感应电动势为

$$\begin{aligned}\mathscr{E}_{\mathrm{i}}&=-\frac{\mathrm{d}}{\mathrm{d}t}(\Phi_1+\Phi_2+\cdots+\Phi_N)\\&=-\frac{\mathrm{d}}{\mathrm{d}t}\left(\sum_{i=1}^{N}\Phi_i\right)=-\frac{\mathrm{d}\Psi}{\mathrm{d}t}\end{aligned}\tag{8-2}$$

式中 $\Psi=\sum\limits_{i=1}^{N}\Phi_i$ 是穿过 N 匝线圈的总 $\boldsymbol{B}$ 通量，称为全磁通.当穿过各匝线圈的 $\boldsymbol{B}$ 通量相等时，N 匝线圈的全磁通为 $\Psi=N\Phi$，称为磁通链(linked flux)，简称磁链.此时应有

$$\mathscr{E}_{\mathrm{i}}=-N\frac{\mathrm{d}\Phi}{\mathrm{d}t}\tag{8-3}$$

在国际单位制中，Φ 的单位为韦伯(Wb)，$\mathscr{E}_{\mathrm{i}}$ 的单位为伏特(V)，因此有 $1\ \mathrm{V}=1\ \mathrm{Wb}\cdot\mathrm{s}^{-1}$.

如果闭合线圈回路的电阻为 R，则通过线圈的感应电流为

$$I_{\mathrm{i}}=\frac{\mathscr{E}_{\mathrm{i}}}{R}=-\frac{1}{R}\frac{\mathrm{d}\Psi}{\mathrm{d}t}\tag{8-4}$$

利用电流的定义式 $I_{\mathrm{i}}=\dfrac{\mathrm{d}q}{\mathrm{d}t}$，由上式可以计算出从 t_1 到 t_2 这段时间内，通过导线任一横截面的感应电荷量为

$$q=\int_{t_1}^{t_2}I_{\mathrm{i}}\mathrm{d}t=-\frac{1}{R}\int_{\Psi_1}^{\Psi_2}\mathrm{d}\Psi=\frac{1}{R}(\Psi_1-\Psi_2)\tag{8-5}$$

式中 Ψ_1 和 Ψ_2 分别是 t_1 和 t_2 时刻穿过线圈回路的全磁通.上式表明：在 t_1 到 t_2 时间内，感应电荷量仅与线圈回路中全磁通的变化量成正比，而与全磁通变化的快慢无关.在实验中通过测量线圈回路截面的感应电荷和线圈的电阻，就可以知道相应的全磁通的变化.常用的磁通计就是利用这个原理设计制成的.

8-1-2 楞次定律

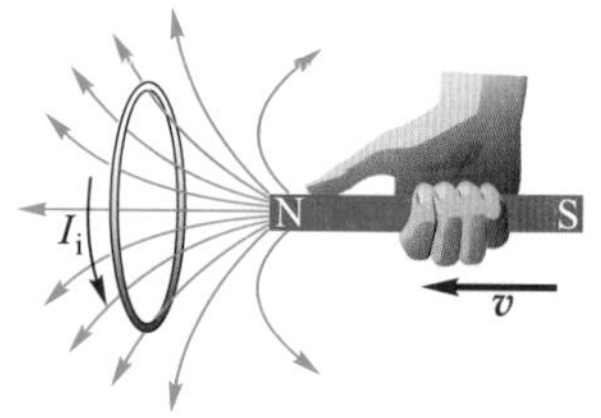

(a) 当磁棒的 N 极插入线圈时，穿过线圈的 $\boldsymbol{B}$ 通量增加，同时产生感应电流

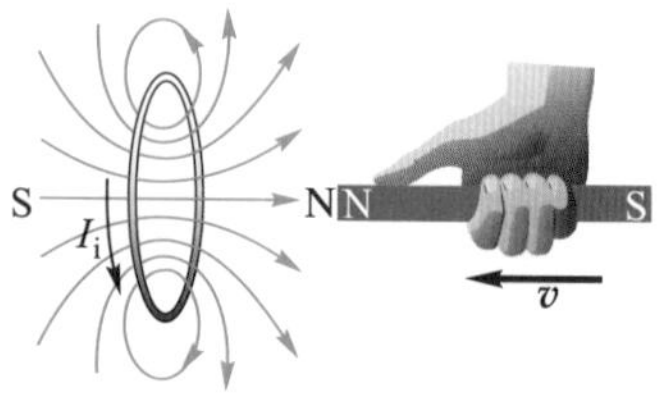

(b) 感应电流产生的磁场力图阻止原磁场增加 $\boldsymbol{B}$ 通量.根据感应电流的磁场方向，由右手螺旋定则可以确定感应电流的方向

图 8-3

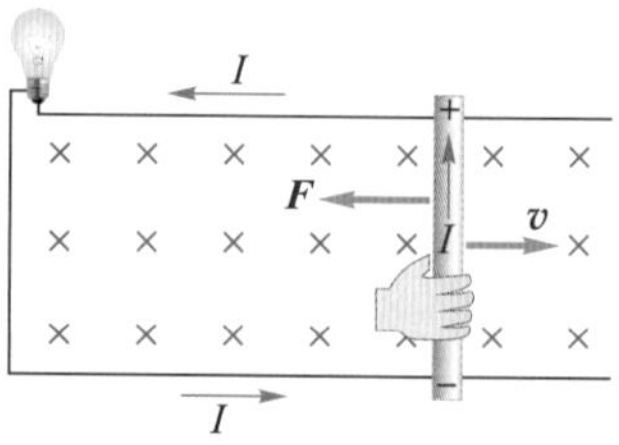

图 8-4　根据楞次定律，磁场力 $\boldsymbol{F}$ 的方向与导体棒的速度方向 $\boldsymbol{v}$ 相反

1834 年，俄国物理学家楞次(H.F.E.Lenz，1804—1865)获悉法拉第发现电磁感应现象后，做了许多实验.他通过分析实验资料提出了直接判断感应电流和感应电动势方向的法则，称为楞次定律(Lenz law).它表述为：在发生电磁感应时，导体回路中感应电流的方向，总是使它自己激发的磁场穿过回路面积的 $\boldsymbol{B}$ 通量去阻止引起感应电流的 $\boldsymbol{B}$ 通量的变化.如图 8-3(a)所示，当我们把磁棒的 N 极插入线圈时，穿过线圈向左的 $\boldsymbol{B}$ 通量逐渐增加，此时线圈中将产生感应电流 I_i，感应电流所产生的磁场是阻止线圈中原 $\boldsymbol{B}$ 通量的增加，如图8-3(b)所示.由此根据右手螺旋定则可确定感应电流的方向.同样，当磁棒从线圈中拔出时，穿过线圈的 $\boldsymbol{B}$ 通量将减少，此时在线圈中也会产生感应电流，但感应电流所产生磁场的方向与原磁场的方向一致，阻止原 $\boldsymbol{B}$ 通量的减少.

楞次定律在本质上是能量守恒定律的必然反映.当把磁棒的 N 极插入线圈时，线圈中感应电流激发的磁场等效于一根磁棒，它的 N 极与插入磁棒的 N 极相对，两者相互排斥，其效果是阻止磁棒的插入，磁棒在插入过程中必须克服磁力做功，这部分机械功就转化为感应电流的能量，最终在电路中产生焦耳热.设想如果感应电流的磁场不是阻碍引起感应电流的 $\boldsymbol{B}$ 通量的变化，那么在上述将磁棒插入或拔出的过程中不就无须外力做功，反而却获得了电能和焦耳热吗？显然这是违反了能量守恒定律的.

楞次定律还有另一种表述方式，即：在闭合导体回路中感应电流产生的效果，总是反抗引起感应电流的原因.例如图 8-4 所示的 U 形导线框置于均匀磁场中，一条导体棒架在 U 型框上构成回路.若导体棒以速度 $\boldsymbol{v}$ 向右运动，试确定作用在导体棒上的磁场力方向.

因为磁场力 $\boldsymbol{F}$ 是由于导体棒中出现了感应电流所引起的，因此是感应电流产生的一个效果；而引起感应电流的原因是导体棒的运动速度 $\boldsymbol{v}$.根据楞次定律，感应电流的效果是反抗引起感应电流的原因，因此，磁场力 $\boldsymbol{F}$ 的方向与速度 $\boldsymbol{v}$ 的方向相反.

例 8-1

如图 8-5 所示，一长直导线中通有电流 $I=I_0\sin\omega t$，式中 I_0 表示电流的最大值(称为电流振幅)，ω 是角频率(I_0 和 ω 都是常量).旁边放置一个长为 l，宽为 a 的矩形线框，线框的一边与长直导线的距离为 x.求任一时刻矩形线框中的感应电动势.

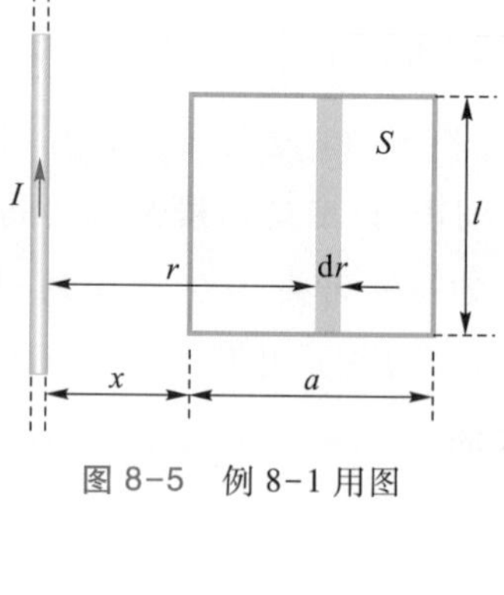

图 8-5　例 8-1 用图

解　规定顺时针方向为回路正方向，在 t 时刻通过整个矩形线框面积 S 的 $\boldsymbol{B}$ 通量为

$$\Phi=\int \mathrm{d}\Phi=\int_{x}^{x+a}\frac{\mu_0 I}{2\pi r}l\mathrm{d}r$$

$$=\frac{\mu_0 I_0 l}{2\pi}\ln\frac{x+a}{x}\sin\omega t$$

故线框回路内的感应电动势为

$$\mathscr{E}_i=-\frac{\mathrm{d}\Phi}{\mathrm{d}t}=-\frac{\mu_0 I_0 l}{2\pi}\ln\frac{x+a}{x}\frac{\mathrm{d}}{\mathrm{d}t}(\sin\omega t)$$

$$=-\frac{\mu_0 I_0 l\omega}{2\pi}\ln\frac{x+a}{x}\cos\omega t$$

显然,线框内的感应电动势随时间 t 按余弦规律变化.则当 $0<\omega t<\pi/2$时,即 $0<t<\pi/(2\omega)$时,$\cos\omega t>0$,由上式得 $\mathscr{E}_i<0$,表示感应电动势的指向为逆时针方向.读者用同样的方法可以判断在其他时间内感应电动势的方向.

例 8-2

交流发电机的基本原理如图 8-6 所示,这是一个简单的交流发电机.在磁感应强度为 $\boldsymbol{B}$ 的均匀磁场中,有一匝数为 N、面积为 S 的矩形线圈,线圈绕固定轴 OO'以角速度 ω 作匀速转动.设 $t=0$ 时,线圈平面与磁场垂直,求线圈中的感应电动势.

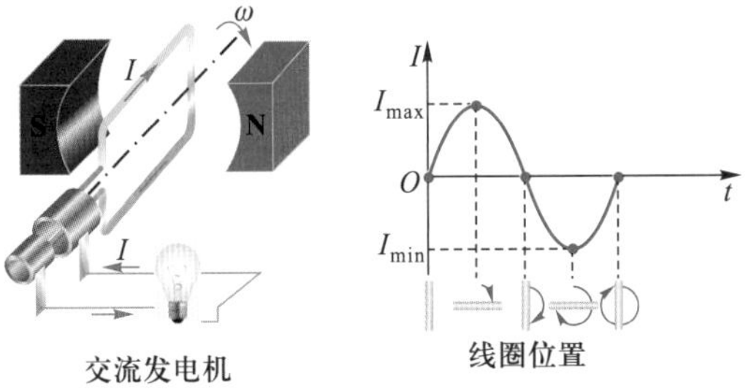

图 8-6 例 8-2 用图

解 设在 t 时刻线圈平面的法线方向和磁感应强度 $\boldsymbol{B}$ 之间的夹角为 θ,因此有 $\theta=\omega t$,则该时刻穿过线圈平面的全磁通为

$$\Psi=N\Phi=NBS\cos\theta=NBS\cos\omega t$$

由式(8-2),得线圈中的感应电动势为

$$\mathscr{E}_i=-\frac{\mathrm{d}\Psi}{\mathrm{d}t}=NBS\omega\sin\omega t$$

令 $NBS\omega=\mathscr{E}_m$ 表示当线圈平面平行于磁场方向的瞬时的感应电动势,代入上式得

$$\mathscr{E}_i=\mathscr{E}_m\sin\omega t$$

设线圈的转速(即单位时间转动的圈数)为 f,则有 $\omega=2\pi f$,上式又可表示为

$$\mathscr{E}=\mathscr{E}_m\sin 2\pi ft$$

由上式可知,感应电动势随时间变化的曲线是正弦曲线,这种电动势称为交变电动势(alternating electromotive force).这种电流就简称交流电(alternating current 或 AC).$\mathscr{E}_m$ 为感应电动势的最大值,称为电动势的振幅.交变电动势的大小和方向都在不断地变化,当线圈转过一周后,电动势发生了一次完全变化.电动势发生一次完全变化所需的时间,叫做交流电的周期,线圈的转速 f 叫做交流电的频率.在我国,工业和民用的交流电的频率一般都是 50 Hz的.

8-2　动生电动势　感生电动势

8-2-1　动生电动势

根据法拉第电磁感应定律，只要穿过导体回路的 $\boldsymbol{B}$ 通量发生变化，在回路中就会产生感应电动势和感应电流.就方式而言，可以把 $\boldsymbol{B}$ 通量的变化归结为两类不同的原因：一是磁场保持不变，由于导体回路或导体在磁场中运动而引起 $\boldsymbol{B}$ 通量变化，这时产生的感应电动势称为**动生电动势**(motional electromotive force)；二是导体回路在磁场中无运动，由于磁场的变化而引起 $\boldsymbol{B}$ 通量变化，这时产生的感应电动势称为**感生电动势**(induced electromotive force).

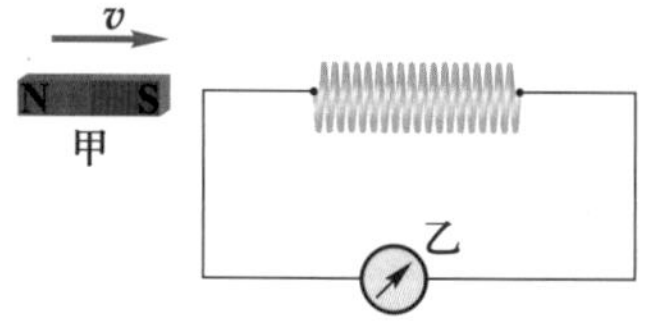

图 8-7　相对于不同参考系观察到同一电磁感应过程会有不同的理解

应该注意，动生电动势和感生电动势只是一个相对的概念，因为相对于不同的惯性系，对同一个电磁感应现象形成的过程可以有不同的理解.比如：如图 8-7 所示，设以磁铁为参考系，观察者甲随磁铁一起向右作匀速直线运动，在他看来，磁场不变，导体回路在磁场中相对磁铁发生运动，通过线圈的 $\boldsymbol{B}$ 通量发生了变化，在线圈中产生了动生电动势；而以线圈为参考系，观察者乙相对线圈静止.在他看来，线圈不动，线圈周围的磁场由于磁铁的运动而发生变化，从而引起通过线圈的 $\boldsymbol{B}$ 通量发生了变化，以致在线圈中产生了感生电动势.

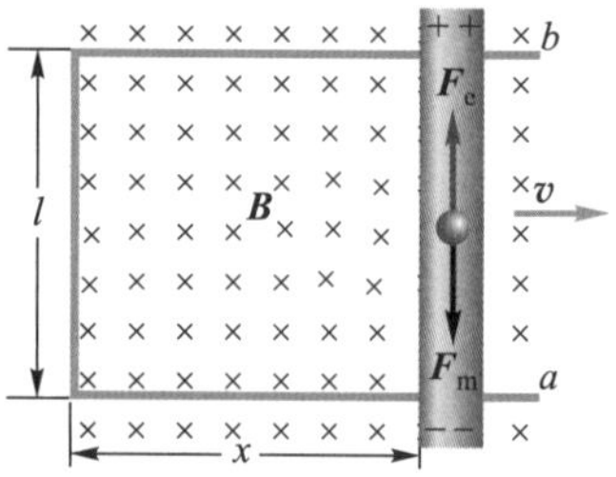

图 8-8　动生电动势产生

动生电动势可以用洛伦兹力来解释.如图 8-8 所示，一段长为 l 的导体棒 ab 与 U 形导体框构成一回路.在均匀磁场 $\boldsymbol{B}$ 中导体棒 ab 以速度 $\boldsymbol{v}$ 向右作平动，且 $\boldsymbol{v}$ 与 $\boldsymbol{B}$ 垂直；而 U 形导体框则固定不动.导体棒在运动过程中，其中的自由电子将随之以相同速度 $\boldsymbol{v}$ 在磁场中作定向运动，每个自由电子受到的洛伦兹力 $\boldsymbol{F}_{\mathrm{m}}$ 为

$$\boldsymbol{F}_{\mathrm{m}}=-e\boldsymbol{v}\times\boldsymbol{B}$$

其方向由 b 指向 a.电子在洛伦兹力作用下沿导体向下运动，于是在导体棒的 a 端出现负电荷的累积；而 b 端由于缺少负电荷而出现正电荷的累积.随着导体棒两端分别呈现正、负电荷的积累，在导体中要激发电场，其方向由 b 指向 a.这时电子还要受到一个向上的电场力作用，电场力为

$$\boldsymbol{F}_{\mathrm{e}}=-e\boldsymbol{E}$$

当导体两端的电荷积累到一定的程度时，电场力将与洛伦兹力达到平衡.此时，导体内的自由电子达到动态平衡而不再有宏观定向迁移，导体 ab 两端出现确定的电势差，相当于一个电源.a 端为负极，电势较低；b 端为正极，电势较高.因此，作用于自由电子上的洛伦兹力，就是提供动生电动势的非静电力.该非静电力所对应的非静电性的电场就是作用于单位正电荷的洛伦兹力，则有

$$\boldsymbol{E}_{\mathrm{k}}=\frac{\boldsymbol{F}_{\mathrm{m}}}{-e}=\boldsymbol{v}\times\boldsymbol{B}\qquad(8-6)$$

根据电动势的定义（参阅§7-1），运动导体 ab 上的动生电动势为

$$\mathscr{E}_{ab}=\int_{-}^{+}\boldsymbol{E}_{\mathrm{k}}\cdot\mathrm{d}\boldsymbol{l}=\int_{a}^{b}(\boldsymbol{v}\times\boldsymbol{B})\cdot\mathrm{d}\boldsymbol{l} \qquad (8-7)$$

也可以理解为将单位正电荷通过电源内部从负极移到正极，非静电力所做的功.

在图 8-8 所示的特殊情况下，由于 $\boldsymbol{v}$ 与 $\boldsymbol{B}$ 垂直，且 $\boldsymbol{v}\times\boldsymbol{B}$ 与 $\mathrm{d}\boldsymbol{l}$ 方向相同，因此可得

$$\mathscr{E}_{ab}=\int_{0}^{l}vB\mathrm{d}l=Blv \qquad (8-8)$$

由于 lv 可以看成导体 ab 在单位时间内扫过的面积，因此动生电动势也等于导**体在单位时间内切割的磁感应线条数**.

上述情况，我们也可以直接从电磁感应定律出发，来确定电动势.设回路长度为 x，则通过回路面积的 $\boldsymbol{B}$ 通量为 $\Phi=Blx$，由式（8-1）可得

$$\mathscr{E}_{\mathrm{i}}=\left|\frac{\mathrm{d}\Phi}{\mathrm{d}t}\right|=Bl\frac{\mathrm{d}x}{\mathrm{d}t}=Blv$$

这里要注意，直接从电磁感应定律得到的电动势是指整个回路的电动势；而从电动势定义式得到的则是运动导体上的电动势.从以上分析可知，**动生电动势只能出现在运动导体上**，而就图 8-8 所示的情况而言，由于 U 形框固定不动，因此三条边上的电动势为零，整个回路的电动势就等于导体棒的电动势.

一般情况下，可以由式（8-7）直接计算动生电动势.先在运动导线上截取一线元 $\mathrm{d}\boldsymbol{l}$，其速度为 $\boldsymbol{v}$，然后确定线元上的动生电动势 $\mathrm{d}\mathscr{E}_{\mathrm{i}}=(\boldsymbol{v}\times\boldsymbol{B})\cdot\mathrm{d}\boldsymbol{l}$，最后积分求解.

对于运动的闭合导体回路，则闭合回路上的总动生电动势为

$$\mathscr{E}_{\mathrm{i}}=\oint_{L}(\boldsymbol{v}\times\boldsymbol{B})\cdot\mathrm{d}\boldsymbol{l} \qquad (8-9)$$

例 8-3

有一长度 $L=0.5$ m 的铜棒 OA，如图 8-9 所示，处在均匀磁场中.磁场方向垂直于纸面向里，磁感应强度为 $B=0.01$ T，铜棒以角速度 $\omega=100\pi\ \mathrm{rad\cdot s^{-1}}$ 绕端点 O 转动.求：（1）铜棒的动生电动势；（2）若将铜棒换成半径为 $R=L$ 的铜盘，O 点为圆心，求 O 点与铜盘边缘之间的电势差.

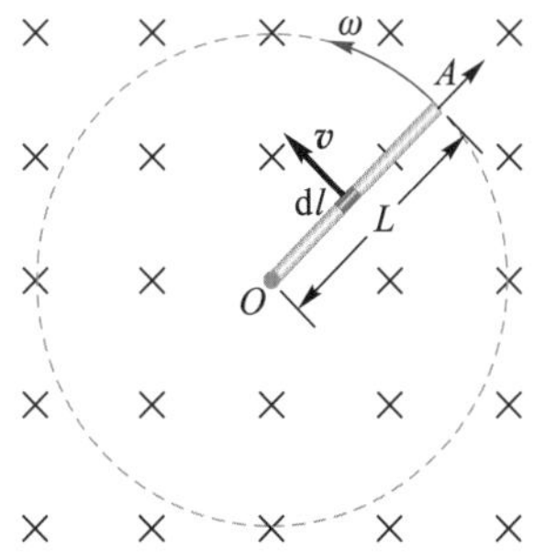

图 8-9 例 8-3 用图

解 （1）尽管铜棒绕 O 轴作匀速转动，但由于铜棒上各点速度不同，不能直接用式（8-8）计算.今在铜棒上离轴为 l 处取一线元 $\mathrm{d}\boldsymbol{l}$，其速度为 $\boldsymbol{v}$，且 $\boldsymbol{v}$、$\boldsymbol{B}$、$\mathrm{d}\boldsymbol{l}$ 三者互相垂直，因此 $\mathrm{d}\boldsymbol{l}$ 上的动生电动势为

$$\mathrm{d}\mathscr{E}_{\mathrm{i}}=(\boldsymbol{v}\times\boldsymbol{B})\cdot\mathrm{d}\boldsymbol{l}=-vB\mathrm{d}l$$

考虑到 $v=l\omega$，则整个铜棒上的动生电动势为

$$\mathscr{E}_{\mathrm{i}}=\int_{L}\mathrm{d}\mathscr{E}_{\mathrm{i}}=-\int_{0}^{L}vB\mathrm{d}l=-\int_{0}^{L}B\omega l\mathrm{d}l=-\frac{1}{2}B\omega L^{2}$$

$$=-\frac{1}{2}\times0.01\times314\times0.5^{2}\ \mathrm{V}$$

$$=-0.39\ \text{V}$$

动生电动势的方向由 A 点指向 O 点，O 点的电势比 A 点高.按照积分方向，如果积分值为正，则积分的上限点的电势较下限点的电势高；如果积分值为负，则积分的上限点的电势较下限点的电势低.

（2）如果换成铜盘，可将铜盘看作由许多根并联的铜棒所组成.这时，长度 l 可用半径 R 取代.用同样的计算方法，可得铜盘的动生电动势为

$$\mathscr{E}_i=-\int_0^R B\omega r\mathrm{d}r=-\frac{1}{2}B\omega R^2$$
$$=-0.39\ \text{V}$$

在未接通外电路的情况下（即电源开路），盘心 O 与铜盘边缘之间的电势差即为电动势的大小，且 O 点电势高于 A 点电势.该装置称为法拉第圆盘发电机，法拉第曾经利用这种装置来演示动生电动势的产生.

例 8-4

如图 8-10 所示，一长直导线通有电流 I，在其附近有一长度为 L 的导体棒 ab，以速度 $\boldsymbol{v}$ 平行于直导线向上作匀速运动.棒的 a 端距离直导线为 d，求在导体棒 ab 中产生的动生电动势.

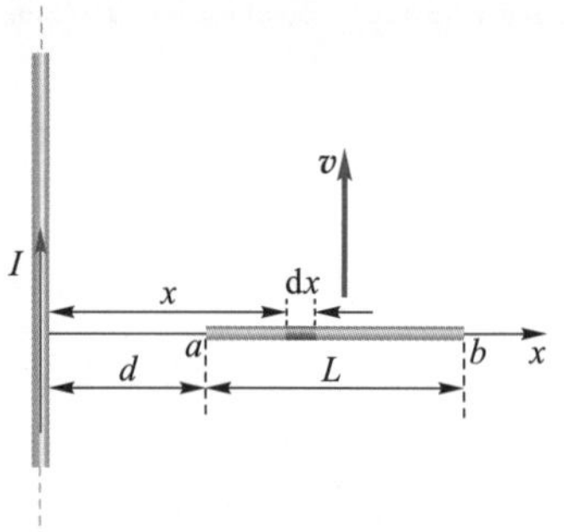

图 8-10 例 8-4 用图

解 由于导体棒所在处为非均匀磁场，所以必须在导体棒上取一线元 dx，这样在 dx 处的磁场可以认为是均匀的，其磁感应强度的大小为

$$B=\frac{\mu_0 I}{2\pi x}$$

方向垂直于纸面向里.d$\boldsymbol{x}$ 上的动生电动势为

$$\mathrm{d}\mathscr{E}_i=(\boldsymbol{v}\times\boldsymbol{B})\cdot\mathrm{d}\boldsymbol{x}=-vB\mathrm{d}x=-\frac{\mu_0 I}{2\pi x}v\mathrm{d}x$$

整个导体棒中的动生电动势为

$$\mathscr{E}_i=\int_L\mathrm{d}\mathscr{E}_i=\int_d^{d+L}-\frac{\mu_0 I}{2\pi x}v\mathrm{d}x=-\frac{\mu_0 I}{2\pi}v\ln\frac{L+d}{d}$$

动生电动势的方向由 b 点指向 a 点，即 a 点电势高于 b 点.读者也可以由楞次定律自行判断出导体棒上的电动势方向，与上述结果一致.

8-2-2 感生电动势和感生电场

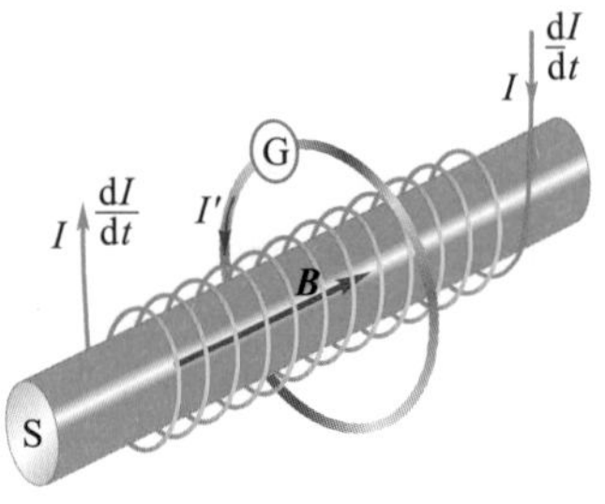

图 8-11 感生电动势

现在我们来讨论当导体回路固定不动，而由于磁场变化引起 $\boldsymbol{B}$ 通量的变化，以致在导体回路中产生感生电动势的根本原因.产生感生电动势的非静电力是怎样一种力呢？它是如何形成的呢？

先看一个例子.如图 8-11 所示，一长直螺线管，截面积为 S，单位长度的线圈匝数为 n.螺线管外套一个闭合线圈，线圈连接一个检流计，当螺线管通以电流 I 时，在螺线管内的磁感应强度为 $B=\mu_0 nI$，因此通过线圈的 $\boldsymbol{B}$ 通量为

$$\Phi=\int\boldsymbol{B}\cdot\mathrm{d}\boldsymbol{S}=BS=\mu_0 nIS$$

如果螺线管内的电流发生变化，那么在线圈中产生的感生电动势大小为

$$\mathscr{E}_i=\frac{\mathrm{d}\Phi}{\mathrm{d}t}=\mu_0 nS\frac{\mathrm{d}I}{\mathrm{d}t}$$

如果闭合线圈的电阻为 R，那么闭合线圈内的感应电流 $I'=\mathscr{E}_i/R$.

但是，是什么力使闭合线圈中的自由电子绕线圈作定向运动呢？显然不是洛伦兹力，因为闭合线圈没有运动.也不是静电力，因为静电力是由静止电荷产生，不会与磁场的变化有关.可见这是一种我们尚未认识的力.由于这种非静电性力能对静止电荷发生作用，为此英国物理学家麦克斯韦在 1861 年提出了感生电场(induced electric field)的假设，认为：**变化的磁场在其周围空间将激发出感生电场**，记作 $\boldsymbol{E}_k$.

必须注意到，对于麦克斯韦假设而言，只要有变化的磁场，周围就会出现感生电场，不管有无导体，也不管是在真空或介质中，都适用.这个假设已被近代科学实验所证实.

当导体回路 L 处在变化的磁场中时，感生电场就会作用于导体中的自由电荷，从而在导体中引起感生电动势和感应电流.由电动势的定义，闭合导体回路 L 上的感生电动势为

$$\mathscr{E}_i=\oint_L \boldsymbol{E}_k\cdot\mathrm{d}\boldsymbol{l} \tag{8-10}$$

如果导体不闭合，感生电场在导体上也会产生感生电动势.对于一段导线 ab 中的感生电动势可以表示为

$$\mathscr{E}_{ab}=\int_a^b \boldsymbol{E}_k\cdot\mathrm{d}\boldsymbol{l} \tag{8-11}$$

根据法拉第电磁感应定律，应该有

$$\mathscr{E}_i=-\frac{\mathrm{d}\Phi}{\mathrm{d}t}=-\frac{\mathrm{d}}{\mathrm{d}t}\int_S \boldsymbol{B}\cdot\mathrm{d}\boldsymbol{S} \tag{8-12}$$

比较式(8-10)和式(8-12)，可得

$$\oint_L \boldsymbol{E}_k\cdot\mathrm{d}\boldsymbol{l}=-\int_S\frac{\partial\boldsymbol{B}}{\partial t}\cdot\mathrm{d}\boldsymbol{S} \tag{8-13}$$

式中 S 表示以任一回路 L 为边界的曲面面积，而右侧改用偏导数是因为 $\boldsymbol{B}$ 还是空间坐标的函数.上式表明，感生电场沿回路 L 的线积分等于磁感应强度 $\boldsymbol{B}$ 穿过回路所包围面积的 $\boldsymbol{B}$ 通量变化率的负值.当选定了积分回路的绕行方向后，面积的法线方向与绕行方向成右手螺旋关系.磁场 $\boldsymbol{B}$ 方向与回路面积的法线方向一致时，其 $\boldsymbol{B}$ 通量 Φ 为正.式中的负号表示 $\boldsymbol{E}_k$ 的方向与磁场的变化率 $\mathrm{d}\boldsymbol{B}/\mathrm{d}t$ 呈左手螺旋关系，如图 8-12 所示.上式是电磁场的基本方程之一.

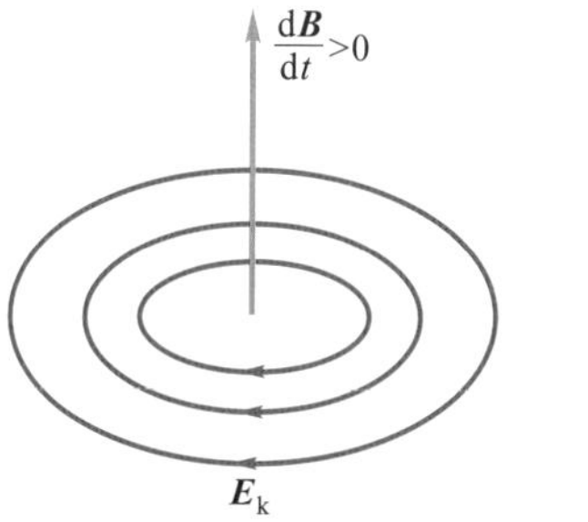

图 8-12 感生电场的电场线是环绕变化磁场的一组闭合曲线.感生电场 $\boldsymbol{E}_k$ 的方向与磁感应强度 $\boldsymbol{B}$ 增大的方向成左手螺旋关系

从以上讨论知道，感生电场与静电场有相似之处，也有不同点.无论是静电场还是感生电场对带电粒子都有力的作用，这是它们的相同点.它们的不同点主要表现在两个方面：

(1) 感生电场由变化的磁场激发，而静电场则由静止的电荷激发.

(2) 感生电场不是保守场，其环流不等于零，即 $\oint_L \boldsymbol{E}_\mathrm{k} \cdot \mathrm{d}\boldsymbol{l} = -\dfrac{\mathrm{d}\Phi}{\mathrm{d}t}$，因而电场线是环绕变化磁场的一组闭合曲线. 而静电场是保守场，其环流等于零，即 $\oint_L \boldsymbol{E} \cdot \mathrm{d}\boldsymbol{l} = 0$，电场线起始于正电荷，终止于负电荷.

根据静电场的高斯定理 $\oint_S \boldsymbol{E} \cdot \mathrm{d}\boldsymbol{S} = \dfrac{\sum_i q_i}{\varepsilon_0}$ 可知，静电场对任意闭合曲面的通量可以不为零，它是有源场；而感生电场的电场线是闭合的，无头无尾的，故感生电场又称**涡旋电场**(vortex electric field). 因此感生电场对任意闭合曲面的通量必然为零，即

$$\oint_S \boldsymbol{E}_\mathrm{k} \cdot \mathrm{d}\boldsymbol{S} = 0 \qquad (8-14)$$

上式称为**感生电场的高斯定理**，它表明感生电场是无源场.

例 8-5

如图 8-13 所示，在半径为 R 的无限长螺线管内部有一均匀磁场 $\boldsymbol{B}$，方向垂直纸面向里，磁场以 $\dfrac{\mathrm{d}B}{\mathrm{d}t}$ 的速率增加. (1) 求管内、外感生电场的电场强度. (2) 设 $\dfrac{\mathrm{d}B}{\mathrm{d}t} = 0.10\ \mathrm{T \cdot s^{-1}}$，$R = 0.10\ \mathrm{m}$，求 $r = 0.10\ \mathrm{m}$ 处的感生电场.

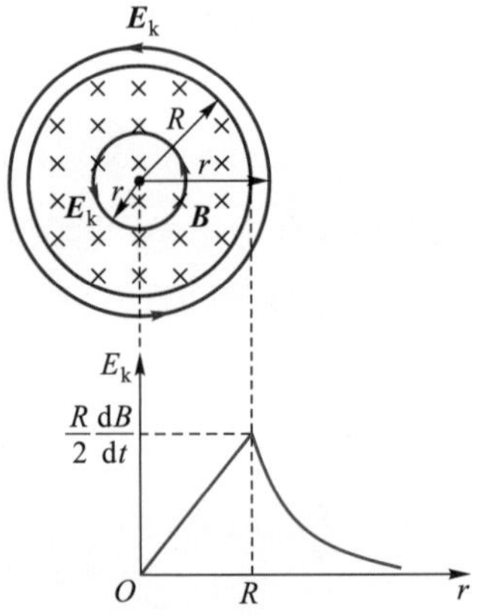

图 8-13 例 8-5 用图

解 (1) 由磁场的轴对称分布可知，变化磁场所激发的感生电场也是轴对称分布的，电场线是一系列与螺线管同轴的同心圆，$\boldsymbol{E}_\mathrm{k}$ 在同一圆周线上大小相等，方向沿圆周切向. 沿顺时针方向作半径为 r 的圆形回路 L，回路所围面积的正法线方向垂直纸面向里，由式(8-13)便可求得离轴线 r 处的感生电场的大小，即

① P 点在螺线管内，$0<r\leqslant R$，有

$$\oint_L \boldsymbol{E}_\mathrm{k} \cdot \mathrm{d}\boldsymbol{l} = -\int_S \frac{\partial \boldsymbol{B}}{\partial t} \cdot \mathrm{d}\boldsymbol{S}$$

$$2\pi r E_\mathrm{k} = \pi r^2 \frac{\mathrm{d}B}{\mathrm{d}t}$$

由此可得感生电场的大小为

$$E_\mathrm{k} = \frac{r}{2}\frac{\mathrm{d}B}{\mathrm{d}t}$$

按左手螺旋定则，$\boldsymbol{E}_\mathrm{k}$ 线为逆时针方向.

② P 点在螺线管外，$r>R$，有

$$2\pi r E_\mathrm{k} = \pi R^2 \frac{\mathrm{d}B}{\mathrm{d}t}$$

由此可得感生电场的大小为

$$E_\mathrm{k} = \frac{R^2}{2r}\frac{\mathrm{d}B}{\mathrm{d}t}$$

同理可知，$\boldsymbol{E}_\mathrm{k}$ 线也为逆时针方向. 感生电场的曲线如图所示.

(2) 将有关各量的数值代入上面的方程式，则可得到 $r = 0.10\ \mathrm{m}$ 处感生电场的大小为

$$E_\mathrm{k} = \frac{r}{2}\frac{\mathrm{d}B}{\mathrm{d}t} = \frac{1}{2}\times 0.10\times 0.10\ \mathrm{V \cdot m^{-1}}$$

$$= 5\times 10^{-3}\ \mathrm{V \cdot m^{-1}}$$

8-2-3 涡电流

在许多实际问题中，常常会遇到大块金属导体处在变化的磁场中或在磁场中运动.在这些情况下，导体内部会产生感应电流.由于这种感应电流在导体内部的流动形式与河流中的旋涡相似，自成闭合回路，故称为**涡电流**（eddy current）.

例如，一个金属圆盘在磁场中旋转，磁场局限在盘面上的一个很小的区域，且其方向垂直于盘面，如图 8-14（a）所示.盘面扇形区 Ob 切割磁感应线，并产生感应电动势.而扇形区 Oa 和 Oc 不在磁场范围内，但它们提供了从 b 到 O 的返回路径.其结果是在圆盘中形成了涡电流，如图 8-14（b）所示.

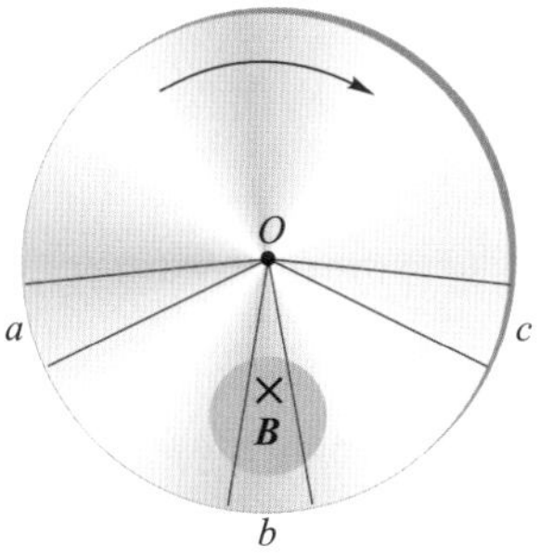

(a)

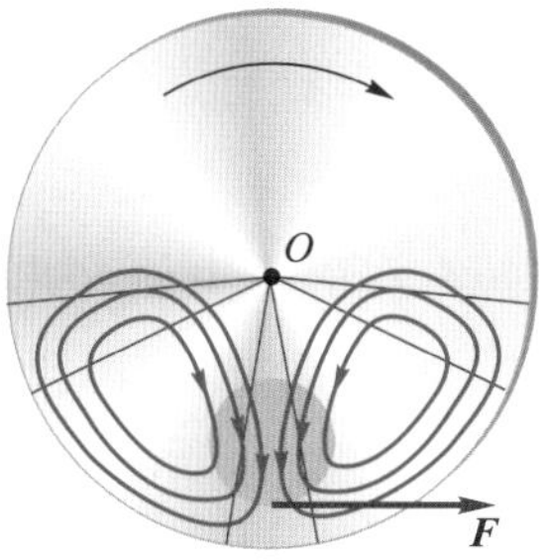

(b)

图 8-14 涡电流

（a）一个金属盘通过一个垂直磁场

（b）感应电动势产生涡电流

根据楞次定律，感应电流的效果反抗引起感应电流的原因.由此分析得到，磁场与涡电流在圆盘上的相互作用将阻碍圆盘转动，从而产生制动效果.这种效果可以使电锯在关掉电源后快速停止转动.一些灵敏度较高的天平运用这种制动效果来减少左右摇摆的次数.涡流制动还被应用于一些高速的电动运输工具.磁悬浮列车内置电磁铁在铁轨中激发涡电流，涡流产生的磁场反过来对磁悬浮列车内置电磁铁有一个制动力，这就是磁悬浮列车一部分制动的原理.

涡流还有其他许多实际用途.家用电磁灶就是利用涡电流的热效应来加热和烹制食物的，如图 8-15（a）所示.电磁灶的核心是一个高频载流线圈，高频电流产生高频变化的磁场，于是在铁锅中产生涡电流，通过电流的热效应来加热被煮物体.同样，在钢铁厂用电磁感应炉进行冶炼.感应炉中的铁矿石或废铁本身就是导体，大功率高频交流电产生高频强变化磁场，从而在铁矿石中形成强涡电流，利用涡电流热效应促使金属熔化.电磁感应炉如图 8-15（b）所示.

图 8-16 是一种机场安全检测站用的金属探测器.它会产生一个变化的磁场，这个变化的磁场在被探测到的金属导体内产生涡电流，而涡电流反过来又会产生一个变化的磁场，然后这个变化磁场将会被探测器接收到，从而发现是否携带金属物品.

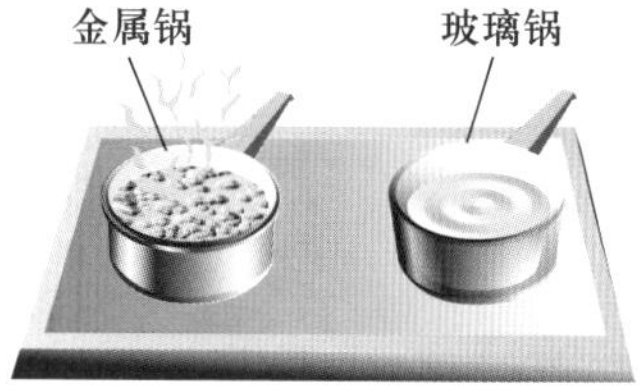

（a）交变磁场在铁锅中形成涡电流，通过电流的热效应加热物体；由于交变磁场不能在玻璃中产生电流，因此电磁灶不能对玻璃锅加热

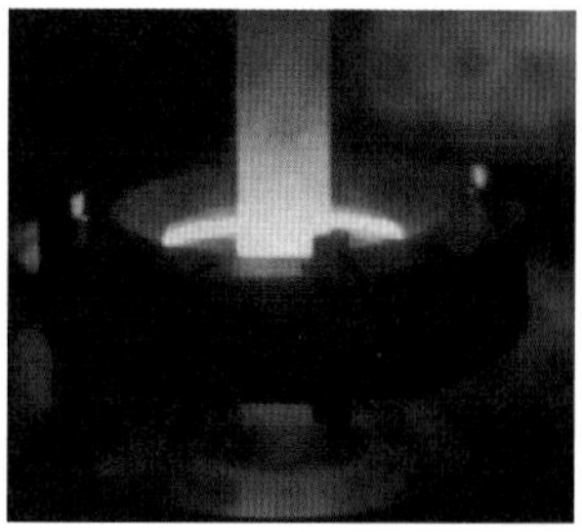

（b）感应炉的原理和电磁灶相同，利用铁矿石中涡电流的热效应使铁矿石熔化

图 8-15

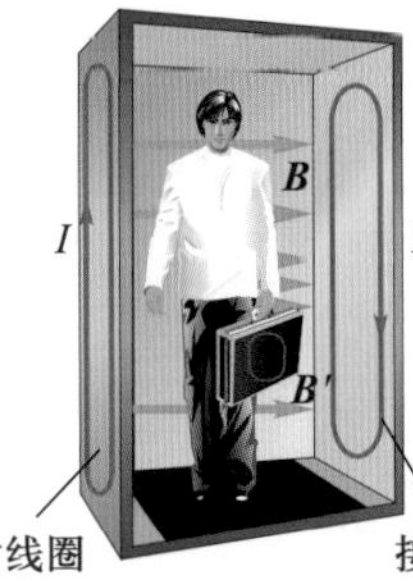

图 8-16　机场安全检测站的金属探测器会产生一个变化的磁场，这个变化的磁场会使被探测到的导体内产生涡电流，涡电流反过来将产生一个变化的磁场，而这个磁场会被探测器接收到

涡电流虽然有许多用处，但也会产生危害.例如，当在变压器铁芯上的线圈中通有交变电流时，铁芯内将产生涡电流，同时放出焦耳热.这不仅会损耗部分电能，而且还会由于温度升高而导致变压器不能正常工作.为了尽可能减小铁芯中的涡电流，一般变压器或电机等用的铁芯不采用整块导体材料，而是把铁芯材料首先轧制成薄矽钢片或细条板材，再在外面涂上绝缘材料，然后叠合成铁芯.这样，变压器在工作时，涡电流只能在薄片的横截面上流动.由于电阻增大了，因此涡电流减小了.

视频：电磁驱动也许能让读者对涡电流有更直观的认识和了解.

视频　电磁驱动

8-3　自感和互感

在生活中，当我们把家用电器的插头迅猛地从插座中拔出，常会看到有电火花从插座里飞出.这是由于高电压引起的，那么，这个高电压又是从哪里来的呢？汽车引擎中使火花塞点火需要上万伏的高电压，而汽车蓄电池所能提供的电压是仅为 12 V，火花塞是如何实现在高电压下的点火呢？诸如此类的现象或工程技术问题需要我们利用电磁感应现象去考察和探究.

8-3-1　自感

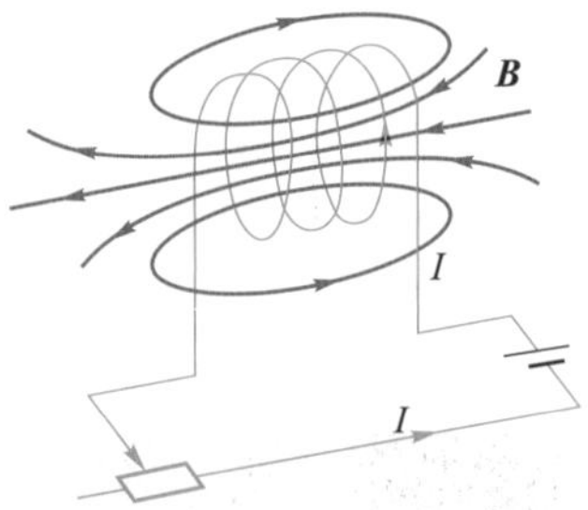

图 8-17　自感现象

我们已经知道，不论用什么方式，只要穿过闭合回路的 $\boldsymbol{B}$ 通量发生变化，回路中就会出现感应电动势.可以设想，当闭合载流导线中有变化的电流通过，则变化电流产生的变化磁场也将使穿过闭合导线自身的 $\boldsymbol{B}$ 通量发生变化，从而在自身回路中产生感应电动势和感应电流，如图 8-17 所示.我们把这种由于导线回路中的电流变化，而在自身回路中引起感应电流的现象，称为自感（self-induction）现象，相应的电动势称为自感电动势.汽车的点火装置就是利用了自感原理设计的.

考虑一个通有电流 I 的闭合回路，由毕奥-萨伐尔定律可知，回路电流产生的磁场空间中任意一点的磁感应强度与电流 I 成正比，因此穿过回路本身所包围面积的全磁通也与电流成正比，即

$$\Psi = LI \tag{8-15}$$

式中比例系数 L 称为回路的自感（self-inductance）.

自感 L 与回路的形状、大小、匝数以及周围磁介质及其分布有关，而与回路

中有无电流无关.

由法拉第电磁感应定律,回路中的自感电动势 $\mathscr{E}_L$ 可表示为

$$\mathscr{E}_L=-\frac{\mathrm{d}\Psi}{\mathrm{d}t}=-\frac{\mathrm{d}(LI)}{\mathrm{d}t}=-\left(L\frac{\mathrm{d}I}{\mathrm{d}t}+I\frac{\mathrm{d}L}{\mathrm{d}t}\right) \tag{8-16}$$

式中第一项代表由于电流变化而产生的自感电动势;第二项代表由于回路的形状、大小等随时间变化,引起自感变化而产生的自感电动势.如果回路本身的性质以及周围环境状况都不变,则上式变为

$$\mathscr{E}_L=-L\frac{\mathrm{d}I}{\mathrm{d}t} \tag{8-17}$$

上式表明:回路中的自感,在量值上等于电流随时间的变化率为一个单位时,在回路中产生的自感电动势.式中负号表示,当回路中的电流增加时,$\mathscr{E}_L<0$,即自感电动势 $\mathscr{E}_L$ 与电流 I 的方向相反;反之,当回路中电流减小时,$\mathscr{E}_L>0$,即自感电动势 $\mathscr{E}_L$ 与电流 I 的方向相同.由此可见,自感电动势的方向总是阻碍本身回路电流的变化,且自感 L 越大,回路中的电流越难改变.回路的这一性质与物体的惯性有些相似,因此可以把自感 L 看作回路电磁惯性的量度.

理论上可以由式(8-15)直接计算出自感 L,但在实际问题中,通常通过式(8-17)用实验来测量自感 L.

在国际单位制中,自感的单位为亨利,用符号 H 表示.由式(8-15)可知

$$1\ \mathrm{H}=1\ \mathrm{Wb}\cdot\mathrm{A}^{-1}$$

由于亨利的单位比较大,实际中常用毫亨(mH)与微亨(μH)作为自感的单位,其换算关系为

$$1\ \mathrm{H}=10^3\ \mathrm{mH}=10^6\ \mu\mathrm{H}$$

自感现象在各种电器设备和无线电技术中都有广泛的应用.例如,日光灯的镇流器就是利用线圈自感现象的一个例子,无线电设备中常用自感线圈和电容器来构成谐振电路或滤波器等.

在某些情况下,自感现象是非常有害的.例如,当电路被断开时,由于电流在极短的时间内发生了很大的变化,因此会产生较高的自感电动势,在断开处形成电弧.这就是在迅速拔出插头时,插座中会冒出电火花的原因.如果电路是由自感很大的线圈构成,则在断开的瞬间会产生非常高的自感电动势,这不仅会烧坏开关,甚至会危及工作人员的安全.因此,切断这类电路时必须采用特制的安全开关,逐渐增加电阻来断开电路.

例 8-6

如图 8-18 所示，一个空心密绕螺绕环，环的截面积为 $S=5.0\ \text{cm}^2$，平均半径为 $r=0.40\ \text{m}$，共有 $N=200$ 匝线圈.忽略线圈的漏磁，试求螺绕环的自感.

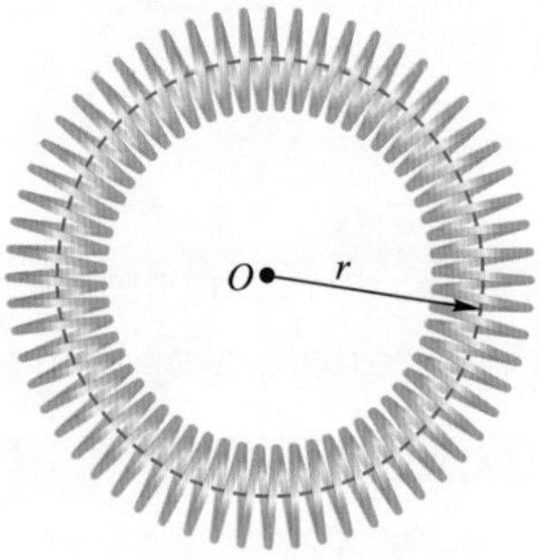

图 8-18 例 8-6 用图

解 假设螺绕环通以电流 I，由于螺绕环的截面积很小，可认为磁场全部集中在环内，故有

$$B=\frac{\mu_0 NI}{2\pi r}$$

通过螺绕环的全磁通为

$$\Psi=N\int_S \boldsymbol{B}\cdot \mathrm{d}\boldsymbol{S}=\frac{\mu_0 N^2 I}{2\pi r}S$$

所以螺绕环的自感为

$$L=\frac{\Psi}{I}=\frac{\mu_0 N^2 S}{2\pi r}$$

$$=\frac{4\pi\times10^{-7}\times200^2\times5.0\times10^{-4}}{2\pi\times0.40}\ \text{H}$$

$$=10\times10^{-6}\ \text{H}=10\ \mu\text{H}$$

例 8-7

一长度为 l 的密绕长直螺线管，横断面面积为 S，线圈匝数为 N，管内介质的磁导率为 μ.求其自感.

解 长直螺线管内部的磁场近似为均匀场，当电流为 I 时，其中的磁感应强度为

$$B=\mu\frac{N}{l}I$$

穿过线圈的全磁通为

$$\Psi=NBS=\mu\frac{N^2}{l}IS$$

螺线管的自感为

$$L=\frac{\Psi}{I}=\mu\frac{N^2}{l}S$$

上式中分子、分母分别乘以 l，注意到螺线管的体积为 $V=lS$，单位长度的线圈匝数为 $n=N/l$，因此上式可表示为

$$L=\mu n^2 V$$

可见，采用磁导率较大的介质、增加单位长度线圈的匝数（密绕），能够有效地增大螺线管的自感.

例 8-8

如图 8-19 所示，有一同轴电缆由两个圆筒形金属导体构成.若两圆筒间充满磁导率为 μ 的均匀磁介质，设内、外圆筒的半径分别为 R_1 和 R_2，试求电缆单位长度的自感.

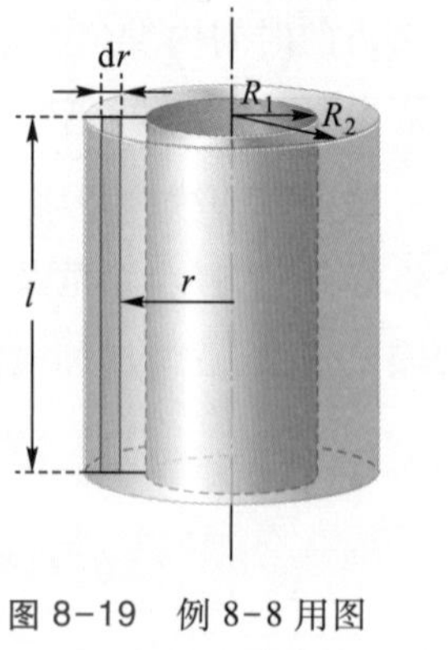

图 8-19 例 8-8 用图

解 设电流 I 从内圆筒向上流入，从外圆筒向下流出.根据安培环路定理可知，在内、外圆筒之间距轴为 r 处的磁感应强度为

$$B=\frac{\mu I}{2\pi r}$$

长度为 l 的部分电缆，通过纵断面积的总 $\boldsymbol{B}$ 通量为

$$\Phi=\int_S \boldsymbol{B}\cdot \mathrm{d}\boldsymbol{S}=\int_{R_1}^{R_2}\frac{\mu I}{2\pi r}l\mathrm{d}r$$

$$=\frac{\mu Il}{2\pi r}\int_{R_1}^{R_2}\frac{\mathrm{d}r}{r}=\frac{\mu Il}{2\pi}\ln\frac{R_2}{R_1}$$

由自感的定义，可得单位长度的自感为

$$L_l=\frac{\Phi}{Il}=\frac{\mu}{2\pi}\ln\frac{R_2}{R_1}$$

8-3-2 互感

当一个线圈中的电流发生变化时，在其周围会激发出变化的磁场，从而引起相邻线圈内产生感生电动势和感生电流. 这种现象称为互感（mutual induction）现象，所产生的电动势称为互感电动势.

如图 8-20 所示，设有两个相邻的线圈回路 1 和 2，其中分别通有电流 I_1 和 I_2. 由毕奥-萨伐尔定律，电流 I_1 产生的磁场 B 正比于 I_1，因而其穿过线圈回路 2 所围面积的全磁通 Ψ_{21} 也正比于 I_1，即

$$\Psi_{21}=M_{21}I_1 \tag{8-18}$$

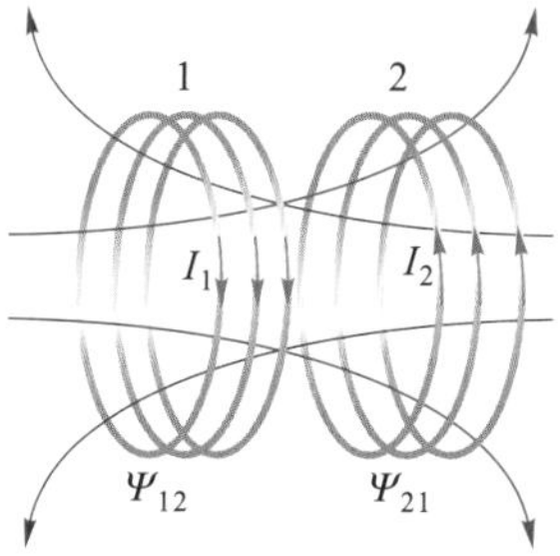

图 8-20 互感现象

同理，电流 I_2 产生的磁场通过线圈回路 1 所围面积的全磁通 Ψ_{12} 为

$$\Psi_{12}=M_{12}I_2 \tag{8-19}$$

式中的 M_{21} 和 M_{12} 为比例系数，它们与两个耦合回路的形状、大小、匝数、相对位置以及周围的磁介质有关. 理论和实验都可以证明，对于给定的一对导体回路，有

$$M_{21}=M_{12}=M$$

M 称为两个回路之间的互感（mutual inductance）.

根据法拉第电磁感应定律，在 M 一定的条件下，回路中的互感电动势为

$$\mathscr{E}_{21}=-\frac{\mathrm{d}\Psi_{21}}{\mathrm{d}t}=-\frac{\mathrm{d}(MI_1)}{\mathrm{d}t}=-\left(M\frac{\mathrm{d}I_1}{\mathrm{d}t}+I_1\frac{\mathrm{d}M}{\mathrm{d}t}\right)$$

$$\mathscr{E}_{12}=-\frac{\mathrm{d}\Psi_{12}}{\mathrm{d}t}=-\frac{\mathrm{d}(MI_2)}{\mathrm{d}t}=-\left(M\frac{\mathrm{d}I_2}{\mathrm{d}t}+I_2\frac{\mathrm{d}M}{\mathrm{d}t}\right)$$

如果互感不变，则有

$$\mathscr{E}_{21}=-M\frac{\mathrm{d}I_1}{\mathrm{d}t} \tag{8-20}$$

$$\mathscr{E}_{12}=-M\frac{\mathrm{d}I_2}{\mathrm{d}t} \tag{8-21}$$

由上式看出：回路中的互感 M，在量值上等于一个回路中的电流随时间的变化

率为一个单位时，在另一个回路中产生的互感电动势.式中的负号表示，在一个回路中引起的互感电动势，要反抗另一个回路中的电流变化.当一个回路中的电流随时间的变化率一定时，互感越大，则通过互感在另一个回路中所引起的互感电动势也越大.反之，互感电动势则越小.所以，互感 M 是两个线圈耦合强弱的物理量.互感的单位和自感的单位相同，都为亨利(H).

理论上可以利用式(8-18)或式(8-19)计算出互感 M，但在实际问题中，通常通过式(8-20)或式(8-21)用实验来测量互感 M.视频：互感演示能让我们对互感有更直观的了解.

视频 互感演示

互感现象在各种电器设备和无线电技术中有着广泛的应用.例如，发电厂输出的高压电流要引入民居使用时，为了安全，就需要先用变压器把电压降下来，而变压器的工作原理正是应用了互感的规律.

但是，互感现象有时也会带来不利的一面.例如通信线路和电力输送线之间靠得太近时会受到干扰；有线电话有时会因为两条线路之间互感而造成串音，信息在传送过程中安全性会降低，容易造成泄密等.

例 8-9

如图 8-21 所示，有两个长度均为 l、半径分别为 R_1 和 $R_2(R_1>R_2)$ 的同轴密绕直螺线管，它们的自感和匝数分别为 L_1、N_1 和 L_2、N_2.求这两个同轴直螺线管的互感 M 及与两螺线管的自感 L_1、L_2 之间的关系.

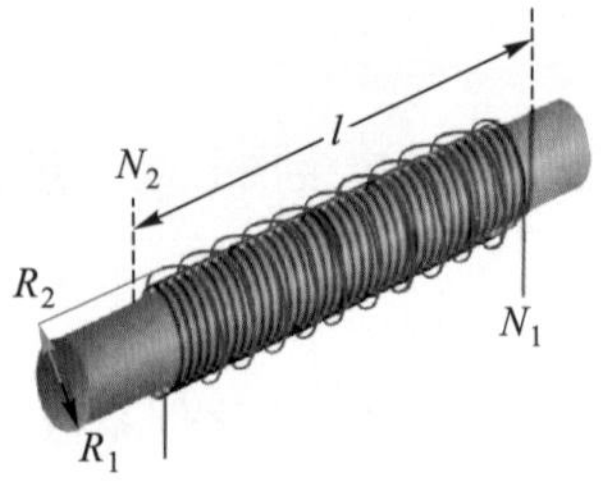

图 8-21 例 8-9 用图

解 设有电流 I_1 通过半径为 R_1 的外螺线管，则螺线管内的磁感应强度为

$$B_1=\mu_0 n_1 I_1=\mu_0\frac{N_1 I_1}{l}$$

穿过半径为 R_2 的内螺线管的全磁通为

$$\Psi_{21}=N_2 B_1 S_2=\frac{\mu_0 N_1 N_2 I_1}{l}\pi R_2^2$$

则互感为

$$M=\frac{\Psi_{21}}{I_1}=\frac{\mu_0 N_1 N_2}{l}\pi R_2^2$$

对于外螺线管而言，穿过自身的全磁通为

$$\Psi_1=N_1 B_1 S_1=N_1\mu_0\frac{N_1}{l}I_1 S_1=\mu_0\frac{N_1^2 I_1}{l}\pi R_1^2$$

外螺线管自感为

$$L_1=\frac{\Psi_1}{I_1}=\mu_0\frac{N_1^2}{l}\pi R_1^2$$

同理可得内螺线管自感为

$$L_2=\frac{\Psi_2}{I_2}=\mu_0\frac{N_2^2}{l}\pi R_2^2$$

比较 M、L_1 和 L_2，有

$$M=\frac{R_2}{R_1}\sqrt{L_1 L_2}$$

一般情况下，可以把互感表示成

$$M=k\sqrt{L_1 L_2}\quad (k\leqslant 1)$$

k 称为耦合系数.只有当 $R_1=R_2$ 时，并且每个回路自身的全磁通都通过另一个回路，才有 $k=1$，此时称为无漏磁.在有漏磁的情况下，即使 $R_1=R_2$，也总存在 $k<1$，即 $M<\sqrt{L_1 L_2}$.

8-4 磁场的能量

8-4-1 自感磁能

在静电场中,电容器是储存电能的器件.在磁场中,用于储存磁场能量的器件则是载流线圈.

图 8-22 所示是一个线圈的简单电路,回路中的 L 为线圈,R 为电阻,$\mathscr{E}$ 为电源电动势.当电路接通后,回路中的电流突然由零开始增加,这时在线圈 L 中会产生自感电动势 $\mathscr{E}_L$.由于 $\mathscr{E}_L$ 反抗电流的增加,因此回路中的电流不能立即达到稳定值,而需要有一个逐渐增大的过程.在这一过程中,电源所供的能量,一部分损耗在电阻上,转化为热能,另一部用于克服自感电动势做功,转化为磁场的能量,在线圈中建立起磁场.

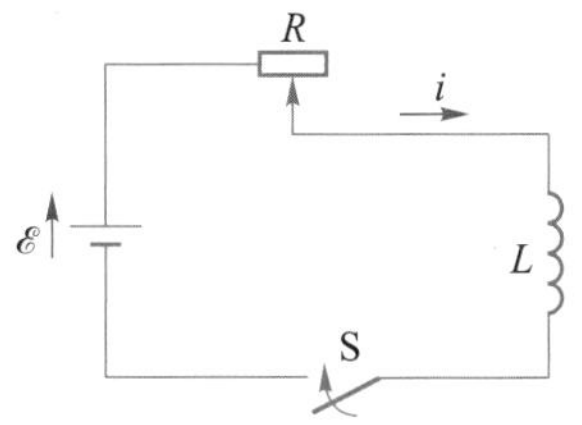

图 8-22 线圈中储存的能量

设某一时刻回路中的电流为 i,线圈中的自感电动势为

$$\mathscr{E}_L = -L\frac{\mathrm{d}i}{\mathrm{d}t}$$

在 $\mathrm{d}t$ 时间内电源电动势反抗自感电动势所做的功为

$$\mathrm{d}W = -\mathscr{E}_L i\mathrm{d}t = Li\mathrm{d}i$$

当电流 i 从零增加到稳定值 I 时,电源用于克服自感电动势所做的总功为

$$W = \int_0^I \mathrm{d}W = \int_0^I Li\mathrm{d}i = \frac{1}{2}LI^2$$

这部分功即为线圈中磁场的能量 W_m,即

$$W_\mathrm{m} = \frac{1}{2}LI^2 \tag{8-22}$$

自感为 L 的载流线圈所具有的磁场能量,称为自感磁能(self-induction magnetic energy).自感磁能公式(8-22)与电容器的电能公式(6-25)在形式上相仿.

8-4-2 磁场的能量

与电场能量一样,磁场的能量也是定域在磁场中,因此可以用磁感应强度来表示磁场能量.为了简单起见,我们以密绕长直螺线管为例进行讨论.设长直螺线管通有电流 I,体积为 V,忽略边缘效应,则螺线管内部的磁感应强度为 $B=\mu nI$,自感 $L=\mu n^2V$(例 8-7 的结论),把它们代入式(8-22)可得

$$W_\mathrm{m} = \frac{1}{2}LI^2 = \frac{1}{2}\mu n^2V\left(\frac{B}{\mu n}\right)^2 = \frac{1}{2}\frac{B^2}{\mu}V$$

由于长直螺线管内部为均匀磁场,因此单位体积内磁场的能量——**能量密度**为

$$w_m=\frac{W_m}{V}=\frac{1}{2}\frac{B^2}{\mu} \tag{8-23}$$

因为 $B=\mu H$,磁场的能量密度又可表示为

$$w_m=\frac{1}{2}\frac{B^2}{\mu}=\frac{1}{2}\mu H^2=\frac{1}{2}BH$$

上述结果虽是由一个简单特例导出的,但是对于任意磁场都普遍适用.式(8-23)与电场能量密度公式(6-26)具有相似的形式,它表明:**任何磁场都具有能量,磁能定域在场中**.利用上式可以求得任意磁场中储存的能量为

$$W_m=\int_V w_m \mathrm{d}V \tag{8-24}$$

上式积分范围应遍及整个磁场分布的空间.

例 8-10

如图 8-23 所示,设有一很长的同轴电缆,由内、外两个圆筒组成,内筒半径为 R_1,外圆半径为 R_2,其间充满磁导率为 μ 的磁介质.内圆筒载有恒定电流 I,经外圆筒返回形成闭合回路.试计算电缆单位长度上储存的磁能和自感.

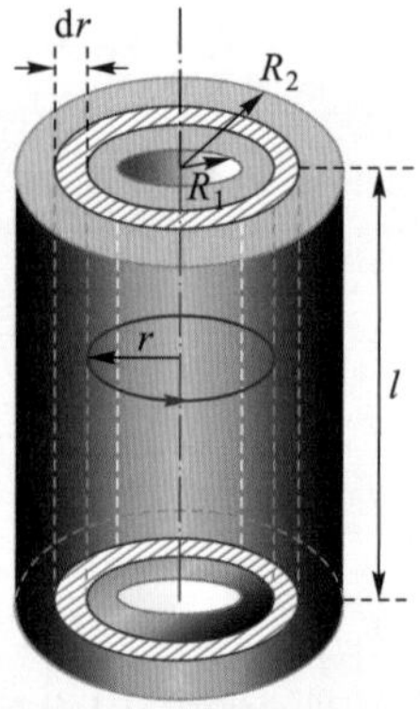

图 8-23　例 8-10 用图

解　根据题意,由安培环路定理可得,同轴电缆的内圆筒内部以及外圆筒外部的磁感应强度均为零,故磁场能量只存在于内、外两个圆筒之间.这样,距轴线为 r 处的磁感应强度大小为

$$B=\frac{\mu I}{2\pi r}$$

该处的磁场能量密度为

$$w_m=\frac{1}{2}\frac{B^2}{\mu}=\frac{1}{2\mu}\left(\frac{\mu I}{2\pi r}\right)^2=\frac{\mu I^2}{8\pi^2 r^2}$$

在 r 处,取长为 l 的薄层圆筒形体积元 dV,其中的磁场能量为

$$\mathrm{d}W_m=w_m\mathrm{d}V=\frac{\mu I^2}{8\pi^2 r^2}2\pi r l\mathrm{d}r=\frac{\mu I^2 l}{4\pi}\frac{\mathrm{d}r}{r}$$

则长为 l 的电缆内的磁场能量为

$$W_m=\int_V w_m\mathrm{d}V=\frac{\mu I^2 l}{4\pi}\int_{R_1}^{R_2}\frac{\mathrm{d}r}{r}=\frac{\mu I^2 l}{4\pi}\ln\frac{R_2}{R_1}$$

电缆单位长度上的磁场能量为

$$\frac{W_m}{l}=\frac{\mu I^2}{4\pi}\ln\frac{R_2}{R_1}$$

由公式(8-22),可得单位长度上同轴电缆的自感为

$$L_l=\frac{\mu}{2\pi}\ln\frac{R_2}{R_1}$$

这一结果与例 8-8 中的结果相同.

8-5 位移电流

麦克斯韦在提出了随时间变化的磁场产生“感生电场”的假设后，于1862年又提出了随时间变化的电场（“位移电流”）产生磁场的假设，从而进一步揭示了电场和磁场之间的内在联系.这是麦克斯韦对电磁学理论的重要贡献.

8-5-1 位移电流

在上一章中，我们曾经讨论了恒定电流磁场中的安培环路定理

$$\oint_L \boldsymbol{H} \cdot \mathrm{d}\boldsymbol{l} = \sum_i I_i = \int_S \boldsymbol{j}_c \cdot \mathrm{d}\boldsymbol{S}$$

式中的 $\sum_i I_i$ 是穿过以回路 L 为边界的任意曲面 S 的传导电流的代数和，$\boldsymbol{j}_c$ 表示传导电流密度.在非恒定电流的磁场中，人们自然会揣测，安培环路定理是否仍然成立呢？

让我们以电容器的充、放电过程来加以讨论.在一个含有电容器的电路中，当电容器在充、放电时，导线内的传导电流将随时间变化，传导电流不能在电容器两极板之间通过，因而对整个电路来说，传导电流是不连续的.

如图8-24所示，在电容器的充电电路中作闭合回路 L，并以 L 为边界作曲面 S_1 与导线相交，根据安培环路定理，应有

$$\oint_L \boldsymbol{H} \cdot \mathrm{d}\boldsymbol{l} = I_c$$

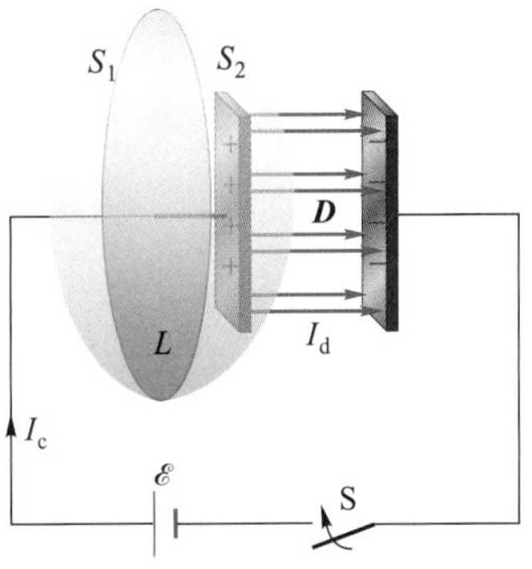

图8-24 曲面 S_1 和 S_2 以同一闭合回路 L 为边界，穿过曲面 S_1 的传导电流是 I_c，穿过曲面 S_2 的传导电流为零.传导电流在电容器极板上终止，但在极板之间却由位移电流接替，整个电路全电流连续

I_c 是穿过曲面 S_1 的传导电流.若又以同一回路 L 为边界作曲面 S_2，使 S_2 通过电容器两极板之间.由于没有传导电流穿过，则根据安培环路定理，应有

$$\oint_L \boldsymbol{H} \cdot \mathrm{d}\boldsymbol{l} = 0$$

显然，在非恒定电流的磁场中，如果仍然沿用恒定磁场中的安培环路定理，必将导致矛盾的结果.这就是说，在非恒定电流情况下，安培环路定理不再成立.

麦克斯韦注意到了安培环路定理的局限性，并着手寻找新的更普遍的规律来取代恒定电流磁场中的安培环路定理.在上述电路中，当电容器在充电时，传导电流将会在电容器极板上中断，与此同时，电容器极板上会出现电荷积累.任何时刻，单位时间内极板上所带电荷量 q 的增量应等于此时的传导电流，即有

$$I_c=\frac{\mathrm{d}q}{\mathrm{d}t}$$

虽然传导电流在电容器的极板终止,但由于极板上电荷的积累会在两极板之间产生电场.电场中的电位移 $\boldsymbol{D}$ 的大小在数值上应等于极板上的自由电荷面密度 σ,即 $D=\sigma$.极板间的 $\boldsymbol{D}$ 通量为 $\Psi=DS=\sigma S=q$(S 为极板面积).由此可见:电容器两极板之间 $\boldsymbol{D}$ 通量随时间的变化率在数值上等于传导电流,即有

$$\frac{\mathrm{d}\Psi}{\mathrm{d}t}=\frac{\mathrm{d}q}{\mathrm{d}t}=I_c$$

又因为 $\frac{\mathrm{d}\Psi}{\mathrm{d}t}=\int_S\frac{\partial\boldsymbol{D}}{\partial t}\cdot\mathrm{d}\boldsymbol{S}$①,$I_c=\int_S\boldsymbol{j}_c\cdot\mathrm{d}\boldsymbol{S}$,所以,电位移矢量随时间的变化率在矢量值上等于传导电流密度,即有

$$\frac{\partial\boldsymbol{D}}{\partial t}=\boldsymbol{j}_c$$

当电容器充电时,两极板间的电场强度增大,电位移随时间的变化率 $\partial\boldsymbol{D}/\partial t$ 的方向与 $\boldsymbol{D}$ 的方向一致,同时也与导线中传导电流方向一致;当电容器放电时,两极板间的电场强度减弱,$\partial\boldsymbol{D}/\partial t$ 的方向与 $\boldsymbol{D}$ 的方向相反,但仍与导线中传导电流方向相同.

由于 $\mathrm{d}\Psi/\mathrm{d}t$ 具有电流的量纲,于是麦克斯韦引入了位移电流(displacement current)的概念.定义:通过电场中某一截面的位移电流等于通过该截面 $\boldsymbol{D}$ 通量对时间的变化率;电场中某一点的位移电流密度等于该点电位移矢量对时间的变化率.分别表示为

$$I_d=\frac{\mathrm{d}\Psi}{\mathrm{d}t} \tag{8-25}$$

$$\boldsymbol{j}_d=\frac{\partial\boldsymbol{D}}{\partial t} \tag{8-26}$$

麦克斯韦大胆地作出假设:位移电流和传导电流一样,也会在其周围的空间激发磁场.

8-5-2 全电流安培环路定理

按照麦克斯韦的假设,在上述电容器电路中,极板表面中断的传导电流 I_c,可以由位移电流 I_d 替代而被接续,二者合在一起维持了电路中电流的连续性.麦克斯韦认为,传导电流 I_c 和位移电流 I_d 可以共存,两者之代数和称为全电流,用 $I_{全}$ 表示,即

$$I_{全}=I_c+I_d \tag{8-27}$$

① 这里用了偏导数符号 ∂ 是因为在一般情况下,电位移 $\boldsymbol{D}$ 有一定的空间分布,也是坐标的函数.

引入了位移电流以后，麦克斯韦把从恒定电流的磁场中总结出来的安培环路定理推广到非恒定电流情况下更一般的形式，即

$$\oint_L \boldsymbol{H}\cdot \mathrm{d}\boldsymbol{l} = I_c + I_d = I_c + \int_S \frac{\partial \boldsymbol{D}}{\partial t}\cdot \mathrm{d}\boldsymbol{S} \tag{8-28}$$

上式表明：磁场强度 $\boldsymbol{H}$ 沿任意闭合回路的线积分等于穿过此闭合回路所包围曲面的全电流，这就是全电流安培环路定理.它是电磁场的基本方程之一.

位移电流的引入深刻地揭示了电场和磁场的内在联系，反映了自然界对称性的美.法拉第电磁感应定律表明了变化磁场能够产生涡旋电场，位移电流假设的实质则是表明变化电场能够产生涡旋磁场.变化的电场和变化的磁场互相联系，互相激发，形成一个统一的电磁场.

最后指出，虽然位移电流与传导电流在激发磁场方面是等效的，但它们却是两个不同的概念.传导电流是大量自由电荷的宏观定向运动，而位移电流的实质却是关于电场的变化率.传导电流在通过电阻时会产生焦耳热，而位移电流没有热效应.

例 8-11

如图 8-25 所示，半径为 $R=0.1$ m 的圆形平行板电容器，电容器两极板间匀速充电，极间电场的变化率为 $\frac{\mathrm{d}E}{\mathrm{d}t}=10^{13}$ N · C^{-1} · s^{-1}.求电容器两极板间的位移电流，并计算电容器内离两极板中心连线距离分别为 r 和 R 处的磁感应强度 B_r 和 B_R.

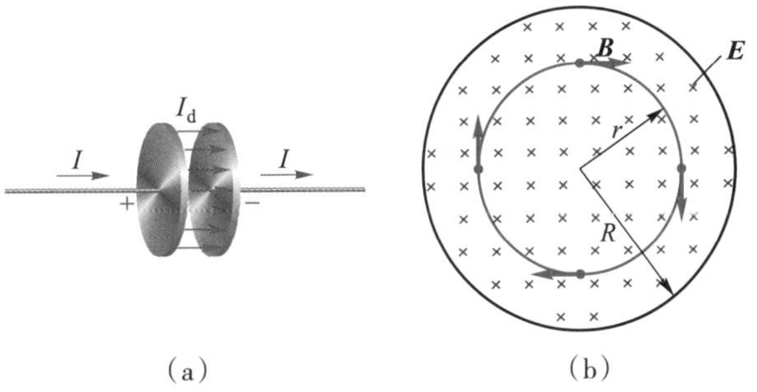

图 8-25 例 8-11 用图

解 电容器两极板间的位移电流为

$$I_d=\frac{\mathrm{d}\Psi}{\mathrm{d}t}=S\frac{\mathrm{d}D}{\mathrm{d}t}=\pi R^2\varepsilon_0\frac{\mathrm{d}E}{\mathrm{d}t}$$
$$=3.14\times0.1^2\times8.85\times10^{-12}\times10^{13}\ \mathrm{A}$$
$$=2.8\ \mathrm{A}$$

对该充电电容器来说，两极板之外有传导电流，两极板之间存在位移电流.忽略边缘效应，可以认为极板间为均匀电场，因此位移电流分布均匀.位移电流激发的磁场分布对于两板中心连线具有对称性.磁感应线是以电容器两板中心连线为轴的一系列同心圆，方向与位移电流之间的关系符合右手螺旋定则.取半径为 r 的圆形回路积分，运用全电流安培环路定理得

$$\oint_l \boldsymbol{H} \cdot \mathrm{d}\boldsymbol{l} = \frac{B_r}{\mu_0} 2\pi r = I_\mathrm{d}, \quad I_\mathrm{d} = \pi r^2 \varepsilon_0 \frac{\mathrm{d}E}{\mathrm{d}t}$$

$$B_r = \frac{\mu_0 \varepsilon_0}{2} r \frac{\mathrm{d}E}{\mathrm{d}t}$$

当 $r=R$ 时，有

$$B_R = \frac{\mu_0 \varepsilon_0}{2} R \frac{\mathrm{d}E}{\mathrm{d}t}$$

$$= \left(\frac{1}{2} \times 4\pi \times 10^{-7} \times 8.85 \times 10^{-12} \times 0.1 \times 10^{13}\right) \mathrm{T}$$

$$= 5.6 \times 10^{-6} \mathrm{~T}$$

从这个例子可以知道，虽然电流比较大，但它产生的磁感应强度却较弱，以致很难用简单的仪器进行测量.这与感生电场截然不同，后者很容易演示出来.主要原因在于感生电动势可以很容易通过增加线圈的匝数而增加，对于磁场来说，就不存在这样的有效方法.但是，在振荡频率很高的情况下，也可以获得较强的感生磁场.

8-6 麦克斯韦方程组 电磁波

麦克斯韦（J.C.Maxwell，1831—1879），19 世纪伟大的英国物理学家、数学家，全面地总结了 19 世纪中叶以前对电磁现象的研究成果，建立了完整的电磁场理论体系，并预言了电磁波的存在

文档 麦克斯韦简介

法拉第虽然具有极深奥的物理思想和高超的实验技巧，但是他没能把他的"场"和"力线"的概念推进到精确定量的理论，未能用数学来描绘电场和磁场.麦克斯韦是继法拉第之后，集电磁学大成的伟大物理学家.在前人工作的基础上，他对电磁学的研究进行了全面的总结，并提出了"感生电场"和"位移电流"的假设，建立了完整的电磁场理论体系.

8-6-1 麦克斯韦方程组

现在我们综合回顾一下前面各章有关静电场和恒定磁场的一些基本规律.在第 5 章中，根据静电场的特性，给出了静电场中的高斯定理［式（5-20）］和环路定理［式（5-33）］；而在第 7 章中，根据恒定磁场的特性，给出了磁场中的高斯定理［式（7-30）］和安培环路定理［式（7-67）］.麦克斯韦在引入了"感生电场"和"位移电流"概念后，对以上基本定理进行了修正，并把它们推广到更一般的电场和磁场中，建立了麦克斯韦方程组.方程组中的四个基本方程分别为

$$\oint_S \boldsymbol{D} \cdot \mathrm{d}\boldsymbol{S} = \int_V \rho \mathrm{d}V = q \qquad (8-29)$$

$$\oint_S \boldsymbol{B} \cdot \mathrm{d}\boldsymbol{S} = 0 \qquad (8-30)$$

$$\oint_L \boldsymbol{E} \cdot \mathrm{d}\boldsymbol{l} = -\int_S \frac{\partial \boldsymbol{B}}{\partial t} \cdot \mathrm{d}\boldsymbol{S} \qquad (8-31)$$

$$\oint_L \boldsymbol{H} \cdot \mathrm{d}\boldsymbol{l} = I_c + \int_S \frac{\partial \boldsymbol{D}}{\partial t} \cdot \mathrm{d}\boldsymbol{S} \tag{8-32}$$

式(8-29)是电场中的高斯定理.式中的 $\boldsymbol{D}$ 是电荷和变化的磁场共同激发的电场中的电位移.由于感生电场的电位移线为闭合曲线,对封闭曲面的 $\boldsymbol{E}$ 通量为零,因此总的 $\boldsymbol{D}$ 通量只和自由电荷有关.

式(8-30)是磁场中的高斯定理.式中的 $\boldsymbol{B}$ 是由传导电流和位移电流共同激发的磁场.因为两者激发的磁场都是涡旋场,所以对闭合曲面的 $\boldsymbol{B}$ 通量为零.

式(8-31)是推广后的电场环路定理.式中的 $\boldsymbol{E}$ 是静电场和感生电场的矢量叠加.由于静电场是保守场,其环路积分为零,因此式中的 $\boldsymbol{E}$ 仅与变化的磁场有关.

式(8-32)是全电流安培环路定理,它表明不仅传导电流可以激发磁场,位移电流也能激发磁场.

麦克斯韦方程组是对整个电磁场理论的总结,上述四个方程是其积分形式,但积分式不能反映每一场点的电磁场量之间的相互联系.而在实际应用中,更重要的是要了解电磁场中某些点的场量,因此麦克斯韦方程组的微分形式在解决实际问题中用得更多.麦克斯韦方程组的微分形式分别为

$$\nabla \cdot \boldsymbol{D} = \rho \tag{8-33}$$

$$\nabla \cdot \boldsymbol{B} = 0 \tag{8-34}$$

$$\nabla \times \boldsymbol{E} = -\frac{\partial \boldsymbol{B}}{\partial t} \tag{8-35}$$

$$\nabla \times \boldsymbol{H} = \boldsymbol{j}_c + \frac{\partial \boldsymbol{D}}{\partial t} \tag{8-36}$$

麦克斯韦方程组概括了电磁场的基本性质和规律,构成完整的电磁场理论体系,它不仅是整个宏观电磁场理论的基础,而且也是许多现代电磁技术的理论基础.麦克斯韦的电磁场理论具有以下几个特点:①物理概念创新;②逻辑体系严密;③数学形式简单优美;④演绎方法出色;⑤电场与磁场以及时间空间的明显对称性.

阅读 麦克斯韦电磁场理论的提出

8-6-2 电磁振荡

麦克斯韦电磁场理论最卓越的成就之一是预言了电磁波的存在."感生电场"假设的实质是变化的磁场能够激发电场,"位移电流"假设的实质是变化的电场能够激发磁场.电场和磁场相互激发,以波动的形式在空间传播,从而形成了**电磁波**(electromagnetic wave).麦克斯韦预言电磁波的存在完全是凭借他的理论推断,当时并没有得到实验的支持.直至二十多年后,德国物理学家赫兹才从实验上证实了电磁波的存在.

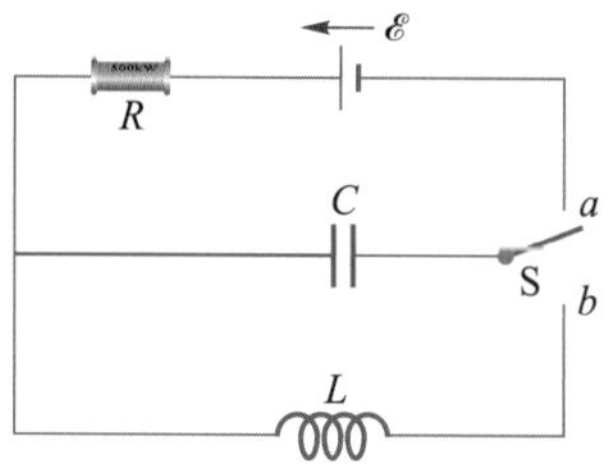

图 8-26 LC 振荡电路

要形成电磁波必须要有波源，以下我们将介绍一种电磁振荡电路，该电路由一个电容器与一个自感线圈串联而成，故称为 **LC 振荡电路**（oscillatory circuit）.

如图 8-26 所示，首先让电源给电容器充电，充电完毕后能量以电能的形式储存在电容器两极板之间的电场中.然后切换开关 S，使电容器 C 与自感线圈 L 相连，这时电容器开始放电，如图 8-27(a)所示.电流沿逆时针方向逐渐增大，反抗线圈中的自感电动势做功，在电容器放尽电荷的瞬间，电路中的电流达到最大值，这时电能完全转化为磁能，储存在线圈的磁场中，如图 8-27(b)所示.线圈中的电流达到最大值以后将对电容器反向充电，由于自感作用，反向充电是一个较缓慢的过程，电流逐渐减弱.当电路中电流为零时，电容器极板上的电荷量达到最大值，此时，磁场能又完全转化为电场能，如图 8-27(c)所示.然后，电容器又开始通过线圈放电，不过此时电流将与上述方向相反，沿顺时针方向流动.电场能量又转化成了磁场能量，如图 8-27(d)所示.此后，电容器又被充电，回到它的初始状态，完成了一个振荡的周期.由此可见，如果忽略 LC 回路中的电阻，那么电磁振荡将一直持续下去.

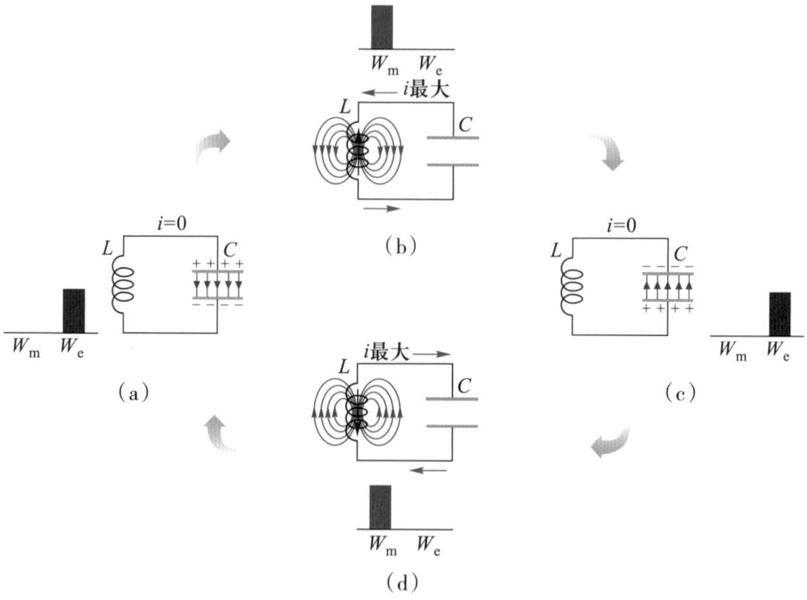

图 8-27 LC 振荡电路一周的过程

下面我们将定量研究 LC 回路中各物理量的振荡规律.从图 8-26 可知，接通 LC 回路后，电容器的端电压始终等于自感线圈的自感电动势，即有

$$-L\frac{\mathrm{d}I}{\mathrm{d}t}=\frac{q}{C}$$

将电流 $I=\frac{\mathrm{d}q}{\mathrm{d}t}$代入上式，可得

$$\frac{\mathrm{d}^2q}{\mathrm{d}t^2}+\frac{1}{LC}q=0 \tag{8-37}$$

上式称为 LC 振荡回路中关于电荷量变化的微分方程.将这一方程与简谐运动的微分方程 $\frac{d^2x}{dt^2}+\omega^2x=0$ 相比较,可知电容器极板上的电荷量按简谐运动的规律变化,方程的解为

$$q=q_0\cos(\omega t+\varphi) \tag{8-38}$$

振荡回路中的电流为

$$I=\frac{dq}{dt}=-q_0\omega\sin(\omega t+\varphi)=-I_0\sin(\omega t+q) \tag{8-39}$$

$$\omega=\frac{1}{\sqrt{LC}} \tag{8-40}$$

上述诸式中 q_0 为电容器极板上电荷量的最大值(电荷量振幅),$q_0\omega=I_0$ 是电流振幅,φ 是振荡的初相位,它们可以由初始条件决定.而 ω 称为振荡角频率,取决于振荡电路本身的性质.由此可知,在 LC 振荡回路中,电荷量和电流都按简谐运动的规律作振荡,它们振荡的固有频率和周期分别为

$$\nu=\frac{1}{2\pi\sqrt{LC}},\quad T=2\pi\sqrt{LC} \tag{8-41}$$

利用式(8-38),还可得 LC 振荡回路中电能的变化规律:

$$W_e=\frac{q^2}{2C}=\frac{q_0^2}{2C}\cos^2(\omega t+\varphi) \tag{8-42}$$

而利用式(8-39),可得 LC 振荡回路中磁能的变化规律:

$$\begin{aligned}W_m&=\frac{1}{2}LI^2=\frac{L\omega^2q_0^2}{2}\sin^2(\omega t+\varphi)\\&=\frac{q_0^2}{2C}\sin^2(\omega t+\varphi)\end{aligned} \tag{8-43}$$

LC 电磁振荡回路总能量为电能和磁能之和,即

$$W=W_e+W_m=\frac{q_0^2}{2C} \tag{8-44}$$

由于忽略了回路中的电磁阻尼,因此在振荡过程中的总能量保持不变.这样的 LC 电磁振荡回路称为无阻尼自由振荡电路,振荡电流的振幅保持不变.无阻尼自由振荡是一种理想情况.事实上任何电路都存在电阻,因而有一部分能量要转化为电阻上的焦耳热,振荡电流的振幅会逐渐衰减,回路中的总能量也将逐渐减少,这就是阻尼振荡的情形了.

8-6-3 电磁波

虽然 LC 振荡电路能够产生电磁振荡,但是还不能作为一个有效的电磁波

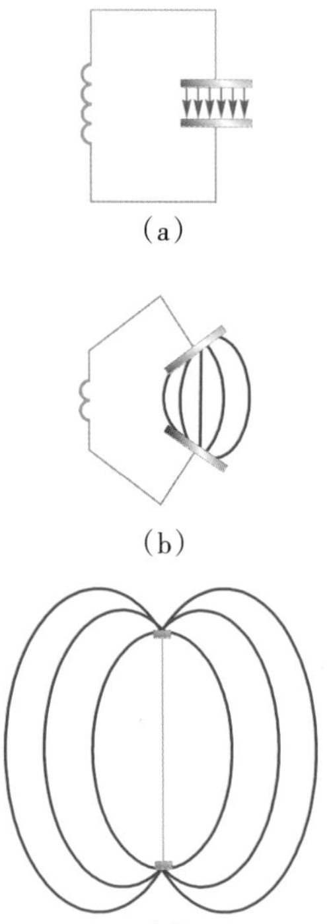

图 8-28 对一个 LC 振荡电路，减小电容器的极板面积 S，拉开极板之间的距离 d，减少线圈的匝数，直至形成一根直导线，就成为振荡偶极子

发射源.其中一个原因是：电路中的电容器和电感线圈都是集中性元件，电场、磁场的能量聚集在元件中无法向外辐射；另一个原因是：电磁波的辐射功率与频率的四次方成正比，而一般振荡电路中的 L 值和 C 值都较大，由式(8-41)计算得到的回路固有频率 ν 较低.因此，要使振荡回路中的电磁能有效地发射出去，必须具备两个条件：①振荡频率要高；②电路要开放.显然，提高振荡频率的唯一途径是减小电路中的自感 L 和电容器的电容 C；而使振荡电路开放，就是要让电磁能向空间发散出去.根据这样的设想，可以对振荡电路进行改造.由式(6-16)可知，减小电容器的极板面积 S，增加极板之间的距离 d，可减小电容；同时，由例 8-7 的结论 $L=\mu n^2 V$ 可知，减少线圈的匝数可以减小线圈的自感.由此看来，将一个 LC 回路拉直成一根直导线，如图8-28 所示，就是一个有效的电磁波发射源，这就是我们熟知的**发射天线**(antenna).电流在天线内往复振荡，天线两端出现正负交替的等量异种电荷，形成了所谓的**振荡偶极子**(oscillating dipole)，电视台或广播台的天线就是这样的振荡偶极子.

振荡偶极子所发射的电场和磁场的波动表达式，可以由求解麦克斯韦方程组得到.如图 8-29(a)所示，以振荡偶极子所在处为坐标原点 O，以偶极子的取向为极轴，球面上任意一点 P 的位矢方向 $\boldsymbol{r}$ 沿电磁波的传播方向，与极轴的夹角为 θ，则电场和磁场的波动表达式分别可表示为

$$E(r,t)=\frac{\mu p_0\omega^2\sin\theta}{4\pi r}\cos\omega\left(t-\frac{r}{u}\right) \tag{8-45a}$$

$$H(r,t)=\frac{\sqrt{\varepsilon\mu}\ p_0\omega^2\sin\theta}{4\pi r}\cos\omega\left(t-\frac{r}{u}\right) \tag{8-45b}$$

式中的 u 为电磁波的传播速度.P 点处的电场强度 $\boldsymbol{E}$ 和磁场强度 $\boldsymbol{H}$ 以及位矢 $\boldsymbol{r}$ 两两相互垂直，构成右手螺旋关系.辐射电磁波的电场线空间分布如图 8-29(b)所示.

在距离振荡偶极子很远处的一个局部范围内，θ 和 r 的改变量很小，由式(8-45a)、式(8-45b)可知，E 和 H 的振幅都可分别看作常量.于是在这一局部范围内，就可以把电磁波看作平面波，其波动方程为

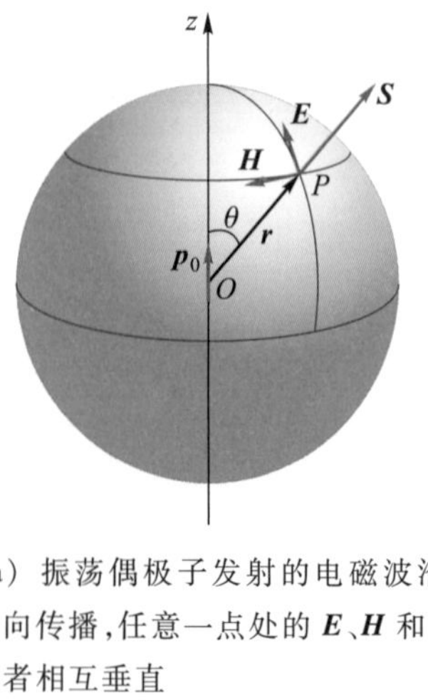

(a) 振荡偶极子发射的电磁波沿径向传播，任意一点处的 $\boldsymbol{E}$、$\boldsymbol{H}$ 和 $\boldsymbol{r}$ 三者相互垂直

$$E=E_0\cos\omega\left(t-\frac{x}{u}\right) \tag{8-46a}$$

$$H=H_0\cos\omega\left(t-\frac{x}{u}\right) \tag{8-46b}$$

通过求解麦克斯韦方程组，可以得出电磁波的传播速度为

$$u=\frac{1}{\sqrt{\varepsilon\mu}} \tag{8-47}$$

真空中电磁波的传播速度为

$$c=\frac{1}{\sqrt{\varepsilon_0\mu_0}}=\frac{1}{\sqrt{8.854\times10^{-12}\times4\pi\times10^{-7}}}\ \mathrm{m\cdot s^{-1}}$$

$$=2.998\times10^{8}\ \mathrm{m\cdot s^{-1}}\approx3.0\times10^{8}\ \mathrm{m\cdot s^{-1}}$$

这个结果与目前用气体激光测定的真空中光速的最精确实验值 $c=299\,792\,458\ \mathrm{m\cdot s^{-1}}$非常接近.这无疑是麦克斯韦电磁场理论的辉煌成就.麦克斯韦作这个预言的时候,是在电磁波尚未为人们知道之前,它导致了赫兹发现了电磁波.这个预言使得人们可以把光学作为电磁学的一个部分来讨论,并且根据麦克斯韦方程来导出光学的基本定律.

自由空间中传播的平面电磁波(见图 8-30)具有下列主要性质:

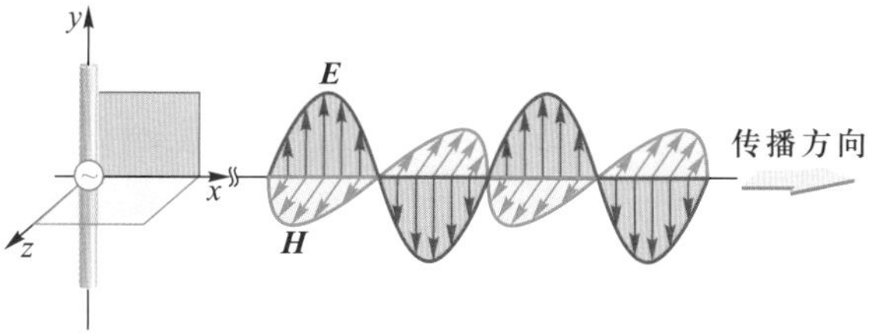

图 8-30 平面电磁波

(1) 电磁波是横波.电磁波中的电矢量 $\boldsymbol{E}$ 与磁矢量 $\boldsymbol{H}$ 相互垂直,$\boldsymbol{E}\times\boldsymbol{H}$ 的方向为电磁波的传播方向.

(2) 电矢量 $\boldsymbol{E}$ 与磁矢量 $\boldsymbol{H}$ 的振动相位相同.

(3) 电矢量 $\boldsymbol{E}$ 与磁矢量 $\boldsymbol{H}$ 在数值上成比例,满足下列关系:

$$\sqrt{\varepsilon}E=\sqrt{\mu}H \tag{8-48}$$

(4) 电磁波的传播速度为 $u=\dfrac{1}{\sqrt{\varepsilon\mu}}$,真空中电磁波的传播速度为 $c\approx3\times10^{8}\ \mathrm{m\cdot s^{-1}}$,与真空中的光速相同.

(5) 电磁波的传播伴随着能量的传递,电磁波的能量包含电场能量和磁场能量,前面讨论的电磁场能量密度公式当然也适用于电磁波.因此电磁波的能量密度为

$$w=w_{\mathrm{e}}+w_{\mathrm{m}}=\frac{1}{2}\varepsilon E^{2}+\frac{1}{2}\mu H^{2} \tag{8-49}$$

电磁波的能流密度又称为坡印廷矢量(Poynting vector),用 $\boldsymbol{S}$ 表示,它的方向沿电磁波的传播方向,其大小为

$$S=wu \tag{8-50}$$

将式(8-49)代入上式,同时考虑到式(8-47)和$\sqrt{\varepsilon}E=\sqrt{\mu}H$,可得

$$S=EH \tag{8-51}$$

考虑到电磁波中的电矢量 $\boldsymbol{E}$ 与磁矢量 $\boldsymbol{H}$ 与波的传播方向构成右手螺旋关系,

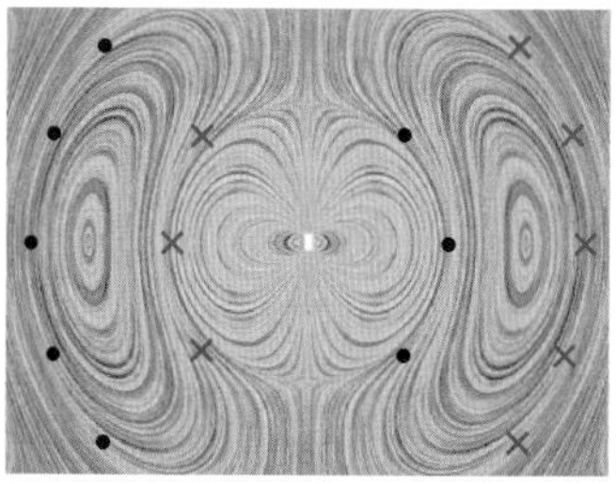

(b) 振荡偶极子附近的电场线分布.磁感应线则是环绕偶极子轴线的同心圆,与图面垂直.×和 · 分别表示磁感应线穿入纸面和穿出纸面.电磁波相对于极轴旋转对称

图 8-29

动画 振荡电偶极子电场线(建议横屏观看)

因此坡印廷矢量 $\boldsymbol{S}$ 可以表示为

$$\boldsymbol{S}=\boldsymbol{E}\times\boldsymbol{H} \tag{8-52}$$

上式说明电磁场的能量总是伴随着电磁波向前传播.在实际应用中常以其平均能流密度(或称波的强度)来反映电磁波的能量传递.对于平面简谐波,平均能流密度为

$$\overline{S}=\frac{1}{2}E_0H_0 \tag{8-53}$$

式中 E_0 和 H_0 分别是电矢量 $\boldsymbol{E}$ 与磁矢量 $\boldsymbol{H}$ 的振幅.

把式(8-45)代入式(8-51)可得振荡偶极子辐射电磁波的能流密度

$$S=EH=\frac{\sqrt{\varepsilon}\sqrt{\mu^3}\,p_0^2\omega^4\sin^2\theta}{16\pi^2r^2}\cos^2\omega\left(t-\frac{r}{u}\right) \tag{8-54a}$$

平均能流密度为

$$\overline{S}=\frac{\sqrt{\varepsilon}\sqrt{\mu^3}\,p_0^2\omega^4\sin^2\theta}{32\pi^2r^2} \tag{8-54b}$$

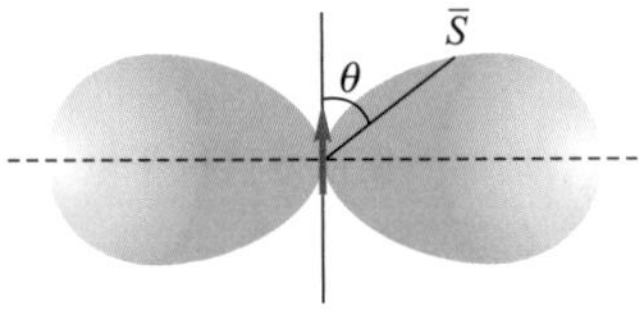

图 8-31 振荡偶极子辐射的电磁波,在距离一定时,辐射强度 $\overline{S}$ 与 θ 的关系曲线为双叶玫瑰线

可见,辐射强度 $\overline{S}$ 与频率的四次方成正比;在 r 一定时与 $\sin^2\theta$ 成正比.辐射强度 $\overline{S}$ 随 θ 的分布如图 8-31 所示.单位时间内通过以半径为 r 的球面的能量,即为振荡偶极子的发射功率,将式(8-54b)对整个球面积分,可得

$$\overline{P}=\frac{\mu p_0^2\omega^4}{12\pi u} \tag{8-55}$$

8-6-4 电磁波谱

麦克斯韦从理论上预言了电磁波的存在,并认为光也是一种电磁波.赫兹从实验上证实了电磁波的存在.电磁波的范围很广,其频率或波长的范围不受限制,从无线电波、微波、红外线、可见光、紫外线到 X 射线和 γ 射线等都是电磁波.不同波段的电磁波产生的机理不同,但它们的本质完全相同,在真空中的传播速度都是 c.波长、频率和波速三者之间的关系为

$$c=\lambda\nu \tag{8-56}$$

电磁波按照频率(或波长)排列可形成电磁波谱(electromagnetic spectrum),如图 8-32 所示.

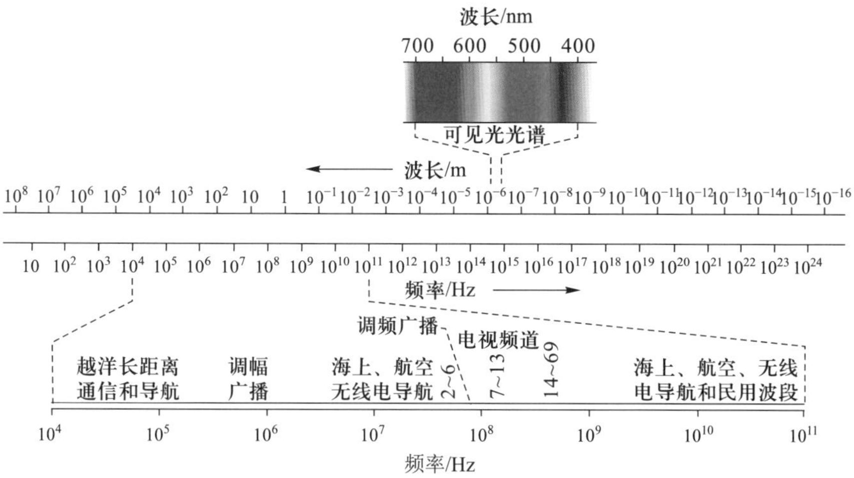

图 8-32 电磁波谱

从图中可知，整个电磁波谱大致可划分为如下几个区域.

1. 无线电波

无线电波(radio wave)一般由天线上的电磁振荡发射出去，它是电磁波谱中波长最长的一个波段.由于电磁波的辐射强度随频率的减小而急剧下降，因此波长为几百千米的低频电磁波通常不被人们注意.实际使用中的无线电波的波长范围为 1 mm~30 km.不同波长范围的电磁波特点不同，因此其用途也不同，表 8-1 列出了各种无线电波的波长范围和用途.从传播特点而言，长波、中波由于波长很长，它们的衍射能力很强，适合传送电台的广播信号.短波衍射能力小，靠电离层向地面反射来传播，能传得很远.微波由于波长很短，在空间按直线传播，容易被障碍物反射，远距离传播要用中继站，适合于电视和无线电定位(雷达)和无线电导航技术.

2. 红外线

波长范围大约在 0.6 mm~760 nm 之间的电磁波称为**红外线**(infrared ray)，它的波长比红光更长.红外线主要来源于炽热物体的热辐射，给人以热的感觉.它能透过浓雾或较厚大气层而不易被吸收.红外线虽然看不见，但可以通过特制的透镜成像.根据这些性质可制成红外夜视仪，在夜间观察物体.20 世纪下半叶以来，由于微波无线电技术和红外技术的发展，两者之间不断拓展，目前微波和红外线的分界已不存在，有一定的重叠范围.

表 8-1 各种无线电波的波长范围和用途

名称	长波	中波	中短波	短波	米波	微波		
						分米波	厘米波	毫米波
波长	30 000~3 000 m	3 000~200 m	200~50 m	50~10 m	10~1 m	100~10 cm	10~1 cm	1~0.1 cm
频率	10~100 kHz	100~1 500 kHz	1.5~6 MHz	6~30 MHz	30~300 MHz	300~3 000 MHz	3 000~30 000 MHz	30 000~300 000 MHz
主要用途	越洋长距离通信和导航	无线电广播	电报通信	无线电广播和电报通信	调频无线电广播、电视广播和无线电导航	电视、雷达、无线电导航等		

3. 可见光

可见光在整个电磁波谱中所占的波段最窄，其波长范围在 400~760 nm 之间.这些电磁波能使人眼产生光的感觉，所以称为光波(light wave).可见光的不同频率决定了人眼感觉到的不同颜色，白光则是由各种颜色的可见光——红、橙、黄、绿、青、蓝、紫，按一定光强比例混合而成，称为复色光.

4. 紫外线

波长范围在 5~400 nm 之间的电磁波称为紫外线(ultraviolet ray)，它比可见光的紫光波长更短，人眼也看不见.当炽热物体(例如太阳)的温度很高时，就会辐射紫外线.由于紫外线的能量与一般化学反应所涉及的能量大小相当，因此它有明显的化学效应和荧光效应，也有较强的杀菌本领.无论是红外线、可见光或紫外线，它们都是由原子的外层电子受激发后产生的.

5. X 射线

X 射线曾被称为伦琴射线(Röntgen ray)，是由伦琴在 1895 年发现的.它的波长比紫外线更短，它是由原子中的芯电子受激发后产生的，其波长范围在 0.04~5 nm 之间.X 射线具有很强的穿透能力，在医疗上用于透视和病理检查；在工业上用于检查金属材料内部的缺陷和分析晶体结构等.随着 X 射线技术的发展，它的波长范围也朝着两个方向发展，在长波方向与紫外线有所重叠，短波方向则进入了 γ 射线的领域.

6. γ 射线

这是一种比 X 射线波长更短的电磁波，它来自宇宙射线或由某些放射性元素在衰变过程中辐射出来，其波长范围在 0.04 nm 以下，以至更短.它的穿透力比 X 射线更强，对生物的破坏力很大.除了用于金属探伤外，还可用于了解原子核的结构.

思考题

8-1 将磁铁插入非金属环中，环内有无感生电动势？有无感生电流？环内将发生何种现象？

8-2 用手将磁铁的一端插入一闭合线圈中，一次迅速地插入，另一次缓慢地插入.在这两次操作中，线圈中的感生电荷量是否相同？手推磁铁的力所做的功是否相同？

8-3 在北半球大部分地区，地磁场都有一指向地球的竖直分量，一向东飞行的飞机在两侧机翼的端点间会产生电动势.问哪个机翼获得电子，哪个失去电子？

8-4 当导体通过磁场时，导体中的电荷受到磁场力的作用而导致电动势的产生.但是如果在和导体一起运动的参考系里观察这一现象，好像导体没有运动也会有电动势产生.这又如何解释呢？

8-5 某农民认为"和他家篱笆走向相平行的高压输电线在他家篱笆上感生了很危险的高压".这种情况可能会发生吗？

8-6 某学生断言，如果永久磁铁掉进一竖直放置的长直铜管当中，即使没有空气阻力，它最终也会达到一个极限末速度.为什么会这样？如果不是这样，应该怎样运动？

8-7 从理论上来说，怎样获得一个稳定的涡旋电场？在空间存在变化的磁场时，如果在该空间内没有导体，则这个空间是否存在电场？是否存在感生电动势？

8-8　在涡旋电场中，电势与电势差这两个概念是否有意义？

8-9　什么叫涡电流？如图所示，一铝质圆盘可以绕固定轴 Oz 转动.为了使圆盘在力矩作用下作匀速转动，常在圆盘边缘处放一永久磁铁.圆盘受到力矩作用后作加速转动，当角速度增加到一定值时，就不再增加.试说明其作用原理.

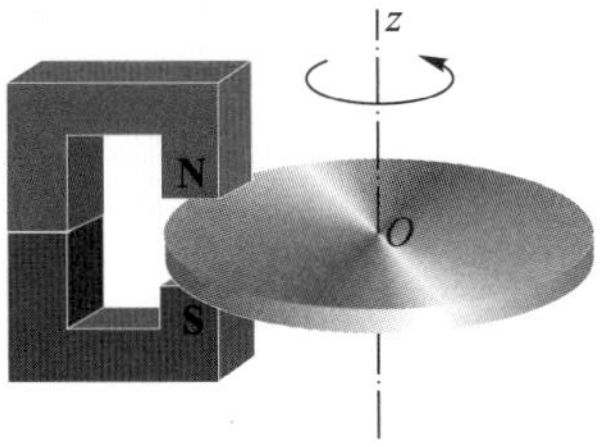

思考题 8-9 图

8-10　一辆汽车停在亮着红灯的十字路口，当汽车停下来时，越过了埋在路面下的一个线圈.结果，信号灯不久就由红灯转变为绿灯，解释线圈是怎样使信号灯改变颜色的？

8-11　如果两电感线圈相隔甚远，以致实际上其中一个线圈发出的 $\boldsymbol{B}$ 通量没有耦合到另一个线圈中去.这两个电感串联或并联的等效自感与它们原来的自感关系如何？

8-12　假设电感线圈里有一稳定电流，如果有人企图以切断开关的办法使电流在瞬间降为零，在开关的触点上就会出现一个很大的电弧.这是为什么？在此情况下感应电动势会发生什么变化？瞬间切断电流在物理上是否有可能？

8-13　具有自感 L，通有电流 I 的螺线管内，磁场的能量为 $W_{\mathrm{m}}=\dfrac{1}{2}LI^2$，此能量是由何种的能量转化而来的？又怎样才能够使它以热的形式释放出来？

8-14　试按下述的几方面比较传导电流与位移电流：(1)它们由什么变化引起？(2)它们所产生的磁场 $\boldsymbol{B}$ 如何计算？(3)它们可以在哪些物质中通过？(4)两者是否都能引起热效应？规律是否相同？

8-15　麦克斯韦电磁场方程 $\oint_L \boldsymbol{E}\cdot\mathrm{d}\boldsymbol{l}=-\int\dfrac{\partial \boldsymbol{B}}{\partial t}\cdot\mathrm{d}\boldsymbol{S}$ 中的 $\boldsymbol{E}$，是否也包含了自由电荷产生的电场？

8-16　何谓电磁波？它与机械波在本质上有何区别？试述电磁波的产生方法及其在传播时的一些性质.为什么当半导体收音机磁性天线的磁棒(棒上绕有线圈)和电磁波的磁场强度方向平行时，听到的声音最响？

8-17　微波炉是怎样工作的？为什么它能把导电材料包括大多数食品加热，而不能把玻璃或塑料盘这类绝缘体加热呢？

8-18　举出几个涉及日常生活的电磁波，它们的共同点是什么？它们的差别在哪里？

习题

8-1　在一个物理实验中，有一个 200 匝的线圈，线圈面积为 12 cm^2，在 0.04 s 内线圈平面从垂直于磁场方向旋转至平行于磁场方向.假定磁感应强度为 6.0×10^{-5} T，求线圈中产生的平均感应电动势.

8-2　测量磁场用的一个探测线圈绕有 200 匝，线圈的半径为 2 cm.将该线圈放在磁场中翻转 180°，测出有 10^{-5} C 的最大电荷量流过冲击电流计，此时整个电路的电阻为 50 Ω，问此时磁感应强度为多大？

8-3　将一根导线弯成半径为 R 的 3/4 圆周 acb，置于均匀磁场 $\boldsymbol{B}$ 中，$\boldsymbol{B}$ 的方向垂直导线平面，如图所示.当导线沿 aOb 的角分线方向以 $\boldsymbol{v}$ 向右运动时，求导线中产生的感应电动势 $\mathscr{E}_i$.

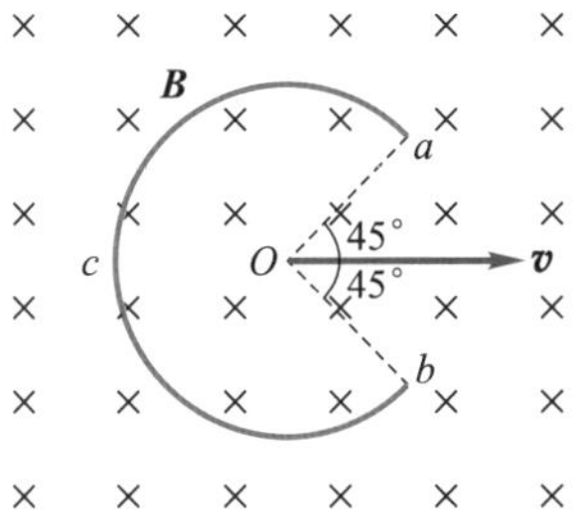

习题 8-3 图

8-4 一长直导线载有 $I=10$ A 的电流，旁边放一长方形的平面线圈，其中可动部分 cd 长 $L=0.2$ m，以 $v=4.0\ \mathrm{m\cdot s^{-1}}$ 的速度匀速向右运动，求 cd 在如图所示位置时的感应电动势，哪端电势高？已知 $a=0.1$ m，$b=0.1$ m.

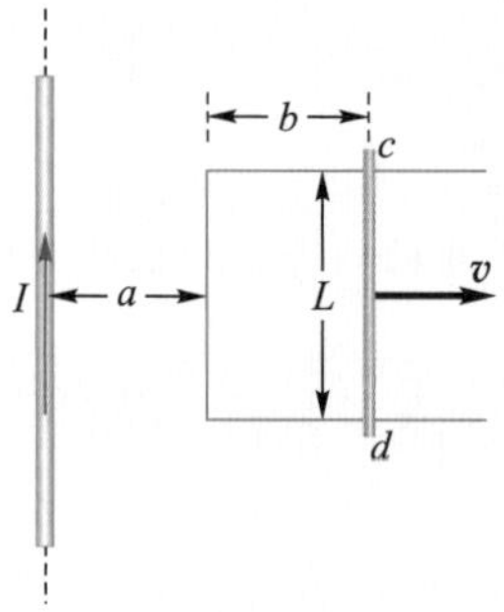

习题 8-4 图

8-5 如图所示，一根长为 L 的铜棒，位于方向垂直纸面向里的均匀磁场 $\boldsymbol{B}$ 中，ab 沿逆时针方向绕 O 轴匀速转动，角速度为 ω，求 a、b 两端的电势差.

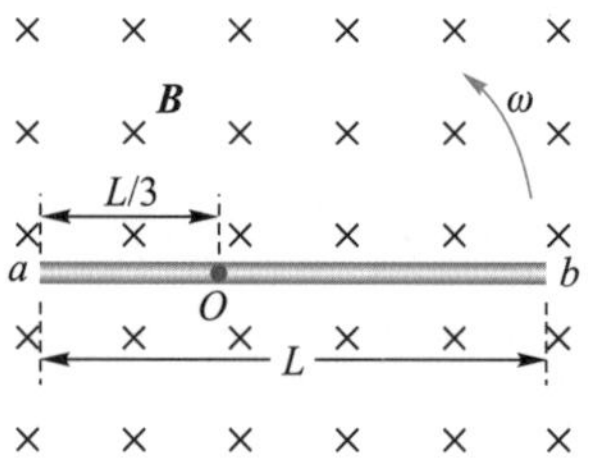

习题 8-5 图

8-6 如图所示，一长直导线通有电流 I，半径为 R 的半圆形闭合导体线圈与前者共面，且后者的直径 AC 与前者垂直. 已知 A 点距长直导线为 L，半圆形线圈以速度为 $\boldsymbol{v}$ 沿平行于长直导线方向匀速向下运动，求：(1) 线圈中感应电动势的大小；(2) 直导体 AC 中产生的感应电动势的大小及方向；(3) 半圆弧导体 ADC 中产生的感应电动势的大小及方向.

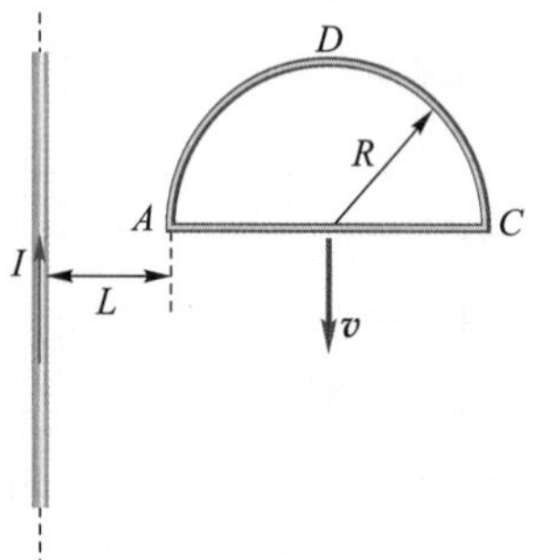

习题 8-6 图

8-7 在一个交流发电机中，有一个 150 匝环形线圈（见例 8-2），线圈半径为 2.5 cm，置于磁感应强度为 0.06 T 的均匀磁场中，线圈的转速为 $110\ \mathrm{r\cdot min^{-1}}$. 求线圈中产生的最大感应电动势.

8-8 两个半径分别为 R 和 r 的同轴圆形线圈，小的线圈在大线圈上面相距为 x 处，且 $x>>R$，若大线圈中通有电流 I，方向如图所示，而小线圈沿 x 方向以速率 v 运动，试求：(1) 当 $x=NR$（N 为正数）时，小线圈回路中产生的感应电动势；(2) 若 $v>0$ 时，小线圈回路内的感应电流方向.

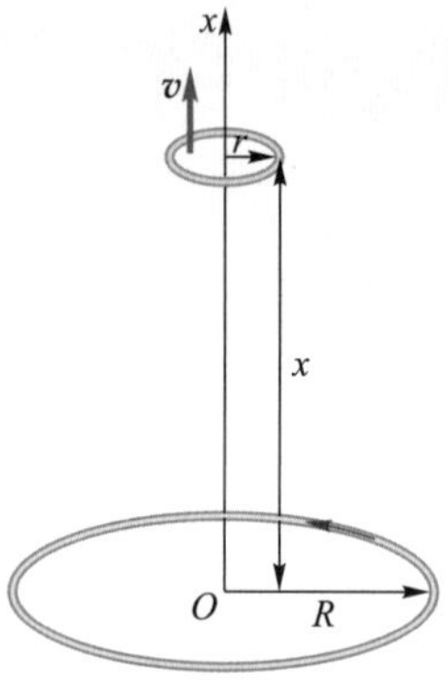

习题 8-8 图

8-9 如图所示，均匀磁场与导体回路的法线方向 $\boldsymbol{e}_n$ 的夹角为 $\theta=60°$，磁感应强度 $\boldsymbol{B}$ 的量值随时间线性增加，即 $B=kt$ ($k>0$)，ab 边的长度为 l，且以速度 $\boldsymbol{v}$ 向右滑动. 求任意时刻感应电动势的大小和方向（设 $t=0$，$x=0$）.

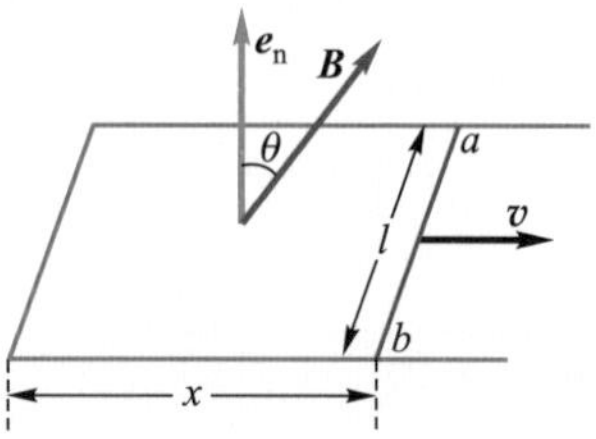

习题 8-9 图

8-10 矩形回路与无限长直导线共面，且矩形一边与直导线平行. 导线中通有电流 $I=I_0\cos\omega t$，回路以速度 $\boldsymbol{v}$ 垂直地离开直导线，如图所示. 求任意时刻回路中的感应电动势.

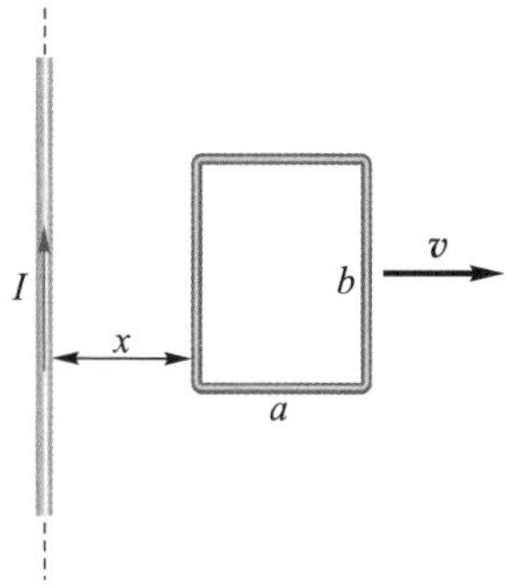

习题 8-10 图

8-11　均匀磁场被限制在半径为 R 的无限长圆柱形空间内，且$\frac{dB}{dt}$为常量，如图所示.有一梯形导体回路，其中 $ab=R$，$dc=2R$，求梯形导体回路中的感生电动势.

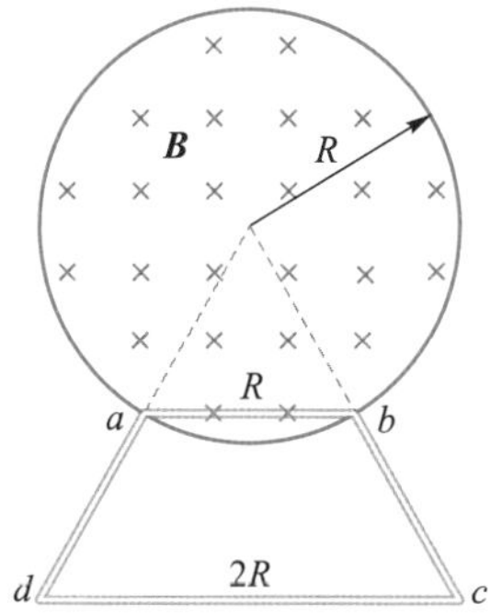

习题 8-11 图

8-12　图示的大圆内各点磁感应强度 $\boldsymbol{B}$ 的大小为0.5 T，方向垂直于纸面向里，且每秒钟平均减少 0.1 T.大圆内有一半径为 $R=0.10$ m 的同心圆环，求：(1) 圆环上任一点感应电场的大小和方向；(2) 整个圆环上的感应电动势的大小；(3) 圆环中的感应电流(设圆环电阻为 2 Ω)；(4) 圆上任意两点 a、b 间的电势差；(5) 若环在某处被切断，两端分开很小一段距离时，求两端的电势差.

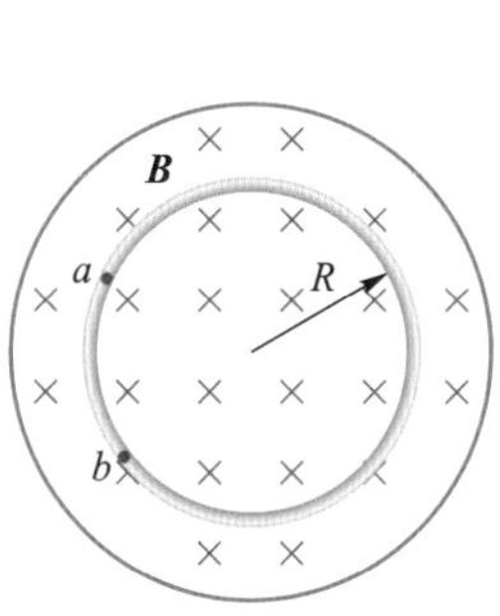

习题 8-12 图

8-13　一截面为长方形的环式螺线管(共 N 匝)其尺寸如图所示，证明螺线管的自感为 $L=\frac{\mu_0 N^2 h}{2\pi}\ln\frac{b}{a}$

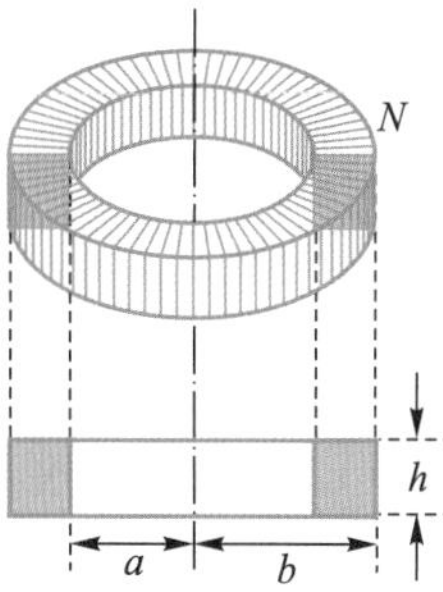

习题 8-13 图

8-14　如图所示，两根截面半径均为 a，且靠得很近的平行长直圆柱形导体，中心相距为 d，属于同一回路.设两导体内部的 $\boldsymbol{B}$ 通量都可忽略不计，试证明这一对导线单位长度上的自感为 $L=\frac{\mu_0}{\pi}\ln\frac{d-a}{a}$

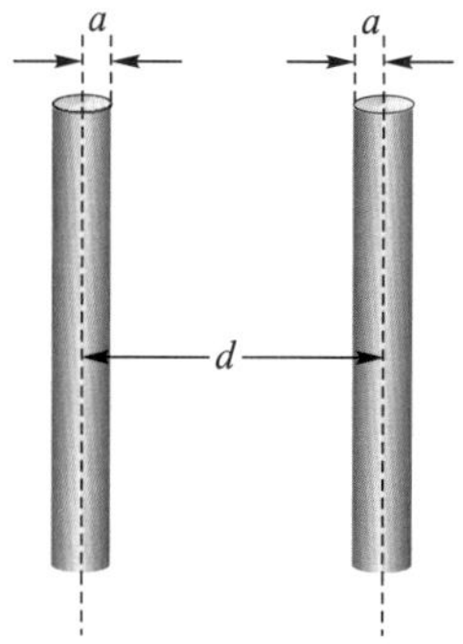

习题 8-14 图

8-15　测量两线圈之间互感的一种实验方法是：先测量两线圈按某一方式串联时的等效自感 L'，再测量按相反方式串联(即将其中的一个线圈倒转连接)后的等效自感 L''，而互感即等于两者之差的 1/4.试证明之.

8-16　一直角三角形线圈 ABC 与无限长直导线共面，其中 AB 边与长直导线平行，位置和尺寸如图所示，求两者的互感.

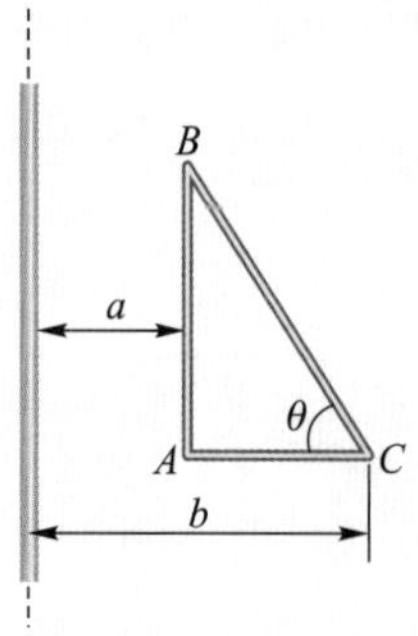

习题 8-16 图

8-17　如图所示，两个共轴线圈半径分别为 R 和 r，匝数分别为 N_1 和 N_2，相距为 L.设 r 很小，当小线圈中通有变化的电流 $I=I_0\sin\omega t$ 时，求在大线圈中产生的感应电动势.

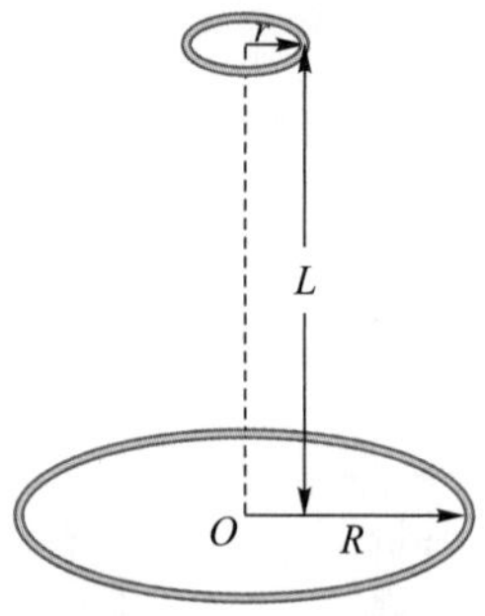

习题 8-17 图

8-18　如图所示，在平行导轨上放置一根质量为 m、长为 L 的金属杆 AB，平行导轨连接一电阻 R，均匀磁场 $\boldsymbol{B}$ 垂直地通过导轨平面，杆以初速度 $\boldsymbol{v}_0$ 向右运动.(1) 求金属杆能够移动的路程；(2) 试用能量守恒定律分析上述结果（忽略金属杆的电阻、它与导轨的摩擦力和回路的自感）.

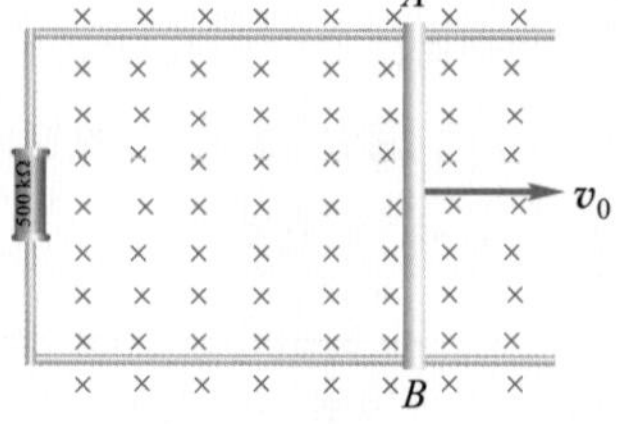

习题 8-18 图

8-19　一无限长直导线，截面上电流均匀分布，总电流为 I，求单位长度导线内所储存的磁场能量（设导体的相对磁导率 $\mu_r\approx1$）.

8-20　有一电容为 $C=0.1$ F 的平行板电容器，若在两极板间加上 $V=5\sin 2\pi t$（式中 V 的单位为 V，t 的单位为 s）的电势差，求电容器两极板之间的位移电流.

8-21　直径为 4.00 cm 的圆形平行板空气电容器，在某一时刻导线中的传导电流为 0.280 A.求：(1) 极板间的位移电流密度；(2) 电容器两极板间电场的变化率；(3) 极板间离轴线 2.00 cm 的地方的磁感应强度.

*8-22　有一竖直放置的滑道，滑道与自感系数 $L=0.1$ H 的线圈相连，在垂直于滑道面方向上有 $B=0.5$ T 的均匀磁场，方向如图所示.滑道上有一长 $l=1$ m，质量 $m=0.1$ kg 的金属杆，金属杆沿滑道由静止下滑.试编写计算机程序，考察该金属杆的运动速度及线圈内电流随时间的变化关系.

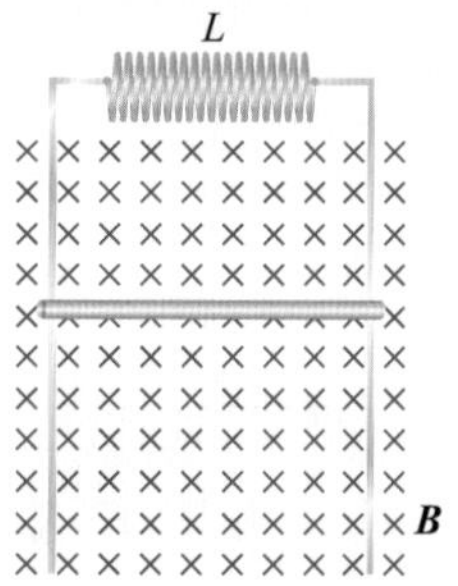

习题 8-22 图

*8-23　在如图所示的 RC 电路中，电阻 $R=33\ \Omega$，电容 $C=470\ \mu$F，电容上的初始电压为 $V_C(0)=2$ V，现给电路一个脉冲电流：$i(t)=\dfrac{10te^{-t}}{1+\cos^2 t}$（SI 单位）.试分析 RC 电路的端电压 V 与时间的关系，并讨论当 RC 电路达到稳定态时，电容 C 上的电压为多少？

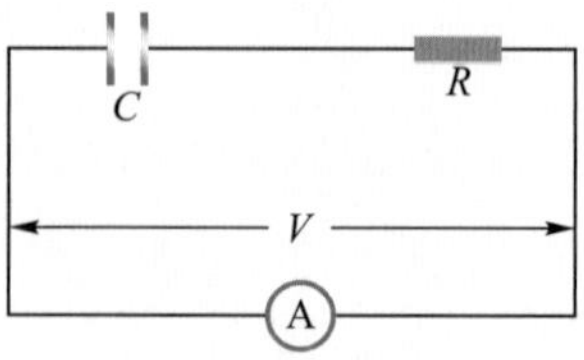

习题 8-23 图

附　录

矢量运算

在物理学中，用于描述物质运动的物理量一般可以分为两类：一类物理量称为标量(scalar)，如质量、时间、温度以及能量等.标量只有大小和单位，没有方向，遵循通常的代数运算法则，相信读者对代数运算法则较为熟悉；另一类物理量称为矢量(vector)，如位移、速度、加速度、力以及动量等.矢量不仅有大小和单位，而且还有方向，遵循矢量运算法则.以下我们将对矢量运算法则作简单介绍.

一、矢量

在物理学中，由于物质运动的多样性，因此在对有些运动状态的描述中既要给出其量值大小，又要表明其方向.例如：在导弹飞行中，如果只给出速度大小，不指明方向，则无法判断其飞向何处，也就无法进行防范和阻击.

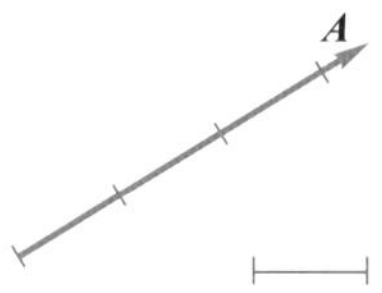

图 1　矢量

在几何上可以用一条有向线段来表示一个矢量，如图 1 所示.线段的长度表示该矢量的大小，箭头的指向表示其方向.矢量通常用带箭头的字母(如 $\vec{A}$)或黑斜体字母(如 $\boldsymbol{A}$)表示.矢量的大小又称矢量的模，可用符号 $|\boldsymbol{A}|$ 或 A 表示.如果某一矢量 $\boldsymbol{A}$ 的模等于 1，则该矢量称为单位矢量，用 $\boldsymbol{e}_A$ 或 $\boldsymbol{A}/|\boldsymbol{A}|$ 表示.在直角坐标系 $Oxyz$ 中，沿坐标轴 Ox、Oy、Oz 方向的单位矢量分别表示为 $\boldsymbol{i}$、$\boldsymbol{j}$、$\boldsymbol{k}$.

如果两个矢量 $\boldsymbol{A}$ 和 $\boldsymbol{B}$ 相等，则在数学上可写作 $\boldsymbol{A}=\boldsymbol{B}$；在几何上相应地可表示为两长度相等的有向线段、相互平行，且指向相同，如图 2(a)所示；如果两个矢量大小相等方向相反，则在数学上可表示为 $\boldsymbol{A}=-\boldsymbol{B}$；在几何上表现为两有向线段长度相等、相互平行，但指向相反，如图 2(b)所示.

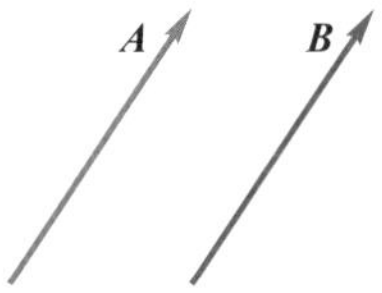

(a) 两矢量相等

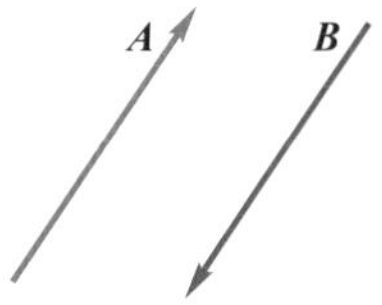

(b) 两矢量等值反向

图 2

二、矢量的合成与分解

矢量 $\boldsymbol{A}$ 和 $\boldsymbol{B}$ 相加(或合成)服从平行四边形法则:以这两个矢量为邻边作平行四边形,从两矢量始端的交点 O 引出该平行四边形的对角线矢量 $\boldsymbol{C}$,如图3(a)所示,$\boldsymbol{C}$ 就是矢量 $\boldsymbol{A}$ 和 $\boldsymbol{B}$ 的合矢量,可表示为

$$\boldsymbol{A}+\boldsymbol{B}=\boldsymbol{C} \tag{1}$$

根据几何学中的余弦定理和图3(a)中的几何关系,可求出合矢量 $\boldsymbol{C}$ 的大小,并确定其方向,即

$$C=|\boldsymbol{C}|=\sqrt{A^2+B^2+2AB\cos\varphi} \tag{2}$$

$$\tan\alpha=\frac{B\sin\varphi}{A+B\cos\varphi} \tag{3}$$

从矢量合成的平行四边形法则可以引申出矢量合成的三角形法则,如图3(b)所示,将平行四边形中的矢量 $\boldsymbol{A}$ 平移至它的对边,使矢量 $\boldsymbol{A}$ 和 $\boldsymbol{B}$ 首尾连接,从矢量 $\boldsymbol{B}$ 的始端向矢量 $\boldsymbol{A}$ 的末端引一条有向线段,即为合矢量 C.

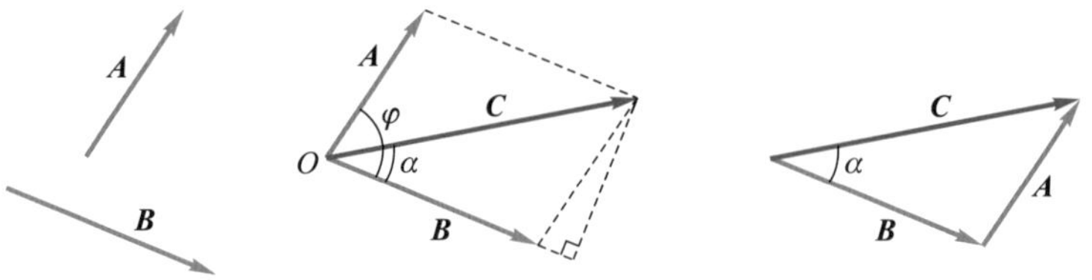

(a) 两矢量的相加服从平行四边形法则

(b) 两矢量 $\boldsymbol{A}$ 和 $\boldsymbol{B}$ 首尾相接,与 $\boldsymbol{C}$ 构成一个三角形,故称为三角形法则

图 3

当多个矢量相加时,即 $\boldsymbol{A}=\boldsymbol{A}_1+\boldsymbol{A}_2+\cdots+\boldsymbol{A}_n$,则三角形法则将显示出其简便性.将各矢量首尾相连,从首矢量的始端至末矢量的末端引一条有向线段,即为合矢量,图4为四个矢量相加的示意图.

矢量 $\boldsymbol{A}$ 与 $\boldsymbol{B}$ 相减可以用 $\boldsymbol{A}-\boldsymbol{B}$ 表示.矢量 $\boldsymbol{A}$ 与矢量 $\boldsymbol{B}$ 之差可以写成矢量 $\boldsymbol{A}$ 与矢量 $-\boldsymbol{B}$ 之和,即

$$\boldsymbol{A}-\boldsymbol{B}=\boldsymbol{A}+(-\boldsymbol{B}) \tag{4}$$

如同两矢量相加一样,两矢量相减也可采用三角形法则,在两矢量相加的矢量图(图3)中,将矢量 $\boldsymbol{B}$ 取反向,并自矢量 $\boldsymbol{B}$ 的末端向矢量 $\boldsymbol{A}$ 的末端作一有向线段 $\boldsymbol{D}$,如图5所示,矢量 $\boldsymbol{D}$ 就是矢量 $\boldsymbol{A}$ 与 $\boldsymbol{B}$ 之差

$$\boldsymbol{D}=\boldsymbol{A}-\boldsymbol{B}$$

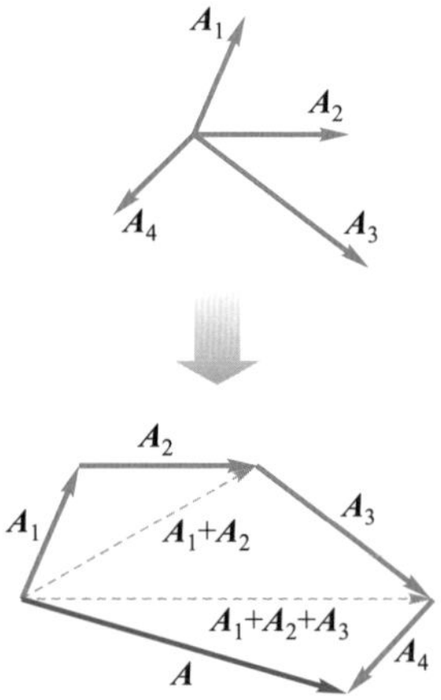

图4 逐次运用三角形法则,先将矢量 $\boldsymbol{A}_1$ 和 $\boldsymbol{A}_2$ 合成,将合成的结果再与 $\boldsymbol{A}_3$ 合成,与 $\boldsymbol{A}_3$ 合成的结果最后再与 $\boldsymbol{A}_4$ 合成,最终得到合矢量 $\boldsymbol{A}$.这种多矢量的合成方法又称为多边形法则

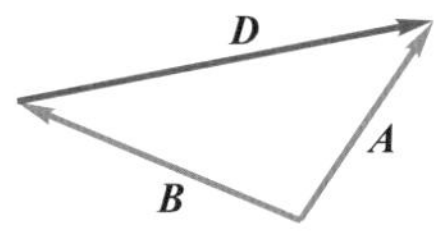

图 5　$\boldsymbol{D}=\boldsymbol{A}-\boldsymbol{B}$ 的矢量图

任意几个矢量可以相加成为一个合矢量，相反，一个矢量也可以分解为两个或几个分矢量.在通常情况下，一个矢量可以有无穷多种不同的分解结果.图 6 给出了同一矢量 $\boldsymbol{C}$ 的两种不同分解的结果.

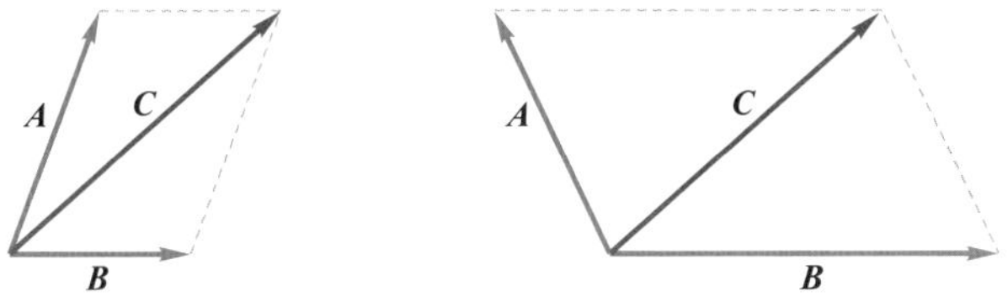

图 6　由于对角线不变的平行四边形可以有无限多个，因此把一个矢量分解成两个分矢量也可以有无穷多种结果

三、矢量的标积和矢积

在物理学中，除了经常会遇到相同矢量的相加或相减外，还会遇到不同矢量的相乘.针对各种实际问题的需要，形成了两种不同的矢量相乘形式，一种称为标积（scalar product），又称点积；另一种称为矢积（vector product），又称叉积.

1. 矢量的标积

设有两矢量 $\boldsymbol{A}$ 和 $\boldsymbol{B}$，它们之间的夹角为 θ，则两矢量的标积用符号 $\boldsymbol{A}\cdot\boldsymbol{B}$ 表示，定义为

$$\boldsymbol{A}\cdot\boldsymbol{B}=AB\cos\theta \tag{5}$$

值得注意，式中 θ 的取值范围应小于 180°，如图 7 所示.由于标积是一个标量，所以有 $\boldsymbol{A}\cdot\boldsymbol{B}=\boldsymbol{B}\cdot\boldsymbol{A}$.

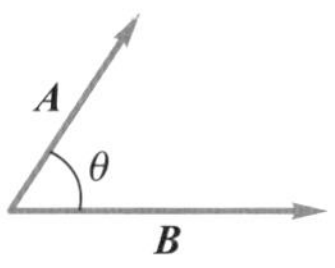

图 7　在两矢量的标积定义中，$\theta<180°$

当矢量 $\boldsymbol{A}$ 与矢量 $\boldsymbol{B}$ 同方向时（$\theta=0$），有 $\boldsymbol{A}\cdot\boldsymbol{B}=AB$；当矢量 $\boldsymbol{A}$ 与矢量 $\boldsymbol{B}$ 互为反向时（$\theta=180°$），有 $\boldsymbol{A}\cdot\boldsymbol{B}=-AB$；当两矢量 $\boldsymbol{A}$ 与 $\boldsymbol{B}$ 互相垂直时（$\theta=90°$），则有 $\boldsymbol{A}\cdot\boldsymbol{B}=0$.

2. 矢量的矢积

设有两矢量 $\boldsymbol{A}$ 和 $\boldsymbol{B}$，它们之间的夹角为 θ，则两矢量的矢积用符号 $\boldsymbol{A}\times\boldsymbol{B}$ 表示，并定义它为另一个新矢量 $\boldsymbol{C}$，即

$$\boldsymbol{C}=\boldsymbol{A}\times\boldsymbol{B} \tag{6a}$$

矢量 $\boldsymbol{C}$ 的大小为

$$C=AB\sin\theta \tag{6b}$$

矢量 $\boldsymbol{C}$ 的方向垂直于矢量 $\boldsymbol{A}$ 与 $\boldsymbol{B}$ 所在的平面，其指向可用右手螺旋定则确定：右手四指从矢量 $\boldsymbol{A}$ 经过小于 180°的夹角转到矢量 $\boldsymbol{B}$，右手拇指的指向就是矢量 $\boldsymbol{C}$ 的方向，如图 8 所示.

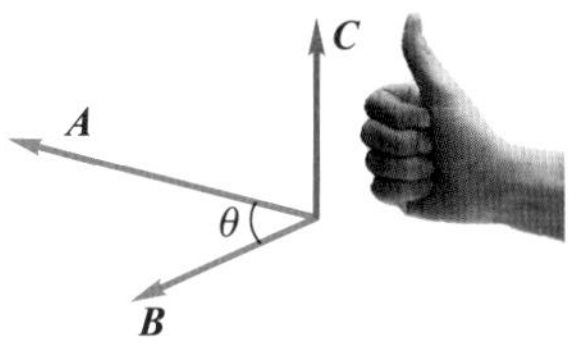

图 8　两矢量的矢积方向服从右手螺旋关系

3. 矢量与标量的乘积

除了两矢量的标积和矢积外，在物理学中常会出现一个矢量与一个标量的乘积.例如，电场力 $\boldsymbol{F}$ 等于电荷量 q 与电场强度 $\boldsymbol{E}$ 的乘积.根据矢量相加法则，n 个相同矢量 $\boldsymbol{A}$ 之和也是一个矢量，它的大小等于矢量 $\boldsymbol{A}$ 的 n 倍，它的方向与矢量 $\boldsymbol{A}$ 的方向一致.这个矢量可看作矢量 $\boldsymbol{A}$ 与标量 n 的乘积，记作 $n\boldsymbol{A}$.把这一概念可以推广到任意一个标量 C 与一个矢量 $\boldsymbol{A}$ 的乘积，新矢量 $\boldsymbol{B}$ 表示为

$$\boldsymbol{B} = C\boldsymbol{A} \tag{7}$$

四、矢量在直角坐标系中的表示与运算

1. 矢量在直角坐标系中的表示

在许多实际问题中，常把矢量在选定的直角坐标系 $Oxyz$ 中进行分解，设 $\boldsymbol{A}_x$、$\boldsymbol{A}_y$ 和 $\boldsymbol{A}_z$ 分别为矢量 $\boldsymbol{A}$ 沿三个坐标轴方向的分矢量，则矢量 $\boldsymbol{A}$ 可表示为

$$\boldsymbol{A} = \boldsymbol{A}_x + \boldsymbol{A}_y + \boldsymbol{A}_z$$

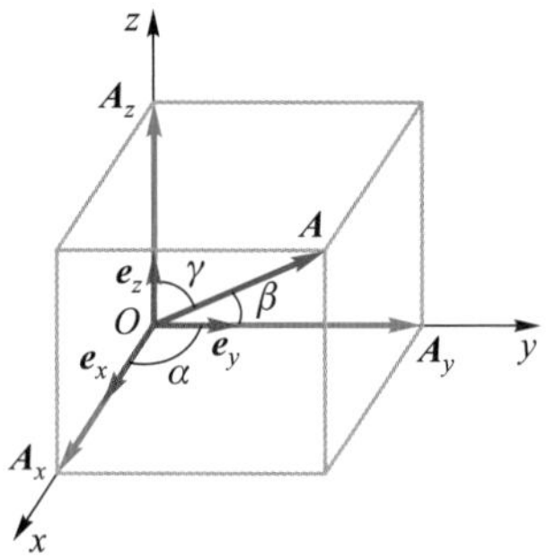

图 9　矢量在直角坐标系中的表示

如图 9 所示，在直角坐标系 $Oxyz$ 中，设三个相互垂直的单位矢量分别为 $\boldsymbol{i}$、$\boldsymbol{j}$ 和 $\boldsymbol{k}$，则矢量 $\boldsymbol{A}$ 又可表示为

$$\boldsymbol{A} = A_x\boldsymbol{i} + A_y\boldsymbol{j} + A_z\boldsymbol{k} \tag{8}$$

式中 A_x、A_y 和 A_z 分别为矢量 $\boldsymbol{A}$ 在三个坐标轴 Ox、Oy、Oz 上的投影（又称为分量），即矢量 $\boldsymbol{A}_x$、$\boldsymbol{A}_y$ 和 $\boldsymbol{A}_z$ 的模.显然，矢量 $\boldsymbol{A}$ 的模为

$$A = \sqrt{A_x^2 + A_y^2 + A_z^2} \tag{9}$$

矢量 $\boldsymbol{A}$ 的方向可用该矢量与各坐标轴 Ox、Oy、Oz 的夹角 α、β 和 γ 的方向余弦来确定，有

$$\cos\alpha = \frac{A_x}{A},\quad \cos\beta = \frac{A_y}{A},\quad \cos\gamma = \frac{A_z}{A}$$

因为有关系式 $\cos^2\alpha+\cos^2\beta+\cos^2\gamma=1$，所以在三个方向余弦中只有两个是独立的.

2. 矢量在直角坐标系中的运算

（1）合矢量的运算

设在直角坐标系 $Oxyz$ 中有矢量 $\boldsymbol{A}$ 和 $\boldsymbol{B}$，分别表示为

$$\boldsymbol{A} = A_x\boldsymbol{i} + A_y\boldsymbol{j} + A_z\boldsymbol{k}$$

$$\boldsymbol{B} = B_x\boldsymbol{i} + B_y\boldsymbol{j} + B_z\boldsymbol{k}$$

矢量 $\boldsymbol{A}$ 和 $\boldsymbol{B}$ 的合矢量 $\boldsymbol{C}$ 可表示成

$$\begin{aligned} \boldsymbol{C} = \boldsymbol{A} + \boldsymbol{B} &= (A_x\boldsymbol{i} + A_y\boldsymbol{j} + A_z\boldsymbol{k}) + (B_x\boldsymbol{i} + B_y\boldsymbol{j} + B_z\boldsymbol{k}) \\ &= (A_x + B_x)\boldsymbol{i} + (A_y + B_y)\boldsymbol{j} + (A_z + B_z)\boldsymbol{k} \\ &= (C_x\boldsymbol{i} + C_y\boldsymbol{j} + C_z\boldsymbol{k}) \end{aligned} \tag{10}$$

式中 $C_x=A_x+B_x$，$C_y=A_y+B_y$，$C_z=A_z+B_z$ 分别为合矢量 $\boldsymbol{C}$ 沿 x、y、z 轴的分量.

(2) 两矢量的标积运算

在直角坐标系 $Oxyz$ 中，矢量 $\boldsymbol{A}$ 和 $\boldsymbol{B}$ 的标积为可表示为

$$\begin{aligned} \boldsymbol{A}\cdot\boldsymbol{B} &= (A_x\boldsymbol{i} + A_y\boldsymbol{j} + A_z\boldsymbol{k})\cdot(B_x\boldsymbol{i} + B_y\boldsymbol{j} + B_z\boldsymbol{k}) \\ &= A_xB_x\boldsymbol{i}\cdot\boldsymbol{i} + A_xB_y\boldsymbol{i}\cdot\boldsymbol{j} + A_xB_z\boldsymbol{i}\cdot\boldsymbol{k} + A_yB_x\boldsymbol{i}\cdot\boldsymbol{j} + A_yB_y\boldsymbol{j}\cdot\boldsymbol{j} + \\ &\quad A_yB_z\boldsymbol{i}\cdot\boldsymbol{k} + A_zB_x\boldsymbol{i}\cdot\boldsymbol{k} + A_zB_y\boldsymbol{j}\cdot\boldsymbol{k} + A_zB_z\boldsymbol{k}\cdot\boldsymbol{k} \end{aligned}$$

由标积的定义，有 $\boldsymbol{i}\cdot\boldsymbol{i}=\boldsymbol{j}\cdot\boldsymbol{j}=\boldsymbol{k}\cdot\boldsymbol{k}=1$，$\boldsymbol{i}\cdot\boldsymbol{j}=\boldsymbol{j}\cdot\boldsymbol{k}=\boldsymbol{k}\cdot\boldsymbol{i}=0$，则可得

$$\boldsymbol{A}\cdot\boldsymbol{B} = A_xB_x + A_yB_y + A_zB_z \tag{11}$$

(3) 两矢量的矢积运算

在直角坐标系 $Oxyz$ 中，矢量 $\boldsymbol{A}$ 和 $\boldsymbol{B}$ 的矢积为可表示为

$$\boldsymbol{A}\times\boldsymbol{B} = (A_x\boldsymbol{i} + A_y\boldsymbol{j} + A_z\boldsymbol{k})\times(B_x\boldsymbol{i} + B_y\boldsymbol{j} + B_z\boldsymbol{k})$$

将上式中的各项按矢积展开，并考虑到各单位矢量的矢积有

$$\begin{aligned} &\boldsymbol{i}\times\boldsymbol{i}=0,\quad \boldsymbol{i}\times\boldsymbol{j}=\boldsymbol{k},\quad \boldsymbol{i}\times\boldsymbol{k}=-\boldsymbol{j} \\ &\boldsymbol{j}\times\boldsymbol{i}=-\boldsymbol{k},\quad \boldsymbol{j}\times\boldsymbol{j}=0,\quad \boldsymbol{j}\times\boldsymbol{k}=\boldsymbol{i} \\ &\boldsymbol{k}\times\boldsymbol{i}=\boldsymbol{j},\quad \boldsymbol{k}\times\boldsymbol{j}=-\boldsymbol{i},\quad \boldsymbol{k}\times\boldsymbol{k}=0 \end{aligned}$$

由此可得矢量 $\boldsymbol{A}$ 和矢量 $\boldsymbol{B}$ 在直角坐标系 $Oxyz$ 中的矢量积为

$$\boldsymbol{A}\times\boldsymbol{B} = (A_yB_z - A_zB_y)\boldsymbol{i} + (A_zB_x - A_xB_z)\boldsymbol{j} + (A_xB_y - A_yB_x)\boldsymbol{k} \tag{12a}$$

或用行列式表示为

$$\boldsymbol{A}\times\boldsymbol{B} = \begin{vmatrix} \boldsymbol{i} & \boldsymbol{j} & \boldsymbol{k} \\ A_x & A_y & A_z \\ B_x & B_y & B_z \end{vmatrix} \tag{12b}$$

五、矢量运算的一些基本性质

1. 根据矢量合成的平行四边形法则，不难得到

$$\boldsymbol{A} + \boldsymbol{B} = \boldsymbol{B} + \boldsymbol{A} \tag{13}$$

即矢量和与各矢量相加的次序无关，亦即服从矢量的交换律.

2. 根据矢量标积的定义，不难得到

$$\boldsymbol{A}\cdot\boldsymbol{B} = \boldsymbol{B}\cdot\boldsymbol{A} \tag{14}$$

即矢量的标积与矢量相乘的次序无关，亦即服从矢量的交换律.

3. 矢量的标积遵守分配律，即有

$$(\boldsymbol{A}+\boldsymbol{B})\cdot\boldsymbol{C}=\boldsymbol{A}\cdot\boldsymbol{C}+\boldsymbol{B}\cdot\boldsymbol{C} \tag{15}$$

4. 按两矢量矢积的定义，有

$$\boldsymbol{A}\times\boldsymbol{B}=-\boldsymbol{B}\times\boldsymbol{A} \tag{16}$$

即矢积不遵守交换律.

5. 矢量的矢积遵守分配律，即有

$$\boldsymbol{C}\times(\boldsymbol{A}+\boldsymbol{B})=\boldsymbol{C}\times\boldsymbol{A}+\boldsymbol{C}\times\boldsymbol{B} \tag{17}$$

以上矢量运算的一些基本性质，读者可自行证明.

六、矢量函数的导数与积分

1. 矢量函数的导数

若某一矢量随一些自变量变化，这个矢量就成为这些自变量的函数. 设有一矢量 $\boldsymbol{A}$，其大小和方向随时间 t 发生变化，$\boldsymbol{A}$ 就成为 t 的函数，矢量 $\boldsymbol{A}$ 成为变矢量，我们把矢量函数记作 $\boldsymbol{A}=\boldsymbol{A}(t)$，

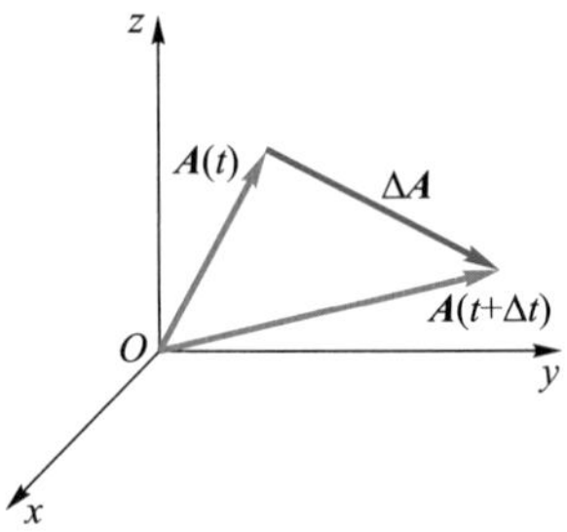

图 10　矢量随时间变化

设在时刻 t 的矢量为 $\boldsymbol{A}(t)$，在时刻 $t+\Delta t$ 为 $\boldsymbol{A}(t+\Delta t)$，如图 10 所示. 则在 Δt 时间间隔内，矢量 $\boldsymbol{A}$ 的增量为

$$\Delta\boldsymbol{A}=\boldsymbol{A}(t+\Delta t)-\boldsymbol{A}(t)$$

定义矢量函数 $\boldsymbol{A}$ 对时间 t 的导数为

$$\frac{\mathrm{d}\boldsymbol{A}}{\mathrm{d}t}=\lim_{\Delta t\to 0}\frac{\Delta\boldsymbol{A}}{\Delta t} \tag{18}$$

在直角坐标系 $Oxyz$ 中，$\boldsymbol{A}(t)=A_x(t)\boldsymbol{i}+A_y(t)\boldsymbol{j}+A_z(t)\boldsymbol{k}$，因为 $\boldsymbol{i}$、$\boldsymbol{j}$、$\boldsymbol{k}$ 是大小和方向均不变的单位矢量，所以 $\boldsymbol{A}=\boldsymbol{A}(t)$ 的导数可表示为

$$\frac{\mathrm{d}\boldsymbol{A}}{\mathrm{d}t}=\frac{\mathrm{d}A_x}{\mathrm{d}t}\boldsymbol{i}+\frac{\mathrm{d}A_y}{\mathrm{d}t}\boldsymbol{j}+\frac{\mathrm{d}A_z}{\mathrm{d}t}\boldsymbol{k} \tag{19}$$

利用矢量导数的公式还可证明以下公式：

$$\frac{\mathrm{d}(\boldsymbol{A}\cdot\boldsymbol{B})}{\mathrm{d}t}=\boldsymbol{A}\cdot\frac{\mathrm{d}\boldsymbol{B}}{\mathrm{d}t}+\boldsymbol{B}\cdot\frac{\mathrm{d}\boldsymbol{A}}{\mathrm{d}t}$$

$$\frac{\mathrm{d}(\boldsymbol{A}\times\boldsymbol{B})}{\mathrm{d}t}=\boldsymbol{A}\times\frac{\mathrm{d}\boldsymbol{B}}{\mathrm{d}t}+\boldsymbol{B}\times\frac{\mathrm{d}\boldsymbol{A}}{\mathrm{d}t}$$

2. 矢量函数的积分

矢量函数的积分比较复杂，这里介绍两个简单的积分式.

(1) 设矢量 $\boldsymbol{A}$、$\boldsymbol{B}$ 在同一平面直角坐标系 Oxy 内，且 $\frac{\mathrm{d}\boldsymbol{A}}{\mathrm{d}t}=\boldsymbol{B}$，可改写成

$$\mathrm{d}\boldsymbol{A} = \boldsymbol{B}\mathrm{d}t$$

对上式积分,时间区间为 $[t_1, t_2]$,可得

$$\begin{aligned}\boldsymbol{A} &= \int_{t_1}^{t_2} \boldsymbol{B}\mathrm{d}t = \int_{t_1}^{t_2} (B_x\boldsymbol{i} + B_y\boldsymbol{j})\ \mathrm{d}t \\ &= \left(\int_{t_1}^{t_2} B_x\mathrm{d}t\right)\boldsymbol{i} + \left(\int_{t_1}^{t_2} B_y\mathrm{d}t\right)\boldsymbol{j} = A_x(t)\boldsymbol{i} + A_y(t)\boldsymbol{j}\end{aligned} \tag{20}$$

其中 $A_x(t) = \int_{t_1}^{t_2} B_x\mathrm{d}t$, $A_y(t) = \int_{t_1}^{t_2} B_y\mathrm{d}t$.上式在计算运动质点的位移、速度以及计算力的冲量、冲量矩等物理量时经常使用.

(2) 设矢量 **A** 沿图 11 所示的曲线 l 变化,则矢量 **A** 沿该曲线的线积分为 $\int_l \boldsymbol{A}\cdot\mathrm{d}\boldsymbol{s}$.其中 $\boldsymbol{A} = A_x\boldsymbol{i} + A_y\boldsymbol{j} + A_z\boldsymbol{k}$, $\mathrm{d}\boldsymbol{s} = \mathrm{d}x\boldsymbol{i} + \mathrm{d}y\boldsymbol{j} + \mathrm{d}z\boldsymbol{k}$,可得

$$\int_l \boldsymbol{A}\cdot\mathrm{d}\boldsymbol{s} = \int(A_x\boldsymbol{i} + A_y\boldsymbol{j} + A_z\boldsymbol{k})\cdot(\mathrm{d}x\boldsymbol{i} + \mathrm{d}y\boldsymbol{j} + \mathrm{d}z\boldsymbol{k})$$

因为 $\boldsymbol{i}\cdot\boldsymbol{i}=\boldsymbol{j}\cdot\boldsymbol{j}=\boldsymbol{k}\cdot\boldsymbol{k}=1$, $\boldsymbol{i}\cdot\boldsymbol{j}=\boldsymbol{j}\cdot\boldsymbol{k}=\boldsymbol{k}\cdot\boldsymbol{i}=0$,所以有

$$\int_l \boldsymbol{A}\cdot\mathrm{d}\boldsymbol{s} = \int_l A_x\mathrm{d}x + A_y\mathrm{d}y + A_z\mathrm{d}z \tag{21}$$

上式在计算变力做功时将要用到.

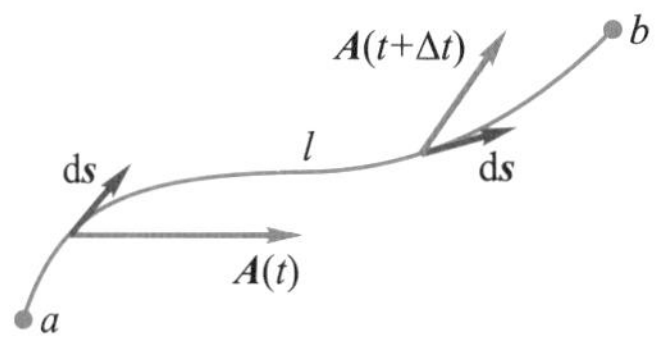

图 11 矢量沿任意曲线的线积分

运用以上一些矢量的表述和运算,能将物理学中的许多物理量以及它们之间的关系以严格而简练的形式表示出来.这种物理量的矢量表述方法是由物理学家吉布斯(J.W.Gibbs,1839—1903)首先创立的,目前在科技文献中已被广泛地采用.

习题答案

读者意见反馈

为收集对教材的意见建议，进一步完善教材编写并做好服务工作，读者可将对本教材的意见建议通过如下渠道反馈至我社。

咨询电话　400-810-0598

反馈邮箱　hepsci@pub.hep.cn

通信地址　北京市朝阳区惠新东街4号富盛大厦1座
　　　　　高等教育出版社理科事业部

邮政编码　100029

防伪查询说明

用户购书后刮开封底防伪涂层，使用手机微信等软件扫描二维码，会跳转至防伪查询网页，获得所购图书详细信息。

防伪客服电话　(010) 58582300